代数学の華
ガロア理論

冨田佳子 著

現代数学社

はじめに

「5 次方程式には解の公式はない」
このフレーズを初めに聞いたのは高校生の時である．
これは一体どういうことなのだろうか．
解の公式がないとは一体何がないのだろうか．
ガロア理論というものがこのフレーズに関するものであり，ガロアは人の名前で，20 歳で決闘により亡くなったという程度のことは知っていたと思うが，数学の教員を目指して大学に進んだものの，抱いていた疑問を解消することのないままに大学を卒業し，高校生に数学の授業をする立場になってしまった．
生徒から同じようなことを質問されたらどのように答えればよいのか．
数学の教員なら「こんなことです」と一言で答えないといけないのではないか．
そして何よりも私自身の心の片隅に残り続けていることをはっきりと理解したい．
このような思いから ガロア理論の勉強を始めたのは，今から 15 年くらい前のことである．

　　　最初に　　「ガロア理論入門」(E・アルティン, 寺田文行 訳) を
　　　次に　　　「Notes for 4H Galois Theory 2003-4」(Andrew Baker) を
　　　続いて　　「Fields and Galois Theory」(J.S.Milne)

を読んだ．
「5 次方程式には解の公式はない」これを最初に証明したのはアーベルであり，少し遅れてガロアもこれを証明したと言われている．
ガロアは
　　　方程式のいわゆる解の公式があるか否かは

その方程式から得られるガロア群と呼ばれる群の構造により定まる．このことを明らかにした．
実際に方程式を解くという視点を変えて，方程式の持つ群を調べるという新しい発想でもって問題を解決したのである．ガロアの定理を作り上げていく過程には，さまざまな代数学が組み込まれており，現在は群論，環論，体論としてまとめられた代数学がガロアの世界に散らばっている．代数学の教科書の多くは，群論，環論，体論，それからガロア理論を展開するという体系になっているが，これら全てを理解することは容易なことではない．先に述べた本を読むことも私にはかなり難しいことであった．

　J.S.Milne の本は丹後先生に代数の世界を見せていただきながら何とか読み進めることができた．読みながら理解したことを忘れてしまわないように，代数の話と一緒に書き留めた．このようにしてガロア理論を読み続けると，散りばめられている代数の話が，群論や環論，体論の中に単に登場するときよりも生き生きとガロアの世界で活躍していることに気付き，とても魅かれた．

　自分がいつでもどこでもガロアの世界をそばにおき，ガロアに出会えるようにと，理解し，忘れないように書き留めたものを本にすることにした．私と同じような疑問を抱きガロア理論を勉強し始めたが，難しくて途中であきらめた人，ガロア理論を過去に一度理解したが，もう一度見直したいと思っている人，また数学を講義する立場にあり，ガロア理論について何かしらの話をしてみたいと考えている人や数学を専門に勉強したわけではないけれど，ガロア理論，数学の世界を覗いてみたいと思っている人，このような方がたにもこの本が何かしらの手助けになればよいとも思っている．

　この本には大きな特徴が 3 つある．
　第 1 の特徴は，ガロア理論を理解するために必要な代数学を「別冊」として用意したことである．
ガロア理論を扱った本は，ある程度までの代数学の知識を前提にしたものがほとんどである．けれども，理解するために必要であろう群論，環論，体論を勉強してからガロア理論本題に入るのでは，その入り口に到着するまでの段階であきらめてしまう．また，ある程度までの代数の知識は持っているとしても，実際にここでは何をどのように使って考えるのか，使い方がわからないということ

がたびたび起こってしまう.

　この本では最初に少し準備をした後ガロア理論本論を展開し, 必要に応じてそこで使われている代数学の理論の世界に移れるように,「別冊」という形で代数学の色々を用意した. そこでは代数学の理論がさまざまな形の世界を作っていて, それぞれの世界で個別の楽しさが見える特別な世界である.(この意味で別冊という言葉を使った)
別冊と共に読み進めることで代数学の考え方を学び, 代数学がガロア理論本論で生き生きと力を発揮していることを実感し, 代数学の力強さとそれをうまく活用したガロア理論の美しさを感じることができると思う.

　第2の特徴は, この本一冊でガロア理論の理解ができることである.
数学の本を読む時に困難に思うことは, 定理の証明が理解できず, 他の本ではどのように証明されているのかを参考にしようと調べても, 同じ主張を見つけることさえ難しいことである. 同じことが違う言葉で表現されていることもあり, 同じ主張であるかどうかを確認するためには, その本を最初から読まないといけなくなる. 同じ主張と確認できても, そこまでの経過が違えば, 自分が証明したいことに対して使える事柄も異なり, 自分がまだ証明していない主張を使って解決されていれば, 自分の証明に重ねることはできない.

　この本の中で全ての疑問が解決できるようにとの思いからたくさんの注釈を付けた. この本の第8章はこの注釈を並べ細かい証明をここに全て書いた.

　他の本に頼ることなく一冊の本でガロア理論の全てが理解できるような本に出会いたい. この本の執筆は私自身の強い願望から出発した.

　第3の特徴は, 日本語だけでなく, 英単語を混ぜて書いたことである.
日本語を数学の中で使うとき, 日常で使われるその言葉の意味, 漢字が持つそのイメージを一瞬思い浮かべてしまい, 数学上でのその言葉の定義を捉えることを邪魔する時がある. 定義を正しく理解することは簡単なようで意外と難しいと感じている. 固定概念から脱却することにエネルギーを使うと, 複雑な思考を要するところでさらに複雑なことに思えてしまうが, 英単語で表現すると, その言葉を数学上での定義のみの姿で捉えることができ, 余計なことに惑わされることから解放された. また, 思考が深くなるところでは短く省略した英単語を使いゼミをしてきたからでもある. 英単語は短縮しやすいのである.

例えば

　「準同型写像」は「homomorphism」であるが短縮して「homo」

　「巡回拡大」は　「cyclic extension」であるが「cyclic」

のようなことである.
また「分離拡大」は分離という日本語のイメージは, この言葉の数学上の定義とは結び付きにくいので

　「separable 拡大」

とした. もちろん先に述べたようなことに陥らないほど使い慣れている言葉は日本語のままである.

　次に工夫した点を 2 つだけ述べておく.
　1 つめは, 大きな定理の証明についてのことである. 大きな定理をいくつかの小さな Lemma に分けて主張し, それらの Lemma をつないで先に証明の道筋を示し, それから順に Lemma を証明するという手法を用いた.
大きな定理の証明の中にいくつもの細かな主張をして, それを証明しながら本題を証明するという進め方をしている本が多くあるが, これでは読み手はどこへ連れて行かれるのかわからないまま（不安なまま）読み進めることになり, 本題の主張の方向すら理解できないのである.
これは, 今, 何を解決しようとしているのかを見失わないようにするための工夫である.

　2 つめはこの本だけで用いる意味を持たせたネーミングをしたことである. 代表的なものは 'solvable tower' である. これは方程式が可解であることに大きくかかわるものであるが, solvable tower という単語で周りの状況を一瞬にして頭に浮かべることができる. そのため主要部分に入る前の段階で要する思考が減り, その後の主要部分の思考に簡単に入っていくことができた. これには私はかなり助けられた. もっとたくさんのことをネーミングしてもよかったのかもしれないと思っている.

　この本は 9 つの章で構成した.
第 0 章は, この本を読むにあたり必要な代数学へのアプローチである.
　高校生や数学初心者にとっては, 初めて見る言葉や, 初めて知る代数学の

道具たちであろう．

それゆえ無理なく，抵抗なく読み進められるように簡単な例などを提示して抽象的な世界に少しずつ慣れていけるようにした．

第 1 章では

中高生から親しんできた多項式を universal property という言葉を使って定義した．この言葉によりいわゆる代入とは一体何であるかが明確になる．これから代数学を深く学ぶときに有用であるこの言葉の考え方が実感できるであろう．

第 2 章では

splitting field なる体を定義した．ガロア理論を展開する中で常にこの splitting field を意識することになる．

第 3 章では

ガロア拡大とガロア群を定義する．

さまざまな多項式のガロア群を見て多項式とガロア群の関係を見つける．

第 4 章では

代数学を駆使して円分拡大，巡回拡大，n クンマー拡大と多項式の関係を考察する．

第 5 章では

本題の解の公式に関する問いをここで完結させる．

第 6 章では

古くから考え続けられてきた作図の問題をガロア理論を用いて解決する．

第 7 章では

先に述べた「別冊」を並べた．

ここでは代数的な考え方に触れることができる．

代数学に興味を持ち憧れを持ち，もっと知りたいという気持ちが芽生えることを祈っている．

第 8 章は

先に述べたとおり注釈を並べたものである．簡単に解決するような疑問にも全て答えたつもりである．

「5次方程式には解の公式はない」これは一体どういうことなのだろうか．一言でこの問いに答えることは難しいことであるが，この本で一通りの答えを見ることができるはずである．

　この本は噛み砕いた表現をしてわかりやすさを追求したものではなく，現実の世界のものごとに例えて話しているところは一つもない．
数学だけの世界である．

　丹後先生に質問をするといつも必ず答えてくださった．私の疑問を解決するために必要なことを最初から全て話してくださった．質問することで果てしなく難しくなるように感じたり，なぜもっと簡単に答えてもらえないのかなと思ったこともあったが，真に理解するためにはこれが大切なことなのだとわかってきた．他人の理解を見ようとするのではなく，最初から自分の頭で考えたことを一つ一つ積み重ねて自分で数学の世界を描いていくこと．これができないうちは何も理解できていないのである．

　先生は数学だけを私に語り続けてくださった．何かを参考に話されるのではなく丹後先生からあふれ出てくる代数学の世界に私は引き込まれてしまった．別冊は丹後先生のお話を少し柔らかくまとめた代数学の世界である．

　数学と向き合うとき，向き合うたびに新たなことに気付いて先の考え方を簡潔に組み立て直す．この向き合うたびに新たなことに気付いて簡単なことに見えていくことが数学を勉強する楽しみでもある．最初はとても飲み込めそうにない話でも，何度も何度も読み砕いているうちに当然のことに思えてくる．こうなって初めて理解できたと実感することができて前に進める．
そこまでは我慢である．

　いつもそばにおいて何度も何度も読み砕く．
これが数学のすばらしい世界を見る唯一の方法であると思う．
この本が数学を学ぶということに対してのこのような一視点を持つ機会になればうれしいことである．

目次

第 0 章　序章　1
0.1　群と環と体 (groups,rings,fields) . . . .　1
0.2　部分環, 部分体, 部分加群 (subrings,subfields,submodules) . .　16
0.3　イデアル (ideals) . . . .　23
0.4　写像と準同型写像 (maps and homomorphisms) . . . .　30
0.5　体の標数 (The characteristic of a field) . . . .　42

第 1 章　多項式環と拡大体　58
1.1　多項式環の生成 . . . .　58
1.2　商環の生成 . . . .　76
1.3　多項式環 (Polynomial rings) の性質 . . . .　88
1.4　拡大体 (Extension fields) . . . .　99
1.5　拡大体の生成 . . . .　102
1.6　部分集合で生成された環 (The subring generated by a subset)　106
1.7　部分集合で生成された体 (The subfield generated by a subset)　110
1.8　代数的な元と代数的でない元 (algebraic and transcendental elements) . . . .　112

第 2 章　代数的閉体と splitting field　123
2.1　代数的閉体 (algebraically closed fields) . . . .　123
2.2　拡大体の F-homomorphism . . . .　128
2.3　splitting fields(最小分解体) . . . .　133
2.4　multiple roots . . . .　143

第 3 章　ガロア拡大とガロア群　　156

- 3.1　fixed fields(固定体) 156
- 3.2　separable 拡大と normal 拡大 163
- 3.3　ガロア理論の基本定理 (The fundamental theorem of Galois Theory) 181
- 3.4　ガロア拡大の例 196
- 3.5　多項式のガロア群 214
- 3.6　多項式の可解性 (solvable in radicals) 219
- 3.7　多項式のガロア群が A_n に含まれるとき 221
- 3.8　多項式のガロア群が transitive であるとき 229
- 3.9　2次, 3次の多項式のガロア群 231
- 3.10　4次の多項式のガロア群 234
- 3.11　p 次の多項式のガロア群が S_p となるとき 250
- 3.12　有限体上のガロア拡大とガロア群 255
- 3.13　$\mathbb{Q}$ 上のガロア群の計算 264

第 4 章　solvable　　274

- 4.1　simple 拡大の primitive elements 274
- 4.2　代数学の基本定理 (Fundamental Theorem of Algebra) 283
- 4.3　Dedekind (デデキンド) の定理 287
- 4.4　円分多項式 (cyclotomic polynomials) と 円分拡大 (cyclotomic extensions) 293
- 4.5　the normal basis theorem 302
- 4.6　Hilbert(ヒルベルト) の定理 90 310
- 4.7　巡回拡大 (cyclic extensions) 325
- 4.8　Kummer(クンマー) 拡大 335
- 4.9　solvable tower 351
- 4.10　2次, 3次, 4次の多項式の solvable tower 359

第 5 章　一般多項式　　365

5.1	SYMMETRIC POLYNOMIALS THEOREM	365
5.2	SYMMETRIC FUNCTIONS THEOREM	373
5.3	一般多項式のガロア群	376

第 6 章　作図　381

6.1	constructible number と作図可能 (constructible)	381
6.2	正 p 角形 (p は素数) の作図	400
6.3	正 n 角形の作図	409

第 7 章　別冊　412

7.1	ツォルンの補題	412
7.2	イデアル (ideal)	416
7.3	UFD1	423
7.4	UFD2	443
7.5	1 を作る定理	452
7.6	体の乗法群の有限な部分群は巡回群	454
7.7	正規部分群	459
7.8	準同型定理	479
7.9	S_n	497
7.10	$n \geq 5$ のときの S_n の正規部分群と A_n の単純性	514
7.11	linear map(線型写像)	520
7.12	行列	531
7.13	行列式	541
7.14	固有値	573
7.15	trace(トレース),norm(ノルム), 固有多項式	583
7.16	コチェイン	605
7.17	exact sequence(完全列)	616
7.18	solvable	631
7.19	normal base(正規底)	636
7.20	作用とオービット・シローの定理	645

7.21	$\mathrm{Hom}(G,\mu_n)$	667
7.22	アーベル群の基本定理 (1)	674
7.23	アーベル群の基本定理 (2)	693
7.24	$G_{f_*} > G_{\bar{f}_*}$	699

第 8 章 注釈　712

参考文献　756

索引　758

第 0 章

序章

0.1 群と環と体 (groups,rings,fields)

　この本の中にはたくさんの記号が登場する.
どの数学の世界においても共通であるものもあれば
この本の中にだけ登場するものある.
記号はそれぞれ意味をもっている.
ここでは, 群, 環, 体の定義をしながら, 記号一つ一つの説明を
効率よく展開することにする.

　小学校で最初に習った数 $1, 2, 3, \cdots, n, \cdots$
つまり正の整数を自然数という. [1)]

　'もの'の集まりのことを集合という.
そして'もの'のことを元という.

　自然数全体の集合 $\{1, 2, 3, \cdots, n, \cdots\}$ を $\mathbb{N}$ で表す.
自然数に自然数をたしたものは自然数になる.
このことを
　　$\mathbb{N}$ は和で閉じている
という.
自然数に自然数をかけたものも自然数になる.

[1)]　0 も自然数の仲間に入れて $0, 1, 2, \cdots, n, \cdots$ を自然数という本もある.

このことを
　　$\mathbb{N}$ は積で閉じている
という．
x が自然数であるということを
　　$\mathbb{N} \ni x$ または $x \in \mathbb{N}$
と，記号 $\ni, \in$ を使って表現する．
$\mathbb{N}$ が和 (たし算) で閉じていることをこの記号を使って表現すると
　　$\mathbb{N} \ni a, b$ とすると $\mathbb{N} \ni a+b$
となる．
$\mathbb{N}$ が積 (かけ算) で閉じていることは
　　$\mathbb{N} \ni a, b$ とすると $\mathbb{N} \ni ab$
となる．
$\mathbb{N} \ni a, b$ としても $\mathbb{N} \ni a-b$ とは限らない．
つまり
　　$\mathbb{N}$ は差で閉じていない

　中学校で習ったように，0 と自然数およびそのマイナスを整数という．
整数全体のなす集合 $\{\cdots, -3, -2, -1, 0, 1, 2, 3, \cdots\}$ を $\mathbb{Z}$ で表す．
$\mathbb{Z}$ には次の性質がある．
$\mathbb{Z}$ には和と積の 2 つの演算が定義されている．
つまり
　　$\mathbb{Z} \ni a, b$ とすると $\mathbb{Z} \ni a+b$
　　$\mathbb{Z} \ni a, b$ とすると $\mathbb{Z} \ni ab$
が成り立っている．
この和と積は次をみたしている．
　I. 和は可換で，
　　　和は結合律をみたし，
　　　　0 が $\mathbb{Z}$ に含まれている．
　　　　全ての要素のマイナスを含んでいる．
　II. 積は可換で，

積は結合律をみたし，
　　1 が $\mathbb{Z}$ に含まれている．
　III．和と積は分配律をみたす．

この I, II, III を記号を使って表現すると次のようになる．
　I．(0) $\mathbb{Z} \ni a, b$ のとき
　　　　　$a + b = b + a$ 　（和は可換）
　　(1) $\mathbb{Z} \ni a, b, c$ のとき
　　　　　$a + (b + c) = (a + b) + c$ 　（和は結合律をみたす）
　　(2) $\mathbb{Z} \ni 0$ であり，
　　　　　$\mathbb{Z} \ni a$ のとき $0 + a = a$, $a + 0 = a$ [2]
　　　　　（0 が $\mathbb{Z}$ に入っている）
　　(3) $\mathbb{Z} \ni a$ のとき
　　　　　$\mathbb{Z} \ni -a$ であり，$a + (-a) = 0$, $(-a) + a = 0$ [3]
　　　　　（$\mathbb{Z}$ の全ての元がそのマイナスを $\mathbb{Z}$ にもつ）
　II．(0) $\mathbb{Z} \ni a, b$ のとき
　　　　　$ab = ba$ 　（積は可換）
　　(1) $\mathbb{Z} \ni a, b, c$ のとき
　　　　　$a(bc) = (ab)c$ 　（積は結合律をみたす）
　　(2) $\mathbb{Z} \ni 1$ であり，
　　　　　$\mathbb{Z} \ni a$ のとき $1a = a$, $a1 = a$ [4]
　　　　　（1 が $\mathbb{Z}$ に入っている）
　III．$\mathbb{Z} \ni a, b, c$ のとき
　　　　　$a(b + c) = ab + ac$

---

[2] 　和は可換なので $0 + a = a$, $a + 0 = a$ のどちらか一つが成り立てば両方成り立つ．

[3] 　和は可換なので $a + (-a) = 0$, $(-a) + a = 0$ のどちらか一つが成り立てば両方成り立つ．

[4] 　積は可換なので $1a = a$, $a1 = a$ のどちらか一つが成り立てば両方成り立つ．

$$(a+b)c = ac+bc \quad {}^{5)}$$
　　　(和と積は分配律をみたす)

以上の性質をみたすものを環 (可換環) というので $\mathbb{Z}$ は
整数環と呼ばれる.

　整数 m と 0 でない整数 n を使って $\dfrac{m}{n}$ の分数の形で
表される数を有理数という.
有理数全体のなす集合を $\mathbb{Q}$ で表す.
$\mathbb{Q}$ は小数で表すと
有限小数 (整数も含む) と, 巡回する無限小数全体のなす集合に
一致している.
$\mathbb{Q}$ には和と積の2つの演算が定義されていて,
次の I, II, III をみたす.

- I. (0) $\mathbb{Q} \ni a, b$ のとき
  $$a+b = b+a \quad (和は可換)$$
  (1) $\mathbb{Q} \ni a, b, c$ のとき
  $$a+(b+c) = (a+b)+c \quad (和は結合律をみたす)$$
  (2) $\mathbb{Q} \ni 0$ であり,
  　$\mathbb{Q} \ni a$ のとき $0+a = a,\ a+0 = a$
  　　(0 が $\mathbb{Q}$ に入っている)
  (3) $\mathbb{Q} \ni a$ のとき
  　$\mathbb{Q} \ni -a$ であり, $a+(-a) = 0,\ (-a)+a = 0$
  　　($\mathbb{Q}$ の全ての元がそのマイナスを $\mathbb{Q}$ にもつ)
- II. (0) $\mathbb{Q} \ni a, b$ のとき
  $$ab = ba \quad (積は可換)$$
  (1) $\mathbb{Q} \ni a, b, c$ のとき
  $$a(bc) = (ab)c \quad (積は結合律をみたす)$$
  (2) $\mathbb{Q} \ni 1$ であり,

[5)]　積は可換なので $a(b+c) = ab+ac,\ (a+b)c = ac+bc$ の
　　どちらか一つが成り立てば両方成り立つ.

$\mathbb{Q} \ni a$ のとき $1a = a,\ a1 = a$

(1 が $\mathbb{Q}$ に入っている)

(3) $\mathbb{Q} \ni a,\ a \neq 0$ のとき

$\mathbb{Q} \ni a^{-1}$ であり, $aa^{-1} = 1,\ a^{-1}a = 1$

($\mathbb{Q}$ の 0 以外の全ての元が逆元をもつ)

III. $\mathbb{Q} \ni a, b, c$ のとき

$a(b+c) = ab + ac$

$(a+b)c = ac + bc$

(和と積は分配律をみたす)

これらの性質をみたすものを体というので $\mathbb{Q}$ は有理数体と呼ばれる.

ここで, 先に登場した環, 体の一般的な定義を述べる.
定義に必要な概念から述べていくことにする.

集合 X において
X の 2 つの元に対して X の元を対応させるやり方を
X の二項演算という.
X の二項演算において
X の 2 つの元 x と y に対して定まる X の元を $x+y$ と表すとき
この二項演算は和と呼ばれる.
したがって X に和が定義されていることを記号を使って表現すると
次になる.

$X \ni^{\forall} x, {}^{\forall}y$ に対して $X \ni x+y$

${}^{\forall}x$ は, 任意の x と読む.
$X \ni^{\forall} x$ は, X の任意の元をとり, それを x と表すという意味である.
X の二項演算において
X の 2 つの元 x と y に対して定まる X の元を xy と表すとき [6]
この二項演算は積と呼ばれる.
したがって X に積が定義されていることを記号を使って表現すると

---

[6] 混乱の恐れがあるときには $x \times y$ とか $x \cdot y$ と表すこともある.

次になる.
$\quad X \ni^\forall x, {}^\forall y$ に対して $X \ni xy$

★★ 集合 X に和が定義されているとき
(つまり X に和と呼ばれる二項演算が入っているとき)
和はいつも可換である.
(可換でない二項演算は和といわない)
つまり X の任意の 2 元 x, y に対していつも
$\quad x + y = y + x$
が成り立っている.
X の任意の 3 元 x, y, z に対していつも
$\quad x + (y + z) = (x + y) + z$
が成り立つとき,
この和は結合律をみたすという.
これは記号を使って表現すると
$\quad X \ni^\forall x, {}^\forall y, {}^\forall z$ に対して $x + (y + z) = (x + y) + z$
となる.
X の元 a が, X の全ての元 x に対して
$\quad a + x = x, \quad x + a = x$
をみたすとき, a を X のゼロという.
ゼロは一つしかない.
(ゼロがあればそれはただ一つであることをあとで示す)
X のゼロは 0_X で表すが単に 0 と表すことが多い.
X の中にゼロが入っていることを記号を使って
$\quad X \ni^\exists a \ \ s.t. \ X \ni^\forall x$ に対して
$\quad a + x = x, x + a = x$
と表現する.
$X \ni^\exists a$ の $\exists$ は存在を表す記号である.
$s.t.$ は such that を記号化したものであり,
$\triangle \ s.t. \ \square$ は, $\square$ であるような $\triangle$ と読む.

$X \ni^\exists a$ s.t. $X \ni^\forall x$ に対して
　　$a+x=x, x+a=x$
は X の中にゼロであるような元 a があるように見えるが
そうではなく,
ゼロの資格がある元があるが,その元を a で表すことにしましょう
という意味である.[7)]

　X に ゼロ 0_X が入っているとき,
X の元 a に対して X の元 b が
　　$a+b=0_X, b+a=0_X$
をみたすとき,この b を a のマイナスという.
(X が結合律をみたすとき, X の元 a にそのマイナスがあれば
　それはただ一つであることもあとで示す)
つまり a のマイナスは a で定まる.
a のマイナスを $-a$ で表す. [8)]

★ 先程述べたゼロがあればそれはただ一つであることを示しておく.
　0 と $0'$ が共に X のゼロとすると
　　$0=0+0'$ ($0'$ が X のゼロ)
　　$0'=0+0'$ (0 が X のゼロ)
よって $0=0'$ となる.
　次に X が結合律をみたすとき, X の元 a にそのマイナスがあれば

[7)] 「$\mathbb{Z} \ni^\exists 0$ s.t. $\mathbb{Z} \ni^\forall x$ に対して $0+x=x, x+0=x$」
　　と書くのは誤りである.
　　0 はすでに $\mathbb{Z}$ の中にあって
　　　$\mathbb{Z} \ni^\forall x$ に対して $0+x=x, x+0=x$
　　をみたしているので
　　「$\mathbb{Z} \ni 0$ であり, $\mathbb{Z} \ni^\forall x$ に対して $0+x=x, x+0=x$」
　　と書くのが正しい.

[8)] b が a のマイナスのとき a は b のマイナスである.
　　すなわち $b=-a$ のとき $a=-b$ である.
　　よって $a=-(-a)$ である.

それはただ一つであることを示す.

実際, b と c が a のマイナスとすると,
$$a+b=0_X, \ c+a=0_X \ (ただし 0_X は X のゼロ)$$
なので
$$b = 0_X + b = (c+a) + b = c + (a+b) = c + 0_X = c$$
となる.

★★ 集合 X に積が定義されているとき

(つまり X に積と呼ばれる二項演算が入っているとき)

X の任意の 2 元 x, y に対していつも
$$xy = yx$$
が成り立つとき, 積は可換であるという.

X の任意の 3 元 x, y, z に対していつも
$$x(yz) = (xy)z$$
が成り立つとき,
この積は結合律をみたすという.

X の元 a が, X の全ての元 x に対して
$$ax = x, \ xa = x$$
をみたすとき, a を X の単位元という.
単位元は一つしかない.
(単位元があればそれはただ一つであることをあとで示す)
単位元は e で表すことが多い.
(X に和と積の 2 つの演算が定義されていて環をなすときは
積の単位元はイチと呼ばれ, 1_X で表すが単に 1 と表すことも多い)

X に単位元 e が入っているとき

X の元 a に対して X の元 b が
$$ab = e, \ ba = e$$
をみたすとき, この b を a の逆元 (インバース) という.
(X が結合律をみたすとき, X の元 a にそのインバースがあれば
それはただ一つであることもあとで示す)

つまり a のインバースは a で定まる.

a のインバースを a^{-1} で表す. [9]

★ 先程述べた単位元があればそれはただ一つであることを示しておく.

e と e' が共に X の単位元とすると

$e = e \cdot e'$ (e' が X の単位元)

$e' = e \cdot e'$ (e が X の単位元)

よって $e = e'$ となる.

次に X が結合律をみたすとき, X の元 a にそのインバースがあればそれはただ一つであることを示す.

実際, b と c が a のインバースとすると,

$a \cdot b = e, \; c \cdot a = e$ (ただし e は X の単位元)

なので

$b = e \cdot b = (c \cdot a) \cdot b = c \cdot (a \cdot b) = c \cdot e = c$

となる.

ここで, 一般の加群, 環, 可換環, 体の定義を述べることにする.

★ 加群の定義

空でない集合 M [10] に和が定義され次をみたすとき

M は加群であるという.

(0) 和は可換である.

(1) 和は結合律をみたす.

(2) M にゼロがある.

(3) M の全ての元に対して M の中にそのマイナスがある. [11]

---

[9] b が a のインバースのとき a は b のインバースである.
すなわち $b = a^{-1}$ のとき $a = b^{-1}$ である.
よって a にインバースがあるとき $a = (a^{-1})^{-1}$ である.

[10] 属する元を一つももたない集合を空集合といって $\emptyset$ で表す.

[11] 加群 M においてはゼロばただ一つである.
M のゼロは 0_M または単に 0 で表されることが多い.

これを記号を使って表現すると以下になる．
Def. は 定義 (definition) の略である．
定義という言葉はここまでに何度か使っているが，これは
ここで使う事柄を定めたものである．

Def. 0.1.1 （加群）
　　$M \neq \emptyset$ であって，
　　　　$M \ni^\forall a, {}^\forall b$ に対して $M \ni a+b$
　　であり，次をみたすとき
　　M は加群であるという．
　　　(0) $M \ni^\forall a, {}^\forall b$ に対して
　　　　　$a+b = b+a$
　　　(1) $M \ni^\forall a, {}^\forall b, {}^\forall c$ に対して
　　　　　$(a+b)+c = a+(b+c)$
　　　(2) ${}^\exists 0_M \in M \quad s.t.$
　　　　　$M \ni^\forall a$ に対して
　　　　　　$0_M + a = a + 0_M = a$
　　　(3) $M \ni^\forall a$ に対して
　　　　　${}^\exists b \in M \quad s.t. \quad a+b = b+a = 0_M$
　　　　　この b を $-a$ で表す． [12]

★ x, y が加群 M の元のとき
　　$x + (-y)$ を $x - y$ と表し，x から y をひいたものという．
　　この記法のもとでは x, y, z が $x + y = z$ をみたす M の元のとき
　　　$x = z - y$

　　　　加群 M においては M の元 a のマイナスはただ一つである．
　　　　　a のマイナスは $-a$ で表す．
[12]　　$M \ni^\forall a$ に対して $M \ni -a$ であり，
　　　　　$a + (-a) = (-a) + a = 0_M$
　　　　と表現することもある．

である．[13)]

★ 環の定義

2 個以上の元からなる集合 R に和と積が定義され次をみたすとき
R は環であるという．

  I. 和に関して加群である．

  II. 積に関して

    (1) 積は結合律をみたす．

    (2) R にイチ（積に関する単位元）がある．

      R のイチは普通 1_R で表す．

      混乱の恐れがないときは単に 1 で表すことがある．

  III. 和と積に関して分配律

    すなわち次が成り立つ．

      R の任意の元 a, b, c に対して，
$$a(b+c) = ab + ac$$
$$(a+b)c = ac + bc$$

これを記号を使って表現すると以下になる．

Def. 0.1.2 （環 (ring)）

  R を 2 個以上の元からなる集合とする．

  $R \ni^\forall a, {}^\forall b$ に対して $a + b \in R,\ ab \in R$

であり，次をみたすとき

R は環であるという．

  I. 和に関して加群である．

  II. 積に関して

    (1) $R \ni^\forall a, {}^\forall b, {}^\forall c$ に対して
$$(ab)c = a(bc)$$

[13)] $\begin{aligned} z - y &= (x + y) + (-y) \\ &= x + (y + (-y)) \\ &= x + 0_M \\ &= x \end{aligned}$

(2) $^\exists 1_R \in R$ s.t.

$R \ni^\forall a$ に対して

$$a \cdot 1_R = 1_R \cdot a = a$$

III. 和と積に関して分配律

すなわち次が成り立つ．

$R \ni^\forall a, ^\forall b, ^\forall c$ に対して

$$a(b+c) = ab + ac$$
$$(a+b)c = ac + bc$$

積が可換である環を可換環という．

Def. 0.1.3 （可換環）

R は環であって，

$R \ni^\forall a, ^\forall b$ に対して $ab = ba$

が成り立つとき

R は可換環であるという．

この本では環は可換環を扱うことにする．

★ R を環として，$R \ni a$ のとき

R は加群でもあるので R のゼロはただ一つであり，

a のマイナスもただ一つである．

R のゼロは普通 0_R または単に 0 で表すことが多い．

a のマイナスを $-a$ で表す．

R の積の単位元，すなわち R のイチはただ一つである．

R のイチは 1_R または単に 1 で表すことが多い．

a が積の逆元をもつとき，それはただ一つであり，a^{-1} で表す．

次に Proposition という言葉が出てくるがこれは命題 (proposition) のことである．[14]

命題は数学的な性質等を主張したものであり，

---

[14] 主張の多くを Proposition として記述する．

その真偽を確かめられるもののことである.
特に重要である主張を定理 (theorem) といい,
本書では Theorem として述べる.

さらに次が成り立つ.

Proposition 0.1.1 $(1_R \neq 0_R)$

R を環として $R \ni a$ のとき
 (1) $0_R \cdot a = 0_R$
 (2) $(-1_R) \cdot a = -a$
 (3) $1_R \neq 0_R$

(proof)
(1) $0_R \cdot a + 0_R \cdot a = (0_R + 0_R) \cdot a = 0_R \cdot a$
両辺から $0_R \cdot a$ をひいて
$$0_R \cdot a = 0_R$$
を得る.
(2) $0_R = 0_R \cdot a$
$\qquad = (1_R + (-1_R)) \cdot a$
$\qquad = 1_R \cdot a + (-1_R) \cdot a$
$\qquad = a + (-1_R) \cdot a$
よって $(-1_R) \cdot a$ は $-a (a$ のマイナス$)$ である.
(3) $1_R = 0_R$ とすると
$R \ni^\forall a$ に対して
$$a = 1_R \cdot a = 0_R \cdot a = 0_R$$
となるので
$$R = \{0_R\}$$
となる.
環は 2 個以上の元をもつのでこれは矛盾である.[15]

---

[15] $\{0_R\}$ も環と認めてゼロ環と呼ぶ本もある.
そのときは $1_R = 0_R$ である.

体は 0 以外の全ての元が逆元をもつ可換環として定義される.

Def. 0.1.4 (体 (field))

F は可換環であって,

$F \ni^\forall a \quad s.t. \quad a \neq 0$ に対して $F \ni a^{-1}$

が成り立つとき

F は体であるという.

もっと前に述べたほうがよかったのかもしれないが最後に
群の定義をここで述べておく.
先に次の二項演算の単位元と逆元に関する Proposition を見ておく.

Proposition 0.1.2 (単位元,逆元があればそれはただ一つ)

X に二項演算が定義されているとする.
(1) X にこの二項演算の単位元があればそれはただ一つである.
(2) 二項演算が結合律をみたし,二項演算の単位元をもつとき,
X の元 a に対して,この二項演算による a の逆元があれば
それはただ一つである. [16]

(proof)
(1) 二項演算を $*$ で表す. [17]

e と e' を X の単位元とする.

e は単位元なので

$e * e' = e'$

e' は単位元なので

$e * e' = e$

よって $e' = e$ である.

---

[16] 二項演算が和のときは単位元はゼロと呼ばれ,逆元はマイナスと呼ばれる.
二項演算が積のときは逆元はインバースと呼ばれる.

[17] 二項演算が和のときは $x * y$ は $x + y$ のことである.
二項演算が積のときは $x * y$ は xy のことである.

(2) e を X の単位元とする.

b と c を a の逆元とする.

b が a の逆元なので

$a*b = e$

c が a の逆元なので

$c*a = e$

よって

$c = c*e = c*(a*b) = (c*a)*b = e*b = b$

群は結合律をみたし, 単位元をもち, 全ての元が逆元をもつ. そのような二項演算が定義された集合として定義される.

Def. 0.1.5 (群 (group))

G を空でない集合とする.

$G \ni^\forall a, ^\forall b$ に対して $a*b \in G$

であり, 次をみたすとき

G は群であるという.

(1) $G \ni^\forall a, ^\forall b, ^\forall c$ に対して

$(a*b)*c = a*(b*c)$

(2) $^\exists e \in G \ \ s.t. \ \ G \ni^\forall a$ に対して $e*a = a*e = a$

(3) $G \ni^\forall a$ に対して $^\exists b \in G \ \ s.t. \ \ a*b = b*a = e$

演算が可換である群を可換群, アーベル群という.

Def. 0.1.6 (可換群 (アーベル群))

G は群であって

$G \ni^\forall a, ^\forall b$ に対して $a*b = b*a$

が成り立つとき,

G は可換群 (アーベル群) であるという.

0.2 部分環, 部分体, 部分加群 (subrings, subfields, submodules)

整数は全て有理数である.
つまり, $\mathbb{Z}$ の元は全て $\mathbb{Q}$ の元である.
このように, 一般に 2 つの集合 M と N に対して
M の全ての元が N の元となるとき
M は N の部分集合であるといって
$\quad M \subset N$ または $N \supset M$
と表す.
$M = N$ のときは M の元は全て N の元なので
$M \subset N$, つまり $M \subset M$ である.
M が N の部分集合で $M \neq N$ のとき
M は N の真部分集合であるといって
$\quad M \subsetneqq N$
と表す. [18], [19]

★ M と N を集合とするとき
  (1) 次は同じことを主張している.
    (i) M は N の部分集合である.
    (ii) $M \subset N$
    (iii) $M \ni^{\forall} x$ に対して $N \ni x$
  (2) $M \subset M$ であり, $\emptyset \subset M$ [20] である.
  (3) 次は同じことを主張している.

---

[18] M が N の部分集合であり, N の元で M に入っていないものがあるとき
つまり $M \subset N$ かつ $\exists x \in N$ s.t. $x \notin M$ が成り立つとき
$M \subsetneqq N$ である.

[19] 本によっては本書の $M \subset N$ を $M \subseteq N$ で表すものもある.
そのような本は $M \subset N$ は本書の $M \subsetneqq N$ の意味で使っている.
本を読むときにはこれに気をつけること.

[20] $\emptyset$ は空集合を表している.
空集合は全ての集合の部分集合である.

(i) $M = N$
(ii) $M \subset N$ かつ $N \subset M$
(iii) $M \ni^\forall x$ に対して $N \ni x$
　　　　かつ
　　　$N \ni^\forall y$ に対して $M \ni y$

　有理数体 $\mathbb{Q}$ はもちろん可換環であり, 整数環 $\mathbb{Z}$ を含んでいる.
$\mathbb{Z}$ での和や積は $\mathbb{Q}$ で行っても結果が変わらない.
1 は $\mathbb{Z}$ のイチであり $\mathbb{Q}$ のイチでもある.
このように環 S が環 R に含まれ, S での演算は R での演算と同じで [21]
イチを共有しているとき, S は R の部分環であるという.
R の部分環 S のゼロは R のゼロである.
すなわち, $0_S = 0_R$ である. [22]

Def. 0.2.1 （部分環 (subring)・拡大環）
　2 つの環 S と R が次の (1), (2), (3) をみたすとき
　S は R の部分環であるという.
　また, R は S の拡大環であるという.
　(1) $S \subset R$
　(2) S での演算は R での演算と同じ

---

[21]　S での和を $+_S$, R での和を $+_R$ で表したとき
　　　$S \ni^\forall a, ^\forall b$ に対して　$a +_S b = a +_R b$
　　がいつも成り立つとき
　　　S での和は R での和と同じであるという.
　　積についても同様に, 積は同じという言葉を使う.

[22]　0_S が S のゼロなので
　　　$0_S + 0_S = 0_S$
　　つまり R において
　　　$0_S + 0_S = 0_S$
　　よって
　　　$0_S = 0_S - 0_S = 0_R$

(3) S のイチと R のイチが同じ [23]

Def. 0.2.2 （部分体 (subfield)・拡大体）
S と R が体であり
S が R の部分環であるとき
S は R の部分体であるという．
また，R は S の拡大体であるという．

ここからは部分環, 部分加群, 部分体であることの判定の仕方を述べ環, 体に関する基本的性質について述べる.

環 R の部分集合 S が R での和, 積と同じ和, 積で環となり, イチを共有しているとき, S は R の部分環といった.
S が R の部分環のときには S の任意の元 a,b に対して
R での a と b の和 $a+b$ は S の元
R での a と b の積 ab は S の元
R のイチ 1_R は S の元
R での a のマイナス $-a$ は S の元である． [24]

このことをふまえて次の Proposition が成り立つ.

Proposition 0.2.1 （部分環の条件 1）
S を環 R の空でない部分集合として
(1) $S \ni {}^\forall a, {}^\forall b$ に対して $a+b \in S$
(2) $S \ni {}^\forall a, {}^\forall b$ に対して $ab \in S$
(3) $S \ni 1_R$
(4) $S \ni {}^\forall a$ に対して $S \ni -a$ （$-a$ は R での a のマイナス）
をみたすとき, S は R の部分環となる.

---

[23] R のイチは S の元である.
[24] S の元 a の S でのマイナスを b とすると,
$a+b = 0_S = 0_R$ となるので
b は R での a のマイナス $-a$ と一致する.
つまり, S の元 a の R でのマイナス $-a$ は S の元となる.

(proof)

条件 (1),(4) より S は R での和と同じ和で加群とすることができる.

実際, (1) より S に R での和と同じ和を入れることができる.

その和は R で可換かつ結合律をみたしていたので

S で可換であり, 結合律をみたす.

S は空でないので S には元があるが, その一つを a とすると

(4) より R での a のマイナス $-a$ は S の元である.

$a + (-a) = 0_R$ で, (1) より $S \ni a + (-a)$ であるから

$S \ni 0_R$ である.

つまり 0_R は 0_S と一致している.

S の任意の元 a をとると

(4) より $S \ni -a$ ($-a$ は R での a のマイナス)

$a + (-a) = 0_R$ で, $0_R = 0_S$ だったので

$a + (-a) = 0_S$

S での和は R での和と同じなので

$-a$ は S での a のマイナスである.

S の全ての元が S においてそのマイナスをもつことがわかった.

以上より S は R と同じ和で加群をなすことがわかる.[25]

条件 (2) より S に R と同じ積を入れることができ

R において積は結合律をみたしているので

S での積も結合律をみたしている.

条件 (3) より 1_R が S でのイチの役目を果たしている.

R において分配律が成り立っているので, S でも分配律が成り立つ.

よって, S は R の部分環である.

環は和のみに注目すると加群であった.

Def. 0.2.3 (部分加群 (submodule))

加群 N の空でない部分集合 M が

---

[25] S は R の部分加群である.

N での和と同じ和で加群になっているとき
M は N の部分加群であるという. [26]

部分加群について次が成り立つ.

Proposition 0.2.2 (部分加群の条件)

M が 加群 N の空でない部分集合のとき, 次の I,II,III は同値である. [27]

I. M は N の部分加群である.

II. (1) $M \ni^\forall a, {}^\forall b$ に対して $M \ni a+b$

(2) $M \ni^\forall a$ に対して $M \ni -a$

III. $M \ni^\forall a, {}^\forall b$ に対して $M \ni a-b$

(proof)

(I $\Rightarrow$ II,III) は加群なので明らか.

(II $\Rightarrow$ I) は上の証明で見たとおりである.

(III $\Rightarrow$ I) M が N の部分加群であることを示すためには

① $M \ni^\forall a, {}^\forall b$ に対して N における a と b の和 $a+b$ が M に入る.

② $M \ni 0_N$

③ $M \ni^\forall a$ に対して a の N におけるマイナス $-a$ が M に入る.

この ①, ②, ③ を示せばよい.

① が示せたら M に N での和と同じ和を入れることができる.
  N での和は結合律をみたすので M での和も結合律をみたす.

② が示せたら N におけるゼロが M のゼロになる.

③ が示せたら M の元の N におけるマイナスが M におけるマイナスになる.

では III を認めて ①, ②, ③ の順番をかえて

②, ③, ① の順に示す.

---

[26] 上の Proposition で S が R の部分加群になるのを見た.

[27] I,II,III は同じであるということである.
  A と B が同値であることを $A \Leftrightarrow B$ で表す.
  これを示すには $A \Leftarrow B$ と $A \Rightarrow B$ が真であることをいう.

② $M \neq \emptyset$ なので $\exists a \in M$

 $M \ni a, a$ なので

  $M \ni a - a = 0$

③ $M \ni^\forall a$ に対して $M \ni 0, a$ なので

  $M \ni 0 - a = -a$

① $M \ni a, b$ のとき

  $M \ni b$ より $M \ni -b$

  $M \ni a, -b$ より $M \ni a - (-b) = a + b$

この Proposition で II と III が同値であることを見た. これより Proposition 0.2.1 の (1) と (4) は一つにまとめられる. すなわち, 部分環の判定は次でもよい.

Proposition 0.2.3 (部分環の条件2)

S が環 R の空でない部分集合のとき

S が R の部分環 $\iff$ $\begin{cases} (i) \ S \ni^\forall a, ^\forall b \text{ に対して } a - b \in S \\ (ii) \ S \ni^\forall a, ^\forall b \text{ に対して } ab \in S \\ (iii) \ S \ni 1_R \end{cases}$

部分体については次が成り立つ.

体 E の部分集合 F が E の部分環であり, 体であるとき, F は E の部分体であるといった.

F が E の部分体であるときは F の 0 でない元 a に対しては a の F での逆元がある. それを b とすると $ab = 1_F = 1_E$ となるので b は E での a の逆元 a^{-1} である. つまり, F の 0 でない元 a に対して $F \ni a^{-1}$ である.

逆に, F が体 E の部分環で, F の 0 でない元 a に対して $F \ni a^{-1}$ が成り立つとき F は体になることがわかり F は E の部分体になっている.

Proposition 0.2.4 (部分体の条件)

F が体 E の部分集合であるとき

F が体 E の部分体 $\Leftrightarrow$ F が体 E の部分環であり
F の 0 でない元 a に対して $F \ni a^{-1}$

★ a と b が整数のとき

$ab = 0$ ならば $a = 0$ または $b = 0$

が成り立つ．

ところが，一般の環 R では後でもでてくるように

$ab = 0_R$ であるが，$a \neq 0_R$ かつ $b \neq 0_R$

であることもある．

$ab = 0_R$ ならば $a = 0_R$ または $b = 0_R$

が成り立つ環は integral domain と呼ばれ

日本語で整域と訳されている．

私たちは integral domain または単に domain と呼ぶことにする．

当然次が成り立つ．

Proposition 0.2.5

integral domain の部分環は integral domain である．[28]

Proposition 0.2.6 (体は integral domain)

体は integral domain である．

(proof)

F を体とする．

$F \ni a, b$ で $ab = 0$ とする．

$a \neq 0$ とすると

---

[28] R は integral domain, S は R の部分環とする．
$S \ni a, b$ で $ab = 0_S$ とすると
$R \ni a, b$ で $ab = 0_S = 0_R$ である．
R は integral domain なので $a = 0_R = 0_S$ または $b = 0_R = 0_S$ である．
したがって，S は integral domain である．

$F \ni a^{-1}$

$ab = 0$ の両辺に a^{-1} をかけると

$b = 0$

したがって, F は integral domain である.

★ integral domain R において,

$R \ni a,b$ で $a \neq 0$ で $ab = ac \Rightarrow b = c$

と a がキャンセルされる.

このことを R において cancellation low が成り立つという.

Proposition 0.2.7 (cancellation low)

integral domain では積に関する cancellation low が成り立つ. つまり, R を integral domain として, $R \ni a,b,c$ で $ab = ac$ かつ $a \neq 0$ とすると $b = c$ が成り立つ.

0.3 イデアル (ideals)

$\mathbb{Z}$ において 3 の倍数の集合 $\{3m | m \in \mathbb{Z}\}$ を I とする.

I は 整数環 $\mathbb{Z}$ の部分集合である.

$I \ni x,y$ で $\mathbb{Z} \ni r$ とすると

$I \ni x+y,\ I \ni rx$ である.

実際, $\mathbb{Z} \ni a,b$ で $x = 3a,\ y = 3b$ となるものがある.

このとき

$x + y = 3a + 3b = 3(a+b) \in I$

また, $I \ni x$ と $r \in \mathbb{Z}$ に対して

$rx = r3a = 3ra \in I$

が成り立つ.

一般に, 環 R の空でない部分集合 I が

(1) $x \in I$ かつ $y \in I \Rightarrow x + y \in I$

(2) $x \in I$ かつ $r \in R \Rightarrow rx \in I$

をみたすとき, I を R のイデアル (ideal) という.

上の 3 の倍数全体のなす集合 I は $\mathbb{Z}$ の ideal である.

環 R においては, ゼロからなる集合 $\{0_R\}$ や R 自身も R の ideal になっている.
また I が R の ideal のときには
$I \ni x, y$ のとき
　$R \ni -1_R$ で $I \ni (-1_R)y$
より
　$I \ni x + (-1_R)y = x - y$
であることからわかるように, I は R の部分加群である.

Proposition 0.3.1 　(ideal と部分加群)

環 R において
　(1) $\{0_R\}$ は R の ideal である.
　(2) R は R の ideal である.
　(3) R の ideal は R の部分加群である.

環 $\mathbb{Z}$ の ideal は $\mathbb{Z}$ の部分加群である.
逆に 環 $\mathbb{Z}$ の部分加群は $\mathbb{Z}$ の ideal である. [29]
よって $\mathbb{Z}$ においては
ideal であることと部分加群であることは同じである.
　$\mathbb{Q}$ 係数の x の多項式全体からなる集合を $\mathbb{Q}[x]$ と表すと $\mathbb{Q}[x]$ は普通の和と積で環になる.
この $\mathbb{Q}[x]$ において
整数係数の x の多項式全体からなる集合を $\mathbb{Z}[x]$ で表すと $\mathbb{Z}[x]$ は $\mathbb{Q}[x]$ の部分加群であるが

---

[29] 　I が $\mathbb{Z}$ の部分加群のとき
　　　$I \ni x, y$ に対して $I \ni x + y$
　　　$I \ni x$ のとき $I \ni x + x + \cdots + x = 5x$
　　　$I \ni -(5x) = -5x$ 等からもわかるように
　　　$I \ni x, \mathbb{Z} \ni n$ のとき $I \ni nx$

$\mathbb{Q}[x] \ni \frac{1}{2}, \mathbb{Z}[x] \ni x$ であるにもかかわらず

$\mathbb{Z}[x] \not\ni \frac{1}{2}x$ でもわかるように

$\mathbb{Z}[x]$ は $\mathbb{Q}[x]$ の ideal ではない.

一般に, 環においては ideal は部分加群であるが [30]
部分加群は ideal であるとは限らない.

環の ideal についてもう少し見ておく.
詳細は別冊「イデアル (ideal)」を参照してほしい.

★ 環 $R \ni a$ に対して $\{ra | r \in R\}$ は R の ideal である.
これは a のみでつくる事ができる ideal,
つまり a で生成された ideal である.
このように, 1個の元で生成された ideal を単項イデアルという.
単項イデアルは principal ideal の訳であり
この本では principal ideal のほうを使うことにする. [31]
$\{ra | r \in R\}$ は a で生成された principal ideal であり
これを Ra または (a) で表す.

$\mathbb{Z}$ の ideal $\{0\}$ は (0) である.
I を $\mathbb{Z}$ の (0) と異なる ideal とするとき
a を I に含まれる最小の正の整数とすると
$I = (a)$ となる. $\cdots$ (**)
したがって, $\mathbb{Z}$ の全ての ideal は principal ideal である.
$\mathbb{Z}$ は domain であって全ての ideal は principal ideal である.

(**) はこの節の最後に示す.

---

[30] M を環, I を M の ideal とする.
     I は ideal なので
        $I \ni a, b$ に対して $a + b \in I$
        $M \ni -1$ で $I \ni^{\forall} a$ に対して $I \ni -a$
     よって I は M の部分加群である.

[31]   単項 ideal と書いているところもある.

ここで, 別冊「UFD」に述べてある PID の定義を見ておく.

Def. 0.3.1 (PID)
R は domain とする. [32]
R の全ての ideal が principal ideal(単項イデアル) であるとき,
R を principal ideal domain(単項イデアル整域)
であるといい,
略して PID であるという.

Theorem 0.3.1 ($\mathbb{Z}$ は PID)
整数環 $\mathbb{Z}$ は PID (principal ideal domain) である.

★ 環 R において R 自身は R の ideal であるが,
それ以外の R と異なる R の ideal を R の真のイデアルという.
真のイデアル は proper ideal の訳であり
この本では proper ideal のほうを使うことにする.

Def. 0.3.2 (真のイデアル (proper ideal・non-proper))
環 R の ideal I に対して
(1) $I \neq R$ のとき I を proper ideal という. [33]
(2) $I = R$ のとき I は non-proper という.

★ 環 R において R は R の ideal であり, $R \ni 1_R$ である.
I が R の ideal で 1_R を含むとき
R の任意の元 a に対して
$$I \ni 1_R \text{ より } I \ni a \cdot 1_R = a$$
となり, $I = R$ となることがわかる.
R の ideal が R と一致するための条件は
$$I \ni 1_R$$
である.

---

[32] integral domain のことを略して domain という.
[33] proper ideal のことを proper な ideal とか単に proper という.

Proposition 0.3.2 (proper ideal と 1)

I を R の ideal であるとするとき次が成り立つ.

I が proper $\Leftrightarrow I \not\ni 1_R$

$I = R \Leftrightarrow I \ni 1_R$

★ 環 R の proper な ideal としては自明なゼロ ideal $\{0\}$ がある.

I を 3 を根にもつ有理数係数の多項式全体のなす集合,

つまり $I = \{f(x) \in \mathbb{Q}[x] \mid f(3) = 0\}$ とすると

I は $\mathbb{Q}[x]$ の ideal であり, [34]

$I \neq \{0\}$ かつ $I \neq \mathbb{Q}[x]$ である.

つまり, $\mathbb{Q}[x]$ にはゼロ ideal すなわち $\{0\}$ 以外にも

proper な ideal があることになる.

★ I が $\mathbb{Q}$ の ideal で $\{0\}$ と異なるときは

I の中に 0 でない数がある.

それを a とすると, 任意の有理数 b に対して

$$\mathbb{Q} \ni \frac{b}{a} \text{ かつ } I \ni a \text{ より } I \ni \frac{b}{a} \cdot a = b$$

となるので I は $\mathbb{Q}$ に一致する.

このようにして $\mathbb{Q}$ の ideal は $\{0\}$ と $\mathbb{Q}$ しかないことがわかる.

同様の議論から体 F の ideal は $\{0\}$ と F の 2 個しかない.

したがって, 体 F には proper な ideal は自明な $\{0\}$ しかないことがわかる.

Proposition 0.3.3 (体の proper ideal)

環 R において proper な ideal は $\{0\}$ しかないことと

R が体であることは同じである.

---

[34] $I \ni h(x), g(x)$ とする.
$h(3) + g(3) = 0$ かつ $h(3)g(3) = 0$ である.
よって $I \ni h(x) + g(x), h(x)g(x)$

(proof)

体 R には proper な ideal は $\{0\}$ しかない.

逆に, 環 R において proper な ideal が $\{0\}$ しかないとき,
$R \ni a \neq 0$ に対して a で生成される ideal (a) は
non-proper であり, $(a) = R$ である.

$(a) = R \ni 1_R$ より

$\quad R \ni^\exists b \ \ s.t. \ \ ab = 1_R$

つまり, a は逆元をもつ.

したがって R は体になる.

Def. 0.3.3 (素イデアル (prime ideal))

R を可換環として $\mathfrak{a}$ を R の proper ideal とする.
R の 2 元 a, b が $\mathfrak{a} \ni ab$ ならば $\mathfrak{a} \ni a$ または $\mathfrak{a} \ni b$
であるとき, $\mathfrak{a}$ を R の素イデアルという.

素イデアルは prime ideal の訳であり,
この本では prime ideal のほうを使うことにする.

Def. 0.3.4 (極大イデアル (maximal ideal))

R の proper ideal 全体の中で極大 [35] なものを
R の 極大イデアルという.

極大イデアルは maximal ideal の訳であり,
この本では maximal ideal のほうを使うことにする.
すなわち

$\quad \mathfrak{a}$ が R の proper な ideal で $\mathfrak{b}$ を $\mathfrak{a}$ を含む R の ideal
とすると, $\quad \mathfrak{a} = \mathfrak{b}$ または $\mathfrak{b} = R$

が成り立つとき, $\mathfrak{a}$ を R の maximal ideal という.

別冊「UFD」にて述べてある 素元 (prime) の定義を抜き出しておく.

---

[35] 自分より真に大きいものはないこと

この本では素元と prime の両方を使う．

Def. 0.3.5 (素元 (prime))

R を環とし，$R \ni a$ とする．
$a \neq 0$ かつ (a) [36)] が prime ideal のとき，a を prime(素元) という．

$(**)$ を示す．

I には 0 と異なる整数が入っている．
その整数のマイナスも I に入っている．
したがって I には正の整数が入っている．
I に入っている最小の正の整数を a としている．
さて，
$\quad \mathbb{Z} \ni^\forall x$ に対して $ax \in I$
よって
$\quad (a) \subset I$
逆に $I \ni y$ とする．
$y = ba + r \quad (b \in \mathbb{Z}, r \in \mathbb{Z}, 0 \leq r < a)$ とすると
$ba \in I,\ y \in I$ なので
$\quad r = y - ba \in I$
a の最小性により
$\quad r = 0$
となる．
よって
$\quad ba = y$
$\quad y \in (a)$ である．
$\therefore (a) \supset I$

[36)] (a) は $a \in R$ で生成された principal ideal

0.4　写像と準同型写像 (maps and homomorphisms)

　x^2+1 という関数を考えよう．
これは 3 には 10 を, 5 には 26 をと
実数 x に対して 実数 x^2+1 を対応させている.
これを $x \mapsto x^2+1$ で定まる $\mathbb{R}$ から $\mathbb{R}$ への写像という．
この写像を f で表すと，つまり $f(x) = x^2+1$ とすると
$f(3) = 10$, $f(5) = 26$ である.
f が $\mathbb{R}$ から $\mathbb{R}$ への写像ということを明示するために
　　$f : \mathbb{R} \longrightarrow \mathbb{R}$
と表す.
　一般に集合 X の元に対して集合 Y の元を対応させるさせ方を
X から Y への写像という.
X から Y への写像が与えられたとき，その写像を f や g 等を用いて
　　$f : X \to Y$ とか $g : X \to Y$
などで表す.

★ $f: X \longrightarrow Y$ が写像であるといったときには, X, Y は集合で,
　　X の任意の元 x に対して, $f(x)$ で表される Y の元が定まっている.

　整数 m と自然数 n に対して, 有理数 $\dfrac{m}{n}$ を対応させると
$\mathbb{Z} \times \mathbb{N}$ [37) から $\mathbb{Q}$ への写像ができる.
これは
　　$(m, n) \mapsto \dfrac{m}{n}$
で定まる $\mathbb{Z} \times \mathbb{N}$ から $\mathbb{Q}$ への写像である.
これを g で表すと
　　$g : \mathbb{Z} \times \mathbb{N} \longrightarrow \mathbb{Q}$
は写像で

---

37)　　$\mathbb{Z} \times \mathbb{N} = \{(x, y) | x \in \mathbb{Z}, y \in \mathbb{N}\}$

$$g(m,n) = \frac{m}{n}$$
である．

　ガロア理論では，ガロア群とよばれるものが大きな役割を
果たしている．
これを理解するためには写像を深く理解する必要があるので，
写像についての基本的な事項を述べておく．

　X を集合とするとき，X の任意の元 x に対してそのまま
X の同じ元 x を対応させるものを X の恒等写像といい，
1_X や id_X で表す．

★ $id_X : X \longrightarrow X$ が恒等写像であるといったときには
　　$X \ni^\forall x$ に対して $id_X(x) = x$
　である．

　A を X の $\emptyset$ でない部分集合とする．
A から X への写像で A の各元 a に対して a を対応させるものを
A から X への包含写像といい，i または i_A で表す．

★ $i_A : A \longrightarrow X$ が包含写像であるといったときには
　　A は X の部分集合で，
　　$A \ni^\forall a$ に対して $i_A(a) = a$
　である．

　X から Y への写像と Y から Z への写像が与えられたときには
続けることにより，その合成写像と呼ばれる X から Z への写像が
定義できる．

Def. 0.4.1　（合成写像）
　写像 $f : X \to Y$ と $g : Y \to Z$ に対して
　　写像 $X \to Z$ で
　　　　$X \ni^\forall x$ に対して $x \longmapsto g(f(x))$

で定まるものを f と g の合成写像といって $g \circ f$ で表す.
ゆえに $g \circ f : X \to Z$ は
$$X \ni^\forall x \text{ に対して } g \circ f(x) = g(f(x))$$
である.

写像の性質の中で特に大事なものとして, 全射, 単射, 全単射がある.
例えば $X = \{1, 2, 3\}$ で $Y = \{4, 5\}$ のとき
$$f(1) = 4, \ f(2) = 5, \ f(3) = 4$$
と, $f : X \to Y$ を定めると
Y の元 4 と 5 は X の元からうつってきている.
このように写像 $f : X \to Y$ において
Y の全ての元が f により X の元からうつってくるとき
f を全射という.
記号を使って表現すると次のようになる.

Def. 0.4.2 （全射）

写像 $f : X \to Y$ に対して
$$Y \ni^\forall y \text{ に対して } X \ni^\exists x \ \text{s.t.} \ y = f(x)$$
が成り立つとき, f は全射であるという.

★ 恒等写像は全射である.

★ $f : X \to Y$ が全射で X が n 個の元より成るとき
Y の元の数は多くても n 個である.

次の例を見てみよう.

$X = \{1, 2, 3\}, Y = \{4, 5, 6, 7\}$ のとき
$$f(1) = 4, \ f(2) = 5, \ f(3) = 7$$
と, $f : X \to Y$ を定めると
$f(1), f(2), f(3)$ は全て異なっている.
この例のように写像 $f : X \to Y$ において
X の異なる元が f により Y の異なる元にうつるとき

f は単射であるという.

Def. 0.4.3 (単射その1)

写像 $f: X \to Y$ に対して

$X \ni a, b$ で $a \neq b$ ならば $f(a) \neq f(b)$

が成り立つとき, f は単射であるという.

単射の定義としては上の対偶をとった次の定義もよく使われる.

Def. 0.4.4 (単射その2)

写像 $f: X \to Y$ に対して

$X \ni a, b$ で $f(a) = f(b)$ ならば $a = b$

が成り立つとき, f は単射であるという.

★ 包含写像や恒等写像は単射である.

★ $f: X \to Y$ が単射で X が n 個の元より成るとき
  Y の元の数は少なくても n 個である.

全射と単射の両方の性質をもったものを全単射という.

Def. 0.4.5 (全単射)

写像 $f: X \to Y$ に対して f が全射かつ単射であるとき
f は全単射であるという. (f は同型写像であるという)
このとき X と Y は (集合として) 同型であるといい,
$X \simeq Y$ と表す.

★ 恒等写像は全単射である.

Example 0.4.1

$X = \{1, 2, 3\}, Y = \{4, 5, 6\}$ のとき
$f(1) = 5, f(2) = 6, f(3) = 4$ と定めると
f は全射かつ単射である.
つまり f は全単射である.

上の Example において $g(5) = 1$, $g(6) = 2$, $g(4) = 3$ と
写像 $g : Y \to X$ を定めると，X の元 x と Y の元 y に対して
$$f(x) = y \Leftrightarrow g(y) = x$$
が成り立っている．

ここで逆写像の定義を与えておく．

Def. 0.4.6 （逆写像）

X から Y への写像 f に対して Y から X への写像 g が
条件「$X \ni x$, $Y \ni y$ のとき $f(x) = y \Leftrightarrow g(y) = x$ 」
をみたすとき，g を f の逆写像といい f^{-1} で表す．

★ f と g の役割を入れ換えて考えると，g が f の逆写像のときは
f は g の逆写像である．
つまり $g = f^{-1}$ のとき $f = g^{-1}$ であり，
f が逆写像をもつとき $f = (f^{-1})^{-1}$ である．

逆写像に関しては次が成り立つ．

Proposition 0.4.1 （全単射と逆写像）

写像 $f : X \to Y$ に対して次は同値である．

(i) f は全単射である．

(ii) f は逆写像をもつ．

(proof)

(i) $\Rightarrow$ (ii)

f は全単射なので

Y の任意の元 y に対して f は全射なので

$f(x) = y$ となる X の元 x があるが

f は単射なのでそのような x はただ一つしかない．

つまり $f(x) = y$ となる X の元 x が y に対して決まっている．

よって $g(y) = x$ と Y から X への写像 g を定めることができる．

このとき $g: Y \to X$ であり,$X \ni x, Y \ni y$ に対して
$$f(x) = y \Leftrightarrow g(y) = x$$
が成り立っているので g は f の逆写像である.

(ii) $\Rightarrow$ (i)

g を f の逆写像とする.

$Y \ni^\forall y$ に対して $g(y) = x$ とすると

$x \in X$ であり,逆写像の定義より
$$f(x) = y$$
よって f は全射である.

次に $X \ni a, b$ で $f(a) = f(b)$ とする.

$f(a) = c$ とおくと g は f の逆写像なので
$$g(c) = a$$
$f(b) = f(a) = c$ で g は f の逆写像なので
$$g(c) = b$$
ゆえに
$$a = g(c) = b$$
よって f は単射である.

以上より f は全単射である.

逆写像については,合成写像と恒等写像の言葉を使って表すことができる.

Proposition 0.4.2 (逆写像と合成写像と恒等写像)

$f: X \longrightarrow Y$,$g: Y \longrightarrow X$ を写像とするとき次が成り立つ.
$$g \text{ が } f \text{ の逆写像} \iff g \circ f = id_X \text{ かつ } f \circ g = id_Y$$

(proof)

($\Rightarrow$) $X \ni^\forall x$ に対して $f(x) = y$ とおくと
$$(g \circ f)(x) = g(f(x)) = g(y) = x = id_X(x)$$
である.

$g \circ f$ と id_X は共に X から X への写像で

X の元は $g \circ f$ でうつしても id_X でうつしても

同じものにうつるので
$$g \circ f = id_X$$
同様に $f \circ g = id_Y$ が示せる.

($\Leftarrow$) $X \ni x$ で $Y \ni y$ とする.

$f(x) = y$ とすると
$$g(y) = g(f(x)) = (g \circ f)(x) = id_X(x) = x,$$
$g(y) = x$ とすると
$$f(x) = f(g(y)) = (f \circ g)(y) = id_Y(y) = y$$
したがって g は f の逆写像である.

2 つの写像の合成において, 各々の写像や合成した写像の全射性や単射性については関連がある.
例えば $X = \{1,2,3\}$ で $f : X \to Y$, $g : Y \to Z$ が共に単射のときには
f は単射なので $f(1), f(2), f(3)$ は全部違う.
g も単射なので $g(f(1)), g(f(2)), g(f(3))$ も全部違う.
よって $g \circ f$ は単射である.

$Z = \{1,2,3\}$ で $f : X \to Y$, $g : Y \to Z$ が共に全射のときは
g が全射なので Z の元 1 に g でうつってくる Y の元があり,
f も全射なので f でその Y の元にうつってくる X の元がある.
Z の元 2 と 3 についても同様である.
よって $g \circ f$ は全射である.

以上述べた事柄も含めて合成写像の全射性, 単射性に関する主張を述べておく.

Proposition 0.4.3 (合成写像の全射性, 単射性)

以下のことが成り立つ.

$f : X \to Y$, $g : Y \to Z$ は 2 つの写像とする.

① f と g が単射 $\Rightarrow g \circ f$ は単射

② f と g が全射 $\Rightarrow g \circ f$ は全射

③ f と g が全単射 $\Rightarrow g \circ f$ は全単射

④ $g \circ f$ が単射 $\Rightarrow f$ は単射
⑤ $g \circ f$ が全射 $\Rightarrow g$ は全射
⑥ $g \circ f$ が全単射 $\Rightarrow f$ は単射かつ g は全射

(proof)
① $X \ni a, b$ で $(g \circ f)(a) = (g \circ f)(b)$ とする.
$g(f(a)) = (g \circ f)(a) = (g \circ f)(b) = g(f(b))$
g は単射なので $f(a) = f(b)$ である.
f は単射なので $a = b$ である.
よって $g \circ f$ は単射である.

② $Z \ni^\forall z$ に対して g は全射なので
$Y \ni^\exists y$ s.t. $z = g(y)$
f は全射なのでこの Y の元 y に対して,
$X \ni^\exists x$ s.t. $y = f(x)$
よって
$X \ni x$ で, $(g \circ f)(x) = g(f(x)) = g(y) = z$
である.
ゆえに $g \circ f$ は全射である.

③ は ①,② より明らか.

④ $X \ni a, b$ で $f(a) = f(b)$ とする.
$(g \circ f)(a) = g(f(a)) = g(f(b)) = (g \circ f)(b)$
$g \circ f$ は単射なので $a = b$ である.
よって f は単射である.

⑤ $Z \ni^\forall z$ に対して $g \circ f$ は全射なので,
$X \ni^\exists x$ s.t. $z = (g \circ f)(x)$
$Y \ni f(x)$ で $z = (g \circ f)(x) = g(f(x))$
である.
よって g は全射である.

⑥ は ④,⑤ より明らか.

$g \circ f$ が単射のとき f は単射であったが, 次の例のように
g については一般に何もわからない.

Example 0.4.2

$X = \{1,2\}, Y = \{3,4,5,\}, Z = \{6,7,8\}$ とする.
$f : X \to Y,\ g : Y \to Z$ で
$f(1) = 3,\ f(2) = 4,$
$g(3) = 6,\ g(4) = 7,\ g(5) = 7$ のとき
$\quad (g \circ f)(1) = 6,\ (g \circ f)(2) = 7$
である.
このときは $g \circ f$ は単射で f も単射であるが
g は単射でも全射でもない.

同様に $g \circ f$ が全射でも f については一般には何もわからない.

ここで, この本で大変重要な働きをする準同型写像 (homomorphism)
についてふれることにする.
準同型写像という概念は, 群から群への準同型写像,
加群から加群への準同型写像, 環から環への準同型写像
(これは体から体への準同型写像を含む) があり,
これら準同型写像はよく似ているが少しずつ異なる.
これらはガロア理論の中で大切な役目を果たす.
別冊「準同型定理」にて群から群への準同型写像については
詳しく述べることにして
ここでは環から環への準同型写像について述べておく.

Def. 0.4.7 　(環準同型写像 (ring homomorphism))

$R, R^{'}$ を環とする.
$\varphi : R \longrightarrow R^{'}$ を R から $R^{'}$ への写像とする.
φ が次の条件をみたすとき, φ は環準同型写像 (ring homomorphism)
であるという.

$R \ni^\forall a, {}^\forall b$ に対して
$$\varphi(a+b) = \varphi(a) + \varphi(b)$$
$$\varphi(a \cdot b) = \varphi(a) \cdot \varphi(b)$$
$$\varphi(1_R) = 1_{R'}$$

この本では環準同型写像を ring homomorphism といい, 略して ring homo ということもある.

★ ring homo は以下のような呼び方をすることもある.
 ・単射である ring homo を monomorphism という.
 ・全射である ring homo を epimorphism という.
 ・全単射である ring homo を isomorphism いう.
★ $\varphi : R \to R'$ ring homo [38] が isomorphism のとき
 R と R' は (環として) 同型である.
 このとき $R \simeq R'$ と表す.

 ・ $\varphi(0_R) = \varphi(0_R + 0_R) = \varphi(0_R) + \varphi(0_R)$
 ・ $\varphi(a) + \varphi(-a) = \varphi(a + (-a)) = \varphi(0_R)$
 ・ $\varphi(a)\varphi(a^{-1}) = \varphi(a \cdot a^{-1}) = \varphi(1_R) = 1_{R'}$
 より次の Proposition が成り立つ.

Proposition 0.4.4 (ring homo の性質)

$\varphi : R \to R'$ を ring homo とすると次が成り立つ.
ただし a, b は R の元とする.
 I. (0) $\varphi(0_R) = 0_{R'}$
  (1) $\varphi(-a) = -\varphi(a)$
  (2) $\varphi(a-b) = \varphi(a) - \varphi(b)$
 II. (1) $\varphi(a^{-1}) = \varphi(a)^{-1}$ (a^{-1} があるとき)

---

[38] $\varphi : R \to R'$ ring homo といったときは
R, R' を環としている.
また R, R' が環とわかっているとき ring homo を省略して
単に homo といったりもする.

(2) $\varphi(ab^{-1}) = \varphi(a)\varphi(b)^{-1}$ (b^{-1} があるとき)

Def. 0.4.8 (像 (イメージ)・核 (カーネル))

$\varphi : R \to R'$ ring homo において

φ による R の像 $\{\varphi(r) | r \in R\}$ を

φ の像, またはイメージ φ といい $Im\varphi$ で表す.

R' のゼロのみからなる集合 $\{0_{R'}\}$ の, φ による逆像 $\{r \in R | \varphi(r) = 0_{R'}\}$ を

φ の核, またはカーネル φ といい $Ker\varphi$ で表す.

$\varphi : R \to R'$ が ring homo のとき
$Im\varphi \ni \varphi(1_R)$ であり, $\varphi(1_R)$ は R' のイチ $1_{R'}$ なので
$Im\varphi$ には R' のイチが入っている.
$Im\varphi \ni a', b'$ とすると
R の中に $\varphi(a) = a', \varphi(b) = b'$ となる元 a, b がある.
$R \ni a-b$ で $R \ni ab$ なので
 $Im\varphi \ni \varphi(a-b) = \varphi(a) - \varphi(b) = a' - b'$
 $Im\varphi \ni \varphi(ab) = \varphi(a)\varphi(b) = a'b'$
このことは $Im\varphi$ が R' の部分環であることを示している.

また, $Ker\varphi \ni a, b$ として $R \ni r$ とすると,
$\varphi(a) = 0_{R'}$ かつ $\varphi(b) = 0_{R'}$ なので
 $\varphi(a+b) = \varphi(a) + \varphi(b) = 0_{R'} + 0_{R'} = 0_{R'}$
 $\varphi(ra) = \varphi(r)\varphi(a) = \varphi(r)0_{R'} = 0_{R'}$
よって, $Ker\varphi \ni a+b, ra$ である.
このことは $Ker\varphi$ が R の ideal であることを示している.
$\varphi(1_R) = 1_{R'} \neq 0_{R'}$ なので
 $Ker\varphi \not\ni 1_R$
よって, $Ker\varphi \neq R$ である,
このことは $Ker\varphi$ が R の proper ideal であることを示している.

以上より次の Proposition を得る.

Proposition 0.4.5 (ring homo のイメージとカーネル)

$\varphi: R \to R'$ を ring homo とすると次が成り立つ.

(1) $Im\varphi$ は R' の部分環である.

(2) $Ker\varphi$ は R の proper ideal である.

イメージやカーネルは全射や単射と密接な関係がある.

$\varphi: R \to R'$ が ring homo のとき
φ が全射であることと $Im\varphi = R'$ であることが同値であることは, イメージの定義から明らかである.
φ が単射であることとカーネルの元がゼロであること, すなわち $Ker\varphi = \{0_R\}$ であることが同値であることは次のように示せる.

φ が単射のときは $Ker\varphi \ni x$ とすると
$$\varphi(x) = 0_{R'} = \varphi(0_R)$$
となり $x = 0_R$ となる.

逆に $Ker\varphi = \{0_R\}$ とすると
$R \ni a, b$ で $\varphi(a) = \varphi(b)$ とすると
$$\varphi(a - b) = \varphi(a) - \varphi(b) = 0_{R'}$$
より
$$\{0_R\} = Ker\varphi \ni a - b$$
なので $a = b$ となる.

Proposition 0.4.6 (ring homo のイメージ・カーネルと全射・単射)

$\varphi: R \to R'$ を ring homo とすると次が成り立つ.

(1) φ が全射 $\Leftrightarrow Im\varphi = R'$

(2) φ が単射 $\Leftrightarrow Ker\varphi = \{0_R\}$

$\varphi: R \to R'$ が ring homo で R が体のときは
$R \ni a$ で $a \neq 0$ のとき, R のなかに a^{-1} があるが
$$1_{R'} = \varphi(1_R) = \varphi(aa^{-1}) = \varphi(a)\varphi(a^{-1})$$
となるので $\varphi(a) \neq 0$ である.
このことは次が成り立つことを示している.

Proposition 0.4.7 (体からの ring homo は単射)

体からの ring homo は単射である.

0.5 体の標数 (The characteristic of a field)

整数環 $\mathbb{Z}$ から環 R への ring homo はただ一つある. 実際, $\mathbb{Z} \ni a$ のとき
$$a \cdot 1_R = \begin{cases} 0_R & (a = 0) \\ 1_R + (a-1) \cdot 1_R & (a \geq 1) \\ -(-a \cdot 1_R) & (a \leq -1) \end{cases}$$
と定めるとき [39)]
a を $a \cdot 1_R$ にうつすもののみである.
なぜならば $\varphi : \mathbb{Z} \to R$ を ring homo とするとき
$$\varphi(0) = 0_R = 0 \cdot 1_R$$
$$\varphi(1) = 1_R = 1 \cdot 1_R$$
$a \geq 1$ のとき
$$\begin{aligned} \varphi(a) &= \varphi(1 + (a-1)) \\ &= \varphi(1) + \varphi(a-1) \\ &= 1_R + (a-1) \cdot 1_R \\ &= a \cdot 1_R \end{aligned}$$
$a \leq -1$ のとき
$$\begin{aligned} \varphi(a) &= -\varphi(-a) \\ &= -(-a \cdot 1_R) \\ &= a \cdot 1_R \end{aligned}$$
となる.
逆に $\varphi : \mathbb{Z} \to R$ を
$$\varphi(a) = a \cdot 1_R$$

[39)] この定義より例えば $5 \cdot 1_R$ は 1_R を 5 個加えたものになる. $-5 \cdot 1_R$ は $5 \cdot 1_R$ のマイナスになることがわかる.

と定めれば φ は ring homo になっている。[40]
このただ一つである ring homo $\varphi : \mathbb{Z} \to R$ を
$\mathbb{Z}$ から R への自然な ring homo という。

Def. 0.5.1 （自然な ring homo）
環 R に対して $\varphi(a) = a \cdot 1_R$ で定まる ring homo $\mathbb{Z} \to R$ を
$\mathbb{Z}$ から R への自然な ring homo という。

F を体とすると F は環でもあるので
$\mathbb{Z}$ から F への自然な ring homo $\varphi : \mathbb{Z} \to F$ がある。
$Ker\varphi$ は $\mathbb{Z}$ の proper ideal であり，
$Ker\varphi \neq \{0\}$ のときは
$Ker\varphi$ に含まれる最小の正の数を a とすると
$Ker\varphi = (a)$ であった。
$Ker\varphi \neq \mathbb{Z}$ より a は 1 でない。
a が合成数と仮定すると
$a = bc$ となる a より小さい正の数 b, c があるが
a のとり方により
$Ker\varphi \not\ni b$ かつ $Ker\varphi \not\ni c$ である。
よって，$\varphi(b) \neq 0, \varphi(c) \neq 0$ となるので
F は体であるから $\varphi(b)\varphi(c) \neq 0$ である。
$\quad 0 = \varphi(a) = \varphi(bc) = \varphi(b)\varphi(c) \neq 0$
と矛盾が生じるので，a は素数である。

Proposition 0.5.1 （環から体への自然な ring homo のカーネル）
F は体として
$\varphi : \mathbb{Z} \to F$ を自然な ring homo とするとき
次の (i), (ii) のいずれかが成り立つ。

---

[40] $\quad \varphi(a+b) = (a+b) \cdot 1_R = a \cdot 1_R + b \cdot 1_R = \varphi(a) + \varphi(b)$
$\quad\quad \varphi(ab) = ab \cdot 1_R = a \cdot 1_R b \cdot 1_R = \varphi(a)\varphi(b)$
$\quad\quad \varphi(1) = 1 \cdot 1_R = 1_R$

(i) $Ker\varphi = (0)$

(ii) $Ker\varphi = (p)$ となる素数 p が定まる.

ここで体の標数の定義を与えておく.

Def. 0.5.2 (標数 (characteristic))

(i) $Ker\varphi = (0)$ のとき
F の標数は 0 であるといい
$char F = 0$ と表す.

(ii) p が素数で $Ker\varphi = (p)$ となるとき
F の標数は p であるといい
$char F = p$ と表す.

★ 体においてイチをいくつ足してもゼロにならないとき
その体の標数は 0 である.
例えば $\mathbb{Q}$ は標数が 0 の体である.
体においてイチを p 個足して初めて 0 になるとき
その体の標数は p である. [41]

標数が 0 でない体の例を紹介しよう.
そのために剰余類環の話に触れておこう.

整数環 $\mathbb{Z}$ において 3 の倍数全体のなす集合
$3\mathbb{Z} = \{\cdots, -9, -6, -3, 0, 3, 6, 9, \cdots\}$
は $\mathbb{Z}$ の ideal である.
$3\mathbb{Z}$ の各元に 1 を加えたもの全体のなす集合は
$\{\cdots, -8, -5, -2, 1, 4, 7, 10, \cdots\}$

---

[41] $Ker\varphi = (0)$ のとき
$\mathbb{N} \ni {}^{\forall} n$ に対して $\varphi(n) \neq 0$
であり,
$\mathbb{N} \ni p$ で $Ker\varphi = (p)$ のとき
$\varphi(p) = 0$ であり, $0 < b < p$ のときは $\varphi(b) \neq 0$
体の標数が p であるといったときは p は素数である.

であるがこれを $1+3\mathbb{Z}$ で表す.

$3\mathbb{Z}$ の各元に 2 を加えたもの全体のなす集合は

$$\{\cdots, -7, -4, -1, 2, 5, 8, 11, \cdots\}$$

であるがこれを $2+3\mathbb{Z}$ で表す.

一般に a を整数とするとき

$3\mathbb{Z}$ の各元に a を加えたもの全体のなす集合は

$$\{\cdots, -9+a, -6+a, -3+a, 0+a, 3+a, 6+a, 9+a, \cdots\}$$

であるがこれを $a+3\mathbb{Z}$ で表すことにする.

$$5+3\mathbb{Z} = \{\cdots, -4, -1, 2, 5, 8, 11, 14, \cdots\}$$

なので

$$5+3\mathbb{Z} = 2+3\mathbb{Z}$$

である.

もっと一般的にいうと a,b が 3 でわった余りが等しいときには

$$a+3\mathbb{Z} = b+3\mathbb{Z}$$

が成り立つ.

さらに詳しく説明すると次が成り立つ.

Lemma 0.5.1

(1) $\mathbb{Z} \ni a$ のとき $a+3\mathbb{Z} \ni a$ である.

(2) $\mathbb{Z} \ni a,b$ のとき次はみな同値である.

① $a+3\mathbb{Z} \ni b$ 　 ①' $b+3\mathbb{Z} \ni a$

② $3\mathbb{Z} \ni b-a$ ②' $3\mathbb{Z} \ni a-b$

③ $a+3\mathbb{Z} \supset b+3\mathbb{Z}$ ③' $a+3\mathbb{Z} \subset b+3\mathbb{Z}$

④ $a+3\mathbb{Z} = b+3\mathbb{Z}$

⑤ $(a+3\mathbb{Z}) \cap (b+3\mathbb{Z}) \neq \emptyset$

(proof)

$a = a + 3 \cdot 0$ なので (1) は成り立つ.

(2)(① $\Rightarrow$ ②)

$a+3\mathbb{Z} \ni b$ のとき $3\mathbb{Z} \ni b-a$ である.

実際, b は a に 3 の倍数を加えたものなので

b から a をひくと 3 の倍数,

つまり $3\mathbb{Z} \ni b-a$

(② ⇒ ③)

$b+3\mathbb{Z} \ni c$ とすると $c = b+3x$ と

c は b に 3 の倍数 $3x$ を加えたものになる.

$b-a$ は 3 の倍数なので $b-a+3x$ は 3 の倍数である.

よって $a+3\mathbb{Z} \ni a+(b-a)+3x = c$

となるので $a+3\mathbb{Z} \supset b+3\mathbb{Z}$

(③ ⇒ ①)

$a+3\mathbb{Z} \supset b+3\mathbb{Z} \ni b$

以上より ①, ②, ③ は同値である.

a と b の役割を入れ替えると

①', ②', ③' は同値である.

$a-b = -(b-a)$ より ② と ②' は同値である.

したがって ①, ①', ②, ②', ③, ③' は同値である.

③ とすると ③' も成立するので ④ は成立する.

④ が成立すると明らかに ③ も成立する.

つまり ③ と ④ も同値である.

(④ ⇒ ⑤)

$(a+3\mathbb{Z}) \cap (b+3\mathbb{Z}) = a+3\mathbb{Z} \ni a$

(⑤ ⇒ ④)

$(a+3\mathbb{Z}) \cap (b+3\mathbb{Z}) \ni c$ とすると

$a+3\mathbb{Z} \ni c$ より $a+3\mathbb{Z} = c+3\mathbb{Z}$

$b+3\mathbb{Z} \ni c$ より $b+3\mathbb{Z} = c+3\mathbb{Z}$

ゆえに $a+3\mathbb{Z} = b+3\mathbb{Z}$

どんな整数 a をとっても, それを 3 でわった余りは $0, 1, 2$ のいずれかなので,

a は $0+3\mathbb{Z}, 1+3\mathbb{Z}, 2+3\mathbb{Z}$ のどれか一つのみに含まれ,

それに応じて,
$a+3\mathbb{Z}$ は $0+3\mathbb{Z}, 1+3\mathbb{Z}, 2+3\mathbb{Z}$ のどれか一つと一致する.
よって以下のことが成り立つ.

Proposition 0.5.2

(1) $\{a+3\mathbb{Z}|\mathbb{Z} \ni a\} = \{0+3\mathbb{Z},\ 1+3\mathbb{Z},\ 2+3\mathbb{Z}\}$

(2) $\mathbb{Z} = (0+3\mathbb{Z}) \cup (1+3\mathbb{Z}) \cup (2+3\mathbb{Z})$

これは disjoint union になっている.

$\{0+3\mathbb{Z},\ 1+3\mathbb{Z},\ 2+3\mathbb{Z}\}$ において以下の和と積を定める.

$(0+3\mathbb{Z})+(0+3\mathbb{Z}) = 0+3\mathbb{Z}$ $(0+3\mathbb{Z})+(1+3\mathbb{Z}) = 1+3\mathbb{Z}$ $(0+3\mathbb{Z})+(2+3\mathbb{Z}) = 2+3\mathbb{Z}$
$(1+3\mathbb{Z})+(0+3\mathbb{Z}) = 1+3\mathbb{Z}$ $(1+3\mathbb{Z})+(1+3\mathbb{Z}) = 2+3\mathbb{Z}$ $(1+3\mathbb{Z})+(2+3\mathbb{Z}) = 0+3\mathbb{Z}$
$(2+3\mathbb{Z})+(0+3\mathbb{Z}) = 2+3\mathbb{Z}$ $(2+3\mathbb{Z})+(1+3\mathbb{Z}) = 0+3\mathbb{Z}$ $(2+3\mathbb{Z})+(2+3\mathbb{Z}) = 1+3\mathbb{Z}$
$(0+3\mathbb{Z})(0+3\mathbb{Z}) = 0+3\mathbb{Z}$ $(0+3\mathbb{Z})(1+3\mathbb{Z}) = 0+3\mathbb{Z}$ $(0+3\mathbb{Z})(2+3\mathbb{Z}) = 0+3\mathbb{Z}$
$(1+3\mathbb{Z})(0+3\mathbb{Z}) = 0+3\mathbb{Z}$ $(1+3\mathbb{Z})(1+3\mathbb{Z}) = 1+3\mathbb{Z}$ $(1+3\mathbb{Z})(2+3\mathbb{Z}) = 2+3\mathbb{Z}$
$(2+3\mathbb{Z})(0+3\mathbb{Z}) = 0+3\mathbb{Z}$ $(2+3\mathbb{Z})(1+3\mathbb{Z}) = 2+3\mathbb{Z}$ $(2+3\mathbb{Z})(2+3\mathbb{Z}) = 1+3\mathbb{Z}$

この演算で $\{0+3\mathbb{Z},\ 1+3\mathbb{Z},\ 2+3\mathbb{Z}\}$ は標数が 3 の体となる.
実際, 次のことが成り立つ.

Proposition 0.5.3

$\mathbb{Z} \ni a, b$ のとき

$(a+3\mathbb{Z}) + (b+3\mathbb{Z}) = (a+b) + 3\mathbb{Z}$

$(a+3\mathbb{Z})(b+3\mathbb{Z}) = ab + 3\mathbb{Z}$

と和と積を定めると, これは well-defined であり
これにより $\{0+3\mathbb{Z},\ 1+3\mathbb{Z},\ 2+3\mathbb{Z}\}$ は標数が 3 の体になる.

(proof)

$a+3\mathbb{Z}, b+3\mathbb{Z}$ は別の a', b' を選んで

$a + 3\mathbb{Z} = a' + 3\mathbb{Z}$

$b + 3\mathbb{Z} = b' + 3\mathbb{Z}$

と表されるかもしれないが, そうだとしても

$(a+b) + 3\mathbb{Z} = (a'+b') + 3\mathbb{Z}$

$$ab+3\mathbb{Z} = a'b'+3\mathbb{Z} \qquad \cdots (\star)$$

が成り立つ.

つまり

$$(a+3\mathbb{Z})+(b+3\mathbb{Z}) = (a+b)+3\mathbb{Z}$$
$$(a+3\mathbb{Z})(b+3\mathbb{Z}) = ab+3\mathbb{Z}$$

と決めても, $(a+3\mathbb{Z})$ と $(b+3\mathbb{Z})$ の和と積が定まることになる.

$(\star)$ を示すことを, この和と積が well-defined であることの証明という.

$(\star)$ を示すことは後にして話を進める.

この和と積で

$$(1+3\mathbb{Z})+(2+3\mathbb{Z}) = (1+2)+3\mathbb{Z} = 3+3\mathbb{Z} = 0+\mathbb{Z}$$
$$(2+3\mathbb{Z})(2+3\mathbb{Z}) = 2\cdot 2+3\mathbb{Z} = 4+3\mathbb{Z} = 1+\mathbb{Z}$$

となること等からもわかるように, 先程述べた和と積は
この和と積から作られたものである.

$\{0+3\mathbb{Z},\ 1+3\mathbb{Z},\ 2+3\mathbb{Z}\}$ は以下の I,II,III より環になっている.

I. (1) 和は可換である. [42]

   (2) 和は結合律をみたす. [43]

   (3) $0+3\mathbb{Z}$ がゼロである. [44]

   (4) $(-a)+3\mathbb{Z}$ が $a+3\mathbb{Z}$ のマイナスである. [45]

---

[42] $(a+3\mathbb{Z})+(b+3\mathbb{Z})$
$= (a+b)+3\mathbb{Z}$
$= (b+a)+3\mathbb{Z}$
$= (b+3\mathbb{Z})+(a+3\mathbb{Z})$

[43] $((a+3\mathbb{Z})+(b+3\mathbb{Z}))+(c+3\mathbb{Z})$
$= ((a+b)+3\mathbb{Z})+(c+3\mathbb{Z})$
$= ((a+b)+c)+3\mathbb{Z}$
$= (a+(b+c))+3\mathbb{Z}$
$= (a+3\mathbb{Z})+((b+c)+3\mathbb{Z})$
$= (a+3\mathbb{Z})+((b+3\mathbb{Z})+(c+3\mathbb{Z}))$

[44] $(a+3\mathbb{Z})+(0+3\mathbb{Z}) = a+3\mathbb{Z}$

[45] $-(0+3\mathbb{Z}) = 0+3\mathbb{Z}$
$-(1+3\mathbb{Z}) = (-1)+3\mathbb{Z} = 2+3\mathbb{Z}$

II. (1) 積に関して結合律をみたす．[46]

(2) $1+3\mathbb{Z}$ が積に関する単位元イチである．[47]

III. 和と積に関する分配律が成り立つ．[48]

この環 $\{0+3\mathbb{Z},\ 1+3\mathbb{Z},\ 2+3\mathbb{Z}\}$ を $\mathbb{Z}/3\mathbb{Z}$ で表す．

さらに

$(1+3\mathbb{Z})(1+3\mathbb{Z}) = 1+3\mathbb{Z}$

$(2+3\mathbb{Z})(2+3\mathbb{Z}) = 4+3\mathbb{Z} = 1+3\mathbb{Z}$

なので

$(1+3\mathbb{Z})^{-1} = 1+3\mathbb{Z}$

$(2+3\mathbb{Z})^{-1} = 2+3\mathbb{Z}$

である．

$\mathbb{Z}/3\mathbb{Z}$ のゼロ以外の元は全て逆元をもつので

$-(2+3\mathbb{Z}) = (-2)+3\mathbb{Z} = 1+3\mathbb{Z}$

[46] $((a+3\mathbb{Z})(b+3\mathbb{Z}))(c+3\mathbb{Z})$
$= (ab+3\mathbb{Z})(c+3\mathbb{Z})$
$= (ab)c+3\mathbb{Z}$
$= a(bc)+3\mathbb{Z}$
$= (a+3\mathbb{Z})(bc+3\mathbb{Z})$
$= (a+3\mathbb{Z})((b+3\mathbb{Z})(c+3\mathbb{Z}))$

[47] $(a+3\mathbb{Z})(1+3\mathbb{Z}) = a+3\mathbb{Z}$

[48] $(a+3\mathbb{Z})((b+3\mathbb{Z}))+(c+3\mathbb{Z}))$
$= (a+3\mathbb{Z})((b+c)+3\mathbb{Z})$
$= a(b+c)+3\mathbb{Z}$
$= (ab+ac)+3\mathbb{Z}$
$= (ab+3\mathbb{Z})+(ac+3\mathbb{Z})$
$= (a+3\mathbb{Z})(b+3\mathbb{Z})+(a+3\mathbb{Z})(c+3\mathbb{Z})$

$((a+3\mathbb{Z})+(b+3\mathbb{Z}))(c+3\mathbb{Z})$
$= ((a+b)+3\mathbb{Z})(c+3\mathbb{Z})$
$= (a+b)c+3\mathbb{Z}$
$= (ac+bc)+3\mathbb{Z}$
$= (ac+3\mathbb{Z})+(bc+3\mathbb{Z})$
$= (a+3\mathbb{Z})(c+3\mathbb{Z})+(b+3\mathbb{Z})(c+3\mathbb{Z})$

$\mathbb{Z}/3\mathbb{Z}$ は体である.
また
$$(1+3\mathbb{Z})+(1+3\mathbb{Z})=2+3\mathbb{Z}\neq 0+3\mathbb{Z}$$
$$(1+3\mathbb{Z})+(1+3\mathbb{Z})+(1+3\mathbb{Z})=3+3\mathbb{Z}=0+3\mathbb{Z}$$
よりイチを 3 個たして初めてゼロになるので
$\mathbb{Z}/3\mathbb{Z}$ は標数 3 の体である.

最後に well-defined ($\star$) の証明を行う.
$$a+3\mathbb{Z}=a'+3\mathbb{Z},\ b+3\mathbb{Z}=b'+3\mathbb{Z}$$
とする.
$$a-a'\in 3\mathbb{Z},\ b-b'\in 3\mathbb{Z}$$
である.
このとき
$$(a-a')+(b-b')\in 3\mathbb{Z}$$
である.
$$(a+b)-(a'+b')\in 3\mathbb{Z}$$
なので
$$(a+b)+3\mathbb{Z}=(a'+b')+3\mathbb{Z}$$
また
$$ab-a'b'=(a-a')b+a'(b-b')\in 3\mathbb{Z}$$
なので
$$ab+3\mathbb{Z}=a'b'+3\mathbb{Z}$$

環 $\mathbb{Z}/3\mathbb{Z}$ を定義したのと同様に
n が 2 以上の自然数のときにも環 $\mathbb{Z}/n\mathbb{Z}$ を定義できる.
$\mathbb{Z}/3\mathbb{Z}$ のときをまねて, 実際に $\mathbb{Z}/n\mathbb{Z}$ を作ってみよう.

一般に n が 2 以上の自然数のときは
$n\mathbb{Z}$ は $\mathbb{Z}$ の proper ideal である.
a を整数とすると
$$\{a+nx|\mathbb{Z}\ni x\}$$

は, a をひくと n でわりきれる整数全体の集合と一致する.
これを $a+n\mathbb{Z}$ で表すことにし,
$$\{a+n\mathbb{Z}|\mathbb{Z}\ni a\}$$
なる集合を $\mathbb{Z}/n\mathbb{Z}$ で表すことにする.
このとき次が成り立つことは $n=3$ のときと同じようにわかる.

b を整数とするとき
$$a+n\mathbb{Z}\ni b \Leftrightarrow n\mathbb{Z}\ni b-a \Leftrightarrow a+n\mathbb{Z}=b+n\mathbb{Z}$$
a を n で割った余りは $0,1,2,\cdots,n-1$ のいずれかになるので
$\mathbb{Z}/n\mathbb{Z}$ は $\{0+n\mathbb{Z},\,1+n\mathbb{Z},\,2+n\mathbb{Z},\,\cdots,\,(n-1)+n\mathbb{Z}\}$ と
n 個の元よりなる集合であることがわかる.
$$a+n\mathbb{Z}=a'+n\mathbb{Z}$$
$$b+n\mathbb{Z}=b'+n\mathbb{Z}$$
のとき
$$n\mathbb{Z}\ni(a-a')+(b-b')=(a+b)-(a'+b')$$
$$n\mathbb{Z}\ni(a-a')b+a'(b-b')=ab-a'b'$$
つまり
$$(a+b)+n\mathbb{Z}=(a'+b')+n\mathbb{Z}$$
$$ab+n\mathbb{Z}=a'b'+n\mathbb{Z}$$
である.
これより
$$(a+n\mathbb{Z})+(b+n\mathbb{Z})=(a+b)+n\mathbb{Z}$$
$$(a+n\mathbb{Z})(b+n\mathbb{Z})=ab+n\mathbb{Z}$$
と $\mathbb{Z}/n\mathbb{Z}$ に和と積を定義してもこれは well-defined である.
この和と積で $\mathbb{Z}/n\mathbb{Z}$ が環になることは
$\mathbb{Z}/3\mathbb{Z}$ のときと全く同様に I, II, III の条件を示せるので明らかである.
この環では

$0+n\mathbb{Z}$ がゼロで

$1+n\mathbb{Z}$ がイチである.

$\mathbb{Z}/4\mathbb{Z}=\{0+4\mathbb{Z},\,1+4\mathbb{Z},\,2+4\mathbb{Z},\,3+4\mathbb{Z}\}$ で

$2 + 4\mathbb{Z} \neq 0 + 4\mathbb{Z}$

$(2 + 4\mathbb{Z})(2 + 4\mathbb{Z}) = 4 + 4\mathbb{Z} = 0 + 4\mathbb{Z}$

したがって $\mathbb{Z}/4\mathbb{Z}$ は integral domain でないので体でない.
$\mathbb{Z}/6\mathbb{Z}$ では $(2 + 6\mathbb{Z})(3 + 6\mathbb{Z}) = 0 + 6\mathbb{Z}$ なので $\mathbb{Z}/6\mathbb{Z}$ は体でない.
一般に n が合成数のとき $\mathbb{Z}/n\mathbb{Z}$ は体でないことが同様にわかる.

★ p は素数で $a + p\mathbb{Z} \neq 0 + p\mathbb{Z}$ とするとき

$f : \mathbb{Z}/p\mathbb{Z} \to \mathbb{Z}/p\mathbb{Z}$ を

$f(x + p\mathbb{Z}) = (a + p\mathbb{Z})(x + p\mathbb{Z})$

と定めると, f は単射である.

実際,

$f(x + p\mathbb{Z}) = 0 + p\mathbb{Z}$

とすると

$$\begin{aligned} ax + p\mathbb{Z} &= (a + p\mathbb{Z})(x + p\mathbb{Z}) \\ &= f(x + p\mathbb{Z}) \\ &= 0 + p\mathbb{Z} \end{aligned}$$

となるので

$p\mathbb{Z} \ni ax$

つまり ax は p でわりきれる.
ところが $a + p\mathbb{Z} \neq 0 + p\mathbb{Z}$ より
a が素数 p でわりきれないので
x が p でわりきれる.
つまり,

$x + p\mathbb{Z} = 0 + p\mathbb{Z}$

となる.
よって f は単射であることが示された. [49)]
f は p 個の元の環 $\mathbb{Z}/p\mathbb{Z}$ から p 個の元の環 $\mathbb{Z}/p\mathbb{Z}$
への単射なので全射でもある.

---

49) $Ker f$ の元が 0 しかないので単射である.

よって, $\mathbb{Z}/p\mathbb{Z}$ の元 $b+p\mathbb{Z}$ で
$$f(b+p\mathbb{Z}) = 1+p\mathbb{Z}$$
となるものがある.
つまり,
$(a+p\mathbb{Z})(b+p\mathbb{Z}) = 1+p\mathbb{Z}$ なので
$$b+p\mathbb{Z} = (a+p\mathbb{Z})^{-1}$$
$\mathbb{Z}/p\mathbb{Z}$ は p 個の元からなる体であり,
$1+p\mathbb{Z}$ を p 個たして初めてゼロになるので
$\mathbb{Z}/p\mathbb{Z}$ は標数が p の体である.

以上をまとめると次の Proposition になる.

Proposition 0.5.4 ($\mathbb{Z}/p\mathbb{Z}$ は標数が p の体)
  (1) $\mathbb{Z}/p\mathbb{Z}$ が体である $\Leftrightarrow p$ が素数
  (2) p が素数のとき
    $\mathbb{Z}/p\mathbb{Z}$ は 標数が p の体で p 個の元より成り立っている.

★ $\mathbb{Z}/p\mathbb{Z}$ を $\mathbb{F}_p$ と表すことも多い.

★ 体 F の標数が素数 p のとき
  $\varphi: \mathbb{Z} \to F$ を自然な ring homo とするとき
  $Im\varphi$ は F に含まれる最小の体である.
  つまり $Im\varphi$ は体であり F のどんな部分体 K をとっても
  $$K \supset Im\varphi$$
  である.
  実際, φ は $\mathbb{Z}/Ker\varphi$ から $Im\varphi$ への
  環としての同型写像を誘導する.($\to$ 別冊 「準同型定理」)
   F の標数は p なので $Ker\varphi = (p) = p\mathbb{Z}$ であるから
  $Im\varphi$ は体 $\mathbb{Z}/p\mathbb{Z}$ と同型であり,
  $$\begin{aligned} Im\varphi &= \{\varphi(0), \varphi(1), \cdots, \varphi(p-1)\} \\ &= \{0\cdot 1_F,\ 1\cdot 1_F,\ 2\cdot 1_F, \cdots, (p-1)\cdot 1_F\} \end{aligned}$$

である. [50]

K を F の部分体とするとき, $1_F = 1_K$ なので
$$\begin{aligned} K &\supset \{0 \cdot 1_K, \ 1 \cdot 1_K, \ 2 \cdot 1_K, \cdots, (p-1) \cdot 1_K\} \\ &= \{0 \cdot 1_F, \ 1 \cdot 1_F, \ 2 \cdot 1_F, \cdots, (p-1) \cdot 1_F\} \\ &= Im\varphi \end{aligned}$$
となる.

このことは $Im\varphi$ は F に含まれる最小の体であることを意味している.

★ 体 F の標数が 0 のとき

自然な ring homo $\varphi : \mathbb{Z} \to F$ は
$Ker\varphi = (0)$ なので単射である.

$\bar{\varphi} : \mathbb{Q} \to F$ を
$$\bar{\varphi}(\frac{m}{n}) = \varphi(m)\varphi(n)^{-1} \quad [51]$$
で定義するとこれは well-defined で, 単射である ring homo である. $\cdots$ $(*)$

$(*)$ は後で示すことにして話を続ける.

$Im\bar{\varphi}$ は $\mathbb{Q}$ と同型な体であり,

$Im\bar{\varphi}$ は F に含まれる最小の体である. $\cdots$ $(**)$

$(**)$ も後で示すことにする.

ここで素体の定義を与えておく.

Def. 0.5.3 (素体)

F を体とするとき

F に含まれる最小の体を F の素体という.

F の素体が F 自身のとき F は素体であるという.

Proposition 0.5.5 ($\mathbb{Q}$ と $\mathbb{F}_p$ は素体)

F を体, p を素数とするとき以下のことが成り立つ.

(i) $charF = 0$ のとき F の素体は $\mathbb{Q}$ と同型である.

---

[50] $\{\cdots, \varphi(-3), \varphi(-2), \varphi(-1), \varphi(0), \ \varphi(1), \ \cdots, \ \varphi(p-1), \varphi(p), \varphi(p+1), \cdots\}$
$= \{\varphi(0), \ \varphi(1), \ \cdots, \ \varphi(p-1)\}$

[51] $m \in \mathbb{Z}, n \in \mathbb{N}$ としている.

(略して $\mathbb{Q}$ は F の素体であるという)

(ii) $\mathrm{char} F = p$ のとき F の素体は $\mathbb{Z}/p\mathbb{Z}$ すなわち $\mathbb{F}_p$ と同型である.

(略して $\mathbb{F}_p$ は F の素体であるという)

特に $\mathbb{Q}$ と $\mathbb{F}_p$ は素体である.

ここで残してあった $(*)$ と $(**)$ を証明しておく.

$(*)$ $n \neq 0$ のとき $\varphi(n) \neq 0$ に注意しておく.

well-defined を示す.

$\frac{m}{n} = \frac{m'}{n'}$ とすると
$$\begin{aligned}
mn' &= m'n \\
\varphi(mn') &= \varphi(m'n) \\
\varphi(m)\varphi(n') &= \varphi(m')\varphi(n) \\
\varphi(m)\varphi(n)^{-1} &= \varphi(m')\varphi(n')^{-1}
\end{aligned}$$

よって well-defined であることが示せた.

次に $\bar{\varphi}$ が単射であることを示す.

$\bar{\varphi}(\frac{m}{n}) = 0$ とすると

$\varphi(m)\varphi(n)^{-1} = 0$ となるので

$\varphi(m) = 0$ である.

φ は単射なので $m = 0$

よって $\bar{\varphi}$ は単射である.

次に $\bar{\varphi}$ が ring homo であることを示す.

$\mathbb{Z} \ni m$ のとき

$\bar{\varphi}(m) = \bar{\varphi}(\frac{m}{1}) = \varphi(m)\varphi(1)^{-1} = \varphi(m)$

に注意しておく.

・ $\bar{\varphi}(1) = \varphi(1) = 1$

・ $\begin{aligned}\bar{\varphi}(\tfrac{m}{n} + \tfrac{b}{a}) &= \bar{\varphi}(\tfrac{ma+nb}{na}) \\
&= \varphi(ma+nb)\varphi(na)^{-1} \\
&= \{\varphi(ma) + \varphi(nb)\}\varphi(na)^{-1} \\
&= \{\varphi(m)\varphi(a) + \varphi(n)\varphi(b)\}\varphi(a)^{-1}\varphi(n)^{-1} \\
&= \varphi(m)\varphi(n)^{-1} + \varphi(b)\varphi(a)^{-1} \\
&= \bar{\varphi}(\tfrac{m}{n}) + \bar{\varphi}(\tfrac{b}{a})\end{aligned}$

$$\cdot\ \bar{\varphi}(\tfrac{m}{n}\cdot\tfrac{b}{a}) = \bar{\varphi}(\tfrac{mb}{na})$$
$$= \varphi(mb)\varphi(na)^{-1}$$
$$= \varphi(m)\varphi(b)\varphi(a)^{-1}\varphi(n)^{-1}$$
$$= \{\varphi(m)\varphi(n)^{-1}\}\{\varphi(b)\varphi(a)^{-1}\}$$
$$= \bar{\varphi}(\tfrac{m}{n})\bar{\varphi}(\tfrac{b}{a})$$

以上で $\bar{\varphi}$ は ring homo であることが示せた.

$(**)\ \mathbb{Q} \ni \tfrac{m}{n}$ のとき

K を F の部分体とすると

$\varphi(m) = m\cdot 1_F = m\cdot 1_K \in K$

同じように

$\varphi(n) \in K$

よって $\bar{\varphi}(\tfrac{m}{n}) = \varphi(m)\varphi(n)^{-1} \in K$

これは $Im\bar{\varphi}$ が F に含まれる最小の体であることを意味している.

Def. 0.5.4 (Frobenius endomorphism)

F を標数 p の体とするとき

$$\psi: \begin{array}{ccc} F & \longrightarrow & F \\ \cup & & \cup \\ a & \longmapsto & a^p \end{array}$$

なる写像 ψ を F における Frobenius endomorphism という.

Proposition 0.5.6

F における Frobenius endomorphism は

F から F への ring homo である.

(proof)

$\psi(1) = 1^p = 1_F$

$\psi(ab) = (ab)^p = a^p b^p = \psi(a)\psi(b)$

であり F の標数が p なので

$$\psi(a+b) = (a+b)^p = a^p + b^p = \psi(a) + \psi(b) \quad {}^{52)}$$

Proposition 0.5.7

ψ を F における Frobenius endomorphism とすると
$n \geq 2$ のとき ψ^n は
$$\psi^n(a) = a^{p^n}$$
で定まる F から F への ring homo である。${}^{53)}$

---

52) 二項定理より
$$(a+b)^p = a^p + \binom{p}{1}a^{p-1}b + \binom{p}{2}a^{p-2}b^2 + \cdots + b^p$$
であり, $1 \leq l < p$ のとき
$$\binom{p}{l} = \frac{p!}{l!(p-l)!}$$
であり, これは p の倍数なので
$$\binom{p}{l}a^{p-l}b^l = 0$$
が成り立っている.

53) $\psi^n(a) = \psi(\psi^{n-1}(a)) = \psi(a^{p^{n-1}}) = (a^{p^{n-1}})^p = a^{p^n}$
また, ring homo の合成は ring homo である.

第1章

多項式環と拡大体

1.1 多項式環の生成

R を可換環とする.
X を R 上の不定元としたとき,
0 以上の整数 n に対して, $n+1$ 個の R の元 $a_0, a_1, \cdots, a_n$ を使って
$$a_0 + a_1 X + a_2 X^2 + \cdots + a_n X^n$$
と表したものを, R 係数の X の多項式という.
R 係数の X の多項式全体のなす集合を $R[X]$ で表し,
R 係数の X の多項式環という.
多項式環と環の言葉を使ったが, 実際, 多項式どうしの和や積は
高校で習ったように定義できる. [1]

---

[1]　$R[X]$ に和と積を次のように定義する.
　　$R[X] \ni f(X), g(X)$
$$f(X) = a_0 + a_1 X + \cdots + a_n X^n$$
$$g(X) = b_0 + b_1 X + \cdots + b_m X^m$$
　のとき
　　$s > n$ のとき $a_s = 0$, $t > m$ のとき $b_t = 0$
　として
　　$c_i = a_i + b_i$
　　$d_i = a_0 b_i + a_1 b_{i-1} + a_2 b_{i-2} + \cdots + a_i b_0$
　とおくと
$$f(X) + g(X) = c_0 + c_1 X + \cdots + c_k X^k$$

ここで，不定元という言葉や，和, 積の定義をする前から
$$a_0 + a_1 X + a_2 X^2 + \cdots + a_n X^n$$
と表すことに対して疑問を持つ人もいるかもしれないので，$R[X]$ に近いものを確実に作ってみる.

$\tilde{R} = R \times R \times \cdots \times R \times \cdots$ とする.

$\tilde{R}$ の2元 $\tilde{a}, \tilde{b}$ に対して
$$\tilde{a} = (a_0, a_1, a_2, \cdots, a_n, \cdots)$$
$$\tilde{b} = (b_0, b_1, b_2, \cdots, b_n, \cdots)$$
と表すとき，
$$(a_0 + b_0, a_1 + b_1, a_2 + b_2, \cdots, a_n + b_n, \cdots)$$
を $\tilde{a}$ と $\tilde{b}$ の和といい，$\tilde{a} + \tilde{b}$ で表すことにする.

また，
$$c_i = a_0 b_i + a_1 b_{i-1} + a_2 b_{i-2} + \cdots + a_i b_0$$
と c_i たちを定めて $(c_0, c_1, c_2, \cdots, c_n, \cdots)$ のことを
$\tilde{a}$ と $\tilde{b}$ の積といい，$\tilde{a}\tilde{b}$ で表すことにする.

$\tilde{R}$ はこの和と積で可換環となるための以下の条件をみたす.

I. (1) 和は可換
   (2) 和は結合律をみたす.
   (3) ゼロがある.
   (4) 全ての元にそのマイナスがある.

II. (1) 積は可換
   (2) 積は結合律をみたす.
   (3) イチがある.

III. 和と積が分配律をみたす.

実際，$a_0, a_1, a_2, \cdots, a_n, \cdots$, は環 R の元なので
I. (1),(2),II.(1) をみたすことはすぐわかる.

$$(k = max\{n, m\})$$
$$f(X)g(X) = d_0 + d_1 X + \cdots + d_{n+m} X^{n+m}$$

I. (3) $(0,0,0,\cdots,0,\cdots)$ がゼロである.

I. (4) $(a_0,a_1,a_2,\cdots,a_n,\cdots)$ のマイナスは
$(-a_0,-a_1,-a_2,\cdots,-a_n,\cdots)$ である.

II. (2) は少し手間がかかるがわかる.

II. (3) $(1,0,0,\cdots,0,\cdots)$ がイチである.

III も簡単に確かめられる.

R の元 a に対して $\tilde{R}$ の元 $(a,0,0,\cdots,0,\cdots)$ を対応させる
R から $\tilde{R}$ への写像は単射である ring homo ,
すなわち monomorphism であることがわかる.
この monomorphism により,
R の元 a と $\tilde{R}$ の元 $(a,0,0,\cdots,0,\cdots)$ を
同一視することにより,
R を $\tilde{R}$ の部分環とみることにする.
この意味で $R \ni a$ と $\tilde{R}$ の元 $\tilde{b} = (b_0,b_1,b_2,\cdots,b_n,\cdots)$
に対しては
$$a\tilde{b} = (a,0,0,\cdots,0,\cdots)(b_0,b_1,b_2,\cdots,b_n,\cdots)$$
$$= (ab_0, ab_1, ab_2, \cdots, ab_n, \cdots)$$
となる.
また, $X = (0,1,0,\cdots,0,\cdots)$ とおくと,
$$X\tilde{b} = (0,1,0,\cdots,0,\cdots)(b_0,b_1,b_2,\cdots,b_n,\cdots)$$
$$= (0, b_0, b_1, b_2, \cdots, b_n, \cdots)$$
なので
$$X^2 = (0,0,1,0,\cdots,0,\cdots)$$
$$X^3 = (0,0,0,1,0,\cdots,0,\cdots)$$
$$\vdots$$
$$X^n = (\underbrace{0,0,\cdots,0}_{n \text{ 個}},1,0,\cdots,0,\cdots)$$
となる.

$$a = (a_0, a_1, a_2, \cdots, a_n, \underbrace{0, \cdots}_{\text{全て } 0})$$

とおくと,
$$\begin{aligned}
&(a_0, a_1, a_2, \cdots, a_n, 0, \cdots) \\
&= a_0(1, 0, 0, \cdots, 0, 0, \cdots) \\
&\quad + a_1(0, 1, 0, \cdots, 0, 0, \cdots) \\
&\quad + a_2(0, 0, 1, 0, \cdots, 0, 0, \cdots) \\
&\quad \vdots \\
&\quad + a_n(0, 0, 0, \cdots, 0, 1, 0, \cdots) \\
&= a_0 + a_1 X + a_2 X^2 + \cdots + a_n X^n
\end{aligned}$$

となる.

$\tilde{R}$ の部分集合
$$\{a_0 + a_1 X + a_2 X^2 + \cdots + a_n X^n | R \ni a_1, a_2, \cdots, a_n\}$$
を $R[X]$ と表すと, $R[X]$ は R を含み, 和と積で閉じているので $\tilde{R}$ の部分環で R を部分環として含む多項式環 $R[X]$ を このように作ることもできる.

C を R の拡大環として, $C \ni c$ のとき
$R[X]$ の多項式
$$f(X) = a_0 + a_1 X + a_2 X^2 + \cdots + a_n X^n$$
に対して
$$f(c) = a_0 + a_1 c + a_2 c^2 + \cdots + a_n c^n$$
を対応させる $R[X]$ から C への写像を
(c を代入する) 代入写像という.
これが ring homo になることは容易に確かめられる.
もっと一般に, 任意の環 C に対して
$\varphi : R \to C$ が ring homo [2] のとき
$R[X]$ の多項式
$$f(X) = a_0 + a_1 X + a_2 X^2 + \cdots + a_n X^n$$

---

[2] このようにいったときには R と C は環であるとしている.

に対して，$C[X]$ の多項式
$$\varphi(a_0)+\varphi(a_1)(X)+\varphi(a_2)X^2+\cdots+\varphi(a_n)X^n$$
を $\varphi f(X)$ で表す．
$C \ni c$ のとき，$R[X]$ の多項式 $f(X)$ に対して，
C の元 $\varphi f(c)$，すなわち
$$\varphi(a_0)+\varphi(a_1)c+\varphi(a_2)c^2+\cdots+\varphi(a_n)c^n$$
を対応させる写像を拡大代入写像 という．
拡大代入写像も ring homo である．
この拡大代入写像を $\tilde{\varphi}$ で表すと
右の可換図式が成り立つ．
つまり，
 $R \ni a$ のとき $\tilde{\varphi}(a)=\varphi(a)$，
 $\tilde{\varphi}(X)=c$
である．

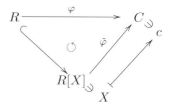

　この図式に出てくる写像は全て ring homo である．
可換図式において出てくる写像が全て ring homo である図式は
ring homo の可換図式と呼ばれる．
以後断らない限り ○ の記号の出てくる図式は
ring homo の可換図式を表すものとする．

　さて，逆に右が成り立っているとき
$\tilde{\varphi}(a_0+a_1X+a_2X^2+\cdots+a_nX^n)$
$=\tilde{\varphi}(a_0)+\tilde{\varphi}(a_1)\tilde{\varphi}(X)+\tilde{\varphi}(a_2)\tilde{\varphi}(X)^2$
　　$+\cdots+\tilde{\varphi}(a_n)\tilde{\varphi}(X)^n$
$=\varphi(a_0)+\varphi(a_1)c+\varphi(a_2)c^2$
　　$+\cdots+\varphi(a_n)c^n$

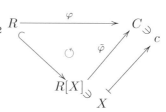

となるので
$\tilde{\varphi}$ は拡大代入写像である．

つまり，右が成り立つ $\tilde{\varphi}$ は
ただ一つ存在することになる．

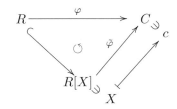

このことを右が成り立つと表す．

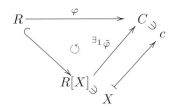

ここで代入の universal property を定義する．

Def. 1.1.1 （代入の UP1）

B が A の拡大環で，β が B の元であり，
任意の ring homo $\varphi : A \to C$ と
C の元 c に対して右が成り立つ
とき，すなわち

$A \ni a$ のとき $\tilde{\varphi}(a) = \varphi(a)$，

$\tilde{\varphi}(\beta) = c$

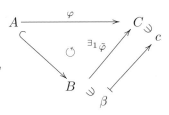

となる $\tilde{\varphi}$ がただ一つ存在するとき，
$A \subset B \ni \beta$ は
代入の universal property をもつ
という．

この $\tilde{\varphi}$ を拡大代入写像という．

また，C が A の拡大環で，φ が包含写像のときは，
$\tilde{\varphi}$ を単に代入写像と呼ぶ．

★ universal property を略して UP と書くことにする.
また，UP(universal property) を取り扱うときに
$\varphi: A \to C$ が ring homo で c が C の元であることを
$$\varphi: A \to C \ni c$$
で表し，
特に C が A の拡大環で c が C の元のことを
$$A \subset C \ni c$$
と表すことにする.
この記法での代入の UP の定義は次のようになる.

Def. 1.1.2 （代入の UP2）
$A \subset B \ni \beta$ が代入の UP をもつとは

任意の ring homo
$\varphi: A \to C \ni c$ に対して
右が成り立つことである.

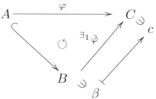

★ 右が成り立つことを示すには，
次の2つを示せばよい.

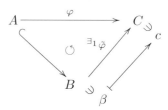

(1) 右が成り立つような $\tilde{\varphi}$ を
見つける.

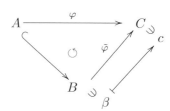

(2)

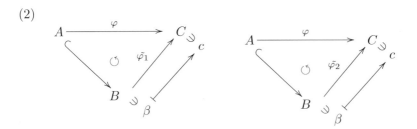

上の2つの可換図式が成り立つとすると，$\tilde{\varphi}_1 = \tilde{\varphi}_2$ である．

私たちは次の Proposition を証明した．

Proposition 1.1.1 ($R[X] \ni X$ は代入の universal property をもつ)
$R[X]$ を多項式環とするとき，
$R \subset R[X] \ni X$ は代入の universal property をもつ．

多項式環の定義を代入の universal property を使って一般化する．
最初に，代入の UP の，ある意味での一意性に関する次の Proposition を用意しておく．

Proposition 1.1.2 (代入の UP の一意性)
$A \subset B \ni \beta$ が
代入の UP をもつときは
任意の $A \subset B' \ni \beta'$ に対して
右が成り立つが
これに対して

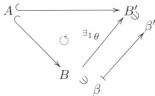

(1) $A \subset B' \ni \beta'$ が代入の UP をもつときは θ は isomorphism である．
(2) θ が isomorphism のとき $A \subset B' \ni \beta'$ は代入の UP をもつ．
(proof)
(1) $A \subset B' \ni \beta'$ が代入の UP を
もつので
$A \subset B \ni \beta$ に対して
右が成り立つ．

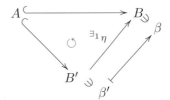

よって ring homo $\theta \circ \eta$ と $id_{B'}$ は 下の可換図式をそれぞれみたすので
$A \subset B' \ni \beta$ の代入の UP より $\theta \circ \eta = id_{B'}$ である.

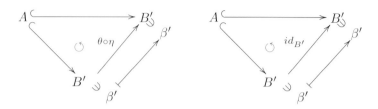

同様にして $\eta \circ \theta = id_B$ がわかる.

したがって, θ は isomorphism である.

(2) $A \subset B \ni \beta$ は

代入の UP をもつので
$\varphi : A \to C \ni \gamma$ に対して
右の可換図式を得る.

$\tilde{\varphi} = \eta \circ \theta^{-1}$ とおくと
右下の可換図式を得る.

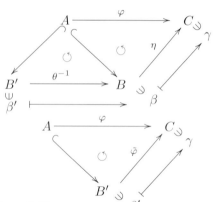

さて, $\tilde{\varphi}_1 : B' \to C$, $\tilde{\varphi}_2 : B' \to C$ が
それぞれ以下をみたすとする.

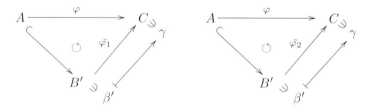

このとき 以下がそれぞれ成り立っている.

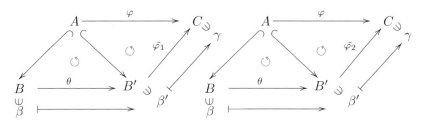

すなわち以下が成り立っている.

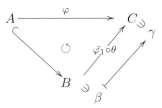
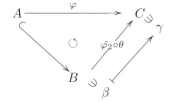

$A \subset B \ni \beta$ が 代入の UP をもつので
 $\tilde{\varphi}_1 \circ \theta = \tilde{\varphi}_2 \circ \theta$
isomorphism θ の逆写像 θ^{-1} を使って
 $\tilde{\varphi}_1 = \tilde{\varphi}_1 \circ \theta \circ \theta^{-1} = \tilde{\varphi}_2 \circ \theta \circ \theta^{-1} = \tilde{\varphi}_2$
を得る.

★ $A \subset B \ni \beta$ のとき

$A \subset A[X] \ni X$ の代入の UP より
右をみたす代入写像
 $\varphi : A[X] \to B$ が存在する.
 $\mathrm{Im}\varphi = \{\varphi f(\beta) | A[X] \ni f(X)\}$
 $\qquad = \{f(\beta) | A[X] \ni f(X)\}$

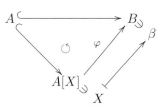

なので $\mathrm{Im}\varphi$ は A 係数の β の多項式の形で表される
B の元全体からなる環である.

これを $A[\beta]$ で表すことにすると $A[\beta]$ は

B の部分環で, A と β を含む最小のものである. [3]

★ $A \subset B \ni \beta$ が代入の UP をもつとき
φ は isomorphism であるので
$B = Im\varphi = A[\beta]$ となり,
$A \subset A[\beta] \ni \beta$ が代入の UP をもつことになる.

これをふまえて多項式環の定義を UP を使って再定義する.

Def. 1.1.3 (多項式環)
$A \subset B \ni \beta$ が代入の UP をもつとき
B を A 係数の β の多項式環という.

★ B が A 係数の β の多項式環のとき
$B = A[\beta]$ であり, $A \subset A[\beta] \ni \beta$ が代入の UP をもつ.

$A \subset B \ni \beta$ のとき
$A \subset B \ni \beta$ が代入の UP をもたないときでも, B の部分環 $A[\beta]$ が存在するが, 次のことを注意しておく.

Proposition 1.1.3 (多項式環 $A[\beta]$)
$A \subset B \ni \beta$ のとき, 次は同値である.
(1) $A[\beta]$ が A 係数の β の多項式環である.
(2) $A \subset A[\beta] \ni \beta$ は代入の UP をもつ.
(3) β を代入する $A[X]$ から B への代入写像は単射である.

(proof)
(1) $\Leftrightarrow$ (2)
定義より明らかである.
(3) $\Rightarrow$ (2)
β を代入する $A[X]$ から B への代入写像を θ とする.

---

[3] A 係数の β の多項式の形にかけるものは全て
A と β を含む任意の環に含まれるのでこれが成り立つ.

θ を $A[X]$ から θ の像 $A[\beta]$ への写像に制限したものを
θ' とすると, θ' は全射であり,
θ が単射だったので
θ' は isomorphism で
右が成り立つ.

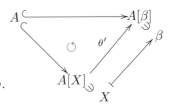

Proposition 1.1.2 の (2) より
$A \subset A[\beta] \ni \beta$ は代入の UP をもつ.

$(2) \Rightarrow (3)$

$i : A[\beta] \hookrightarrow B$ を包含写像として,
$A[X]$ から $A[\beta]$ への β を代入する写像を θ' とすると,

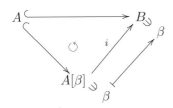 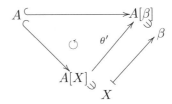

より右を得る.
θ' は単射なので β を代入する
写像 $i \circ \theta'$ は単射である.

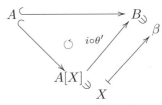

$A \subset B \ni \beta$ のとき, B の部分環で A と β を含む最小のものを
$A[\beta]$ と表した.
代入の UP の話を使って 1 変数の多項式環を再定義したが
それによると $A[\beta]$ が多項式環であるとは,
$A \subset A[\beta] \ni \beta$ が代入の UP をもつことであった.

環 A に対して 1 変数の多項式環 $A[X]$ があり,
$A[X]$ 係数の多項式環 $A[X][Y]$ を $A[X,Y]$ と表し,
それを A 係数の X と Y の多項式環というのが古典的な定義
であるが, 1 変数の時と同様に 2 変数の多項式環も

代入の UP の概念を使って再定義したい．

ここで，1 変数のときと同様，$A \subset B \ni \beta_1, \beta_2$ と書いたときは
A は B の部分環で，β_1, β_2 は B の元であることを表し，
$\varphi : A \to C \ni c_1, c_2$ と書いたときは
φ は ring homo で，c_1, c_2 は C の元であることを表すことにする．

$A \subset A[X,Y] \ni X, Y$ は次の性質をもっている．

Proposition 1.1.4 $(A[X,Y])$

A を環とするとき
多項式環 $A[X,Y]$ は
任意の $\varphi : A \to C \ni c_1, c_2$
に対して右が成り立つ．
すなわち，
$A \ni a$ のときは，$\tilde{\varphi}(a) = \varphi(a)$ で
$\tilde{\varphi}(X) = c_1$, かつ $\tilde{\varphi}(Y) = c_2$
であるような ring homo $\tilde{\varphi} : A[X,Y] \to C$ が
ただ一つ存在する．

これの証明はあとで行うとして話を続けよう．
この性質を一般化して 2 個の元の代入の UP を定義する．

Def. 1.1.4 （2 個の元の代入の UP）

$A \subset B \ni \beta_1, \beta_2$ が
任意の $\varphi : A \to C \ni c_1, c_2$
に対して右が成り立つ．
すなわち，
$A \ni a$ のときは，$\tilde{\varphi}(a) = \varphi(a)$ で，
$\tilde{\varphi}(\beta_1) = c_1$, かつ $\tilde{\varphi}(\beta_2) = c_2$
となる $\tilde{\varphi} : B \to C$ が
ただ一つ存在するとき
$A \subset B \ni \beta_1, \beta_2$ は代入の UP をもつという．

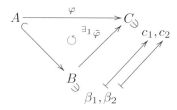

この $\tilde{\varphi}$ を拡大代入写像という．
また，C が A の拡大環で，φ が包含写像のときは
$\tilde{\varphi}$ を単に代入写像と呼ぶ．

★ Proposition 1.1.4 を証明する．
(1) $\varphi : A \to C \ni c_1, c_2$ とする．

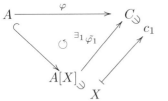 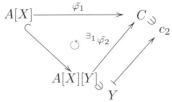

$A \subset A[X] \ni X$ が代入の UP をもつので上左が成り立つ．
$A[X] \subset A[X][Y] \ni Y$ が代入の UP をもつので上右が成り立つ．

$A \ni a$ に対して
$\quad \tilde{\varphi}_2(a) = \tilde{\varphi}_1(a) = \varphi(a)$
$\quad \tilde{\varphi}_2(X) = \tilde{\varphi}_1(X) = c_1$
$\quad \tilde{\varphi}_2(Y) = c_2$
なので，$\tilde{\varphi}_2$ は右をみたす．

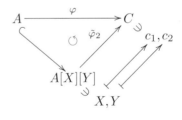

いま，

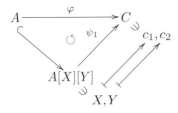 かつ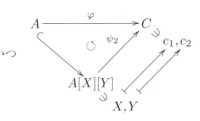

とする．
このとき，ψ_1, ψ_2 を $A[X]$ に制限したものを $\bar{\psi}_1, \bar{\psi}_2$ とおくと，

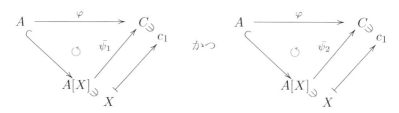

なので, $A \subset A[X] \ni X$ の代入の UP より
$$\bar{\psi}_1 = \bar{\psi}_2$$
である.
これを $\bar{\psi}$ とおくと

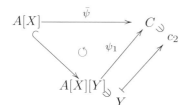
かつ
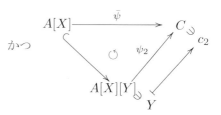

である.
よって $A[X] \subset A[X][Y] \ni Y$ の
代入の UP より
$$\psi_1 = \psi_2$$
である.
以上より右が成り立ち,
$A \subset A[X][Y] = A[X,Y]$ なので
$A[X,Y] \ni X,Y$ は代入の UP を
もつ.

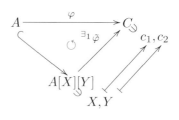

★ Proposition 1.1.4 は任意の環 A に対して
$A \subset B \ni \beta_1, \beta_2$ が代入の UP をもつような B と β_1, β_2 が
存在することを保証している.

Proposition 1.1.5

$A \subset B \ni \beta_1, \beta_2$ と
$A \subset B' \ni \beta'_1, \beta'_2$ が
ともに代入の UP をもつとき
右をみたす isomorphism θ が
存在する.
すなわち, 代入の UP をもつものは
ある意味で一意的に定まる.

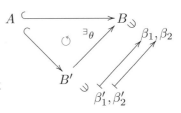

(proof) 2つの UP より

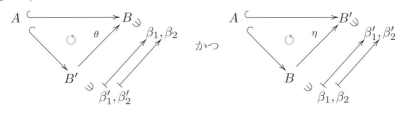

が成り立つ.
このとき, $\eta \circ \theta$ と $id_{B'}$ が以下をみたす.

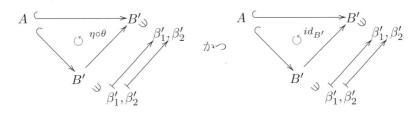

$A \subset B' \ni \beta'_1, \beta'_2$ は UP をもつので
$\eta \circ \theta = id_{B'}$ である.

同様にして，$\theta \circ \eta = id_B$ がわかる．

したがって，θ は isomorphism である．

★ $A \subset B \ni \beta_1, \beta_2$ のとき

右が成り立つ．

この θ の像は

A 係数の β_1, β_2 の多項式の形で

表されるもの全体のなす集合

である．

それを $A[\beta_1, \beta_2]$ で表す．

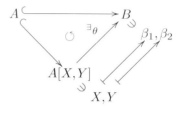

$A \subset B \ni \beta_1, \beta_2$ が代入の UP をもつための必要十分条件は

θ が isomorphism であることである．

Def. 1.1.5 （2変数の多項式環）

$A \subset B \ni \beta_1, \beta_2$ が代入の UP をもつとき，

B を A 係数の β_1, β_2 の多項式環という．

このとき $B = A[\beta_1, \beta_2]$ である．

$A[\beta_1, \beta_2]$ が多項式環であるというのは

$A \subset A[\beta_1, \beta_2] \ni \beta_1, \beta_2$ が代入の UP をもつことである．

今までと同様 n 個の元の代入の UP も定義できる．

Def. 1.1.6 （n 個の元の代入の UP）

$A \subset B \ni \beta_1, \beta_2, \cdots, \beta_n$ が

任意の $\varphi: A \to C \ni c_1, c_2, \cdots, c_n$

に対して右が成り立つ．

すなわち

$\tilde{\varphi}(\beta_1) = c_1, \tilde{\varphi}(\beta_2) = c_2,$
$\cdots, \tilde{\varphi}(\beta_n) = c_n$

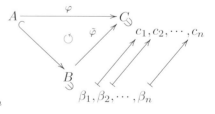

となる $\tilde{\varphi}$ がただ一つ存在するとき，

$A \subset B \ni \beta_1, \beta_2, \cdots, \beta_n$ は

代入の UP をもつという．

この $\tilde{\varphi}$ を拡大代入写像と呼ぶ．
また，C が A の拡大環で，φ が包含写像のときは
$\tilde{\varphi}$ を単に代入写像と呼ぶ．

★ 環 A を係数環にもつ n 変数の多項式環 $A[X_1, X_2, \cdots, X_n]$ は
$A[X_1, X_2, \cdots, X_{n-1}]$ を係数環にもつ多項式環
$A[X_1, X_2, \cdots, X_{n-1}][X_n]$ であると，古典的に定義されている．
n 個の元の代入の UP を使って n 変数の多項式環を再定義しよう．
次に注意しよう．

★ A を係数環にもつ多項式環 $A[X_1, X_2, \cdots, X_n]$ に関して
$A \subset A[X_1, X_2, \cdots, X_n] \ni X_1, X_2, \cdots, X_n$ は代入の UP をもつ．

★ $A \subset B \ni \beta_1, \beta_2, \cdots, \beta_n$ のとき
右が成り立つ．
この $\tilde{\varphi}$ の像は，A 係数の
$\beta_1, \beta_2, \cdots, \beta_n$ の多項式の形で
表されるもの全体のなす集合
である．

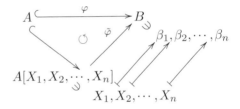

それを $A[\beta_1, \beta_2, \cdots, \beta_n]$ で表す．
$A \subset B \ni \beta_1, \beta_2, \cdots, \beta_n$ が代入の UP をもつための必要十分条件は
$\tilde{\varphi}$ が isomorphism であることである．

主張の証明は帰納法より 2 変数のときと全く同様にできる．
これをふまえて n 変数の多項式環を定義しよう．

Def. 1.1.7 (n 変数の多項式環)

$A \subset B \ni \beta_1, \beta_2, \cdots, \beta_n$ が代入の UP をもつとき，
$B = A[\beta_1, \beta_2, \cdots, \beta_n]$ である．
このとき B を，A 係数の $\beta_1, \beta_2, \cdots, \beta_n$ の多項式環という．
$A[\beta_1, \beta_2, \cdots, \beta_n]$ が多項式環であるというのは，
$A \subset A[\beta_1, \beta_2, \cdots, \beta_n] \ni \beta_1, \beta_2, \cdots, \beta_n$ が代入の UP をもつことである．

★ $A[\beta_1, \beta_2, \cdots, \beta_n]$ は B の部分環で, A と $\{\beta_1, \beta_2, \cdots, \beta_n\}$ を含む最小のものである.

1.2 商環の生成

環とその積閉部分集合に対して, 商環と呼ばれる環を作ることにする.
環 A と環 A の積閉集合 S により, A_S と表される商環を定義することにする.

★ 環 A の部分集合 S が
$$S \ni 1, S \not\ni 0 \text{ かつ } S \ni s, t \Rightarrow st \in S$$
をみたすとき, S を A の積閉集合という.

S を A の積閉集合とする.
$A \times S = \{(a, s) | a \in A, s \in S\}$ を考える.
$A \times S$ において $\sim$ を
$$(a, s) \sim (b, t) \Leftrightarrow S \ni^\exists c \ \ s.t. \ \ cbs = cat$$
と定義すると $\sim$ は同値関係である. [4]
$(a, s) \in A \times S$ のこの同値関係での同値類を $[a, s]$ で表して,
同値類全体のなす集合を $A \times S / \sim$ で表す.
したがって,
$$A \times S / \sim = \{[a, s] | A \times S \ni (a, s)\}$$
であり,
$$[a, s] = [b, t] \Leftrightarrow (a, s) \sim (b, t)$$

---

[4]   (1) $(a, s) \sim (a, s)$
     (2) $(a, s) \sim (b, t) \Rightarrow (b, t) \sim (a, s)$
     (3) $(a, s) \sim (b, t), (b, t) \sim (c, n) \Rightarrow (a, s) \sim (c, n)$
    の 3 つを示せばよい.(別冊「正規部分群」Def.7.7.11(同値関係) 参照)
    (1),(2) は明らかに成り立つので (3) のみ示しておく.
      $^\exists p \in S \ \ s.t. \ \ pbs = pat$ かつ $^\exists q \in S \ \ s.t. \ \ qct = qbn$ より
      $S \ni pqt$ で $(pqt)cs = ps(qct) = ps(qbn) = (pbs)qn = (pat)qn = (pqt)an$
    である.

$$\Leftrightarrow S \ni^\exists c \quad s.t. \quad cbs = cat$$

である.

$A \times S/\sim$ に和と積を

$A \times S/\sim \ni [a,s], [b,t]$ に対して,

$[a,s] + [b,t] = [at+bs, st]$

$[a,s][b,t] = [ab, st]$

と定義すると,

これは well-defined である. [5]

---

[5] well-defined についてここでの場合について述べておく.
$A \times S/\sim$ の2つの元 α と β に対して $\alpha+\beta$ と $\alpha\beta$ を定義したい.
α, β に対して $\alpha = [a,s], \beta = [b,t]$ となる (a,s) と (b,t) を選んで,
$[at+bs, st]$ を $\alpha+\beta$, $[ab,st]$ を $\alpha\beta$ と定義したい.
$\alpha = [a',s'], \beta = [b',t']$ と別の (a',s') と (b',t') を選んでも同じ結果になる.
つまり $[a't'+b's', s't'] = [at+bs, st]$ と $[a'b', s't'] = [ab, st]$ が成り立てば
$\alpha+\beta, \alpha\beta$ をこのように定義してもよい.
このように, 一つに決まらないものの中からどれかを選んで, あることを
定めようとする (定義する) とき,
どれを選んでも一つの同じものに定まることを
このように決めても well-defined であるという.
どれを選んでも一つの同じものに定まることの証明が well-defined
の証明である.
今の場合の well-defined を示そう.
　$[a,s] = [a',s'], [b,t] = [b',t']$ とすると,
　　$[at+bs, st] = [a't'+b's', s't']$
　　$[ab, st] = [a'b', s't']$
であることを示す.
　$(a,s) \sim (a',s')$ より $^\exists p \in S \quad s.t. \quad pa's = pas'$ ⋯ ①
　$(b,t) \sim (b',t')$ より $^\exists q \in S \quad s.t. \quad qb't = qbt'$ ⋯ ②
　① ② より
　$pq \in S$ で
　$pq(a't'+b's')st = pq(at+bs)s't'$ が成り立つ.
すなわち, $(at+bs, st) \sim (a't'+b's', s't')$
ゆえに, $[at+bs, st] = [a't'+b's', s't']$ である.

★ $A \ni a, b$ で $S \ni s, t$ のとき
  $at = bs \Rightarrow [a, s] = [b, t]$ は
いつでも成り立つ.
ところが
  $[a, s] = [b, t] \Rightarrow at = bs$ は
S がゼロ因子を含まないときは成り立つが
S がゼロ因子を含むときは成り立たない. [6]

★ $A \ni a, b$ で $S \ni s, t$ のとき
  ·$[at, st] = [a, s]$
  ·$[a, s] + [b, s] = [as + bs, s^2] = [a + b, s]$

$A \times S / \sim$ はこの和と積で環になる.
実際, $A \times S / \sim \ni [a, s], [b, t], [c, u]$ とすると,
以下が確かめられる.
I. (1) $[a, s] + [b, t] = [b, t] + [a, s]$　(和は可換)
   (2) $[a, s] + ([b, t] + [c, u]) = ([a, s] + [b, t]) + [c, u]$
                    (和は結合律をみたす)
   (3) $[a, s] + [0, 1] = [a, s]$　(ゼロがある)
   (4) $[a, s] + [-a, s] = [0, 1]$　(マイナスがある)
II. (1) $[a, s][b, t] = [b, t][a, s]$　(積は可換)
    (2) $[a, s]([b, t][c, u]) = ([a, s][b, t])[c, u]$　(積は結合律をみたす)

また, $S \ni pq$ で $pqa'b'st = pqabs't'$ が成り立つこともわかる.
すなわち, $(ab, st) \sim (a'b', s't')$
ゆえに, $[ab, st] = [a'b', s't']$
以上で well-defined が証明できた.

[6] $at = bs$ のとき, $S \ni 1$ で $1at = 1bs$ なので $[a, s] = [b, t]$ である.
また, α を S に含まれるゼロ因子とすると
A のゼロでない元 β で $\alpha\beta = 0$ となるものがある.
$\alpha \times \beta \times 1 = 0 = \alpha \times 0 \times 1$ より,
$[0, 1] = [\beta, 1]$ であるが, $\beta \times 1 \neq 0 \times 1$ である.

(3) $[a,s][1,1] = [a,s]$　（イチがある）

III. $[a,s]([b,t]+[c,u]) = [a,s][b,t]+[a,s][c,u]$

$([a,s]+[b,t])[c,u] = [a,s][c,u]+[b,t][c,u]$

（和と積に関する分配律が成り立つ）

$A \times S/\sim$ はこの和と積で $[0,1]$ をゼロとし, $[1,1]$ をイチとする環であることがわかった.

この環を A_S で表し, 混乱の恐れがないときは $[a,s]$ を $\frac{a}{s}$ で表すことにする.

★ $A_S = \{\frac{a}{s} | A \ni a, S \ni s\}$

$\frac{a}{s} = \frac{b}{t} \Leftrightarrow S \ni^\exists c \ s.t. \ cbs = cat$

$\frac{a}{s} + \frac{b}{t} = \frac{at+bs}{st}, \frac{a}{s} \cdot \frac{b}{t} = \frac{ab}{st}$

であり, $\frac{0}{1}$ は A_S のゼロ, $\frac{1}{1}$ は A_S のイチとなっている.

★ $A \ni a, b$ で $S \ni s, t$ のとき

$at = bs \Rightarrow \frac{a}{s} = \frac{b}{t}$ は

いつでも成り立つ.

ところが,

$\frac{a}{s} = \frac{b}{t} \Rightarrow at = bs$ は

S がゼロ因子を含まないときは成り立つが

S がゼロ因子を含むときは成り立たない.

★★ A_S の性質を調べてみる.

$S \ni s, t$ のときは $A_S \ni \frac{t}{s}, \frac{s}{t}$ であり,

$\frac{t}{s} \cdot \frac{s}{t} = \frac{ts}{st} = \frac{1}{1}$ なので $\frac{t}{s}$ は unit(逆元をもつ元) で,

$(\frac{s}{t})^{-1} = \frac{t}{s}$ である.

特に $\frac{s}{1}$ は unit である.

A の元 a を A_S の元 $\frac{a}{1}$ にうつす自然な写像があるがこれは ring homo である.

実際, この自然な写像を ψ で表すと

$\psi(1) = \frac{1}{1}$,

これは A_S のイチである.

$A \ni a, b$ とすると
$$\psi(a+b) = \frac{a+b}{1} = \frac{a}{1} + \frac{b}{1} = \psi(a) + \psi(b)$$
$$\psi(ab) = \frac{ab}{1} = \frac{a}{1} \cdot \frac{b}{1} = \psi(a)\psi(b)$$
である.

よって ψ は S の元を A_S の unit にうつす ring homo である. この自然な写像を自然な ring homo という.

一般に $\varphi : A \to C$ かつ $C^\times \supset \varphi(S)$ と書いたときには φ は ring homo で S の元は全て φ で C の unit にうつることを意味するものとする.
この意味で $\psi : A \to A_S$ で $(A_S)^\times \supset \psi(S)$ である.
これから A_S の UP という概念を定義していく.

まず次を示そう.
任意の $\varphi : A \to C$ かつ $C^\times \supset \varphi(S)$
に対して
右が成り立つ.
つまり ring homo $\tilde{\varphi} : A_S \to C$ で
$\varphi = \tilde{\varphi} \circ \psi$ が成り立つものが
ただ一つ存在する.
実際, $\tilde{\varphi} : A_S \to C$ を
$\tilde{\varphi}(\frac{a}{s}) = \varphi(a)\varphi(s)^{-1}$ と定義すると
これは well-defined である. [7]

$\tilde{\varphi}(\frac{1}{1}) = 1$
$\tilde{\varphi}(\frac{a}{s} + \frac{b}{t}) = \tilde{\varphi}(\frac{a}{s}) + \tilde{\varphi}(\frac{b}{t})$
$\tilde{\varphi}(\frac{a}{s} \cdot \frac{b}{t}) = \tilde{\varphi}(\frac{a}{s})\tilde{\varphi}(\frac{b}{t})$

---

[7] $\frac{a}{s} = \frac{b}{t}$ とすると $cat = cbs$ なので
$\varphi(c)\varphi(a)\varphi(t) = \varphi(c)\varphi(b)\varphi(s)$ から
$\varphi(a)\varphi(s)^{-1} = \varphi(b)\varphi(t)^{-1}$

はすぐに確かめられるので [8]

$\tilde{\varphi}$ は ring homo で
$$\varphi(a) = \varphi(a)\varphi(1)^{-1} = \tilde{\varphi}(\tfrac{a}{1}) = \tilde{\varphi} \circ \psi(a)$$
であるからほしい ring homo が存在する。

また, $\tilde{\varphi}' : A_S \to C$ が ring homo で,
$\varphi = \tilde{\varphi}' \circ \psi$ とすると [9]

$$\begin{aligned}
\tilde{\varphi}'(\tfrac{a}{s}) &= \tilde{\varphi}'(\tfrac{a}{1} \cdot \tfrac{1}{s}) \\
&= \tilde{\varphi}'(\tfrac{a}{1})\tilde{\varphi}'(\tfrac{1}{s}) \\
&= \tilde{\varphi}'(\tfrac{a}{1})\tilde{\varphi}'(\tfrac{s}{1})^{-1} \\
&= \varphi(a)\varphi(s)^{-1} \\
&= \tilde{\varphi}(\tfrac{a}{s})
\end{aligned}$$

となるので, $\tilde{\varphi}' = \tilde{\varphi}$ である。

---

[8] $\tilde{\varphi}(\tfrac{1}{1}) = \varphi(1)\varphi(1)^{-1} = 1$

$$\begin{aligned}
\tilde{\varphi}(\tfrac{a}{s} + \tfrac{b}{t}) &= \tilde{\varphi}(\tfrac{at+bs}{st}) \\
&= \varphi(at+bs)\varphi(st)^{-1} \\
&= (\varphi(a)\varphi(t) + \varphi(b)\varphi(s))\varphi(t)^{-1}\varphi(s)^{-1} \\
&= \varphi(a)\varphi(s)^{-1} + \varphi(b)\varphi(t)^{-1} \\
&= \tilde{\varphi}(\tfrac{a}{s}) + \tilde{\varphi}(\tfrac{b}{t}) \\
\tilde{\varphi}(\tfrac{a}{s} \cdot \tfrac{b}{t}) &= \tilde{\varphi}(\tfrac{ab}{st}) \\
&= \varphi(ab)\varphi(st)^{-1} \\
&= \varphi(a)\varphi(b)\varphi(t)^{-1}\varphi(s)^{-1} \\
&= \varphi(a)\varphi(s)^{-1}\varphi(b)\varphi(t)^{-1} \\
&= \tilde{\varphi}(\tfrac{a}{s})\tilde{\varphi}(\tfrac{b}{t})
\end{aligned}$$

[9] $A \ni^{\forall} a$ に対して $\tilde{\varphi}'(\tfrac{a}{1}) = \tilde{\varphi}'(\psi(a)) = \varphi(a)$

ここで A_S の universal property を次のように定義する.

Def. 1.2.1 (A_S の UP1)

$\psi: A \to B$ で $B^\times \supset \psi(S)$

であり, かつ

任意の $\varphi: A \to C$ で $C^\times \supset \varphi(S)$

に対して 右上の ring homo の可換図式が成り立つとき

$\psi: A \to B$ は A_S の universal property をもつといい,

略して, $\psi: A \to B$ は A_S の UP をもつという.

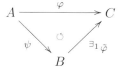

★ 環 A とその積閉集合 S に対して A_S の UP というような表現をしたが, これは環 A とその積閉集合 S を使った表現である.

例えば自然数の集合 $\mathbb{N}$ は整数環 $\mathbb{Z}$ の積閉集合なので

$\mathbb{Z}_\mathbb{N}$ の UP と表現する.

実際, $\mathbb{Z} \hookrightarrow \mathbb{Q}$ は $\mathbb{Z}_\mathbb{N}$ の UP をもっている.

私たちはすでに次の Proposition を証明している.

Proposition 1.2.1

$\psi: A \to A_S$ は A_S の UP をもつ.

A_S の UP をもつものは同型の意味でただ一つ定まる.
実際, 次が成り立つ.

Proposition 1.2.2 (A_S の UP の一意性)

$\psi: A \to B$ は A_S の UP をもつ
とする.

任意の $\psi': A \to B'$ かつ $B'^\times \supset \psi'(S)$
に対して 右が成り立つが
これに対して

(i) $\psi': A \to B'$ が A_S の UP をもつときは θ は isomorphism である.
(ii) θ が isomorphism のときは $\psi': A \to B'$ も A_S の UP をもつ.

(proof)
(i) $\psi' : A \to B'$ は A_S の UP をもち,
$\psi : A \to B$ で $B^\times \supset \psi(S)$ なので右が成り立つ.

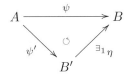

したがって

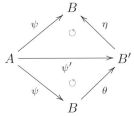

より

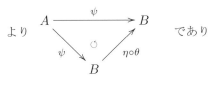

であり

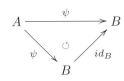

左が成り立ち, $\psi : A \to B$ が A_S の UP をもつことから $\eta \circ \theta = id_B$ がわかる.
同様にして $\theta \circ \eta = id_{B'}$ がわかり, θ が isomorphism であることがわかる.

(ii) $\pi : A \to C$ が $C^\times \supset \pi(S)$ とする.
このとき右をみたす ring homo η がただ一つ存在することを示す.

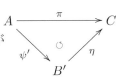

$\psi : A \to B$ は A_S の UP をもつので
右が成り立っている.

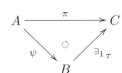

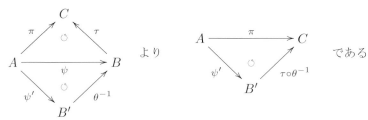 より 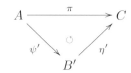 である.

η として $\tau \circ \theta^{-1}$ をとることにより
存在は示される.
もし右が成り立つとすれば

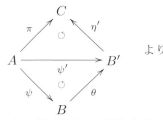 より 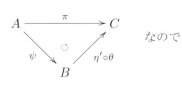 なので

$\psi : A \to B$ が A_S の UP をもつことから $\eta' \circ \theta = \tau$ となり
  $\eta' = \tau \circ \theta^{-1} = \eta$ となる.
よって一意性も示された.
以上より, θ が iso のとき $\psi' : A \to B'$ も A_S の UP をもつことが示された.
★ $\varphi : A \to B$ が

  A_S の UP をもつとき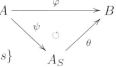
  右図の isomorphism θ が存在する.
  $B = \theta(A_S) = \{\varphi(a)\varphi(s)^{-1} | A \ni a, S \ni s\}$
  となっていることに注意して A_S の再定義を次のように与えておく.

Def. 1.2.2 (A_S の UP2)
  $\varphi : A \to B$ が A_S の UP をもつとき
  B は A_S の資格をもつといい,
  単に B は A_S であるという.
  B は A_S であるといったときは B の元 $\varphi(a)\varphi(s)^{-1}$ を

$\frac{a}{s}$ で表すことにする.
この意味で $B = \{\frac{a}{s} | A \ni a, S \ni s\}$ である.

★ $\varphi : A \to C$ かつ $C^\times \supset \varphi(S)$
とするとき右が成り立ち,
$\tilde{\varphi}(A_S) = \{\varphi(a)\varphi(s)^{-1} | A \ni a, S \ni s\}$
である.
φ が単射のとき $\tilde{\varphi}$ は単射になる. [10]
φ や $\tilde{\varphi}$ の行き先を $\tilde{\varphi}(A_S)$ に制限した写像を
各々 $\varphi', \tilde{\varphi}'$ とする.
右図が成り立ち $\tilde{\varphi}'$ は isomorphism
となっているので $\tilde{\varphi}(A_S)$ は
A_S の資格をもつことになる.
すなわち, $A \to \tilde{\varphi}(A_S)$ は
A_S の UP をもつ.

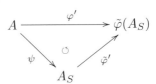

Proposition 1.2.3 (A_S の実現)

$\varphi : A \to C$ が単射で, $C^\times \supset \varphi(S)$ のとき
$\tilde{\varphi}(A_S) = \{\varphi(a)\varphi(s)^{-1} | A \ni a, S \ni s\}$ は
C の subring としての A_S の実現である.

Corolally 1.2.1

B が A の拡大環で, S の全ての元が B で unit のときは
B の subring として A_S が実現する.
このとき
$$A_S = \{as^{-1} | A \ni a, S \ni s\}$$
としてよい.

---

[10] $A_S \ni \frac{a}{1}$ で $\tilde{\varphi}(\frac{a}{1}) = 0$ とする.
$\varphi(a)\varphi(1)^{-1} = 0$ より $\varphi(a) = 0$
φ は単射なので $a = 0$ である.
よって $\tilde{\varphi}$ は単射である.

ここで商体についての話を展開しよう.

環 A を含む極小の体を A の商体というが

体に含まれる環は domain なので [11] 商体をもつ環は domain である.
全ての domain は商体をもち, その商体は同型の意味で一つに定まる
ことを見ておこう.

例から入ろう.

有理数体 $\mathbb{Q}$ は $\mathbb{Z}$ を含む体であり, $\mathbb{Q} = \{\frac{m}{n} | m \in \mathbb{Z}, n \in \mathbb{N}\}$
の形から $\mathbb{Q}$ は $\mathbb{Z}$ を含む体のうち極小のものになっている.
$\mathbb{Q}$ に含まれ, $\mathbb{Z}$ を含む体は, $\mathbb{Q}$ 自身になっているので
$\mathbb{Q}$ は $\mathbb{Z}$ の商体である.

形から $\mathbb{Q}$ は $\mathbb{Z}_\mathbb{N}$ のように見えるが,
$\mathbb{Z} \hookrightarrow \mathbb{Q}$ は $\mathbb{Z}_\mathbb{N}$ の UP をもっていたので
本当にそうである.

$\mathbb{Z}$ の積閉集合 $\mathbb{Z} - \{0\}$ を使っても
$\mathbb{Z} \hookrightarrow \mathbb{Q}$ は $\mathbb{Z}_{\mathbb{Z}-\{0\}}$ の UP をもつので
$\mathbb{Q}$ は $\mathbb{Z}_{\mathbb{Z}-\{0\}}$ でもある.

商体に関していえば $\mathbb{Q}$ を $\mathbb{Z}_\mathbb{N}$ と見るよりも, $\mathbb{Z}_{\mathbb{Z}-\{0\}}$ と見るほうが
一般化しやすい.

A を domain とするとき, $A - \{0\}$ は A の積閉集合であり,
以下の2つが成り立つ.

(i) $A_{A-\{0\}}$ は A を含む極小の体である.

(ii) $A_{A-\{0\}}$ は A を含む極小の体の中で実現される.

実際,

(i) A が domain なので $A - \{0\}$ の元は全てゼロ因子でない.
したがって, A から $A_{A-\{0\}}$ への自然な homo は単射となり [12]

---

[11] A を環とし, K を体として $A \subset K$ とする.
  $A \ni a, b$ で $ab = 0$ かつ $a \neq 0$ とすると
  $K \ni {}^\exists a^{-1}$ s.t. $b = aa^{-1}b = 0$

[12] 自然な ring homo を ψ とする.

これにより A は $A_{A-\{0\}}$ の subring とみなせる.
$A_{A-\{0\}} \ni \frac{t}{s} \neq \frac{0}{1}$ のとき
$t \neq 0$ より $A_{A-\{0\}} \ni \frac{s}{t}$ であり,
$\frac{s}{t} = (\frac{t}{s})^{-1}$ となるので $A_{A-\{0\}}$ は体である.
$A_{A-\{0\}}$ の任意の元 $\frac{a}{s}$ は $(\frac{a}{1})(\frac{s}{1})^{-1}$ と表されるので
$A_{A-\{0\}}$ の中に A を含む体は $A_{A-\{0\}}$ のみである.

(ii) K を A を含む極小な体とすると
$A-\{0\}$ は K で unit なので, そのなかに $A_{A-\{0\}}$ は実現できる.
$$(\because \text{Corolally 1.2.1})$$
$A_{A-\{0\}}$ は A を含む極小の体なので
$K = A_{A-\{0\}}$ である.

Def. 1.2.3 (商体)
domain A を含む極小の体を A の商体といい $Q(A)$ で表す.

Proposition 1.2.4 ($Q(A) = A_{A-\{0\}}$)
A を domain とするとき
$Q(A) = A_{A-\{0\}}$ である.
K が A を含む体のときは
$$Q(A) = \{ab^{-1} | A \ni a, b \text{ かつ } b \neq 0\}$$
と, K のなかに実現される. ($\because$ Corolally 1.2.1)

★ $A \to Q(A)$ は $A_{A-\{0\}}$ の UP をもっている.
★ B が domain A の拡大環で, A のゼロでない元が全て B で unit のときは, A の商体は A を含む B の部分体のなかで最小のものとして実現される.
★ B の中に A を含む体があれば, B に含まれ A を含む最小の体があるがそれは $Q(A)$ である.

$A \ni a$ で $\psi(a) = \frac{a}{1} = \frac{0}{1}$ とする.
$A-\{0\} \ni 1$ で $1 \cdot 0 \cdot 1 = 1 \cdot a \cdot 1$

Def. 1.2.4 ($F[X]$ の商体 $F(X)$)

体 F 係数の多項式環 $F[X]$ の商体を $F(X)$ で表す.
$$F(X) = \{\frac{f(X)}{g(X)} | F[X] \ni f(X), g(X), かつ g(X) \neq 0\}$$
である.

体 F 係数の n 変数の多項式環 $F[X_1, X_2, \cdots, X_n]$ の商体を $F(X_1, X_2, \cdots, X_n)$ で表す.

$F(X_1, X_2, \cdots, X_n)$
$= \{\frac{f(X_1, X_2, \cdots, X_n)}{g(X_1, X_2, \cdots, X_n)} | F[X_1, X_2, \cdots, X_n] \ni f(X_1, X_2, \cdots, X_n), g(X_1, X_2, \cdots, X_n),$
かつ $g(X_1, X_2, \cdots, X_n) \neq 0\}$

である.

1.3 多項式環 (Polynomial rings) の性質

この節では体係数の 1 変数の多項式環の性質を中心に多項式環の性質を調べることにする.

ここでは環といえば可換環を意味するものとして, 断らない限り R は可換環, F は体を表すものとする. また $X, X_1, X_2, \cdots, X_n$ 等は不定元を表すものとする.

I. 可換環係数の多項式環

R の $t+1$ 個の元 $a_0, a_1, \cdots, a_t$ を使うと
$$a_0 + a_1 X + a_2 X^2 + \cdots + a_t X^t$$
なる $R[X]$ の多項式が作れる.
この多項式を $f(X)$ とするとき a_i を $f(X)$ の i 次の係数という.
また a_0 を $f(X)$ の定数項という.
$f(X) \neq 0$ のときは
$\max \{i | a_i \neq 0\}$
が存在する.
$\max \{i | a_i \neq 0\} = n$ のとき n を $f(X)$ の次数といい,

$f(X)$ の次数 (degree) を $deg\ f(X)$ で表す.
$f(X)$ を n 次の多項式といい, a_n を最高次の係数という.
最高次の係数が 1 の多項式を monic な多項式という.
$f(X) = 0$ のときは $deg\ f(X) = -\infty$ とする.

Remark 1.3.1 (次数 (degree) の定義からわかること)
(1) $f(X) \neq 0 \Rightarrow deg\ f(X) \geq 0$
(2) $f(X)$ が 0 でない定数 $\Leftrightarrow deg\ f(X) = 0$
(3) $f(X) = 0 \Leftrightarrow deg\ f(X) = -\infty$

★ n を整数とするとき以下のことを約束する.
$-\infty < n$
$(-\infty) + (-\infty) = -\infty$
$(-\infty) + n = n + (-\infty) = -\infty$

Proposition 1.3.1 (和の degree・積の degree)
$f(X), g(X)$ を $R[X]$ の多項式とするとき次が成り立つ.
(1) $deg(f(X) + g(X)) \leq max\{deg\ f(X), deg\ g(X)\}$
等号が成り立たないのは $deg\ f(X) = deg\ g(X)$ であり
かつ, 双方の最高次の係数の和が 0 のときのみである.
(2) $deg\ f(X)g(X) \leq deg\ f(X) + deg\ g(X)$
等号が成り立たないのは $f(X) \neq 0$ かつ $g(X) \neq 0$ であり
かつ, 双方の最高次の係数の積が 0 のときのみである.

(proof)
$f(X) = 0$ または $g(X) = 0$ のとき $deg\ 0 = -\infty$ より
(1), (2) は明らかに成り立つので
$f(X) \neq 0$ かつ $g(X) \neq 0$ のときを示す.
$deg\ f(X) = n$, $deg\ g(X) = m$ とする.
$m \leq n$ として一般性を失わない.
$f(X) = a_0 + a_1 X + a_2 X^2 + \cdots + a_n X^n$
として

$$g(X) = b_0 + b_1 X + b_2 X^2 + \cdots + b_n X^n$$
と $g(X)$ も見かけ上 n 次の形で表しておく.

(1) $f(X) + g(X)$
$= (a_0 + b_0) + (a_1 + b_1)X + (a_2 + b_2)X^2 + \cdots + (a_n + b_n)X^n$
よって $deg(f(X) + g(X)) \leq n = max\{deg\ f(X), deg\ g(X)\}$
$a_n \neq 0$ なので $a_n + b_n = 0$ になりえるのは
$b_n = -a_n \neq 0$ のときのみである.

(2) $g(X) = b_0 + b_1 X + b_2 X^2 + \cdots + b_m X^m$
であり, $a_n \neq 0$ かつ $b_m \neq 0$ である.
よって, $f(X)g(X) = a_n b_m X^{n+m} + (n + m - 1$ 次以下の多項式$)$
となるので (2) が成り立つ.

Theorem 1.3.1　(Division algorithm)

$R[X] \ni f(X), g(X)$ で $g(X)$ の最高次の係数が unit とする.
このとき
$$\exists_1 q(X), r(X) \in R[X]\quad s.t.$$
$$\begin{cases} f(X) &=& g(X)q(X) + r(X) \\ deg\ r(X) &<& deg\ g(X) \end{cases} \cdots (*)$$

(proof)

存在については $f(X)$ の次数 n についての帰納法で示す.
$g(X)$ は m 次式でその最高次の係数を unit b_m とする.

(i) $n < m$ のとき
$f(X) = g(X) \cdot 0 + f(X)$
$q(X) = 0,\ r(X) = f(X)$ とすれば $(*)$ が成り立つ.

(ii) $n \geq m$ として
$q_1(X) = a_n b_m^{-1} X^{n-m}$ とおく.
$g(X)q_1(X)$ は n 次の多項式なので
$deg(f(X) - g(X)q_1(X)) \leq n - 1$
帰納法の仮定より

$\exists q_2(X), r'(X) \in R[X]$ s.t.
$$\begin{cases} f(X) - g(X)q_1(X) = q_2(X)g(X) + r'(X) \\ deg\ r'(X) < deg\ g(X) \end{cases}$$
$q(X) = q_1(X) + q_2(X)$ とおくと
$f(X) = g(X)q(X) + r'(X)$ になる.

次に一意性について確かめる.

$R[X] \ni q_1(X), q_2(X), r_1(X), r_2(X)$ で
$f(X) = g(X)q_1(X) + r_1(X) = g(X)q_2(X) + r_2(X)$ ⋯ ①
$deg\ r_1(X) < deg\ g(X),\ deg\ r_2(X) < deg\ g(X)$
とする.
$deg(r_1(X) - r_2(X)) < deg\ g(X)$ である. ⋯ ②

① より
$r_2(X) - r_1(X) = g(X)(q_1(X) - q_2(X))$

よって
$deg(r_2(X) - r_1(X)) = deg(g(X)(q_1(X) - q_2(X)))$

$q_1(X) - q_2(X) \neq 0$ とすると

$g(X)$ の最高次の係数が unit なので Proposition 1.3.1 (2) より
$deg(g(X)(q_1(X) - q_2(X)))$
$= deg\ g(X) + deg(q_1(X) - q_2(X)) \geq deg\ g(X)$

となり ② に矛盾する.

よって
$q_2(X) - q_1(X) = 0$

したがって
$r_2(X) - r_1(X) = 0$

である.

ゆえに
$q_1(X) = q_2(X),\ r_1(X) = r_2(X)$

以上より一意性が示せた.

II. domain 係数の多項式環

R は domain とする.
domain ではゼロでないものどうしの積はゼロでないので,
Proposition 1.3.1 の系として次を得る.

Proposition 1.3.2 (domain 係数の多項式の積の degree)
R が domain で $R[X] \ni f(X), g(X)$ とするとき
$$deg\ f(X)g(X) = deg\ f(X) + deg\ g(X)$$
が成り立つ.

この式からいくつかのことがわかる.

Proposition 1.3.3 (domain 係数の多項式の性質)
R を domain として $R[X] \ni f(X), g(X)$ とする.
このとき次が成り立つ.
(1) $f(X)g(X) = 0$ ならば $f(X) = 0$ または $g(X) = 0$ である.
(2) $f(X) \neq 0$ かつ $g(X) \neq 0$ ならば
    $f(X)g(X) \neq 0$ である.
(3) $R \ni f(X)g(X)$ であり, これが 0 でないならば
    $R \ni f(X) \neq 0$ かつ $R \ni g(X) \neq 0$ である.
(4) $g(X) \neq 0$ のとき $deg\ f(X) \leq deg\ f(X)g(X)$ である.
    $deg\ f(X) > deg\ f(X)g(X)$ とすると $g(X) = 0$ である.
(5) 次数が自分より大きい多項式でわりきれる多項式は 0 のみである.

(proof)
 (1) $f(X)g(X) = 0$ とすると
    $$-\infty = deg\ f(X)g(X) = deg\ f(X) + deg\ g(X)$$
    より $deg\ f(X) = -\infty$ または $deg\ g(X) = -\infty$
    つまり, $f(X) = 0$ または $g(X) = 0$ である.
 (2) これは (1) の対偶である.
 (3) $R \ni f(X)g(X) \neq 0$ より

$$0 = deg\ f(X)g(X) = deg\ f(X) + deg\ g(X)$$
これより $deg\ f(X) = 0$ かつ $deg\ g(X) = 0$
すなわち $R \ni f(X) \neq 0$ かつ $R \ni g(X) \neq 0$ である.

(4) $g(X) \neq 0$ のとき $0 \leq deg\ g(X)$ より
$$deg\ f(X) \leq deg\ f(X) + deg\ g(X) = deg\ f(X)g(X)$$
後半は前半の対偶である.

(5) $R[X] \ni f(X),\ g(X)$ で $deg\ g(X) < deg\ f(X),\ f(X)|g(X)$ のとき
$g(X) = f(X)h(X)$ となる $R[X]$ の多項式 $h(X)$ が存在する.
$deg\ f(X)h(X) = deg\ g(X) < deg\ f(X)$ なので
$h(X) = 0$ であり,よって $g(X) = 0$ である.

(1) は次を示している

Proposition 1.3.4

R が domain のとき $R[X]$ も domain である.

$f(X)$ が $R[X]$ の unit のとき $f(X)f(X)^{-1} = 1 \in R$ である.
よって (3) より次が成り立つ.

Proposition 1.3.5 ($R[X]$ の unit と R の unit)

R が domain のときは $R[X]$ の unit と R の unit は同じである.

Proposition 1.3.6

R は domain として, $R[X] \ni f(X) \neq 0$ とする.
(1) $R \ni a$ とする.
$\quad f(a) = 0 \iff X - a | f(X)$
(2) R における $f(X)$ の根の数は $deg\ f(X)$ 個以下である.

(proof)
(1)($\Rightarrow$)

Theorem 1.3.1 (Division algorithm) より
$f(X)$ と $X - a$ に対して
$\exists q(X), r(X) \in R[X]\ \ s.t.\ \ f(X) = (X-a)q(X) + r(X)$

$deg\ r(X) \leq 0$ なので $r(X)$ は定数である．
これを r とすると
$0 = f(a) = r$
よって，$X - a | f(X)$ である．
($\Leftarrow$)
$R[X] \ni^\exists q(X)\ \ s.t.\ \ f(X) = (X-a)q(X)$ より $f(a) = 0$

(2) $f(X)$ の次数による帰納法で証明する．

　(i) $deg\ f(X) = 0$ のとき

　　$f(X)$ は 0 でない定数なので根の数は 0 である．

　　よって主張は成立する．

　(ii) $deg\ f(X) \leq n$ のとき成り立つとする．

　　$deg\ f(X) = n+1$ とする．

　　$f(X)$ の根がないとき，根の数は 0 である．

　　$f(X)$ に根があるとき，その一つを α とすると

　　　$f(X) = (X-\alpha) \cdot p(X)$

　　$deg\ f(X) = deg\ p(X) + 1$ なので

　　　$deg\ p(X) = n$

　　$p(X)$ の根は 帰納法の仮定より n 個以下である．

　　$p(X)$ の根は $f(X)$ の根であり，　$\hookrightarrow <1.3-1>$

　　$f(X)$ の根は α と $p(X)$ の根以外にない．　$\hookrightarrow <1.3-2>$

　　したがって，$f(X)$ の根の数は $n+1$ 個以下である．

III. 体係数の多項式環

体は domain であるので今まで述べてきたことを定理としてまとめておく．

Theorem 1.3.2

　1. (1) $F[X]$ は domain である．
　　(2) $deg\ f(X)g(X) = deg\ f(X) + deg\ g(X)$
　　(3) $deg\ f(X)g(X) < deg\ f(X) \Rightarrow g(X) = 0$
　　(4) $F[X]$ の unit は F の 0 でない元であり，逆も成り立つ．
　2．$f(X) \neq 0$ かつ $g(X)$ の最高次の係数が 0 でないとき

$F[X] \ni^{\exists_1} q(X), r(X) \ s.t.$
$$\begin{cases} f(X) &= g(X)q(X) + r(X) \\ deg \ r(X) &< \ deg \ g(X) \end{cases}$$
が成り立つ.

3. $F \ni a$ で $f(a) = 0$ ならば
$f(X) = (X-a)q(X)$ となる $F[X]$ の多項式が存在する.

Theorem 1.3.2 2. から次の定理ができる.

Theorem 1.3.3 ($F[X]$ は PID)

F を体とするとき $F[X]$ は PID である.

実際, I を $\{0\}$ と異なる $F[X]$ の ideal とするとき
$f(X)$ を I に含まれる 0 でない多項式のなかで次数が最小のものとすると
I は $f(X)$ で生成されている.
I の生成元は monic なものを選ぶことができてそれはただ一つに決まる.

(proof)

I を $\{0\}$ と異なる $F[X]$ の ideal とするとき,
$f(X)$ を I に含まれる 0 でない多項式のなかで次数が最小のものとすると
$I \ni f(X)$ なので, $I \supset (f(X))$ である.
逆に $I \ni g(X)$ とすると Theorem 1.3.2 2. より
$\quad g(X) = f(X)q(X) + r(X)$
$\quad deg \ r(X) < deg \ f(X)$
をみたす $F[X]$ の多項式 $q(X), r(X)$ が存在する.
$I \ni f(X), g(X)$ より
$\quad I \ni g(X) - f(X)q(X) = r(X)$
である.
$deg \ r(X) < deg \ f(X)$ なので $f(X)$ のとりかたより
$\quad r(X) = 0$
よって
$\quad (f(X)) \ni f(X)q(X) = g(X)$

ゆえに

$I \subset (f(X))$ であり $I = (f(X))$

$f(X)$ の最高次の係数を a とするとき $a^{-1}f(X)$ は monic であり,
$a^{-1}f(X)$ は $f(X)$ と同伴 [13] なので $a^{-1}f(X)$ も I の生成元である.
また $f(X), \tilde{f}(X)$ が monic で $(f(X)) = (\tilde{f}(X))$ をみたせば
$f(X) = \tilde{f}(X)$ となるので [14]
I の monic な生成元は一つに決まる.

★ $F[X] \ni f(X), g(X)$ で $f(X) \neq 0$ または $g(X) \neq 0$ のとき
$f(X)$ と $g(X)$ とで生成された $F[X]$ の ideal $(f(X)) + (g(X))$ は
$d(X)$ で生成された ideal $(d(X))$ と一致するような
$F[X]$ の monic な多項式 $d(X)$ がただ一つ存在する.
この $d(X)$ は次の性質をもっている.
(1) $d(X)|f(X)$ かつ $d(X)|g(X)$
(2) $F[X] \ni h(X)$ で $h(X)|f(X)$ かつ $h(X)|g(X)$ ならば $h(X)|d(X)$
$d(X)$ は $f(X)$ と $g(X)$ の最大公約元と呼ばれ
 $gcd(f(X), g(X))$
で表す.

($\to$ 2.4「multiple root」(I) 最大公約元の定義, (II) 最大公約元の性質)

Proposition 1.3.7 (Euclid's algorithm)
F は体として, $F[X] \ni f(X), g(X)$ で
$f(X) \neq 0$ または $g(X) \neq 0$ とする.
$f(X)$ と $g(X)$ の最大公約元を $d(X)$ とする.

---

[13] R の元 a,b が同伴であるとは $b = ua$ となる R の unit があることをいう. R が domain のとき, a と b が同伴であることと $(a) = (b)$ であることは同じである.
すなわち R の a と b が同じ単項 ideal を生成する.

[14] $f(X), \tilde{f}(X)$ は monic かつ同伴であり, $F[X]$ の unit は F の 0 でない元であるから $\tilde{f}(X) = af(X)$ をみたす定数 a がある.
$\tilde{f}(X), f(X)$ は monic なので $a = 1$ である.

1.3 多項式環 (Polynomial rings) の性質

このとき
$$\exists a(X), b(X) \in F[X] \quad s.t. \quad a(X) \cdot f(X) + b(X) \cdot g(X) = d(X)$$
である.
特に, $f(X)$ と $g(X)$ が定数でないときには, 次数の条件を
$deg\ a(X) < deg\ g(X),\ deg\ b(X) < deg\ f(X)$ をみたすようにできる.

(proof)
$(f(X)) + (g(X)) = (gcd(f(X),\ g(X)))$ なので
$$F[X] \ni {}^\exists a(X), b(X) \quad s.t. \quad a(X)f(X) + b(X)g(X) = gcd(f(X), g(X))$$
$a(X)$ と $g(X)$ に対して
$$\begin{cases} a(X) &= q(X)g(X) + a'(X) \\ deg\ a'(X) &<\ deg\ g(X) \end{cases}$$
をみたす $F[X]$ の多項式 $q(X), a'(X)$ が存在する.
$b'(X) = b(X) + f(X)q(X)$ とおくと
$a'(X)f(X) + b'(X)g(X)$
$= (a(X) - q(X)g(X))f(X) + (b(X) + f(X)q(X))g(X)$
$= a(X)f(X) + b(X)g(X) = d(X)$
$deg\ b'(X) + deg\ g(X)$
$= deg\ b'(X)g(X)$
$= deg(d(X) - a'(X)f(X))$
$\leq max\{deg\ d(X), deg\ (a'(X)f(X))\} < deg\ f(X) + deg\ g(X)$ [15]
よって $deg\ b'(X) < deg\ f(X)$

★ principal ideal domain (PID),
unique factorization domain (UFD) に関しては
別冊「UFD1」において, 定義から性質まで述べてある.
そこで
「PID は UFD である」(Proposition 7.3.9(PID は UFD))

---

[15] $1 \leq deg\ f(X),\ 1 \leq deg\ g(X)$ なので
$deg\ d(X) \leq deg\ f(X) < deg\ f(X) + deg\ g(X)$
$deg\ a'(X) + deg\ f(X) < deg\ g(X) + deg\ f(X)$

を示した.

それを使うと $F[X]$ は PID なので次が成り立つ.

Proposition 1.3.8 (体係数の多項式環は UFD)

F は体とするとき

$F[X]$ は unique factorization domain (UFD) である.

また別冊「UFD2」で

「$f(X)$ が $\mathbb{Z}[X]$ の primitive [16] のとき, $f(X)$ が $\mathbb{Z}[X]$ において irreducible [17] であることと, $f(X)$ が $\mathbb{Q}[X]$ で irreducible であることは同じである」

ことを示し, $\mathbb{Z}[X]$ での irreducible を示すのによく使う次の命題を述べた. これらは本文においてもよく使うが, これらに関しては定義から性質まで別冊「UFD2」に詳細に記述してあるので見ておいてください.

Proposition 7.4.2

$f(X)$ を $\mathbb{Z}[X]$ の primitive な n 次式 $(n \geq 2)$

$f(X) = a_n X^n + a_{n-1} X^{n-1} + \cdots + a_0$

とするとき次は同値である.

(1) $\mathbb{Z}[X]$ で $f(X)$ が 1 次の factor をもつ.

(2) $\mathbb{Z} \ni^{\exists} c, d$ s.t.

　　$c|a_n,\ d|a_0$ かつ $f(\frac{d}{c}) = 0$

Proposition 7.4.3

$f(X)$ を $\mathbb{Z}[X]$ の 1 次以上の多項式とする.

$f(X)$ の最高次の係数をわらない素数 p で $\varphi_p(f(X))$ [18] が

---

[16] $f(X)$ の全ての係数をわるような素数が存在しない多項式

[17] 多項式が irreducible であるとは
　　その多項式が多項式環の irreducible(既約元) であるということである.
　　↪ 別冊「UFD1」Def. 7.3.2(irreducible(既約元))

[18] $f(X)$ の各係数を $\mathbb{Z}/p\mathbb{Z}$ での class に置き換えて得られる $\mathbb{Z}/p\mathbb{Z}[X]$ の多項式のことである.

$\mathbb{Z}/p\mathbb{Z}[X]$ で irreducible となるものがあれば, $f(X)$ は irreducible である.

Proposition 7.4.4(Eisenstein's criterion)

$\mathbb{Z}[X] \ni f(X)$
$f(X) = a_n X^n + a_{n-1} X^{n-1} + \cdots + a_0$
において
  $p \nmid a_n, \ p|a_{n-1}, \cdots, p|a_1, p|a_0$
  かつ $p^2 \nmid a_0$
をみたす素数 p が存在するとき,
$f(X)$ は $\mathbb{Q}[X]$ で irreducible である.

1.4 拡大体 (Extension fields)

Def. 1.4.1 (拡大体 (extension field))

E, F を体とする.
$E \supset F$ のとき, E を F の extension field という.
(単に F の extension という)
また, この関係を 拡大 E/F という.
そのような E は自明な形で F-ベクトル空間になる. $\hookrightarrow <1.4-1>$
E の F-ベクトル空間としての次元を $[E:F]$ で表す. $\hookrightarrow <1.4-2>$
  (それが無限次元であっても)
これを F 上 E の拡大次数と呼ぶ.
その拡大次数が有限である ($[E:F] < \infty$) とき
「E は F 上 finite である」とか, 「E は F の finite 拡大 (体) である」
とか, あるいは「拡大 E/F は finite(拡大) である」などという.

Example 1.4.1

  (a) $[\mathbb{C} : \mathbb{R}] = 2$
  (b) $[\mathbb{R} : \mathbb{Q}] = \infty$
    なぜならば
      π は超越数 ($\mathbb{Q}$ 上 transcendental) であることは知られている.

つまり $\mathbb{Q}[X]$ から $\mathbb{R}$ への π を代入する写像は単射である．
   ($\hookrightarrow$ 1.8「algebraic and transcendental elements」)
$[\mathbb{Q}[X] : \mathbb{Q}] = \infty$ ($\because$ (d) と同様) なので
$[\mathbb{R} : \mathbb{Q}] = \infty$ である．
(c) ガウスの数体 $\mathbb{Q}[i] = \{a + bi \in \mathbb{C} | a, b \in \mathbb{Q}\}$
$[\mathbb{Q}[i] : \mathbb{Q}] = 2$ である． base として $\{1, i\}$
(d) $F(X) \supset F(F(X)$ は F の拡大体) とする．
$[F(X) : F] = \infty$ である．
なぜならば
多項式環 $F[X]$ では $\mathbb{N} \ni {}^\forall n$ に対して
$a0 + a_1 X + a_2 X^2 + \cdots + a_n X^n = 0 \Leftrightarrow a_0 = a_1 = \cdots = a_n = 0$
つまり, $1, X, X^2, \cdots, X^n$ ($n+1$ 個) は線型独立である．
よって $[F[X] : F] > n$,
$[F[X] : F] = \infty$ である．
もちろん $[F(X) : F] = \infty$ である．

Proposition 1.4.1 (拡大の拡大と次数の積)

L, E, F は体で $L \supset E \supset F$ とする．
このとき
   拡大 L/F が finite $\Leftrightarrow$ 拡大 L/E, 拡大 E/F が finite
であり
   $[L : F] = [L : E][E : F]$
である．

(proof)
($\Rightarrow$)
拡大 L/F は finite であるとする．
$L \ni l_1, l_2, \cdots, l_m$ を F-ベクトル空間としての (F 上の)base とする．
$L \ni x$ とすると
   ${}^\exists a_1, a_2, \cdots, a_m \in F$ s.t. $x = a_1 l_1 + a_2 l_2 + \cdots + a_m l_m \cdots$ ①
$a_1, a_2, \cdots, a_m \in E$ なので ① より $l_1, l_2, \cdots, l_m$ は

E-ベクトル空間としての生成元である。
base はこの中から選べるので base の数は有限個である。
よって 拡大 L/E は finite である。
また E は L の F-ベクトル空間としての subspace (部分空間) なので
E の F 上の base は L の F 上の base より少ないから有限個である。
つまり 拡大 E/F は finite である。

($\Leftarrow$)

$e_1, e_2, \cdots, e_m$ を E の F-ベクトル空間としての base とする。
$l_1, l_2, \cdots, l_n$ を L の E-ベクトル空間としての base とする。
このとき
$\quad e_1 l_1, e_1 l_2, \cdots, e_1 l_n$
$\quad e_2 l_1, e_2 l_2, \cdots, e_2 l_n$
$\quad \quad \vdots$
$\quad e_m l_1, e_m l_2, \cdots, e_m l_n \quad \cdots (*)$
この $(*)$ が L の F-ベクトル空間としての base であることを示す。

$L \ni r$ とする。
$l_1, \cdots, l_n$ は E 上 L の base なので、$[L:E] = n$ であり、
$\quad \exists \alpha_1, \cdots, \alpha_n \in E \ \ s.t. \ \ r = \alpha_1 l_1 + \alpha_2 l_2 + \cdots + \alpha_n l_n$
$e_1, \cdots, e_m$ は F 上 E の base なので、$[E:F] = m$ であり
$\quad \exists a_{11}, a_{12}, \cdots, a_{1m} \in F \ \ s.t. \ \ \alpha_1 = a_{11} e_1 + a_{12} e_2 + \cdots + a_{1m} e_m$
$\quad \exists a_{21}, a_{22}, \cdots, a_{2m} \in F \ \ s.t. \ \ \alpha_2 = a_{21} e_1 + a_{22} e_2 + \cdots + a_{2m} e_m$
$\quad \quad \vdots$
$\quad \exists a_{n1}, a_{n2}, \cdots, a_{nm} \in F \ \ s.t. \ \ \alpha_n = a_{n1} e_1 + a_{n2} e_2 + \cdots + a_{nm} e_m$
よって
$\quad r = (a_{11} e_1 + a_{12} e_2 + \cdots + a_{1m} e_m) l_1$
$\quad \quad + (a_{21} e_1 + a_{22} e_2 + \cdots + a_{2m} e_m) l_2$
$\quad \quad \quad + \cdots \ + (a_{n1} e_1 + a_{n2} e_2 + \cdots + a_{nm} e_m) l_n$
$\quad = a_{11} e_1 l_1 + a_{12} e_2 l_1 + \cdots + a_{1m} e_m l_1 + \cdots + a_{nm} e_m l_n$
もちろん

$e_1l_1, e_2l_1, \cdots, e_ml_1, \cdots, e_ml_n \in L$

つまり $(*) \in L$ であり, $a_{11}, \cdots, a_{1m}, \cdots, a_{nm} \in F$ なので
$(*)$ は F 上の生成元である.

次に
$$a_{11}e_1l_1 + a_{12}e_2l_1 + \cdots + a_{1m}e_ml_1 + \cdots + a_{nm}e_ml_n = 0$$
とする.
$$(a_{11}e_1 + \cdots + a_{1m}e_m)l_1 + (a_{21}e_1 + \cdots + a_{2m}e_m)l_2$$
$$+ \cdots + (a_{n1}e_1 + \cdots + a_{nm}e_m)l_n = 0$$
$l_1, l_2, \cdots, l_n$ は E 上線型独立なので
$$a_{11}e_1 + \cdots + a_{1m}e_m = 0, \text{かつ } a_{21}e_1 + \cdots + a_{2m}e_m = 0,$$
$$\cdots, \text{かつ } a_{n1}e_1 + \cdots + a_{nm}e_m = 0$$
$e_1, e_2, \cdots, e_m$ は F 上線型独立なので
$$a_{11} = a_{12} = \cdots = a_{1m} = 0, \text{かつ } a_{21} = a_{22} = \cdots = a_{2m} = 0,$$
$$\cdots, \text{かつ } a_{n1} = a_{n2} = \cdots = a_{nm} = 0$$
よって $(*)$ は F 上線型独立である.
したがって $(*)$ は L の F 上の base である.
拡大 L/F は finite であり, $[L:F] = [L:E][E:F]$ が示せた.
($\because nm = n \times m$)

1.5 拡大体の生成

F は体,
$f(X) \in F[X]$ は monic であり, $deg\, f(X) = m$ とする.
$(f(X))$ を $f(X)$ で生成される $F[X]$ の ideal とする.

★ $F[X]$ から剰余環 [19] $F[X]/(f(X))$ への写像 π を
$$\pi: \begin{array}{ccc} F[X] & \longrightarrow & F[X]/(f(X)) \\ \cup & & \cup \\ g(X) & \longmapsto & g(X) + (f(X)) \end{array}$$

---

[19] 剰余類環のことである.

と決めると，π は全射である．(標準的全射) $\hookrightarrow <1.5-1>$

また，$x = X + (f(X))$ とおく．
F から剰余環 $F[X]/(f(X))$ への写像を φ とする．
このとき π は下の可換図式をみたしている．

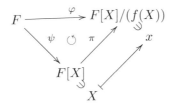

π は代入写像である．(Proposition 1.1.1)
代入写像の像を $F[x]$ と表した．
π は 全射より
$F[X]/(f(X)) = F[x]$ である．
また $f(x) = \pi(f(X)) = 0$ である．

★ $f(X)$ が irreducible のとき $F[x]$ は F 上拡大次数が m の体であることが以下のようにしてわかる．

(a) $F[x] \ni^{\forall} \alpha$ に対して
$\exists g(X) \in F[X] \ \ s.t. \ \ \alpha = g(x)$
よって
$\exists q(X), r(X) \in F[X] \ \ s.t. \ \begin{cases} g(X) = f(X)q(X) + r(X) \\ deg \ r(X) < deg \ f(X) = m \end{cases}$
$\alpha = g(x) = f(x)q(x) + r(x) = r(x) \ (\because f(x) = 0)$
したがって
$\alpha = c_0 + c_1 x + c_2 x^2 + \cdots + c_{m-1} x^{m-1}$
$\qquad\qquad\qquad c_i \in F, \ (0 \leq i \leq m-1)$
と表せる．
この表し方は一意的である．
なぜならば

$$\alpha = b_0 + b_1 x + b_2 x^2 + \cdots + b_{m-1} x^{m-1}$$
とする．このとき
$$g_1(X) = b_0 + b_1 X + b_2 X^2 + \cdots + b_{m-1} X^{m-1}$$
とおくと
$$g_1(x) = \alpha$$
である．
$h(X) = g(X) - g_1(X)$ とすると
$$h(x) = g(x) - g_1(x) = \alpha - \alpha = 0$$
$h(X) \in (f(X))$ である．
$deg\ h(X) = m - 1 < deg\ f(X)$ なので $h(X) = 0$
つまり $g(X) = g_1(X)$
よって
$$c_0 = b_0,\ c_1 = b_1, \cdots,\ c_{m-1} = b_{m-1}$$
である．
したがって $1, x, x^2, \cdots, x^{m-1}$ は $F[x]$ の F 上の base である．

(b) $f(X) \in F[X]$, $f(X)$ は irreducible とする．

$F[x] \ni \alpha$, $\alpha \neq 0$ とすると α には逆元がある．

なぜならば

$f(x) = 0$ より次数を下げたものをあらためて α とすると

$F[X] \ni^\exists g(X)\ \ s.t.\ \ \alpha = g(X) + (f(X))\ (\alpha = g(x))$

($\alpha \neq 0$ より $g(X)$ は $f(X)$ でわりきれない)

$f(X)$ は irreducible なので 1 は $f(X)$ と $g(X)$ の最大公約元である． [20]

ゆえに Proposition 1.3.7 (Euclid's algorithm) より

$\exists a(X), b(X) \in F[X]\ \ s.t.\ \ a(X)f(X) + b(X)g(X) = 1$

$(\ b(X) + (f(X))\ )(\ g(X) + (f(X))\ ) = b(X)g(X) + (f(X)) = 1 + (f(X))$

$(\because 1 - b(X)g(X) \in (f(X)))$

よって

---

[20] 1 が $f(X)$ と $g(X)$ の最大公約元のとき $gcd(f(X), g(X)) = 1$ と表す．

$$b(X)+(f(X)) = (\ g(X)+(f(X))\ )^{-1} = \alpha^{-1}$$

ゆえに $b(X)+(f(X))$ は α の逆元である.

すなわち $b(x)$ は α の逆元である.

以上により次の Proposition を得る.

Proposition 1.5.1 $(F[x])$

$f(X) \in F[X]$, $f(X)$ は irreducible で, $deg\ f(X) = m$ とすると

(i) $F[x]$ は体である.

(ii) $f(x) = 0$ である.

(iii) $[F[x] : F] = m$ である.

★ ここで Proposition 1.5.1 の主張は以下のことであることを確認しておく.

$F[X] \ni f(X)$ が irreducible
$\implies {}^{\exists} E \supset F (E$ は F の拡大体$)$ かつ
$\qquad E \ni^{\exists} x\ \ s.t.\ \ E = F[x]$ かつ $f(x) = 0$

Example 1.5.1

$f(X) = X^2 + 1 \in \mathbb{R}[X]$ とする.

$f(X)$ は irreducible in $\mathbb{R}[X]$ である.

$\mathbb{R}[x] = \mathbb{R}[X]/(f(X))$ は 1 と x が $\mathbb{R}$ 上の base である.

$\mathbb{R}[x] \ni \alpha, \beta$ とする.

$\exists_1 (a,b) \in \mathbb{R}^2\ \ s.t.\ \ \alpha = a + bx$

$\exists_1 (a',b') \in \mathbb{R}^2\ \ s.t.\ \ \beta = a' + b'x$

このとき
$$\begin{aligned}
\alpha + \beta &= (a+bx) + (a'+b'x) = (a+a') + (b+b')x \\
\alpha\beta &= (a+bx)(a'+b'x) \\
&= aa' + (ab'+ba')x + bb'x^2 \\
&= (aa' - bb') + (ab'+ba')x \\
&\qquad (\because x^2 + 1 = 0 \text{ より } x^2 = -1)
\end{aligned}$$

★ この x を i, $\mathbb{R}[x]$ を $\mathbb{C}$ で表す.

1.6 部分集合で生成された環 (The subring generated by a subset)

Proposition 1.6.1 (部分環の共通部分は環)
環の部分環 たちの共通部分は環になる.

(proof)
A を環として Ω を A の部分環からなる集合とする.
$\Omega \ni^\forall B$ に対して $B \ni 1$ なので
$\cap_{\Omega \ni B} B \ni 1$ である.
$\cap_{\Omega \ni B} B \ni x, y$ とすると
$\Omega \ni^\forall B$ に対して $B \ni x, y$ で B が環なので
$B \ni x-y, xy$
よって, $\cap_{\Omega \ni B} B \ni x-y, xy$
以上のことから $\cap_{\Omega \ni B} B$ は環である.

以降 F は体 E の部分体, S は E の部分集合として話を進める.

Remark 1.6.1
F と S を含む E の全ての部分環の共通部分は
F と S を含む E の最も小さな部分環である. [21]

Def. 1.6.1 (最小の部分環)
F と S を含む E の最小の部分環を
F と S によって生成された E の subring と呼ぶ.
これを $F[S]$ で表す.

---

[21] Ω は E の部分環で F と S を含むもの全体の集合とする.
このとき次が成り立つ.
(1) $\Omega \ni F, S$
(2) $\cap_{\Omega \ni B}$ は E の部分環で F と S を含む.($\because$ Proposition 1.6.1)
(3) $\Omega \ni M$ とすると $M \supset \cap_{\Omega \ni B}$

1.6 部分集合で生成された環 (The subring generated by a subset) 107

★ S が有限集合 $\{\alpha_1, \alpha_2, \cdots, \alpha_n\}$ のとき
$F[\alpha_1, \alpha_2, \cdots, \alpha_n]$ が F と $\{\alpha_1, \alpha_2, \cdots, \alpha_n\}$ を含む最小のものであった。[22]
$F[\alpha_1, \alpha_2, \cdots, \alpha_n]$ が $F[S]$ である。

★ S が無限集合のとき Λ を S の有限集合全体からなる集合とすると
$\cup_{\Lambda \ni T} F[T]$ が F と S を含む最小の環 $F[S]$ である.

(proof)
 (1) $\cup_{\Lambda \ni T} F[T] \supset S$
 (2) $\cup_{\Lambda \ni T} F[T] \supset F$
 (3) $\cup_{\Lambda \ni T} F[T] \ni x, y$ とすると
    $\cup_{\lambda \ni T} F[T] \ni x - y, xy$ が成り立つ.
実際, $S \ni^\forall \alpha$ に対して $\Lambda \supset \{\alpha\}$ より
$\cup_{\Lambda \ni T} F[T] \supset F[\{\alpha\}] = F[\alpha] \ni \alpha$ より (1) が成り立つ.
また (2) が成り立つのは明らかである.
(3) に関しては $\cup_{\Lambda \ni T} F[T] \ni x, y$ より
 $\Lambda \ni^\exists T_1, T_2$ s.t. $F[T_1] \ni x, F[T_2] \ni y,\ \Lambda \ni T_1 \cup T_2$
であり,
 $F[T_1 \cup T_2] \supset F[T_1]$ かつ $F[T_2 \cup T_2] \supset F[T_2]$
なので
 $F[T_1 \cup T_2] \ni x, y$
$F[T_1 \cup T_2]$ は環なので

---

[22] $F \longrightarrow F[X_1, X_2, \cdots, X_n]$ は universal property をもつので
$E \ni \alpha_1, \alpha_2, \cdots, \alpha_n$ に対して, 代入写像
$\tilde{\varphi} : F[X_1, X_2, \cdots, X_n] \longrightarrow E$
が存在し, 下の可換図式をみたしていた.

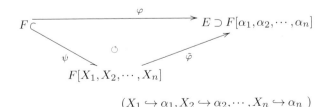

$(X_1 \hookrightarrow \alpha_1, X_2 \hookrightarrow \alpha_2, \cdots, X_n \hookrightarrow \alpha_n)$

$F[T_1 \cup T_2] \ni x-y, xy$

さらに M' を F と S を含む環とすると
$\Lambda \supset^{\forall} T$ に対して M' は F と T を含む環なので
M' は $F[T]$ を含む.
よって M' は $\cup_{\Lambda \ni T} F[T]$ を含む.
以上より $\cup_{\Lambda \ni T} F[T]$ は F と S を含む最小の環である.

Lemma 1.6.1

S が無限集合のとき $F[S] \ni x$ とすると
S の有限部分集合 T で $F[T] \ni x$ となるものが存在する.
つまり S のなかに有限個の元 $\{\alpha_1, \alpha_2, \cdots, \alpha_n\}$ があって
$F[\alpha_1, \alpha_2, \cdots, \alpha_n] \ni x$ である.
$F[S]$ の元は全て S の元の有限個の F 係数の多項式の形で表される.

Example 1.6.1

$\mathbb{C} = \mathbb{R}[\sqrt{-1}]$ である.

(proof)
($\supset$) $\mathbb{C} \supset \mathbb{R}$, $\mathbb{C} \ni \sqrt{-1}$
　　$\mathbb{R}[\sqrt{-1}]$ は $\mathbb{R}$ と $\sqrt{-1}$ を含む最小の環なので
　　$\mathbb{C} \supset \mathbb{R}[\sqrt{-1}]$
($\subset$) $\mathbb{C} \ni x$ とすると
　　$^{\exists} a, b \in \mathbb{R}$　$s.t.$　$x = a+bi$
　　$a \in \mathbb{R} \subset \mathbb{R}[\sqrt{-1}]$, $bi \in \mathbb{R}[\sqrt{-1}]$
　　よって $a+bi \in \mathbb{R}[\sqrt{-1}]$ ($\because \mathbb{R}[\sqrt{-1}]$ は環)

Example 1.6.2

環 $\mathbb{Q}[\pi]$ は次のような多項式の形で表される元からなる.
$a_0 + a_1 \pi + a_2 \pi^2 + \cdots + a_n \pi^n$, $a_i \in \mathbb{Q}$
環 $\mathbb{Q}[i]$ は $a+bi$ $(a, b \in \mathbb{Q})$ の形の元からなる.

Lemma 1.6.2

R は integral domain で F をその部分体とする.
R が F-ベクトル空間として有限次元のときは R は体になる.

(proof)

$R \ni \alpha$, $\alpha \neq 0$ とする.

$$\begin{array}{ccc} \varphi: & R & \longrightarrow & R \\ & \cup & & \cup \\ & x & \longmapsto & \alpha x \end{array}$$

と定めると, φ は F-ベクトル空間の有限次元 R から R への単射な線型写像であり, 全射である. [23]

φ は全射なので $R \ni 1$ であるから $\alpha x = 1$ となる $x \in R$ がある.
$\therefore \alpha^{-1} = x \in R$ である.

★ E が体 F の finite 拡大体であり,
R が E の部分環で F を含むとき, R は体である. [24]

---

[23] $R \ni x, y$, $F \ni r$ とすると
$\varphi(x+y) = \alpha(x+y) = \alpha x + \alpha y = \varphi(x) + \varphi(y)$
$\varphi(rx) = \alpha r x = r \alpha x = r\varphi(x)$
$\varphi(x) = 0$ とすると $\alpha x = 0$ で R は domain なので $x = 0$
ここで次元公式より
$dim_F R = dim_F Ker\varphi + dim_F Im\varphi$
φ は単射なので $dim_F Ker\varphi = dim_F \{0\} = 0$ より
$dim_F Im\varphi = dim_F R$
$R \supset Im\varphi$ なので $R = Im\varphi$

[24] R は体 E の部分環なので R は integral domain
$dim_F R \leq dim_F E < \infty$ なので
Lemma 1.6.2 より R は体である.

110　第 1 章　多項式環と拡大体

1.7　部分集合で生成された体 (The subfield generated by a subset)

Proposition 1.7.1　(部分体の共通部分は体)
体の部分体たちの共通部分は体になる．

(proof)
　F を体として，Ω を F の部分体からなる集合とすると
　F の部分体は F の部分環であるから
　$\cap_{\Omega \ni M} M$ は F の部分環である．($\because$ Proposition 1.6.1)
　$\cap_{\Omega \ni M} M \ni x \neq 0$ とすると
　$\Omega \ni^{\forall} M$ に対して
　$M \ni x \neq 0$ より $M \ni x^{-1}$ である．($\because M$ は F の部分体)
　ゆえに　$\cap_{\Omega \ni M} M \ni x^{-1}$
　よって $\cap_{\Omega \ni M} M$ は F の部分体である．

Remark 1.7.1
　F は体 E の部分体，S は E の部分集合とする．
　F と S を含む E の全ての部分体の共通部分は
　F と S を含む E の最も小さな部分体である．　[25]

---

[25]　Ω を E の部分体で F と S を含むもの全体のなす集合とする．
　　このとき次が成り立つ．
　　　(1) $\Omega \ni F$
　　　(2) $\cap_{\Omega \ni M} M$ は E の部分体で F と S を含む．
　　　(3) N を E の部分体で F と S を含むものとする．
　　　　　$\Omega \ni N$ であり $N \supset \cap_{\Omega \ni M} M$ である．
　　　　　よって $\cap_{\Omega \ni M} M$ は E の部分体で F と S を含む最小のものである．

1.7 部分集合で生成された体 (The subfield generated by a subset)

Def. 1.7.1 (最小の部分体)

F を体 E の部分体として，S を E の部分集合とするとき
E の部分体で F と S を含む最小のものを
F と S によって生成された E の部分体といい，$F(S)$ で表す．
$F(S)$ は F 上 S で生成された体という．

Remark 1.7.2

$F(S)$ は $F[S]$ の商体である． [26]

$\star_1$ $S = \{\alpha_1, \alpha_2, \cdots, \alpha_n\}$ のとき $F(S)$ は
$F[\alpha_1, \alpha_2, \cdots, \alpha_n]$ の商体であり
これを $F(\alpha_1, \alpha_2, \cdots, \alpha_n)$ と表す．

$\star_2$ F を体 E の部分体として，S を E の部分集合とするとき，
$dim_F F[S] < \infty$ ならば $F[S]$ は体になり，したがって
$F(S)$ と一致する． [27]

Example 1.7.1

(1) $\mathbb{Q}[i]$ は $\mathbb{Q}$ 上 2 次元なので体である．(有限次元 base$\{1, i\}$)

(2) $\mathbb{Q}(\pi) \ni x$ とすると
$\exists g(X), h(X) \neq 0 \in \mathbb{Q}[X]$ s.t. $x = \dfrac{g(\pi)}{h(\pi)}$
($h(X) \neq 0$ のとき $h(\pi) \neq 0$)

---

[26] 体は環なので，体が F と S を含むということと
$F[S]$ を含むことは同じである．
よって $F[S]$ の商体が $F(S)$ である．
(F と S を含む最小の体が $F(S)$ であり，
$F[S]$ を含む最小の体が $F[S]$ の商体である)

[27] Lemma 1.6.2 より $F[S]$ は体になる．
$F[S]$ は F と S を含む体なので $F[S] \supset F(S)$
$F(S)$ は $F[S]$ を含む体なので $F[S] = F(S)$

Def. 1.7.2 (simple 拡大)

E が F の simple 拡大である $\overset{def.}{\iff}$ $\exists \alpha \in E$ $s.t.$ $E = F(\alpha)$

E が F の simple 拡大のとき F の E への拡大は simple であるという.

$\star_1$ $\mathbb{Q}(i), \mathbb{Q}(\pi)$ は $\mathbb{Q}$ の simple 拡大である.

$\star_2$ F と F' を体 E の部分体とするとき

$F(F')$ も $F'(F)$ も共に E の部分体で

F と F' を含むものの中で最小のものであるので

$\quad F(F') = F'(F)$

であるが, これを E における F と F' の composite と呼び $F \cdot F'$ で表すこともある.

1.8 代数的な元と代数的でない元 (algebraic and transcendental elements)

$\quad E, F$ は体で $F \subset E \ni \alpha$ のとき

$\quad \{f(\alpha) | f(X) \in F[X]\}$

これは F 係数の α の多項式の形をしたもの全体のなす環であるが

これを $F[\alpha]$ で表す.

このとき $F[X]$ から $F[\alpha]$ への全射である ring homo,

すなわち epimorphism $\tilde{\varphi}$ で

$\tilde{\varphi}(f(X)) = f(\alpha)$ となるものがあるが

これを α を代入する代入写像という.

Def. 1.8.1 (代数的 (algebraic) な元)

$F \subset E \ni \alpha$ のとき, $F[X]$ の 0 でない多項式 $f(X)$ で

$f(\alpha) = 0$ となるものがあるとき

つまり, α を代入する代入写像 $\tilde{\varphi}$ のカーネルが $\{0\}$ でないとき

すなわち $\tilde{\varphi}$ が単射でないとき

α は F 上 algebraic(代数的な元) であるという.

1.8 代数的な元と代数的でない元 (algebraic and transcendental elements)

Def. 1.8.2 (最小多項式)

$F \subset E \ni \alpha$ で α が F 上 algebraic のとき
$Ker\tilde{\varphi}$ の monic な生成元 [28]、すなわち $F[X]$ の多項式 $f(X)$ で
$f(\alpha) = 0$ となるもののなかで, 次数が最小で monic なものを
α の F 上の最小多項式という.

★ $p(X)$ が α の最小多項式のとき
$Ker\tilde{\varphi} = (p(X))$ なので準同型定理より以下の図式が成り立つ.

$$\begin{CD} F[X] @>\tilde{\varphi}>> F[\alpha] \\ @VpVV @AA\exists_{iso}A \\ F[X]/(p(X)) \end{CD}$$

Proposition 1.8.1 (最小多項式の性質)

$F \subset E \ni \alpha$ で, α は F 上 algebraic で, $p(X)$ を α の
F 上の最小多項式とするとき次が成り立つ.
(1) $p(X)$ は irreducible である.
(2) $F[X] \ni f(X)$ で $f(\alpha) = 0$ とすると $f(X)$ は $p(X)$ でわりきれる.
(3) $F[X] \ni f(X)$ で $f(X)$ は monic かつ irreducible で $f(\alpha) = 0$
とすると $f(X) = p(X)$
つまり $f(X)$ は α の最小多項式である.

(proof)
  (1) $p(X) = f(X)g(X)$ で $deg\ f(X) \geq 1, deg\ g(X) \geq 1$ とする.
  $deg\ f(X) < deg\ p(X)$ かつ $deg\ g(X) < deg\ p(X)$ であり
  $0 = p(\alpha) = f(\alpha)g(\alpha)$ より
  $f(\alpha) = 0$ または $g(\alpha) = 0$ である.
  これは $p(X)$ のとりかたの次数の最小性に矛盾する.

---

[28] PID $F[X]$ の $\{0\}$ と異なる ideal は, それに含まれる次数が最小で monic な多項式により生成される.

よって $p(X)$ は irreducible である.
(2) $f(\alpha)=0$ より $(p(X))=Ker\tilde{\varphi} \ni f(X)$ となる.
よって $F[X] \ni^\exists g(X)$ s.t. $f(X)=p(X)g(X)$
(3) $f(\alpha)=0$ より $f(X)=p(X)g(X)$ となる $g(X)$ があるが
$f(X)$ は irreducible より $g(X)$ は定数となる.
$f(X), p(X)$ ともに monic なので $g(X)=1$ である.
つまり $f(X)=p(X)$ である.

また次が成り立つ.

Proposition 1.8.2 (体 $F[\alpha]$)
$E \supset F, E \ni \alpha$ で α が F 上 algebraic のとき
(1) $F(\alpha)=F[\alpha]$, つまり $F[\alpha]$ は体になる.
(2) $[F(\alpha):F]=[F[\alpha]:F]=(\alpha$ の最小多項式の次数$)$ である.

これの証明を例でやってみよう.

Example 1.8.1 (体 $\mathbb{Q}[\alpha]$)
$\mathbb{C} \ni \alpha$ で, $\alpha^3-3\alpha-1=0$ とすると
$\mathbb{Q}[\alpha]$ は体であり, $[\mathbb{Q}[\alpha]:\mathbb{Q}]=3$ である.
これを見てみよう.
$p(X)=X^3-3X-1$ とおくと
$p(X)$ は $\mathbb{Q}[X]$ で monic かつ irreducible で
$p(\alpha)=0$ より α は $\mathbb{Q}$ 上 algebraic で
$p(X)$ は α の $\mathbb{Q}$ 上の最小多項式となっている.
$\mathbb{Q} \ni c_0, c_1, c_2$ で $c_0+c_1\alpha+c_2\alpha^2=0$ とすると
$c_0+c_1X+c_2X^2$ に α を代入して 0 となるので
α の最小多項式 $p(X)$ の次数は 3 であるから
この多項式は 0 多項式である.
つまり $c_0=c_1=c_2=0$ となる.
よって, $1, \alpha, \alpha^2$ は $\mathbb{Q}$ 上線型独立である.
　また, $\beta \in \mathbb{Q}[\alpha]$ とすると, $\mathbb{Q}[X]$ の多項式 $f(X)$ で

1.8 代数的な元と代数的でない元 (algebraic and transcendental elements)

$\beta = f(\alpha)$ となるものが存在する.
$f(X)$ を $p(X)$ でわった商を $q(X)$ とし, 余りを $r(X)$ とすると,
$r(X)$ は 2 次以下の多項式で, $f(X) = p(X)q(X) + r(X)$ となる.
$p(\alpha) = 0$ なので
$$\mathbb{Q} + \mathbb{Q}\alpha + \mathbb{Q}\alpha^2 \ni r(\alpha) = p(\alpha)q(\alpha) + r(\alpha) = f(\alpha) = \beta$$
である. よって
$$\mathbb{Q}[\alpha] = \mathbb{Q} + \mathbb{Q}\alpha + \mathbb{Q}\alpha^2$$
となり, $1, \alpha, \alpha^2$ が $\mathbb{Q}$ 上 $\mathbb{Q}[\alpha]$ の 3 個の生成系である.
したがって $1, \alpha, \alpha^2$ が $\mathbb{Q}$ 上 $\mathbb{Q}[\alpha]$ の base であり,
$$[\mathbb{Q}[\alpha] : \mathbb{Q}] = [\mathbb{Q} + \mathbb{Q}\alpha + \mathbb{Q}\alpha^2 : \mathbb{Q}] = 3$$
である.

$\beta \neq 0$ のときは, $f(X)$ は $p(X)$ でわりきれなく,
$p(X)$ は irreducible なので, $f(X)$ と $p(X)$ は互いに素である.
1 を作る定理 ($\hookrightarrow$ 別冊「1 を作る定理」) より
$g(X)f(X) + h(X)p(X) = 1$ となる多項式 $g(X)$ と $h(X)$ が存在する.
$p(\alpha) = 0$ より $g(\alpha)f(\alpha) = 1$ である.
よって $g(\alpha) = f(\alpha)^{-1} = \beta^{-1}$ である.
$\mathbb{Q}[\alpha] \ni g(\alpha) = \beta^{-1}$ より $\mathbb{Q}[\alpha]$ は体である.

例と同様にして Proposition 1.8.2 を証明しよう.

α の最小多項式 $p(X)$ の次数を n とする.
$F \ni c_0, c_1, \cdots, c_{n-1}$ で
$$c_0 + c_1\alpha + c_2\alpha^2 + \cdots + c_{n-1}\alpha^{n-1} = 0$$
とすると
$c_0 + c_1 X + c_2 X^2 + \cdots + c_{n-1} X^{n-1}$ に α を代入して 0 となるので
α の最小多項式 $p(X)$ の次数は n であるから
この多項式は 0 多項式である.
つまり $c_0 = c_1 = \cdots = c_{n-1} = 0$ となる.
よって $1, \alpha, \alpha^2, \cdots, \alpha^{n-1}$ は F 上線型独立である.

また, $\beta \in F[\alpha]$ とすると, $F[X]$ の多項式 $f(X)$ で

$\beta = f(\alpha)$ となるものが存在する.

$f(X)$ を $p(X)$ でわった商を $q(X)$ とし,余りを $r(X)$ とすると $r(X)$ は $n-1$ 次以下の多項式で,$f(X) = p(X)q(X) + r(X)$ となる. $p(\alpha) = 0$ なので
$$F + F\alpha + \cdots + F\alpha^{n-1} \ni r(\alpha) = p(\alpha)q(\alpha) + r(\alpha) = f(\alpha) = \beta$$
である. よって
$$F[\alpha] = F + F\alpha + \cdots + F\alpha^{n-1}$$
となり,
$1, \alpha, \alpha^2, \cdots, \alpha^{n-1}$ が F 上 $F[\alpha]$ の n 個の生成系である.
したがって $1, \alpha, \alpha^2, \cdots, \alpha^{n-1}$ が F 上 $F[\alpha]$ の base であり,
$$[F[\alpha] : F] = [F + F\alpha + \cdots + F\alpha^{n-1} : F] = n$$
である.

$\beta \neq 0$ のときは $f(X)$ は $p(X)$ でわりきれなく,
$p(X)$ は irreducible なので $f(X)$ と $p(X)$ は互いに素である.
1 を作る定理より
$g(X)f(X) + h(X)p(X) = 1$ となる $g(X), h(X)$ が存在する.
$p(\alpha) = 0$ より $g(\alpha)f(\alpha) = 1$ である.
よって $g(\alpha) = f(\alpha)^{-1} = \beta^{-1}$ である.
$F[\alpha] \ni g(\alpha) = \beta^{-1}$ より $F[\alpha]$ は体であり,
$F(\alpha) = F[\alpha]$ である.

次に α が F 上 algebraic でないときを調べる.

Def. 1.8.3 (transcendental な元)

$F \subset E \ni \alpha$ で,α が F 上 algebraic でないとき
つまり $F[X]$ の 0 でない多項式 $f(X)$ に対してはいつも $f(\alpha) \neq 0$ のとき
α は F 上 transcendental であるという.

α が F 上 transcendental のときは
α を代入する代入写像 $\tilde{\varphi}: F[X] \to F[\alpha]$ は単射であり,
したがって $\tilde{\varphi}$ は isomorphism となるので $F[\alpha]$ は多項式環 $F[X]$ と

同型である.
したがってこのときは, $F[\alpha]$ を F 係数の多項式環といい,
$F[\alpha]$ の元を α の多項式という.

$F[X] \longrightarrow F[\alpha]$ への isomorphism $\bar{\varphi}$ は, 商体として
$F(X) \longrightarrow F(\alpha)$ への isomorphism に自然に拡張できる.

$$\begin{array}{ccc} F[X] & \xrightarrow{\bar{\varphi}:iso} & F[\alpha] \\ \downarrow & \circlearrowleft & \downarrow \\ F(X) & \xrightarrow{iso} & F(\alpha) \end{array}$$

↪<1.8−1>

また, 全ての自然数 n に対して $F(\alpha)$ の元 $1, \alpha, \alpha^2, \cdots, \alpha^n$ は
F 上線型独立なので [29] $[F[\alpha]:F] = \infty$ である.
$F(\alpha) \supset F[\alpha]$ なので, 当然 $[F(\alpha):F] = \infty$ である.
今までの話をまとめると次になる.

Proposition 1.8.3 (多項式環 $F[\alpha]$)

$F \subset E \ni \alpha$ で α が F 上 transcendental のとき
(1) $F[\alpha]$ は多項式環である.
　つまり, $F[X]$ と同型である.
　したがって, $[F[\alpha]:F] = \infty$ である.
(2) $F(\alpha) \supset F[\alpha]$ である.
　したがって, $[F(\alpha):F] = \infty$ である.

$F \subset E \ni \alpha_1, \cdots, \alpha_n$ のとき
$\{f(\alpha_1, \cdots, \alpha_n) | F[X_1, \cdots, X_n] \ni f(X_1, \cdots, X_n)\}$
これは F 係数の $\alpha_1, \cdots, \alpha_n$ の多項式全体のなす環であるが

---

[29] $c_0, c_1, c_2, \cdots, c_n \in F$ で, $c_0 \alpha^n + c_1 \alpha^{n-1} + \cdots + c_n = 0$ とすると
　　　$g(X) = c_0 X^n + c_1 X^{n-1} + \cdots + c_n$ とおいたとき, $g(\alpha) = 0$ となり,
　　　α は transcendental なので $c_0 = c_1 = \cdots = c_n = 0$ となる.

これを $F[\alpha_1,\cdots,\alpha_n]$ で表す.

このとき, $\tilde{\varphi}(f(X_1,\cdots,X_n)) = f(\alpha_1,\cdots,\alpha_n)$ で定まる
$F[X_1,\cdots,X_n]$ から $F[\alpha_1,\cdots,\alpha_n]$ への epimorphism $\tilde{\varphi}$ [30] が存在するが
$F[X_1,\cdots,X_n]$ の 0 でない多項式 $f(X_1,\cdots,X_n)$ で $f(\alpha_1,\cdots,\alpha_n) = 0$
をみたすものが存在するとき，(すなわち $\tilde{\varphi}$ が単射でないとき)
$\alpha_1,\cdots,\alpha_n$ は F 上代数的従属であるといい,
そうでないときは $\alpha_1,\cdots,\alpha_n$ は F 上代数的独立であるという.

Def. 1.8.4（代数的従属・代数的独立）

$F \subset E \ni \alpha_1,\cdots,\alpha_n$ のとき

(1) $F[X_1,\cdots,X_n] \ni^\exists f(X_1,\cdots,X_n) \neq 0$ s.t.
$$f(\alpha_1,\cdots,\alpha_n) = 0$$
が成り立つとき，$\alpha_1,\cdots,\alpha_n$ は F 上代数的従属であるという.

(2) $F[X_1,\cdots,X_n] \ni f(X_1,\cdots,X_n)$ で
$$f(\alpha_1,\cdots,\alpha_n) = 0 \text{ ならば } f(X_1,\cdots,X_n) = 0$$
が成り立つとき，$\alpha_1,\cdots,\alpha_n$ は F 上代数的独立であるという.

★ $\alpha_1,\cdots,\alpha_n$ は F 上代数的独立のとき
すなわち，$\tilde{\varphi}$ が単射のときは
$\tilde{\varphi}$ は $F[X_1,\cdots,X_n]$ から $F[\alpha_1,\cdots,\alpha_n]$ への
isomorphism になるので,
$F[\alpha_1,\cdots,\alpha_n]$ は F 係数の $\alpha_1,\cdots,\alpha_n$ の多項式環であるといい,
$F[\alpha_1,\cdots,\alpha_n]$ の元を F 係数の $\alpha_1,\cdots,\alpha_n$ の多項式という.

★ $F \subset E \ni \alpha$ のとき
α が F 上代数的従属であることは，α が F 上 algebraic(代数的)
であることである.
α が F 上代数的独立であることは，α が F 上 transcendental(超越的)
であることである.

---

[30] 代入写像である.

1.8 代数的な元と代数的でない元 (algebraic and transcendental elements) 119

Def. 1.8.5　(algebraic 拡大・transcendental 拡大)
　E を体 F の拡大体とするとき
(1)　E の全ての元が F 上 algebraic のとき
　E は F 上 algebraic であるとか
　(拡大) E/F は algebraic(拡大) とか
　E は F の algebraic 拡大 (体) などといい,
　$\begin{array}{c} E \\ |\, alg \\ F \end{array}$　と略記する.
(2)　E が F 上 algebraic でないとき
　すなわち E の元で F 上 algebraic でないものがあるとき
　E は F 上 transcendental であるとか
　(拡大) E/F は transcendental(拡大) とか
　E は F の transcendental 拡大 (体) などといい,
　$\begin{array}{c} E \\ |\, trans \\ F \end{array}$　と略記する.

　私たちは B が A の部分環であることを $\begin{array}{c} A \\ | \\ B \end{array}$ と上下で表している.
特に F と E が体のとき $\begin{array}{c} E \\ | \\ K \end{array}$ とかけば E は F の拡大体であることを表すものとする.
$\begin{array}{c} E \\ |\, alg \\ F \end{array}$ とかけば, 拡大 E/F は algebraic であり,
$\begin{array}{c} E \\ |\, finite \\ F \end{array}$ とかけば E が F 上 finite 拡大であることを意味するものとする.
また $\begin{array}{c} E \\ |\, n \\ F \end{array}$ とかけば $[E:F]=n$, つまり E が F の n 次の拡大体であることを意味するものとする.

Proposition 1.8.4　(finite ならば algebraic)
　E, F を体とするとき

$\begin{array}{c} E \\ |\,finite \\ F \end{array}$ ならば $\begin{array}{c} E \\ |\,alg \\ F \end{array}$ である.

つまり, finite 拡大は algebraic 拡大である.

(proof)

E のなかに algebraic でない元があれば

$E \supset F[\alpha]$ で $[F[\alpha] : F] = \infty$ となり

拡大 E/F が finite に反する.

Proposition 1.8.5 （1個の元の algebraic）

$E \ni \alpha$ で α が F 上 algebraic ならば $F[\alpha] = F(\alpha)$ であり
$\begin{array}{c} F[\alpha] \\ |\,finite \\ F \end{array}$, したがって $\begin{array}{c} F[\alpha] \\ |\,alg \\ F \end{array}$ である.

(proof)

Proposition 1.8.2, 1.8.4 より明らか.

Proposition 1.8.6

$\alpha_1, \alpha_2, \alpha_3, \cdots, \alpha_n$ を体 F の拡大体 E の元とする.

α_1 が F 上 algebraic, α_2 が $F[\alpha_1]$ 上 algebraic, $\cdots$,

α_n が $F[\alpha_1, \alpha_2, \cdots, \alpha_{n-1}]$ 上 algebraic のとき次が成り立つ.

(1) $F[\alpha_1, \alpha_2, \alpha_3, \cdots, \alpha_n]$ は体であり $F(\alpha_1, \alpha_2, \alpha_3, \cdots, \alpha_n)$ と一致する.

(2) $\begin{array}{c} F[\alpha_1, \alpha_2, \cdots, \alpha_n] \\ |\,finite \\ F \end{array}$

である.

よってこのとき $\begin{array}{c} F[\alpha_1, \alpha_2, \cdots, \alpha_n] \\ |\,alg \\ F \end{array}$ であり, $\alpha_1, \alpha_2, \cdots, \alpha_n$ は F 上 algebraic である.

証明は n についての帰納法で行う.

(proof)

$n = 1$ のとき, (1), (2) はすでに示した.

1.8 代数的な元と代数的でない元 (algebraic and transcendental elements)

$n \geq 2$ のとき,

帰納法の仮定より $F[\alpha_1, \alpha_2, \cdots, \alpha_{n-1}]$ は体であり
$[F[\alpha_1, \alpha_2, \cdots, \alpha_{n-1}] : F] < \infty$ である.
α_n は 体 $F[\alpha_1, \alpha_2, \cdots, \alpha_{n-1}]$ 上 algebraic なので
$F[\alpha_1, \alpha_2, \cdots, \alpha_{n-1}][\alpha_n]$ は体であり,
また, $[F[\alpha_1, \alpha_2, \cdots, \alpha_{n-1}][\alpha_n] : F[\alpha_1, \alpha_2, \cdots, \alpha_{n-1}]] < \infty$ である.
よって,

(1) $F[\alpha_1, \alpha_2, \cdots, \alpha_n]$ は $F[\alpha_1, \alpha_2, \cdots, \alpha_{n-1}][\alpha_n]$ なので体である.

(2) $[F[\alpha_1, \alpha_2, \cdots, \alpha_n] : F] = [F[\alpha_1, \alpha_2, \cdots, \alpha_{n-1}][\alpha_n] : F]$
$= [F[\alpha_1, \alpha_2, \cdots, \alpha_{n-1}][\alpha_n] : F[\alpha_1, \alpha_2, \cdots, \alpha_{n-1}]]$
$\times [F[\alpha_1, \alpha_2, \cdots, \alpha_{n-1}] : F]$

より
$[F[\alpha_1, \alpha_2, \cdots, \alpha_n] : F] < \infty$
である.
$\alpha_1, \alpha_2, \cdots, \alpha_n$ は F 上 algebraic であることは
Proposition 1.8.4 と Def 1.8.5 より明らかである.

Remark 1.8.1 (n 個の algebraic)

$E \ni \alpha_1, \alpha_2, \alpha_3, \cdots, \alpha_n$, $\alpha_1, \alpha_2, \alpha_3, \cdots, \alpha_n$ は F 上 algebraic のとき
$F[\alpha_1, \alpha_2, \cdots, \alpha_n] = F(\alpha_1, \alpha_2, \cdots, \alpha_n)$ である.

$\begin{array}{c} F[\alpha_1, \alpha_2, \cdots, \alpha_n] \\ |\, finite \\ F \end{array}$ であり $\begin{array}{c} F[\alpha_1, \alpha_2, \cdots, \alpha_n] \\ |\, alg \\ F \end{array}$ である.

(proof)

α_i は F 上 algebraic なので α_i は $F[\alpha_1, \alpha_2, \cdots, \alpha_{i-1}]$ 上 algebraic である.
よって Proposition 1.8.6 より明らかである.

Corolally 1.8.1

(i) E が F 上 algebraic ならば, F を含む E の部分環は全て体である.

(ii) $\begin{array}{c} L \\ |\,alg \\ E \\ |\,alg \\ F \end{array}$ $\Rightarrow$ $\begin{array}{c} L \\ |\,alg \\ F \end{array}$ つまり E が体 F の algebraic 拡大で L が E の algebraic 拡大のとき L は F の algebraic 拡大である.

(proof)

(i) R を E の部分環で, F を含むものとする.

α を R の 0 でない元とすると

α は E の元なので F 上 algebraic である.

よって $F[\alpha]$ は体であり, $F[\alpha] \ni \alpha^{-1}$ である.

R は F と α を含む環なので, $R \supset F[\alpha]$ であるから

$R \ni \alpha^{-1}$ である.

よって R は体である.

(ii) $L \ni {}^\forall \alpha$ に対して, α が F 上 algebraic を示す.

α は E 上 algebraic なので

$\alpha^n + a_1 \alpha^{n-1} + a_2 \alpha^{n-2} + \cdots + a_n = 0$ となる E の元 $a_1, a_2, \cdots, a_n$ が存在する.

ここで α は $F[a_1, a_2, \cdots, a_n]$ 上 algebraic である.

$a_1, a_2, \cdots, a_n$ は E の元なので F 上 algebraic であるから

各 a_i は $F[a_1, a_2, \cdots, a_{i-1}]$ 上 algebraic である.

よって Proposition 1.8.6 より

$F[a_1, a_2, \cdots, a_n, \alpha]$ は F 上 algebraic である.

したがって $F[a_1, a_2, \cdots, a_n, \alpha]$ の元は全て F 上 algebraic であり, 特に α は F 上 algebraic である.

第 2 章

代数的閉体と splitting field

2.1 代数的閉体 (algebraically closed fields)

Def. 2.1.1 (splits)
多項式が $F[X]$ において splits である
$\stackrel{def.}{\iff}$ 多項式が $F[X]$ において 1 次の多項式の積である

Proposition 2.1.1 (algebraically closed の条件)
体 Ω に関して以下のことは同値である.
  (a) Ω 係数の定数でない多項式は全て $\Omega[X]$ において splits である.
  (b) Ω 係数の定数でない多項式は全て Ω に少なくとも一つ根をもつ.
  (c) Ω 係数の irreducible な多項式の次数は 1 である.
  (d) Ω 上の finite 拡大体は全て Ω である.

(proof)
(a) $\Rightarrow$ (b)
  $\Omega[X] \ni f(X),\ f(X)$ は定数でないとする.
    $f(X) = f_1(X)f_2(X)\cdots f_n(X),\ f_i(X) \in \Omega[X]$
  $f_i(X)$ は 1 次式である.
  $f_1(X)$ は必ず存在する.
    $f_1(X) = a_1 X + b_1,\ a_1, b_1 \in \Omega$
  と表せる.
  このとき

$-\dfrac{b_1}{a_1} \in \Omega$ で $f(-\dfrac{b_1}{a_1}) = f_1(-\dfrac{b_1}{a_1})f_2(-\dfrac{b_1}{a_1}) \cdots f_n(-\dfrac{b_1}{a_1}) = 0$

よって $f(X)$ は $-\dfrac{b_1}{a_1}$ を根にもつ.

(b) $\Rightarrow$ (c)

$\Omega[X] \ni f(X)$ で $f(X)$ は irreducible とする.

$f(X)$ は Ω に少なくとも一つ根をもっているので

それを α とすると

$$f(X) = (X - \alpha)p(X) \quad in \; \Omega[X]$$

$f(X)$ は irreducible より $p(X)$ は定数である.

よって $f(X)$ は 1 次の多項式である.

(c) $\Rightarrow$ (a)

$\Omega[X] \ni f(X)$ で $f(X)$ は定数でないとする.

Ω は体なので $\Omega[X]$ は UFD($\because$ Proposition 1.3.8)

よって $f(X)$ は $\Omega[X]$ において

irreducible な多項式の積である.

irreducible な多項式の次数は 1 なので

$f(X)$ は $\Omega[X]$ において 1 次の多項式の積である.

(c) $\Rightarrow$ (d)

E を Ω 上の finite 拡大体とする.

E は Ω 上 algebraic である.

よって $E \ni \alpha$ とすると, α は Ω 上 algebraic である.

α の最小多項式を $f(X)$ とすると $(f(X) \in \Omega[X])$

$f(X)$ は (monic かつ)irreducible なので

仮定より 1 次の多項式である.

よって

$$f(X) = X - a, \; a \in \Omega$$

$f(\alpha) = 0$ より $a = \alpha$

$\therefore \alpha \in \Omega$

したがって $E \subset \Omega$ である.

$E \supset \Omega$ なので $E = \Omega$ である.

2.1 代数的閉体 (algebraically closed fields)

(d) $\Rightarrow$ (c)

$\Omega[X] \ni f(X)$ で $f(X)$ は irreducible とする.
$f(X)$ は monic に取り直せる.
このとき, $\Omega[X]/(f(X))$ は Ω 上の拡大次数が
$f(X)$ の次数に等しい Ω の拡大体である.
  ($\because$ Proposition 1.5.1)
ところが $\Omega[X]/(f(X))$ は 仮定より Ω に等しいので
$deg\ f(X) = 1$ である.

Def. 2.1.2 (algebraically closed ・ algebraic closure)

(a) 体 Ω が algebraically closed である.
$\overset{def.}{\iff}$ Ω が先の Proposition 2.1.1 の同値なものをみたすとき

(b) F を Ω の部分体であるとする. ($\Omega \supset F$)
Ω が F の algebraic closure である
$\overset{def.}{\iff}$ Ω が algebraically closed かつ Ω が F 上 algebraic

★ 代数学の基本定理より $\mathbb{C}$ は algebraically closed である.
(これは後に 4.2「代数学の基本定理」において証明する)
さらに $\mathbb{C} \ni i$ は $X^2 + 1 = 0$ の解なので i は $\mathbb{R}$ 上 algebraic だから
$\mathbb{C}(=\mathbb{R}[i])$ は $\mathbb{R}$ 上 algebraic である.
よって $\mathbb{C}$ は $\mathbb{R}$ の algebraic closure である.

Proposition 2.1.2 (algebraic closure の条件)

$\Omega \supset F$ で Ω が F 上 algebraic かつ
$F[X] \ni^{\forall} f(X)$ が $\Omega[X]$ において splits であるとする.
このとき Ω は F の algebraic closure である.

(proof)

Ω が algebraically closed であることを証明する.
$\Omega[X] \ni g(X)$ で $g(X)$ を定数でない irreducible な多項式とする.
このとき Ω の拡大体とその元 α で, $g(X)$ の根となるものがある.
  ($\because$ Proposition 1.5.1)

このような α は Ω にあることを示す.

(Proposition 2.1.1 の (b) を示す.

任意の irreducible な多項式に根があれば全ての多項式に根がある.)

$$g(X) = a_n X^n + a_{n-1} X^{n-1} + \cdots + a_0, \ a_i \in \Omega$$

とする.

このとき拡大体の列

$$F \subset F[a_0, a_1, \cdots, a_n] \subset F[a_0, a_1, \cdots, a_n, \alpha]$$

を考える.

α は $F[a_0, a_1, \cdots, a_n]$ 上 algebraic なので,

拡大 $F[a_0, a_1, \cdots, a_n, \alpha]/F[a_0, a_1, \cdots, a_n]$ は algebraic である. $\cdots$ ①

$$(\because \text{Proposition 1.8.5})$$

$\Omega \ni a_0, a_1, \cdots, a_n$ は F 上 algebraic なので

拡大 $F[a_0, \cdots, a_n]/F$ は algebraic である.($\because$ Remark 1.8.1)

① とあわせて

拡大 $F[a_0, \cdots, a_n, \alpha]/F$ は algebraic である.

$$(\because \text{Corollary 1.8.1})$$

$\alpha \in F[a_0, \cdots, a_n, \alpha]$ だから α は F 上 algebraic である.

したがって

$$\exists h(X) \in F[X] \quad s.t. \quad h(\alpha) = 0$$

であり,仮定より $h(X)$ は $\Omega[X]$ で splits である.

よって, $\alpha \in \Omega$ である.

Proposition 2.1.3 ($\{\alpha \in \Omega | \alpha$ は F 上 $algebraic\}$ は体)

$\Omega \supset F$ とする.

このとき,集合 $\{\alpha \in \Omega | \alpha$ は F 上 $algebraic\}$ は体である.

(proof)

$\{\alpha \in \Omega | \alpha$ は F 上 $algebraic\} \ni \alpha, \beta$ とする.

このとき, $\alpha+\beta, \alpha-\beta, \dfrac{\alpha}{\beta}, \alpha\beta$ が F 上 algebraic であればよい.

α, β は F 上 algebraic なので, $F[\alpha, \beta]$ は F 上 algebraic である.

(∵ Remark 1.8.1)
よって $F[\alpha,\beta]$ の元は全て F 上 algebraic である.
$F[\alpha,\beta]$ は F と α,β を含む一番小さな体であるので
$$\alpha+\beta, \alpha-\beta, \frac{\alpha}{\beta}, \alpha\beta \in F[\alpha,\beta]$$
である.
ゆえに $\alpha+\beta, \alpha-\beta, \frac{\alpha}{\beta}, \alpha\beta$ は F 上 algebraic である.

Def. 2.1.3 ($\dot{\Omega}$における F の algebraic closure)
$\Omega \supset F$ とする.
体 $\{\alpha \in \Omega |\ \alpha$ は F 上 algebraic $\}$ を $\dot{\Omega}$における
F の algebraic closure と呼ぶ.
これは Ω にある F 係数の多項式の根を全て集めたものである.

Corolally 2.1.1 ($\{\alpha \in \Omega | \alpha$ は F 上algebraic$\}$ は F の algebraic closure)
Ω は algebraically closed な F の拡大体とする.
このとき $\{\alpha \in \Omega | \alpha$ は F 上algebraic$\}$ は F の algebraic closure である.

(proof)
$\{\alpha \in \Omega | \alpha$ は F 上algebraic$\}$ が algebraically closed かつ
F 上 algebraic を示す.
$\{\alpha \in \Omega | \alpha$ は F 上algebraic$\} = L$ とする.
$L \supset F$ で L は F 上 algebraic は明らか.
L が algebraically closed を示す.
$F[X] \ni f(X)$ で $f(X)$ は定数でない多項式とする. ($f(X) \in L[X]$)
$f(X)$ の根が少なくとも一つ L にあればよい.
　　(∵ Proposition 2.1.1(b))
$f(X)$ の全ての根は Ω にある.
　　(∵ $\Omega \supset F$, Ω は algebraically closed)
Ω にある F 係数の多項式の根を全て集めたものが L なので
$f(X)$ の全ての根は L にある.

2.2 拡大体の F-homomorphism

ここでは F を体として E と E' は F の拡大体, Ω も体とする.

Def. 2.2.1 (F-homomorphism)
$\varphi : E \longrightarrow E'$ が F-homomorphism であるとは
φ が E から E' への ring homo [1] であって,
$F \ni^\forall a$ に対して $\varphi(a) = a$ をみたすものであるときにいう.
(略して F-homo と表すこともある)

Lemma 2.2.1 (ring homo による多項式の像)
$\varphi : E \to E'$ を ring homo として
$E[X] \ni f(X) = a_0 + a_1 X + \cdots + a_n X^n$ とするとき
$E[X]$ の多項式 $\varphi(a_0) + \varphi(a_1) X + \cdots + \varphi(a_n) X^n$ を
$\varphi f(X)$ で表す. このとき次が成り立つ.
(1) $E \ni \alpha$ のとき $\varphi(f(\alpha)) = \varphi f(\varphi(\alpha))$
(2) φ が F-homo で $F[X] \ni f(X)$ のとき
  $\varphi f(X) = f(X)$ であり
  $E \ni \alpha$ のとき $\varphi(f(\alpha)) = f(\varphi(\alpha))$

これらは自明である.

Lemma 2.2.2 (F-homo と線型独立)
$\varphi : E \to E'$ が F-homo で $E \ni \alpha_1, \cdots, \alpha_n$ とする.
  (1) $\alpha_1, \cdots, \alpha_n$ が F 上線型独立ならば
    $\varphi(\alpha_1), \cdots, \varphi(\alpha_n)$ は F 上線型独立である.
  (2) φ が全射で $\alpha_1, \cdots, \alpha_n$ が E の生成系ならば
    $\varphi(\alpha_1), \cdots, \varphi(\alpha_n)$ は E' の生成系である.
  (3) $\varphi(\alpha_1), \cdots, \varphi(\alpha_n)$ は E' の生成系ならば φ は全射である.

---

[1] 体からの ring homo は単射であることに注意する.
$\hookrightarrow$ Proposition 0.4.7(体からの ring homo は単射)

(proof)

$F \ni a_1, \cdots, a_n$ で $x = a_1\alpha_1 + a_2\alpha_2 + \cdots + a_n\alpha_n$ のとき
$y = \varphi(x) = a_1\varphi(\alpha_1) + \cdots + a_n\varphi(\alpha_n)$ である.

(1) $y = 0$ とすると

$\varphi(x) = 0$ であり, φ は単射なので $x = 0$ である.

$\alpha_1, \cdots, \alpha_n$ は線型独立なので $a_1 = a_2 = \cdots = a_n = 0$ となり

$\varphi(\alpha_1), \cdots, \varphi(\alpha_n)$ は F 上線型独立である.

(2) φ が全射のとき E' の任意の元は E の元を φ でうつしたものである.

$\alpha_1, \cdots, \alpha_n$ が E の生成系なので E の元は x の形で表され,

E' の任意の元は y の形で表される.

よって $\varphi(\alpha_1), \cdots, \varphi(\alpha_n)$ は E' の生成系である.

(3) $\varphi(\alpha_1), \cdots, \varphi(\alpha_n)$ が E' の生成系の元のとき

E' の任意の元は y の形で表され $\varphi(x)$ の形となるので φ は全射である.

Proposition 2.2.1 (有限次拡大からの F-homo)

$\varphi : E \to E'$ が F-homo , E が F 上 finite のとき

$[E : F] \leq [E' : F]$

等号は φ が全射 (実は全単射) のときのみ成り立つ.

(proof)

$\alpha_1, \cdots, \alpha_n$ を E の base とすると

$\varphi(\alpha_1), \cdots, \varphi(\alpha_n)$ は F 上線型独立なので

$[E : F] \leq [E' : F]$ である.

φ が全射のときは $\alpha_1, \cdots, \alpha_n$ が E の生成系なので

$\varphi(\alpha_1), \cdots, \varphi(\alpha_n)$ は E' の生成系となり

線型独立より base となり $[E : F] = [E' : F]$ である.

また $[E : F] = [E' : F]$ のとき

E' の base は n 個で $\varphi(\alpha_1), \cdots, \varphi(\alpha_n)$ は線型独立だったので

これらが E' の base である.

したがって $\varphi(\alpha_1), \cdots, \varphi(\alpha_n)$ は生成系であり, φ は全射である.

Def. 2.2.2 (F-isomorphism)
全単射である F-homomorphism のことを F-isomorphism という．
(略して F-iso と表すこともある)

前の Proposition より次が成り立つ．

Proposition 2.2.2 (iso と次元)
$\varphi : E \to E'$ を F-homo として E は F 上 finite とするとき
φ が F-iso $\Leftrightarrow [E:F] = [E':F]$

$F(\alpha) \to \Omega$ を F の simple 拡大体からの F-homo とするとき
$F(\alpha)$ の元は F 係数の α の有理式の形で表されるので
φ は $\varphi(\alpha)$ で定まることに注意しておこう．

Proposition 2.2.3 (F 上 transcendental な元の F-homo による像)
α が F 上 transcendental のとき
(1) $\varphi : F(\alpha) \to \Omega$ を F-homo とすると
   $\varphi(\alpha)$ は F 上 transcendental である．
(2) β が Ω の元で F 上 transcendental のとき
   $\varphi : F(\alpha) \to \Omega$ なる F-homo で
   $\varphi(\alpha) = \beta$ となるものが存在する．

(proof)
(1) $F[X] \ni f(X)$ で $f(\varphi(\alpha)) = 0$ とすると
   $\varphi(f(\alpha)) = f(\varphi(\alpha)) = 0$ で
   φ は単射なので $f(\alpha) = 0$
   α は transcendental なので $f(X) = 0$
   よって $\varphi(\alpha)$ は F 上 transcendental である．
(2) $\Omega \ni \beta$ で β が F 上 transcendental のとき
   $F[\alpha]$ と $F[\beta]$ は共に $F[X]$ と同型なので
   α を β にうつす $F[\alpha]$ から $F[\beta]$ への isomorphism が
   存在する．

商体を考えると $F(\alpha)$ から $F(\beta)$ への α を β にうつす isomorphism である.
$F(\beta) \subset \Omega$ なので $F(\alpha)$ から Ω への F-homo で α を β にうつすものがある.

Proposition 2.2.4 (F 上 algebraic な元の F-homo による像)

α が F 上 algebraic のとき
$f(X)$ を α の F 上の最小多項式とする.
(1) $\varphi : F[\alpha] \to \Omega$ を F-homo とすると
$\varphi(\alpha)$ は $f(X)$ の根である.
(2) β を Ω における $f(X)$ の根とすると
$\varphi : F[\alpha] \to \Omega$ なる F-homo で
$\varphi(\alpha) = \beta$ となるものが存在する.

(proof)
(1) $f(\varphi(\alpha)) = \varphi(f(\alpha)) = \varphi(0) = 0$
(2) β を代入する写像を $\theta : F[X] \to \Omega$ とする.
　$Ker\theta \ni f(X)$ で $f(X)$ は irreducible なので
　$Ker\theta = (f(X))$ ↪ $<2.2-1>$
よって θ は X の class $X + (f(X))$ を β にうつす
$F[X]/(f(X))$ から Ω への F-homo を誘導する.
これを θ_1 とする.
　α の最小多項式が $f(X)$ なので α を代入する写像 $F[X] \to F[\alpha]$ は
X の class を α にうつす
$F[X]/(f(X))$ から $F[\alpha]$ への
F-isomorphism を誘導する.
($\hookrightarrow$ Def 1.8.2 の下 $\star$)
これを θ_2 とする.
$\theta_1 \circ \theta_2^{-1}$ は
α を β にうつす F-homo である.

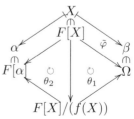

この Proposition は次のように拡張できる.

Proposition 2.2.5 (homo の simple 代数拡大への拡張)
α が F 上 algebraic で $f(X)$ は α の F 上の最小多項式とする.
$\varphi_0 : F \to \Omega$ を homo とするとき次が成り立つ.
(1) $\varphi : F[\alpha] \to \Omega$ を φ_0 の拡張とするとき
   $\varphi(\alpha)$ は $\varphi_0 f(X)$ の根である.
(2) β を Ω における $\varphi_0 f(X)$ の根とすると
   φ_0 の拡張 $\varphi : F[\alpha] \to \Omega$ で
   $\varphi(\alpha) = \beta$ となるものが存在する.

(proof)
前の Proposition と同じであるが証明しておく.
(1) $\varphi_0 f(\varphi(\alpha)) = \varphi f(\varphi(\alpha)) = \varphi(f(\alpha)) = \varphi(0) = 0$
(2) β を代入する写像を $\theta : F[X] \to \Omega$ とする.
   $\theta(f(X)) = \varphi_0 f(\beta) = 0$ より
   $Ker\theta \ni f(X)$
   $f(X)$ が irreducible なので $Ker\theta = (f(X))$
   よって θ は X の class を β にうつす
   $F[X]/(f(X))$ から Ω への
   φ_0-homo を誘導する.
   これを θ_1 とする.
   α の最小多項式が $f(X)$ なので α を代入する写像 $F[X] \to F[\alpha]$ は X の class を α にうつす
   $F[X]/(f(X))$ から $F[\alpha]$ への
   isomorphism を誘導する.
   これを θ_2 とする.
   $\theta_1 \circ \theta_2^{-1}$ は φ_0 の拡張で
   α を β にうつす.

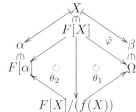

Proposition 2.2.6 (homo の 代数拡大への拡張)

$E \supset F$ で $\begin{array}{c} E \\ | \, alg \\ F \end{array}$ とする.

$\varphi_0 : F \to \Omega$ を homo とするとき

φ_0 の拡張 $\varphi : E \to \Omega$ が存在する.

$\begin{array}{ccc} & \exists \varphi & \\ E & \longrightarrow & \Omega \\ | & \circlearrowleft & \nearrow \\ & & \varphi_0 \\ F & & \end{array}$

証明は第 8 章「注釈」$<2.2-2>$ に記す.

2.3　splitting fields(最小分解体)

Proposition 2.3.1　(split する体)

F を体として $F[X] \ni f(X)$ で $deg\ f(X) = n > 0$ とする. $f(X)$ の最高次の係数を a とするとき, F の拡大体 E で次をみたすものが存在する.

　　$E \ni \alpha_1, \alpha_2, \cdots, \alpha_n\ \ s.t.$
　　$f(X) = a(X - \alpha_1)(X - \alpha_2) \cdots (X - \alpha_n)$

ここで $F[\alpha_1, \alpha_2, \cdots, \alpha_n]$ は体であり
$[F[\alpha_1, \alpha_2, \cdots, \alpha_n] : F] \leq n!$ である.

(proof)

$g(X)$ を $f(X)$ の irreducible な factor とすると
F の拡大体 F_1 と F_1 の元 α_1 で
　　$F_1 = F[\alpha_1],\ g(\alpha_1) = 0$
をみたすものが存在した. ($\hookrightarrow$ Proposition 1.5.1 $\star$)
ここで
　　$[F_1 : F] = deg\ g(X) \leq deg\ f(X) = n$
である.
$g(X)$ が $f(X)$ の factor で $g(\alpha_1) = 0$ なので $f(\alpha_1) = 0$
$F_1[X] \ni^\exists h(X)\ \ s.t.\ \ f(X) = (X - \alpha_1)h(X)$
ここで
　　$deg\ h(X) = deg\ f(X) - 1 = n - 1$ である.

$n=1$ のときは $F[X] \ni f(X) = a(X-\alpha_1)$ となり $F \ni \alpha_1$ である.
$E = F$ とすればよい.
$n > 1$ のときは帰納法の仮定より
F_1 の拡大体 E で次をみたすものが存在する.
$\quad E \ni^\exists \alpha_2, \cdots, \alpha_n \ \ s.t.$
$\quad\quad h(X) = a(X-\alpha_2)(X-\alpha_3)\cdots(X-\alpha_n)$
また
$\quad [F_1[\alpha_2, \cdots, \alpha_n]] : F_1] \leq (n-1)!$
したがって E は F の拡大体で $E \ni \alpha_1, \alpha_2, \cdots, \alpha_n$ であり,
$\quad f(X) = (X-a_1)h(X) = a(X-\alpha_1)(X-\alpha_2)\cdots(X-\alpha_n)$
$\quad [F[\alpha_1, \alpha_2, \cdots, \alpha_n] : F] = [F_1[\alpha_2, \alpha_3, \cdots, \alpha_n] : F_1][F_1 : F] \leq n!$
が成り立っている.

ここで split や splitting field の定義をあたえておく.

Def. 2.3.1 (split と splitting field)
F の拡大体 E 係数の多項式環 $E[X]$ において
$f(X) = g(X) = a(X-\alpha_1)(X-\alpha_2)\cdots(X-\alpha_n)$
と $f(X)$ が 1 次式の積に分解するとき
$f(X)$ は E で splits である,または
体 E は $f(X)$ を split するという.
この記号のもとでは体 $F[\alpha_1, \alpha_2, \cdots, \alpha_n]$ は $f(X)$ を split する
ような F の拡大体であり,そのような極小の体である.
これを $f(X)$ の F 上の splitting field という.

★ $F[\alpha_1, \alpha_2, \cdots, \alpha_n]$ は F 上 algebraic な元 $\alpha_1, \alpha_2, \cdots, \alpha_n$ で
生成された体であり,$F(\alpha_1, \alpha_2, \cdots, \alpha_n)$ と書いてもよいが
この節では $F[\alpha_1, \alpha_2, \cdots, \alpha_n]$ と表すことにする.

この節の主な目的は次の定理を証明することである.
これに向かって話を展開する.

2.3 splitting fields(最小分解体)

Theorem 2.3.1 (splitting field の一意性)
$F[X] \ni f(X)$ で $f(X)$ は定数でないとき
$f(X)$ の F 上の splitting field は
同型の意味で unique に定まる.

$$\begin{array}{ccc} E & \xrightarrow{\exists iso} & E' \\ | & \circlearrowleft & | \\ F & \xrightarrow{id_F} & F \end{array}$$

つまり E, E' ともに $f(X)$ の F 上の splitting field とするとき
上の可換図式が成り立つ.

Def. 2.3.2 (F_f)
$F[X] \ni f(X)$ で $f(X)$ は定数でないとき
$f(X)$ の F 上の splitting field を F_f で表す.

★ $F[X] \ni f(X)$ で $F \not\ni f(X)$ のとき
$f(X)$ の F 上の splitting field は存在して
$[F_f : F] \leq (deg\ f(X))!$
である.

$\star_1$ $F[X] \ni f(X)$ が E のなかに $(deg\ f(X) - 1)$ 個の根をもてば
$f(X)$ は $E[X]$ で splits である.
実際, $f(X) = a_0(X - \alpha_1)(X - \alpha_2)(X - \alpha_3)\cdots(X - \alpha_{n-1})g(X)$
と $f(X)$ は $E[X]$ で分解されるが, $g(X)$ は1次式である.

$\star_2$ $\prod f_i(X)^{m_i} (m_i \geq 1)$ と $\prod f_i(X)$ は同じ splitting field をもつことに
注意する.

Example 2.3.1
(a) $f(X) = aX^2 + bX + c\ (a \neq 0)$ に対して
$f(X)$ の splitting field は $\mathbb{Q}\left[\dfrac{-b+\sqrt{b^2-4ac}}{2a}, \dfrac{-b-\sqrt{b^2-4ac}}{2a}\right]$ である.

$\mathbb{Q}\left[\dfrac{-b+\sqrt{b^2-4ac}}{2a}, \dfrac{-b-\sqrt{b^2-4ac}}{2a}\right] = \mathbb{Q}[\sqrt{b^2-4ac}]$

なので $f(X)$ の splitting field は $\mathbb{Q}[\sqrt{b^2-4ac}]$ である.

(b) $f(X) = X^3 + aX^2 + bX + c \in \mathbb{Q}[X]$ かつ
$f(X)$ は irreducible とする.
$\alpha_1, \alpha_2, \alpha_3$ は $\mathbb{C}$ における $f(X)$ の根とする.
　　($f(X)$ は $\alpha_1, \alpha_2, \alpha_3$ の $\mathbb{Q}$ 上の最小多項式である)
$f(X)$ の実数でない根は共役なペアなので, $\alpha_1, \alpha_2, \alpha_3$ のうち
実数の根は 1 個か 3 個である.
$\mathbb{Q}[\alpha_1, \alpha_2](= \mathbb{Q}[\alpha_1, \alpha_2, \alpha_3])$ は $f(X)$ の splitting field である.
$[\mathbb{Q}[\alpha_1] : \mathbb{Q}] = 3$ であり,
$[\mathbb{Q}[\alpha_1, \alpha_2] : \mathbb{Q}[\alpha_1]] = 1$ or 2 である.
　　($\because \alpha_2$ の $\mathbb{Q}$ 上の最小多項式は $f(X)$ であり,
　　　$f(X)$ は $\mathbb{Q}[\alpha_1]$ 上では $X - \alpha_1$ でわれるので,
　　　$f(X)$ の $\mathbb{Q}[\alpha_1]$ 上の次数は 2 次以下)
よって $[\mathbb{Q}[\alpha_1, \alpha_2] : \mathbb{Q}] = 3$ or 6 である.

　後の 3 章 9 節で以下のことを見る.
「$[\mathbb{Q}[\alpha_1, \alpha_2] : \mathbb{Q}] = 3 \Leftrightarrow f(X)$ の判別式が $\mathbb{Q}$ において square である」
例えば
$X^3 + bX + c$ の判別式は $-4b^3 - 27c^2$ なので
　　　　　($\hookrightarrow$ 3.7「多項式のガロア群が A_n に含まれるとき」)
$X^3 + 10X + 1$ は $\mathbb{Q}$ 上 irreducible であり,
その判別式の値は -4027 である.
よって $\mathbb{Q}$ で square でないので,
$\mathbb{Q}$ 上の splitting field への拡大次数は 6 である.

Remark 2.3.1

整数 n に対して $F[X]$ の多項式 $f(X)$ で次数が n であり,
その splitting field への拡大次数が $n!$ のものが存在するかもしれないし
存在しないかもしれない.
これは体 F による.
$F = \mathbb{C}$ のときは $\mathbb{C}$ の algebraic 拡大は $\mathbb{C}$ のみなので

$n = 1$ のときしか見つからない.
$F = \mathbb{R}$ のときは $\mathbb{R}$ の algebraic 拡大は
R 自身と 2 次拡大の $\mathbb{C}$ のみなので
$n = 1$ と $n = 2$ のときしか見つからない.
$F = \mathbb{Q}$ のとき, 全ての $[F_f : F] = n!$ である $f(X)$ を
見つける方法をあとで述べる.

Example 2.3.2 (有名な splitting field の例)

(a) p は素数として
$f(X) = X^{p-1} + X^{p-2} + \cdots + X + 1$ とする.
$f(X) = \dfrac{X^p - 1}{X - 1} \in \mathbb{Q}[X]$ である.
このとき, $\xi = \cos\dfrac{2\pi}{p} + i\sin\dfrac{2\pi}{p}$ とおくと
$1, \xi, \xi^2, \xi^3, \cdots, \xi^{p-1}$ は $X^p - 1$ の p 個の異なる根である.
　　$(\because (\cos\alpha + i\sin\alpha)^n = \cos n\alpha + i\sin n\alpha \quad)$
よって, $\xi, \xi^2, \xi^3, \cdots, \xi^{p-1}$ は $f(X)$ の $p-1$ 個の
異なる根である.
ゆえに $f(X)$ の splitting field は $\mathbb{Q}[\xi]$ である.

(b) $\mathrm{char} F = p \neq 0$ とする.
$f(X) = X^p - X - a \in F[X]$ とする.
α を $f(X)$ の根の一つとする.
このとき, $\alpha+1, \alpha+2, \cdots, \alpha+p-1$ は $f(X)$ の根である.
なぜならば α が $f(X)$ の根だとすると
$\quad f(\alpha) = 0$ より $\alpha^p - \alpha - a = 0$
$\quad f(\alpha+1) = (\alpha+1)^p - (\alpha+1) - a$
$\quad\quad\quad\quad\;\; = \alpha^p + 1 - (\alpha+1) - a$
$\quad\quad\quad\quad\;\; = 0$
より $\alpha+1$ も $f(X)$ の根である.
$\quad \alpha+2 = (\alpha+1) + 1$

$$\alpha + 3 = (\alpha + 2) + 1$$
$$\vdots$$
より $\alpha+2, \alpha+3, \cdots, \alpha+p-1$ も $f(X)$ の根となる.
よって, $f(X)$ の splitting field $F[\alpha+1, \alpha+2, \cdots, \alpha+p-1]$ は $F[\alpha]$ である.

(c) α を $X^n - \alpha$ の一つの根とする. ($\alpha^n - a = 0$)

F が 1 の n 乗根を全て含むとき

$F[\alpha]$ は $X^n - \alpha$ の splitting field である.

なぜならば

残りの根を $\beta_i (1 \leq i \leq n-1)$ とすると
$$(\frac{\beta_i}{\alpha})^n = \frac{(\beta_i)^n}{\alpha^n} = \frac{a}{a} = 1$$
$\frac{\beta_i}{\alpha}$ は 1 の n 乗根である.

よって, $\frac{\beta_i}{\alpha} \in F$ である.

$\beta_i = \frac{\beta_i}{\alpha} \cdot \alpha$ より

$\beta_i \in F[\alpha]$ である.

★ $\mathrm{char} F = p \neq 0$ のとき

$X^p - 1 = (X - 1)^p$ in $F[X]$ なので

F は 1 の全ての p 乗根を含む. (p 乗根は 1 しかない)

Def. 2.3.3 (homo の拡張と制限)

$\varphi_0 : F \to F'$ の ring homo で

E は F の, E' は F' の拡大体とする.

ring homo $\varphi : E \to E'$ が右の可換図式を

みたすとき

φ は φ_0 の拡張といい, φ_0 は φ の制限という.

特に $F' = F$ で $\varphi_0 = id_F$ のとき

id_F の拡張を F-homo という.

$$\begin{CD} E @>{\varphi}>> E' \\ @VVV @VVV \\ F @>{\varphi_0}>> F' \end{CD}$$

Remark 2.3.2

$\varphi : E \to E'$ が F-homo とは
右の可換図式が成り立つことであり
$F \ni {}^\forall a$ に対して $\varphi(a) = a$ が成り立つこと
である.

$$\begin{array}{ccc} E & \xrightarrow{\varphi} & E' \\ \big\uparrow & \circlearrowleft & \big\uparrow \\ F & \xrightarrow{id} & F \end{array}$$

私たちは次の記号を使う.

Def. 2.3.4 (homo の集合)

E は F の拡大体, φ_0 は F から E' への ring homo とするとき
E から E' への ring homo 全体の集合を $Hom(E, E')$ で
E から E' への φ_0 の拡張全体のなす集合を $Hom_{\varphi_0}(E, E')$ で
E から E' への F-homo 全体の集合を $Hom_F(E, E')$ で
表すことにする.

Theorem 2.3.2 (homo の数と拡大次数)

E を F の有限次拡大体とし, $\varphi_0 : F \to L$ を ring homo とするとき
次が成り立つ.
(1) $|Hom_{\varphi_0}(E, L)| \leq |E : F|$
(2) L が algebraically closed のとき
$Hom_{\varphi_0}(E, L) \neq \emptyset$ である.

これの証明には次を使う.

Lemma 2.3.1 (homo の simple 代数拡大への拡張)

α が F 上 algebraic で $F[X] \ni f(X)$ は α の最小多項式とする.
$Hom(F, L) \ni \varphi_0$ のとき
(1) $Hom_{\varphi_0}(F[\alpha], L) \ni \varphi$ とするとき
$\varphi(\alpha)$ は $\varphi_0 f(X)$ の根である.
(2) β を L における $\varphi_0 f(X)$ の根とすると
$Hom_{\varphi_0}(F[\alpha], L)$ の元 φ で
$\varphi(\alpha) = \beta$ となるものがある.
(3) $|Hom_{\varphi_0}(F[\alpha], L)|$ は L における $\varphi_0 f(X)$ の根の数に

一致し, $[F[\alpha]:F]$ 以下である.

(proof)
(1) (2) は前節の Proposition 2.2.5 より
明らかである.
(3) 前半は (1) と (2) より $Hom_{\varphi_0}(F[\alpha],L)$ と $\varphi_0 f(X)$ の根の集合との間には, 1 対 1 対応があるので明らかである.
また
$\varphi_0 f(X)$ の根の数 $\leq \varphi_0 f(X)$ の次数 $= f(X)$ の次数 $= [F[\alpha]:F]$
が成り立つので明らかである.

Theorem 2.3.2(homo の数と拡大次数) を証明する.

(1) $n = [E:F]$ として n についての帰納法で示す.
$n = 1$ のときは $E = F$ となり自明である.
$n > 1$ のとき
α は E の元で F には含まれないものとする.
s を L における $\varphi_0 f(X)$ の根の数とすると
$$0 \leq s \leq deg\ \varphi_0 f(X) = deg\ f(X) = [F[\alpha]:F]$$
であり, $Hom_{\varphi_0}(F[\alpha],L)$ は s 個の元からなる.
それを $\psi_1, \psi_2, \cdots, \psi_s$ とする.
$Hom_{\varphi_0}(E,L) \ni \varphi$ とすると
φ を $F[\alpha]$ に制限したものは $\psi_1, \psi_2, \cdots, \psi_s$ のどれかである.
制限して ψ_i になるものは ψ_i の拡張であるが
$[E:F[\alpha]] < n$ であるから
その数は帰納法の仮定より
$[E:F[\alpha]]$ 以下である.
よって
$$|Hom_{\varphi_0}(E,L)| \leq s \times [E:F[\alpha]] \leq [F[\alpha]:F][E:F[\alpha]] = [E:F]$$
である.
(2) L が algebraically closed のときは

$1 \leq s$ であり, $1 \leq |Hom_{\psi_i}(E, L)|$ なので
$Hom_{\varphi_0}(E, L) \neq \emptyset$ である.

★ (2) の $1 \leq s$ の部分は L が必ずしも algebraically closed
でなくても $\varphi_0 f(X)$ の根が L の中にあるときは
成立することに注意しておく.

Proposition 2.3.2

$E = F[\alpha_1, \alpha_2, \cdots, \alpha_m]$ で E は F 上 algebraic,
$f(X)$ を $\alpha_1, \alpha_2, \cdots, \alpha_m$ 全てを根にもつ [2)]
F 係数の多項式とする.
$Hom(F, L) \ni \varphi_0$ で $\varphi_0 f(X)$ は L で splits であるとする.
このとき次が成り立つ.
(1) φ_0 の E への拡張は存在する.
(2) $\varphi_0 f(X)$ が L において全て異なる根をもつときは
$|Hom_{\varphi_0}(E, L)| = [E : F]$ である.

(proof)
(1) α_1 の最小多項式を $g(X)$ とする.
$g(X)$ は $f(X)$ の factor なので $\varphi_0 g(X)$ は L で splits である.
よって φ_0 の $F[\alpha_1]$ への拡張は存在する.
$m = 1$ のときはこれで証明が終わる.
 $m > 1$ のときは φ_0 の $F[\alpha_1]$ への拡張を ψ_1 とする.
$\psi_1 f(X) = \varphi_0 f(X)$ で $\psi_1 f(X)$ は L で splits なので
帰納法の仮定より ψ_1 の $F[\alpha_1][\alpha_2, \cdots, \alpha_m]$ への
拡張は存在する. [3)]
それは φ_0 の E への拡張になっている.
(2) $\varphi_0 f(X)$ が L において全て異なる根をもつときは
$\varphi_0 g(X)$ もそうであり

 [2)] $\alpha_1, \alpha_2, \cdots, \alpha_m$ だけが $f(X)$ の根とは限らない.
 [3)] $F[\alpha_1][X] \ni f(X)$ で $\alpha_2, \cdots, \alpha_m$ は $f(X)$ の根

φ_0 の $F[\alpha_1]$ への拡張を ψ_1 とすると
$$s = deg\ \varphi_0 g(X) = deg\ g(X) = [F[\alpha_1] : F]$$
である.
帰納法の仮定より
$$|Hom_{\psi_1}(E, L)| = [E : F[\alpha_1]]\ であり$$
$\psi_2, \cdots, \psi_s$ に対しても同じなので
$$\begin{aligned}|Hom_{\varphi_0}(E, F)| &= s \times [E : F[\alpha_1]] \\ &= [F[\alpha_1] : F] \times [E : F[\alpha_1]] \\ &= [E : F]\end{aligned}$$
である.

Theorem 2.3.1 を証明する.

$F \to E'$ を包含写像とする.

E が $f(X)$ の F 上の splitting field で $f(X)$ は E' で splits であるから
$$1 \leq |Hom_F(E, E')|$$
つまり, E から E' への F-homo が存在する.

その一つを φ とすると

$\varphi : E \to E'$ は F-homo なので

F-ベクトル空間 E から E' への単射線型写像にもなっている.

したがって F-ベクトル空間の次元については
$$dim_F E \leq dim_F E'$$
が成り立っている.

E と E' の役目を入れ換えると
$$dim_F E \geq dim_F E'$$
よって
$$dim_F E = dim_F E'$$
である.

φ は次元が同じ F-ベクトル空間 E から E' への単射線型写像であり

F-homo なので F-isomorphism である.

($\hookrightarrow$ Proposition 2.2.2(iso と次元)　)

したがって E と E' は F-同型である.

後の第 3 章 2 節で, 体の separable 拡大の定義を行う.
E が F 上の finite かつ separable 拡大のとき
$E = F[\alpha_1, \cdots, \alpha_n]$ となる $\alpha_1, \cdots, \alpha_n$ があり,
F 係数の多項式 $f(X)$ で $\alpha_1, \cdots, \alpha_n$ を根にもち
その splitting field において, 全て異なる根をもつものが存在することを
述べている.
この separable 拡大という言葉を用いると Proposition 2.3.2 の系として
次の定理を得る.

Theorem 2.3.3

E は F の finite かつ separable 拡大として
Ω を F を含む algebraically closed とする.
このとき
$$|Hom_F(E, \Omega)| = [E : F]$$
が成り立つ.

★ $F[X] \ni f(X)$ で E が $f(X)$ の splitting field であり, $f(X)$ が全て
異なる根をもっているとき
$$|Hom_F(E, E)| = [E : F]$$
である.

2.4　multiple roots

以下のことを確認しておく.
(I) 最大公約元の定義

A は UFD とする.
$A \ni a, b, c$ ($a \neq 0$, かつ $b \neq 0$ または $c \neq 0$) とする.
a が b と c の最大公約元 $\overset{def}{\iff} a|b$ かつ $a|c$ かつ
$$\forall d \in A \quad s.t. \quad d|b, d|c \Rightarrow d|a$$

(II) 最大公約元の性質

A は PID とする.

A $\ni a, b, c$ ($a \neq 0$, かつ $b \neq 0$ または $c \neq 0$) とする.

(1) A には最大公約元が存在する.

(2) a が b と c の最大公約元 $\Leftrightarrow (b) + (c) = (a)$

(proof)

A は PID なので $A \ni b, c$ に対して

$^\exists d \in A$ s.t. $(b) + (c) = (d)$

$b \neq 0$ または $c \neq 0$ より $d \neq 0$ である.

(1) $(d) = (b) + (c) \ni b$ より $d \mid b$

$(d) = (b) + (c) \ni c$ より $d \mid c$

よって d は b と c の公約元である.

$(b) + (c) = (d) \ni d$ より

$A \ni ^\exists x, y$ s.t. $d = bx + cy$

$A \ni e$ が b と c の公約元のとき

$d = bx + cy$ より $e \mid d$

よって d は b と c の最大公約元である.

(2)($\Leftarrow$) (1) より 明らか

($\Rightarrow$) $(b) + (c) = (d)$ で d は b と c の最大公約元であり,

a は b と c の公約元なので $a \mid d$ である.

a は b と c の最大公約元であり,

d は b と c の公約元なので $d \mid a$ である.

よって $(a) = (d)$

したがって $(b) + (c) = (a)$ である.

$\star_1$ 最大公約元は一つとは限らないので

「○ は △ の最大公約元」という言い方をする.

$\star_2$ F は体とする.

$F[X]$ は PID なので $F[X] \ni f(X), g(X)$ のどちらかが 0 でないとき $f(X)$ と $g(X)$ は最大公約元をもつ.

それを $d(X)$ とおく.
d の最高次の係数を a とすると
$a^{-1}d(X)$ は monic で, $f(X)$ と $g(X)$ の最大公約元である.
最大公約元で monic なものは一つに決まる.

Proposition 2.4.1 (拡大体における最大公約元)

$F[X] \ni f(X), g(X)$ で $F \subset \Omega$ とする. (Ω は F の拡大体)
このとき
$F[X]$ における $f(X)$ と $g(X)$ の monic な最大公約元と
$\Omega[X]$ における $f(X)$ と $g(X)$ の monic な最大公約元は
一致する.

(proof)

$F[X]$ における $f(X)$ と $g(X)$ の monic な最大公約元を $r(X)$,
$\Omega[X]$ における $f(X)$ と $g(X)$ の monic な最大公約元を $s(X)$ とする.
このとき

$$F[X]f(X) + F[X]g(X) = F[X]r(X)$$
$$\Omega[X]f(X) + \Omega[X]g(X) = \Omega[X]s(X) \quad (\because \text{II の (2)})$$
$$r(X) \in F[X]r(X) = F[X]f(X) + F[X]g(X)$$
$$\subset \Omega[X]f(X) + \Omega[X]g(X) = \Omega[X]s(X)$$

よって
  $s(X) \mid r(X)$ in $\Omega[X]$ である.
また
  $\Omega[X]f(X) + \Omega[X]g(X) = \Omega[X]s(X) \ni s(X)$
なので
  $\Omega[X] \ni^\exists a(X), b(X)$ $s.t.$ $s(X) = a(X)f(X) + b(X)g(X)$
$r(X) \mid f(X), r(X) \mid g(X)$ in $F[X] (in$ $\Omega[X])$ より
  $r(X) \mid s(X)$ in $\Omega[X]$
$r(X)$ と $s(X)$ は monic なので
  $r(X) = s(X)$
である.

★ この Proposition は，体の大きさに関係なく $f(X)$ と $g(X)$ の最大公約元について述べることを認めている．

Corolally 2.4.1
$F[X]$ において異なる monic で irreducible な多項式は，F のどんな拡大体においても共通根を得ることはない．

(proof)

$f(X)$ と $g(X)$ を $F[X]$ における monic で irreducible な多項式で，二つは異なるとする．
$d(X)$ を $f(X)$ と $g(X)$ の $F[X]$ における monic な最大公約元とする．
$d(X) \mid f(X)$ in $F[X]$ である．
$f(X)$ は irreducible monic で $d(X)$ も monic なので
$d(X) = 1$ または $d(X) = f(X)$ である．
($\because f(X) = d(X)h(X)$ より

$f(X)$ は irreducible なので，$d(X)$ は unit または $h(X)$ は unit．
$d(X)$ が unit のとき
$d(X)$ は定数であり monic なので $d(X) = 1$)

また，$d(X) \mid g(X)$ in $F[X]$ なので
$d(X) = 1$ または $d(X) = g(X)$ である．
$f(X) \neq g(X)$ より $d(X) = 1$ であり
1 が $F[X]$ における $f(X)$ と $g(X)$ の最大公約元である．
つまり $\Omega[X]$ においても，1 が $f(X)$ と $g(X)$ の最大公約元である．
ゆえに $f(X)$ と $g(X)$ は拡大体においても共通因数をもつことはない．

($\because$ 1 の約数は 1 しかない)

したがって 拡大体において共通根を得ることはない．

Def. 2.4.1　(multiple root・simple root)
$f(X) \in F[X]$ は，F のある拡大体 Ω において次のように分解されるとする．

$$f(X) = a(X - \alpha_1)^{m_1}(X - \alpha_2)^{m_2}(X - \alpha_3)^{m_3} \cdots (X - \alpha_r)^{m_r}$$

2.4 multiple roots

$\alpha_1, \cdots, \alpha_r$ は異なる

かつ $m_1 + m_2 + \cdots + m_r = deg\ f(X)$

このとき, α_i を multiplicity が m_i である $f(X)$ の根と呼ぶ.
$m_i > 1$ のとき α_i を $f(X)$ の multiple root と呼ぶ.
$m_i = 1$ のとき α_i を $f(X)$ の simple root と呼ぶ.

★$_1$ $f(X)$ が F の別の拡大体 Ω' において splits ならば,

$\Omega' \ni^{\exists} \beta_1, \cdots, \beta_r\ s.t.\ \beta_i$ は全て異なる

かつ

$$f(X) = a(X - \beta_1)^{m_1}(X - \beta_2)^{m_2}(X - \beta_3)^{m_3} \cdots (X - \beta_r)^{m_r}$$

と, Ω における $f(X)$ の分解と同じ形に分解できる.
なぜならば, Proposition 2.3.2 より, 下の F-homo φ が存在する.

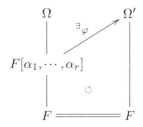

$\varphi(\alpha_i) = \beta_i$ と決めると,
$\varphi\{a(X - \alpha_1)^{m_1}(X - \alpha_2)^{m_2} \cdots (X - \alpha_r)^{m_r}\}$
$= a(X - \varphi(\alpha_1))^{m_1}(X - \varphi(\alpha_2))^{m_2} \cdots (X - \varphi(\alpha_r))^{m_r}$
$= a(X - \beta_1)^{m_1}(X - \beta_2)^{m_2} \cdots (X - \beta_r)^{m_r}$

★$_2$ $f(X)$ が $m_i > 1$ となる根を一つでももてば

$f(X)$ は multiple root をもつといい,

全ての m_i が 1 であるとき

$f(X)$ は simple root だけをもつという.

多項式がいつ multiple root をもつのか知りたい.
もし $f(X)$ が $F[X]$ において multiple な factor をもつ, すなわち

$f(X) = f_1(X)^{m_1} f_2(X)^{m_2} \cdots$ において m_i のどれかは
1 より大きいとき，明らかに $f(X)$ は multiple root をもつ．
また，
$$f(X) = f_1(X)^1 f_2(X)^1 \cdots$$
であり，
$f_i(X)$ は異なる monic で irreducible な多項式 であるときは
以下のようになる，

「$f(X)$ が multiple root をもつ
　　$\Leftrightarrow f_i(X)$ の少なくとも一つが multiple root をもつ」
($\because$ ($\Leftarrow$) 明らか
　　($\Rightarrow$) Corolally 2.4.1 より $f_i(X)$ は共通根をもたない．
　　　よって $f(X)$ が multiple root をもつならば
　　　$f_i(X)$ のどれかが multiple root をもつ．)

よって，irreducible な多項式が multiple root をもつときについて
調べることにする．

Example 2.4.1　(multiple root をもつ irreducible な多項式の例)

F は標数 $p \neq 0$ の体, a は F で p-th power でない F の元とする．[4]
$X^p - a$ は $F[X]$ において irreducible であり, multiple root をもつ.
($\because$ F を含む algebraically closed Ω のなかに $b^p = a$ となる元 b が
存在する．
　$\Omega[X]$ では $X^p - a = X^p - b^p = (X - b)^p$ なので

---

[4]　$a = b^p$ となる b は F に存在しないとき
　　a は p-th power でないという．
　　このような体 F と a の例として
　　　K を標数 $p \neq 0$ の体, T を不定元として $F = K(T), a = T$
　　を考えればよい．
　　$F(T) \ni \dfrac{f(T)}{g(T)}$ で $(\dfrac{f(T)}{g(T)})^p = T$ とすると
　　$f(T)^p = g(T)^p T$ となり，次数について矛盾が生じるから
　　T は p-th power でない．

$X^p - a$ は multiple root をもつ.

また $X^p - a$ は $F[X]$ で s 次 $(1 \leq s \leq p-1)$ の monic な因子
$f(X)$ をもつとすると
$f(X)$ は $\Omega[X]$ で $(X-b)^p$ の因子なので $f(X) = (X-b)^s$ となる.
$f(X) = (X-b)^s$ の X^{s-1} の係数は $-sb$ であり, これは F の元である.
$-s$ は 0 でないので $(-s)^{-1} \in F$ で, $b \in F$ となり
a が F で p-th power となり矛盾である.)

★3 $f(X) = \sum_{i=1}^{N} a_i X^i$ の微分 $f'(X)$ を $\sum_{i=1}^{N} i a_i X^{i-1}$
と定義する.(体では解析の微分の定義はできないのでこう決める)
$f(X)$ が $\mathbb{R}$ において係数をもつとき, これは微積分学における
微分の定義に一致する. [5]
微分したものの和と積にはいつものルールが保たれる.
しかし $\mathrm{char} F = p \ (p > 0)$ の体において
$(X^p)'$ はゼロであることに注意する. [6]

---

[5] $(fg)' = f'g + fg'$ であることを見ておく.
$g(X) = b_0 X^m + b_1 X^{m-1} + b_2 X^{m-2} + \cdots + b_m$ とする.
$(b_i \in F, \ F$ は体$)$
このとき
$X^k g(X) = b_0 X^{k+m} + b_1 X^{k+m-1} + b_2 X^{k+m-2} + \cdots + b_m X^k$
である.
$(X^k g(X))'$
$= (b_0 X^{k+m} + b_1 X^{k+m-1} + b_2 X^{k+m-2} + \cdots b_m X^k)'$
$= (k+m) b_0 X^{k+m-1} + (k+m-1) b_1 X^{k+m-2} + (k+m-2) b_2 X^{k+m-3} +$
$\quad + \cdots + k b_m X^{k-1}$
$= k X^{k-1} b_0 X^m + X^k m b_0 X^{m-1} + k X^{k-1} b_1 X^{m-1} + X^k (m-1) b_1 X^{m-2}$
$\quad + k X^{k-1} b_2 X^{m-2} + X^k (m-2) b_2 X^{m-3} + \cdots$
$= k X^{k-1} \{ b_0 X^m + b_1 X^{m-1} + b_2 X^{m-2} + \cdots \}$
$\quad + X^k \{ m b_0 X^{m-1} + (m-1) b_1 X^{m-2} + (m-2) b_2 X^{m-3} + \cdots \}$
$= k X^{k-1} g(X) + X^k g'(X)$
[6] $(X^p)' = p X^{p-1} = 0$

Proposition 2.4.2 (multiple root をもつ irreducible な多項式の条件)
$f(X)$ は $F[X]$ の定数でない monic な多項式 とする.
このとき以下のことが成り立つ.
(1) $f(X)$ が irreducible で multiple root をもつとき $f'(X) = 0$ である.
(2) $f'(X) = 0$ とすると
  F の標数は $p \neq 0$ であり, $f(X)$ は X^p の多項式になり
  $f(X)$ の全ての根は multiple である.

(proof)
(1) $f(X)$ はある splitting field Ω において
  $f(X) = (X - \alpha)^m g(X)\ (m > 1\ )$
とする.
このとき
  $f'(X) = m(X - \alpha)^{m-1} g(X) + (X - \alpha)^m g'(X)$
ゆえに $f(X)$ と $f'(X)$ はともに $X - \alpha$ を因数にもつ.
よって $\Omega[X]$ における $f(X)$ と $f'(X)$ の monic な最大公約元は
1と異なる.
したがって $F[X]$ においても, $f(X)$ と $f'(X)$ の monic な最大公約元は
1と異なる.
$f(X)$ 自体が irreducible かつ monic なので
$f(X)$ と $f'(X)$ の monic な最大公約元は $f(X)$ である.
つまり, $f(X) | f'(X)$
$deg\ f(X) > deg\ f'(X)$ なので $f'(X) = 0$ である.
(2) $f(X) = X^n + a_{n-1} X^{n-1} + a_{n-2} X^{n-2} + \cdots + a_1 X + a_0$
とおく.
  $f'(X) = nX^{n-1} + (n-1)a_{n-1} X^{n-2} + (n-2)a_{n-2} X^{n-3} + \cdots + a_1$
$f'(X) = 0$ なので F において
  $n = (n-1)a_{n-1} = (n-2)a_{n-2} = \cdots = a_1 = 0$
よって, $char F \neq 0$ である.
$char F = p(> 0)$ とすると, $p \mid n$ である.

$(n-1)a_{n-1} = (n-2)a_{n-2} = \cdots = a_1 = 0$ なので

$1 \le i \le n-1$ に対して, $p \nmid i$ のとき $a_i = 0$ である.

$n = pm$ とおくと
$$f(X) = X^{pm} + a_{pm-1}X^{pm-1} + a_{pm-2}X^{pm-2} + \cdots + a_1X + a_0$$
$$= X^{pm} + a_{p(m-1)}X^{p(m-1)} + a_{p(m-2)}X^{p(m-2)} + \cdots + a_pX^p + a_0$$
となる.

よって
$$a_{pi} = b_i, \quad g(X) = X^m + b_{m-1}X^{m-1} + b_{m-2}X^{m-2} + \cdots + b_1X + b_0$$
とすれば $f(X) = g(X^p)$ であることがわかる.

また, Ω を F を含む algebraically closed とすると
$f(X) = (h(X))^p$ となる $\Omega[X]$ の多項式 $h(X)$ が存在する.
実際,
$$F[X] \ni g(X) = X^m + b_{m-1}X^{m-1} + b_{m-2}X^{m-2} + \cdots + b_1X + b_0$$
において

Ω の元 $c_0, c_1, \cdots, c_{m-1}$ で $b_i = c_i^p$ $(i = 0, 1, \cdots, m-1)$
となるものが存在する.
$$h(X) = X^m + c_{m-1}X^{m-1} + c_{m-2}X^{m-2} + \cdots + c_1X + c_0$$
とすれば
$$(h(X))^p = (X^m)^p + b_{m-1}X^{p(m-1)} + b_{m-2}X^{p(m-2)} + \cdots + b_1X^p + b_0$$
$$= g(X^p)$$
$$= f(X)$$
となる.

α を Ω における $f(X)$ の根とすると, これは $h(X)$ の根である.
よって α の multiplicity は p 以上である. [7]

Def. 2.4.2 (多項式が separable)

$f(X) \in F[X]$ が F 上 separable
 $\overset{def.}{\iff}$ その irreducible な factor のどれもが (splitting field において)

---

[7] $h(X)$ が multiple root をもつことがある.

multiple root をもたない

★ 上での議論から $f(X) \in F[X]$ は
F の標数が 0 ⋯ ①,
または
F の標数が $p \neq 0$ であり,
$F[X]$ における $f(X)$ の irreducible な factor に
X^p の多項式が一つもない ⋯ ②
ということであれば $f(X)$ は F 上 separable である.
なぜならば $g(X)$ を $F[X]$ の irreducible な factor とすると
　① のときは $g'(X) \neq 0$,
　② のときは $g'(X)$ は X^p の多項式でないので $g'(X) \neq 0$
したがっていずれの場合も $g(X)$ は multiple root をもたない.
よって $f(X)$ は F 上 separable である.

Proposition 2.4.3

$f(X) \in F[X]$ が F 上 separable ならば, $F \subset^\forall \Omega$ において $f(X)$ は Ω 上 separable である.

(proof)
$f(X)$ を $F[X]$ で分解したものをさらに $\Omega[X]$ で分解したものは,
$f(X)$ の $\Omega[X]$ での分解である.
$f(X)$ の $\Omega[X]$ における irreducible な factor は
$f(X)$ の $F[X]$ における irreducible な factor の factor である.
$f(X)$ の $F[X]$ における irreducible な factor は, その拡大体において
multiple root をもたないので
$f(X)$ の $\Omega[X]$ における irreducible な factor は, その拡大体においても
multiple root をもたない.
よって $f(X)$ は Ω 上 separable である.

Def. 2.4.3 (体が perfect)

体 F が perfect $\overset{def.}{\Longleftrightarrow}$ $F[X]$ における全ての多項式が separable

$\overset{*}{\iff} F[X]$ の全ての irreducible な多項式が separable

($\overset{*}{\iff}$ の proof)

($\Longleftarrow$)

全ての多項式はいくつかの irreducible な多項式の積であり,
仮定より irreducible 多項式は separable であるから
全ての多項式は separable な多項式の積である.
separable な多項式の積は separable である.($\because$ separable の定義)

($\Longrightarrow$)

明らかである.

Proposition 2.4.4 (perfect と標数)

F は体とする.

(I) $char F = 0 \Longrightarrow F$ は perfect

(II) $char F = p > 0$ とする.

F が perfect $\Longleftrightarrow F$ の全ての元が p-th power

(proof)

(I) $char F = 0$ ならば $f(X) \in F[X]$ は F 上 separable なので成り立つ.

(II) ($\Rightarrow$)

F に p-th power でないものがあれば, Example 2.4.1 で見たように
irreducible であるが multiple root をもつ多項式が存在する.
よって F は perfect ではなくなる.

($\Leftarrow$)

$F[X]$ に irreducible な多項式で multiple root をもつものがあるとする.
それを $f(X)$ とすると
$f'(X) = 0$ であり $f(X)$ は X^p の多項式である.
$f(X)$ の係数は全て p-th power なので Proposition 2.4.2(2) の証明と
同様にして $f(X)$ は $(h(X))^p$ となり
$f(X)$ は irreducible に矛盾する.

Example 2.4.2 (perfect な体)
(a) 有限体は perfect である.
(b) perfect な体の和集合である体は perfect である.
(c) 全ての algebraically closed な体は perfect である.
(d) F の標数は $p \neq 0$ とすると $F(X)$ は perfect でない.

(proof)
(a) F を有限体とする.

有限体なので元の数は有限個である.

標数を $p \neq 0$ とする.

このとき, Frobenius endomorphism φ が存在する.
$$\begin{array}{ccc} \varphi: & F & \longrightarrow & F \\ & \cup & & \cup \\ & a & \longmapsto & a^p \end{array}$$
これは ring homo である.

$\varphi: F \longrightarrow F$ は

有限個の体から有限個の体への単射であるので

φ は全射である.

よって F の元は全て p-th power である.

(b) $E = \cup_{\lambda \in \Lambda} F_\lambda$, F_λ は perfect とする.

$\mathrm{char} E = 0$ のとき E は perfect である.

$\mathrm{char} E = p > 0$ のとき,

$E \ni^\forall \alpha$ に対して

$\quad ^\exists \lambda \in \Lambda \quad s.t. \quad F_\lambda \ni \alpha$

F_λ は perfect より

$\quad F_\lambda \ni^\exists \beta \quad s.t. \quad \alpha = \beta^p$

つまり, $E \ni \beta$ で $\alpha = \beta^p$

よって E は perfect である.

(c) E は algebraically closed な体とする.

E の標数が 0 のときは perfect である.

E の標数が 0 でないとき, これを p とすると

$E \ni^\forall a$ に対して
$$^\exists X \in E \quad s.t. \quad X^p - a = 0$$
よって a は p-th power である.

(d) Example 2.4.1 でこれは正しいことを証明した.

第3章

ガロア拡大とガロア群

3.1 fixed fields(固定体)

この章では，ガロア理論の基本定理を証明する．
それは separable な多項式 の splitting field の部分体と，
その多項式のガロア群の部分群との間に，1 対 1 対応を与えるものである．

Def. 3.1.1 (F-automorphism)

E, F は体，
E は F の拡大体とする．
E から E への F-isomorphism (E から E への isomorphism
であって F の元は動かさないもの) を E の F-automorphism という．
E の F-automorphism の集合は群をなす．↪ $(**)$
この群を $Aut(E/F)$ と表す．
また E から E への isomorphism 全体の集合は群をなす．　↪ $<3.1-1>$
この群を $Aut(E)$ で表す．

$**$ E の F-automorphism の集合は群をなすことを見ておく．

演算を写像の合成で定義する．
すなわち $\alpha \cdot \beta = \alpha \circ \beta$ とする．

$$\begin{array}{ccccc}
E & \xrightarrow{\beta} & E & \xrightarrow{\alpha} & E \\
{\scriptstyle inc}\uparrow & \circlearrowleft {\scriptstyle inc}\uparrow & & \circlearrowleft {\scriptstyle inc}\uparrow & \\
F & \xrightarrow{id} & F & \xrightarrow{id} & F
\end{array}$$

$\alpha \circ \beta$ は E の F-automorphism である.

$id_E \colon E \longrightarrow E$ はもちろん F の元も動かさない.
よって id_E は E の F-automorphism である.
$\alpha \circ id_E = \alpha$, $id_E \circ \alpha = \alpha$ より
id_E は $Aut(E/F)$ の単位元である.

$^\forall \alpha \in Aut(E/F)$ に対して
α^{-1} (逆写像) は E の F-automorphism であり,
これが逆元である.

結合法則 $\alpha \circ (\beta \circ \gamma) = (\alpha \circ \beta) \circ \gamma$ は明らかに成り立つ.

この節では E が F 上 finite 拡大であるときの $Aut(E/F)$ について述べることにする.

Proposition 3.1.1 (拡大次数と Aut の数 1)

$\mid Aut(E/F) \mid \leq [E:F]$ である.

(proof)
$Aut(E/F) \ni \Psi$ とする.
Ψ は右の可換図式をみたす.
よって Theorem 2.3.2 より
わかる.

$$\begin{array}{ccc}
E & \xrightarrow{\Psi} & E \\
\uparrow & \circlearrowleft & \uparrow \\
F & \xrightarrow{id} & F
\end{array}$$

Proposition 3.1.2 (拡大次数と Aut の数 2)

$f(X) \in F[X]$ は monic かつ separable とする.
$E (\supset F)$ が $f(X)$ の splitting field のとき

$|Aut(E/F)| = [E:F]$ である. [1]

(proof)

$f(X) = f_1(X)^{m_1} f_2(X)^{m_2} \cdots f_n(X)^{m_n}$ in $E[X]$

$f_i(X)$ は monic かつ irreducible とする.

$g(X) = f_1(X) f_2(X) \cdots f_n(X)$ とすると

$f(X)$ は separable なので $f_i(X)$ は multiple root をもたないし,

$f_1(X), f_2(X), \cdots, f_n(X)$ には共通の factor はない.

よって E における $g(X)$ の根は全て異なる.

φ_0 を F から E への包含写像とすると

$Aut(E/F) = Hom_{\varphi_0}(E, E)$

である.

$\varphi_0 g(X)$ の根は全て異なるので Proposition 2.3.2 より

$|Hom_{\varphi_0}(E, E)| = [E:F]$

すなわち

$|Aut(E/F)| = [E:F]$

である.

Example 3.1.1 ($|Aut(E/F)| \neq [E:F]$ である case)

(a) $E \ni \alpha$, $E = F[\alpha]$ とする.

$f(X) \in F[X]$ は α を根にもつとする.

$f(X)$ が E に α 以外の根をもたなければ,

E から E への isomorphism はただ一つ, id_E である.

よって

$Aut(E/F) = \{id_E\}$

例えば, 2 の 3 乗根の実数の根, すなわち $X^3 - 2$ の実数の根を $\sqrt[3]{2}$ とすると

$X^3 - 2$ の他の根は $\mathbb{Q}[\sqrt[3]{2}]$ にないので

$Aut(\mathbb{Q}[\sqrt[3]{2}] / \mathbb{Q}) = \{id_{\mathbb{Q}[\sqrt[3]{2}]}\}$

---

[1] 拡大 E/F が Galois のとき $|Gal(E/F)| = [E:F]$ となる.

よって

$\mid Aut(\mathbb{Q}[\sqrt[3]{2}] \;/\; \mathbb{Q}) \mid = 1$

$[\mathbb{Q}[\sqrt[3]{2}] : \mathbb{Q}] = 3$ であるので

$\mid Aut(\mathbb{Q}[\sqrt[3]{2}] \;/\; \mathbb{Q}) \mid \neq [\mathbb{Q}[\sqrt[3]{2}] : \mathbb{Q}]$

$\mid Aut(\mathbb{Q}[\sqrt[3]{2}] \;/\; \mathbb{Q}) \mid = [\mathbb{Q}[\sqrt[3]{2}] : \mathbb{Q}]$ とならないのは

$\mathbb{Q}[\sqrt[3]{2}]$ は $X^3 - 2$ の splitting field でないからである。

(b) $charF = p \neq 0$ とする。

$F \ni a$ で a は p-th power でないとする。

このとき $X^p - a$ は splitting field E で $(X - \alpha)^p$ である。

$(\exists \alpha \in E \;\; s.t. \;\; a^p = \alpha, かつ E = F[\alpha])$

よって E に ただ一つの根 α をもつ。

したがって

$Aut(E/F) = Aut(F[\alpha]/F) = \{id_{F[\alpha]}\}$

$\mid Aut(F[\alpha]/F) \mid = 1, \;\; [F[\alpha] : F] = p$ なので

$\mid Aut(F[\alpha]/F) \mid \neq [F[\alpha] : F]$

である。

$\mid Aut(F[\alpha]/F) \mid = [F[\alpha] : F]$ とならないのは

$X^p - a \in F[X]$ が F 上 separable でないからである。

Def. 3.1.2 (fixed field)

G を $Aut(E)$ の部分群 $(G < Aut(E))$,

$E^G = \mathrm{INV(G)} = \{\alpha \in E \mid G \ni^\forall \sigma に対して \sigma\alpha = \alpha\}$ とする。

これは E の部分体である。 $\hookrightarrow <3.1-2>$

これを E の G-invariants , または G の fixed field と呼ぶ。

★ この節では, E が $F[X]$ の separable な多項式の splitting field であるとき, 次のような 1 対 1 対応があることを示す。

$$\begin{array}{ccc} \{F \subset M \subset E\} & & \{\,Aut(E) \text{ の部分群}\,\} \\ \cup & & \cup \\ M & \longrightarrow & Aut(E/M) \\ E^H & \longleftarrow & H \end{array}$$

Theorem 3.1.1 （E. A R T I N ・fixed field 上の拡大次数）

$G < Aut(E)$ （G は $Aut(E)$ の部分群）で G が有限群ならば
$$[E : E^G] \leq |G|$$
である．すなわち

体 E の $Aut(E)$ の有限部分群による fixed field 上の拡大次数は
その有限部分群の位数以下である．

(proof)

G を $Aut(E)$ の有限部分群とするとき

E の E^G-ベクトル空間としての base の数は

有限部分群 G の位数以下であることを示す．

そのために，G の位数より多い E の元は E^G 上線型従属

であることを示す．

$G = \{\sigma_1 = id_E, \sigma_2, \cdots, \sigma_m\}$ とする．

$E \ni \alpha_1, \alpha_2, \cdots, \alpha_n \ (n > m)$ とする．

$\alpha_1, \alpha_2, \cdots, \alpha_n$ が線型従属であることを示す．

E-係数連立 1 次方程式

$$\begin{cases} \sigma_1(\alpha_1)X_1 + \sigma_1(\alpha_2)X_2 + \cdots + \sigma_1(\alpha_n)X_n = 0 \\ \sigma_2(\alpha_1)X_1 + \sigma_2(\alpha_2)X_2 + \cdots + \sigma_2(\alpha_n)X_n = 0 \\ \qquad\qquad\qquad \vdots \\ \sigma_m(\alpha_1)X_1 + \sigma_m(\alpha_2)X_2 + \cdots + \sigma_m(\alpha_n)X_n = 0 \end{cases} \quad \cdots \text{(i)}$$

を考える．

解集合は E-ベクトル空間をなす．

$n > m$ より (i) は自明でない解をもつ．$\hookrightarrow <3.1-3>$

つまり，$E \ni c'_1, c'_2, \cdots, c'_n$ で，

これらは全てが同時に 0 であることはなくて

$$\begin{cases} \sigma_1(\alpha_1)c'_1 + \sigma_1(\alpha_2)c'_2 + \cdots + \sigma_1(\alpha_n)c'_n &= 0 \\ \sigma_2(\alpha_1)c'_1 + \sigma_2(\alpha_2)c'_2 + \cdots + \sigma_2(\alpha_n)c'_n &= 0 \\ \quad\quad\quad\vdots \\ \sigma_m(\alpha_1)c'_1 + \sigma_m(\alpha_2)c'_2 + \cdots + \sigma_m(\alpha_n)c'_n &= 0 \end{cases}$$

をみたすものが存在する.

自明でない解のうち, 0 でない成分が最小の個数であるものを

$(c_1, c_2, \cdots, c_n)$ とする.

必要であれば $\alpha_1, \alpha_2, \cdots, \alpha_n$ の順番を入れ替えて

また 必要であれば実数倍して $c_1 = 1$ としてよい.

$$\begin{cases} \sigma_1(\alpha_1)c_1 + \sigma_1(\alpha_2)c_2 + \cdots + \sigma_1(\alpha_n)c_n &= 0 \\ \sigma_2(\alpha_1)c_1 + \sigma_2(\alpha_2)c_2 + \cdots + \sigma_2(\alpha_n)c_n &= 0 \\ \quad\quad\quad\vdots \\ \sigma_m(\alpha_1)c_1 + \sigma_m(\alpha_2)c_2 + \cdots + \sigma_m(\alpha_n)c_n &= 0 \end{cases} \cdots \text{(ii)}$$

(ii) に $\sigma_k (1 \leq k \leq m)$ を作用させると

$$\begin{cases} (\sigma_k\sigma_1)(\alpha_1)\sigma_k(c_1) + (\sigma_k\sigma_1)(\alpha_2)\sigma_k(c_2) + \cdots + (\sigma_k\sigma_1)(\alpha_n)\sigma_k(c_n) &= 0 \\ (\sigma_k\sigma_2)(\alpha_1)\sigma_k(c_1) + (\sigma_k\sigma_2)(\alpha_2)\sigma_k(c_2) + \cdots + (\sigma_k\sigma_2)(\alpha_n)\sigma_k(c_n) &= 0 \\ \quad\quad\quad\vdots \\ (\sigma_k\sigma_m)(\alpha_1)\sigma_k(c_1) + (\sigma_k\sigma_m)(\alpha_2)\sigma_k(c_2) + \cdots + (\sigma_k\sigma_m)(\alpha_n)\sigma_k(c_n) &= 0 \end{cases}$$
$$\cdots \text{(iii)}$$

$\{\sigma_k\sigma_1, \sigma_k\sigma_2, \cdots, \sigma_k\sigma_m\} = \{\sigma_1, \sigma_2, \cdots, \sigma_m\}$ なので

(iii) は $(\sigma_k(c_1), \sigma_k(c_2), \cdots, \sigma_k(c_n))$ が (i) の解であることを示している.

解集合はベクトル空間をなしていたので

$c_1 - \sigma_k(c_1), c_2 - \sigma_k(c_2), \cdots, c_n - \sigma_k(c_n)$ も (i) の解である.

$c_1 - \sigma_k(c_1) = 1 - \sigma_k(1) = 0$

なので, 0 である成分の数が増える.

よって $(c_1, c_2, \cdots, c_n)$ の選び方より

$c_1 - \sigma_k(c_1) = c_2 - \sigma_k(c_2) = \cdots = c_n - \sigma_k(c_n) = 0$

つまり $^\forall k$ に対して

$c_1 = \sigma_k(c_1), \; c_2 = \sigma_k(c_2), \; \cdots, \; c_n = \sigma_k(c_n)$

が成り立つ. よって

$c_1, c_2, \cdots, c_n \in E^G$

である.

$\sigma_1 = id_E$ なので (ii) より

$\alpha_1 c_1 + \alpha_2 c_2 + \cdots + \alpha_n c_n = 0$

$(c_1, c_2, \cdots, c_n) \neq (0, 0, \cdots, 0)$ なので

$\alpha_1, \alpha_2, \cdots, \alpha_n$ は E^G 上線型従属である.

Corolally 3.1.1

$Aut(E) > G$ で G が有限群ならば, $G = Aut(E/E^G)$ である.

(proof)

$G \subset Aut(E/E^G)$ である.

(∵ $G \ni^\forall \sigma$ に対して, σ は E から E への isomorphism で $E^G \ni^\forall \alpha$ に対して $\sigma(\alpha) = \alpha$)

よって

$\mid G \mid \leq \mid Aut(E/E^G) \mid \cdots$ ①

$\mid G \mid = \mid Aut(E/E^G) \mid$ を示す.

Theorem 3.1.1 (E. A R T I N ・fixed field 上の拡大次数) より

$[E : E^G] \leq \mid G \mid \cdots$ ②

つまり E は E^G 上 finite である.

このとき Proposition 3.1.1 より

E から E への E^G-homo の数は $[E : E^G]$ 以下である.

すなわち

$\mid Aut(E/E^G) \mid \leq [E : E^G] \cdots$ ③

②③ より

$\mid Aut(E/E^G) \mid \leq \mid G \mid$

① より

$\mid G \mid = \mid Aut(E/E^G) \mid$

よって

$G = Aut(E/E^G)$ である.

3.2 separable 拡大と normal 拡大

次の定義を思い出しておく.

$f(X) \in F[X]$ が F 上 separable
$\overset{def.}{\iff}$ その irreducible な約数のどれもが (その splitting field において) multiple root をもたない

Def. 3.2.1 (separable 拡大)
(拡大) E/F は algebraic (拡大) とする.
(拡大) E/F が separable (拡大) [2)]
$\overset{def.}{\iff}$ E の全ての元の F 上の最小多項式が separable
$\iff$ E に根をもつ irreducible (in $F[X]$) な多項式全てが separable
(拡大) E/F が inseparable (拡大)
$\overset{def.}{\iff}$ E にその最小多項式が multiple root をもつような元が存在する

Def. 3.2.2 (元が separable)
拡大 E/F において $E \ni \alpha$ が F 上 separable
$\overset{def.}{\iff}$ α の F 上の最小多項式が separable

$\star_1$ E/F が inseparable ならば F は perfect でない.
よって $\text{char} F = p$ とすると $p \neq 0$
($\because p = 0 \Rightarrow F$ は perfect)

$\star_2$ $\text{char} F = p \neq 0$ かつ E に F 上の最小多項式が X^p の多項式となるような元があれば E/F は inseparable である.

Example 3.2.1 (inseparable 拡大の例)
$\mathbb{F}_p(T)$ は $\mathbb{F}_p(T^p)$ 上 inseparable 拡大である.

[2)] E は F 上 separable とか E は F の separable 拡大 (体) といったりもする.

なぜならば
$$\mathbb{F}_p(T) = \mathbb{F}_p(T^p)(T) \supset \mathbb{F}_p(T^p)$$
であり，T の $\mathbb{F}_p(T^p)$ 上の最小多項式は
$$X^p - T^p$$
である．$\hookrightarrow <3.2-1>$
ところが
$$X^p - T^p = (X - T)^p \ in \ \mathbb{F}_p(T)[X]$$
となるので，multiple root をもつ.
よって $\mathbb{F}_p(T)$ は $\mathbb{F}_p(T^p)$ 上 inseparable 拡大である．

Def. 3.2.3 (normal 拡大)

(拡大) E/F は algebraic (拡大) とする．

(拡大) E/F が normal (拡大) [3]

$\overset{def.}{\iff}$ E の全ての元の F 上の最小多項式が

$E[X]$ で splits である

$\iff$ E に根をもつ irreducible(in $F[X]$) な多項式全てが

$E[X]$ で splits である

Proposition 3.2.1

(拡大)E/F が normal かつ separable

$\iff E \ni^\forall \alpha$ の最小多項式が E に

$[F[\alpha]:F]$ 個の異なる根をもつ

(proof)

($\Rightarrow$) $E \ni \alpha$ とする．

α の最小多項式を $f(X)$ とする．

$f(X)$ は separable より $f(X)$ の根は全て異なるから $deg\ f(X)$ 個ある．

また拡大 E/F は normal なので，$f(X)$ の根は全て E にある．

よって $f(X)$ は E に $deg\ f(X)$ 個の異なる根をもつ．

---

[3] E は F 上 normal とか E は F の normal 拡大 (体) と言ったりもする．

$deg\ f(X) = [F[\alpha] : F]$ である. ($\because$ Proposition 1.8.2(2))

($\Leftarrow$) $E \ni \alpha$ で α の最小多項式を $f(X)$ とする.
$f(X)$ は E に $[F[\alpha] : F]$ 個の異なる根をもつ.
ゆえに $deg\ f(X)$ 個の異なる根を E にもつ.
よって $deg\ f(X) = n,\quad \alpha_1, \cdots, \alpha_n\ (\alpha_1 = \alpha)$ を
E における全て異なる根とすると
$$f(X) = (X - \alpha_1)(X - \alpha_2) \cdots (X - \alpha_n)\ in\ E[X]\ (\alpha_1 = \alpha)$$
定義により拡大 E/F は normal かつ separable である.

Example 3.2.2 (separable 拡大・normal 拡大)
(a) $\mathbb{Q}[\sqrt[3]{2}]$ ($\sqrt[3]{2}$ は 2 の 3 乗根の実数の根) は $\mathbb{Q}$ 上 separable である.
しかし, $\mathbb{Q}$ 上 normal でない.
なぜならば $\sqrt[3]{2}$ の $\mathbb{Q}$ 上の最小多項式は $X^3 - 2$ であり,
これは separable な多項式であるが, $\mathbb{Q}[\sqrt[3]{2}][X]$ で splits でない.
(b) 拡大 $\mathbb{F}_p(T)/\mathbb{F}_p(T^p)$ は separable でないが normal である.
inseparable であることは前に述べたので normal であることを示す.
$\mathbb{F}_p(T) \ni \alpha$ とする.
α の $\mathbb{F}_p(T^p)$ 上の最小多項式を $f(X)$ とすると
$\alpha^p \in \mathbb{F}_p(T^p)$ であるので
($\because \alpha^p = (\dfrac{b_0 T^n + b_1 T^{n-1} + \cdots + b_n}{a_0 T^m + a_1 T^{m-1} + \cdots + a_m})^p = \dfrac{b_0{}^p T^{pn} + b_1{}^p T^{p(n-1)} + \cdots + b_n{}^p}{a_0{}^p T^{pm} + a_1{}^p T^{p(m-1)} + \cdots + a_m{}^p}$)
$X^p - \alpha^p \in \mathbb{F}_p(T^p)[X]$
であり, α を代入すると 0 であるから
$$f(X) | X^p - \alpha^p\ in\ \mathbb{F}_p(T^p)[X]$$
ところが, $\mathbb{F}_p(T)[X]$ において
$$X^p - \alpha^p = (X - \alpha)^p$$
ゆえに $\mathbb{F}_p(T)[X]$ で $f(X)$ は splits である.

Proposition 3.2.2 (normal 拡大と F-homo)
拡大 E/F が normal
$\Leftrightarrow \Omega \supset E$, Ω は algebraically closed とするとき

$^\forall \varphi : E \longrightarrow \Omega \ \ s.t. \ \varphi$ は F-homo, は
$\varphi(E) \subset E$ をみたす.
(拡大 E/F が finite のとき $\varphi(E) = E$ である) $\hookrightarrow <3.2-2>$

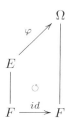

(proof)
($\Rightarrow$) $E \ni^\forall \alpha$ に対して α の F 上の最小多項式を $f(X)$ とする.
$\varphi : E \longrightarrow \Omega, \ F$-homo とすると
$f(\alpha) = 0$ より
$\varphi(f(\alpha)) = f(\varphi(\alpha)) = 0$
$\varphi(\alpha)$ は $f(X)$ の根である.
$f(X)$ は $E[X]$ で splits なので
$\varphi(\alpha) \in E$
E の任意の元に対して成り立つので
$\varphi(E) \subset E$

($\Leftarrow$) $E \ni^\forall \alpha$ とする.
α の F 上の最小多項式を $f(X)$ とする.
$f(X) = (X - \alpha_1)(X - \alpha_2)\cdots(X - \alpha_n) \ in \ \Omega[X] \ (\alpha_1 = \alpha)$
とする.
$^\forall \alpha_i$ に対して
$^\exists \varphi : E \to \Omega \ \ s.t. \ \varphi$ は F-homo かつ $\varphi(\alpha) = \alpha_i$
($\because$ Proposition 2.3.2(1))
$\varphi(E) \subset E$ より
$\alpha_i \in E$
よって $f(X)$ は $E[X]$ で splits である.

ゆえに拡大 E/F は normal である.

Corolally 3.2.1

拡大 K/F が normal で $K \supset E \supset F$ のとき

拡大 E/F が normal

$\Leftrightarrow$ $^\forall \varphi : E \to K$, F-homo は $\varphi(E) \subset E$ をみたす

(proof)

$\Omega \supset K$, Ω は algebraically closed とする.

($\Leftarrow$)

$^\forall \varphi : E \to \Omega$ とする.

このとき

$^\exists \varphi' : K \to \Omega$ $s.t.$ φ' は F-homo かつ $\varphi'|_E = \varphi$

($\because$ Proposition 2.2.6)

K/F は normal なので $\varphi'(K) \subset K$ である.

よって

$\varphi(E) = \varphi'|_E(E) = \varphi'(E) \subset K (\because E \subset K)$

φ は E から K への F-homo なので条件より

$\varphi(E) \subset E$ である.

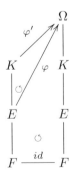

($\Rightarrow$)

$^\forall \varphi : E \longrightarrow K$ への F-homo に対して

$inc \circ \varphi : E \longrightarrow K \longrightarrow \Omega$ は

E/F は normal なので $inc \circ \varphi(E) \subset E$ である.
$\varphi(E) \subset E$ である.

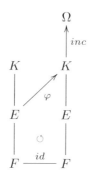

★ 拡大 K/F が finite のとき (拡大 E/F も finite)
$\varphi(E) = E$ である.
証明は $<3.2-2>$ と同様にすればよい.

Def. 3.2.4 (Galois 拡大)

E は体, F は E の部分体であるとする.

拡大 E/F は finite のとき

$Aut(E)$ の部分群 $Aut(E/F)$ が一つ決まり, その fixed field $E^{Aut(E/F)}$ が一つ決まるので以下のように定義する.

$\quad$ 拡大 E/F が Galois (拡大) $^{4)}$ $\overset{def.}{\Longleftrightarrow} E^{Aut(E/F)} = F$

このとき $Aut(E/F)$ を $Gal(E/F)$ で表す.

Theorem 3.2.1 (Galois 拡大の条件)

拡大 E/F に対して, 以下のことは同値である.
(a) $\exists f(X) \in F[X]$ s.t. $f(X)$ は F 上 separable かつ E は $f(X)$ の splitting field
(b) $\exists G < Aut(E)$ s.t. G は有限群 かつ $F = E^G$

$\quad ^{4)} \quad E$ は F 上 Galois とか E は F のガロア拡大 (体) と言ったりもする.

(c) 拡大 E/F が finite かつ normal かつ separable
(d) 拡大 E/F は Galois 拡大

(proof)

(a) $\Rightarrow$ (d)

$f(X)$ は monic にしてよい.

E は f の splitting field なので

$E \ni^{\exists} \alpha_1, \cdots, \alpha_n$ s.t. $E = F[\alpha_1, \cdots, \alpha_n]$ かつ

$f(X) = (X - \alpha_1)(X - \alpha_2) \cdots (X - \alpha_n)$ in $E[X]$

$\alpha_1, \cdots, \alpha_n$ は F 上 algebraic なので 拡大 E/F は finite である.

($\because$ Remark 1.8.1)

$G = Aut(E/F)$ とおき, $E^G = F'$ とする.

このとき

E
|
F' $\cdots$ ①
|
F

であるが ($\because F \ni^{\forall} x$ $G \ni^{\forall} g$ に対して $g(x) = x$ $\therefore x \in F'$)

$f(X) \in F[X]$ を $F'[X]$ の多項式とみると

E は $f(X)$ の F' 上の splitting field である.

$f(X) \in F[X]$ は F 上 separable なので F' 上 separable である.

$\hookrightarrow < 3.2 - 3 >$

よって Proposition 3.1.2 より

$\mid Aut(E/F) \mid = [E : F]$

であり

$\mid Aut(E/F') \mid = [E : F']$ である.

① より

$Aut(E/F) \supset Aut(E/F')$

であるが

$Aut(E/F) = Aut(E/F^{'})$ である. ↪<3.2−4>
ゆえに
   $[E:F] = [E:F^{'}]$
よって $F = F^{'}$ であり, $E^G = F$ である.
$E^{Aut(E/F)} = F$ が示せたので拡大 E/F は Galois である.

(d) ⇒ (b)

E/F は finite より
   $|Aut(E/F)| < \infty$ (∵ Proposition 3.1.1)
$G = Aut(E/F)$ とすればよい.

(b) ⇒ (c)

Theorem 3.1.1(E. A R T I N) より
   $[E:E^G] \leq |G|$
すなわち
   $[E:F] \leq |G|$
$|G|$ は有限なので, (拡大)E/F は finite である.
(拡大)E/F が separable かつ normal を示す.
$E \ni \alpha$ に対して α の最小多項式を $f(X)$ とする.
$\{\alpha_1 = \alpha, \alpha_2, \cdots, \alpha_n\}$ を α のオービットとする.
$g(X) = (X-\alpha_1)(X-\alpha_2)\cdots(X-\alpha_n)$ in $E[X]$ とすると
$^\forall \sigma \in G$ に対して
$$\begin{aligned}\sigma(g(X)) &= (X-\sigma(\alpha_1))(X-\sigma(\alpha_2))\cdots(X-\sigma(\alpha_n)) \\ &= (X-\alpha_1)(X-\alpha_2)\cdots(X-\alpha_n) \\ &= g(X)\end{aligned}$$
よって $g(X) \in E^G[X] = F[X]$ [5]

---

[5]　オービットとは
　　　G が X に作用するとき
　　　空でない X の部分集合 O が
　　　　・$G \ni {}^\forall g$, $O \ni {}^\forall x$ に対して ${}^g x \in O$
　　　　・$O \ni {}^\forall x, {}^\forall y$ に対して ${}^\exists g \in G$ s.t. $y = {}^g x$
　　　であった. (↪ 別冊「作用とオービット・シローの定理」)

$g(X)$ は monic で $g(\alpha) = 0$ より
$f(X)|g(X)$
$g(X)$ は $E[X]$ において異なる 1 次式の積なので
$f(X)$ も $E[X]$ で異なる 1 次式の積である.
よって E は F 上 separable かつ normal である.

(c) $\Rightarrow$ (a)

E は F 上 finite なので F 上有限生成である.
すなわち
$E \ni^\exists \alpha_1, \cdots, \alpha_m$, s.t. α_i は F 上 algebraic で
$E = F[\alpha_1, \cdots, \alpha_m]$
である.
$f_i(X)$ を F 上 α_i の最小多項式とする.
$f(X) = f_1(X)f_2(X)\cdots f_m(X)$
とすると E は F 上 normal なので $f_i(X)$ は E で splits である.
ゆえに
$f(X) = (X - \alpha_{11})(X - \alpha_{12})\cdots(X - \alpha_{21})\cdots(X - \alpha_{m1})\cdots$ in $E[X]$
このとき, $f(X)$ の splitting field は $F[\alpha_{11}, \alpha_{12}, \cdots, \alpha_{21}, \cdots, \alpha_{m1}, \cdots]$
であるが, これは $F[\alpha_1, \alpha_2, \cdots, \alpha_m]$ に等しい.
($\because F[\alpha_{11}, \alpha_{12}, \cdots, \alpha_{21}, \cdots, \alpha_{m1}, \cdots] \supset F[\alpha_1, \cdots, \alpha_m]$ である.
$\alpha_{11}, \alpha_{12}, \cdots, \alpha_{21}, \cdots, \alpha_{m1}, \cdots \in E$ で $E = F[\alpha_1, \cdots, \alpha_m]$ なので
$\alpha_{11}, \alpha_{12}, \cdots, \alpha_{21}, \cdots, \alpha_{m1}, \cdots \in F[\alpha_1, \cdots, \alpha_m]$
$\therefore F[\alpha_{11}, \alpha_{12}, \cdots, \alpha_{21}, \cdots, \alpha_{m1}, \cdots] \subset F[\alpha_1, \cdots, \alpha_m]$)
また, E は F 上 separable より
$f_i(X)$ は separable な多項式であるし,
$f(X)$ の irreducible である factor でもある.

α のオービットとは G の作用を受けたものであり,
同じものがあれば一つとする.
ゆえに $\{\alpha_1, \cdots, \alpha_n\}$ は全部異なるし
$^\forall \sigma \in G$ に対して $\{\alpha_1, \cdots, \alpha_n\} = \{\sigma(\alpha_1), \cdots, \sigma(\alpha_n)\}$ である.

よって $f(X)$ は separable である.
ゆえに $E = F[\alpha_1, \cdots, \alpha_m]$ が splitting field であるような
separable な多項式が存在することがわかる.

Corolally 3.2.2
拡大 E/F が Galois のとき, 拡大 E/F は finite かつ normal なので
$\Omega \supset E$, Ω は algebraically closed とすると
$Gal(E/F) \ni^\forall \sigma$ に対して $i \circ \sigma$ は $E \to \Omega$ への
F-homo であり, $(i \circ \sigma)(E) = E$ をみたす.($\because$ Proposition 3.2.2)
つまり $\sigma(E) = E$ である.

Corolally 3.2.3
K, L, F は体で $K \supset L \supset F$ とする.
拡大 K/F が Galois のとき
$Gal(K/F) \ni^\forall \sigma$ に対して $\sigma(L) \subset L$ ならば
拡大 L/F は Galois である.

(proof)
Ω を K を含む algebraically closed とする.
$\varphi : L \to \Omega$ に対して
$\varphi_0 : \varphi$ の K への拡張とする.

K/F は Galois なので $\varphi_0(K) = K$ である. ($\because$ Corolally 3.2.2)
このとき
　$Gal(K/F) \ni^\exists \sigma$　s.t.
　　$K \ni^\forall x$ に対して $\sigma(x) = \varphi_0(x)$

$\varphi(L) = \varphi_0(L) = \sigma(L) \subset L$ である.

したがって 拡大 L/F は normal 拡大である.

拡大 L/F は separable 拡大なので 拡大 L/F は Galois である.

Theorem 3.2.2

拡大 E/F が Galois のとき
$|Gal(E/F)| = [E : F]$ である.

(proof)

Theorem 3.2.1(a) より E は separable な多項式 $f(X) \in F[X]$ の splitting field である.

$f(X)$ を monic に取り直せば Proposition 3.1.2 より
 $|Aut(E/F)| = [E : F]$
である.

Remark 3.2.1

(a) E は F 上 Galois とする.

$E \ni \alpha$ とする.

α の orbit(オービット)$\alpha_1 = \alpha, \alpha_2, \cdots, \alpha_n \in E$ は
α の conjugates と呼ばれる.

このとき $(X - \alpha_1)(X - \alpha_2) \cdots (X - \alpha_n)$ は
α の最小多項式である.

なぜならば

Theorem 3.2.1 の「(b)$\Rightarrow$(c)」の証明において
 $(X - \alpha_1)(X - \alpha_2) \cdots (X - \alpha_n) \in F[X]$
であり, α の最小多項式を $f(X)$ とすると
 $f(X) | (X - \alpha_1)(X - \alpha_2) \cdots (X - \alpha_n)$ in $F[X]$

であることがわかった．
また $f(\alpha) = 0$ in $E[X]$ より
$G \ni^\forall \sigma$ に対して
$\quad \sigma(f(\alpha)) = \sigma(0)$ in $E[X]$
ゆえに
$\quad f(\sigma(\alpha)) = 0$ in $E[X]$
$\sigma(\alpha)$ は $\alpha_1, \cdots, \alpha_n$ のどれかである．
$\sigma(\alpha) = \alpha_1$ とすると $f(X)$ は $X - \alpha_1$ でわりきれる．$(in$ $E[X])$
よって
$\quad f(X) = (X - \alpha_1)h_1(X)$ $(h_1(X) \in E[X])$
$G \ni \tau (\tau \neq \sigma)$ に対して
$\quad f(\tau(\alpha)) = \tau(f(\alpha)) = \tau(0) = 0$ in $E[X]$
$\tau(\alpha) = \alpha_2$ とすると $f(X)$ は $X - \alpha_2$ でわりきれる．
よって，$f(X) = (X - \alpha_1)(X - \alpha_2)h_2(X)$ $(h_2(X) \in E[X])$
同様に続けると
$\quad f(X) = (X - \alpha_1)(X - \alpha_2) \cdots (X - \alpha_n)h_n(X)$ in $E[X]$
これは
$\quad f(X) = (X - \alpha_1)(X - \alpha_2) \cdots (X - \alpha_n)h_n(X)$ in $F[X]$
である．
$\quad (\because (X - \alpha_1), \cdots, (X - \alpha_n)$ の積は $F[X]$ の多項式$)$
$\therefore (X - \alpha_1)(X - \alpha_2) \cdots (X - \alpha_n) | f(X)$ $\quad in$ $F[X]$
したがって $(X - \alpha_1)(X - \alpha_2) \cdots (X - \alpha_n)$ は α の最小多項式
$f(X)$ に等しい．
つまり α の最小多項式である．

(b) $E \supset F$ とする．
G は $Aut(E)$ の有限部分群で，$E^G = F$ ならば
拡大 E/F は Galois であり，$G = Gal(E/F)$ である．
よって $|G| = |Gal(E/F)| = [E : F]$ である．
$(|G| = |Gal(E/E^G)| = [E : E^G])$

Corolally 3.2.4

拡大 E/F が finite かつ separable $\Longrightarrow {}^{\exists} E' \supset E$ s.t. 拡大 E'/F は Galois

(proof)

E は F 上 algebraic で

$E \ni \alpha_1, \alpha_2, \cdots, \alpha_m$

$E = F[\alpha_1, \alpha_2, \cdots, \alpha_m]$

と表せる.

α_i の F 上の最小多項式を $f_i(X) \in F[X]$ とする.

$f_i(X)$ は separable である.

($\because$ E は F 上 separable なので, E の全ての元の最小多項式は separable)

$f(X) = f_1(X) f_2(X) \cdots f_m(X)$ in $F[X]$ とする.

$f(X)$ は separable である.

($\because$ $f_i(X)$ は irreducible かつ separable)

$f(X)$ を $E[X]$ の多項式とみて, E 上の splitting field E' を考える.

$f(X)$ の根を $\beta_1, \beta_2, \cdots, \beta_n$ とすると

$E' \ni \beta_1, \beta_2, \cdots, \beta_n$

であり,

$E' = E[\beta_1, \beta_2, \cdots, \beta_n]$

である. (E' は E と $\{\beta_1, \beta_2, \cdots, \beta_n\}$ を含む最小の体である)

ところが

$E' = F[\beta_1, \beta_2, \cdots, \beta_n]$

である. (E' は F と $\{\beta_1, \beta_2, \cdots, \beta_n\}$ を含む最小の体である)

($\because$ ($\supset$) 明らか

($\subset$) $E = F[\alpha_1, \alpha_2, \cdots, \alpha_m]$ であり

$\{\alpha_1, \alpha_2, \cdots, \alpha_m\} \subset \{\beta_1, \beta_2, \cdots, \beta_n\}$ である.

$\therefore E \subset F[\beta_1, \beta_2, \cdots, \beta_n]$

E' は E と $\{\beta_1, \beta_2, \cdots, \beta_n\}$ を含む最小の体であることから

$F[\beta_1, \beta_2, \cdots, \beta_n]$ は E も $\{\beta_1, \beta_2, \cdots, \beta_n\}$ も含むので

$E^{'} \subset F[\beta_1, \beta_2, \cdots, \beta_n]$ がわかる)
よって $E^{'}$ は F 上 separable な多項式 $f(X)$ の splitting field である.
ゆえに拡大 $E^{'}/F$ は Galois である.

★ Corolally 3.2.4 の証明の中で $F[\beta_1, \beta_2, \cdots, \beta_n]$ は F 上 Galois であることを見た.
この $\beta_1, \beta_2, \cdots, \beta_n$ の最小多項式は, $f_1(X), f_2(X), \cdots, f_m(X)$ のどれかであるので F 上 separable である.
よって F に F 上 separable な元を付け加えた体 (F 上 separable な元によって生成された体) は F 上 Galois である.
すなわち F 上 separable であることがわかった.

Corolally 3.2.5

$E \supset M \supset F$ とする.

拡大 E/F が Galois $\Longrightarrow$ 拡大 E/M は Galois

(proof)
拡大 E/F は Galois なので
$\exists f(X) \in F[X]$ s.t.
$f(X)$ は separable かつ E は $f(X)$ の splitting field
$f(X) \in F[X] \subset M[X]$ なので
E は $M[X]$ の separable な多項式の splitting field である.
よって拡大 E/M は Galois である.

Corolally 3.2.6

拡大 E/F は finite であるとする.
E の F 上 separable な元の全体を E_{sep} で表す.
E_{sep} は E の subfield である.

(proof)
E_{sep} が体であることを示す.
そのために

$E_{sep} \ni^{\forall} \alpha(\neq 0), \beta$ に対して
$\alpha+\beta, \alpha\beta, \dfrac{\beta}{\alpha}, \alpha-\beta \in E_{sep}$
を示す.

$F[\alpha,\beta]$ を考える.
$F[\alpha,\beta]$ は体であり, F 上 separable な元によって生成されている.
よって $F[\alpha,\beta]/F$ は separable である.
$F[\alpha,\beta] \ni \alpha+\beta, \alpha\beta, \dfrac{\beta}{\alpha}, \alpha-\beta$ なので
$\alpha+\beta, \alpha\beta, \dfrac{\beta}{\alpha}, \alpha-\beta$ は F 上 separable
ゆえに
$E_{sep} \ni \alpha+\beta, \alpha\beta, \dfrac{\beta}{\alpha}, \alpha-\beta$
である.
以上より E_{sep} は体であり, E の部分体である.
また F を含む.

Def. 3.2.5 (separable degree)
$[E_{sep}:F]$ を $[E:F]_{sep}$ と表してこれを
F 上 E の separable degree という.

** ここで separable 拡大についてもう少し述べておく.
拡大 E/F が finite のとき, 拡大 E_{sep}/F は finite である.
よって F 上有限生成であるので
$E_{sep} \ni^{\exists} \alpha_1, \alpha_2, \cdots, \alpha_m \ \ s.t. \ \ E_{sep} = F[\alpha_1, \alpha_2, \cdots, \alpha_m]$ である.

Proposition 3.2.3

拡大 E/F は finite とする.

Ω を F を含む algebraically closed とする.

このとき E_{sep} から Ω への F-homo の数は $[E_{sep}:F]$ だけある.

$\varphi: E_{sep} \to \Omega$ を F-homo とすると

E から Ω への φ の拡張はただ一つである.

したがって E から Ω への F-homo の数は $[E_{sep}:F]$ だけある.

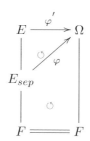

(proof)

$E_{sep} = F[\alpha_1, \alpha_2, \cdots, \alpha_m]$, $\alpha_1, \alpha_2, \cdots, \alpha_m \in E_{sep}$

である.

α_i の F 上の最小多項式を $p_i(X)$ として

$\varphi p_i(X) = p_i(X)$

$g(X) = p_1(X)p_2(X)\cdots p_m(X)$

とすると

α_i は F 上 separable なので $p_i(X)$ は multiple root をもたないし,

$p_i(X)$ どうしには共通の factor はないので

$id(g(X)) = g(X)$ は Ω において全て異なる根をもつ.

したがって Proposition 2.3.2(2) より

$|Hom_F(E_{sep}, \Omega)| = [E_{sep}:F]$

である.

さらに φ は $\varphi': E \to \Omega$ に拡張される.($\because$ Proposition 2.3.2(1))

この拡張は unique であることが以下のようにしてわかる.

$E \ni^\forall \beta$ s.t. $E_{sep} \not\ni \beta$ (β は F 上 inseparable) とする.
このとき $charF$ は素数である. これを p とする.
β の F 上の最小多項式を $f(X)$ とするとき
0 以上の整数 e と irreducible かつ separable な $F[X]$ の多項式 $g(X)$ で
$f(X) = g(X^{p^e})$ となるものが存在する.　　↪<3.2-5>
$f(\beta) = g(\beta^{p^e}) = 0$ より β^{p^e} は F 上 separable
　(∵ F 上 separable な多項式に代入して 0)　　↪<3.2-6>
よって
　$\beta^{p^e} \in E_{sep}$
がわかる.
ゆえに
　$\varphi(\beta^{p^e}) \in \Omega$
である.
Ω は algebraically closed なので
　$\Omega \ni^\exists \gamma$ s.t. $\gamma^{p^e} = \varphi(\beta^{p^e})$
ここで φ の拡張 φ_1', φ_2' とする.
　$(\varphi_1'(\beta) - \gamma)^{p^e} = (\varphi_1'(\beta))^{p^e} - \gamma^{p^e} = \varphi_1'(\beta^{p^e}) - \gamma^{p^e} = 0$
　　(∵ $\varphi(\beta^{p^e}) = \varphi_1'(\beta^{p^e})$)
したがって
　$\varphi_1'(\beta) = \gamma$
となる.
同様に $\varphi_2'(\beta) = \gamma$ となり, $\varphi_1' = \varphi_2'$ がわかる.

Proposition 3.2.4

$E \supset M \supset F$, 拡大 E/M は finite, 拡大 M/F は finite とする.
このとき
　$[E:F]_{sep} = [E:M]_{sep}[M:F]_{sep}$ である. … ①
特に
拡大 E/F が separable
　$\iff$ 拡大 E/M が separable かつ 拡大 M/F が separable … ②

(proof)

① が成り立つとして ② が成り立つことを証明する.

($\Rightarrow$) $E \ni^\forall \alpha$ に対して α の F 上の最小多項式 $f(X)$ は separable

これを $M[X]$ の多項式とみれば

α の M 上の最小多項式は $f(X)$ の factor である.

よって separable である.

ゆえに 拡大 E/M は separable である.

また $M \ni \beta$ とすると,これは E の元であり,

拡大 E/F が separable より β は F 上 separable である.

ゆえに 拡大 M/F は separable である.

($\Leftarrow$)

拡大 E/M は separable かつ,拡大 M/F は separable なので

M 上 separable な元で生成された E の部分体を $E_{sep}(M)$,

F 上 separable な元で生成された M の部分体を $M_{sep}(F)$,

F 上 separable な元で生成された E の部分体を $E_{sep}(F)$ で表すと

$E_{sep}(M) = E, M_{sep}(F) = M$ だから

$$[E_{sep}(F) : F] = [E_{sep}(M) : M][M_{sep}(F) : F]$$
$$= [E : M][M : F] = [E : F]$$

ゆえに $E = E_{sep}(F)$ であり,

E は F 上 separable である.

① を証明する.

$E = F[\alpha_1, \alpha_2, \cdots, \alpha_m]$ とする.

$f_i(X)$ を α_i の最小多項式とする.

$f(X) = f_1(X) f_2(X) \cdots f_m(X)$ とする.

$f(X) \in E[X]$ である.

$f(X)$ の E 上の splitting field $\tilde{E}$ を考える.

Proposition 3.2.3 より

$[E_{sep}(F) : F]$ は $E \to \tilde{E} : F$-homo の数に等しく

$[E_{sep}(M) : M]$ は $E \to \tilde{E} : M$-homo の数,

$[M_{sep}(F):F]$ は $M \to \tilde{E}:F$-homo の数にそれぞれ等しいので
$[E_{sep}(F):F] = [E_{sep}(M):M][M_{sep}(F):F] \cdots$ ① を証明するには
$(E \to \tilde{E}:F$-homo の数$)$
$\quad = (E \to \tilde{E}:M$-homo の数$) \times (M \to \tilde{E}:F$-homo の数$)$
$\qquad \qquad \qquad \qquad \cdots$ ①'

が成り立つことを示せばよい.
さて
θ を M から $\tilde{E}$ への F-homo,
θ' を E から $\tilde{E}$ への F-homo で $\theta'|_M = \theta$ とすると
$(E \to \tilde{E}:F$-homo の数$) = (\theta'$ の数$) \times (\theta$ の数$)$
である.
θ'' を E から $\tilde{E}$ への M-homo とすると
θ' の集合と θ'' の集合には 1 対 1 対応があるので ↪<3.2 − 7>
その個数は同じである.

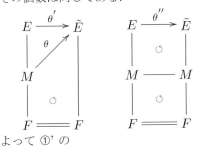

よって ①' の
$(E \to \tilde{E}:F$-homo の数$)$
$\quad = (E \to \tilde{E}:M$-homo の数$) \times (M \to \tilde{E}:F$-homo の数$)$
が成り立つ.

3.3 ガロア理論の基本定理 (The fundamental theorem of Galois Theory)

Theorem 3.3.1 (FUNDAMENTAL THEOREM OF GALOIS THEORY)
E を F 上 Galois(E は F のガロア拡大), $G = Gal(E/F)$ とする.

このとき
{H | H は G の部分群} と {M | M は F を含む E の部分体} は
1 対 1 対応する.

(proof)
　$G > H$ とする.
　E^H を考える.
　$E^H \subset E$ である.
　$F \ni x$ とする.
　$H \ni^\forall h$ に対して
　　$h(x) = x$ ($\because H < Gal(E/F)$)
　よって, $x \in E^H$
　$\therefore F \subset E^H$ である.
　$F \subset E^H \subset E$ である.
　また, $F \subset M \subset E$ とすると
　E が F 上 Galois のとき E は M 上 Galois である.
　　　　　($\because$ Corolally 3.2.5)
　よって $Gal(E/M)$ を考えることができる.
　$Gal(E/M) < Gal(E/F)$ である.
　以上より, 写像 f と g が次のように定義できる.

$$
\begin{array}{ccc}
\{H \mid H \text{ は } G \text{ の部分群}\} & \xrightarrow{f} & \{M \mid M \text{ は } F \text{ を含む } E \text{ の部分体}\} \\
\cup & & \cup \\
H & \longmapsto & E^H \\
\{H \mid H \text{ は } G \text{ の部分群}\} & \xleftarrow{g} & \{M \mid M \text{ は } F \text{ を含む } E \text{ の部分体}\} \\
\cup & & \cup \\
Gal(E/M) & \longleftarrow\!\shortmid & M
\end{array}
$$

　$f \circ g = id$ かつ $g \circ f = id$ であることがわかる.
　($\because$ Corolally 3.1.1 より
　　$Gal(E/E^H) = Aut(E/E^H) = H$ である.

3.3 ガロア理論の基本定理 (The fundamental theorem of Galois Theory)   183

$$\{H \mid H \text{ は } G \text{ の部分群}\} \underset{g}{\overset{f}{\rightleftarrows}} \{M \mid M \text{ は } F \text{ を含む } E \text{ の部分体}\}$$
$$\cup\!\!\mid \qquad\qquad\qquad\qquad\qquad \cup\!\!\mid$$
$$H \longmapsto \qquad\qquad\qquad\qquad E^H$$
$$\|\qquad\qquad\qquad\qquad\qquad\qquad$$
$$Gal(E/E^H) \longleftarrow\!\!\mapsto$$

よって, $g \circ f = id$

また, E は M 上 Galois なので Def.3.2.4 (Galois 拡大) より
$E^{Gal(E/M)} = M$ である.

$$\{H \mid H \text{ は } G \text{ の部分群}\} \underset{g}{\overset{f}{\rightleftarrows}} \{M \mid M \text{ は } F \text{ を含む } E \text{ の部分体}\}$$
$$\cup\!\!\mid \qquad\qquad\qquad\qquad\qquad \cup\!\!\mid$$
$$Gal(E/M) \longleftarrow\!\!\mapsto \qquad M$$
$$\qquad\qquad\qquad\qquad\qquad\qquad \|$$
$$\qquad\qquad\qquad\qquad\longmapsto E^{Gal(E/M)}$$

よって, $f \circ g = id$ である.   )
したがって f は全単射で g はその逆写像である.

Remark 3.3.1

$G > \{id\}_E$ に対して $E^{\{id\}_E} = E$
また, $E \supset E \supset F$ であり, $Gal(E/E) = \{id\}_E$ である.
$G > H$, $E \supset M \supset F$ で
$M \longleftrightarrow H$ のとき次が成り立つ.

$$\begin{array}{ccc} E & \longleftrightarrow & \{id\}_E \\ | & & | \\ M & \longleftrightarrow & H \\ | & & | \\ F & \longleftrightarrow & G \end{array}$$

$|G| = |Gal(E/F)| = [E : F]$ であり,
$|H| = |Gal(E/M)| = [E : M]$ である. ($\because$ Theorem 3.2.2)

Theorem 3.3.2 (ガロア対応の性質)

E は F 上 Galois, $G = Gal(E/F)$ とする.

(a) $G > H_1, H_2$ とする.

① $H_1 \supset H_2 \iff E^{H_1} \subset E^{H_2}$

② $H_1 \supset H_2$ のとき

$(H_1 : H_2) = [E^{H_2} : E^{H_1}]$

(つまり, $|H_1|/|H_2| = [E^{H_2} : E^{H_1}]$)

(b) $G > H$ とする.

$G \ni^\forall \sigma$ に対して

$\sigma H \sigma^{-1} < G$

であり,

$\sigma H \sigma^{-1}$ に対応するのは σE^H である.

(c) H が G の正規部分群である $\iff E^H$ は F 上 normal である

このとき, 拡大 E^H/F は Galois であり,

$Gal(E^H/F) \simeq G/H$ である.

(proof)

(a) ①

($\Rightarrow$)

$E^{H_1} \ni x$ とすると, $x \in E$ で $H_2 \ni^\forall h$ に対して

$h \in H_2 \subset H_1$ より, $h(x) = x$

よって $x \in E^{H_2}$

($\Leftarrow$)

$H_2 = Gal(E/E^{H_2}) \ni \sigma$ とすると

$\sigma \in Aut(E/E^{H_2})$ で σ は E^{H_2} の元を動かさない.

$E^{H_1} \subset E^{H_2}$ なので σ は E^{H_1} の元を動かさない.

$\therefore \sigma \in Aut(E/E^{H_1}) = Gal(E/E^{H_1}) = H_1$

$\therefore H_2 \subset H_1$

② $G >^\forall H$ に対して,

E^H は $E \supset E^H \supset F$ で $H = Gal(E/E^H)$ である.

3.3 ガロア理論の基本定理 (The fundamental theorem of Galois Theory)

$\mid H \mid = \mid Gal(E/E^H) \mid = [E : E^H] (\because \text{Theorem 3.2.2})$

よって $G > H_1, G > H_2$ に対して

$\mid H_1 \mid = [E : E^{H_1}], \mid H_2 \mid = [E : E^{H_2}]$

$H_1 \supset H_2$ のとき

$(H_1 : H_2) = \dfrac{\mid H_1 \mid}{\mid H_2 \mid} = \dfrac{[E : E^{H_1}]}{[E : E^{H_2}]} = [E^{H_2} : E^{H_1}]$

$$\begin{array}{ccc} 1 & \longleftrightarrow & E \\ | & & | \\ H_2 & \longleftrightarrow & E^{H_2} \\ | & & | \\ H_1 & \longleftrightarrow & E^{H_1} \\ | & & | \\ G & \longleftrightarrow & F \end{array}$$

(b) $H < G$ のとき

$G \ni^\forall \sigma$ に対して $\sigma H \sigma^{-1}$ が G の部分群であることは明らか.

よって, $\sigma H \sigma^{-1}$ に対応するのは $E^{\sigma H \sigma^{-1}}$ である.

次に $\sigma E^H = E^{\sigma H \sigma^{-1}}$ を示す.

$(F \subset \sigma E^H \subset E\ ) \hookrightarrow <3.3-1>$

($\subset$) $\sigma E^H \ni y$ とする.

$\exists x \in E^H\ \ s.t.\ \ y = \sigma(x)\ (\in\ E)$

$\sigma H \sigma^{-1} \ni^\forall g$ に対して

$\exists h \in H\ \ s.t.\ \ g = \sigma h \sigma^{-1}$

よって

$\begin{aligned} g(y) &= \sigma h \sigma^{-1}(y) &= \sigma h \sigma^{-1}(\sigma(x)) \\ & & = \sigma(h(x)) \\ & & = \sigma(x)\ \ (\because x \in E^H) \\ & & = y \end{aligned}$

∴ $y \in E^{\sigma H \sigma^{-1}}$

(⊃) $E^{\sigma H \sigma^{-1}} \ni x$ とする.

$H \ni^\forall h$ に対して

$$\begin{array}{rcl} \sigma h \sigma^{-1}(x) &=& x \\ h(\sigma^{-1}(x)) &=& \sigma^{-1}(x) \\ \therefore \sigma^{-1}(x) &\in& E^H \quad (\sigma^{-1}(x) \in E) \\ \therefore x &\in& \sigma E^H \end{array}$$

(c)(⇒)

H を G の正規部分群とする.

このとき, $G \ni^\forall \sigma$ に対して

$\sigma H \sigma^{-1} = H$ である.

上で見たように, G の部分群 $\sigma H \sigma^{-1}$ に対応する部分体は
σE^H であったが,
$\sigma H \sigma^{-1}$ が H に等しいことから
σE^H は H に対応する部分体 E^H に等しい.
よって

$\sigma|_{E^H}(E^H) = \sigma E^H = E^H$

 (すなわち $\sigma|_{E^H}$ は E^H から E^H への F-homo である)

Corolally 3.2.1 より, 拡大 E^H/F は normal である.

(⇐)

E^H/F は normal であり,
E^H/F は separable であるから (∵ Proposition 3.2.4)
E^H/F は Galois である.
$G = Gal(E/F) \ni \sigma$ に対して $\sigma|_{E^H}(F) = id_F$ であり
$\sigma|_{E^H}(E^H) = \sigma E^H = E^H$ (∵ Corolally 3.2.2)
$\sigma|_{E^H}$ は F-isomorphism である.
よって

$$\begin{array}{ccc} G & \xrightarrow{\varphi} & Gal(E^H/F) \\ \cup & & \cup \qquad \cdots (*) \\ \sigma & \longmapsto & \sigma|_{E^H} \end{array}$$

3.3 ガロア理論の基本定理 (The fundamental theorem of Galois Theory)   187

なる φ が存在する.
$\varphi(\sigma)(E^H) = \sigma|_{E^H}(E^H) = \sigma E^H = E^H \cdots$ ①
である.
E^H に対応する G の部分群は H であり,
σE^H に対応する G の部分群は $\sigma H \sigma^{-1}$ であった.
よって $H = \sigma H \sigma^{-1}$ となる.
  ($\because$ Theorem 3.3.1)
したがって, H は G の正規部分群である.
また $Ker\varphi = Aut(E/E^H)(= Gal(E/E^H))$ である.
  ($\because Ker\varphi = \{g \in G | E^H \ni^\forall x$ に対して $g(x) = x\}$ である.
    ($\subset$) 明らか
    ($\supset$) $Aut(E/E^H) \ni \eta$ とすると
        $\eta \in G$ かつ
        $\varphi(\eta) = \eta|_{E^H} = id_{E^H}$
        よって $\eta \in Ker\varphi$)
$Aut(E/E^H) = H$ ($\because$ Corolally 3.1.1) なので
$Ker\varphi = H$ である.
$(*)$ において φ は全射 ($\hookrightarrow$ < 3.3 − 2 >) であるから
準同型定理より
  $G/H \simeq Gal(E^H/F)$ である.

★ Theorem 3.3.2 で拡大 E/F の中間体と $Gal(E/F)$ の部分群は
   order を逆にする 1 対 1 対応があることを示した.
   これを使うことでさらなる結果を得る.

Remark 3.3.2

(a) 中間体 $M_1, M_2, \cdots, M_r$ に対して, 各 $i (i = 1, 2, \cdots, r)$ について
   $H_i \longleftrightarrow M_i$ とする. ($H_i < Gal(E/F)$)
   このとき
     $\cap H_i \longleftrightarrow \prod M_i$

である.
$\prod M_i$ とは全ての M_i を含む中間体のなかで
最も小さいものである. ($\prod M_i$ の定義)
$\cap H_i$ は全ての H_i に含まれる群のなかで
最も大きいものである.   ↪$<3.3-3>$

(b) $G > H$, $E^H = M$ とする.
このとき
$$\cap_{\sigma \in G} \sigma H \sigma^{-1} \longleftrightarrow \prod_{\sigma \in G} \sigma M \text{ である.}$$

$\prod_{\sigma \in G} \sigma M$ は M を含む F の最も小さな normal 拡大体である.

↪$<3.3-4>$

この体を E における M の Galois closure (or normal closure)
と呼ぶ.
$\cap_{\sigma \in G} \sigma H \sigma^{-1}$ は H に含まれる最も大きな正規部分群である.

↪$<3.3-5>$

(proof)
(a) 各 $i(i=1,2,\cdots,r)$ に対して
$H_i = Gal(E/M_i)$ であり $M_i = E^{H_i}$ である.
$$(M_i = E^{Gal(E/M_i)})$$
$\cap H_i \longleftrightarrow \prod M_i$ を証明するのに
$\prod M_i = E^{\cap H_i}$ を示す. ($\cap H_i = Gal(E/\prod M_i)$ を示す)

($\subset$) $\cap H_i \subset H_1$, $\cap H_i \subset H_2$, $\cdots$, $\cap H_i \subset H_r$ より
$E^{\cap H_i} \supset E^{H_1}$, $E^{\cap H_i} \supset E^{H_2}$, $\cdots$, $E^{\cap H_i} \supset E^{H_r}$
($\because$ Theorem 3.3.2 (a) の ①)

ゆえに
$E^{\cap H_i} \supset M_1$, $E^{\cap H_i} \supset M_2$, $\cdots$, $E^{\cap H_i} \supset M_r$
である.
すなわち, $E^{\cap H_i}$ は $M_1, M_2, \cdots, M_r$ 全てを含む.
$\prod M_i$ は 全ての M_i を含む最も小さいものなので $\prod M_i \subset E^{\cap H_i}$

3.3 ガロア理論の基本定理 (The fundamental theorem of Galois Theory)

$(\cap H_i \subset Gal(E/\prod M_i)$ が示せた$)$

$(\supset)$ $\prod M_i \supset M_1, \prod M_i \supset M_2, \cdots, \prod M_i \supset M_r$ より

$Gal(E/\prod M_i) \subset Gal(E/M_1), Gal(E/\prod M_i) \subset Gal(E/M_2), \cdots$

$$Gal(E/\prod M_i) \subset Gal(E/M_r)$$

ゆえに

$Gal(E/\prod M_i) \subset H_1, Gal(E/\prod M_i) \subset H_2, \cdots$

$$Gal(E/\prod M_i) \subset H_r$$

すなわち $Gal(E/\prod M_i)$ は全ての H_i に含まれる.

$\cap H_i$ は全ての H_i に含まれる群のなかで最大のものなので

$\cap H_i \supset Gal(E/\prod M_i)$ である.

(b) $\forall \sigma \in G$ に対して

$\sigma H \sigma^{-1} \longleftrightarrow \sigma M$ ($\because$ Theorem 3.3.2 の (b)) なので

上の Remark 3.3.2(a) より

$$\cap_{\sigma \in G} \sigma H \sigma^{-1} \longleftrightarrow \prod_{\sigma \in G} \sigma M$$

である.

Proposition 3.3.1　$(Gal(EL/L) \simeq Gal(E/E \cap L))$

体 F の拡大体を考える.

E と L はその部分体で F を含むとする.

拡大 E/F は Galois であるとすると

拡大 EL/L と 拡大 $E/E \cap L$ は Galois である.

$Gal(EL/L) \ni \sigma$ に対して $\sigma|_E$ を考えると

$\sigma|_E \in Gal(E/E \cap L)$ がわかる.

よってこのとき

$\varphi : Gal(EL/L) \longrightarrow Gal(E/E \cap L)$ を $\varphi(\sigma) = \sigma|_E$ と

定義できるが φ は isomorphism である.

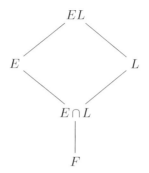

(proof)

拡大 E/F は Galois なので,拡大 $E/E\cap L$ は Galois である.

また,拡大 E/F は Galois なので

$\exists f(X) \in F[X]$ $s.t.$ $f(X)$ は separable で E は $f(X)$ の splitting field である.($\because$ Theorem 3.2.1)

すなわち

$\quad E \ni^{\exists} \alpha_1,\cdots,\alpha_m$ $s.t.$ $f(X)=(X-\alpha_1)(X-\alpha_2)\cdots(X-\alpha_m)$ in $E[X]$
$\qquad\qquad\qquad\qquad\qquad$ かつ $E=F[\alpha_1,\cdots,\alpha_m]$ である.

このとき EL は L 上 $f(X)$ の splitting field である.

なぜならば

$f(X) \in L[X]$ とみると (もちろん L 上 separable)
$EL=L[\alpha_1,\cdots,\alpha_m]$ である.

($\because$ ($\supset$) $L[\alpha_1,\cdots,\alpha_m]$ は

$\quad L$ と $\{\alpha_1,\cdots,\alpha_m\}$ を含む最小の体である.

$\quad EL \supset L$ であり,$E \supset \{\alpha_1,\cdots,\alpha_m\}$ より

$\quad EL \supset \{\alpha_1,\cdots,\alpha_m\}$ なので

$\quad EL \supset L[\alpha_1,\cdots,\alpha_m]$

($\subset$) $L[\alpha_1,\cdots,\alpha_m]$ が E と L を含めばよい.

$\quad L$ を含むのは明らか.

$\quad E$ は F と $\{\alpha_1,\cdots,\alpha_m\}$ を含む最小の体

$\quad L[\alpha_1,\cdots,\alpha_m]$ は F と $\{\alpha_1,\cdots,\alpha_m\}$ を含むので E を含む.)

以上より拡大 EL/L は Galois である.

次に $Gal(EL/L) \ni \sigma$ に対して
$$\sigma|_F = id_F$$
であり，また拡大 E/F は Galois なので
$$\sigma(E) = E(\because \text{Corolally 3.2.2})$$
よって $\sigma|_E : E \to E$ が定まる．
これは F-homo で E は体なので $\sigma|_E$ は単射であり
かつ $[E:F] < \infty$ なので $\sigma|_E$ は全射である．　$\hookrightarrow$<3.3−6>
また，$\sigma|_L = id_L$ なので
$$\sigma|_{E \cap L} = id_{E \cap L}$$
よって
$$\sigma|_E(E \cap L) = \sigma|_{E \cap L}(E \cap L) = E \cap L$$
ゆえに
$$\sigma|_E \in Aut(E/E \cap L) = Gal(E/E \cap L)$$
である．
ゆえに $\varphi(\sigma) = \sigma|_E$ として
$$\varphi : Gal(EL/L) \to Gal(E/E \cap L)$$
が定義できる．
φ が isomorphism であることを示す．
φ が単射であることを示すには $Ker\varphi = \{id\}_{EL}$ を示せばよい．
$Ker\varphi = \{id\}_{EL}$ を示す．
$Ker\varphi \ni g$ とする．[6]
 $E \ni^\forall x$ に対して $g(x) = x$,
また
 $L \ni^\forall y$ に対して $g(y) = y$
$EL^{<g>} \supset E$, $EL^{<g>} \supset L$ なので
$EL^{<g>} \supset EL$ である．[7]

---

[6]　$Ker\varphi \ni g$ より $\varphi(g) = g|_E$ であり φ により
　　$Gal(E/E \cap L)$ の id である．

[7]　EL は E と L を含む最小の体

よって $EL \ni^\forall z$ に対して $g(z) = z$
したがって $g \in \{id\}_{EL}$
ゆえに φ は単射 である.
φ が全射を示す.
$\varphi(Gal(EL/L)) = Gal(E/E \cap L)$ を示せばよい.
$(\varphi(Gal(EL/L)) \supset Gal(E/E \cap L)$ を示す)
$G = Gal(EL/L)$ とおく.
$E^{\varphi(G)} \subset E \cap L (= E^{Gal(E/E \cap L)})$ を示す.
$E^{\varphi(G)} \ni x$ とすると, $x \in E$ で
$G \ni^\forall \sigma$ に対して
$\quad x = \varphi(\sigma)(x) = \sigma|_E(x) = \sigma(x)$
よって $x \in L$
つまり $x \in E \cap L$
したがって $E^{\varphi(G)} \subset E \cap L$ である.

Corolally 3.3.1

体 F の拡大体を考える.
この拡大体の部分体を E と L (E と L は F を含む) とする.
E/F は Galois であるとする.
(このとき EL/L と $E/E \cap L$ は Galois であった)
このとき
$$[EL : F] = \frac{[E : F][L : F]}{[E \cap L : F]}$$
である.

(proof)

$[EL : F] = [EL : L][L : F]$

$[EL : L] = [E : E \cap L]$ ($\because$ Proposition 3.3.1)

$\qquad = \dfrac{[E : F]}{[E \cap L : F]}$

$\qquad\qquad (\because$ Proposition 1.4.1 $)$

Proposition 3.3.2

F を含む体 E を考える.
E_1, E_2 は E に含まれる F の拡大体 とする.
E_1, E_2 が F 上 Galois であるならば
$E_1 E_2$ と $E_1 \cap E_2$ は F 上 Galois である. ⋯ ①
このとき
$$\varphi : Gal(E_1 E_2 / F) \to Gal(E_1/F) \times Gal(E_2/F)$$
が定義できるが φ は単射である.
また, $Gal(E_1/F) \times Gal(E_2/F)$ の部分群 H を
$Gal(E_1/F) \ni \sigma_1, Gal(E_2/F) \ni \sigma_2$ に対して
$H = \{(\sigma_1, \sigma_2) | \sigma_1 |_{E_1 \cap E_2} = \sigma_2 |_{E_1 \cap E_2} \}$,
$G = Gal(E_1 E_2 / F)$ とすると
$\varphi(G) = H$ である. ⋯ ②

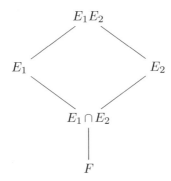

(proof)
① $E_1 \cap E_2$ は F 上 separable かつ normal であることを
示す.

$E_1 \cap E_2 \ni a$, a の F 上の最小多項式を $f(X) \in F[X]$ とする.
$deg\, f(X) = n$ とする.
$E_1 \ni a$ で E_1/F は separable かつ normal なので
$f(X)$ は E_1 に $deg\, f(X)$ 個の異なる根をもつ.
これを $\{\alpha_1, \cdots, \alpha_n\}$ とする.

$\{\alpha_1, \cdots, \alpha_n\} \subset E_1 E_2$ である.

$\quad (f(X) = (X - \alpha_1)(X - \alpha_2) \cdots (X - \alpha_n) \ in \ E_1 E_2[X])$

$E_2 \ni a$ で E_2/F は separable かつ normal なので

$f(X)$ は E_2 に $deg \ f(X)$ 個の異なる根をもつ.

これを $\{\beta_1, \cdots, \beta_n\}$ とする.

$\{\beta_1, \cdots, \beta_n\} \subset E_1 E_2$ である.

$\quad (f(X) = (X - \beta_1)(X - \beta_2) \cdots (X - \beta_n) \ in \ E_1 E_2[X])$

$E_1 E_2[X]$ は UFD なので

$\quad \{\alpha_1, \cdots, \alpha_n\} = \{\beta_1, \cdots, \beta_n\}$

よって

$\quad \{\alpha_1, \cdots, \alpha_n\} \subset E_2$

すなわち $E_1 \cap E_2$ に $f(X)$ は $deg \ f(X)$ 個の異なる根をもつ.

ゆえに $E_1 \cap E_2$ は F 上 separable かつ normal である.

よって $E_1 \cap E_2$ は F 上 Galois である. ($\because$ Theorem 3.2.1)

$\quad E_1 E_2$ は $F[X]$ の separable な多項式の splitting field であることを示す.

E_1 は F 上 Galois なので F 係数の separable な多項式で

E_1 が splitting field である多項式がある.

それを $f_1(X)$ とする.

同様に E_2 が splitting field である F 係数の separable な多項式がある.

それを $f_2(X)$ とする.

このとき $E_1 E_2$ は $f_1(X) \cdot f_2(X) (= f_1 f_2(X)$ とする$)$ の

splitting field である.

$(\because E_1 \ni^\exists \alpha_1, \cdots, \alpha_m \ s.t. \ E_1 = F[\alpha_1, \cdots, \alpha_m]$ かつ

$\quad \quad f_1(X) = (X - \alpha_1)(X - \alpha_2) \cdots (X - \alpha_m) \ in \ E_1[X]$

$\quad E_2 \ni^\exists \beta_1, \cdots, \beta_m \ s.t. \ E_2 = F[\beta_1, \cdots, \beta_m]$ かつ

$\quad \quad f_2(X) = (X - \beta_1)(X - \beta_2) \cdots (X - \beta_m) \ in \ E_2[X]$

なので, $E_1 E_2 \ni \alpha_1, \cdots, \alpha_m, \beta_1, \cdots, \beta_m$ であり,

$\quad \quad f_1 f_2(X) = (X - \alpha_1) \cdots (X - \alpha_m)(X - \beta_1) \cdots (X - \beta_m) \ in \ E_1 E_2[X]$

である.
さらに $E_1 E_2 = F[\alpha_1, \cdots, \alpha_m, \beta_1, \cdots, \beta_m]$ である.
$$\hookrightarrow <3.3-7>)$$
ゆえに $E_1 E_2$ は Galois である.($\because$ Theorem 3.2.1 (a))
② 次に $Gal(E_1 E_2/F) \ni \sigma$ とする.
$\sigma|_{E_1} \in Gal(E_1/F)$ かつ $\sigma|_{E_2} \in Gal(E_2/F)$ である.
($\because$ $E_1 \ni \alpha$ とする.

α の最小多項式 $f(X) \in F[X]$ とすると
$f(\alpha) = 0$
$\sigma|_{E_1}(f(\alpha)) = \sigma|_{E_1}(0) = 0$
$f(\sigma|_{E_1}(\alpha)) = 0$
$\therefore \sigma|_{E_1}(\alpha)$ は $f(X)$ の根である.
E_1/F は normal なので $f(X)$ の根は E_1 にある.
よって
$\sigma|_{E_1}(\alpha) \in E_1$
以上より, $\sigma|_{E_1}$ は E_1 から $E_1 E_2$ への F-homo であるが,
これは E_1 から E_1 への F-homo である.
同様に $\sigma|_{E_2}$ は E_2 から E_2 への F-homo である.)
よって
$\varphi : Gal(E_1 E_2/F) \to Gal(E_1/F) \times Gal(E_2/F)$
が定義できる. $\varphi(G) \subset H$ である.
$Ker\varphi = \{id\}_{E_1 E_2}$
である.
($\because$ ($\subset$) $E_1 = F[\alpha_1, \cdots, \alpha_m]$
$E_1 E_2 = E_2[\alpha_1, \cdots, \alpha_m]$ より明らか)
したがって φ は単射である.
ここで H の元について考えてみると,
H の元は $^\forall \varphi \in Gal(E_1/F)$ を $Gal(E_1 \cap E_2/F)$ に制限し,
$Gal(E_2/E_1 \cap E_2)$ に拡張したものなので
$|H| = [E_1 : F][E_2 : E_1 \cap E_2]$

である.

Proposition 3.3.1 ($Gal(EL/L) \simeq Gal(E/E \cap L)$) で見たように

$[E_2 : E_1 \cap E_2] = [E_1 E_2 : E_1]$

なので

$|H| = [E_1 : F][E_1 E_2 : E_1] = [E_1 E_2 : F] = |G|$ $\cdots (*)$

がわかる.

φ は単射なので

$|G| = |\varphi(G)|$

$(*)$ より $|\varphi(G)| = |H|$

$\varphi(G) \subset H$ なので

$\varphi(G) = H$ である.

** 上の ① について別の証明をしておく.

$E_1 E_2$ を含むガロア拡大体 K を考える.

$Gal(K/F) \ni \sigma$ とする.

$\sigma(E_1) \subset E_1$

$\sigma(E_2) \subset E_2$

なので

$\sigma(E_1 \cap E_2) \subset \sigma(E_1) \cap \sigma(E_2) \subset E_1 \cap E_2$

$\sigma(E_1 E_2) \subset \sigma(E_1)\sigma(E_2) \subset E_1 E_2$

Corolally 3.2.3 より

$E_1 \cap E_2$ も $E_1 E_2$ も F 上 Galois である.

3.4 ガロア拡大の例

ξ を 1 の原始 7 乗根, $\mathbb{C}$ で考えて $\xi = e^{\frac{2}{7}\pi i} = cos\frac{2\pi}{7} + isin\frac{2\pi}{7}$ とする.

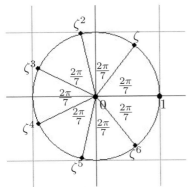

拡大 $\mathbb{Q}[\xi]/\mathbb{Q}$ を考える.

$\mathbb{Q}[\xi]$ は $X^7 - 1$ の splitting field である.

($\because$ $X^7 - 1$ の根は $1, \xi, \xi^2, \xi^3, \xi^4, \xi^5, \xi^6$ である.

(全部異なるし 7 つある)

$\mathbb{Q}[1, \xi, \xi^2, \xi^3, \xi^4, \xi^5, \xi^6] = \mathbb{Q}[\xi]$)

よって $\mathbb{Q}[\xi]$ は $\mathbb{Q}$ 上のガロア拡大である.

また ξ の $\mathbb{Q}$ 上の最小多項式は

$$X^6 + X^5 + X^4 + X^3 + X^2 + X + 1$$

である.($\because$ $\mathbb{Q}[X]$ で irreducible である.

$\hookrightarrow$ Lemma 6.1.3)

それゆえ $\mathbb{Q}[\xi]$ は $\mathbb{Q}$ 上拡大次数が 6 のガロア拡大である.

** $\mathbb{Q}[\xi]$ の部分体について考えることにする.

1. $Gal(\mathbb{Q}[\xi]/\mathbb{Q})$ の部分群 について考える.

(1) $Gal(\mathbb{Q}[\xi]/\mathbb{Q}) \ni^\forall \sigma$ に対して

$\exists s$ s.t. $1 \leq s \leq 6$, $\sigma(\xi) = \xi^s$

よって以下の写像 φ が定義できる. [8]

---

[8] $a + 7\mathbb{Z}$ の単元 ($\mathbb{Z} + 7\mathbb{Z}$ の中に積に関する逆元をもつもの)
すなわち a と互いに素であるもの
$1 + 7\mathbb{Z}, 2 + 7\mathbb{Z}, 3 + 7\mathbb{Z}, 4 + 7\mathbb{Z}, 5 + 7\mathbb{Z}, 6 + 7\mathbb{Z}$
これらのなす集合を $(\mathbb{Z}/7\mathbb{Z})^\times$ で表し $\mathbb{Z}/7\mathbb{Z}$ の単元群 という.

$$\begin{array}{ccc} Gal(\mathbb{Q}[\xi]/\mathbb{Q}) & \stackrel{\varphi}{\to} & (\mathbb{Z}/7\mathbb{Z})^{\times} \\ \cup\!\shortmid & & \cup\!\shortmid \\ \sigma & \longmapsto & s+7\mathbb{Z} \end{array} \cdots (\star)$$

φ は isomorphism である.

($\because Gal(\mathbb{Q}[\xi]/\mathbb{Q}) \ni \sigma, \tau, \varphi(\sigma) = s+7\mathbb{Z}, \varphi(\tau) = t+7\mathbb{Z}$
 ($\sigma(\xi) = \xi^s, \tau(\xi) = \xi^t, st+7\mathbb{Z} = k+7\mathbb{Z}, 1 \leq k \leq 6$) とする.
 ・ $\sigma\tau(\xi) = \sigma(\tau(\xi)) = \sigma(\xi^t) = (\sigma(\xi))^t = (\xi^s)^t = \xi^{st} = \xi^k$ より
  $\varphi(\sigma\tau) = st+7\mathbb{Z} = k+7\mathbb{Z}$
  また $\varphi(\sigma)\varphi(\tau) = (s+7\mathbb{Z})(t+7\mathbb{Z}) = st+7\mathbb{Z} = k+7\mathbb{Z}$
  $\varphi(\sigma\tau) = \varphi(\sigma)\varphi(\tau)$ なので φ は homomorphism である.
 ・ $^\forall s$ に対して $^\exists \sigma$ s.t. $\sigma(\xi) = \xi^s$
  よって φ は全射である.
 ・ $|Gal(\mathbb{Q}[\xi]/\mathbb{Q})| = 6, |(\mathbb{Z}/7\mathbb{Z})^{\times}| = 6$ より
  φ は単射である.)

(2) $Gal(\mathbb{Q}[\xi]/\mathbb{Q}) \ni \sigma, \varphi(\sigma) = 3+7\mathbb{Z}$ とする.($\sigma(\xi) = \xi^3$)
 $3+7\mathbb{Z}$ は $(\mathbb{Z}/7\mathbb{Z})^{\times}$ の生成元である.
  ($\because (3+7\mathbb{Z})^2 = 9+7\mathbb{Z} = 2+7\mathbb{Z}$
   $(3+7\mathbb{Z})^3 = 27+7\mathbb{Z} = 6+7\mathbb{Z}$
   $(3+7\mathbb{Z})^4 = 81+7\mathbb{Z} = 4+7\mathbb{Z}$
   $(3+7\mathbb{Z})^5 = 243+7\mathbb{Z} = 5+7\mathbb{Z}$
   $(3+7\mathbb{Z})^6 = 729+7\mathbb{Z} = 1+7\mathbb{Z}$)
  $(\mathbb{Z}/7\mathbb{Z})^{\times}$ は位数が 6 の巡回群である.

(3) $Gal(\mathbb{Q}[\xi]/\mathbb{Q})$ は位数が 6 の巡回群であり,その生成元が σ である.
 すなわち
  $Gal(\mathbb{Q}[\xi]/\mathbb{Q}) = \{1, \sigma, \sigma^2, \sigma^3, \sigma^4, \sigma^5\} = <\sigma>$, $\sigma^6 = 1$

(4) $<\sigma>$ の部分群の位数は 6 の約数 1,2,3,6 である.
 位数が 2 のものは $\{1, \sigma^3, \sigma^6\} = <\sigma^3>$
 位数が 3 のものは $\{1, \sigma^2, \sigma^4, \sigma^6\} = <\sigma^2>$

2.(1) $\mathbb{Q}[\xi]$ の部分体で $<\sigma^3>$ に対応するもの
すなわち $\mathbb{Q}[\xi]^{<\sigma^3>}$ について考える.
$\mathbb{Q}[\xi]^{<\sigma^3>} = \mathbb{Q}[\xi + \bar{\xi}]$ である.
($\bar{\xi}$ は ξ の complex conjugate, $\bar{\xi} = \xi^6$ である)

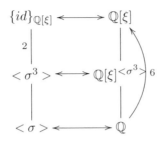

これは以下のように証明できる.
次に注意する.
- $\sigma^3(\xi) = \xi^{27} = \xi^6 = \xi^{-1} = \bar{\xi}$
- $k \in \mathbb{N}$ に対して
$$\sigma^3(\xi^k) = (\sigma^3(\xi))^k = (\bar{\xi})^k = \bar{\xi}^k$$
$\mathbb{Q}[\xi]^{<\sigma^3>} \ni x$ とすると $x \in \mathbb{Q}[\xi]$ より
$$x = a + b\xi + c\xi^2 + d\xi^3 + e\xi^4 + f\xi^5 + g\xi^6$$
$$a, b, c, d, e, f, g \in \mathbb{Q} \quad \cdots ①$$

$$\begin{aligned}
\sigma^3(x) &= \sigma^3(a + b\xi + c\xi^2 + d\xi^3 + e\xi^4 + f\xi^5 + g\xi^6) \\
&= a + b\sigma^3(\xi) + c\sigma^3(\xi^2) + d\sigma^3(\xi^3) + e\sigma^3(\xi^4) + f\sigma^3(\xi^5) + g\sigma^3(\xi^6) \\
&= a + b\bar{\xi} + c\bar{\xi}^2 + d\bar{\xi}^3 + e\bar{\xi}^4 + f\bar{\xi}^5 + g\bar{\xi}^6 \\
&= a + b\xi^6 + c\xi^5 + d\xi^4 + e\xi^3 + f\xi^2 + g\xi \quad \cdots ②
\end{aligned}$$

$\sigma^3(x) = x$ なので ① と ② を比べると
$b = g, \ c = f, \ d = e$
ゆえに
$$x = a + b(\xi + \xi^6) + c(\xi^2 + \xi^5) + d(\xi^3 + \xi^4)$$
$$= a + b(\xi + \bar{\xi}) + c(\xi^2 + \bar{\xi}^2) + d(\xi^3 + \bar{\xi}^3)$$

$\bar{\xi}^2 = (\bar{\xi})^2 \quad \bar{\xi}^3 = (\bar{\xi})^3$ より

$$\xi^2 + \bar{\xi}^2 = (\xi + \bar{\xi})^2 - 2$$
$$\xi^3 + \bar{\xi}^3 = (\xi + \bar{\xi})^3 - 3\xi\bar{\xi}(\xi + \bar{\xi}) = (\xi + \bar{\xi})^3 - 3(\xi + \bar{\xi})$$

よって x は $\xi + \bar{\xi}$ の多項式の形でかけるので

$x \in \mathbb{Q}[\xi + \bar{\xi}]$

である.

($\mathbb{Q}[\xi]^{<\sigma^3>} \subset \mathbb{Q}[\xi + \bar{\xi}]$ がわかった)

$\mathbb{Q}[\xi]^{<\sigma^3>} \supset \mathbb{Q}[\xi + \bar{\xi}]$ を証明する.

$\mathbb{Q}[\xi]^{<\sigma^3>}$ が $\mathbb{Q}$ と $\xi + \bar{\xi}$ を含むことを示す.

$\mathbb{Q}[\xi]^{<\sigma^3>} \supset \mathbb{Q}$ は明らか.

また

$$\begin{aligned}\sigma^3(\xi + \bar{\xi}) &= \sigma^3(\xi) + \sigma^3(\bar{\xi}) \\ &= \sigma^3(\xi) + \sigma^3(\xi^{-1}) \\ &= \bar{\xi} + \overline{\xi^{-1}} \\ &= \bar{\xi} + \bar{\bar{\xi}} \\ &= \xi + \bar{\xi}\end{aligned}$$

ゆえに

$\mathbb{Q}[\xi]^{<\sigma^3>} \ni \xi + \bar{\xi}$

である.

よって

$\mathbb{Q}[\xi]^{<\sigma^3>} \supset \mathbb{Q}[\xi + \bar{\xi}]$

であることがわかる.

以上より

$\mathbb{Q}[\xi]^{<\sigma^3>} = \mathbb{Q}[\xi + \bar{\xi}]$

である.

★ $<\sigma^3>$ は $<\sigma>$ の正規部分群なので ($\because <\sigma>$ はアーベル群) 拡大 $\mathbb{Q}[\xi + \bar{\xi}]/\mathbb{Q}$ は Galois であり,そのガロア群は $<\sigma>/<\sigma^3>$ と同型である. ($\because$ Theorem 3.3.2 (ガロア対応の性質)(c))

(2) $\xi + \bar{\xi} = 2cos\dfrac{2}{7}\pi$ なので

$cos\dfrac{2}{7}\pi$ の最小多項式を見つけてみる.
$<\sigma>/<\sigma^3>=\{<\sigma^3>,\sigma<\sigma^3>,\sigma^2<\sigma^3>\}$ を
$\{1,\tau_1,\tau_2\}$ とする.
$\xi+\bar{\xi}=\alpha_1$ とすると α_1 の共役は
$\quad \tau_1(\alpha_1)$ と $\tau_2(\alpha_1)$
である.
$\quad \tau_1(\alpha_1)=\sigma(\alpha_1)=\xi^3+(\bar{\xi})^3=\xi^3+\bar{\xi}^3$
これを α_2 とする.
$\quad \tau_2(\alpha_1)=\sigma^2(\alpha_1)=\xi^2+(\bar{\xi})^2=\xi^2+\bar{\xi}^2$
これを α_3 とする.
$\xi+\bar{\xi}$ の最小多項式 $f(X)$ は
$\quad f(X)=(X-\alpha_1)(X-\alpha_2)(X-\alpha_3)$
である. ($\because$ Remark 3.2.1(a))
$\quad f(X)=X^3-(\alpha_1+\alpha_2+\alpha_3)X^2+(\alpha_1\alpha_2+\alpha_1\alpha_3+\alpha_2\alpha_3)X-\alpha_1\alpha_2\alpha_3$
$\quad \alpha_1+\alpha_2+\alpha_3=-1$
$\quad \alpha_1\alpha_2+\alpha_1\alpha_3+\alpha_2\alpha_3=-2$
$\quad \alpha_1\alpha_2\alpha_3=1 \qquad\qquad \hookrightarrow <3.4-1>$
となることから
$\quad f(X)=X^3+X^2-2X-1$
となる.
$\alpha_1=\xi+\bar{\xi}=2cos\dfrac{2}{7}\pi$ なので
$cos\dfrac{2}{7}\pi=r$ とすると
$\quad f(2r)=f(\alpha_1)=0$
すなわち
$\quad 8r^3+4r^2-4r-1=0$
より
$\quad r^3+\dfrac{1}{2}r^2-\dfrac{1}{2}r-\dfrac{1}{8}=0$
よって

$$g(X) = X^3 + \frac{1}{2}X^2 - \frac{1}{2}X - \frac{1}{8}$$
とすれば，これは $cos\frac{2}{7}\pi$ の最小多項式である．

3.(1) $\mathbb{Q}[\xi]$ の部分体で $<\sigma^2>$ に対応するもの
すなわち $\mathbb{Q}[\xi]^{<\sigma^2>}$ について考える．
$\mathbb{Q}[\xi]^{<\sigma^2>} = \mathbb{Q}[\xi + \xi^2 + \xi^4]$ である．

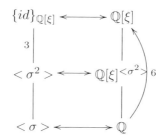

これは以下のように証明できる．
次に注意する．
- $\sigma^2(\xi) = \sigma(\sigma(\xi)) = \sigma(\xi^3) = (\sigma(\xi))^3 = (\xi^3)^3 = \xi^9 = \xi^2$
- $k \in \mathbb{N}$ に対して
$$\sigma^2(\xi^k) = (\sigma^2(\xi))^k = \xi^{2k}$$

$\mathbb{Q}[\xi]^{<\sigma^2>} \ni x$ とする．
$$x = a + b\xi + c\xi^2 + d\xi^3 + e\xi^4 + f\xi^5 + g\xi^6$$
$$a,b,c,d,e,f,g \in \mathbb{Q}$$

であり
$\sigma^2(\xi) = \xi^2$
$\sigma^2(\xi^2) = \xi^4$
$\sigma^2(\xi^3) = \xi^6$
$\sigma^2(\xi^4) = \xi^8 = \xi^1$
$\sigma^2(\xi^5) = \xi^{10} = \xi^3$
$\sigma^2(\xi^6) = \xi^{12} = \xi^5$ より
$\sigma^2(x) = a + b\xi^2 + c\xi^4 + d\xi^6 + e\xi + f\xi^3 + g\xi^5$ である．

$\sigma^2(x) = x$ なので

$b = e,\ c = b,\ d = f,\ e = c,\ f = g,\ g = d$

$\therefore b = c = e,\ d = f = g$

よって

$x = a + b(\xi + \xi^2 + \xi^4) + d(\xi^3 + \xi^5 + \xi^6)$

ゆえに x は $\xi + \xi^2 + \xi^4$ の多項式である.

$(\because \xi^3 + \xi^5 + \xi^6 = \dfrac{1}{2}\{(\xi + \xi^2 + \xi^4)^2 - (\xi + \xi^2 + \xi^4)\})$

$x \in \mathbb{Q}[\xi + \xi^2 + \xi^4]$ である.

$(\mathbb{Q}[\xi]^{<\sigma^2>} \subset \mathbb{Q}[\xi + \xi^2 + \xi^4]$ がわかった$)$

$\mathbb{Q}[\xi]^{<\sigma^2>} \supset \mathbb{Q}[\xi + \xi^2 + \xi^4]$ を証明する.

$\mathbb{Q}[\xi]^{<\sigma^2>}$ が $\mathbb{Q}$ と $\xi + \xi^2 + \xi^4$ を含むことを示す.

$\mathbb{Q}[\xi]^{<\sigma^2>} \supset \mathbb{Q}$ は明らか.

また

$\sigma^2(\xi + \xi^2 + \xi^4)$
$= \xi^2 + \xi^4 + \xi^8$
$= \xi^2 + \xi^4 + \xi$

ゆえに

$\mathbb{Q}[\xi]^{<\sigma^2>} \ni \xi + \xi^2 + \xi^4$

である.

よって

$\mathbb{Q}[\xi]^{<\sigma^2>} \supset \mathbb{Q}[\xi + \xi^2 + \xi^4]$

であることがわかる.

以上より

$\mathbb{Q}[\xi]^{<\sigma^2>} = \mathbb{Q}[\xi + \xi^2 + \xi^4]$

である.

★ $\mathbb{Q}[\xi]^{<\sigma^2>} = \mathbb{Q}[\xi + \xi^2 + \xi^4]$ を Theorem 3.3.2 (ガロア対応の性質) を使って証明する.

$[\mathbb{Q}[\xi]^{<\sigma^2>} : \mathbb{Q}] = 2$ であるし,

$\mathbb{Q}[\xi]^{<\sigma^2>} \supset \mathbb{Q}[\xi + \xi^2 + \xi^4]$ (上で見た)

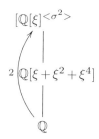

$\mathbb{Q}[\xi+\xi^2+\xi^4] \neq \mathbb{Q}$ である.
なぜならば
$$\mathbb{Q} \ni \xi+\xi^2+\xi^4$$
とすると
$1, \xi, \cdots, \xi^6$ は線型独立なので矛盾が生じる.
（∵ $\mathbb{Q} \ni a = \xi+\xi^2+\xi^4$ より $\mathbb{Q} \ni -a$
$(-a)\cdot 1 + 1\cdot \xi + 1\cdot \xi^2 + 0\cdot \xi^3 + 1\cdot \xi^4 + 0\cdot \xi^5 + 0\cdot \xi^6 = 0$）
したがって
$$\mathbb{Q}[\xi]^{<\xi^2>} = \mathbb{Q}[\xi+\xi^2+\xi^4]$$
である.

(2) $\mathbb{Q}[\xi+\xi^2+\xi^4] = \mathbb{Q}[\sqrt{-7}]$ である.
これは以下のようにしてわかる.

$<\sigma^2>$ は $<\sigma>$ の正規部分群なので
拡大 $\mathbb{Q}[\xi+\xi^2+\xi^4]/\mathbb{Q}$ は Galois である.
ガロア群は $<\sigma>/<\sigma^2>$ と同型である.
$\beta = \xi+\xi^2+\xi^4$ の最小多項式を見つけたい.
$<\sigma>/<\sigma^2> = \{<\sigma^2>, \sigma<\sigma^2>\}$ を $\{1, \sigma_1\}$ として
β の共役 β' とすると
$$\beta' = \sigma_1(\beta) = \xi^3+\xi^5+\xi^6$$
よって β の最小多項式は
$$(X-\beta)(X-\beta') = X^2+X+2$$
である.

$$(\because (\xi+\xi^2+\xi^4)+(\xi^3+\xi^5+\xi^6) = -1$$
$$(\xi+\xi^2+\xi^4)(\xi^3+\xi^5+\xi^6) = 2 \quad)$$
$X^2+X+2=0$ を解いて
$$X = \frac{-1\pm\sqrt{-7}}{2}$$
$$\xi+\xi^2+\xi^4 = \frac{-1+\sqrt{-7}}{2}, \xi^3+\xi^5+\xi^6 = \frac{-1-\sqrt{-7}}{2}$$
したがって
$$\mathbb{Q}[\xi+\xi^2+\xi^4] = \mathbb{Q}[\frac{-1+\sqrt{-7}}{2}]$$
$$= \mathbb{Q}[\sqrt{-7}]$$
$$(= \mathbb{Q}[\frac{-1-\sqrt{-7}}{2}])$$

Example 3.4.1

$X^5-2 \in \mathbb{Q}[X]$ のガロア群を調べる.

ξ を 1 の原始 5 乗根, $\mathbb{C}$ で考えて
$$\xi = e^{\frac{2\pi}{5}i}$$
α を X^5-2 の実根, $\sqrt[5]{2}$ とする.

以下の手順で進める.

(1) $X^5-2 \in \mathbb{Q}[X]$ の splitting field を E とすると
    拡大 $E/\mathbb{Q}$ は Galois であり
    $E = \mathbb{Q}[\xi,\alpha]$ である.

(2) $\mathbb{Q}[\xi]$, $\mathbb{Q}[\alpha]$ は E の部分体で
    $[\mathbb{Q}[\xi]:\mathbb{Q}] = 4, [\mathbb{Q}[\alpha]:\mathbb{Q}] = 5$ である.

(3) $[\mathbb{Q}[\xi,\alpha]:\mathbb{Q}] = 20$ である.
    拡大 $\mathbb{Q}[\xi,\alpha]/\mathbb{Q}[\xi]$,
    拡大 $\mathbb{Q}[\xi,\alpha]/\mathbb{Q}[\alpha]$ は Galois であり
    $[\mathbb{Q}[\xi,\alpha]:\mathbb{Q}[\xi]] = 5, \ [\mathbb{Q}[\xi,\alpha]:\mathbb{Q}[\alpha]] = 4$ である.

(4) $N = Gal(\mathbb{Q}[\xi,\alpha]/\mathbb{Q}[\xi])$ とすると $|N| = 5$
    $H = Gal(\mathbb{Q}[\xi,\alpha]/\mathbb{Q}[\alpha])$ とすると $|H| = 4$ である.

(5) $N \ni^\exists \sigma$ s.t. $\begin{cases} \sigma(\alpha) &= \xi\alpha \\ \sigma(\xi) &= \xi \end{cases}$, $H \ni^\exists \tau$ s.t. $\begin{cases} \tau(\alpha) &= \alpha \\ \tau(\xi) &= \xi^2 \end{cases}$

$\sigma^5 = 1, \tau^4 = 1, \tau\sigma = \sigma^2\tau$ であり,

$G = Gal(E/\mathbb{Q}) = \{\sigma^s \tau^t | 0 \le s \le 4, 0 \le t \le 3\}$ である.

(proof)
(1) $X^5 - 2$ の根は

$\alpha, \xi\alpha, \xi\alpha^2, \xi\alpha^3, \xi\alpha^4$

なので

$E = \mathbb{Q}[\alpha, \xi\alpha, \xi\alpha^2, \xi\alpha^3, \xi\alpha^4] = \mathbb{Q}[\xi, \alpha]$

(2) 以下のような図が描ける.

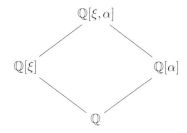

ξ の $\mathbb{Q}$ 上の最小多項式は

$X^4 + X^3 + X^2 + X + 1$

であり,

$X^5 - 2$ は $\mathbb{Q}$ 上 irreducible である.

($p = 2$ として Proposition 7.4.4(Eisenstein's criterion) を適用する)

よって

$[\mathbb{Q}[\xi] : \mathbb{Q}] = 4, \; [\mathbb{Q}[\alpha] : \mathbb{Q}] = 5$

である.

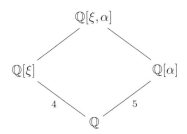

(3) $[\mathbb{Q}[\xi,\alpha]:\mathbb{Q}]$ は 4 の倍数かつ 5 の倍数なので 20 の倍数である.

$X^5 - 2 \in \mathbb{Q}[X]$ は $\mathbb{Q}[\xi][X]$ の多項式である.

$\mathbb{Q}[\xi]$ 上の α の最小多項式を考えると

$X^5 - 2$ か, あるいはこれより次数の低い多項式である.

ゆえに

$\quad [\mathbb{Q}[\xi,\alpha]:\mathbb{Q}[\xi]] \leq 5$

である.

$[\mathbb{Q}[\xi]:\mathbb{Q}] = 4$ なので

$\quad [\mathbb{Q}[\xi,\alpha]:\mathbb{Q}] \leq 20$

よって

$\quad [\mathbb{Q}[\xi,\alpha]:\mathbb{Q}] = 20$

がわかる.

したがって

$\quad [\mathbb{Q}[\xi,\alpha]:\mathbb{Q}[\xi]] = 5, \ [\mathbb{Q}[\xi,\alpha]:\mathbb{Q}[\alpha]] = 4$

がわかる.

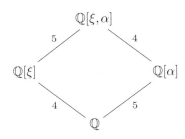

また Corolally 3.2.5 より

拡大 $\mathbb{Q}[\xi,\alpha]/\mathbb{Q}[\xi]$, 拡大 $\mathbb{Q}[\xi,\alpha]/\mathbb{Q}[\alpha]$ は Galois である.

(4) Theorem 3.2.2 より明らかである.

(5) $N = Gal(\mathbb{Q}[\xi,\alpha]/\mathbb{Q}[\xi])$ の元は ξ を fix し,

$\alpha \to \alpha,\ \alpha \to \xi\alpha,\ \alpha \to \xi^2\alpha, \alpha \to \xi^3\alpha,\ \alpha \to \xi^4\alpha$

とうつすもののいずれかである.

$|N| = 5$ なので $\alpha \to \xi\alpha$ であるものが必ずあるので それを σ とする.

$H = Gal(\mathbb{Q}[\xi,\alpha]/\mathbb{Q}[\alpha])$ の元は α を fix し

$\xi \to \xi, \xi \to \xi^2, \xi \to \xi^3, \xi \to \xi^4$

とうつすもののいずれかである.

($\because$ Proposition 3.3.1 より $Gal(\mathbb{Q}[\xi,\alpha]/\mathbb{Q}[\alpha]) \simeq Gal(\mathbb{Q}[\xi]/\mathbb{Q})$)

$\xi \to \xi^2$ であるものを τ とする.

このとき

$\tau\sigma\tau^{-1}(\alpha) = \tau\sigma(\alpha) = \tau(\xi\alpha) = \tau(\xi)\tau(\alpha) = \xi^2\alpha$

であり

$\tau\sigma\tau^{-1}(\xi) = \tau\sigma(\xi^3) (\because \tau(\xi^3) = \xi^6 = \xi$ より $\xi^3 = \tau^{-1}(\xi))$

$\qquad = \tau(\sigma\xi)^3 = \tau(\xi^3) = \xi$

また, $\sigma^2(\xi) = \xi$ であり

$\sigma^2(\alpha) = \sigma(\sigma(\alpha)) = \sigma(\xi\alpha) = \sigma(\xi)\sigma(\alpha) = \xi\xi\alpha = \xi^2\alpha$

である.

よって

$\tau\sigma\tau^{-1} = \sigma^2$

である.

さらに

$G = \{\sigma^s\tau^t | 0 \leq s \leq 4, 0 \leq t \leq 3\}$

である.

($\because |\{\sigma^s\tau^t | 0 \leq s \leq 4, 0 \leq t \leq 3\}| = 20$

 $((s,t)$ が異なれば異なる元である) $\hookrightarrow <3.4-2>$

$|G| = 20$ であり,

$G \supset \{\sigma^s\tau^t | 0 \leq s \leq 4, 0 \leq t \leq 3\}$ なので

$$G = \{\sigma^s \tau^t | 0 \le s \le 4, 0 \le t \le 3\} \quad)$$

(6) H の共役な群は $G \ni g$ に対して gHg^{-1} であるが

$$gHg^{-1} \longleftrightarrow g\mathbb{Q}[\alpha]$$

という 1 対 1 対応があった.

$$(\because \text{Theorem 3.3.2 (ガロア対応の性質)(b)})$$

$G \ni^\forall g$ に対して

$$\exists s(0 \le s \le 4), \exists t(0 \le t \le 3) \ s.t. \ g = \sigma^s \tau^t (\sigma \in N, \tau \in H)$$

よって

$$\sigma^s \tau^t H (\sigma^s \tau^t)^{-1} = \sigma^s \tau^t H \tau^{-t} \sigma^{-s} = \sigma^s H \sigma^{-s}$$

これに対応する $\mathbb{Q}[\xi, \alpha]$ の部分体は

$$\sigma^s(\mathbb{Q}[\alpha]) = \mathbb{Q}[\sigma^s(\alpha)] = \mathbb{Q}[\xi^s \alpha](0 \le s \le 4)$$

これは 5 つとも異なる.

よって H の共役は 5 つある.

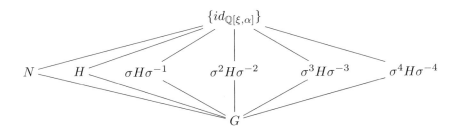

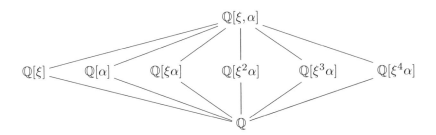

** G の部分群 ($(G, \{id\}_{\mathbb{Q}[\xi,\alpha]}$ と異なるもの) とその fixed field を上では 6 個見つけた.

G の全ての部分群と fixed field を見つけたい.

$|G| = 20$ より G の部分群の位数は $1, 2, 4, 5, 10, 20$ である.

また $\tau\sigma\tau^{-1} = \sigma^2$ であった.

よって以下のことが成り立つ.

$$\begin{cases} \tau\sigma^s\tau^{-1} &= (\tau\sigma\tau^{-1})^s = \sigma^{2s} \\ \tau^t\sigma^s\tau^{-t} &= \sigma^{2^t s} \\ (\sigma^s\tau^t)^2 &= \sigma^s\tau^t\sigma^s\tau^t = \sigma^s\sigma^{2^t s}\tau^t\tau^t = \sigma^{(1+2^t)s}\tau^{2t} \\ (\sigma^s\tau^t)^3 &= \sigma^s\tau^t\sigma^{(1+2^t)s}\tau^{2t} = \sigma^s\sigma^{2^t(1+2^t)s}\tau^t\tau^{2t} = \sigma^{(1+2^t+2^{2t})s}\tau^{3t} \\ (\sigma^s\tau^t)^4 &= \sigma^s\tau^t\sigma^{(1+2^t+2^{2t})s}\tau^{3t} = \sigma^s\sigma^{2^t(1+2^t+2^{2t})s}\tau^t\tau^{3t} \\ &\qquad = \sigma^{(1+2^t+2^{2t}+2^{3t})s}\tau^{4t} \end{cases}$$

これらに注意すると次の表を得る.

x	x^2	x^3	x^4	x^5
σ	σ^2	σ^3	σ^4	1
τ	τ^2	τ^3	1	
$\sigma\tau$	$\sigma^3\tau^2$	$\sigma^2\tau^3$	1	
$\sigma^2\tau$	$\sigma\tau^2$	$\sigma^4\tau^3$	1	
$\sigma^3\tau$	$\sigma^4\tau^2$	$\sigma\tau^3$	1	
$\sigma^4\tau$	$\sigma^2\tau^2$	$\sigma^3\tau^3$	1	

この表には G の全ての元が登場しているので, 全ての元の位数がわかる.

・位数が 5 の元

$\sigma, \sigma^2, \sigma^3, \sigma^4$ の 4 個

・位数が 2 の元

$\tau^2, \sigma\tau^2, \sigma^2\tau^2, \sigma^3\tau^2, \sigma^4\tau^2$ の 5 個

・位数が 4 の元

$\tau, \sigma\tau, \sigma^2\tau, \sigma^3\tau, \sigma^4\tau$

τ^3, $\sigma\tau^3$, $\sigma^2\tau^3$, $\sigma^3\tau^3$, $\sigma^4\tau^3$ の１０個 [9)]
・位数が 1 の元
　　1(恒等写像) の１個

** 位数が $1, 2, 4, 5, 10$ の部分群について考える．
　・位数が１の部分群
　　1 のみである．
　・位数が２の部分群
　　位数が２の元で生成されている．
　$<\tau^2>$, $<\sigma\tau^2>$, $<\sigma^2\tau^2>$, $<\sigma^3\tau^2>$, $<\sigma^4\tau^2>$ の５個
　・位数が４の部分群
　　位数が４の部分群は $\{1,a,a^2,a^3\}:a$ の位数は 4 の type と
　　$\{1,a,b,ab\}:a,b,ab$ の位数は 2 の type のものしかない．
　　位数が４の元で生成される巡回群は
　　　　$<\tau>$, $<\sigma\tau>$, $<\sigma^2\tau>$, $<\sigma^3\tau>$, $<\sigma^4\tau>$
　　　　$<\tau^3>$, $<\sigma\tau^3>$, $<\sigma^2\tau^3>$, $<\sigma^3\tau^3>$, $<\sigma^4\tau^3>$
　　であるが
　　　　$<\tau>=<\tau^3>$, $<\sigma\tau>=<\sigma^2\tau^3>$, $<\sigma^2\tau>=<\sigma^3\tau^3>$
　　　　$<\sigma^3\tau>=<\sigma\tau^3>$, $<\sigma^4\tau>=<\sigma^4\tau^3>$
　　なので ５個あることになる．
　　また G の位数が２の元はどの２つの積も位数が５の元になるので
　　$\{1,a,b,ab\}$ の type のものはない．
　・位数が５の部分群
　　位数が５の元で生成される巡回群である．
　　よって $\{1,\sigma,\sigma^2,\sigma^3,\sigma^4\}$ の１個だけである．
　・位数が１０の部分群
　　位数が１０の部分群の元の位数は $1, 2, 5$ のいずれかである．

[9)] 　a の位数が n のとき
　　　　a^t の位数は $\dfrac{n}{gcd(n,t)}$ である．

G において位数が1の元は1個, 位数が2の元は5個, 位数が5の元は4個ある.

したがって位数が10の部分群があるとすれば
$$\{1, \sigma, \sigma^2, \sigma^3, \sigma^4, \tau^2, \sigma\tau^2, \sigma^2\tau^2, \sigma^3\tau^2, \sigma^4\tau^2\} = <\sigma, \tau^2>$$
である.

$\mathbb{Q}[\xi + \bar{\xi}]$ に対応する部分群は位数が10の部分群なので [10)]
すなわちこれが唯一の位数が10の部分群である.

さて $N = <\sigma>$, $H = <\tau>$
$\sigma H \sigma^{-1} = <\sigma H \sigma^{-1}> = <\sigma^4\tau>$, $\sigma^2 H \sigma^{-2} = <\sigma^3\tau>$
$\sigma^3 H \sigma^{-3} = <\sigma^2\tau>$, $\sigma^4 H \sigma^{-4} = <\sigma\tau>$
である.

よって前出の G の部分群の図は以下のようになる.

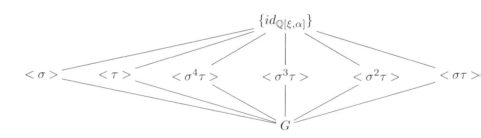

すなわちここまでに以下の対応がわかった.

$\{1\} \leftrightarrow \mathbb{Q}[\xi, \alpha]$
$G \leftrightarrow \mathbb{Q}$
$<\sigma> \leftrightarrow \mathbb{Q}[\xi]$
$<\tau> \leftrightarrow \mathbb{Q}[\alpha]$
$<\sigma\tau> \leftrightarrow \mathbb{Q}[\xi^4\alpha]$
$<\sigma^2\tau> \leftrightarrow \mathbb{Q}[\xi^3\alpha]$
$<\sigma^3\tau> \leftrightarrow \mathbb{Q}[\xi^2\alpha]$

[10)] $(\xi + \bar{\xi})^2 + (\xi + \bar{\xi}) - 1 = 0$

$<\sigma^4\tau> \leftrightarrow \mathbb{Q}[\xi\alpha]$

$<\sigma,\tau^2> \leftrightarrow \mathbb{Q}[\xi+\bar{\xi}]$

これをもとに 位数が 2 の部分群

$<\tau^2>, <\sigma\tau^2>, <\sigma^2\tau^2>, <\sigma^3\tau^2>, <\sigma^4\tau^2>$

に対応する部分体を見つけておく.

このとき以下のような図が描ける.

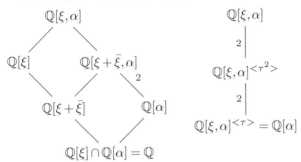

この図において

$\mathbb{Q}[\xi,\alpha]^{<\tau^2>} = \mathbb{Q}[\xi+\bar{\xi},\alpha]$ である.

なぜならば

$\tau^2(\xi+\bar{\xi}) = \xi+\bar{\xi}$

$\tau^2(\alpha) = \alpha$ より

$\mathbb{Q}[\xi,\alpha]^{<\tau^2>} \ni \xi+\bar{\xi},\alpha$

よって

$\mathbb{Q}[\xi,\alpha]^{<\tau^2>} \supset \mathbb{Q}[\xi+\bar{\xi},\alpha]$

また

$\xi+\bar{\xi} \notin \mathbb{Q}[\alpha]$

$(\because \mathbb{Q}[\xi+\bar{\xi}] \neq \mathbb{Q}[\xi+\bar{\xi}] \cap \mathbb{Q}[\alpha]$ より $\mathbb{Q}[\xi+\bar{\xi}] \not\subset \mathbb{Q}[\alpha])$

拡大次数を考えると

$\mathbb{Q}[\xi,\alpha]^{<\tau^2>} = \mathbb{Q}[\xi+\bar{\xi},\alpha]$

である.

同様にすれば

$<\sigma^2\tau^2> \subset <\sigma^4\tau>$ より $\mathbb{Q}[\xi,\alpha]^{<\sigma^2\tau^2>} = \mathbb{Q}[\xi+\bar{\xi},\xi\alpha]$

$<\sigma^4\tau^2> \subset <\sigma^3\tau>$ より $\quad \mathbb{Q}[\xi,\alpha]^{<\sigma^4\tau^2>} = \mathbb{Q}[\xi+\bar{\xi},\xi^2\alpha]$

$<\sigma\tau^2> \subset <\sigma^2\tau>$ より $\quad \mathbb{Q}[\xi,\alpha]^{<\sigma\tau^2>} = \mathbb{Q}[\xi+\bar{\xi},\xi^3\alpha]$

$<\sigma^3\tau^2> \subset <\sigma\tau>$ より $\quad \mathbb{Q}[\xi,\alpha]^{<\sigma^3\tau^2>} = \mathbb{Q}[\xi+\bar{\xi},\xi^4\alpha]$

がわかる.

すなわち

$<\tau^2> \leftrightarrow \mathbb{Q}[\xi+\bar{\xi},\alpha]$

$<\sigma^2\tau^2> \leftrightarrow \mathbb{Q}[\xi+\bar{\xi},\xi\alpha]$

$<\sigma^4\tau^2> \leftrightarrow \mathbb{Q}[\xi+\bar{\xi},\xi^2\alpha]$

$<\sigma\tau^2> \leftrightarrow \mathbb{Q}[\xi+\bar{\xi},\xi^3\alpha]$

$<\sigma^3\tau^2> \leftrightarrow \mathbb{Q}[\xi+\bar{\xi},\xi^4\alpha]$

がわかる.

3.5　多項式のガロア群

$f(X) \in F[X]$ の F 上の splittng field を F_f で表した.
$f(X) \in F[X]$ が separable のとき F_f は F 上 Galois である.
このとき $Gal(F_f/F)$ を $f(X)$ のガロア群という.
これを G_f で表す.

$f(X)$ がある splitting field F_f において

$\quad f(X) = (X-\alpha_1)(X-\alpha_2)(X-\alpha_3)\cdots(X-\alpha_n) \quad$ (α_i は全て異なる)

とする.
このとき

$\quad F_f = F[\alpha_1,\alpha_2,\cdots,\alpha_n]$

である.
$G_f \ni \sigma$ とすると
α_i は $f(X)$ の根なので

$\quad f(\sigma(\alpha_i)) = \sigma(f(\alpha_i)) = \sigma(0) = 0$

よって $\sigma(\alpha_i)$ も $f(X)$ の根である.
σ は単射なので σ は $\{\alpha_1,\cdots,\alpha_n\}$ から $\{\alpha_1,\cdots,\alpha_n\}$ への全単射を

誘導する. [11]

ゆえに $\{\alpha_1,\cdots,\alpha_n\}$ から $\{\alpha_1,\cdots,\alpha_n\}$ への全単射全体の集合を
$Sym(\{\alpha_1,\cdots,\alpha_n\})$
で表すと σ により $Sym(\{\alpha_1,\cdots,\alpha_n\})$ の元が定まる.
それを $\psi(\sigma)$ で表す.

$$\begin{array}{ccc} Gal(F_f/F) & \xrightarrow{\psi} & Sym(\{\alpha_1,\cdots,\alpha_n\}) \\ \cup & & \cup \\ \sigma & \longmapsto & \psi(\sigma) \end{array}$$

これで定まる ψ は群の monomorphism である. [12]

★ G_f の ψ による像を $\tilde{G}_f$ で表すと $\tilde{G}_f$ は G_f と同型な
$Sym(\{\alpha_1,\cdots,\alpha_n\})$ の部分群である.

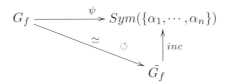

★ $p \in Sym(\{\alpha_1,\cdots,\alpha_n\})$ に対して
条件 $**_p$ を
「$F[X_1,\cdots,X_n] \ni g(X_1,\cdots,X_n)$ が $g(\alpha_1,\cdots,\alpha_n)=0$ をみたせば
$g(p(\alpha_1),\cdots,p(\alpha_n))=0$ となる」
と定めれば
$\tilde{G}_f = \{p \in Sym(\{\alpha_1,\cdots,\alpha_n\}) | p\text{ は}**_p\text{をみたす}\}$

---

[11] σ は n 個から n 個への単射を誘導しこれは全単射である.

[12] つまり $\forall i$ に対して $\psi(\sigma)(\alpha_i) = \sigma(\alpha_i)$ である.
・$\psi(\sigma\tau)(\alpha_i) = \sigma\tau(\alpha_i) = \sigma(\tau(\alpha_i)) = \psi(\sigma)(\psi(\tau)(\alpha_i))$
　よって $\psi(\sigma\tau) = \psi(\sigma)\psi(\tau)$ が成り立つ.
・$\psi(\sigma) = \psi(\tau)$ とすると
　$\sigma(\alpha_i) = \psi(\sigma)(\alpha_i) = \psi(\tau)(\alpha_i) = \tau(\alpha_i)$
　よって $\sigma = \tau$ であり ψ は単射である.

が成立する.

これを証明する.

($\subset$) $\tilde{G}_f \ni q$ とする.

このとき
$$G_f \ni^\exists \sigma \text{ s.t. } q = \psi(\sigma)$$
であり, $Sym(\{\alpha_1, \cdots, \alpha_n\}) \ni q$ である.
$F[X_1, X_2, \cdots, X_n] \ni g(X_1, X_2, \cdots, X_n)$ で
$g(\alpha_1, \alpha_2, \cdots, \alpha_n) = 0$ とすると
$q(\alpha_i) = \psi(\sigma)(\alpha_i) = \sigma(\alpha_i)$ なので
$$\begin{aligned}
&g(q(\alpha_1), q(\alpha_2), \cdots, q(\alpha_n)) \\
&= g(\sigma(\alpha_1), \sigma(\alpha_2), \cdots, \sigma(\alpha_n)) \\
&= \sigma(g(\alpha_1, \alpha_2, \cdots, \alpha_n)) \\
&= \sigma(0) \\
&= 0
\end{aligned}$$
なので q は $**_q$ をみたす.

($\supset$) $Sym(\{\alpha_1, \cdots, \alpha_n\})$ の元 p が $**_p$ をみたすとする.

$F[X_1, \cdots, X_n]$ から $F[\alpha_1, \cdots, \alpha_n]$ への

　X_i に α_i を代入する代入写像を a

　X_i に $p(\alpha_i)$ を代入する代入写像を a_p

とする. [13]

条件 $**_p$ より $Ker\ a \ni g(X_1, \cdots, X_n)$ とすると
$$g(p(\alpha_1), \cdots, p(\alpha_n)) = 0$$
より
$$Ker\ a_p \ni g(X_1, X_2, \cdots, X_n)$$
つまり
$$Ker\ a_p \supset Ker\ a$$
である.

---

[13] $a(g(X_1, X_2, \cdots, X_n)) = g(\alpha_1, \alpha_2, \cdots, \alpha_n)$
$a_p(g(X_1, X_2, \cdots, X_n)) = g(p(\alpha_1), p(\alpha_2), \cdots, p(\alpha_n))$

よって下の可換図式が成り立つ.

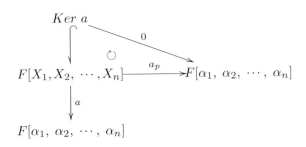

別冊「準同型定理」Corolally 7.8.1 より下の可換図式が
成立するような homomorphism σ が存在する.

$$F[X_1, X_2, \cdots, X_n] \xrightarrow{a_p} F[\alpha_1, \alpha_2, \cdots, \alpha_n]$$
$$\downarrow a \quad \circlearrowleft \quad \exists \sigma \nearrow$$
$$F[\alpha_1, \alpha_2, \cdots, \alpha_n]$$

a も a_p も F-homo なので σ は F-homo であり
$F[\alpha_1, \alpha_2, \cdots, \alpha_n]$ は F の finite 拡大体なので
σ は F-isomorphism である. [14)]
すなわち $G_f \ni \sigma$ である.
$\forall i$ に対して
$$\psi(\sigma)(\alpha_i) = \sigma(\alpha_i) = \sigma(a(X_i)) = a_p(X_i) = p(\alpha_i)$$
なので
$$p = \psi(\sigma) \in \tilde{G}_f$$
である.
$\star_1$ $Sym(\{\alpha_1, \cdots, \alpha_n\})$ から S_n への自然な群の isomorphism が存在する.

---

14) Proposition 2.2.2(iso と次元)

それを θ とする. $\cdots(\star)$

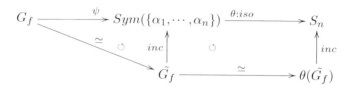

図のように S_n の部分群 $\theta(\tilde{G}_f)$ は G_f と同型な
S_n の部分群である.
この意味で, ガロア群 G_f を抽象的な群として述べるのではなく
G_f を $\theta(\tilde{G}_f)$ と同一視して
具体的な S_n の部分群として描写することも多い.
θ は根の番号の付け方を一つ決めた時に一つ決まる同型写像
であることを注意しておく.

$\star_2$ G_f は S_n の部分群と同型である.
$|S_n| = n!$ であることから $|G_f|$ は $n!$ の約数である.
このことからも $[F_f : F]$ は $(\deg f(X))!$ をわることがわかる.

最後に $(\star)$ について補足しておく.

$\varphi : \{1, 2, 3, \cdots, n\} \longrightarrow \{\alpha_1, \alpha_2, \cdots, \alpha_n\}$ を
 $\varphi(1) = \alpha_1, \varphi(2) = \alpha_2, \cdots, \varphi(n) = \alpha_n$
で定まる全単射とする.
 $\theta : Sym(\{\alpha_1, \cdots, \alpha_n\}) \to S_n$
 $\pi : S_n \to Sym(\{\alpha_1, \cdots, \alpha_n\})$
を, $Sym(\{\alpha_1, \cdots, \alpha_n\}) \ni^\forall p,\ S_n \ni^\forall t$ に対して
 $\theta(p) = \varphi^{-1} \circ p \circ \varphi,\ \pi(t) = \varphi \circ t \circ \varphi^{-1}$
と定める.

$$\begin{array}{ccc}
\{1,2,3,\cdots,n\} \xrightarrow{\theta(p)} \{1,2,3,\cdots,n\} & & \{\alpha_1,\cdots,\alpha_n\} \xrightarrow{\pi(t)} \{\alpha_1,\cdots,\alpha_n\} \\
\varphi\downarrow \quad \circlearrowleft \quad \uparrow\varphi^{-1} & & \varphi^{-1}\downarrow \quad \circlearrowleft \quad \uparrow\varphi \\
\{\alpha_1,\cdots,\alpha_n\} \xrightarrow{p} \{\alpha_1,\cdots,\alpha_n\} & & \{1,2,3,\cdots,n\} \xrightarrow{t} \{1,2,3,\cdots,n\}
\end{array}$$

このとき θ は π を逆写像にもつ群の isomorphism である。[15)]

$\theta : Sym(\{\alpha_1,\cdots,\alpha_n\}) \to S_n$ は

$Sym(\{\alpha_1,\cdots,\alpha_n\}) \ni p$ のとき

$p(\alpha_i) = \alpha_{\theta(p)(i)}$

をみたしている.

3.6 多項式の可解性 (solvable in radicals)

Def. 3.6.1 (solvable in radicals)

多項式 $f(X) \in F[X]$ に対して

$f(X)$ が solvable in radicals であるとは

方程式 $f(X) = 0$ の解が,加法,減法,乗法,除法,m 乗根をとる

などの代数的演算によって得られるときにいう.

すなわち以下のことであるとする.

[15)]　・$Sym(\{\alpha_1,\cdots,\alpha_n\}) \ni p,q$ とする.

$$\begin{aligned}
\theta(p)\theta(q) &= (\varphi^{-1} \circ p \circ \varphi) \circ (\varphi^{-1} \circ q \circ \varphi) \\
&= \varphi^{-1} \circ p \circ q \circ \varphi \\
&= \theta(p \circ q) \\
&= \theta(pq)
\end{aligned}$$

よって θ は homomorphism である.

・$Sym(\{\alpha_1,\cdots,\alpha_n\}) \ni^{\forall} p$ に対して

$(\pi \circ \theta)(p) = \varphi \circ (\varphi^{-1} \circ p \circ \varphi) \circ \varphi^{-1} = p$

$S_n \ni^{\forall} t$ に対して

$(\theta \circ \pi)(t) = \varphi^{-1} \circ (\varphi \circ t \circ \varphi^{-1}) \circ \varphi = t$

$\pi \circ \theta$ も $\theta \circ \pi$ も恒等写像である

よって $\theta : Sym(\{\alpha_1,\cdots,\alpha_n\}) \longrightarrow S_n$ は isomorphism である.

体の列 $F = F_0 \subset F_1 \subset \cdots \subset F_k$ で
以下の (a), (b) をみたすものが存在する.
(a) $1 \leq^\forall i \leq k$ に対して
$$^\exists \alpha_i \in F_i, ^\exists r_i \in \mathbb{N} \ \ s.t. \ \ F_{i-1} \ni \alpha_i{}^{r_i} \text{ かつ } F_i = F_{i-1}[\alpha_i]$$
(b) F_k は f の splitting field を含む.

以下の定義を確認しておく.

群 G が solvable
$\overset{def.}{\Leftrightarrow}$ 群の列 $G_f = G_0 \supset G_1 \supset G_2 \supset \cdots \supset G_l = \{1\}$ で
$1 \leq^\forall i \leq l$ に対して
(a) G_i は G_{i-1} の正規部分群
(b) G_{i-1}/G_i は cyclic [16]
をみたすものが存在する.

Theorem 3.6.1 (Galois 1832)

F は体, $char F = 0$ とする.
$F[X] \ni f(X)$ が solvable in radicals $\iff$ $f(X)$ のガロア群が solvable

これはのちに証明する.
また, 多項式 $f(X) \in \mathbb{Q}[X]$ でそのガロア群が S_n と同型であるものを提示する.
$n \geq 5$ のとき S_n は solvable でないので
($\hookrightarrow$ 別冊「$n \geq 5$ のときの S_n の正規部分群と A_n の単純性」)
この多項式 $f(X)$ のガロア群は solvable でない.
すなわち $f(X) \in \mathbb{Q}[X]$ が solvable in radicals でないという
具体的な例である.

---

[16] 拡大 G_{i-1}/G_i が Galois 拡大であり,
$Gal(G_{i-1}/G_i)$ が巡回群である.

3.7 多項式のガロア群が A_n に含まれるとき

この節では，多項式 $f(X) \in F[X]$ がある splitting field F_f において
$$f(X) = (X-\alpha_1)(X-\alpha_2)(X-\alpha_3)\cdots(X-\alpha_n) \quad (\alpha_i \text{ は全て異なる})$$
とする．
根の集合は $\{\alpha_1, \alpha_2, \alpha_3, \cdots, \alpha_n\}$ である．

Def. 3.7.1 (discriminant)
$f(X) = (X-\alpha_1)(X-\alpha_2)(X-\alpha_3)\cdots(X-\alpha_n)$ in F_f のとき

$$\begin{aligned}
\cdot \triangle(f) &= \prod_{1 \leq i < j \leq n} (\alpha_i - \alpha_j) \\
&= (\alpha_1-\alpha_2)(\alpha_1-\alpha_3)\cdots(\alpha_1-\alpha_n)(\alpha_2-\alpha_3)\cdots(\alpha_2-\alpha_n) \\
&\qquad\qquad\qquad\qquad\qquad\qquad \cdots (\alpha_{n-1}-\alpha_n)
\end{aligned}$$

($\triangle(f)$ は根の番号のつけかたによっては符号が変わることがある)

$$\begin{aligned}
\cdot D(f) &= (\triangle(f))^2 \\
&= \prod_{1 \leq i < j \leq n} (\alpha_i - \alpha_j)^2 \\
&= (\alpha_1-\alpha_2)^2(\alpha_1-\alpha_3)^2\cdots(\alpha_1-\alpha_n)^2(\alpha_2-\alpha_3)^2\cdots(\alpha_2-\alpha_n)^2 \\
&\qquad\qquad\qquad\qquad\qquad\qquad \cdots (\alpha_{n-1}-\alpha_n)^2
\end{aligned}$$

とする．
$D(f)$ を f の discriminant という．

★ このとき
$$D(f) \neq 0 \iff f \text{ が simple root のみをもつ}$$
が成り立つ．

★ 3.5 多項式のガロア群 $\star_1$ で描いた下の図を思い出そう．

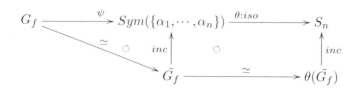

この節では G_f に対して $\theta \circ \psi(G_f)$ すなわち $\theta(\tilde{G}_f)$ が A_n に含まれるときを調べたい．

このとき θ は根の番号のつけ方により決まる isomorphism であるが $\theta(\tilde{G}_f)$ が A_n に含まれるときを考えるときには，根の番号のつけ方を気にかける必要がないことを確かめたい．

図における $\theta(\tilde{G}_f) = G_{f,\alpha_1,\alpha_2,\cdots,\alpha_n}$ として
$\theta \circ \psi = l$ とする．
つまり下の可換図式が成り立っていた．

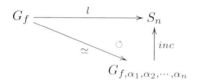

$G_f \ni \sigma$ のとき
 $\sigma(\alpha_i) = \alpha_{l(\sigma)(i)}$ $\cdots$ ①
が成り立っている．
また，$\{\beta_1, \beta_2, \cdots, \beta_n\} = \{\alpha_1, \alpha_2, \cdots, \alpha_n\}$ とするとき
 $S_n \ni^{\exists} \tau$ $s.t.$ $\beta_i = \alpha_{\tau(i)}$ $(i = 1, 2, \cdots, n)$ $\cdots$ ②
となる．
① の l に相当するものを l' とおくと同様に下の可換図式が成り立つ．

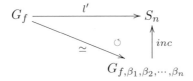

ここで $G_f \ni \sigma$ のとき
　$\sigma(\beta_i) = \beta_{l'(\sigma)(i)}$ … ③
が成り立っている.
$G_{f,\beta_1,\beta_2,\cdots,\beta_n} \ni \eta$ のとき $G_{f,\alpha_1,\alpha_2,\cdots,\alpha_n} \ni \tau\eta\tau^{-1}$ を示したい.
そのために G_f の元 σ を $l'(\sigma) = \eta$ となるように選び
$l(\sigma) = \eta'$ とおくと $\eta' = \tau\eta\tau^{-1}$ を示す.
　任意の i に対して ① より
$$\begin{aligned}\sigma(\alpha_i) &= \alpha_{l(\sigma)(i)} = \alpha_{\eta'(i)} \\ \sigma(\alpha_i) &= \sigma(\beta_{\tau^{-1}(i)}) & (\because ②) \\ &= \beta_{l'(\sigma)(\tau^{-1}(i))} & (\because ③) \\ &= \beta_{\eta\tau^{-1}(i)} \\ &= \alpha_{\tau\eta\tau^{-1}(i)} & (\because ②)\end{aligned}$$
したがって
　$\eta'(i) = \tau\eta\tau^{-1}(i)$
任意の i について成り立つので
　$\eta' = \tau\eta\tau^{-1}$
ゆえに
　$G_{f,\alpha_1,\alpha_2,\cdots,\alpha_n} \supset \tau G_{f,\beta_1,\beta_2,\cdots,\beta_n} \tau^{-1}$
が成り立つ.
両方の元の数が同じなので
　$G_{f,\alpha_1,\alpha_2,\cdots,\alpha_n} = \tau G_{f,\beta_1,\beta_2,\cdots,\beta_n} \tau^{-1}$
である.
つまり $G_{f,\alpha_1,\alpha_2,\cdots,\alpha_n}$ と $G_{f,\beta_1,\beta_2,\cdots,\beta_n}$ は
S_n において共役である.
A_n は S_n の正規部分群なので最初に述べたこと

「$\theta(\tilde{G}_f)$ が A_n に含まれるか否かは,根の番号のつけ方によらず定まる」
ことを保証している. [17]

∗∗ もう少し話を進めるためにここで A_n について復習をしておく.
$\sigma \in S_n (n \geq 2)$ とする.
$$\triangle_n = (X_1 - X_2)(X_1 - X_3) \cdots (X_1 - X_n)(X_2 - X_3)$$
$$\cdots (X_2 - X_n) \cdots (X_{n-1} - X_n)$$
に対して
$$\sigma(\triangle_n)$$
$$= (X_{\sigma(1)} - X_{\sigma(2)})(X_{\sigma(1)} - X_{\sigma(3)}) \cdots (X_{\sigma(1)} - X_{\sigma(n)})(X_{\sigma(2)} - X_{\sigma(3)})$$
$$\cdots (X_{\sigma(2)} - X_{\sigma(n)}) \cdots (X_{\sigma(n-1)} - X_{\sigma(n)})$$
と表す.
このとき $\sigma(\triangle_n) = sgn(\sigma) \cdot \triangle_n$ となる.
ここで $sgn(\sigma)$ は σ の符号と呼ばれ,$+1$ か -1 である.
σ が偶数個の互換の積のときは $sgn(\sigma) = 1$ であり,
σ は偶置換と呼ばれる.
σ が奇数個の互換の積のときは $sgn(\sigma) = -1$ であり,
σ は奇置換と呼ばれる.
偶置換全体は群をなすがこれを n 次交代群と呼び,A_n で表す.
A_n は S_n の指数 2 の部分群であり,S_n の正規部分群である.
$$(\hookrightarrow \text{別冊「} S_n \text{」Theorem 7.9.4}(A_n \text{ は } S_n \text{ の正規部分群}))$$

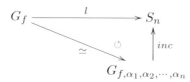

この図における $G_{f,\alpha_1,\alpha_2,\cdots,\alpha_n}$ を G_{f_*} で表し,

---

[17] $A_n \supset G_{f,\alpha_1,\alpha_2,\cdots,\alpha_n}$ のとき
$A_n = \tau^{-1} A_n \tau \supset \tau^{-1} G_{f,\alpha_1,\alpha_2,\cdots,\alpha_n} \tau = G_{f,\beta_1,\beta_2,\cdots,\beta_n}$

$G_f \ni \sigma$ のとき $l(\sigma)$ を σ_* と表すことにする. [18]

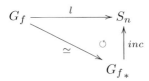

Proposition 3.7.1

$\sigma \in G_f$ とするとき

(a) $\sigma(\triangle(f)) = sgn(\sigma_*) \cdot \triangle(f)$

(b) $\sigma(D(f)) = D(f)$

である.

(proof)
(a) $\sigma(\triangle(f)) = \sigma\{(\alpha_1 - \alpha_2)(\alpha_1 - \alpha_3) \cdots (\alpha_{n-1} - \alpha_n)\}$
$= (\sigma(\alpha_1) - \sigma(\alpha_2))(\sigma(\alpha_1) - \sigma(\alpha_3)) \cdots (\sigma(\alpha_{n-1}) - \sigma(\alpha_n))$
$= (\alpha_{\sigma_*(1)} - \alpha_{\sigma_*(2)})(\alpha_{\sigma_*(1)} - \alpha_{\sigma_*(3)}) \cdots (\alpha_{\sigma_*(n-1)} - \alpha_{\sigma_*(n)})$
$= sgn(\sigma_*)(\alpha_1 - \alpha_2)(\alpha_1 - \alpha_3) \cdots (\alpha_{n-1} - \alpha_n)$
$= sgn(\sigma_*) \cdot \triangle(f)$

(b) $\sigma(D(f)) = \sigma(\{\triangle(f)\}^2)$
$= \{\sigma(\triangle(f))\}^2$
$= \{sgn(\sigma_*) \cdot \triangle(f)\}^2$
$= (sgn(\sigma_*))^2 \cdot (\triangle(f))^2$
$= 1 \cdot D(f)$
$= D(f)$

Corolally 3.7.1 ($G_{f_*} \subset A_n$ について)

(a) $D(f) \in F$

---

[18] $\sigma(\alpha_i) = \alpha_{\sigma_*(i)}$ となっている.

(b) $G_{f_*} \subset A_n \overset{*1}{\Longleftrightarrow} \triangle(f) \in F$
$\overset{*2}{\Longleftrightarrow} D(f)$ が square in F

である.

(proof)

(a) $\alpha_1, \cdots, \alpha_n \in F_f$ より
$$D(f) = \prod_{1 \leq i < j \leq n} (\alpha_i - \alpha_j)^2 \in F_f$$
である.
$G_f \ni^\forall \sigma$ に対して $\sigma(D(f)) = D(f)$ （∵ Proposition 3.7.1(b))
よって $D(f) \in F$

(b) ($\overset{*1}{\Rightarrow}$)

$G_f \ni^\forall \sigma$ に対して
$G_{f_*} \subset A_n$ より $sgn(\sigma_*) = 1$
$\sigma(\triangle(f)) = sgn(\sigma_*) \cdot \triangle(f)$
$= 1 \cdot \triangle(f)$
$= \triangle(f)$
よって $\triangle(f) \in F$

($\overset{*1}{\Leftarrow}$)

$\triangle(f) \in F$ とする.
G_{f_*} の元は G_f の元 σ を選んで σ_* の形をしている.
Proposition 3.7.1 より
$sgn(\sigma_*) \cdot \triangle(f) = \sigma(\triangle(f)) = \triangle(f)$
であり, $\triangle(f) \neq 0$ なので
$sgn(\sigma_*) = 1$
このことより $G_{f_*} \subset A_n$ がわかる.

($\overset{*2}{\Rightarrow}$)

$\triangle(f) \in F$ で $D(f) = (\triangle(f))^2$ なので明らか.

($\overset{*2}{\Leftarrow}$)

$^\exists x \in F$ $s.t.$ $D(f) = x^2$

よって
$$(\triangle(f))^2 = x^2$$
$$(\triangle(f))^2 - x^2 = 0$$
$$(\triangle(f) + x)(\triangle(f) - x) = 0$$
$$\triangle(f) = \pm x$$
$$\therefore \ \triangle(f) \in F$$

$\star_1$ $G_{f_*} \subset A_n \Leftrightarrow G_{f_*} \cap A_n = G_{f_*}$, $\triangle(f) \in F \Leftrightarrow F[\triangle(f)] = F$
なので (b)∗1 より

$$G_{f_*} \cap A_n = G_{f_*} \Leftrightarrow F[\triangle(f)] = F$$

である.

$\star_2$ $f(X)$ の discriminant は f の係数の多項式の形で表すことができる.
例えば
$$D(aX^2 + bX + c) = b^2 - 4ac/a^2 \quad \hookleftarrow <3.7-1>$$
$$D(X^3 + bX + c) = -4b^3 - 27c^2 \quad \hookleftarrow <3.7-2>$$
また $\mathrm{char} F \neq 3$ のときは
$$X^3 + aX^2 + bX + c = (X + \tfrac{a}{3})^3 + b'(X + \tfrac{a}{3}) + c'$$
となるように b', c' がとれる.
このとき $D(X^3 + aX^2 + bX + c) = D(X^3 + b'X + c')$ である. [19]

$\star_3$ 一般的には discriminant を係数の多項式として表す表し方は
急速に複雑になる.
$X^5 + aX^4 + bX^3 + cX^2 + dX + e$ の discriminant は 59 項あることが
知られている.

Remark 3.7.1 ($G_{f_*} \not\subset A_n$ について)
  $F \subset \mathbb{R}$ とする.

---

[19] $X^3 + b'X + c'$ の根は $X^3 + aX^2 + bX + c$ の根に $\tfrac{a}{3}$ を加えた
ものであるから $D(X^3 + aX^2 + bX + c) = D(X^3 + b'X + c')$ が成り立つ.
$D(X^3 + aX^2 + bX + c) = -4ca^3 + b^2a^2 + 18cba + (-4b^3 - 27c^2)$ である.

$D(f)$ が負の数ならば $D(f)$ は not square in F である.
$\mathbb{C}$ における $f(X)$ の実数でない根の数が $2s$ のとき
$$sgn(D(f)) = \frac{D(f)}{|D(f)|} \quad \cdots ①$$
と定めると
$$sgn(D(f)) = (-1)^s$$
であることが証明できる.　　$\hookrightarrow <3.7-3>$
よって s が奇数のとき $sgn(D(f)) = -1$
ゆえに ① より $D(f)$ は負の数となり not square in F
したがって, $G_{f_*} \not\subset A_n$ である.

★ s が奇数のとき $G_{f_*} \not\subset A_n$ であることは上の議論なしで直接証明できる.

$\sigma : \mathbb{C} \to \mathbb{C}$ は共役をとる写像とする.
σ を F_f に制限したものを τ とする.
f の根を
$$\{\alpha_1, \alpha_2, \cdots, \alpha_t, \beta_1, \bar{\beta}_1, \cdots, \beta_s, \bar{\beta}_s\}$$
とする.
これを
$$\{\alpha_1, \alpha_2, \cdots, \alpha_t, \alpha_{t+1}, \alpha_{t+2},$$
$$\cdots, \alpha_{t+s}, \alpha_{t+s+1}, \cdots, \alpha_{t+2s}\}$$
とする.
ただし $\alpha_1, \alpha_2, \cdots, \alpha_t$ は実数で $\alpha_{t+1}, \alpha_{t+2}, \cdots, \alpha_{t+s}$ は虚数
$$\alpha_{t+s+1} = \overline{\alpha_{t+1}}, \quad \alpha_{t+s+2} = \overline{\alpha_{t+2}}, \quad \cdots, \quad \alpha_{t+2s} = \overline{\alpha_{t+s}}$$
とする.
τ に対する G_{f_*} の置換は
$$(t+1,\ t+s+1)(t+2,\ t+s+2)\cdots(t+s,\ t+2s)$$
であり奇置換である. よって
$$G_{f_*} \not\subset A_n$$
である.

3.8 多項式のガロア群が transitive であるとき

Proposition 3.8.1 (transitive の条件)
$f(X) \in F[X]$ は simple root のみもつとする.
このとき
  $f(X)$ が irreducible
    $\Leftrightarrow G_f$ が f の根を transitive に置換する.
      つまり任意の f の根 α, β に対して
        $^\exists \sigma \in G_f$ s.t. $\sigma(\alpha) = \beta$ が成り立つ.

(proof)
($\Rightarrow$)
  $f(X)$ は irreducible とする.
  また $f(X)$ を monic に取り直す.
  $f(X)$ のある splitting field F_f における根を α, β とする.
  φ_0 を F から F_f への inclusion map とすると
  $\varphi_0 f(\beta) = f(\beta) = 0$ なので
  Lemma 2.3.1 (homo の simple 代数拡大への拡張) で見たように
  下の可換図式をみたす α を β にうつす F-homo φ が存在する.

$$\begin{array}{ccc} F[\alpha] & \xrightarrow{\varphi} & F_f \\ \big\uparrow & \circlearrowleft \nearrow_{\varphi_0(inc)} & \\ F & & \end{array}$$

  また $f(X) = (X - \alpha_1)(X - \alpha_2) \cdots (X - \alpha_n)$
  とすると
  Proposition 2.3.2 を F として $F[\alpha]$, L として $F_f = F[\alpha_1, \alpha_2, \cdots, \alpha_n]$
  に置き換えて使えば下の可換図式をみたす F-homo θ が存在する.

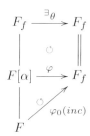

F_f は F 上 normal なので θ は

$\theta(F_f) \subset F_f$ をみたす.

よって θ は $F_f \to F_f$ の F-homo であるが

これは F-isomorphism である.

$\qquad (\because \text{Proposition 2.2.2(iso と次元)})$

ゆえに $\theta \in G_f$ で $\theta(\alpha) = \beta$ である.

($\Leftarrow$)

$g(X) \in F[X]$ を $f(X)$ の irreducible な factor とする.

α を $g(X)$ の根 (すなわち $f(X)$ の根),

β を $f(X)$ の根とする.

仮定より

$\quad {}^\exists \sigma \in G_f \ \ s.t. \ \ \beta = \sigma(\alpha)$

さて, $g(X)$ は F 係数の多項式であるが, $g(\alpha) = 0$ より

$\quad \sigma(g(\alpha)) = 0$

よって $g(\sigma(\alpha)) = 0$ なので

$\sigma(\alpha)$ は $g(X)$ の根である.

すなわち β は $g(X)$ の根である.

よって $f(X)$ の根は全て $g(X)$ の根である.

$f(X)$ は simple root のみもつので $f(X)$ は $g(X)$ の factor である.

$g(X)$ は irreducible なので $f(X) = g(X)$ である.

ゆえに $f(X)$ は irreducible である.

★ $f(X)$ が irreducible のとき $deg \ f(X) = n$ とすると

$n \mid |G_f|$

である.

なぜならば

$[F[\alpha] : F] = n$ であり,

$[F_f : F]$ を $[F[\alpha] : F]$ はわるからである.

こうして $f(X)$ が irreducible のとき

G_f は S_n の部分群に同型な transitive な群であり,

その位数は n でわれる.

3.9 2次, 3次の多項式のガロア群

simple root のみもつ n 次の多項式 $f(X)$ のガロア群 G_f について可換図式

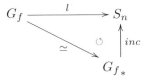

より S_n の部分群 G_{f_*} を見ることによって調べることができる.

Example 3.9.1 (simple root のみもつ 2 次の多項式のガロア群)

$f(X) \in F[X]$ で $\deg f(X) = 2$, $f(X)$ は monic かつ simple root のみもつとする.

(i) $f(X)$ が irreducible でないとき

$f(X)$ は 1 次の多項式の積である.

このとき $F_f = F$ であり,

$\mathrm{Gal}(F_f/F) = G_f = \{id_F\}$ である.

(ii) $f(X)$ が irreducible のとき

$G_{f_*} = S_2$ である.

(ii) を証明しておく．

$f(X)$ が irreducible のとき

$D(f)$ は not square in F である．

なぜならば

$D(f)$ が square in F だとすると，

α, β を $f(X)$ の根とすれば $\alpha - \beta \in F$ である．
$$(\because \text{Corolally } 3.7.1(b) \star_2)$$
$\alpha + \beta \in F$ であり，$\alpha, \beta \in F$ となり

$f(X)$ が irreducible であることに矛盾する．

よって $D(f)$ は not square in F であり，

$G_{f_*} \not\subset A_2$

である．$(\because \text{Corolally } 3.7.1(b))$

$G_{f_*} \subset S_2$ であり，S_2 の部分群は A_2 と S_2 なので　　$\hookrightarrow <3.9-1>$

$G_{f_*} = S_2$

Example 3.9.2　(simple root のみもつ 3 次の多項式のガロア群)

$f(X) \in F[X]$ で $\deg f(X) = 3$, $f(X)$ は monic で simple root のみもつとする．

(i) $f(X)$ が irreducible でないとき

$f(X)$ は 1 次の多項式 3 つの積であるか，または 1 次と 2 次の irreducible な多項式の積である．

・1 次の多項式 3 つの積のとき

$\exists \alpha, \beta, \gamma \in F \text{ s.t } f(X) = (X-\alpha)(X-\beta)(X-\gamma) \text{ in } F[X]$

このとき，$F_f = F$ なので $G_f = \{id_F\}$ である．

・1 次と 2 次の irreducible な多項式の積のとき

$\exists \alpha \in F \text{ s.t. } f(X) = (X-\alpha) \cdot g(X) \text{ in } F[X]$

すなわち $G_f = G_g$ であり，

$g(X)$ は simple root のみもつ 2 次式なので先の Example 3.9.1 の (II) で見たことにもとづく．　　$\hookrightarrow <3.9-2>$

(ii) $f(X)$ が irreducible のとき

$D(f)$ が square in F ならば $G_{f_*} = A_3$
$D(f)$ が not square in F ならば $G_{f_*} = S_3$

(proof)
(ii) を証明しておく.
$f(X)$ は irreducible in $F[X]$ なので
G_{f_*} は S_3 の transitive な部分群であり, 3 でわれる位数をもつ.
$D(f)$ は square in F ならば, $G_{f_*} \subset A_3$ である.
$$(\because \text{Corolally 3.7.1(b)})$$
A_3 の部分群のなかで, 位数が 3 でわれるものは $A_3(|A_3| = 3)$ しかない
ので $G_{f_*} = A_3$ である.
$D(f)$ が not square in F ならば $G_{f_*} \not\subset A_3$ である.
S_3 の部分群でその位数が 3 でわれるものは A_3 と S_3 しかないので
$$\hookrightarrow <3.9-3>$$
$G_{f_*} = S_3$ である.

例えば
・$X^3 - 3X + 1 \in \mathbb{Q}[X]$ は irreducible で [20]
　$D(f) = 81 = 9^2$
　よって $G_{f_*} = A_3$ となる.
・$X^3 + 3X + 1 \in \mathbb{Q}[X]$ は irreducible で [21]
　$D(f) = -135$
　よって $G_{f_*} = S_3$ となる.

★ $f(X) \in F[X]$ で $deg\ f(X) = 3$,
　$f(X)$ は simple root のみもち, かつ irreducible in $F[X]$ のとき
　$D(f)$ が square in $F \iff G_{f_*} = A_3$

---

[20] $f(1) \neq 0$, $f(-1) \neq 0$ なので 別冊「UFD2」Proposition 7.4.2 より
$f(X)$ は $\mathbb{Z}[X]$ で irreducible である.
Proposition 7.4.1 の I(2) より $\mathbb{Q}[X]$ で irreducible である.
[21] 上と同様にしてわかる.

$D(f)$ が not square in $F \iff G_{f_*} = S_3$
が成り立つ.

3.10　4次の多項式のガロア群

この節では simple root のみもつ 4 次の irreducible な多項式のガロア群の分類をしたい.
2 次, 3 次の多項式のガロア群の分類が完成しているので, 4 次の多項式に対して決まる 3 次の多項式を見つけ, そのガロア群を手がかりに,
4 次の多項式のガロア群を見つける方法を考える.

群 G においてその正規部分群が $\{e\}$ と G のみのとき,
G は単純群 であるという.
S_n において $n = 1$ と $n = 2$ のときのみ S_n は単純群である.
$n \geq 3$ のとき, S_n の部分群 A_n は正規部分群なので
S_n は単純群でない.
A_3 は位数が 3 (3 は素数) なので A_3 は可換群である.
$n \geq 5$ のとき, A_n が (非可換な) 単純群であるという事実が
5 次以上の方程式の解の公式が存在しないということの証明に役立った.
A_4 は実は単純群でない.
$v = \{e, (1\ 2)(3\ 4), (1\ 3)(2\ 4), (1\ 4)(2\ 3)\}$ は A_4 の正規部分群になっている.　　↪$< 3.10 - 1 >$
この v がこの節では大事な役目を果たす.

次のことを確認しておく.

(i) G は群, e はその単位元, X は空でない集合とする.
　写像 $\varphi : G \times X \longrightarrow X$ が条件
　　$X \ni^\forall x$ に対して $\varphi(e, x) = x$
　　$G \ni^\forall g, h$ と $X \ni^\forall x$ に対して

$$\varphi(g, \varphi(h, x)) = \varphi(gh, x) \quad {}^{22)}$$
をみたすとき，G は X に作用するという．

(別冊「作用とオービット・シローの定理」Def.7.20.1(作用))

(ii) G が X に作用しているとき，

X の部分集合 Y が

$G \ni g$ で，$Y \ni x$ のときは $Y \ni {}^g x$

をみたすとき，G は Y に作用する．

(iii) $S_n \ni \sigma$ に対して ${}^\sigma X_i = X_{\sigma(i)}$ と定めることにより

S_n は自然に $\{X_1, X_2, \cdots, X_n\}$ に作用する．${}^{23)}$

また，上の作用を拡大して S_n は $\mathbb{Z}[X_1, X_2, \cdots, X_n]$ に作用する．${}^{24)}$

$$Y_1 = X_1 X_2 + X_3 X_4$$
$$Y_2 = X_1 X_3 + X_2 X_4$$
$$Y_3 = X_1 X_4 + X_2 X_3$$

とおくと S_4 の $\mathbb{Z}[X_1, X_2, X_3, X_4]$ への作用は

$\{Y_1, Y_2, Y_3\}$ への作用を誘導する．${}^{25)}$

この作用の Y_1 のオービット $O(Y_1)$ は $\{Y_1, Y_2, Y_3\}$ 自身である．${}^{26)}$

Y_1 の stabilizer $\{S_4 \ni \sigma | {}^\sigma Y_1 = Y_1\}$ を H_{Y_1} とおくと

$$3 = |O(Y_1)| = |S_4|/|H_{Y_1}| \text{ で } |S_4| = 24$$

なので

---

22) $\varphi(g,x)$ を ${}^g x$ と表すと
   $${}^e x = x$$
   $${}^g({}^h(x)) = {}^{gh} x$$

23) ${}^e X_i = X_{e(i)} = X_i$
   $S_n \ni{}^\forall \sigma, {}^\forall \tau$ に対して
   $${}^\sigma ({}^\tau X_i) = {}^\sigma X_{\tau(i)} = X_{\sigma\tau(i)} = {}^{\sigma\tau} X_i$$

24) $S_n \ni \sigma$，$\mathbb{Z}[X_1, X_2, \cdots, X_n] \ni f(X_1, X_2, \cdots, X_n)$ に対して
   $${}^\sigma f(X_1, X_2, \cdots, X_n) = f(X_{\sigma(1)}, X_{\sigma(2)}, \cdots, X_{\sigma(n)}) \in \mathbb{Z}[X_1, X_2, \cdots, X_n]$$
   と定めればよい．

25) $S_4 \ni \sigma$ のとき ${}^\sigma Y_i \in \{Y_1, Y_2, Y_3\}$

26) ${}^{(2,3)} Y_1 = Y_2$, ${}^{(2,4)} Y_1 = Y_3$

$|H_{Y_1}| = 8$

である．　↪<3.10 – 2>

同様に Y_2, Y_3 の stabilizer を $|H_{Y_2}|, |H_{Y_3}|$ とおくと

$|H_{Y_2}| = 8, \ |H_{Y_3}| = 8$　[27]

である．

実際

$H_{Y_1} = <(1\ 3\ 2\ 4), (1\ 2)>$
$= \{e, (1\ 3\ 2\ 4), (1\ 2)(3\ 4), (1\ 4\ 2\ 3), (1\ 2), (1\ 4)(2\ 3), (3\ 4), (1\ 3)(2\ 4)\}$

$H_{Y_2} = <(1\ 2\ 3\ 4), (1\ 3)>$
$= \{e, (1\ 3\ 2\ 4), (1\ 3)(2\ 4), (1\ 2\ 4\ 3), (1\ 3), (1\ 4)(2\ 3), (2\ 4), (1\ 2)(3\ 4)\}$

$H_{Y_3} = <(1\ 2\ 4\ 3), (1\ 4)>$
$= \{e, (1\ 2\ 4\ 3), (1\ 4)(2\ 3), (1\ 3\ 4\ 2), (1\ 4), (1\ 3)(2\ 4), (2\ 3), (1\ 2)(3\ 4)\}$

である．[28]

$H_{Y_1}, H_{Y_2}, H_{Y_3}$ はそれぞれ Y_1, Y_2, Y_3 のうちの一つだけを fix する群であり，

$H_{Y_1} \cap H_{Y_2} \cap H_{Y_3} = v$

となっている．

$H_{Y_1}, H_{Y_2}, H_{Y_3}$ は D_4 型である．　↪<3.10 – 3>

$f(X)$ を F 係数の monic かつ irreducible な4次式で simple root のみもつ多項式とする．
E を $f(X)$ の F 上の splitting field とするとき
E の異なる4個の元 $\alpha_1, \alpha_2, \alpha_3, \alpha_4$ を用いて

---

[27]　$|O(Y_1)| = |O(Y_2)| = |O(Y_3)| = |\{Y_1, Y_2, Y_3\}|$ である．
[28]　$<(1\ 3\ 2\ 4), (1\ 2)>$
　　　$= \{e, (1\ 3\ 2\ 4), (1\ 2)(3\ 4), (1\ 4\ 2\ 3), (1\ 2), (1\ 4)(2\ 3), (3\ 4), (1\ 3)(2\ 4)\}$
　　は計算で確かめられ，これの位数は 8 である．
　　　$H_{Y_1} \ni (1\ 3\ 2\ 4), (1\ 2)$ なので $H_{Y_1} \supset <(1\ 3\ 2\ 4), (1\ 2)>$ である．
　　　H_{Y_1} の位数が 8 なので $H_{Y_1} = <(1\ 3\ 2\ 4), (1\ 2)>$ である．
　　　残りも同様に求められる．

$$f(X) = (X - \alpha_1)(X - \alpha_2)(x - \alpha_3)(X - \alpha_4)$$
と $E[X]$ で分解される.
$E = F[\alpha_1, \alpha_2, \alpha_3, \alpha_4]$ であり, これは F のガロア拡大である.
$f(X)$ が irreducible なので G_f の位数は4の倍数であり,
G_f は $\alpha_1, \alpha_2, \alpha_3, \alpha_4$ に transitive に作用する.
E の元 α, β, γ を
$$\alpha = \alpha_1\alpha_2 + \alpha_3\alpha_4$$
$$\beta = \alpha_1\alpha_3 + \alpha_2\alpha_4$$
$$\gamma = \alpha_1\alpha_4 + \alpha_2\alpha_3$$
とおき, $E[X]$ の多項式 $g(X)$ を
$$g(X) = (X - \alpha)(X - \beta)(X - \gamma)$$
とおくことにする.
G_f の元は $\{\alpha_1, \alpha_2, \alpha_3, \alpha_4\}$ を置換するので
$\{\alpha, \beta, \gamma\}$ を置換する.
特に $g(X)$ は G_f の元でうつしても不変なので $F[X]$ の多項式である.
$F[\alpha, \beta, \gamma]$ は $g(X)$ の F 上の splitting field になっている.
$\alpha - \beta = (\alpha_1 - \alpha_4)(\alpha_2 - \alpha_3) \neq 0$ なので $\alpha \neq \beta$ であり
同様に $\beta \neq \gamma$, $\gamma \neq \alpha$ であることに注意しておく.
$f(X)$ のガロア群 $G(E/F)$ を G_f で表すと, 3.7 で見たように
以下の図式が成り立つ.

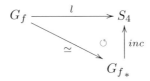

ただし
$$G_{f_*} = G_{f, \alpha_1, \alpha_2, \alpha_3, \alpha_4}$$
であり,
$G_f \ni \sigma$ とするとき $l(\sigma)$ を σ_* と表すことにする.

$$\sigma(\alpha_i) = \alpha_{l(\sigma)(i)} = \alpha_{\sigma_*(i)}$$
である.
$H_{Y_1} \ni \sigma_*$ のとき,
$$X_{\sigma_*(1)} X_{\sigma_*(2)} + X_{\sigma_*(3)} X_{\sigma_*(4)}$$
$$={}^{\sigma_*}(X_1 X_2 + X_3 X_4) = {}^{\sigma_*} Y_1 = Y_1 = X_1 X_2 + X_3 X_4$$
となる.
これの X に α を代入して
$$\alpha_{\sigma_*(1)} \alpha_{\sigma_*(2)} + \alpha_{\sigma_*(3)} \alpha_{\sigma_*(4)} = \alpha_1 \alpha_2 + \alpha_3 \alpha_4 = \alpha$$
となり
$$\sigma(\alpha) = \sigma(\alpha_1 \alpha_2 + \alpha_3 \alpha_4) = \alpha_{\sigma_*(1)} \alpha_{\sigma_*(2)} + \alpha_{\sigma_*(3)} \alpha_{\sigma_*(4)}$$
なので
$$\sigma(\alpha) = \alpha \text{ である.}$$
$H_{Y_1} \not\ni \sigma_*$ のとき, ${}^{\sigma_*}Y_1 \neq Y_1$ なので
${}^{\sigma_*}Y_1 = Y_2$ または ${}^{\sigma_*}Y_1 = Y_3$ となる.
${}^{\sigma_*}Y_1 = Y_2$ のときは
$$X_{\sigma_*(1)} X_{\sigma_*(2)} + X_{\sigma_*(3)} X_{\sigma_*(4)} = X_1 X_3 + X_2 X_4$$
となるので
$$\sigma(\alpha) = \alpha_1 \alpha_3 + \alpha_2 \alpha_4 = \beta \neq \alpha$$
となる. 同様にして
${}^{\sigma_*}Y_1 = Y_3$ のときは
$$\sigma(\alpha) = \alpha_1 \alpha_4 + \alpha_2 \alpha_3 = \gamma \neq \alpha$$
となる.

$\{\sigma \in G_f | H_{Y_1} \ni l(\sigma)\}$ は $l^{-1}(H_{Y_1})$ であるが
これは α を fix する G_f の元全体のなす集合になる.
よって $l^{-1}(H_{Y_1})$ は中間体 $F[\alpha]$ にガロア対応する G_f の部分群である.
同様の議論から $l^{-1}(H_{Y_2})$, $l^{-1}(H_{Y_3})$ は各々, 中間体 $F[\beta], F[\gamma]$ に
ガロア対応する G_f の部分群である.
α, β, γ 全てを fix する G_f の部分群は
$$l^{-1}(H_{Y_1}) \cap l^{-1}(H_{Y_2}) \cap l^{-1}(H_{Y_3})$$

である.
$V = l^{-1}(v)$ とおくと
$$V = l^{-1}(v) = l^{-1}(H_{Y_1} \cap H_{Y_2} \cap H_{Y_3}) = l^{-1}(H_{Y_1}) \cap l^{-1}(H_{Y_2}) \cap l^{-1}(H_{Y_3})$$
なので V は E の中間体 $F[\alpha, \beta, \gamma]$ にガロア対応する G_f の
部分群である.
したがって
$$V = Gal(E/F[\alpha, \beta, \gamma])$$
である.
$F[\alpha, \beta, \gamma]$ は $g(X)$ の splitting field なので F 上 Galois
であるから
$$G_f/V \simeq Gal(F[\alpha, \beta, \gamma]]/F) = G_g$$
である.
後の Lemma 3.10.2 で示すように G_f は transitive であることに注意
すると, G_{f_*} の可能性は S_4, A_4, v, D_4 型, C_4 型のいずれかである.

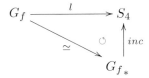

この図において l は monomorphism で
$$V = l^{-1}(v) = l^{-1}(G_{f_*} \cap v) \quad {}^{29)}$$
なので
$$|V| = |G_{f_*} \cap v|$$
である.
$G_{f_*} \supset v$ のときは $|v| = 4$ なので
$|V| = 4$ である.
$G_{f_*} \not\supset v$ のときは $|V| = 2$ または 1 であるが

---

29) $f: X \to Y$ で $Y \supset B$ のとき
$f^{-1}(B) = f^{-1}(f(X) \cap B)$

$|V|=1$ とすると $G_f \simeq G_f/V \simeq G_g$ となるので
これは矛盾である.
よって $|V|=2$ である.
これらに注意して下の表を得る.

G_{f_*}	$\lvert G_f \rvert$	$\lvert V \rvert$	$\lvert G_g \rvert = \dfrac{\lvert G_f \rvert}{\lvert V \rvert}$
S_4	24	4	6
A_4	12	4	3
v	4	4	1
D_4 型	8	4	2
C_4 型	4	2	2

次の定義が示すように $g(X)$ は $f(X)$ の resolvent cubic である.

Def. 3.10.1 (resolvent cubic)

4 次の多項式
$$f(X) = (X-\alpha_1)(X-\alpha_2)(X-\alpha_3)(X-\alpha_4) \quad (\alpha_i \text{ は全て異なる})$$
に対して
$$\alpha = \alpha_1\alpha_2 + \alpha_3\alpha_4$$
$$\beta = \alpha_1\alpha_3 + \alpha_2\alpha_4$$
$$\gamma = \alpha_1\alpha_4 + \alpha_2\alpha_3$$
とするとき
3 次の多項式 $g(X) = (X-\alpha)(X-\beta)(X-\gamma)$ を
$f(X)$ の resolvent cubic という.

$f(X)$ の resolvent cubic $g(X)$ は 3 次式なので
$g(X)$ のガロア群は決定できる.
表より次の Proposition を得る.

Proposition 3.10.1 （4次式のガロア群）

$f(X)$ は simple root のみもつ4次の irreducible な多項式とする.
$f(X)$ の resolvent cubic を $g(X)$, $g(X)$ の splitting field を M とする.

I) $g(X)$ が irreducible のとき
  (1) $D(g)$ が not square in F ならば $G_{f_*} = S_4$
  (2) $D(g)$ が square in F ならば $G_{f_*} = A_4$

II) $g(X)$ が1次と2次の irreducible な多項式の積のとき
  (1) $f(X)$ が M 上 irreducible のとき G_{f_*} は D_4 型
  (2) $f(X)$ が M 上 irreducible でないとき G_{f_*} は C_4 型

III) $g(X)$ が3つの1次式の積のとき $G_{f_*} = v$

(proof)
$g(X) = (X-\alpha)(X-\beta)(X-\gamma)$ とするとき
$M = F[\alpha, \beta, \gamma]$ であり, $V = Gal(F_f/M)$ である.

I)(1) $D(g)$ が not square in F のとき
  G_g と対応するのは S_3 であった.
  (↪ Example 3.10.2(simple root のみもつ3次の多項式のガロア群)
  $|G_g| = |S_3| = 6$ なので G_{f_*} は S_4 である.

  (2) $D(g)$ が square in F のとき
  G_g と対応するのは A_3 であった.
  $|G_g| = |A_3| = 3$ なので G_{f_*} は A_4 である.

II) $|G_g| = |Gal(M/F)| = 2$ なので
  G_{f_*} は D_4 型または C_4 型である.
  (1) $f(X)$ が M 上 irreducible のとき
  $|Gal(E/M)| = |V|$ は4でわれるので $|V| = 4$ である.
  したがって $G_{f_*} = D_4$ 型である.
  (2) $f(X)$ が M 上 irreducible でないとき
  $Gal(E/M)$ は f の根に transitive に作用しないので

$|V| = 2$ である. [30)]
したがって $G_{f_*} = C_4$ 型である.

III) $g(X)$ が 3 つの 1 次式の積のとき
$M = F$ であり $|Gal(M/F)| = 1$ であるから
$G_{f_*} = v$ である.

Lemma 3.10.1 (resolvent cubic の discriminant)
$f(X) = X^4 + bX^3 + cX^2 + dX + e$ の resolvent cubic は
$g(X) = X^3 - cX^2 + (bd - 4e)X - b^2 e + 4ce - d^2$ である.
$f(X)$ と $g(X)$ の discriminant は等しい.

この Lemma の証明はこの節の最後に記す.

** simple root のみもつ 4 次の irreducible な多項式のガロア群を見つけよう.

Example 3.10.1
$f(X) = X^4 - 4X + 2 \in \mathbb{Q}[X]$ を考える.
これは Proposition 7.4.4(Eisenstein's criterion) より
$\mathbb{Q}[X]$ で irreducible である.　　↪<$3.10-5$>
$f(X)$ の resolvent cubic は $g(X) = X^3 - 8X + 16$ である.
これは $\mathbb{Q}[X]$ で irreducible である.
なぜならば $g(X)$ は $\mathbb{Z}/5\mathbb{Z}[X]$ で irreducible であり,
したがって $\mathbb{Z}[X]$ で irreducible であるからである.　　↪<$3.10-6$>
ゆえに $\mathbb{Q}[X]$ で irreducible である.
　　　　($\because$ Proposition 7.4.1 II(1))
次に $g(X)$ の discriminant は $-4 \cdot (-8)^3 - 27 \cdot 16^2 = -4864$ なので
not square in $\mathbb{Q}$ である.
よって Proposition 3.10.1 の I) の (1) より G_{f_*} は S_4 である.

---

30)　$|V| = 4$ とすると V と v は同型になる.
　　v は $\{1, 2, 3, 4\}$ に transitive に作用するので
　　V は $\{\alpha_1, \alpha_2, \alpha_3, \alpha_4\}$ に transitive に作用してしまう.

Example 3.10.2

$f(X) = X^4 + 4X^2 + 2 \in \mathbb{Q}[X]$ を考える.

Proposition 7.4.4(Eisenstein's criterion) より, これは $\mathbb{Q}[X]$ で irreducible である. ↪<3.10−7>

$f(X)$ の resolvent cubic は

$g(X) = X^3 - 4X^2 - 8X + 32 = (X-4)(X^2-8)$

$g(X)$ の splitting field を M とすると,

$M = \mathbb{Q}[\sqrt{2}]$ であり,

($\because$ $(X-4)(X^2-8) = (X-4)(X+2\sqrt{2})(X-2\sqrt{2})$)

$f(X) = (x^2 + 2 + \sqrt{2})(x^2 + 2 - \sqrt{2})$ in $M[X]$ なので

$M[X]$ で irreducible でない.

よって Proposition 3.10.1 の II) の (2) より G_{f_*} は C_4 型である.

Example 3.10.3

$f(X) = X^4 + 10X^2 + 4 \in \mathbb{Q}[X]$ を考える.

これは $\mathbb{Q}[X]$ で irreducible である. ↪<3.10−8>

$f(X)$ の resolvent cubic は

$g(X) = X^3 + 10X^2 - 16X + 160$
$= (X+10)(X+4)(X-4)$

$g(X)$ の splitting field を M とすると

$M = \mathbb{Q}$ である.

よって Proposition 3.10.1 の III) より G_{f_*} は v である.

Example 3.10.4

$f(X) = X^4 - 2 \in \mathbb{Q}[X]$ を考える.

Eisenstein's criterion よりこれは $\mathbb{Q}[X]$ で irreducible である.

$f(X)$ の resolvent cubic は $g(X) = X^3 + 8X = X(X^2+8)$

$g(X)$ の splitting field を M とすると

$M = \mathbb{Q}[\sqrt{2}i]$ である.

($\because$ $X(X^2+8) = X(X+2\sqrt{2}i)(X-2\sqrt{2}i)$)

$f(X)$ は $M[X]$ で irreducible である.

$(\because X^4 - 2 = (X^2 + \sqrt{2})(X^2 - \sqrt{2})$
$= (X + \sqrt[4]{2}i)(X - \sqrt[4]{2}i)(X - \sqrt[4]{2})(X + \sqrt[4]{2}))$

Proposition 3.10.1 の II) の (1) より
G_{f_*} は D_4 型である.

Example 3.10.5

$f(X) = X^4 + 5X^2 + X + 2 \in \mathbb{Q}[X]$ を考える.
これは $\mathbb{Z}[X]$ で irreducible である. $\hookrightarrow$ < 3.10 − 9 >
したがって $\mathbb{Q}[X]$ で irreducible である.
$f(X)$ の resolvent cubic は $g(X) = X^3 - 3X - 1$ である.
これは $\mathbb{Q}[X]$ で irreducible である.
　　(別冊「UFD2」Example 7.4.1)
$g(X)$ の discriminant は $-4 \cdot (-3)^3 - 27 \cdot (-1)^2 = 81 = 9^2$ なので square in $\mathbb{Q}$ である.
よって Proposition 3.10.1 の I) の (2) より
G_{f_*} は A_4 である.

★ Example の結果から F_f におけるガロア群の作用を
具体的に見ることができる.

· Example 3.10.2 について
　$f(X) = X^4 + 4X^2 + 2 \in \mathbb{Q}[X]$
　根は $\pm\sqrt{2 \pm \sqrt{2}}i$ である.
　$G_{f_*} = C_4 = \{e, (1\ 2\ 3\ 4), (1\ 3)(2\ 4), (1\ 4\ 3\ 2)\}$
　であることを上で見た.
　G_f は
$$e(\sqrt{2+\sqrt{2}}i) = \sqrt{2+\sqrt{2}}i$$
$$\sigma(\sqrt{2+\sqrt{2}}i) = \sqrt{2-\sqrt{2}}i$$
$$\tau(\sqrt{2+\sqrt{2}}i) = -\sqrt{2+\sqrt{2}}i$$
$$\eta(\sqrt{2+\sqrt{2}}i) = -\sqrt{2-\sqrt{2}}i$$
　をみたす e, σ, τ, η の 4 元から成ることがわかる.

$$\tau^2(\sqrt{2+\sqrt{2}}i) = \tau(-\sqrt{2+\sqrt{2}}i) = \sqrt{2+\sqrt{2}}i$$
となるので τ は $(1\ 3)(2\ 4)$ に対応する G_f の元である.
$$(1\ 2\ 3\ 4)^2 = (1\ 3)(2\ 4) = (1\ 4\ 3\ 2)^2$$
なので $\sigma^2 = \tau$
つまり
$$\sigma(\sqrt{2-\sqrt{2}}i) = \sigma^2(\sqrt{2+\sqrt{2}}i) = \tau(\sqrt{2+\sqrt{2}}i) = -\sqrt{2+\sqrt{2}}i$$
よって σ により 4 つの根 $\pm\sqrt{2\pm\sqrt{2}}i$ は次のように移る.
$$\sqrt{2+\sqrt{2}}i \xrightarrow{\sigma} \sqrt{2-\sqrt{2}}i \xrightarrow{\sigma} -\sqrt{2+\sqrt{2}}i \xrightarrow{\sigma} -\sqrt{2-\sqrt{2}}i \xrightarrow{\sigma} \sqrt{2+\sqrt{2}}i$$

· Example 3.10.4 について

$f(X) = X^4 - 2 \in \mathbb{Q}[X]$

根は $\pm\sqrt[4]{2}, \pm\sqrt[4]{2}i$ である.

3.4 ガロア拡大の例において,このガロア群について部分体を利用して調べたが,次のようにも考えられる.

上で見たように G_{f_*} は D_4 型である.

$D_4 = \{e, a, a^2, a^3, b, ab, a^2b, a^3b\}$

$|G_f| = 8$ である.

$f(X)$ の splitting field は

$\mathbb{Q}[\sqrt[4]{2}, \sqrt[4]{2}i, -\sqrt[4]{2}, -\sqrt[4]{2}i] = \mathbb{Q}[\sqrt[4]{2}, i]$

なので

$Gal(\mathbb{Q}[\sqrt[4]{2}, i]/\mathbb{Q}[i])$ の元は i を fix し
$\sqrt[4]{2}$ を以下のように置換する.
$$\begin{cases} \sqrt[4]{2} & \to & \sqrt[4]{2} \\ \sqrt[4]{2} & \to & \sqrt[4]{2}i \\ \sqrt[4]{2} & \to & -\sqrt[4]{2} \\ \sqrt[4]{2} & \to & -\sqrt[4]{2}i \end{cases}$$
$Gal(\mathbb{Q}[\sqrt[4]{2}, i]/\mathbb{Q}[\sqrt[4]{2}])$ の元は $\sqrt[4]{2}$ を fix し,
i を以下のように置換する.
$$\begin{cases} i & \to & i \\ i & \to & -i \end{cases}$$

これらの組み合わせがちょうど8個あるので，
G_f の元はこれらの組み合わせの元が全てである．

$$a : \begin{cases} \sqrt[4]{2} & \to & \sqrt[4]{2}i \\ i & \to & i \end{cases} \quad b : \begin{cases} \sqrt[4]{2} & \to & \sqrt[4]{2} \\ i & \to & -i \end{cases}$$

とすると $\quad e : \begin{cases} \sqrt[4]{2} & \to & \sqrt[4]{2} \\ i & \to & i \end{cases}$

$$a = \begin{cases} \sqrt[4]{2} & \to & \sqrt[4]{2}i \\ i & \to & i \end{cases} \quad\quad b = \begin{cases} \sqrt[4]{2} & \to & \sqrt[4]{2} \\ i & \to & -i \end{cases}$$

$$a^2 = \begin{cases} \sqrt[4]{2} & \to & -\sqrt[4]{2} \\ i & \to & i \end{cases} \quad\quad ab = \begin{cases} \sqrt[4]{2} & \to & \sqrt[4]{2}i \\ i & \to & -i \end{cases}$$

$$a^3 = \begin{cases} \sqrt[4]{2} & \to & -\sqrt[4]{2}i \\ i & \to & i \end{cases} \quad\quad a^2 b = \begin{cases} \sqrt[4]{2} & \to & -\sqrt[4]{2} \\ i & \to & -i \end{cases}$$

$$a^3 b = \begin{cases} \sqrt[4]{2} & \to & -\sqrt[4]{2}i \\ i & \to & -i \end{cases}$$

となる．

後で示すと言っていた Lemma を証明する．

Lemma 3.10.2

H は S_4 の transitive な部分群で位数が 4 の倍数であるものとすると H は S_4, A_4, v, D_4 型，C_4 型のいずれかである．

(proof)

S_4 の位数が 24 なので H の位数は $24, 12, 8, 4$ のいずれかである．
$|H| = 24$ のとき，位数が 24 の群は S_4 しかないので S_4 である．
$|H| = 12$ のとき，位数が 12 の群は指数が 2 なので正規部分群である．これは A_4 である． $\hookrightarrow <3.10-4>$
$|H| = 8$ のとき，位数が 8 の群は 2-シロー部分群 [31] である．
H_{Y_1} は位数が 8 であり D_4 型であった．

---

[31] $24 = 8 \times 3 = 2^3 \times 3$

2-シロー部分群は全て共役なので H は D_4 型である. [32]

$|H| = 4$ のとき, H は transitive なので
H に含まれる置換 σ で $\sigma(1) = 2$ となるものが存在する.
ゆえに σ の位数は 2 である. [33]
よって $\sigma = (1\ 2)$, または $(1\ 2)(3\ 4)$ である.

同様にして $H \ni {}^{\exists}\tau$ s.t. $\tau(1) = 3$
このとき $\tau = (1\ 3)$ または $\tau = (1\ 3)(2\ 4)$ である.

$\sigma = (1\ 2)$ で $\tau = (1\ 3)$ とすると
$H \ni (1\ 2)(1\ 3) = (1\ 3\ 2)$ となり
H に位数が 3 の元があることになりこれは矛盾である.

$\sigma = (1\ 2)$ で $\tau = (1\ 3)(2\ 4)$ とすると
$H \ni (1\ 2)(1\ 3)(2\ 4) = (1\ 3\ 2\ 4)$ となり
H に位数が 4 の元があることになりこれは矛盾である.

$\sigma = (1\ 2)(3\ 4)$ で $\tau = (1\ 3)$ とすると
$H \ni (1\ 2)(3\ 4)(1\ 3) = (1\ 4\ 3\ 2)$ となり
H に位数が 4 の元があることになりこれは矛盾である.

$\sigma = (1\ 2)(3\ 4)$ で $\tau = (1\ 3)(2\ 4)$ とすると
$H \ni (1\ 2)(3\ 4)(1\ 3)(2\ 4) = (1\ 4)(2\ 3)$ である.
$H \supset \{id, (1\ 2)(3\ 4), (1\ 3)(2\ 4), (1\ 4)(2\ 3)\} = v$
よって $H = v$ である.

Lemma 3.10.1 を証明しておく.

$f(X)$ はある splitting field において,
$f(X) = (X - \alpha_1)(X - \alpha_2)(X - \alpha_3)(X - \alpha_4)$ とする.

---

[32] D_4 型の部分群は $H_{Y_1}, H_{Y_2}, H_{Y_3}$ の 3 つだけである.

[33] σ の位数は 2 または 4 であるが 4 であるとすると
$<\sigma>$ は位数が 4 で $H \supset <\sigma>$ なので $H = <\sigma>$
となり $<\sigma>$ は C_4 型なので H が transitive であることに矛盾する.

$$\begin{cases} b &= -(\alpha_1+\alpha_2+\alpha_3+\alpha_4) \\ c &= \alpha_1\alpha_2+\alpha_1\alpha_3+\alpha_1\alpha_4+\alpha_2\alpha_3+\alpha_2\alpha_4+\alpha_3\alpha_4 \\ d &= -(\alpha_1\alpha_2\alpha_3+\alpha_1\alpha_3\alpha_4+\alpha_1\alpha_2\alpha_4+\alpha_2\alpha_3\alpha_4) \\ e &= \alpha_1\alpha_2\alpha_3\alpha_4 \end{cases}$$

である.
$$g(X) = (X-\alpha)(X-\beta)(X-\gamma)$$
$$= X^3 - (\alpha+\beta+\gamma)X^2 + (\alpha\beta+\beta\gamma+\alpha\gamma)X - \alpha\beta\gamma \text{ である.}$$

$\alpha = \alpha_1\alpha_2 + \alpha_3\alpha_4$

$\beta = \alpha_1\alpha_3 + \alpha_2\alpha_4$

$\gamma = \alpha_2\alpha_3 + \alpha_1\alpha_4$

であるから、$\alpha+\beta+\gamma, \alpha\beta+\beta\gamma+\alpha\gamma, \alpha\beta\gamma$ を $\alpha_1,\alpha_2,\alpha_3,\alpha_4$ で表して b,c,d,e と比べる.

その結果が
$$g(X) = X^3 - cX^2 + (bd-4e)X - b^2e + 4ce - d^2$$
である.

これを確かめておく.
$$\alpha+\beta+\gamma = (\alpha_1\alpha_2+\alpha_3\alpha_4) + (\alpha_1\alpha_3+\alpha_2\alpha_4)$$
$$+ (\alpha_2\alpha_3+\alpha_1\alpha_4)$$

よって $\alpha+\beta+\gamma = c$ である.
$$\alpha\beta+\beta\gamma+\gamma\alpha = (\alpha_1\alpha_2+\alpha_3\alpha_4)(\alpha_1\alpha_3+\alpha_2\alpha_4)$$
$$+ (\alpha_1\alpha_3+\alpha_2\alpha_4)(\alpha_2\alpha_3+\alpha_1\alpha_4)$$
$$+ (\alpha_2\alpha_3+\alpha_1\alpha_4)(\alpha_1\alpha_2+\alpha_3\alpha_4)$$
$$= \alpha_1{}^2\alpha_2\alpha_3 + \alpha_1\alpha_2{}^2\alpha_4 + \alpha_1\alpha_3{}^2\alpha_4 + \alpha_2\alpha_3\alpha_4{}^2$$
$$+ \alpha_1\alpha_2\alpha_3{}^2 + \alpha_1{}^2\alpha_3\alpha_4 + \alpha_2{}^2\alpha_3\alpha_4 + \alpha_1\alpha_2\alpha_4{}^2$$
$$+ \alpha_1\alpha_2{}^2\alpha_3 + \alpha_1{}^2\alpha_2\alpha_4 + \alpha_2\alpha_3{}^2\alpha_4 + \alpha_1\alpha_3\alpha_4{}^2$$

$$bd-4e = (\alpha_1+\alpha_2+\alpha_3+\alpha_4)(\alpha_1\alpha_2\alpha_3+\alpha_1\alpha_3\alpha_4+\alpha_1\alpha_2\alpha_4+\alpha_2\alpha_3\alpha_4)$$
$$- 4\alpha_1\alpha_2\alpha_3\alpha_4$$
$$= \alpha_1{}^2\alpha_2\alpha_3 + \alpha_1{}^2\alpha_3\alpha_4 + \alpha_1{}^2\alpha_2\alpha_4 + \alpha_1\alpha_2\alpha_3\alpha_4$$
$$+ \alpha_1\alpha_2{}^2\alpha_3 + \alpha_1\alpha_2\alpha_3\alpha_4 + \alpha_1\alpha_2{}^2\alpha_4 + \alpha_2{}^2\alpha_3\alpha_4$$
$$+ \alpha_1\alpha_2\alpha_3{}^2 + \alpha_1\alpha_3{}^2\alpha_4 + \alpha_1\alpha_2\alpha_3\alpha_4 + \alpha_2\alpha_3{}^2\alpha_4$$

$$+\alpha_1\alpha_2\alpha_3\alpha_4+\alpha_1\alpha_3\alpha_4{}^2+\alpha_1\alpha_2\alpha_4{}^2+\alpha_2\alpha_3\alpha_4{}^2$$

よって $\alpha\beta+\beta\gamma+\gamma\alpha=bd-4e$ である.

$$\alpha\beta\gamma=(\alpha_1\alpha_2+\alpha_3\alpha_4)(\alpha_1\alpha_3+\alpha_2\alpha_4)(\alpha_2\alpha_3+\alpha_1\alpha_4)$$
$$=(\alpha_1{}^2\alpha_2\alpha_3+\alpha_1\alpha_2{}^2\alpha_4+\alpha_1\alpha_3{}^2\alpha_4+\alpha_2\alpha_3\alpha_4{}^2)(\alpha_2\alpha_3+\alpha_1\alpha_4)$$
$$=\alpha_1{}^2\alpha_2{}^2\alpha_3{}^2+\alpha_1{}^3\alpha_2\alpha_3\alpha_4+\alpha_1\alpha_2{}^3\alpha_3\alpha_4+\alpha_1{}^2\alpha_2{}^2\alpha_4{}^2$$
$$+\alpha_1\alpha_2\alpha_3{}^3\alpha_4+\alpha_1{}^2\alpha_3{}^2\alpha_4{}^2+\alpha_2{}^2\alpha_3{}^2\alpha_4{}^2+\alpha_1\alpha_2\alpha_3\alpha_4{}^3$$

$$b^2e-4ce+d^2=(\alpha_1+\alpha_2+\alpha_3+\alpha_4)^2\alpha_1\alpha_2\alpha_3\alpha_4$$
$$-4(\alpha_1\alpha_2+\alpha_1\alpha_3+\alpha_1\alpha_4+\alpha_2\alpha_3+\alpha_2\alpha_4+\alpha_3\alpha_4)\alpha_1\alpha_2\alpha_3\alpha_4$$
$$+(\alpha_1\alpha_2\alpha_3+\alpha_1\alpha_3\alpha_4+\alpha_1\alpha_2\alpha_4+\alpha_2\alpha_3\alpha_4)^2$$
$$=\alpha_1\alpha_2\alpha_3\alpha_4\{(\alpha_1+\alpha_2+\alpha_3+\alpha_4)^2$$
$$-4(\alpha_1\alpha_2+\alpha_1\alpha_3+\alpha_1\alpha_4+\alpha_2\alpha_3+\alpha_2\alpha_4+\alpha_3\alpha_4)\}$$
$$+(\alpha_1\alpha_2\alpha_3+\alpha_1\alpha_3\alpha_4+\alpha_1\alpha_2\alpha_4+\alpha_2\alpha_3\alpha_4)^2$$
$$=\alpha_1\alpha_2\alpha_3\alpha_4\{-2(\alpha_1\alpha_2+\alpha_1\alpha_3+\alpha_1\alpha_4+\alpha_2\alpha_3+\alpha_2\alpha_4+\alpha_3\alpha_4)$$
$$+\alpha_1{}^2+\alpha_2{}^2+\alpha_3{}^2+\alpha_4{}^2\}$$
$$+(\alpha_1\alpha_2\alpha_3+\alpha_1\alpha_2\alpha_4+\alpha_1\alpha_3\alpha_4+\alpha_2\alpha_3\alpha_4)^2$$
$$=\alpha_1\alpha_2\alpha_3\alpha_4\{-2(\alpha_1\alpha_2+\alpha_1\alpha_3+\alpha_1\alpha_4+\alpha_2\alpha_3+\alpha_2\alpha_4+\alpha_3\alpha_4)$$
$$+\alpha_1{}^2+\alpha_2{}^2+\alpha_3{}^2+\alpha_4{}^2\}$$
$$+2\alpha_1{}^2\alpha_2{}^2\alpha_3\alpha_4+2\alpha_1{}^2\alpha_2\alpha_3{}^2\alpha_4+2\alpha_1\alpha_2{}^2\alpha_3{}^2\alpha_4$$
$$+2\alpha_1{}^2\alpha_2\alpha_3\alpha_4{}^2+2\alpha_1\alpha_2{}^2\alpha_3\alpha_4{}^2+2\alpha_1\alpha_2\alpha_3{}^2\alpha_4{}^2$$
$$+\alpha_1{}^2\alpha_2{}^2\alpha_3{}^2+\alpha_1{}^2\alpha_2{}^2\alpha_4{}^2+\alpha_1{}^2\alpha_3{}^2\alpha_4{}^2+\alpha_2{}^2\alpha_3{}^2\alpha_4{}^2$$
$$=\alpha_1\alpha_2\alpha_3\alpha_4\{-2(\alpha_1\alpha_2+\alpha_1\alpha_3+\alpha_1\alpha_4+\alpha_2\alpha_3+\alpha_2\alpha_4+\alpha_3\alpha_4)$$
$$+\alpha_1{}^2+\alpha_2{}^2+\alpha_3{}^2+\alpha_4{}^2$$
$$+2(\alpha_1\alpha_2+\alpha_1\alpha_3+\alpha_1\alpha_4+\alpha_2\alpha_3+\alpha_2\alpha_4+\alpha_3\alpha_4)\}$$
$$+\alpha_1{}^2\alpha_2{}^2\alpha_3{}^2+\alpha_1{}^2\alpha_2{}^2\alpha_4{}^2+\alpha_1{}^2\alpha_3{}^2\alpha_4{}^2+\alpha_2{}^2\alpha_3{}^2\alpha_4{}^2$$
$$=\alpha_1{}^3\alpha_2\alpha_3\alpha_4+\alpha_1\alpha_2{}^3\alpha_3\alpha_4+\alpha_1\alpha_2\alpha_3{}^3\alpha_4+\alpha_1\alpha_2\alpha_3\alpha_4{}^3$$
$$+\alpha_1{}^2\alpha_2{}^2\alpha_3{}^2+\alpha_1{}^2\alpha_2{}^2\alpha_4{}^2+\alpha_1{}^2\alpha_3{}^2\alpha_4{}^2+\alpha_2{}^2\alpha_3{}^2\alpha_4{}^2$$

よって $\alpha\beta\gamma=b^2e-4ce+d^2$ である.

また

$$D(f)=(\alpha_1-\alpha_2)^2(\alpha_1-\alpha_3)^2(\alpha_1-\alpha_4)^2(\alpha_2-\alpha_3)^2(\alpha_2-\alpha_4)^2(\alpha_3-\alpha_4)^2$$
$$D(g)=(\alpha-\beta)^2(\beta-\gamma)^2(\gamma-\alpha)^2$$

$$\alpha - \beta = (\alpha_1\alpha_2 + \alpha_3\alpha_4) - (\alpha_1\alpha_3 + \alpha_2\alpha_4) = (\alpha_1 - \alpha_4)(\alpha_2 - \alpha_3)$$
$$\beta - \gamma = (\alpha_1\alpha_3 + \alpha_2\alpha_4) - (\alpha_1\alpha_4 + \alpha_2\alpha_3) = (\alpha_1 - \alpha_2)(\alpha_3 - \alpha_4)$$
$$\gamma - \alpha = (\alpha_1\alpha_4 + \alpha_2\alpha_3) - (\alpha_1\alpha_2 + \alpha_3\alpha_4) = (\alpha_1 - \alpha_3)(\alpha_4 - \alpha_2)$$
なので $D(f) = D(g)$ である.

3.11　p 次の多項式のガロア群が S_p となるとき

次の Lemma は p が素数のときの S_p の部分群が S_p 全体となるときを見つける手助けになる.

Lemma 3.11.1 （S_p の生成元）
　p を素数とする.
　S_p の部分群 H が互換を一つと p cycle (長さ p の巡回置換) を一つ含めば $H = S_p$ となる.

(proof)
　以下の手順で証明する.
　(1) H に含まれる p cycle $(i_1\ i_2\ \cdots\ i_p)$ で
　　その隣り合う任意の i_s, i_{s+1} に対して
　　　$H \ni (i_s\ i_{s+1})$
　　となるものが存在する.
　(2) H は全ての互換を含む.
　(3) $H = S_p$

(1) $\tau = (a\ b)$ を H に含まれる互換として
　σ を H に含まれる p cycle とする.
　σ は p cycle なので
　　$\sigma = (a\ \sigma(a)\ \sigma^2(a)\ \sigma^3(a)\ \cdots\ \sigma^{p-1}(a))$
　である. このとき
　　$1 \leq {}^\exists j \leq p-1\ \ s.t.\ \ \sigma^j(a) = b$

σ^j は p cycle である。 [34]

これを η とおく．

$i_1 = a$ として $\eta = (i_1 \ i_2 \ \cdots \ i_p)$ とおくと $i_2 = b$

$H \ni \sigma^j = \eta = (i_1 \ i_2 \ \cdots \ i_p)$ で $H \ni \tau = (a \ b) = (i_1 \ i_2)$ である．

$\eta = (i_1 \ i_2 \ \cdots \ i_p)$ の 任意の隣り合う i_{s-1}, i_s, i_{s+1} に対して

$\eta(i_{s-1} \ i_s)\eta^{-1} = (i_s \ i_{s+1})$ である． [35]

$H \ni (i_1 \ i_2)$ なので

$\quad H \ni \eta(i_1 \ i_2)\eta^{-1} = (i_2 \ i_3)$

$\quad H \ni \eta(i_2 \ i_3)\eta^{-1} = (i_3 \ i_4)$

$\quad \vdots$

$\quad H \ni \eta(i_{p-2} \ i_{p-1})\eta^{-1} = (i_{p-1} \ i_p)$

(2) $1 \leq k < t \leq p$ に対して

$\quad (i_k \ i_t) = (i_k \ i_{k+1})(i_{k+1} \ i_{k+2})$
$\qquad \cdots (i_{t-2} \ i_{t-1})(i_{t-1} \ i_t)(i_{t-2} \ i_{t-1}) \cdots (i_{k+1} \ i_{k+2})(i_k \ i_{k+1})$

よって H は全ての互換を含む．

(3) S_p の全ての置換は互換の積でかける． $\hookrightarrow <3.11-2>$

よって $H \supset S_p$

ゆえに $H = S_p$ である．

Proposition 3.11.1 ($G_{f_*} = S_p$ となる $f(X)$)

$f(X) \in \mathbb{Q}[X]$, $f(X)$ は irreducible, $deg \ f(X) = p$,

p は素数とする．

$f(X)$ の根のうち 2 つだけが実数でないならば

$G_{f_*} = S_p$ である．

---

[34] $\quad \sigma^j \in <\sigma> = \{1, \sigma, \sigma^2, \cdots, \sigma^{p-1}\}$

$\qquad <\sigma>$ の元の位数は 1 か p

$\qquad S_p$ において 位数が p のものは p cycle である．

$\qquad\qquad\qquad\qquad \hookrightarrow <3.11-1>$

[35] $i_s \xrightarrow{\eta^{-1}} i_{s-1} \xrightarrow{(i_{s-1} \ i_s)} i_s \xrightarrow{\eta} i_{s+1}$

(proof)

E を $\mathbb{C}$ における $f(X)$ の splitting field とする.

$E \ni \alpha$ を $f(X)$ の根とする.

$f(X)$ は irreducible より

$[\mathbb{Q}[\alpha] : \mathbb{Q}] = deg\ f(X) = p$

である.

よって $p \mid [E:\mathbb{Q}]$

それゆえ G_{f_*} は位数が p の元を含む. ↪< 3.11 − 3 >

S_p において位数が p の元は p cycle である.

σ を $\mathbb{C}$ における complex conjugate とする.

σ は $f(X)$ の実数でない 2 つの根を置換し残りを fix する.

よって G_{f_*} は互換を含む. ↪< 3.11 − 4 >

G_{f_*} は互換と p cycle を含むので

$G_{f_*} = S_p$ である.

この Proposition の条件をみたす多項式を作る.

まずは具体的に作ってみる.

Example 3.11.1

$f(X) = (X^2+2)(X-2)X(X+2)$ の実数でない根は 2 つある.

実数の根は $-2,\ 0,\ 2$ の 3 つである.

このとき，多項式 $f(X) - 2$ の実数の根も3つである．
なぜならば
$$f'(X) = (X^5 - 2X^3 - 8X)' = 5X^4 - 6X^2 - 8$$
なので $f'(X) = 0$ の実数の根は2つである．
したがって $f(X)$ は開区間 $(-2, 0)$ で極大値を1つもつ．
$f(-1) = 9 > 2$ であるから $f(X) - 2$ の実数の根も3つである．

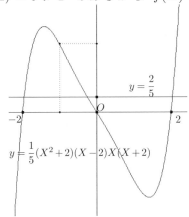

一般に次のように作れる．

Example 3.11.2

p は5以上の素数とする．

正の偶数 m と，$p-2$ 個の偶数 $n_1, n_2, \cdots, n_{p-2}$ を選んで
$g(X) = (X^2 + m)(X - n_1) \cdots (X - n_{p-2})$, $n_1 < n_2 < \cdots < n_{p-2}$ とする．
$f(X) = g(X) - \frac{2}{n}$ とする．
ただし n は奇数で $\frac{2}{n}$ が $g(X)$ の正のどの極値よりも小さくなるようにとる．
このとき $f(X)$ と X 軸との交点は $p-2$ 個のままであり，
$f(X)$ の実数でない根は2つのみである．
さて $nf(X) = nX^p + a_1 X^{p-1} + \cdots + a_p$ で
$a_1, \cdots, a_p$ は全て偶数であり，2 でわれる．
n は2でわれない．
a_p は 2^2 でわれない．　　↪<3.11−5>

Eisenstein's criterion より $f(X)$ は irreducible である.
($nf(X)$ は irreducible)
$f(X)$ は $\mathbb{R}$ 上 $p-2$ 個の 1 次式と 1 個の 2 次式の因数をもつ.
それゆえ $f(X)$ は Proposition 3.11.1 の条件をみたす.

Example 3.11.3

$S_p = G_{f_*}$ であっても $f(X)$ が 2 個の実数でない根をもつとは限らない.
(逆は成り立たない)
$f(X) = X^5 - 5X^3 + 4X - 1$ は $G_{f_*} = S_5$ であるが [36]
その根は全て実数である.

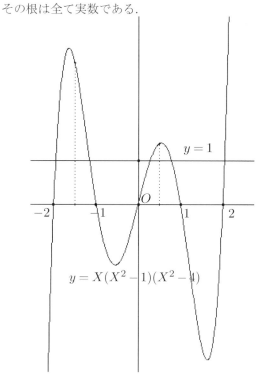

---

[36] これは 3.13 Example 3.13.4 にて示す.

また $f(X) = X^5 - 18X^4 + 11X^3 + 57X^2 - 7X - 9$ は
3.13 の Example 3.13.5 の $\star$ で $G_{f_*} = S_5$ であることを見る.
しかしその根は全て実数である. [37]

3.12 有限体上のガロア拡大とガロア群

体 E の標数が $p(>0)$ のとき
0.5「体の標数」で見たように自然な ring homo $\varphi: \mathbb{Z} \longrightarrow E$ の kernel は
$p\mathbb{Z}$ であり, $Im\ \varphi$ は $\mathbb{Z}/p\mathbb{Z}$ と同型な E の部分体である.
$\mathbb{Z}/p\mathbb{Z}$ は p 個の元をもつ体であり,
これを $\mathbb{F}_p$ と表していた.

Proposition 3.12.1

E を $\mathbb{F}_p$ の拡大体とする.
このとき以下のことが成り立つ.

(i) $[E:\mathbb{F}_p] = n$ とすると $|E| = p^n$ である.
(ii) $|E| = p^n$ ならば E は $X^{p^n} - X \in \mathbb{F}_p[X]$ の splitting field である.
E は $X^{p^n} - X$ の根全ての集合である.
(iii) E' が $|E'| = |E|$ なる有限体とすると $E \simeq E'$ である.
(iv) $\forall p$ (素数) と $\forall n$ (正の整数) に対して p^n 個の元をもつ有限体が必ず存在する.
それは $X^{p^n} - X \in \mathbb{F}_p[X]$ の根全体の集合である.

(proof)
(i) E を $\mathbb{F}_p$ 上拡大次数が n の体とする. ($[E:\mathbb{F}_p] = n$)
n 個の元で E の $\mathbb{F}_p$ 上の base がとれるので
$e_1, e_2, \cdots, e_n$ を E の $\mathbb{F}_p$ 上の base とすると
$E \ni \forall \beta$ に対して

---

[37] $f(-1) > 0$, $f(0) < 0$, $f(1) > 0$, $f(3) < 0$ である.

$\exists_1 (a_1, a_2, \cdots, a_n) \in \mathbb{F}_p \ \ s.t. \ \ \beta = a_1 e_1 + a_2 e_2 + \cdots + a_n e_n$
$a_1, a_2, \cdots, a_n$ はそれぞれ $\mathbb{F}_p$ の p 個の元のどれかなので
β は p^n とおりある.
よって $|E| = p^n$ である.

(ii) $E^\times (= E - \{0\})$ は $p^n - 1$ 個の元をもつ群である.
したがって, $E^\times$ の全ての元の位数は $p^n - 1$ の約数である.
ゆえに, $p^n - 1$ 乗すると 1 だから E の 0 以外の全ての元は
$X^{p^n - 1} - 1 \in \mathbb{F}_p[X]$ の根である.
$E^\times$ の元を $\{\alpha_1, \cdots, \alpha_{p^n - 1}\}$ とすると
これらは全部 $X^{p^n - 1} - 1 \in \mathbb{F}_p[X]$ の根なので
$\quad X^{p^n - 1} - 1 = (X - \alpha_1)(X - \alpha_2) \cdots (X - \alpha_{p^n - 1}) \ in \ E[X]$
すなわち
$\quad X^{p^n} - X = (X - 0)(X - \alpha_1) \cdots (X - \alpha_{p^n - 1}) \ in \ E[X]$
である.
さて, $X^{p^n} - X$ の splitting field は
$\quad \mathbb{F}_p[0, \alpha_1, \cdots, \alpha_{p^n - 1}] = \mathbb{F}_p[\alpha_1, \cdots, \alpha_{p^n - 1}]$
であり,
$\quad \mathbb{F}_p[\alpha_1, \cdots, \alpha_{p^n - 1}] \subset E = \{0\} \cup E^\times = \{0, \alpha_1, \alpha_2, \cdots, \alpha_{p^n - 1}\}$
$\qquad \qquad \qquad \qquad \qquad \subset \mathbb{F}_p[\alpha_1, \cdots, \alpha_{p^n - 1}]$
よって
$\quad E = \mathbb{F}_p[\alpha_1, \cdots, \alpha_{p^n - 1}]$
となるので, E は $X^{p^n} - X \in \mathbb{F}_p[X]$ の splitting field であり,
$X^{p^n} - X$ の根全体の集合 $\{0, \alpha_1, \alpha_2, \cdots, \alpha_{p^n - 1}\}$ である.

(iii) E' も有限体なので E' の標数を p'(素数)として
$\quad [E' : \mathbb{F}_{p'}] = n'$ とすると
$\quad |E'| = (p')^{n'}$
である.
よって $p^n = (p')^{n'}$ である.
このとき $p = p', \ n = n'$ である. $\quad \hookrightarrow <3.12-1>$

ゆえに E' も標数は p であり, $\mathbb{F}_p$ 上の拡大次数が n の体である.
したがって E' も $X^{p^n} - X$ の $\mathbb{F}_p$ 上の splitting field である.
同じ体上の同じ多項式の splitting field は同型なので
($\because$ Theorem 2.3.1(splitting field の一意性))
$E \simeq E'$ である.

(iv) p を素数, n を正の整数とする.
$f(X) = X^{p^n} - X \in \mathbb{F}_p[X]$ の根全体の集合を考える.
$f(X)$ は separable [38] であるから p^n 個の異なる根をもつ.
また, 根全体の集合は体であることも以下のように確かめられる.
$f(X) = X^{p^n} - X \in \mathbb{F}_p[X]$ の根全体の集合を S とする.

・$S \ni a, b$ とすると $a^{p^n} = a, b^{p^n} = b$
$(ab)^{p^n} = a^{p^n} b^{p^n} = ab$
よって $ab \in S$
$(a-b)^{p^n} = a^{p^n} - b^{p^n} = a - b$ [39]
よって $a - b \in S$

・$S \ni a \neq 0$ とする.
$(a^{-1})^{p^n} = (a^{p^n})^{-1} = a^{-1}$
よって $a^{-1} \in S$

Proposition 3.12.2

有限体の finite 拡大は全て simple 拡大である.

---

[38] $\mathbb{F}_p$ の標数は p なので $(X^{p^n} - X)' = p^n X^{p^n - 1} - 1 = -1$

[39] 標数が p のとき
$$\begin{aligned}
(x-y)^p &= x^p - y^p \\
(x^p - y^p)^p &= x^{p^2} - y^{p^2} \\
(x^{p^2} - y^{p^2})^p &= x^{p^3} - y^{p^3} \\
&\vdots \\
\therefore (x-y)^{p^n} &= x^{p^n} - y^{p^n}
\end{aligned}$$

(proof)

F を有限体,$E(\supset F)$ を finite 拡大体とする.
このとき $E^\times$ は体の乗法群の有限な部分群なので巡回群である.
($\hookrightarrow$ 別冊「体の乗法群の有限な部分群は巡回群」)
ξ を $E^\times$ の乗法群としての生成元とすると
$F[\xi] \subset E = \{0\} \cup E^\times = \{0\} \cup <\xi> \subset F[\xi]$
$E = F[\xi]$ である.

Proposition 3.12.3

$^\forall p$ (素数),$^\forall n$ (正の整数) に対して p^n 個の元をもつ有限体が存在し,そのような有限体は同型である.

(proof)
Proposition 3.12.1 (iii),(iv) より明らか

★ $\mathbb{F}_p$ の拡大体 E が $\mathbb{F}_p$ の n 次拡大体 F を含めば
F は E に含まれる $X^{p^n} - X$ の根全体からなる集合になっている.
したがって E に含まれる $\mathbb{F}_p$ の n 次拡大体は一つしかない.
その意味で $\mathbb{F}_p$ の n 次拡大体を $\mathbb{F}_{p^n}$ で表す.
$\mathbb{F}_{p^n}$ と書いたときはこれを含む体を一つ決めてその中で $\mathbb{F}_p$ の
n 次拡大体を考えている.

Proposition 3.12.4

σ を $\mathbb{F}_{p^n}$ でのフロベニウス写像
$$\begin{array}{ccc} \sigma: & \mathbb{F}_{p^n} & \longrightarrow & \mathbb{F}_{p^n} \\ & \cup & & \cup \\ & \alpha & \longmapsto & \alpha^p \end{array}$$
とする.
$\mathbb{F}_{p^n}$ は $\mathbb{F}_p$ 上 Galois であり,
$Gal(\mathbb{F}_{p^n}/\mathbb{F}_p) = <\sigma>$ である.

(proof)

$\mathbb{F}_{p^n}$ は $\mathbb{F}_p$ 上 separable な多項式 $X^{p^n} - X$ の splitting field なので

$\mathbb{F}_p$ のガロア拡大である.
σ は ring homo である.　$\hookrightarrow <3.12-2>$
σ は体から体への ring homo なので単射である.
σ は p^n 個の元からなる体から p^n 個の元からなる体への単射なので全射である.
$\mathbb{F}_p$ は $X^p - X$ の根全体からなる集合なので
σ は $\mathbb{F}_p$ の元を fix する. [40]
よって $Gal(\mathbb{F}_{p^n}/\mathbb{F}_p) \ni \sigma$ であり.
　$\mathbb{F}_p = \{\alpha \in \mathbb{F}_{p^n} | \sigma(\alpha) = \alpha\} = \mathbb{F}_{p^n}{}^{<\sigma>}$
である.
$Gal(\mathbb{F}_{p^n}/\mathbb{F}_p)$ の部分群 $<\sigma>$ の fixed field が $\mathbb{F}_p$ なので
　$Gal(\mathbb{F}_{p^n}/\mathbb{F}_p) = <\sigma>$
である. [41]

Corolally 3.12.1

n の約数 m に対して $\mathbb{F}_{p^n}$ は $\mathbb{F}_{p^m}$ を含む.

---

[40]　$\mathbb{F}_p \ni \alpha$ とすると $\alpha^p - \alpha = 0$ より $\alpha^p = \alpha$
　　　よって $\sigma(\alpha) = \alpha^p = \alpha$

[41]　FUNDAMENTAL THEOREM OF GALOIS THEORY 3.3.1 より
　　　$Gal(\mathbb{F}_{p^n}/\mathbb{F}_p)$ の部分群 $<\sigma>$ と $\mathbb{F}_{p^n}$ の部分体 $\mathbb{F}_{p^n}{}^{<\sigma>}$ が
　　　1対1対応している.

$$\begin{array}{ccc}
\mathbb{F}_{p^n} & \longleftrightarrow & \{id\}_E \\
| & & | \\
\mathbb{F}_{p^n}{}^{<\sigma>} & \longleftrightarrow & <\sigma> \\
| & & | \\
\mathbb{F}_p & \longleftrightarrow & Gal(\mathbb{F}_{p^n}/\mathbb{F}_p)
\end{array}$$

$\mathbb{F}_p = \mathbb{F}_{p^n}{}^{<\sigma>}$ なので $Gal(\mathbb{F}_{p^n}/\mathbb{F}_p) = <\sigma>$ である.

(proof)

$\mathbb{F}_{p^n}$ は $\mathbb{F}_p$ 上 Galois で
$\sigma : \mathbb{F}_{p^n} \to \mathbb{F}_{p^n}$ をフロベニウス写像とするとき
$Gal(\mathbb{F}_{p^n}/\mathbb{F}_p)$ は σ で生成された巡回群 $<\sigma>$ である.
$\dfrac{n}{m}$ を d とおく.
σ の位数が n なので σ^m の位数は d である.
つまり $<\sigma^m>$ は 位数が d の $<\sigma>$ の部分群である.
$Gal(\mathbb{F}_{p^n}/\mathbb{F}_p) = <\sigma>$ の部分群 $<\sigma^m>$ の fixed field を M とすると
M は $\mathbb{F}_p$ 上 m 次の拡大体なので $\mathbb{F}_{p^m}$ である.

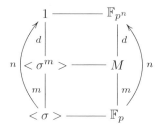

Corolally 3.12.2

m を n の約数とするとき $\mathbb{F}_p[X]$ の多項式として
$$X^{p^m} - X \mid X^{p^n} - X$$
である.

(proof)

$m|n$ より p^m 個の元からなる体 $\mathbb{F}_{p^m}$ は p^n 個の元からなる体 $\mathbb{F}_{p^n}$ に含まれる. ($\because$ Corolally 3.12.1)

$X^{p^n} - X = \Pi_{\mathbb{F}_{p^n} \ni \alpha}(X - \alpha)$

$X^{p^m} - X = \Pi_{\mathbb{F}_{p^m} \ni \alpha}(X - \alpha)$

なので
$X^{p^m} - X$ は $X^{p^n} - X$ の factor である.

Corolally 3.12.3

(a) $f(X) \in \mathbb{F}_p[X]$ は monic かつ irreducible であり, $deg\ f(X) = d$ とする.

このとき $f(X)$ は $X^{p^d} - X \in \mathbb{F}_p[X]$ の factor であり，
$f(X)$ の splitting field は $\mathbb{F}_{p^d}$ である．
さらに $m \in \mathbb{N}$ とすると $f(X)$ は $X^{p^{md}} - X \in \mathbb{F}_p[X]$ の factor である．
(b) $f(X) \in \mathbb{F}_p[X]$ が monic かつ irreducible で $X^{p^n} - X \in \mathbb{F}_p[X]$ の factor ならば $f(X)$ の次数は n の約数である．

(proof)
(a) α を $f(X)$ の根とする．
$f(X)$ は irreducible なので $F[\alpha]$ は $\mathbb{F}_p$ 上 d 次の拡大体である．
よって $F[\alpha] = \mathbb{F}_{p^d}$ である．
$\mathbb{F}_{p^d}$ は $X^{p^d} - X$ の根全体からなる集合である．
$\mathbb{F}_{p^d} = F[\alpha] \ni \alpha$ より $\alpha^{p^d} - \alpha = 0$ となり
$f(X)$ は α の最小多項式であり
$$f(X) \mid X^{p^d} - X$$
がわかる．
Corolally 3.12.2 より $X^{p^d} - X$ は $X^{p^{md}} - X$ の factor なので
$f(X)$ は $X^{p^{md}} - X$ の factor でもある．
(b) $f(X)$ が $X^{p^n} - X$ の factor なので
$X^{p^n} - X$ の splitting field $\mathbb{F}_{p^n}$ の中に $f(X)$ の根がある．
その一つを α とすると
$$\mathbb{F}_p[\alpha] \subset \mathbb{F}_{p^n}$$
である．
$f(X)$ は irreducible な d 次式なので
$\mathbb{F}_p[\alpha]$ は $\mathbb{F}_p$ の d 次拡大体である．
$\mathbb{F}_p[\alpha]$ は $\mathbb{F}_p$ の n 次拡大体 $\mathbb{F}_{p^n}$ の部分体なので
$$d \mid n$$
である．

Proposition 3.12.5

$\mathbb{F}$ を $\mathbb{F}_p$ の algebraic closure とする．

(1) $\mathbb{N} \ni n$ のとき, $\mathbb{F}$ は $\mathbb{F}_{p^n}$ を含む.
(2) $\mathbb{N} \ni m, n$ のとき
$$\mathbb{F}_{p^m} \subset \mathbb{F}_{p^n} \iff m|n$$

(proof)
(1) $\mathbb{F}$ は $\mathbb{F}_p$ の algebraic closure なので
$\mathbb{F}$ は $X^{p^n} - X$ の splitting field $\mathbb{F}_{p^n}$ を含んでいる.
(2)
　($\Rightarrow$)
　$\mathbb{F}_{p^n}$ は $\mathbb{F}_p$ の n 次拡大で,
　$\mathbb{F}_{p^m}$ は $\mathbb{F}_p$ の m 次拡大であり,
　$\mathbb{F}_{p^m} \subset \mathbb{F}_{p^n}$ なので $m|n$ である.

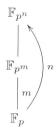

($\Leftarrow$)
　Corolally 3.12.1 より明らかである.

Proposition 3.12.6

体 $\mathbb{F}_p$ は algebraic closure をもつ.

証明の前に Lemma を用意する.

Lemma 3.12.1

$\mathbb{N} \ni n, d$
E を $\mathbb{F}_{p^d}$ 上の $X^{p^{nd}} - X$ の splitting field とすると,
E は $\mathbb{F}_p$ 上の $X^{p^{nd}} - X$ の splitting field である.

すなわち E は $\mathbb{F}_{p^{nd}}$ と表される資格をもっている.

(proof)
$\beta_1, \beta_2, \cdots, \beta_{p^{nd}}$ を E における $X^{p^{nd}} - X$ の根とすると
$\{\beta_1, \beta_2, \cdots, \beta_{p^{nd}}\}$ は p^{nd} 個の元からなる体となる.
$X^{p^d} - X \mid X^{p^{nd}} - X$ なので
$X^{p^d} - X$ の根全体からなる体 $\mathbb{F}_{p^d}$ は $\{\beta_1, \beta_2, \cdots, \beta_{p^{nd}}\}$ に含まれる.
$E = \mathbb{F}_{p^d}[\beta_1, \beta_2, \cdots, \beta_{p^{nd}}]$ は $\mathbb{F}_{p^d}$ と $\{\beta_1, \beta_2, \cdots, \beta_{p^{nd}}\}$ を含む最小の体
なので $E = \{\beta_1, \beta_2, \cdots, \beta_{p^{nd}}\}$ である.
また, $\mathbb{F}_p \subset \mathbb{F}_{p^d} \subset \{\beta_1, \beta_2, \cdots, \beta_{p^d}\}$
なので
$$\mathbb{F}_p[\beta_1, \beta_2, \cdots, \beta_{p^{nd}}] = \{\beta_1, \beta_2, \cdots, \beta_{p^{nd}}\} = E$$
したがって E は $\mathbb{F}_{p^{nd}}$ と表される資格をもっている.

Proposition 3.12.6 を証明する.

$n_i = i!$ とおくと $\forall i$ に対して $n_i \mid n_{i+1}$ である.
$1 = n_1 < n_2 < n_3 < \cdots$ であり, $i \mid n_i$ である.
体の列 $E_1, E_2, \cdots, E_n$ を以下のように帰納的に定義する.

$E_1 = \mathbb{F}_p$
E_2 は $X^{p^{n_2}} - X$ の E_1 上の splitting field
E_3 は $X^{p^{n_3}} - X$ の E_2 上の splitting field
$\vdots$

このように定めると $E_1 \subset E_2 \subset \cdots$ であり
Lemma 3.12.1 より $E_i = \mathbb{F}_{p^{n_i}}$ と表してもよい.

$\mathbb{F} = \cup E_i = \cup \mathbb{F}_{p^{n_i}}$

と $\mathbb{F}$ を定義する.
各 $\mathbb{F}_{p^{n_i}}$ は $\mathbb{F}_p$ 上 algebraic なので
$\mathbb{F}$ は $\mathbb{F}_p$ 上 algebraic である. [42]

---

[42] $\mathbb{F}_{p^{n_i}}$ は $\mathbb{F}_p$ 上 finite なので $\mathbb{F}_p$ 上 algebraic である.
全ての $\mathbb{F}_{p^{n_i}}$ の元は $\mathbb{F}_p$ 上 algebraic なので

さらに $\mathbb{F}_p[X]$ の任意の多項式は $\mathbb{F}$ で splits である．
なぜならば

$g(X) \in \mathbb{F}_p[X]$ を monic かつ irreducible な多項式で．
次数を d とすると d は n_d をわるので

$\quad g(X) \mid X^{p^{n_d}} - X \quad in \ \mathbb{F}_p[X]$

である．（∵ Corolally 3.12.3）
$\mathbb{F}_{p^{n_d}}$ は $X^{p^{n_d}} - X$ の根を全て含んでいるので
$\mathbb{F}$ は $X^{p^{n_d}} - X$ の根を全て含んでいる．
よって $g(X)$ は $\mathbb{F}$ で splits である．
以上より，$\mathbb{F}$ は $\mathbb{F}_p$ の algebraic closure である．
（∵ Proposition 2.1.2 (algebraic closure の条件)）

3.13　$\mathbb{Q}$ 上のガロア群の計算

$\mathbb{Q}$ 係数の多項式の $\mathbb{Q}$ 上のガロア群を調べたい．
まず 3.5「多項式のガロア群」で見たことを思い出してみる．
F を体として $F[X] \ni f(X)$, $f(X)$ は simple root のみもつとする．
特に $f(X)$ が n 個の異なる根, $\alpha_1, \cdots, \alpha_n$ をもつとき，
$G_f = Gal(F_f/F)$ は $\{\alpha_1, \alpha_2, \cdots, \alpha_n\}$ に作用し，
G_f から $Sym(\{\alpha_1, \alpha_2, \cdots, \alpha_n\})$ への monomorphism があり，
それを ψ としていた，
また $Sym(\{\alpha_1, \alpha_2, \cdots, \alpha_n\})$ から S_n への同型写像があり，
それを θ とすると下の可換図式が成り立っていた．[43]

---

[43]　$\mathbb{F}$ の元は $\mathbb{F}_p$ 上 algebraic である．
$l = \theta \circ \psi$ とするとき $G_f \ni \sigma$ に対して
$\quad \sigma(\alpha_i) = \alpha_{l(\sigma)(i)}$
が成り立っている．

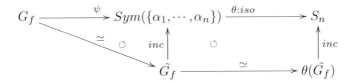

G_f は S_n の部分群 $\theta(\tilde{G}_f)$ と同型である.
この $\theta(\tilde{G}_f)$ を G_{f_*} で表すと $f(X)$ の根に順番を付けたとき
G_f と同型な S_n の部分群 G_{f_*} が存在することになる.
さて G_f は S_n のどのような部分群と同型なのか.
S_n 全体なのか,あるいは A_n なのか,
それがわからないとしてもそれにはどのような元が含まれているのか,
この節ではこのようなことを知るための手段について述べることにする.

次の Example で示すように,$\mathbb{Q}$ 係数の多項式 $f(X)$ に対して
$\mathbb{Z}$ 係数の多項式 $g(X)$ で,$G_f = G_g$ となるものが存在する.
すなわち $\mathbb{Q}$ 係数の多項式の $\mathbb{Q}$ 上のガロア群を調べたいならば
$\mathbb{Z}$ 係数の多項式の $\mathbb{Q}$ 上のガロア群について調べればよい. [44)]

Example 3.13.1

$f(X) = X^4 - \frac{1}{2}X^3 - \frac{1}{3}X^2 + \frac{5}{6}X + \frac{1}{6} \in \mathbb{Q}[X]$ ··· ①
$f(X)$ は異なる 4 個の根, $\alpha, \beta, \gamma, \delta$ をもつとする.
① $\times 6^4$ をすると
$\quad 6^4 f(X) = (6X)^4 - 3(6X)^3 - 12(6X)^2 + 180(6X) + 216$
である.
$\quad g(X) = X^4 - 3X^3 - 12X^2 + 180X + 216$
とおくと $6\alpha, 6\beta, 6\gamma, 6\delta$ は $g(X)$ の根である.
$f(X)$ の $\mathbb{Q}$ 上の splitting field は $\mathbb{Q}[\alpha, \beta, \gamma, \delta]$ で

---

44) $\quad F$ が p^m 個の元からなる有限体 $\mathbb{F}_{p^m}$ のときは
    あとで示すように G_f の構造は
    $f(X)$ の $\mathbb{F}_{p^m}$ における既約分解の型により決定される.

$g(X)$ の $\mathbb{Q}$ 上の splitting field は $\mathbb{Q}[6\alpha, 6\beta, 6\gamma, 6\delta]$ である．
よって $G_f = G_g$ である．

$\mathbb{Z}$ 係数の多項式の $\mathbb{Q}$ 上のガロア群につては次の Theorem が成り立つ．

Theorem 3.13.1　(DEDEKIND)

$f(X)$ を $\mathbb{Z}[X]$ の monic な n 次式で simple root のみもつとする．
$\mathbb{Z}/p\mathbb{Z}[X]$ における $f(X)$ の class $\bar{f}(X)$ も simple root のみもつように素数 p を選ぶ．

$$\bar{f}(X) = \bar{f}_1(X) \cdot \bar{f}_2(X) \cdot \cdots \cdot \bar{f}_r(X) \in \mathbb{Z}/p\mathbb{Z}[X]$$

と既約分解できるとき，
$m_i = deg\ \bar{f}_i(X)$ とすると
G_{f_*} は $m_1 \times m_2 \times \cdots \times m_r$ の型の置換を含む．

$f(X)$ と $\bar{f}(X)$ の根の順番をうまく選べば，次の二つが成り立つことを示すことで証明される．

(a) $G_{f_*} > G_{\bar{f}_*}$ である．
(b) $G_{\bar{f}_*}$ は $m_1 \times m_2 \times \cdots \times m_r$ 型の置換で生成されている．

(a) については別冊「$G_{f_*} > G_{\bar{f}_*}$」で証明した．
(b) については次の Lemma と Proposition を用いて示す．

別冊「S_n」Remark 7.9.4 を以下の Lemma として用いる．

Lemma 3.13.1

$S_n \ni \sigma$ で生成された巡回群 $<\sigma>$ の $\{1,2,3,\cdots,n\}$ への作用によるオービットが r 個あり，
その元の個数がそれぞれ $m_1, m_2, \cdots, m_r$ であるとする．
このとき σ の cycle 分解の型は $m_1 \times m_2 \times \cdots \times m_r$ である．

Proposition 3.13.1

$f(X) \in F[X]$ は monic で simple root のみをもつとする．
$f(X)$ の異なる irreducible な factor が r 個あり

それぞれの次数が $m_1, m_2, \cdots, m_r$ であるとする.
このとき次が成り立つ.

i) $\{\alpha_1, \alpha_2, \cdots, \alpha_n\}$ を $f(X)$ の根とするとき
G_f は $\{\alpha_1, \alpha_2, \cdots, \alpha_n\}$ に作用するが
この作用によって $\{\alpha_1, \alpha_2, \cdots, \alpha_n\}$ は各々 $m_1, m_2, \cdots, m_r$ 個の元
よりなる r 個のオービットに分解される.

ii) G_f が σ で生成された巡回群のとき, 節の始めの図における記号を
使って $l = \theta \circ \psi$ とおくと $l(\sigma)$ の cycle 分解の型は
$m_1 \times m_2 \times \cdots \times m_r$ である.

(proof)
i) $f(X) = g_1(X) g_2(X) \cdots g_r(X)$ とする.
  ($g_i(X)$ は irreducible, $deg\ g_i(X) = m_i$)
O_i を $g_i(X)$ の根全体の集合とすると
O_i は m_i 個の元からなる集合であり
disjoint union $O_1 \cup O_2 \cup \cdots \cup O_r$ は
$f(X)$ の根の集合 $\{\alpha_1, \alpha_2, \cdots, \alpha_n\}$
に等しい.
$O_i \ni^\forall \alpha$ と $G_f \ni^\forall \sigma$ に対して $O_i \ni \sigma(\alpha)$ であり
$O_i \ni^\forall \alpha, \beta$ に対して $\eta(\alpha) = \beta$ となる G_f の元 η が存在するので
O_i は G_f によるオービットであり
$O_1 \cup O_2 \cup \cdots \cup O_r$ は G_f による $\{\alpha_1, \alpha_2, \cdots, \alpha_n\}$ の
オービット分解である.

ii) i) より G_{f_*} すなわち $l(G_f)$ により $\{1, 2, \cdots, n\}$ は
各々 $m_1, m_2, \cdots, m_r$ 個の元からなるオービットに分解されるので
G_f が σ で生成された巡回群 $<\sigma>$ のときは
$G_{f_*} = <l(\sigma)>$ であり
Lemma より $l(\sigma)$ の cycle 分解の型は $m_1 \times m_2 \times \cdots \times m_r$ である.

(b) を示す.

$G_{\bar{f}}$ はフロベニウス写像により生成された巡回群なので
Proposition 3.13.1 より
$G_{\bar{f}_*}$ は $m_1 \times m_2 \times \cdots \times m_r$ 型の置換で生成されている.

Example 3.13.2

$f(X) = X^5 - X - 1 \in \mathbb{Z}[X]$ とする.
$\mathbb{F}_2(=\mathbb{Z}/2\mathbb{Z})$ で見た $\bar{f}(X)$ は [45]
$$X^5 - X + 1 = (X^2 + X + 1)(X^3 + X^2 + 1)$$
で, $X^2 + X + 1$ は irreducible, $X^3 + X + 1$ も irreducible である. [46]
よって G_{f_*} は 2×3 型の置換を含む.
2×3 型の置換は3乗すると互換になるので [47]
G_{f_*} は互換を含む.
$\mathbb{F}_3(=\mathbb{Z}/3\mathbb{Z})$ で見ると
$$\bar{f}(X) = X^5 + 2X + 2$$
でありこれは irreducible である. [48]
よって G_{f_*} は 5 型の置換を含む.
5は素数で G_{f_*} は互換と 5 cycle を含むので $G_{f_*} = S_5$ である.
 　　 ($\because$ Lemma 3.11.1 (S_p は互換と p cycle で生成されている))

---

[45] これは $f(X)$ の $\mathbb{F}_2[X]$ での class を考えていることを意味している.
[46] $F_2 = \{0,1\}$ であり,
0 も 1 も X^2+X+1, X^3+X^2+1 の根でない.
つまり 1 次の factor をもたない.
したがって X^2+X+1 と X^3+X^2+1 は irreducible である.
[47] $((i\ k)(l\ m\ n))^3 = (i\ k)$
[48] $\mathbb{F}_3 = \{0,1,2\}$ であり,
0 も 1 も 2 も $\bar{f}(X)$ の根でない.
つまり 1 次の factor をもたない.
$\mathbb{F}_3[X]$ の monic な2次式は9個あるが irreducible であるものは
そのうちの X^2+1, X^2+X+2, X^2+2X+2 の3つである.
このどれもが X^5+2X+2 の factor でない.
$\bar{f}(X)$ は5次式で factor を1つももたないものである.

Example 3.13.3

$f(X) = X^5 + 5X^4 + 5X^3 + 10X^2 + 4X + 4 \in \mathbb{Z}[X]$ とする.

$\mathbb{F}_2 (= \mathbb{Z}/2\mathbb{Z})$ で見た $\bar{f}(X)$ は

$\qquad X^5 + X^4 + X^3 = X^3(X^2 + X + 1)$

で $X^2 + X + 1$ は irreducible である. [49]

$\mathbb{F}_5 (= \mathbb{Z}/5\mathbb{Z})$ で見た $\bar{f}(X)$ は

$\qquad X^5 - X - 1$

でありこれは irreducible である. [50]

したがって G_{f_*} は互換と 5 型の置換を含む.

互換と 5 cycle を含むので $G_{f_*} = S_5$ である.

Example 3.13.4

$f(X) = X^5 - 5X^3 + 4X - 1 \in \mathbb{Z}[X]$ とする.

(a) $\mathbb{F}_2$ で見た $\bar{f}(X)$ は

$\qquad X^5 + X^3 + 1$

である.

これは $\mathbb{F}_2$ で根をもたないので 1 次の factor をもたない.

$\mathbb{F}_2[X]$ での 2 次の irreducible な多項式は $X^2 + X + 1$ のみであるが

これは $X^5 + X^3 + 1$ の factor でないので

$X^5 + X^3 + 1$ は $\mathbb{F}_2$ で irreducible である.

(b) $(X - 3)(X^4 + 3X^3 + 4X^2 + 5X + 5)$

$\qquad = (X^5 - 5X^3 + 4X - 1) - 7(X^2 - 2X - 2)$

なので $\mathbb{F}_7$ で見た $\bar{f}(X)$ は

$\qquad (X - 3)(X^4 + 3X^3 + 4X^2 + 5X + 5)$

である.

$\qquad g(X) = X^4 + 3X^3 + 4X^2 + 5X + 5$

とおくと $g(X)$ は $\mathbb{F}_7$ で根をもたないので 1 次の factor をもたない.

---

[49] $\mathbb{F}_2 = \{0, 1\}$ であり 0 も 1 も $X^2 + X + 1$ の根でない.
[50] $\mathbb{F}_3 = \{0, 1, 2\}$ はどれも $X^5 - X - 1$ の根でないので
1 次の factor をもたない. また, 2 次の factor ももたない.

$\mathbb{F}_7$ で
$$X^4+3X^3+4X^2+5X+5 = (X^2+aX+b)(X^2+(3-a)X+c)$$
と分解されたとすると $mod\ 7$ で
$$\begin{cases} b+c+3a-a^2 &\equiv 4 \\ ac+3b-ab &\equiv 5 \\ bc &\equiv 5 \end{cases}$$
が成り立つ.
$$\begin{cases} ac+3b-ab &\equiv 5 \\ bc &\equiv 5 \end{cases}$$
をみたす a,b,c と $b+c+3a-a^2$ の表を完成させると

b	c	a	$b+c+3a-a^2$
1	5	4	2
2	6	5	5
3	4	3	0
4	3	0	0
5	1	6	2
6	2	5	5

$b+c+3a-a^2 \not\equiv 4$ なので
$X^4+3X^3+4X^2+5X+5$ は 2つの2次式の積にならない.
よって $X^4+3X^3+4X^2+5X+5$ は $\mathbb{F}_7$ で irreducible である.

(c) $(X^2+30X+1)(X^3-30X^2-9X-1)$
$\quad = X^5 - 908X^3 - 301X^2 - 39X - 1$
$\quad = (X^5 - 5X^3 + 4X - 1) + 43(31X^3 - 7X - 1)$
$X^2+30X+1 = (X+12)(X+18) - 43\times 5$

なので $\mathbb{F}_{43}$ で見た $\bar{f}(X)$ は
$$(X+12)(X+18)(X^3-30X^2-9X-1)$$
である.

X^3-30X^2-9X-1 は $\mathbb{F}_{43}$ で根をもたないので

$\mathbb{F}_{43}$ で irreducible である.

(a) より $f(X)$ は irreducible であるから $\mathbb{Z}[X]$ で irreducible である.

(a), (b), (c) より G_{f_*} には 5 cycle, 4 cycle, 3 cycle が入り,
位数はそれぞれ $5, 4, 3$ なので G_{f_*} の位数は $5 \times 4 \times 3 = 60$ の倍数である.
S_5 の部分群で位数が 60 の倍数であるものは S_5 と S_4 であるが
A_5 には奇置換である 4 cycle は含まれないので $G_{f_*} = S_5$ である.

Example 3.13.5

$\mathbb{Z}[X] \ni f_1, f_2, f_3$, それぞれ monic で次数は n とする.
(a) $f_1(X)$ の $\mathbb{F}_2[X]$ での class が simple root のみもつ
irreducible な多項式である.
(b) $f_2(X)$ の $\mathbb{F}_3[X]$ での class が simple root のみもち,
既約分解すると 1 次と $n-1$ 次の多項式の積である.
(c) $f_3(X)$ の $\mathbb{F}_5[X]$ での class が simple root のみもち,
既約分解すると 2 次と, 残りは奇数次の多項式の積である.
(a),(b),(c) が成り立つとき
$$f(X) = -15 f_1 + 10 f_2 + 6 f_3$$
とおくと $f(X)$ は simple root のみもつ [51] monic な多項式である.
$f(X)$ の $\mathbb{F}_2[X]$ での class は $f_1(X)$ の class と同じなので
(a) より G_{f_*} は n 型を含む.
それゆえに transitive である.
$f(X)$ の $\mathbb{F}_3[X]$ での class は $f_2(X)$ の class と同じなので
(b) より G_{f_*} は $n-1$ cycle を含む.
$f(X)$ の $\mathbb{F}_5[X]$ での class は $f_3(X)$ の class と同じなので
(c) より G_{f_*} は $2 \times m_2 \times m_3 \times \cdots \times m_r$ 型の置換を含む.
$(m_2, m_3, \cdots, m_r$ は奇数$)$
この型の置換は $m_2 m_3 \cdots m_r$ 乗すると互換だけが残る.
以上により G_{f_*} は S_n の transitive な部分群で互換と $n-1$ cycle を含む.
よって後で示す Lemma から G_{f_*} は S_n である.

---

[51] $f(X) = f_1^{e_1} f_2^{e_2} \cdots f_n^{e_n}$ f_i は irreducible とすると,
$\bar{f}(X) = \bar{f_1}^{e_1} \bar{f_2}^{e_2} \cdots \bar{f_n}^{e_n}$ であり,
これらが simple root のみもつので $e_1 = e_2 = \cdots = e_n = 1$ となる.

★ 上の Example の条件をみたす多項式を見つけてみる.
$f_1(X) = X^5 + X^3 + X^2 + X + 1$
$f_2(X) = X^5 + 2X^3 + 2X$
$f_3(X) = X^5 + 2X^4 + X^3 + 2X^2 - 2X - 4$ とすると

$\mathbb{F}_2[X]$ において

$\bar{f}_1(X)$ は1次の irreducible な factor, 2次の irreducible な factor をもたないので irreducible である.

$\mathbb{F}_3[X]$ において

$\bar{f}_2(X) = X(X^4 + 2X^2 + 2)$ であり,
$X^4 + 2X^2 + 2$ は irreducible である.

$\mathbb{F}_5[X]$ において

$\bar{f}_3(X) = X^5 + 2X^4 + X^3 + 2X^2 - 2X - 4 = (X^2 + 2)(X+1)(X-1)(X-2)$
であり, $X^2 + 2$ は irreducible である. [52]

このときは $f(X) = X^5 + 12X^4 + 11X^3 - 3X^2 - 7X - 39$ になる.
これに $-30X^4 + 60X^2 + 30$ を加えた $X^5 - 18X^4 + 11X^3 + 57X^2 - 7X - 9$
のガロア群も S_5 と同型である.

Lemma 3.13.2

S_n に含まれる transitive な部分群 H が互換と $n-1$ cycle を含めばそれは S_n に等しい.

---

[52] $\mathbb{F}_2 = \{0, 1\}$ は $\bar{f}_1(X)$ の根ではない.
$\mathbb{F}_2[X]$ における2次の irreducible な多項式は $X^2 + X + 1$ しかなく, これは $\bar{f}_1(X)$ をわらない.
よって $\bar{f}_1(X)$ は1次の factor, 2次の factor をもたない.
$\mathbb{F}_3[X]$ における2次の monic で irreducible な多項式は 前に述べた $X^2 + 1, X^2 + X + 2, X^2 + 2X + 2$ の3つであるが, このどれもが $X^4 + 2X^2 + 2$ をわらないし,
$\mathbb{F}_3 = \{0, 1, 2\}$ は $X^4 + 2X^2 + 2$ の根ではない.
また $X^2 + 2$ は $\mathbb{F}_5$ における2次の irreducible な多項式である.

(proof)

H' を S_n の部分群とする.

H' が $(1\ 2), (1\ 3), \cdots, (1\ n)$ なる $n-1$ 個の互換を含めば $2 \leq \alpha < \beta \leq n$ なる全ての α, β に対して

$(\alpha\ \beta) = (1\ \alpha)(1\ \beta)(1\ \alpha)$

となり H' は全ての互換を含むので $H' = S_n$ となる.

$H' \ni (1\ 2)$ で H' が 1 をとめる $n-1$ cycle σ を含むとき $\sigma = (2\ a_1\ a_2\ \cdots\ a_{n-2})$ の形で表される.
$\sigma^i(1\ 2)(\sigma^i)^{-1}$ は互換で

$\sigma^i(1\ 2)(\sigma^i)^{-1}(1) = \sigma^i(2) = a_i$ であるので

$\sigma^i(1\ 2)(\sigma^i)^{-1} = (1\ a_i)$ である.
$H' \ni (1\ a_i)$ となり
$\{a_1, a_2, \cdots, a_{n-2}\} = \{3, 4, \cdots, n\}$ なので
H' は $(1\ 2), (1\ 3), \cdots, (1\ n)$ を含むことになる.
よって $H' = S_n$ となる.

$H \ni (a\ b)$ で σ を H に含まれる $n-1$ cycle とする.

case1. $\sigma(a) = a$ のとき

S_n の中に $\eta(a) = 1,\ \eta(b) = 2$ となる置換 η がある.
$\eta(a\ b)\eta^{-1} = (1\ 2)$ で $\eta\sigma\eta^{-1}$ は 1 をとめる $n-1$ cycle であり, [53] ともに $\eta H \eta^{-1}$ に含まれるので
前の話より $\eta H \eta^{-1} = S_n$ となる.

case2. $\sigma(a) \neq a$ のとき

σ が $n-1$ cycle なので $\sigma(c) = c$ となる c が $\{1, 2, \cdots, n\}$ の中にある.
H が transitive なので H に含まれる置換 η で
$\eta(c) = a$ となるものが存在する.
$\eta\sigma\eta^{-1}$ は H に含まれる $n-1$ cycle で a をとめる.
case1 の σ として $\eta\sigma\eta^{-1}$ をとれば $H = S_n$ であることがわかる.

---

[53] $\eta(a\ b)\eta^{-1}$ は互換,
$\eta\sigma\eta^{-1}$ は $n-1$ cycle で $\eta\sigma\eta^{-1}(1) = 1$

第4章

solvable

4.1 simple 拡大の primitive elements

この節では, ガロアの基本定理を利用して, 多項式と拡大体の関係について考察する.

finite 拡大 E/F が simple 拡大であるとは
「$\exists \alpha \in E \quad s.t. \quad E = F[\alpha]$」
であるときにいった.
そしてこの α を, E の F 上の primitive element と呼んでいた.
ここで全ての separable な拡大体が primitive element をもつことを示す.

例として, 拡大 $\mathbb{Q}[\sqrt{2}, \sqrt{3}]/\mathbb{Q}$ を考える.
$\mathbb{Q}[\sqrt{2}, \sqrt{3}]$ は separable な多項式 $(X^2-2)(X^2-3) \in \mathbb{Q}[X]$
の splitting field である.
その根は $\pm\sqrt{2}, \pm\sqrt{3}$ である.
拡大 $\mathbb{Q}[\sqrt{2}, \sqrt{3}]/\mathbb{Q}$ は Galois である.
$[\mathbb{Q}[\sqrt{2}, \sqrt{3}] : \mathbb{Q}] = 4$ より $\hookrightarrow < 4.1-1 >$
$Gal(\mathbb{Q}[\sqrt{2}, \sqrt{3}]/\mathbb{Q})$ の元は 4 個ある.
$\mathbb{Q}[\sqrt{2}], \mathbb{Q}[\sqrt{3}]$ は $\mathbb{Q}[\sqrt{2}, \sqrt{3}]$ の部分体である.
$Gal(\mathbb{Q}[\sqrt{2}, \sqrt{3}]/\mathbb{Q}) \ni^\exists \sigma \quad s.t. \quad \begin{cases} \sigma(\sqrt{2}) &= -\sqrt{2} \\ \sigma(\sqrt{3}) &= \sqrt{3} \end{cases}$

$Gal(\mathbb{Q}[\sqrt{2},\sqrt{3}]/\mathbb{Q}) \ni^{\exists} \tau$ s.t. $\begin{cases} \tau(\sqrt{2}) = \sqrt{2} \\ \tau(\sqrt{3}) = -\sqrt{3} \end{cases}$
$\sigma^2 = id$(これを 1 で表す), $\tau^2 = 1$, $\tau\sigma\tau^{-1} = \sigma$ より
$\tau\sigma = \sigma\tau$ である.
よって
  $Gal(\mathbb{Q}[\sqrt{2},\sqrt{3}]/\mathbb{Q}) = \{1, \sigma, \tau, \sigma\tau\}$
である.

さて, $\mathbb{Q}[\sqrt{2},\sqrt{3}] \ni \sqrt{2}+\sqrt{3}$ で
$\mathbb{Q}[\sqrt{2},\sqrt{3}] \supset \mathbb{Q}[\sqrt{2}+\sqrt{3}]$ である,
そして $\mathbb{Q}[\sqrt{2},\sqrt{3}]$ は, $\mathbb{Q}[\sqrt{2}+\sqrt{3}]$ 上 Galois である.
H をそのガロア群としてガロア対応を考える.

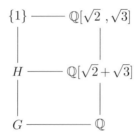

  $\mathbb{Q}[\sqrt{2}+\sqrt{3}] = \mathbb{Q}[\sqrt{2},\sqrt{3}]^H$
H は $\mathbb{Q}[\sqrt{2},\sqrt{3}] \longrightarrow \mathbb{Q}[\sqrt{2},\sqrt{3}]$ の automorphism であり,
$\mathbb{Q}[\sqrt{2}+\sqrt{3}]$ の元を fix する.
ところが $\{1, \sigma, \tau, \sigma\tau\}$ のうち, $\sqrt{2}+\sqrt{3}$ を fix するのは
$1 = id$ のみである.
よって
  $H = \{1\}$
ゆえに
  $\mathbb{Q}[\sqrt{2},\sqrt{3}] = \mathbb{Q}[\sqrt{2}+\sqrt{3}]$
$\sqrt{2}+\sqrt{3}$ は 拡大 $\mathbb{Q}[\sqrt{2},\sqrt{3}]/\mathbb{Q}$ の primitive element である.

★ 「F 上 algebraic な元 α が F 上 separable 」とは
「F 上の α の最小多項式が multiple をもたない」
ということであることを確認しておく．

Theorem 4.1.1　(primitive element の存在)

E, F は体，
拡大 E/F は finite であるとする．
つまり $E \ni \alpha_1, \alpha_2, \cdots, \alpha_n$ で，これらは F 上 algebraic であり，
$E = F[\alpha_1, \alpha_2, \cdots, \alpha_n]$ であるとする．
拡大 E/F が separable のとき
$$^\exists \gamma \in E \quad s.t. \quad E = F[\gamma]$$
が成り立つ．

実は一般に次が成り立つ．

Theorem 4.1.2

$E \ni^\exists \alpha_1, \alpha_2, \cdots, \alpha_n$ で
$\alpha_2, \cdots, \alpha_n$ が F 上 separable であり，
$E = F[\alpha_1, \alpha_2, \cdots, \alpha_n]$ のとき
E は F 上の primitive element をもつ．

これを証明する．
次の Lemma を用意する．

Lemma 4.1.1

F が無限体で α, β が F 上 algebraic かつ β が F 上 separable のとき，
$$F[\alpha, \beta] \ni^\exists \gamma \quad s.t. \quad F[\alpha, \beta] = F[\gamma]$$
が成り立つ．実は
$$F \ni^\exists c \quad s.t. \quad F[\alpha, \beta] = F[\alpha + c\beta]$$
が成り立つ．

(proof)

α の F 上の最小多項式を $f(X)$, β の F 上の最小多項式を $g(X)$ とする.
$f(X)$ と $g(X)$ はある splitting field で
$$f(X) = (X-\alpha)(X-\alpha_2)\cdots(X-\alpha_s)$$
$$g(X) = (X-\beta)(X-\beta_2)\cdots(X-\beta_t) \quad (\beta,\cdots,\beta_t \text{ は異なる})$$
であるとする.
$c \in F$, $\gamma = \alpha + c\beta$ として, $h(X) = f(\gamma - cX)$ とする.
このとき, $g(X)$ と $h(X)$ が β のみを共通の根としてもつように
F の元 c をとることができる.
なぜならば
$$h(\beta) = f(\alpha + c\beta - c\beta) = f(\alpha) = 0$$
である.
また
$h(\beta_2)$
$= f(\alpha + c\beta - c\beta_2)$
$= (\alpha + c\beta - c\beta_2 - \alpha)(\alpha + c\beta - c\beta_2 - \alpha_2)(\alpha + c\beta - c\beta_2 - \alpha_3)$
$\qquad\qquad\qquad\cdots(\alpha + c\beta - c\beta_2 - \alpha_s)$
$= c(\beta - \beta_2)\{(\alpha - \alpha_2) + c(\beta - \beta_2)\}\{(\alpha - \alpha_3) + c(\beta - \beta_2)\}$
$\qquad\qquad\qquad\cdots\{(\alpha - \alpha_s) + c(\beta - \beta_2)\}$
より $h(\beta_2) = 0$ をみたす c は
$$c = 0, \frac{\alpha_2 - \alpha}{\beta - \beta_2}, \frac{\alpha_3 - \alpha}{\beta - \beta_2}, \cdots, \frac{\alpha s - \alpha}{\beta - \beta_2}$$
と有限個ある.
同様に $h(\beta_3) = 0$ をみたす c は有限個, $\cdots$, $h(\beta_t) = 0$ をみたす c は
有限個ある.
したがって 無限体 F のなかには $h(\beta_2) \neq 0, \cdots, h(\beta_t) \neq 0$ をみたす c が
存在する.
この c に対して, $g(X)$ と $h(X) = f(\gamma - cX)$ は β のみを共通根にもつ.
よって $X - \beta$ は $g(X)$ と $h(X) = f(\gamma - cX)$ の gcd である.
$g(X), f(\gamma - cX) \in F[\gamma][X]$ に対して,

$F[\gamma][X] \ni^\exists a(X), ^\exists b(X) \ \ s.t.$
$(X - \beta) = a(X)g(X) + b(X)f(\gamma - cX) \ \ in \ F[\gamma][X]$
(∵ Proposition 1.3.7 (Euclid's algorithm))
$X - \beta$ は $g(X)$ と $f(\gamma - cX)$ の係数の体と同じ体に係数をもつ. すなわち
$X - \beta \in F[\gamma][X]$ で $\beta \in F[\gamma]$
ゆえに
$\alpha = \gamma - c\beta \in F[\gamma]$
よって
$F[\alpha, \beta] \subset F[\gamma]$
である.
また $\gamma = \alpha + c\beta$ なので
$\gamma \in F[\alpha, \beta]$
ゆえに
$F[\alpha, \beta] \supset F[\gamma]$
したがって
$F[\alpha, \beta] = F[\gamma] (= F[\alpha + c\beta])$
である.

この Lemma を使って Theorem 4.1.2 を証明する.
F が有限体のとき, 拡大 E/F は有限体の finite 拡大である. このとき $E^\times$ は巡回群であり, その生成元を ξ とすると
$E = F[\xi]$ であった. (∵ Proposition 3.12.2)
よって F が無限体のときを考える.
F が無限体のとき
$F \ni^\exists c_2, \cdots, c_r \ \ s.t.$
$F[\alpha_1, \alpha_2, \cdots, \alpha_r] = F[\alpha_1 + c_2\alpha_2 + c_3\alpha_3 + \cdots + c_r\alpha_r]$
となることを r についての帰納法で示す.
$r = 2$ のとき
Lemma 4.1.1 で示した.

$r > 2$ のとき、帰納法の仮定より
$$F \ni^{\exists} c_2, \cdots, c_{r-1} \text{ s.t. } F[\alpha_1, \cdots, \alpha_{r-1}] = F[\alpha_1 + c_2\alpha_2 + \cdots + c_{r-1}\alpha_{r-1}]$$
となる.
$$E = F[\alpha_1, \cdots, \alpha_{r-1}][\alpha_r] = F[\alpha_1 + c_2\alpha_2 + \cdots + c_{r-1}\alpha_{r-1}][\alpha_r]$$
$$= F[\alpha_1 + c_2\alpha_2 + \cdots + c_{r-1}\alpha_{r-1}, \alpha_r]$$
Lemma 4.1.1 より
$$F \ni^{\exists} c_r \text{ s.t.}$$
$$F[\alpha_1, \alpha_2, \cdots, \alpha_r] = F[\alpha_1 + c_2\alpha_2 + \cdots + c_{r-1}\alpha_{r-1} + c_r\alpha_r]$$
よって 主張は成り立つ.

Remark 4.1.1

$f(X) \in F[X], f(X)$ は separable で
$$f(X) = (X - \alpha_1)(X - \alpha_2) \cdots (X - \alpha_r) \text{ in } E[X]$$
であるとする.
拡大 E/F が Galois で $E = F[\alpha_1, \cdots, \alpha_r]$ であり
$E \ni \gamma$ が F の元 $c_2, \cdots, c_r$ を使って
$$\gamma = \alpha_1 + c_2\alpha_2 + \cdots + c_{r-1}\alpha_{r-1} + c_r\alpha_r$$
と表せているとき
$Gal(E/F)$ の全ての元で act して $1 = id$ だけが γ を動かさない,
すなわち $H = \{1\}$ (1 以外の全ての元で act すると γ が動く) であれば
γ は primitive element である.

```
{1} ─────── F[α₁,⋯,αᵣ]
 │              │
 │              │              F[α₁,⋯,αᵣ]^H = F[γ]
 H ─────────── F[γ]
 │              │              H = {1} ⇒ F[α₁,⋯,αᵣ] = F[γ]
 │              │
 G ─────────── F
```

これにより primitive element を一つ見つけることが簡単になる.

★ $F[\alpha_1, \cdots, \alpha_r]$ は $\alpha_1, \cdots, \alpha_r$ のうちの 一つが F 上 separable
でなくても, F の simple 拡大体であることがわかった.

ところが $\alpha_1, \cdots, \alpha_r$ のうちの二つが F 上 separable でないならば
拡大 $F[\alpha_1, \cdots, \alpha_r]/F$ は必ずしも simple でない．
この例を提示するためには別の結果が必要である．

Proposition 4.1.1　(simple 拡大体に含まれる中間体は有限個)
$E = F[\gamma]$ すなわち E は F の simple 拡大体であるとする．
このとき E に含まれ F を含む体はせいぜい有限個である．

この Proposition は次の Lemma より明らかである．
よってこれを証明する．

Lemma 4.1.2
　$E = F[\gamma]$ とする．(γ は F 上 algebraic)
(i) $E = F[\gamma] \supset M \supset F$ とする．
　$f(X)$ を F 上の γ の最小多項式とする．
　$g(X)$ を M 上の γ の最小多項式とすると
　　(イ)$g(X) \mid f(X)$ in $E[X]$
　　(ロ)M は $g(X)$ の係数たちで生成される．
　　　つまり M は $g(X)$ で定まる．
(ii) $f(X)$ の $E[X]$ での因子の数は有限個である．
(iii) E に含まれ F を含む体は有限個である．

(proof)
(i)(イ)　$g(X) = X^l + m_1 X^{l-1} + m_2 X^{l-2} + \cdots + m_l$ とする．$(m_1, \cdots, m_l \in M)$
　$f(X) \in M[X]$ であり，$f(\gamma) = 0$ なので，
　　$g(X) \mid f(X)$ in $M[X]$
　である．($\because g(X)$ は M 上の γ の最小多項式である)
　$E \supset M$ なのでもちろん
　　$g(X) \mid f(X)$ in $E[X]$
(ロ)　$M^{'} = F[m_1, m_2, \cdots, m_l]$ とする．
　$M \supset F$, $M \ni m_1, \cdots, m_l$ より
　　$M \supset F[m_1, m_2, \cdots, m_l] = M^{'}$

$g(X)$ は $M'[X]$ の多項式であり
$M[X]$ で irreducible より
$M'[X]$ でも irreducible である.
よって $g(X)$ は γ の M' 上の最小多項式である.
ゆえに
$[M'[\gamma] : M'] = l$
$E \supset M \supset M' \supset F$ なので
$E[\gamma] \supset M[\gamma] \supset M'[\gamma] \supset F[\gamma]$
$E[\gamma] = E, F[\gamma] = E$ なので
$M[\gamma] = M'[\gamma] = E$
よって $[E : M'] = l$ となり, $[E : M] = l$ で $M \supset M'$ なので
$M = M'$
である.

(ii) (i) の (イ) より $g(X)$ は $E[X]$ における $f(X)$ の因子である.
$g(X)$ の個数は ($f(X)$ の因子なので) せいぜい有限個しかない.

(iii) (i) の (ロ) より M の数もせいぜい有限個である.

★ $E = F[\alpha]$ である体 E の部分体 M は,
M 上の α の最小多項式の係数で生成される体である.
この最小多項式は α の F 上の最小多項式の因子だから
$f(X)$ の根いくつかの対称式が係数である.

Remark 4.1.2

(a) 実際, この証明により simple 拡大体の全ての中間体が, その primitive element の最小多項式の因子の係数による有限生成の体として描ける.
primitive element の最小多項式の因子の係数は
$f(X)$ の根いくつかの対称式である.

(b) 実は Proposition 4.1.1 は逆が成り立つ.
すなわち

「拡大 E/F は finite かつ $F \subset M \subset E$ なる中間体 M がせいぜい
有限個であれば E は F 上 simple 拡大である」
これを認めると先ほど証明した Theorem 4.1.1
「E が F 上 separable ならば E は simple 拡大体である」
が簡単に証明できる．
なぜならば
「E が F 上 separable ならば中間体はせいぜい有限個しかない」($*$)
からである．
(($*$) については $E = F[\alpha_1, \cdots, \alpha_n]$ で $\alpha_1, \cdots, \alpha_n$ の
E 上の最小多項式 $f_1, f_2, \cdots, f_n$ の積を考えればよい．
$f_1 \cdot f_2 \cdot \cdots \cdot f_n$ は F 上 separable であり，
これの splitting field は F 上 E の Galois closure である．
ガロア拡大体の中間体は有限個なので，拡大 E/F 間の中間体も
有限個である．)

次は F の finite 拡大体 E で E と F の中間体が無限個ある例である．

Example 4.1.1

K : algebraically closed かつ, $\text{char} K = p$ とする.
$K(X, Y) \supset K(X^p, Y^p)$ である.
$K \ni^\forall c$ に対して $K(X^p, Y^p)[X + cY]$ は
$K(X, Y)$ に含まれ, $K(X^p, Y^p)$ を含む体である.
このような形の体は無限個ある.
なぜならば
$K \ni c, c'$ で $c \neq c'$ ならば
$K(X^p, Y^p)[X + cY] \neq K(X^p, Y^p)[X + c'Y]$ である． ↪<4.1−2>
K は algebraically closed なので K は無限個の元をもつから
$K(X^p, Y^p)[X + cY]$ の形の体は無限個ある．
したがって $K(X, Y)$ は $K(X^p, Y^p)$ 上 finite 拡大体であるが
simple 拡大体ではない．

★ X と Y は $K(X^p, Y^p)$ 上 algebraic であるが，separable でない．
(X の最小多項式 $T^p - X^p \in K(X^p, Y^p)[T]$ は，拡大体において
$(T-X)^p$ である)

4.2　代数学の基本定理 (Fundamental Theorem of Algebra)

代数学の基本定理と呼ばれる次の定理をガロア理論を使って証明する．

Theorem 4.2.1
複素数体 $\mathbb{C}$ は algebraically closed である.

$\mathbb{R}$ の拡大体で，方程式 $X^2 + 1 = 0$ が解をもつものがあるが
i をその解の一つとして，それを虚数単位といい，
$\mathbb{C} = \mathbb{R}[i]$ と $\mathbb{C}$ は定義されている．

これを証明するために次の Lemma を用意する．

Lemma 4.2.1
(i) $\mathbb{C}$ 上の 2 次拡大は存在しない．

(ii) E が $\mathbb{R}$ 上 finite で $[E:\mathbb{R}]$ が奇数ならば $E = \mathbb{R}$ である．

(proof)
次の二つを使う．
(∗) $\mathbb{C} \ni^\forall \alpha$ に対して $\mathbb{C} \ni^\exists \beta$ s.t. $\beta^2 = \alpha$
(∗∗) 実数係数の全ての奇数次数の多項式は，実数の根を一つはもつ．
$$\hookrightarrow <4.2-1>$$
(i) を証明する．
$\mathbb{C}$ 上の 2 次拡大 E が存在すると仮定する．
$[E:\mathbb{C}] = 2$ とすると
E は $E = \mathbb{C}[\alpha]$ の形である．
α の $\mathbb{R}$ 上の最小多項式を
　$f(X) = X^2 + aX + b$ $(a, b \in \mathbb{R} \subset \mathbb{C})$

とする.
$\alpha^2 + a\alpha + b = 0$ より
$$(\alpha + \frac{a}{2})^2 = \frac{a^2}{4} - b$$
$(*)$ より
$$\mathbb{C} \ni^\exists \beta \ \ s.t. \ \ \beta^2 = \frac{a^2}{4} - b$$
$$(\alpha + \frac{a}{2})^2 = \beta^2$$
$$(\alpha + \frac{a}{2})^2 - \beta^2 = 0$$
$$(\alpha + \frac{a}{2} + \beta)(\alpha + \frac{a}{2} - \beta) = 0$$
よって $\mathbb{C} \ni a, \beta$ で
$$\alpha = -\frac{a}{2} + \beta \ \text{または} -\frac{a}{2} - \beta$$
となり $\alpha \in \mathbb{C}$,
$E = \mathbb{C}$ である.
これは矛盾である.

(ii) を証明する.

拡大 $E/\mathbb{R}$ は finite であり, $\mathbb{R}$ は標数が 0 の体なので

拡大 $E/\mathbb{R}$ は separable ($\because$ Proposition 2.4.4 (perfect と標数))

Theorem 4.1.1(primitive element の存在) より

拡大 $E/\mathbb{R}$ は simple である.

つまり
$$^\exists \alpha \in E \ \ s.t. \ \ E = \mathbb{R}[\alpha]$$
が成り立つ.

α の $\mathbb{R}$ 上の最小多項式を $p(X)$ とすると $\mathbb{R}$ 上の拡大次数は奇数なので $p(X)$ の次数は奇数である.

よって $p(X)$ は $\mathbb{R}$ に少なくとも一つ根をもつ.($\because (**)$)

この根を β とすると $p(\beta) = 0$ より
$$p(X) = (X - \beta) \cdot q(X), \ \ q(X) \in \mathbb{R}[X]$$
となる.

ところが, $p(X)$ は irreducible なので $q(X)$ は定数である.

これを k とすると
$p(X) = (X - \beta) \cdot k$ で $p(\alpha) = 0$ より
$(\alpha - \beta) \cdot k = 0$
よって $\alpha = \beta \in \mathbb{R}$
ゆえに
$E = \mathbb{R}[\alpha] = \mathbb{R}$
である.

これより Theorem 4.2.1 を証明する.
$\mathbb{C}$ の全ての finite 拡大体は $\mathbb{C}$ であることを証明する.
$(\because$ Proposition 2.1.1 (d)$)$
L を $\mathbb{C}$ の finite 拡大体とする.
$\alpha \in L$ とする.

α の $\mathbb{R}$ 上の最小多項式 $f(X)$ とする.
$f(X)$ の splitting field を E とする.

E は $\mathbb{R}$ 上 Galois で
$[E : \mathbb{R}] = [E : \mathbb{C}][\mathbb{C} : \mathbb{R}] = 2[E : \mathbb{C}]$
$G = Gal(E/\mathbb{R})$ とおくと
G の位数は偶数である.

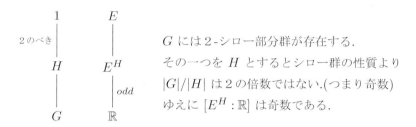

G には2-シロー部分群が存在する．
その一つを H とするとシロー群の性質より
$|G|/|H|$ は2の倍数ではない．(つまり奇数)
ゆえに $[E^H : \mathbb{R}]$ は奇数である．

Lemma 4.2.1(ii) より $E^H = \mathbb{R}$ である．
したがって $H = G$ であり，G は2-群である．
ゆえに $[E : \mathbb{R}] = 2^s$ (2のべき) である．
$[E : \mathbb{C}] = 2^{s-1}$ ($|Gal(E/\mathbb{C})| = 2^{s-1}$) である．

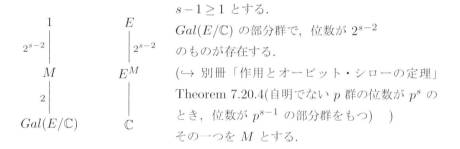

$s - 1 \geq 1$ とする．
$Gal(E/\mathbb{C})$ の部分群で，位数が 2^{s-2}
のものが存在する．
($\hookrightarrow$ 別冊「作用とオービット・シローの定理」
Theorem 7.20.4(自明でない p 群の位数が p^s の
とき，位数が p^{s-1} の部分群をもつ)　)
その一つを M とする．

このとき E^M は $\mathbb{C}$ の2次拡大である．
これは Lemma 4.2.1(i) に矛盾する．
よって $s - 1 = 0$ である．

ゆえに $[E:\mathbb{C}] = 2^0 = 1$ であり,
 $\mathbb{C} = E \ni \alpha$
$\mathbb{C} \supset L$ である.
∴ $\mathbb{C} = L$
以上より $\mathbb{C}$ の全ての finite 拡大体は $\mathbb{C}$ である.

Corolally 4.2.1

(i) $\mathbb{C}$ は $\mathbb{R}$ の algebraic closure である.

(ii) 全ての algebraic numbers の集合
($\{\alpha \in \mathbb{C} | \alpha$ は $\mathbb{Q}$ 上 algebraic $\}$, $\mathbb{C}$ における $\mathbb{Q}$ の algebraic closure) は $\mathbb{Q}$ の algebraic closure である.

(proof)

(i) $\mathbb{C}$ は $\mathbb{R}$ 上 algebraic で algebraically closed

(ii) $\Omega \supset F$ のとき

集合 $\{\alpha \in \Omega | \alpha$ は F 上 algebraic $\}$ は体であり,
 'Ω における F の algebraic closure' と呼んだ.
  ($\hookrightarrow$ Def.2.1.3 ($\dot{\Omega}\dot{に}\dot{お}\dot{け}\dot{る} F$ の algebraic closure))
さらに Ω が algebraically closed のとき
$\Omega \supset^\forall F$ に対して, 'Ω における F の algebraic closure' は
F の algebraic closure であった. (∵ Corolally 2.1.1)
よって $\mathbb{C} \supset \mathbb{Q}$ であり, $\mathbb{C}$ は algebraically closed なので
'$\mathbb{C}$ における $\mathbb{Q}$ の algebraic closure' は $\mathbb{Q}$ の algebraic closure である.
全ての algebraic numbers の集合は $\mathbb{Q}$ の algebraic closure である.

4.3 Dedekind (デデキンド) の定理

X は集合 $(X \neq \emptyset)$, F は体とする.
$\{f| f: X \to F$ への写像 $\}$ を $Map(X,F)$ とすると

$Map(X,F)$ は自然に F-ベクトル空間になる．
つまり $Map(X,F) \ni f, g,\ F \ni c$ のとき
$X \ni^\forall x$ に対して $f+g,\ cf$ を
　$(f+g)(x) = f(x) + g(x)$
　$(cf)(x) = c(f(x))$
と定めると
　$f+g,\ cf \in Map(X,F)$
この和とスカラー積により $Map(X,F)$ は F-ベクトル空間である．
$Map(X,F)$ のゼロは ゼロ写像のことである．

Theorem 4.3.1 (DEDEKIND'S・群から体の乗法群への homo は体上線型独立)

　F は体，G は群 とする．
　$G \longrightarrow F^\times$: homomorphism のどんな有限集合も F 上線型独立である．
　($\chi_1, \chi_2, \cdots, \chi_m$ を G から F への異なる homo とする．
　$\chi_i : G \to F^\times \subset F$ なので，$\chi_i \in Map(G,F)$ である．
　この意味で $\chi_1, \chi_2, \cdots, \chi_m$ が線型独立であるということである．)

(proof)
　m についての帰納法で証明する．
$m = 1$ のとき
　$F \ni a_1$ で $a_1 \chi_1 = 0$ とする．
　すなわち $G \ni^\forall g$ に対して
　　$a_1 \chi_1(g) = 0$
　である．
　$\chi_1(g) \in F^\times$ なので
　　$\chi_1(g) \neq 0$
　$\therefore a_1 = 0$
$m \geq 2$ のとき
　$F \ni a_1, a_2, \cdots, a_m$ で

$$a_1\chi_1 + a_2\chi_2 + \cdots + a_m\chi_m = 0$$
とする.
$G \ni^\forall x$ に対して
$$a_1\chi_1(x) + a_2\chi_2(x) + \cdots + a_m\chi_m(x) = 0 \cdots ①$$
である.
$\chi_1 \neq \chi_2$ なので
$$\exists g \in G \ s.t. \ \chi_1(g) \neq \chi_2(g)$$
さて $gx \in G$ なので
$$a_1\chi_1(gx) + a_2\chi_2(gx) + \cdots + a_m\chi_m(gx) = 0 \cdots ①'$$
である.
$\chi_i : G \to F^\times$ は homo なので
$$\chi_i(gx) = \chi_i(g)\chi_i(x)$$
よって ①' は
$$a_1\chi_1(g)\chi_1(x) + a_2\chi_2(g)\chi_2(x) + \cdots + a_m\chi_m(g)\chi_m(x) = 0 \quad \cdots ②$$
また ① $\times \chi_1(g)$ をすると
$$a_1\chi_1(g)\chi_1(x) + a_2\chi_1(g)\chi_2(x) + \cdots + a_m\chi_1(g)\chi_m(x) = 0 \quad \cdots ③$$
② $-$ ③ は
$$a_2\{\chi_2(g) - \chi_1(g)\}\chi_2(x) + a_3\{\chi_3(g) - \chi_1(g)\}\chi_3(x)$$
$$+ \cdots + a_m\{\chi_m(g) - \chi_1(g)\}\chi_m(x) = 0$$
となる.
ここで
$$a'_2 = a_2\{\chi_2(g) - \chi_1(g)\}, \ a'_3 = a_3\{\chi_3(g) - \chi_1(g)\}, \cdots,$$
$$a'_m = a_m\{\chi_m(g) - \chi_1(g)\}$$
とおくと
$a'_2, a'_3, \cdots, a'_m \in F$ で
$$a'_2\chi_2(x) + a'_3\chi_3(x) + \cdots + a'_m\chi_m(x) = 0$$
x は任意だったので
$$a'_2\chi_2 + a'_3\chi_3 + \cdots + a'_m\chi_m = 0$$
帰納法の仮定より
$$a'_2 = a'_3 = \cdots = a'_m = 0$$

となる.
特に
$$a_2' = 0$$
つまり
$$a_2\{\chi_2(g) - \chi_1(g)\} = 0$$
$\chi_2(g) - \chi_1(g) \neq 0$ より
$$a_2 = 0$$
よって ① は
$$a_1\chi_1 + a_3\chi_3 + \cdots + a_m\chi_m = 0$$
再び帰納法の仮定より
$$a_1 = a_3 = \cdots = a_m = 0$$
全ての $a_i = 0$ である.

★ この定理において G は群でなくても monoid [1] でも成り立つ.

Corolally 4.3.1 (体から体への異なる homo は体上線型独立)

F_1, F_2 は体とする.

$\sigma_1, \sigma_2, \cdots, \sigma_m$ を異なる $F_1 \longrightarrow F_2$ への homo とする.

このとき $\sigma_1, \sigma_2, \cdots, \sigma_m$ は F_2 上線型独立である.

($Map(F_1, F_2)$ の元として線型独立)

(proof)

$\sigma_i(F_1^\times) \subset F_2^\times$ なので

σ_i を $F_1^\times \to F_2^\times$ に制限したものを σ_i' とすると

$\sigma_1', \sigma_2', \cdots, \sigma_m'$ は全て異なる.

$F_2 \ni a_1, \cdots, a_m$ で
$$a_1\sigma_1 + a_2\sigma_2 + \cdots + a_m\sigma_m = 0$$
とすると
$$a_1\sigma_1' + a_2\sigma_2' + \cdots + a_m\sigma_m' = 0$$

---

[1] 半群のことである.

となる.
$\sigma'_1, \sigma'_2, \cdots, \sigma'_m$ は線型独立なので
$$a_1 = a_2 = \cdots = a_m = 0$$

Corolally 4.3.2

E は F の finite separable 拡大で,その拡大次数は m であるとする.
Ω は E を含む algebraically closed であるとする.
このとき E から Ω への homo は m 個ある.
E から Ω への異なる F-homo $\sigma_1, \sigma_2, \cdots, \sigma_m$ とする.
$\alpha_1, \alpha_2, \cdots, \alpha_m$ は F 上の E の base とする.
このとき

$$\begin{pmatrix} \sigma_1\alpha_1 & \sigma_1\alpha_2 & \cdots & \sigma_1\alpha_m \\ \sigma_2\alpha_1 & \sigma_2\alpha_2 & \cdots & \sigma_2\alpha_m \\ \vdots & \vdots & \ddots & \vdots \\ \sigma_m\alpha_1 & \sigma_m\alpha_2 & \cdots & \sigma_m\alpha_m \end{pmatrix}$$

は invertible である.
ここで $\sigma_i\alpha_i$ は,$\sigma_i(\alpha_i)$ を略したものである.

(proof)
m 行 n 列の行列の m 個の行ベクトルが線型独立のときは
この行列は invertible である.(逆も成り立つ)
これを認めて
$(\sigma_1\alpha_1 \ \sigma_1\alpha_2 \ \cdots \ \sigma_1\alpha_m), (\sigma_2\alpha_1 \ \sigma_2\alpha_2 \ \cdots \ \sigma_2\alpha_m), \cdots, (\sigma_m\alpha_1 \ \sigma_m\alpha_2 \ \cdots \ \sigma_m\alpha_m)$
が,線型独立を示す.
$\Omega \ni a_1, \cdots, a_n$ で
$$a_1(\sigma_1\alpha_1 \ \sigma_1\alpha_2 \ \cdots \ \sigma_1\alpha_m) + a_2(\sigma_2\alpha_1 \ \sigma_2\alpha_2 \ \cdots \ \sigma_2\alpha_m)$$
$$\cdots + a_m(\sigma_m\alpha_1 \ \sigma_m\alpha_2 \ \cdots \ \sigma_m\alpha_m) = 0$$
とする.
すなわち
$$a_1\sigma_1(\alpha_1) + a_2\sigma_2(\alpha_1) + \cdots + a_m\sigma_m(\alpha_1) = 0$$
$$a_1\sigma_1(\alpha_2) + a_2\sigma_2(\alpha_2) + \cdots + a_m\sigma_m(\alpha_2) = 0$$

$$\vdots$$
$$a_1\sigma_1(\alpha_m)+a_2\sigma_2(\alpha_m)+\cdots+a_m\sigma_m(\alpha_m)=0 \quad \cdots(\star)$$
である.
$E \ni^\forall x$ に対して
$$a_1\sigma_1(x)+a_2\sigma_2(x)+\cdots+a_m\sigma_m(x)=0$$
であればよい.
$E \ni x$ とすると
$$^\exists c_1,c_2,\cdots,c_m \in F \text{ s.t. } x=c_1\alpha_1+c_2\alpha_2+\cdots+c_m\alpha_m$$
である.
$$a_1\sigma_1(c_1\alpha_1+c_2\alpha_2+\cdots+c_m\alpha_m)+a_2\sigma_2(c_1\alpha_1+c_2\alpha_2+\cdots+c_m\alpha_m)$$
$$+\cdots+a_m\sigma_m(c_1\alpha_1+c_2\alpha_2+\cdots+c_m\alpha_m)$$
$$=\{a_1c_1\sigma_1(\alpha_1)+a_1c_2\sigma_1(\alpha_2)+\cdots+a_1c_m\sigma_1(\alpha_m)\}$$
$$+\{a_2c_1\sigma_2(\alpha_1)+a_2c_2\sigma_2(\alpha_2)+\cdots+a_2c_m\sigma_2(\alpha_m)\}$$
$$+\cdots+\{a_mc_1\sigma_m(\alpha_1)+a_mc_2\sigma_m(\alpha_2)+\cdots+a_mc_m\sigma_m(\alpha_m)\}$$
$$=c_1\{a_1\sigma_1(\alpha_1)+a_2\sigma_2(\alpha_1)+\cdots+a_m\sigma_m(\alpha_1)\}$$
$$+c_2\{a_1\sigma_1(\alpha_2)+a_2\sigma_2(\alpha_2)+\cdots+a_m\sigma_m(\alpha_2)\}$$
$$+\cdots+c_m\{a_1\sigma_1(\alpha_m)+a_2\sigma_2(\alpha_m)+\cdots+a_m\sigma_m(\alpha_m)\}$$
$$=0 \; (\because (\star))$$
よって $E \ni^\forall x$ に対して
$$a_1\sigma_1(x)+a_2\sigma_2(x)+\cdots+a_m\sigma_m(x)=0$$
である.
つまり
$$a_1\sigma_1+a_2\sigma_2+\cdots+a_m\sigma_m=0$$
$\sigma_1,\sigma_2,\cdots,\sigma_m$ は
E から Ω への異なる homo だったので線型独立である.
($\because$ Corolally 4.3.1(体から体への異なる homo は体上線型独立))
ゆえに
$$a_1=a_2=\cdots=a_m=0$$

4.4 円分多項式 (cyclotomic polynomials) と 円分拡大 (cyclotomic extensions)

体の元 α が 1 の原始 n 乗根であるとは
α が n 乗して初めて 1 になる元であるということである.
1 の原始 n 乗根は characteristic が n をわる素数であるときには
存在しない. $\hookrightarrow <4.4-0>$
体に 1 の原始 n 乗根が存在することができるのは
その体の characteristic が 0 であるか,
または n をわらない素数のときである.

Proposition 4.4.1

F は体, F の characteristic は 0, または n をわらない
素数であるとする.
E は $X^n - 1 \in F[X]$ の splitting field とする.
(a) E には, 1 の原始 n 乗根がある.
(b) ξ を E における 1 の原始 n 乗根とすると, $E = F[\xi]$ である.
(c) E は F 上 Galois であり,
  $\psi : Gal(E/F) \longrightarrow (\mathbb{Z}/n\mathbb{Z})^\times$ で
  $Gal(E/F) \ni^\forall \sigma$ に対して
  $\psi(\sigma) = [i] \Leftrightarrow \sigma(\xi) = \xi^i$
  をみたす injective homo [2] ψ が存在する.

★ $(\mathbb{Z}/n\mathbb{Z})^\times$ は $\mathbb{Z}/n\mathbb{Z}$ の単元群であって
  $|(\mathbb{Z}/n\mathbb{Z})^\times|$ は n のオイラー数,
  つまり n と互いに素である数の個数である. $\hookrightarrow <4.4-1>$

(proof)
(a) $X^n - 1$ の根は全て異なる.

---

[2] 単射準同型, すなわち monomorphism のことである.

$(\because (X^n-1)' = nX^{n-1}$ で $charF = 0$ または
$charF$ が n をわらない素数だから
F では $n \neq 0$ なので　　↪<4.4−2>
$nX^{n-1} = 0$ の解は $X = 0$ のみである.
0 は $X^n - 1 = 0$ の解でないから
$(X^n-1)' = 0$ と $X^n - 1 = 0$ の共通解はない.)
E における根を $\alpha_1, \alpha_2, \cdots, \alpha_n$ とすると
$\alpha_1, \alpha_2, \cdots, \alpha_n$ は全て異なり,
　　$E = F[\alpha_1, \alpha_2, \cdots, \alpha_n]$
である.
このとき，根の集合 $H = \{\alpha_1, \alpha_2, \cdots, \alpha_n\}$ は
$E^\times$ の有限部分群である. ↪<4.4−3>
体の乗法群の有限な部分群は巡回群であった.
　　　　　(↪ 別冊「体の乗法群の有限な部分群は巡回群」)
よって生成元が存在する.
それを a とすると $H = <a>$ である.
$|<a>| = n$ より a の位数は n なので
a は n 乗して初めて 1 になる.
つまり a は 1 の原始 n 乗根である.
$(\{\alpha_1, \alpha_2, \cdots, \alpha_n\} = \{a^0, a^1, \cdots, a^{n-1}\})$
$X^n - 1$ の根の集合は巡回群であり，
その生成元は 1 の原始 n 乗根である.
(b) ξ を E における 1 の原始 n 乗根とする.
$1, \xi, \xi^2, \cdots, \xi^{n-1}$ は $X^n - 1$ の根であり，全て異なる.
よって
　　$\{1, \xi, \xi^2, \cdots, \xi^{n-1}\} = \{\alpha_1, \alpha_2, \cdots, \alpha_n\}$
である.
(E における 1 の原始 n 乗根はいつでも $X^n - 1$ の根の集合の生成元である)

(c) E は separable な多項式 $X^n - 1 \in F[X]$ の splitting field なので拡大 E/F は Galois である.

$Gal(E/F) \ni \sigma$ とする.

ξ_0 を E における 1 の原始 n 乗根とすると

$Gal(E/F) \ni^\forall \sigma$ に対して $\sigma(\xi_0)$ はまた 1 の原始 n 乗根であり,

$\hookrightarrow <4.4-4>$

$\exists i$ s.t. $\sigma(\xi_0) = \xi_0{}^i$ であり, かつ i は n と互いに素である.

$\hookrightarrow <4.4-5>$

$\Gamma = \{\xi_0{}^i | i$ は n と互いに素, $0 \leq i \leq n-1\}$ とすると

Γ から $(\mathbb{Z}/n\mathbb{Z})^\times$ への全単射が存在する.

よって $Gal(E/F) \ni^\forall \sigma$ に対して $\psi : Gal(E/F) \longrightarrow (\mathbb{Z}/n\mathbb{Z})^\times$
を以下のように定義する.

$$\psi : \begin{array}{ccccc} Gal(E/F) & \longrightarrow & \Gamma & \longrightarrow & (\mathbb{Z}/n\mathbb{Z})^\times \\ \cup & & \cup & & \cup \\ \sigma & \longmapsto & \sigma(\xi_0) = \xi_0{}^i & \longmapsto & [i] \end{array}$$

ψ は injective homo である. $\hookrightarrow <4.4-6>$

また, E における 1 の n 乗根 α に対して ξ_0 が生成元なので

$\exists m$ s.t. $\alpha = \xi_0{}^m$

であるから

$\sigma(\alpha) = \sigma(\xi_0{}^m) = (\sigma\xi_0)^m = (\xi_0{}^i)^m = (\xi_0{}^m)^i = \alpha^i$

もわかる.

Example 4.4.1

ψ は必ずしも surjective [3) でない.

ψ が surjective であるとすると

ψ は injective だったので

$|Gal(E/F)| = |(\mathbb{Z}/n\mathbb{Z})^\times| = \phi(n)$ [4)

となる.

[3) 全射準同型, すなわち epimorphism のことである.

[4) n のオイラー数

ところが

$F = \mathbb{C}$ のときは

$|Gal(E/F)| = [E : F] = 1$

$F = \mathbb{R}$ のときは

$\mathbb{R}[\xi] = \mathbb{R}$ または $\mathbb{R}[\xi] = \mathbb{C}$

なので

$|Gal(E/F)| = [E : F] = 1$ または 2

である.

$\phi(1) = 1, \phi(2) = 1, \phi(3) = 2, \phi(4) = 2,$
$\phi(5) = 4, \phi(6) = 2$

であるが $n \geq 7$ のときには $\phi(n) > 2$ である.

($\because n = \prod p^{n(p)}$ を n の素因数分解とすると
$\phi(n) = \prod_{p|n}(p-1)p^{n(p)-1}$ $\hookrightarrow <4.4-1>$)

★ $F = \mathbb{Q}$ のとき

$n = p$ (p は素数), ξ は 1 の原始 n 乗根 とすると,

$|Gal(\mathbb{Q}[\xi]/\mathbb{Q})| = [\mathbb{Q}[\xi] : \mathbb{Q}] = p - 1$

($\because$ Lemma 6.1.3)

$|(\mathbb{Z}/n\mathbb{Z})^{\times}| = p - 1$

ψ が injective であり元の個数が同じなので,

ψ は surjective であることがわかる.

★★ ψ が surjective のとき

すなわち ψ が isomorphism になるときを考える.

そのために $\Phi_n(X)$ なるものを定義して話を進める.

Def. 4.4.1 ($\Phi_n(X)$ の定義)

F は体とする.

$charF = 0$ のときは全ての自然数 n について

$charF = p(>0)$ のときは p でわりきれない n について

多項式 $\Phi_n(X)$ を次のように定義する.

4.4 円分多項式 (cyclotomic polynomials) と 円分拡大 (cyclotomic extensions)

$$\Phi_n(X) = \prod_{\xi \in \Delta_n}(X-\xi)$$

ただし, $\Delta_n = \{\xi \in \Omega \mid \xi$ は Ω における 1 の原始 n 乗根

(Ω は F を含む algebraically closed)$\}$

この $\Phi_n(X)$ のことを 円分多項式 (cyclotomic polynomial) と呼ぶ.

cyclotomic polynomial を略して Cy_* と表すことにする.

Proposition 4.4.2 ($\Phi_n(X)$ の性質)

$\Phi_n(X)$ とは以下のような多項式である.

(i) $\Phi_n(X)$ の次数は $\phi(n)$ である.
(ii) $X^n - 1 = \prod_{d|n} \Phi_d(X)$ である.
(iii) $char F = 0$ のとき $\Phi_n(X) \in \mathbb{Z}[X]$,
$char F = p(>0)$ のとき $\Phi_n(X) \in \mathbb{F}_p[X]$

(proof)
(i) $deg\ \Phi_n(X) = |\Delta_n| = \phi(n)$
(ii) 1 の原始 d 乗根は
1 の n 乗根の中の位数が d の元である.
ゆえに
$\{x \mid x$ は 1 の n 乗根 $\} = \cup_{d|n} \Delta_d$
(iii) (i), (ii) より
$char F = 0$ のとき $F = \mathbb{Q}$ で考えると

$\Phi_1(X) = X - 1$
$\Phi_2(X) = \dfrac{X^2-1}{\Phi_1(X)} = \dfrac{X^2-1}{X-1} = X+1$
$\Phi_3(X) = \dfrac{X^3-1}{\Phi_1(X)} = \dfrac{X^3-1}{X-1} = X^2+X+1$
$\Phi_6(X) = \dfrac{X^6-1}{\Phi_1(X)\cdot\Phi_2(X)\cdot\Phi_3(X)} = \dfrac{X^6-1}{(X+1)(X-1)(X^2+X+1)}$
$= X^2 - X + 1$

と帰納的に Cy_* を求めることができる.

求め方から Cy_* は $\mathbb{Z}$ 係数の多項式であることは明らかである.
また $charF = p$ のときは，これをそのまま $\mathbb{F}_p[X]$ の多項式として見たものである.
このとき Cy_* は $\mathbb{F}_p$ 係数の多項式である.

★ $\Phi_n(X) = \prod_{\xi \in \Delta_n}(X - \xi)$ と定義したが
このとき
$$X^n - 1 = \prod_{d|n}\Phi_d(X)$$
が成り立っていた. ($\hookrightarrow$ Proposition 4.4.2(ii))
逆に，$\Phi_1(X), \Phi_2(X), \cdots, \Phi_n(X)$ を
$$X^n - 1 = \prod_{d|n}\Phi_d(X)$$ が成立するように
帰納的に定義してもよい． $\hookrightarrow <4.4-7>$

Lemma 4.4.1

F を characteristic が 0 または n をわらない素数 p の体とする.
ξ をある拡大体における 1 の原始 n 乗根とする.
このとき以下のことは同値である.
(a) n-th cyclotomic polynomial $\Phi_n(X)$ が irreducible in $F[X]$ である.
(b) $[F[\xi] : F] = \phi(n)$ が成り立つ.
(c) $Gal(F[\xi]/F) \xrightarrow{\psi} (\mathbb{Z}/n\mathbb{Z})^\times$ は isomorphism である.

(proof)
これまでにわかっていることを確認する.
ξ を 1 の原始 n 乗根，
$\Phi_n(X)$ を n-th cyclotomic polynomial とする.
$\Phi_n(X)$ は $F[X]$ で monic で，$deg\ \Phi_n(X) = \phi(n)$ であり，
$\Phi_n(\xi) = 0$ である.
$p(X)$ を ξ の F 上の最小多項式とすると
$p(X)$ は $F[X]$ で monic かつ irreducible であり，
$\Phi_n(\xi) = 0$ なので

4.4 円分多項式 (cyclotomic polynomials) と 円分拡大 (cyclotomic extensions)

$p(X)|\Phi_n(X)$

である.
よって

$\Phi_n(X)$ が $F[X]$ で irreducible $\Leftrightarrow$ $p(X) = \Phi_n(X)$
$(\because p(X), \Phi_n(X)$ は monic かつ $p(X)|\Phi_n(X))$
$\Leftrightarrow$ $deg\ p(X) = deg\ \Phi_n(X)$
$\Leftrightarrow$ $[F[\xi] : F] = \phi(n)$
$\Leftrightarrow$ $|Gal(F[\xi]/F)| = |(\mathbb{Z}/n\mathbb{Z})|^\times$
$\Leftrightarrow$ ψ は isomorphism
$(\because Gal(F[\xi]/F) \to (\mathbb{Z}/n\mathbb{Z})^\times$ は injective)

以上より (a),(b),(c) が同値であることは明らかである.

この Lemma を使えば, 次の Theorem より F が $\mathbb{Q}$ のとき ψ は isomorphism であることがわかる.

Theorem 4.4.1
$\Phi_n(X)$ は $\mathbb{Q}[X]$ で irreducible である.

(proof)
$f(X)$ を $\mathbb{Q}[X]$ における $\Phi_n(X)$ の
monic で irreducible な factor であるとする.
このとき $f(X) = \Phi_n(X)$ であることを示す.
$f(X)$ の根は $\Phi_n(X)$ の根である.
$\Phi_n(X)$ の根は全て $f(X)$ の根であることを以下の step で示す.

(i) p が n をわらない素数のとき
   $f(\xi) = 0$ ならば $f(\xi^p) = 0$
(ii) $(i,n) = 1$ なる全ての自然数 i について
   $f(\xi) = 0$ ならば $f(\xi^i) = 0$
(iii) 1 の原始 n 乗根は全て $f(X)$ の根である.

(i) $f(\xi) = 0$ とする.
   ξ は $\Phi_n(X)$ の根でもあるので

1 の原始 n 乗根である.
$\Phi_n(X)$ は $\mathbb{Z}[X]$ の monic な多項式なので
　　$\mathbb{Z}[X] \ni f(X) \hookrightarrow <4.4-8>$

一般に, $\mathbb{Z}[X] \ni h(X)$ のとき,
$h(X)$ の $\mathbb{F}_p[X]$ における class を
$\bar{h}(X)$ とする. [5]
$X^n - 1$ を $\mathbb{F}_p[X]$ で考えると
p は n をわらない素数なので,
$\overline{X^n - 1}$ は multiple root をもたない. 　… ①
$\mathbb{Z}[X]$ において $\Phi_n(X) = f(X)g(X)$ とおくと
$g(X)$ も monic な $\mathbb{Z}[X]$ の多項式である.
　　　　　　　　　($\hookrightarrow$ Theorem 1.3.1 (Division algorithm))
$f(\xi^p) \neq 0$ とする.
p と n は互いに素なので
ξ^p も 1 の原始 n 乗根である.
よって
　　$\Phi_n(\xi^p) = 0$
$f(\xi^p)g(\xi^p) = \Phi_n(\xi^p) = 0$ で $f(\xi^p) \neq 0$ なので
　　$g(\xi^p) = 0$
$f(X)$ と $g(X^p)$ は共通の根をもつ.
$f(X)$ は irreducible なので
　　$f(X) | g(X^p)$
$\mathbb{F}_p[X]$ での class をとると
　　$\bar{f}(X) | \bar{g}(X^p)$
となる.
$\bar{g}(X^p) = \bar{g}(X)^p$ なので

---

[5]　　$h(X) = a_0 X^n + a_1 X^{n-1} + \cdots + a_n$ のとき
　　　　$\bar{h}(X) = \bar{a_0} X^n + \bar{a_1} X^{n-1} + \cdots + \bar{a_n}$
　　　ここで $\bar{a}_i = a_i + p\mathbb{Z} \in \mathbb{Z}/n\mathbb{Z} = \mathbb{F}_p$

4.4 円分多項式 (cyclotomic polynomials) と 円分拡大 (cyclotomic extensions)   301

$\bar{f}(X)$ と $\bar{g}(X)$ は共通根をもつ.
$\bar{\Phi}_n(X) = \bar{f}(X)\bar{g}(X)$ は multiple root をもつことになり,
$\bar{\Phi}_n(X)$ は $\overline{X^n - 1}$ の因子なので
$\overline{X^n - 1}$ は multiple root をもつことになる.
これは ① に矛盾する.
したがって $f(\xi^p) = 0$ である.

(ii) i についての帰納法で示す.
 $i = 1$ のときは自明である.
 $i \geq 2$ のとき
  p を i をわる素数とする.
  (このとき p は n をわらない素数である)
   $i = pj$
  とかける.
  $f(\xi) = 0$ とすると (i) より
   $f(\xi^p) = 0$
  $j < i$ で $f(\xi^p) = 0$ なので帰納法の仮定より
   $f((\xi^p)^j) = 0$
  つまり
   $f(\xi^i) = f((\xi^p)^j) = 0$

(iii) $f(X)$ の根の一つを ξ とすると ξ は $\Phi_n(X)$ の根なので
 1 の原始 n 乗根である.
 したがって n と互いに素な i があって
 δ を 1 の原始 n 乗根とすると
  $\delta = \xi^i$
 となる.
 $f(\xi) = 0$ なので (ii) より
  $f(\delta) = 0$

4.5　the normal basis theorem

Def. 4.5.1　(normal base)
　E は F の finite ガロア拡大体で，そのガロア群を G とする．
　$[E:F] = m$ で $G = Gal(E/F) = \{g_1,\ g_2, \cdots,\ g_m\}$ とする．
　(i)　$E \ni \alpha$ かつ $\{g_1\alpha,\ g_2\alpha,\ \cdots,\ g_m\alpha\}$ が E の F 上の base であるとき
　　　$\{g_1\alpha,\ g_2\alpha,\ \cdots,\ g_m\alpha\}$ を normal base と呼ぶ．
　(ii)　E が normal base をもつ
　　　$\overset{def.}{\iff} E \ni^\exists \alpha\ s.t.\ \{g_1\alpha,\ g_2\alpha,\ \cdots,\ g_m\alpha\}$ が E の F 上の base

Theorem 4.5.1
　全てのガロア拡大体は normal base をもつ．

(proof)
　拡大 E/F は Galois で，そのガロア群を G とする．
　F が無限体のときと有限体のときとに分けて証明する．
　F が有限体であるときの証明は別冊「normal base」にて
　記することにして
　ここでは F が無限体であるときを証明する．
　F は無限体で
　　$Gal(E/F) = \{\sigma_1, \sigma_2, \cdots, \sigma_m\}$
　とする．
　lemma を 3 つ用意する．
lemma　①　$f(X_1, X_2, \cdots, X_m) \in F[X_1, X_2, \cdots, X_m]$ とするとき
　　　　$^\forall a_1, a_2, \cdots, a_m \in F$ に対して $f(a_1, a_2, \cdots, a_m) = 0$
　　　　　　$\Rightarrow f(X_1, X_2, \cdots, X_m) = 0$

lemma　②　$f(X_1, X_2, \cdots, X_m) \in F[X_1, X_2, \cdots, X_m]$ とするとき
　　　　$E \ni^\forall \alpha$ に対して $f(\sigma_1\alpha, \sigma_2\alpha, \cdots, \sigma_m\alpha) = 0$
　　　　　　$\Rightarrow f(X_1, X_2, \cdots, X_m) = 0$

lemma　③　$\varphi(i,j)$ を $\sigma_i\sigma_j = \sigma_{\varphi(i,j)}$ となるように定める．

このとき
$$A = \begin{pmatrix} X_{\varphi(1,1)} & X_{\varphi(1,2)} & \cdots & X_{\varphi(1,m)} \\ X_{\varphi(2,1)} & X_{\varphi(2,2)} & \cdots & X_{\varphi(2,m)} \\ \vdots & \vdots & \ddots & \vdots \\ X_{\varphi(m,1)} & X_{\varphi(m,2)} & \cdots & X_{\varphi(m,m)} \end{pmatrix}$$
とすると
$det(A) = h(X_1, X_2, \cdots, X_m)$ は $X_1, X_2, \cdots, X_m$ 変数の 0 でない多項式である.

まずはこの ①,②,③ を証明する.

(proof lemma ①)

m についての帰納法で証明する.

イ) $m = 1$ のとき

$F \ni^\forall a$ に対して $f(a) = 0$ なので

F の元は全て $f(X_1)$ の根になる.

F には無限個の元があるので

方程式 $f(X_1) = 0$ が無限個の解をもつことになってしまう.

$f(X_1)$ は 0(ゼロ多項式) でしかない.

ロ) $m \geq 2$ のとき

$f(X_1, X_2, \cdots, X_m)$ を $F[X_1, \cdots, X_{m-1}]$ 係数の X_m の多項式と見る.

$f(X_1, X_2, \cdots, X_m)$
$= g_0(X_1, \cdots, X_{m-1}) X_m{}^n + g_1(X_1, \cdots, X_{m-1}) X_m{}^{n-1}$
$\qquad + \cdots + g_n(X_1, \cdots, X_{m-1})$ $\cdots *_1$

と表す.

$F \ni a_1, a_2, \cdots, a_{m-1}$ とすると

$f(a_1, a_2, \cdots, a_{m-1}, X_m)$
$= g_0(a_1, \cdots, a_{m-1}) X_m{}^n + g_1(a_1, \cdots, a_{m-1}) X_m{}^{n-1}$
$\qquad + \cdots + g_n(a_1, \cdots, a_{m-1})$ $\cdots *_2$

$*_2$ は F に係数をもつ 1 変数の多項式である.

$f(a_1, a_2, \cdots, a_{m-1}, X_m)$ において $F \ni^\forall a$ に対して

$f(a_1, a_2, \cdots, a_{m-1}, a) = 0$ なので $*_2$ より
$$g_0(a_1, \cdots, a_{m-1})a^n + g_1(a_1, \cdots, a_{m-1})a^{n-1} + \cdots + g_n(a_1, \cdots, a_{m-1})$$
$$= 0$$
である.

先に見た 1 変数の結果より
$$g_0(a_1, \cdots, a_{m-1}){X_m}^n + g_1(a_1, \cdots, a_{m-1}){X_m}^{n-1} + \cdots + g_n(a_1, \cdots, a_{m-1})$$
$$= 0$$

よって
$$\begin{cases} g_0(a_1, \cdots, a_{m-1}) = 0 \\ g_1(a_1, \cdots, a_{m-1}) = 0 \\ \quad \vdots \\ g_n(a_1, \cdots, a_{m-1}) = 0 \end{cases}$$

この式は $F \ni^\forall a_1, a_2, \cdots, a_{m-1}$ について成り立つ.

帰納法の仮定より
$$\begin{cases} g_0(X_1, \cdots, X_{m-1}) = 0 \\ g_1(X_1, \cdots, X_{m-1}) = 0 \\ \quad \vdots \\ g_n(X_1, \cdots, X_{m-1}) = 0 \end{cases}$$

$*_1$ より $f(X_1, X_2, \cdots, X_m)$ は 0(ゼロ多項式) である.

(proof lemma ②)

$f(X_1, X_2, \cdots, X_m) \in F[X_1, X_2, \cdots, X_m]$ で

$E \ni^\forall \alpha$ に対して $f(\sigma_1 \alpha, \sigma_2 \alpha, \cdots, \sigma_m \alpha) = 0$ とする.

$\alpha_1, \alpha_2, \cdots, \alpha_m$ を E の F 上の base とする.

多項式 $f(X_1, X_2, \cdots, X_m)$ の $X_1, X_2, \cdots, X_m$ に

$$\begin{pmatrix} X_1 \\ X_2 \\ \vdots \\ X_m \end{pmatrix} = \begin{pmatrix} \sigma_1 \alpha_1 & \sigma_1 \alpha_2 & \cdots & \sigma_1 \alpha_m \\ \sigma_2 \alpha_1 & \sigma_2 \alpha_2 & \cdots & \sigma_2 \alpha_m \\ \vdots & \vdots & \ddots & \vdots \\ \sigma_m \alpha_1 & \sigma_m \alpha_2 & \cdots & \sigma_m \alpha_m \end{pmatrix} \begin{pmatrix} Y_1 \\ Y_2 \\ \vdots \\ Y_m \end{pmatrix}$$

で定まる $Y_1, Y_2, \cdots, Y_m$ の 1 次式を代入して得られる $Y_1, Y_2, \cdots, Y_m$ の多項式を $g(Y_1, Y_2, \cdots, Y_m)$ とおく.

$g(Y_1, Y_2, \cdots, Y_m)$
$= f(\sigma_1\alpha_1 Y_1 + \sigma_1\alpha_2 Y_2 + \cdots + \sigma_1\alpha_m Y_m, \sigma_2\alpha_1 Y_1 + \sigma_2\alpha_2 Y_2 + \cdots + \sigma_2\alpha_m Y_m,$
$\qquad \cdots, \sigma_m\alpha_1 Y_1 + \sigma_m\alpha_2 Y_2 + \cdots + \sigma_m\alpha_m Y_m)$

である.
このとき
$F \ni a_1, a_2, \cdots, a_m$ に対して
$\alpha = a_1\alpha_1 + a_2\alpha_2 + \cdots + a_m\alpha_m$ とおく.
$\sigma_1\alpha = \sigma_1(a_1\alpha_1) + \sigma_1(a_2\alpha_2) + \cdots + \sigma_1(a_m\alpha_m)$
$\qquad = (\sigma_1\alpha_1)a_1 + (\sigma_1\alpha_2)a_2 + \cdots + (\sigma_1\alpha_m)a_m$
$\sigma_2\alpha = \sigma_2(a_1\alpha_1) + \sigma_2(a_2\alpha_2) + \cdots + \sigma_2(a_m\alpha_m)$
$\qquad = (\sigma_2\alpha_1)a_1 + (\sigma_2\alpha_2)a_2 + \cdots + (\sigma_2\alpha_m)a_m$
$\qquad \vdots$
$\sigma_m\alpha = \sigma_m(a_1\alpha_1) + \sigma_m(a_2\alpha_2) + \cdots + \sigma_m(a_m\alpha_m)$
$\qquad = (\sigma_m\alpha_1)a_1 + (\sigma_m\alpha_2)a_2 + \cdots + (\sigma_m\alpha_m)a_m$

よって
$g(a_1, a_2, \cdots, a_m)$
$= f(\sigma_1\alpha_1 a_1 + \sigma_1\alpha_2 a_2 + \cdots + \sigma_1\alpha_m a_m, \sigma_2\alpha_1 a_1 + \sigma_2\alpha_2 a_2 + \cdots + \sigma_2\alpha_m a_m,$
$\qquad \cdots, \sigma_m\alpha_1 a_1 + \sigma_m\alpha_2 a_2 + \cdots + \sigma_m\alpha_m a_m)$
$= f(\sigma_1\alpha, \sigma_2\alpha, \cdots, \sigma_m\alpha)$
$= 0 \ (\because 仮定)$

である.
lemma ① より $g(Y_1, Y_2, \cdots, Y_m) = 0$ となる.
さて Corolally 4.3.2 より
$$\begin{pmatrix} \sigma_1\alpha_1 & \sigma_1\alpha_2 & \cdots & \sigma_1\alpha_m \\ \sigma_2\alpha_1 & \sigma_2\alpha_2 & \cdots & \sigma_2\alpha_m \\ \vdots & \vdots & \ddots & \vdots \\ \sigma_m\alpha_1 & \sigma_m\alpha_2 & \cdots & \sigma_m\alpha_m \end{pmatrix}$$ は正則行列であった.
したがって次に示す Lemma 4.5.1 より $f(X_1, X_2, \cdots, X_m)$ は 0(ゼロ多項式) である.

Lemma 4.5.1

一般に
$$A = \begin{pmatrix} a_{11} & a_{12} & \cdots & a_{1n} \\ a_{21} & a_{22} & \cdots & a_{2n} \\ \vdots & \vdots & \ddots & \vdots \\ a_{n1} & a_{n2} & \cdots & a_{nn} \end{pmatrix}$$

を n 次正則行列とする.

$Y_1, Y_2, \cdots, Y_n$ を不定元とし

多項式 $f(X_1, X_2, \cdots, X_n)$ の $X_1, X_2, \cdots, X_n$ に

$$\begin{pmatrix} X_1 \\ X_2 \\ \vdots \\ X_n \end{pmatrix} = A \begin{pmatrix} Y_1 \\ Y_2 \\ \vdots \\ Y_n \end{pmatrix}$$

で定まる $Y_1, Y_2, \cdots, Y_n$ の1次式を代入すると

$Y_1, Y_2, \cdots, Y_n$ の多項式が得られる.

それを $g(Y_1, Y_2, \cdots, Y_n)$ とおき

この $Y_1, Y_2, \cdots, Y_n$ に

$$\begin{pmatrix} Y_1 \\ Y_2 \\ \vdots \\ Y_n \end{pmatrix} = A^{-1} \begin{pmatrix} X_1 \\ X_2 \\ \vdots \\ X_n \end{pmatrix}$$

で定まる $X_1, X_2, \cdots, X_n$ の1次式を代入すると

$X_1, X_2, \cdots, X_n$ の多項式になるが

これはもとの多項式 $f(X_1, X_2, \cdots, X_n)$ になっている.

(proof)

$$A = \begin{pmatrix} a_{11} & a_{12} & \cdots & a_{1n} \\ a_{21} & a_{22} & \cdots & a_{2n} \\ \vdots & \vdots & \ddots & \vdots \\ a_{n1} & a_{n2} & \cdots & a_{nn} \end{pmatrix}, B = A^{-1} = \begin{pmatrix} b_{11} & b_{12} & \cdots & b_{1n} \\ b_{21} & b_{22} & \cdots & b_{2n} \\ \vdots & \vdots & \ddots & \vdots \\ b_{n1} & b_{n2} & \cdots & b_{nn} \end{pmatrix}$$

とおく.
$$g(Y_1, Y_2, \cdots, Y_n)$$
$$= f(\sum_{i=1}^n a_{1i}Y_i, \sum_{i=1}^n a_{2i}Y_i, \cdots, \sum_{i=1}^n a_{ni}Y_i)$$
である.
$$g(\sum_{j=1}^n b_{1j}X_j, \sum_{j=1}^n b_{2j}X_j, \cdots, \sum_{j=1}^n b_{nj}X_j)$$
$$= f(\sum_{i=1}^n a_{1i}(\sum_{j=1}^n b_{ij}X_j), \sum_{i=1}^n a_{2i}(\sum_{j=1}^n b_{ij}X_j), \cdots, \sum_{i=1}^n a_{ni}(\sum_{j=1}^n b_{ij}X_j))$$
$$= f(X_1, X_2, \cdots, X_n) \quad {}^{6)}$$

(proof lemma ③)
$1 \leq i \leq m$ なる i について
$$\{\sigma_i\sigma_1, \sigma_i\sigma_2, \cdots, \sigma_i\sigma_m\} = \{\sigma_{\varphi(i,1)}, \sigma_{\varphi(i,2)}, \cdots, \sigma_{\varphi(i,m)}\}$$
$$= \{\sigma_1, \sigma_2, \cdots, \sigma_m\}$$
よって $\varphi(i,1), \varphi(i,2), \cdots, \varphi(i,m)$ は全て異なる.
$1 \leq i \leq m$ なので, $\varphi(i,1), \varphi(i,2), \cdots, \varphi(i,m)$ は
$1, 2, \cdots, m$ を並び替えたものである.
ゆえに $X_{\varphi(i,1)}, X_{\varphi(i,2)}, \cdots, X_{\varphi(i,m)}$ は
$X_1, \cdots, X_m$ を並び替えたものである.
よって第 i 行には, $X_1, \cdots, X_m$ が一つずつ並んでいる.
列についても同じである.

---

6) $\begin{pmatrix} a_{11} & a_{12} & \cdots & a_{1n} \\ a_{21} & a_{22} & \cdots & a_{2n} \\ \vdots & \vdots & \ddots & \vdots \\ a_{n1} & a_{n2} & \cdots & a_{nn} \end{pmatrix} \begin{pmatrix} b_{11} & b_{12} & \cdots & b_{1n} \\ b_{21} & b_{22} & \cdots & b_{2n} \\ \vdots & \vdots & \ddots & \vdots \\ b_{n1} & b_{n2} & \cdots & b_{nn} \end{pmatrix}$

$= \begin{pmatrix} 1 & 0 & \cdots & 0 \\ 0 & 1 & \cdots & 0 \\ \vdots & \vdots & \ddots & \vdots \\ 0 & 0 & \cdots & 1 \end{pmatrix}$ より

$\sum_{i=1}^n a_{ki}(\sum_{j=1}^n b_{ij}X_j) = X_k$

したがって $det(A)$ は $X_1,\cdots,X_m$ の多項式で表される. [7)]
これを $h(X_1,\cdots,X_m)$ とする.
$h(1,0,\cdots,0) \neq 0$ なので, $h(X_1,\cdots,X_m)$ は 0(ゼロ多項式) でない. [8)]
実際, A において $X_1=1, X_2=0, \cdots, X_m=0$ を代入したものを B とすると, B の各行に 1 が 1 個あり, 残りは 0, 各列に 1 が 1 個あり, 残りは 0 である.
B の行を適当に入れ替えると単位行列にすることができる. [9)]
$h(1,0,\cdots,0) = |B| = \pm 1$ である.
すなわち $h(X_1,\cdots,X_m) \neq 0$ である.
以上で lemma ①, ②, ③ は証明できた.

これより Theorem 4.5.1 を証明する.

lemma ②, ③ より
$\quad E \ni^\exists \alpha \ \ s.t. \ \ h(\sigma_1\alpha, \sigma_2\alpha, \cdots, \sigma_m\alpha) \neq 0$
この $\{\sigma_1\alpha, \sigma_2\alpha, \cdots, \sigma_m\alpha\}$ が normal base であることを証明する.
$\sigma_1\alpha, \sigma_2\alpha, \cdots, \sigma_m\alpha$ が線型独立であることさえいえたらよい.
そこで
$F \ni a_1, a_2, \cdots, a_m$ で

---

7) 一般に $A = \begin{pmatrix} a_{11} & a_{12} & \cdots & a_{1n} \\ a_{21} & a_{22} & \cdots & a_{2n} \\ \vdots & \vdots & \ddots & \vdots \\ a_{n1} & a_{n2} & \cdots & a_{nn} \end{pmatrix}$ のとき,

$|A| = \sum_{S_n \ni \sigma} sgn\sigma a_{1\sigma(1)} a_{2\sigma(2)} \cdots a_{n\sigma(n)}$ となる.
$\qquad$ ($\to$ 別冊「行列式」Proposition 7.13.1 ⑧ の proof)
つまり, $|A|$ は A の成分の多項式で表される.
今の場合は A の各成分は $X_1, X_2, \cdots, X_m$ なので
$|A|$ は $X_1, X_2, \cdots, X_m$ の多項式となる.
8) ゼロ多項式なら係数が全て 0 なので
$X_1, \cdots, X_m$ に何を代入しても 0 であるが,
$X_1, \cdots, X_m$ に代入して 0 にならないものがある.
9) 適当に入れ替えてもこの状況は変わらない.

$a_1\sigma_1\alpha + a_2\sigma_2\alpha + \cdots + a_m\sigma_m\alpha = 0$ とする.
これに $\sigma_1, \cdots, \sigma_m$ を作用させると
$$a_1\sigma_1\sigma_1\alpha + a_2\sigma_1\sigma_2\alpha + \cdots + a_m\sigma_1\sigma_m\alpha = 0$$
$$a_1\sigma_2\sigma_1\alpha + a_2\sigma_2\sigma_2\alpha + \cdots + a_m\sigma_2\sigma_m\alpha = 0$$
$$\vdots$$
$$a_1\sigma_m\sigma_1\alpha + a_2\sigma_m\sigma_2\alpha + \cdots + a_m\sigma_m\sigma_m\alpha = 0$$
である.
これを行列で表すと
$$\begin{pmatrix} \sigma_1\sigma_1\alpha & \sigma_1\sigma_2\alpha & \cdots & \sigma_1\sigma_m\alpha \\ \sigma_2\sigma_1\alpha & \sigma_2\sigma_2\alpha & \cdots & \sigma_2\sigma_m\alpha \\ \vdots & \vdots & \ddots & \vdots \\ \sigma_m\sigma_1\alpha & \sigma_m\sigma_2\alpha & \cdots & \sigma_m\sigma_m\alpha \end{pmatrix} \begin{pmatrix} a_1 \\ a_2 \\ \vdots \\ a_m \end{pmatrix} = \begin{pmatrix} 0 \\ 0 \\ \vdots \\ 0 \end{pmatrix}$$
となる.
つまり
$$A' = \begin{pmatrix} \sigma_1\sigma_1\alpha & \sigma_1\sigma_2\alpha & \cdots & \sigma_1\sigma_m\alpha \\ \sigma_2\sigma_1\alpha & \sigma_2\sigma_2\alpha & \cdots & \sigma_2\sigma_m\alpha \\ \vdots & \vdots & \ddots & \vdots \\ \sigma_m\sigma_1\alpha & \sigma_m\sigma_2\alpha & \cdots & \sigma_m\sigma_m\alpha \end{pmatrix}$$
とおくと
$$A' \begin{pmatrix} a_1 \\ a_2 \\ \vdots \\ a_m \end{pmatrix} = \begin{pmatrix} 0 \\ 0 \\ \vdots \\ 0 \end{pmatrix}$$
となる.
A' は逆行列をもっているので [10]
$a_1 = a_2 = \cdots = a_m = 0$ である.

---

[10] $det(A') = h(\sigma_1\alpha, \sigma_2\alpha, \cdots, \sigma_m\alpha) \neq 0$ である.

4.6 Hilbert(ヒルベルト) の定理 90

G は有限群とする.
G-module とは
アーベル群 M であって, G の action を一緒に考えたものである.
G の action とは
$G \times M$ から M への写像であり,
その写像を $\varphi : G \times M \to M$ とするとそれは
以下の性質をみたすものである.

(a) M が加群のときは
  (i) $G \ni^\forall \sigma, M \ni^\forall m, {}^\forall m'$ に対して $\varphi(\sigma, m+m') = \varphi(\sigma, m) + \varphi(\sigma, m')$
  (ii) $G \ni^\forall \sigma, {}^\forall \tau, M \ni^\forall m$ に対して $\varphi(\sigma\tau, m) = \varphi(\sigma, \varphi(\tau, m))$
  (iii) $G \ni 1, M \ni^\forall m$ に対して $\varphi(1, m) = m$
  である.

$\varphi(\sigma, m)$ を $\sigma(m)$ と記することが多いが, この記法では
  (i) は $G \ni^\forall \sigma, M \ni^\forall m, {}^\forall m'$ に対して $\sigma(m+m') = \sigma(m) + \sigma(m')$
  (ii) は $G \ni^\forall \sigma, {}^\forall \tau, M \ni^\forall m$ に対して $\sigma\tau(m) = \sigma(\tau(m))$
  (iii) は $G \ni 1, M \ni^\forall m$ に対して $1(m) = m$

  ∗ ここでは 1 を G の単位元としている.

(b) M が乗法群のときは (a) 加群の時の (i) のところのみ

$$(\because h(X_1, \cdots, X_m) = det \begin{pmatrix} X_{\varphi(1,1)} & X_{\varphi(1,2)} & \cdots & X_{\varphi(1,m)} \\ X_{\varphi(2,1)} & X_{\varphi(2,2)} & \cdots & X_{\varphi(2,m)} \\ \vdots & \vdots & \ddots & \vdots \\ X_{\varphi(m,1)} & X_{\varphi(m,2)} & \cdots & X_{\varphi(m,m)} \end{pmatrix}$$

であった.($\because$ lemma ③)
X_1 に $\sigma_1\alpha$, X_2 に $\sigma_2\alpha, \cdots, X_m$ に $\sigma_m\alpha$ を代入すると
$X_{\varphi(i,j)}$ には $\sigma_{\varphi(i,j)}\alpha$ つまり $\sigma_i\sigma_j\alpha$ を代入したものに
なっている.
代入したものの行列式と行列式をとってから代入したものは等しい.)

$G \ni^\forall \sigma,\ M \ni^\forall m,^\forall m'$ に対して
$$\varphi(\sigma, mm') = \varphi(\sigma)(m)\varphi(\sigma)(m')$$
または
$$\sigma(mm') = \sigma(m)\sigma(m')$$
としたものである．

★ M において G の action を考えるということは，
G から $Aut(M)$ への homomorphism(アーベル群としての
M の automorphism) を考えることと同じである．
実際，φ を M における G の action とすれば

$G \ni^\forall \sigma$ に対して $\psi(\sigma): M \to M$ を

$M \ni^\forall m$ に対して $(\psi(\sigma))(m) = \varphi(\sigma, m)$

と定めると $\psi(\sigma)$ は $Aut(M)$ の元である．　　$\hookrightarrow <4.6-1>$
σ に $\psi(\sigma)$ を対応させる $\psi: G \to Aut(M)$ は homomorphism である．
$$\hookrightarrow <4.6-2>$$
ψ は φ により定まっていたのでこれを $\theta(\varphi)$ とおくことにより
写像 $\theta: \{M$ における G の action $\} \longrightarrow \{G \to Aut(M)$:homomorphism$\}$
が定義できる．
この θ は全単射である．　　$\hookrightarrow <4.6-3>$

Example 4.6.1　(ガロア拡大と G-module)
拡大 E/F は Galois, $Gal(E/F) = G$ とする．
このとき

$$\begin{array}{ccc} G \times E & \longrightarrow & E \\ \cup & & \cup \\ (\sigma, \alpha) & \longmapsto & \sigma(\alpha) \end{array}$$

により $(E, +)$ は G-module になり，

$$\begin{array}{ccc} G \times E^\times & \longrightarrow & E^\times \\ \cup & & \cup \\ (\sigma, \alpha) & \longmapsto & \sigma(\alpha) \end{array}$$

により $(E^\times, \cdot)$ は G-module である.
($E, E^\times$ はそれぞれ演算が和と積で定義された群であり,
G の作用する群である)

実際,
(i) $G \ni \sigma, E \ni \alpha, \beta$ とすると $\sigma(\alpha+\beta) = \sigma(\alpha)+\sigma(\beta)$
(ii) $G \ni \sigma, \tau,\ E \ni \alpha$ とすると $\sigma\tau(\alpha) = \sigma(\tau(\alpha))$
(iii) $E \ni \alpha$ に対して $1(\alpha) = \alpha$
なので $(E, +)$ は G-module である.

また
(i) $G \ni \sigma, E^\times \ni \alpha, \beta$ とすると $\sigma(\alpha\beta) = \sigma(\alpha)\sigma(\beta)$
(ii) $G \ni \sigma, \tau,\ E^\times \ni \alpha$ とすると $\sigma\tau(\alpha) = \sigma(\tau(\alpha))$
(iii) $E^\times \ni \alpha$ に対して $1(\alpha) = \alpha$
なので $(E^\times, \cdot)$ は G-module である.

G から G-module への crossed homo と呼ばれているものを定義する.

Def. 4.6.1 (crossed homomorphism)

M は G-module とする.
写像 $f : G \to M$ が次の条件
(a) M が加群のときは
$\quad G \ni^\forall \sigma, {}^\forall \tau$ に対して $f(\sigma\tau) = f(\sigma) + \sigma(f(\tau))$
$\qquad\qquad\qquad\qquad (= f(\sigma) + \sigma f(\tau)\ とかく)$
(b) M が乗法群のときは
$\quad G \ni^\forall \sigma, {}^\forall \tau$ に対して $f(\sigma\tau) = f(\sigma)(\sigma(f(\tau)))$
$\qquad\qquad\qquad\qquad (= f(\sigma)(\sigma f(\tau))\ とかく)$
をみたすとき
$f : G \to M$ を crossed homo という.

★ $M \ni f(\tau)$ で M は G-module だから
$\varphi : G \times M \to M$ により $\varphi(\sigma, f(\tau)) \in M$ であり,

$\varphi(\sigma, f(\tau))$ を $\sigma(f(\tau))$ と表した.
よって上のように定義できる.

Remark 4.6.1

$f : G \to M$ が crossed homo のとき

M が加群のときは $f(1) = 0$

M が乗法群のときは $f(1) = 1$ [11]

($\because$ M が加群のときは $G \ni 1$ に対して

$\quad f(1) = f(1 \cdot 1) = f(1) + 1(f(1)) = f(1) + f(1)$

$\quad f(1) + (-f(1)) = f(1) + f(1) + (-f(1))$

$\quad 0 = f(1)$

M が乗法群のときは $G \ni 1$ に対して

$\quad f(1) = f(1 \cdot 1) = f(1) \cdot 1(f(1)) = f(1) \cdot f(1)$

$\quad f(1) \cdot f(1)^{-1} = f(1) \cdot f(1) \cdot f(1)^{-1}$

$\quad 1 = f(1)$)

Example 4.6.2

(a) M が加群で G-module であるとする.

(i) $G = <\sigma>$ が位数が n の巡回群のとき

$f : G \to M$ を crossed homo とすると

$\begin{array}{rcl}
f(\sigma^2) &=& f(\sigma\sigma) \;=\; f(\sigma) + \sigma f(\sigma) \\
f(\sigma^3) &=& f(\sigma^2 \sigma) \;=\; f(\sigma^2) + \sigma^2 f(\sigma) = f(\sigma) + \sigma f(\sigma) + \sigma^2 f(\sigma) \\
f(\sigma^4) &=& f(\sigma^3 \sigma) \;=\; f(\sigma^3) + \sigma^3 f(\sigma) = f(\sigma) + \sigma f(\sigma) + \sigma^2 f(\sigma) + \sigma^3 f(\sigma) \\
& \vdots & \\
0 = f(1) &=& f(\sigma^n) \;=\; f(\sigma) + \sigma f(\sigma) + \cdots + \sigma^{n-1} f(\sigma)
\end{array}$

以上のことから $f(\sigma) = x$ とおくと $x \in M$ であり,

$\quad x + \sigma x + \sigma^2 x + \cdots + \sigma^{n-1} x = 0 \quad \cdots \text{①}$

である.

逆に $M \ni x$ が ① をみたすとすると

---

[11]　　$G \ni 1$ は id, $G \ni 0$ は ゼロ写像

$f: G \longrightarrow M$ を
$$f(\sigma^i) = x + \sigma x + \sigma^2 x + \cdots + \sigma^{i-1} x$$
で定義すれば f は crossed homo である。　　↪< 4.6 − 4 >
よって
$\{f | G \to M : \text{crossed homo}\}$ と $\{x \in M | x + \sigma x + \sigma^2 x + \cdots + \sigma^{n-1} x = 0\}$
には 1 対 1 対応がある。　　↪< 4.6 − 5 >

(ii) $M \ni x$ とする.
　$G \ni^{\forall} \sigma$ に対して
$$f(\sigma) = \sigma(x) - x \quad (\sigma x - x \text{ とかく})$$
とすると f は crossed homo になる.
(∵ $G \ni^{\forall} \sigma, \tau$ に対して
$$f(\sigma\tau) = \sigma\tau x - x$$
$$\begin{aligned} f(\sigma) + \sigma f(\tau) &= (\sigma x - x) + \sigma(\tau x - x) \\ &= \sigma x - x + \sigma\tau x - \sigma x \\ &= \sigma\tau x - x \end{aligned}$$
∴ $f(\sigma\tau) = f(\sigma) + \sigma f(\tau)$ ）

★ 和を積にかえることにより，M が加群のときと同様に次が成り立つ.

(b) M が乗法群で G-module であるとする.
(i) $G = <\sigma>$ が位数が n の巡回群のとき
$\{f | G \to M : \text{crossed homo}\}$ と $\{x \in M | x \cdot \sigma x \cdot \sigma^2 x \cdot \cdots \cdot \sigma^{n-1} x = 1\}$
には, 1 対 1 対応がある.
(ii) $M \ni x$ とする.
　$G \ni^{\forall} \sigma$ に対して $f(\sigma) = (\sigma x) x^{-1}$
とすると f は crossed homo になる.

Def. 4.6.2　(principal crossed homomorphism)
　M を G-module とする.
　(a)　M が加群のとき
　　$^{\exists} x \in M \quad s.t. \quad G \ni^{\forall} \sigma$ に対して $f(\sigma) = \sigma x - x$

で定まる写像 $f : G \to M$ を principal crossed homo と呼ぶ.

(b) M が乗法群のとき
$^\exists x \in M$ s.t. $G \ni^\forall \sigma$ に対して $f(\sigma) = (\sigma x) x^{-1}$
で定まる写像 $f : G \to M$ を principal crossed homo と呼ぶ.

★ G が M に trivially に act するとき,
つまり
$M \ni^\forall m, G \ni^\forall \sigma$ に対して $\sigma m = m$
のとき
crossed homo は単に homo であるし,
principal crossed homo は全てゼロ写像である.

なぜならば
$G \ni \sigma, \tau$ とする.
$f(\tau) \in M$ であり
$f : G \to M$ は crossed homo とすると
$f(\sigma\tau) = f(\sigma) + \sigma f(\tau) = f(\sigma) + f(\tau)$
また $f : G \to M$ は principal crossed homo とすると
$M \ni^\exists x$ s.t. $G \ni^\forall \sigma$ に対して $f(\sigma) = \sigma x - x$ であるが
$f(\sigma) = x - x = 0$ となる.

★ crossed homo の集合は自然に群であり, principal crossed homo の集合はそれの部分群である.
これを確かめる.

f と f' を crossed homo とすると
f と f' は G から X への写像である.
G から X への写像 f と f' は, 自然に
$(f + f')(g) = f(g) + f'(g)$
と定義されている.
$G \ni \sigma, \tau$ に対して
$(f + f')(\sigma\tau) = (f + f')(\sigma) + \sigma((f + f')(\tau))$

である.

($\because$ 左辺 $= (f+f')(\sigma\tau) = f(\sigma\tau) + f'(\sigma\tau)$
$= f(\sigma) + \sigma f(\tau) + f'(\sigma) + \sigma f'(\tau)$
右辺 $= (f+f')(\sigma) + \sigma((f+f')(\tau))$
$= f(\sigma) + f'(\sigma) + \sigma(f(\tau) + f'(\tau))$
$= f(\sigma) + f'(\sigma) + \sigma f(\tau) + \sigma f'(\tau)$)

よって $f+f'$ は crossed homo である.
また $f-f'$ も crossed homo であることが確かめられる.
さらに f,f' が principal crossed homo であるとすると

$G \ni^\forall \sigma$ に対して

$\exists x \in M$ s.t. $f(\sigma) = \sigma x - x$
$\exists y \in M$ s.t. $f'(\sigma) = \sigma y - y$

ここで $x+y$ は M の元で

$(f+f')(\sigma) = f(\sigma) + f'(\sigma) = \sigma x - x + \sigma y - y$
$= \sigma(x+y) - (x+y)$

である.

よって $f+f'$ は principal crossed homo である.
$f-f'$ も principal crossed homo であることが確かめられる.

Def. 4.6.3 (コホモロジー群)

商群 $\dfrac{crossed\ homomorphisms}{principal\ crossed\ homomorphisms}$ を $H^1(G,M)$ とする.

★ 実は $\mathbb{N} \ni^\forall n$ に対してコホモロジー群 $H^n(G,M)$ が定義できて $n=1$ のとき, 上のものになっている.
($\hookrightarrow$ 別冊「コチェイン」Def 7.16.4(r コバウンダリー, r コサイクル, コホモロジー群))

★ G-module の列

$0 \to M' \to M \to M'' \to 0$

が exact sequence のとき

4.6 Hilbert(ヒルベルト)の定理 90　317

$$0 \to {M'}^G \to M^G \to {M''}^G$$
$$\to H^1(G, M') \to H^1(G, M) \to H^1(G, M'')$$

は exact sequence である.
($\hookrightarrow$ 別冊「exact sequence」Theorem 7.17.2)

Theorem 4.6.1 (ガロア群の crossed homo は principal その 1)
E は F のガロア拡大で, そのガロア群を G とする.
このとき $H^1(G, E^\times) = \{1\}$ である.
すなわち $G \to E^\times$ の crossed homo は全て principal crossed homo である.

(proof)
　$f : G \longrightarrow E^\times$ crossed homo とする.
　$G \ni \sigma, \tau$ とすると
　　$f(\sigma\tau) = f(\sigma)(\sigma f(\tau))$ である. $\cdots$ ①
　$E^\times \ni \gamma$ で $G \ni^\forall \sigma$ に対して
　　$f(\sigma) = (\sigma\gamma)\gamma^{-1}$ となる γ を見つけたい.
　$G \ni \tau_1, \tau_2, \cdots, \tau_n$ とする.
　　$\tau_1, \tau_2, \cdots, \tau_n \in map(E, E)$
　$\tau_1, \tau_2, \cdots, \tau_n$ は E 上線型独立である. ($\because$ Corolally 4.3.1)
　$f(\tau_1), f(\tau_2), \cdots, f(\tau_n) \in E^\times$ より $f(\tau_i) \neq 0$ であるから
　　$f(\tau_1)\tau_1 + f(\tau_2)\tau_2 + \cdots + f(\tau_n)\tau_n \neq 0$
　$(f(\tau_1)\tau_1 + f(\tau_2)\tau_2 + \cdots + f(\tau_n)\tau_n$ は $E \to E$ への写像
　　であって 0 写像ではないということである)
　よって $^\exists \alpha \in E$
　　s.t. $(f(\tau_1)\tau_1 + f(\tau_2)\tau_2 + \cdots + f(\tau_n)\tau_n)(\alpha) \neq 0$
　$\therefore (f(\tau_1)\tau_1 + f(\tau_2)\tau_2 + \cdots + f(\tau_n)\tau_n)(\alpha) \in E^\times$
　ここで
　　$\dfrac{1}{\beta} = (f(\tau_1)\tau_1 + f(\tau_2)\tau_2 + \cdots + f(\tau_n)\tau_n)(\alpha)$
　とおく. ($\beta \in E^\times$)

$$\frac{1}{\beta} = f(\tau_1)(\tau_1(\alpha)) + f(\tau_2)(\tau_2(\alpha)) + \cdots + f(\tau_n)(\tau_n(\alpha))$$
である.

$G \ni \sigma$ とすると
$\sigma(\frac{1}{\beta})$
$= \sigma(f(\tau_1))\sigma(\tau_1(\alpha)) + \sigma(f(\tau_2))\sigma(\tau_2(\alpha)) + \cdots + \sigma(f(\tau_n))\sigma(\tau_n(\alpha))$
$= (\sigma f(\tau_1))\sigma(\tau_1(\alpha)) + (\sigma f(\tau_2))\sigma(\tau_2(\alpha)) + \cdots + (\sigma f(\tau_n))\sigma(\tau_n(\alpha))$
$= f(\sigma)^{-1}f(\sigma\tau_1)(\sigma\tau_1(\alpha)) + f(\sigma)^{-1}f(\sigma\tau_2)(\sigma\tau_2(\alpha)) + \cdots + f(\sigma)^{-1}f(\sigma\tau_n)(\sigma\tau_n(\alpha))$
($\because$ ① より $f(\sigma)^{-1}f(\sigma\tau) = \sigma f(\tau)$)
$= f(\sigma)^{-1}\{f(\sigma\tau_1)(\sigma\tau_1(\alpha)) + f(\sigma\tau_2)(\sigma\tau_2(\alpha)) + \cdots + f(\sigma\tau_n)(\sigma\tau_n(\alpha))\}$
$\{\sigma\tau_1, \sigma\tau_2, \cdots, \sigma\tau_n\} = \{\tau_1, \tau_2, \cdots, \tau_n\}$ なので
$= f(\sigma)^{-1}\{f(\tau_1)(\tau_1(\alpha)) + f(\tau_2)(\tau_2(\alpha)) + \cdots + f(\tau_n)(\tau_n(\alpha))\}$
$= f(\sigma)^{-1} \cdot \frac{1}{\beta}$

よって $\beta^{-1} = \frac{1}{\beta}$ とすると

$$\begin{aligned}
\sigma(\beta^{-1}) &= f(\sigma)^{-1}\beta^{-1} \\
(\sigma\beta)^{-1} &= f(\sigma)^{-1}\beta^{-1} \\
\therefore \sigma\beta &= f(\sigma)\beta \\
f(\sigma) &= (\sigma\beta)\beta^{-1}
\end{aligned}$$

γ として β が見つかった.

Def. 4.6.4 (α の norm (ノルム))

E は F のガロア拡大で, $Gal(E/F) = G$ とする.
$G = \{\sigma_1, \sigma_2, \cdots, \sigma_n\}$ のとき
$E \ni \alpha$ に対して α の norm(ノルム) を以下のものとする.
$$Nm_{E/F}(\alpha) = \sigma_1(\alpha) \cdot \sigma_2(\alpha) \cdot \cdots \cdot \sigma_n(\alpha) \quad [12]$$

次の *1), *2) が成り立つことに注意する.

*1) $G \ni^{\forall} \tau$ に対して

---

[12] あとの trace とともに別冊「trace , norm, 固有多項式」においては Proposition 7.15.7(ガロア群 と trace) として述べている.

$$\tau(Nm_{E/F}(\alpha)) = \tau(\sigma_1(\alpha)\sigma_2(\alpha)\cdots\sigma_n(\alpha))$$
$$= \tau\sigma_1(\alpha)\tau\sigma_2(\alpha)\cdots\tau\sigma_n(\alpha)$$
$\{\tau\sigma_1, \tau\sigma_2, \cdots, \tau\sigma_n\} = \{\sigma_1, \sigma_2, \cdots, \sigma_n\}$ なので
$$\tau(Nm_{E/F}(\alpha)) = \sigma_1(\alpha)\sigma_2(\alpha)\cdots\sigma_n(\alpha)$$
$$= Nm_{E/F}(\alpha)$$
よって $Nm_{E/F}(\alpha) \in F$ である.

*2)
$$\begin{array}{ccc} E^\times & \xrightarrow{\varphi} & F^\times \\ \cup & & \cup \\ \alpha & \longmapsto & Nm_{E/F}(\alpha) \end{array}$$

なる φ は norm map と呼ばれるが

norm map φ は明らかに homomorphism である.

($\because \beta \xmapsto{\varphi} Nm_{E/F}(\beta)$ とする.
$$\varphi(\alpha\beta) = \sigma_1(\alpha\beta)\sigma_2(\alpha\beta)\cdots\sigma_n(\alpha\beta)$$
$$= \sigma_1(\alpha)\sigma_1(\beta)\sigma_2(\alpha)\sigma_2(\beta)\cdots\sigma_n(\alpha)\sigma_n(\beta)$$
$$= \sigma_1(\alpha)\sigma_2(\alpha)\cdots\sigma_n(\alpha)\cdot\sigma_1(\beta)\sigma_2(\beta)\cdots\sigma_n(\beta)$$
$$= \varphi(\alpha)\varphi(\beta)\quad)$$

Example 4.6.3 (norm map)

(i) Galois 拡大 $\mathbb{C}/\mathbb{R}$ において

$\varphi : \mathbb{C}^\times \longrightarrow \mathbb{R}^\times$ は norm map とする.

$$\begin{array}{ccc} \mathbb{C}^\times & \xrightarrow{\varphi} & \mathbb{R}^\times \\ \cup & & \cup \\ \alpha & \longmapsto & Nm_{\mathbb{C}/\mathbb{R}}(\alpha) \end{array}$$

norm map φ により α は $|\alpha|^2$ にうつる.

($\because Gal(\mathbb{C}/\mathbb{R}) = G$ とすると

$\quad a+bi \longmapsto a+bi$

$\quad a+bi \longmapsto a-bi$

で定まる2つの写像が G の元である.

すなわち

$\quad \alpha \longmapsto \alpha$

$$\alpha \longmapsto \bar{\alpha}$$
で定まる 2 つの写像が G をつくる.
よって $Nm_{\mathbb{C}/\mathbb{R}}(\alpha) = \alpha\bar{\alpha} = |\alpha|^2$)

(ii) $\varphi : \mathbb{Q}[\sqrt{d}]^\times \longrightarrow \mathbb{Q}^\times$ は norm map とする.

$$\begin{array}{ccc} \mathbb{Q}[\sqrt{d}]^\times & \xrightarrow{\varphi} & \mathbb{Q}^\times \\ \cup & & \cup \\ a+b\sqrt{d} & \longmapsto & Nm_{\mathbb{Q}[\sqrt{d}]/\mathbb{Q}}(a+b\sqrt{d}) \end{array}$$

φ により $a+b\sqrt{d}$ は $a^2 - b^2 d$ にうつる.
($\because Gal(\mathbb{Q}[\sqrt{d}]/\mathbb{Q}) = G$ とすると
$a+b\sqrt{d} \longmapsto a+b\sqrt{d}$
$a+b\sqrt{d} \longmapsto a-b\sqrt{d}$
で定まる 2 つの写像が G をつくる.
よって
$Nm_{\mathbb{Q}[\sqrt{d}]/\mathbb{Q}}(a+b\sqrt{d}) = (a+b\sqrt{d})(a-b\sqrt{d}) = a^2 - b^2 d$)

** norm map の kernel を決定したい.

E は F のガロア拡大で $E \ni \beta$ とする.
$G \ni \tau$ に対して $(\tau\beta)\beta^{-1} \in E^\times$ である.
$(\tau\beta)\beta^{-1}$ の norm を計算すると
$$\begin{aligned} Nm_{E/F}\{(\tau\beta)\beta^{-1}\} &= \sigma_1\{(\tau\beta)\beta^{-1}\}\sigma_2\{(\tau\beta)\beta^{-1}\}\cdots\sigma_n\{(\tau\beta)\beta^{-1}\} \\ &= \{\sigma_1\tau(\beta)\sigma_2\tau(\beta)\cdots\sigma_n\tau(\beta)\}\{\sigma_1(\beta)\sigma_2(\beta)\cdots\sigma_n(\beta)\}^{-1} \\ &= \{\sigma_1(\beta)\sigma_2(\beta)\cdots\sigma_n(\beta)\}\{\sigma_1(\beta)\sigma_2(\beta)\cdots\sigma_n(\beta)\}^{-1} \\ &= 1 \end{aligned}$$
よって $(\tau\beta)\beta^{-1}$ の norm は 1 である.
逆に E が F の cyclic 拡大 [13] ならば
norm が 1 のものはこの形の元であることが次の Corolally よりわかる.

---

[13] ガロア拡大であり, そのガロア群は巡回群である.
略して cyclic という.

Corolally 4.6.1 (Hilbert's Theorem 90)

E は F の finite cyclic であるとする.
そのガロア群を $<\sigma>$ とする.
$Nm_{E/F}(\alpha) = 1$ ならば
$\exists \beta \in E \ \ s.t. \ \ \alpha = (\sigma\beta)\beta^{-1}$

(proof)

$[E:F] = m$ として
$Nm_{E/F}(\alpha) = 1$ より
$<\sigma> = \{1, \sigma, \sigma^2, \cdots, \sigma^{m-1}\}$
とすると
$\alpha \cdot \sigma(\alpha) \cdot \sigma^2(\alpha) \cdot \cdots \cdot \sigma^{m-1}(\alpha) = 1$
である.
この式をみたす α に対して
$\exists f : <\sigma> \longrightarrow E^\times$ crossed homo $\ \ s.t. \ \ f(\sigma) = \alpha$
($\because$ Example 4.6.2(b))
E は F のガロア拡大なので, この f は principal crossed homo である.
($\because$ Theorem 4.6.1)
よって
$\exists \beta \in E^\times \ \ s.t. \ \ f(\sigma) = (\sigma\beta)\beta^{-1}$
つまり $E^\times$ の元 β で $\alpha = (\sigma\beta)\beta^{-1}$ となる β が存在する.

以上より次のことがわかった.

★ E は F の finite cyclic で, そのガロア群が σ で生成される巡回群
 $<\sigma>$ のとき
 $Nm_{E/F}(\alpha) = 1 \Leftrightarrow \exists \beta \in E^\times \ \ s.t. \ \ \alpha = (\sigma\beta)\beta^{-1}$

$Nm_{E/F}$ における積を和にしたものが $Tr_{E/F}$ である.
$Tr_{E/F}$ についても同様なことが成り立つことを見ておく.

Theorem 4.6.2 (ガロア群の crossed homo は principal その２)

E は F のガロア拡大で, そのガロア群を G とする.
このとき
$$H^1(G, E) = \{0\}$$
である.
すなわち $G \to E$ の crossed homo は全て principal crossed homo である.

(proof)

$f : G \to E$ crossed homo とする.
$G \ni \sigma, \tau$ とすると $f(\sigma\tau) = f(\sigma) + \sigma f(\tau)$ である.
$E \ni \alpha$ で $G \ni^\forall \sigma$ に対して $f(\sigma) = \sigma\alpha - \alpha$
となる α を見つけたい.

$\eta = \tau_1 + \tau_2 + \cdots + \tau_n$
$\mu = f(\tau_1)\tau_1 + f(\tau_2)\tau_2 + \cdots + f(\tau_n)\tau_n$

とおく.
このとき次を示す.

(i) $E \ni^\exists e$ s.t. $\eta(e) = -1$
(ii) $\alpha = \mu(e)$ とおくと $G \ni^\forall \sigma$ に対して, $f(\sigma)$ は σ の関数として $\sigma\alpha - \alpha$

proof(i)

$\tau_1, \tau_2, \cdots, \tau_n \in Map(E, E)$ である.
Corolally 4.3.1(体から体への異なる homo は体上線型独立) より
$\tau_1, \tau_2, \cdots, \tau_n$ は E 上線型独立なので
$E \ni^\exists \beta$ s.t. $\eta(\beta) \neq 0$
$\gamma = \eta(\beta)$ とおくと $\gamma \neq 0$ である.
$G \ni^\forall \sigma$ に対して
$\sigma(\gamma) = \sigma(\eta(\beta)) = \sigma\eta(\beta) = \eta(\beta) = \gamma$
ゆえに
$F \ni \gamma$ である.
よって

$F \ni -\gamma^{-1}$ である.
$e = -\gamma^{-1}\beta$ とおくと
$\eta(e) = -\gamma^{-1}\eta(\beta) = -\gamma^{-1} \times \gamma = -1$

proof(ii)

$\alpha = \mu(e)$ より
$G \ni^\forall \sigma$ に対して
$\begin{aligned}
\alpha &= f(\tau_1)(\tau_1(e)) + f(\tau_2)(\tau_2(e)) + \cdots + f(\tau_n)(\tau_n(e)) \\
&= f(\sigma\tau_1)(\sigma\tau_1(e)) + f(\sigma\tau_2)(\sigma\tau_2(e)) + \cdots + f(\sigma\tau_n)(\sigma\tau_n)(e) \\
&= (f(\sigma) + \sigma f(\tau_1))\sigma\tau_1(e) + (f(\sigma) + \sigma f(\tau_2))\sigma\tau_2(e) \\
&\quad + \cdots + (f(\sigma) + \sigma f(\tau_n))\sigma\tau_n(e) \\
&= \sigma f(\tau_1)\sigma\tau_1(e) + \sigma f(\tau_2)\sigma\tau_2(e) + \cdots + \sigma f(\tau_n)\sigma\tau_n(e) \\
&\quad + f(\sigma)(\sigma\tau_1(e) + \sigma\tau_2(e) + \cdots + \sigma\tau_n(e)) \\
&= \sigma(f(\tau_1)\tau_1(e) + f(\tau_2)\tau_2(e) + \cdots + f(\tau_n)\tau_n(e)) + f(\sigma)\eta(e) \\
&= \sigma(\alpha) - f(\sigma)
\end{aligned}$
$\therefore f(\sigma) = \sigma\alpha - \alpha$

Def. 4.6.5 (α の trace(トレース))

E は F のガロア拡大で, $Gal(E/F) = G$ とする.
$G = \{\sigma_1, \sigma_2, \cdots, \sigma_n\}$ のとき
$E \ni \alpha$ に対して α の trace(トレース) を以下のものとする.
$Tr_{E/F}(\alpha) = \sigma_1(\alpha) + \sigma_2(\alpha) + \cdots + \sigma_n(\alpha)$

$\star_1$ $G \ni^\forall \tau$ に対して
$\begin{aligned}
\tau(Tr_{E/F}(\alpha)) &= \tau(\sigma_1(\alpha) + \sigma_2(\alpha) + \cdots + \sigma_n(\alpha)) \\
&= \tau\sigma_1(\alpha) + \tau\sigma_2(\alpha) + \cdots + \tau\sigma_n(\alpha)
\end{aligned}$
$\{\tau\sigma_1, \tau\sigma_2, \cdots, \tau\sigma_n\} = \{\sigma_1, \sigma_2, \cdots, \sigma_n\}$ なので
$\begin{aligned}
\tau(Tr_{E/F}(\alpha)) &= \sigma_1(\alpha) + \sigma_2(\alpha) + \cdots + \sigma_n(\alpha) \\
&= Tr_{E/F}(\alpha)
\end{aligned}$
よって $Tr_{E/F}(\alpha) \in F$ である.

$\star_2$ E は F のガロア拡大で $E \ni \beta$ とする.

$G \ni \tau$ に対して $(\tau\beta) - \beta \in E$ である.

$(\tau\beta) - \beta$ の trace を計算すると
$$\begin{aligned}
Tr_{E/F}\{(\tau\beta) - \beta\} &= \sigma_1\{(\tau\beta) - \beta\} + \sigma_2\{(\tau\beta) - \beta\} + \cdots + \sigma_n\{(\tau\beta) - \beta\} \\
&= \{\sigma_1\tau(\beta) + \sigma_2\tau(\beta) + \cdots + \sigma_n\tau(\beta)\} \\
&\quad - \{\sigma_1(\beta) + \sigma_2(\beta) + \cdots + \sigma_n(\beta)\} \\
&= \{\sigma_1(\beta) + \sigma_2(\beta) + \cdots + \sigma_n(\beta)\} \\
&\quad - \{\sigma_1(\beta) + \sigma_2(\beta) + \cdots \sigma_n(\beta)\} \\
&= 0
\end{aligned}$$

よって $(\tau\beta) - \beta$ の trace は 0 である.

逆に, E が F の cyclic 拡大ならば,

trace が 0 のものはこの形の元であることが次の Corolally よりわかる.

Corolally 4.6.2 (Hilbert's Theorem 90)

E は F の finite cyclic であるとする.

そのガロア群を $<\sigma>$ とする.

$Tr_{E/F}(\alpha) = 0$ ならば

$\exists \beta \in E$ s.t. $\alpha = \sigma\beta - \beta$

(proof)

$[E:F] = m$ として

$Tr_{E/F}(\alpha) = 0$ より

$<\sigma> = \{1, \sigma, \sigma^2, \cdots, \sigma^{m-1}\}$

とすると

$\alpha + \sigma(\alpha) + \sigma^2(\alpha) + \cdots + \sigma^{m-1}(\alpha) = 0$

である.

この式をみたす α に対して

$\exists f : <\sigma> \longrightarrow E^\times$ crossed homo s.t. $f(\sigma) = \alpha$

($\because$ Example 4.6.2(a))

E は F のガロア拡大なので この f は principal crossed homo である.

($\because$ Theorem 4.6.1)

よって

$\exists \beta \in E$ s.t. $f(\sigma) = \sigma\beta - \beta$

つまり E の元 β で $\alpha = \sigma\beta - \beta$ となる β が存在する.

★ 以上より次のことがわかった.
E は F の finite cyclic で, そのガロア群が σ で生成される巡回群 $<\sigma>$ のとき
$$Tr_{E/F}(\alpha) = 0 \Leftrightarrow \exists \beta \in E \text{ s.t. } \alpha = \sigma\beta - \beta$$
次の定理が得られた.

Theorem 4.6.3 (Hilbert's Theorem)

拡大 E/F は n 次の cyclic,
σ は $G = Gal(E/F)$ の生成元とする.
$\alpha \in E$ について次の (1), (2) が成り立つ.
 (1) $Nm_{E/F}(\alpha) = 1 \Leftrightarrow \exists \beta \in E^\times$ s.t, $\alpha = (\sigma\beta)\beta^{-1}$
 (2) $Tr_{E/F}(\alpha) = 0 \Leftrightarrow \exists \beta \in E$ s.t. $\alpha = \sigma\beta - \beta$

4.7　巡回拡大 (cyclic extensions)

Proposition 4.7.1

　　F は 1 の原始 n 乗根を含む体とする.
　　E は F の拡大体とする.
　　このとき, 次の二つは同値である.
　(i) 拡大 E/F は cyclic [14] であり,
　　　E の F 上の拡大次数 $[E:F]$ は n の約数である.
　(ii) $E \ni \exists \alpha$ s.t. $F \ni \alpha^n$ かつ $E = F[\alpha]$

(proof)
　　ξ を F に含まれる 1 の原始 n 乗根とする.

---

[14]　ガロア拡大であり, そのガロア群は巡回群である.
　　　略して cyclic という.

(i) ⇒ (ii)

$G = Gal(E/F) = <\sigma>$ とする.

$|Gal(E/F)| = m$ として $m|n$ とする.

このとき $\eta = \xi^{\frac{n}{m}}$ は

1 の原始 m 乗根であり, F に含まれる.

F は 1 の原始 n 乗根を含むので 1 の原始 m 乗根 η も含む.

拡大 E/F は Galois であるから Theorem 4.5.1 より

$\exists \gamma \in E$ s.t. $\{\gamma, \sigma\gamma, \cdots, \sigma^{m-1}\gamma\}$ が E の F 上の base

ここで

$\alpha = \gamma + \eta\sigma\gamma + \eta^2\sigma^2\gamma + \cdots + \eta^{m-1}\sigma^{m-1}\gamma$

とすると $1, \eta, \eta^2, \cdots, \eta^{m-1} \in F$ で

$\gamma, \sigma\gamma, \cdots, \sigma^{m-1}\gamma$ は線型独立なので

$\alpha \neq 0$

∴ $\alpha \in E^\times$ である.

$\eta^{m-1}\sigma^m\gamma = \eta^{-1}\gamma$ より

$\sigma\alpha = \sigma\gamma + \eta\sigma^2\gamma + \cdots + \eta^{m-2}\sigma^{m-1}\gamma + \eta^{m-1}\sigma^m\gamma$
$= \eta^{-1}\gamma + \sigma\gamma + \eta\sigma^2\gamma + \cdots + \eta^{m-3}\sigma^{m-2}\gamma + \eta^{m-2}\sigma^{m-1}\gamma$
$= \eta^{-1}\alpha$

なので

$\sigma\alpha^m = (\sigma\alpha)^m = (\eta^{-1}\alpha)^m = \eta^{-m}\alpha^m = \alpha^m$

より

$\alpha^m \in F$

となる.

$f(X) = X^m - \alpha^m$ とおくと

$f(X)$ は $F[X]$ の m 次式で α を根にもつので

$[F[\alpha] : F] \leq m$ [15]

である.

---

[15] $g(X)$ を α の F 上の最小多項式とすると
   $g(X) \mid f(X)$ なので $deg\ g(X) \leq m$ であり, $[F[\alpha] : F] = deg\ g(X)$

また, $f(X) = X^m - \alpha^m$ は α を根にもつ m 次式である.
α の最小多項式は $f(X)$ の factor であり, $[F[\alpha] : F]$ は
α の最小多項式の次数に等しいので
$$[F[\alpha] : F] \leq m$$
である.
$\alpha, \sigma\alpha, \sigma^2\alpha, \cdots, \sigma^{m-1}\alpha$ は全て異なる [16) ので
$$m \leq [F[\alpha] : F] \quad \text{17)}$$
である.
よって $[F[\alpha] : F] = m$ である.
$[E : F] = m$ であり $E \supset F[\alpha] \supset F$ であるから
$E = F[\alpha]$ である.
また, $F \ni \alpha^m$ で $m \mid n$ より $F \ni \alpha^n$ である.

(ii) $\Rightarrow$ (i)

$E \ni \alpha$ で $F \ni \alpha^n$ かつ $E = F[\alpha]$ であるとする.
$s = \min\{t \in \mathbb{N} \mid F \ni \alpha^t\}$ とすると
s は n の約数である.
ξ は 1 の原始 n 乗根なので
$\eta = \xi^{\frac{n}{s}}$ は 1 の原始 s 乗根である.
η は $F^\times$ の位数が s の元なので η で生成される巡回群

---

16) $\sigma\alpha = \eta^{-1}\alpha, \sigma^2\alpha = \eta^{-2}\alpha, \cdots, \sigma^{m-1}\alpha = \eta^{-m+1}\alpha$

17)   下図をみたす $F[\alpha]$ から $F[\alpha]$ への F-homo φ の数は
$\varphi f(X)$ の $F[\alpha]$ における根の数と同じなので m 個以上ある.

$$\begin{array}{ccc} F[\alpha] & \xrightarrow{\varphi} & F[\alpha] \\ \downarrow & \circlearrowleft & \downarrow \\ F & \xrightarrow{id} & F \end{array}$$

F-homo φ の数は $[F[\alpha] : F]$ 以下なので
$m \leq [F[\alpha] : F]$ が成り立つ. ($\because$ Lemma 2.3.1(3) からわかる)

$\{1, \eta, \eta^2, \cdots, \eta^{s-1}\}$ は $F^\times$ の部分群である.
これを μ_s で表す.
$\alpha^s \in F$ より $\alpha^s = a$ となる a が F にあり
$F[X] \ni X^s - a$ である.
$$X^s - a = (X - \alpha)(X - \eta\alpha) \cdots (X - \eta^{s-1}\alpha)$$
であり,
$$F[\alpha, \eta\alpha, \eta^2\alpha, \cdots, \eta^{s-1}\alpha] = F[\alpha]$$
なので
$F[\alpha]$ は $X^s - a \in F[X]$ の splitting field である.
よって拡大 $F[\alpha]$ は F 上 Galois である.
$G = Gal(E/F)$ とする.
$G \ni^\forall \sigma$ に対して $\sigma\alpha$ は $X^s - a$ の根である.
よって ($\sigma\alpha \in \{\alpha, \eta\alpha, \cdots, \eta^{s-1}\alpha\}$ より)
$\quad \exists i \ s.t. \ \sigma\alpha = \eta^i\alpha \ (0 \leq i \leq s-1)$
したがって
$$\frac{\sigma\alpha}{\alpha} = \eta^i \in \mu_s$$
である.
α を使って写像 $f : G \longrightarrow \mu_s$ を次のように定義する.

$$\begin{array}{ccc} G & \xrightarrow{f} & \mu_s \\ \cup & & \cup \\ \sigma & \longmapsto & \dfrac{\sigma\alpha}{\alpha} \end{array}$$

$G \ni^\forall \sigma, {}^\forall \tau$ に対して
$$f(\sigma) = \eta^i, f(\tau) = \eta^j$$
とする.
つまり
$$\sigma\alpha = \eta^i\alpha, \ \tau\alpha = \eta^j\alpha$$
とする.
$$f(\sigma\tau) = \frac{\sigma\tau\alpha}{\alpha} = \frac{\sigma(\eta^j\alpha)}{\alpha} = \frac{\eta^j(\sigma\alpha)}{\alpha} = \frac{\eta^j\eta^i\alpha}{\alpha} = \eta^j\eta^i = f(\sigma)f(\tau)$$
となるので f は homomorphism である.

また，$G \ni \sigma, \tau$ で $f(\sigma) = f(\tau)$ とすると
$$\frac{\sigma \alpha}{\alpha} = f(\sigma) = f(\tau) = \frac{\tau \alpha}{\alpha}$$
より

$\sigma \alpha = \tau \alpha$

つまり $\sigma = \tau$ となるので f は単射である．
ゆえに G は巡回群 μ_s の部分群と同型である．
よって G は巡回群である．
G の位数は s の約数である．
つまり G の位数は n の約数である．
すなわち $[E:F]$ は n の約数である．

上の Proposition より以下のことがわかる．

Corolally 4.7.1

ξ を 1 の原始 n 乗根として $F \ni \xi$ とする．
拡大 E/F は cyclic であり，
$|Gal(E/F)| = n$ ならば
$E \ni^\exists \alpha$ s.t. $F \ni \alpha^n, n = min\{t \in \mathbb{N} | F \ni \alpha^t\}$ かつ $E = F[\alpha]$

(proof)
$|Gal(E/F)| = n$ で $F \ni \xi$ なので Proposition 4.7.1 より
$E \ni^\exists \alpha$ s.t. $F \ni \alpha^n$ かつ $E = F[\alpha]$
$1 \leq t < n$ で $\alpha^t \in F$ とすると
再び Proposition 4.7.1 より $[E:F]$ は t の約数だから
$|Gal(E/F)| \leq t < n$ となり矛盾が生じる．
よって
$n = min\{t \in \mathbb{N} | F \ni \alpha^t\}$
である．

Remark 4.7.1

(a) $n \geq 2$, $n = p_1{}^{e_1} p_2{}^{e_2} \cdots p_s{}^{e_s}$ とする．

$X^n - a \in F[X]$ が irreducible in $F[X]$
$\implies a = d_1{}^{p_1}, a = d_2{}^{p_2}, \cdots, a = d_s{}^{p_s}$ となるような $d_1, d_2, \cdots, d_s$ は F に存在しない.

また n が 4 の倍数のときは

$a = -4e^4$ となるような e は F に存在しない.

(b) $char F = p(>0)$ とする.

このとき 1 以外に p 乗根はない.($\because X^p - 1 = (X-1)^p$)

(i) $\forall b \in F$ に対して $a \neq b^p - b$ ならば

$X^p - X - a$ は $F[X]$ で irreducible である.

(ii) $X^p - X - a$ が irreducible のとき

これのガロア群は位数が p の巡回群である.

(iii) F 上の拡大次数が p である F の全ての cyclic 拡大体は

ある多項式 $X^p - X - a \in F[X]$ の splitting field である.

(proof)

(a) $\exists d_1 \in F$ $s.t.$ $a = d_1{}^{p_1}$ とすると

$$\begin{aligned} X^n - a &= X^n - d_1{}^{p_1} \\ &= X^{p_1 q} - d_1{}^{p_1} (\because \exists q \ s.t. \ n = p_1 q) \end{aligned}$$

ここで $X^q = Y$ とおくと

$$\begin{aligned} X^n - a &= Y^{p_1} - d_1{}^{p_1} \\ &= (Y - d_1)(Y^{p_1 - 1} + \cdots) \end{aligned}$$

これは仮定に矛盾する.

また $e \in F$ で $a = -4e^4$ とすると

$F[X] \ni X^4 - a = X^4 + 4e^4 = (X^2 + 2e^2)^2 - (2eX)^2$

これも矛盾である.

(b)(i) $X^p - X - a \in F[X]$ の根の一つを α とすると

残りは

$\alpha + 1, \alpha + 2, \cdots, \alpha + p - 1$

である.

$X^p - X - a$ が $F[X]$ で irreducible でないとすると

$p - 1$ 次以下の $X^p - X - a$ の factor

$$g(X) = X^s + a_1 X^{s-1} + \cdots + a_s \in F[X] \quad (1 \leq s < p)$$

が存在する.

$g(X)$ の根を $\beta_1, \beta_2, \cdots, \beta_s$ とおくと

$\beta_1, \beta_2, \cdots, \beta_s$ は $X^p - X - a$ の根なので

$\beta_1, \beta_2, \cdots, \beta_s$ は $\alpha, \alpha+1, \alpha+2, \cdots, \alpha+p-1$

のうちの s 個である.

$\beta_1 - \alpha, \beta_2 - \alpha, \cdots, \beta_s - \alpha \in F$ である.

$-a_1 = \beta_1 + \beta_2 + \cdots + \beta_s$ なので

$-a_1 - s\alpha = (\beta_1 - \alpha) + (\beta_2 - \alpha) + \cdots + (\beta_s - \alpha) \in F$

$a_1 \in F$ なので

$s\alpha \in F$

s は F で 0 でないので

$\alpha \in F$

すなわち

$\exists \alpha \in F$ s.t. $a = \alpha^p - \alpha$

となり仮定に矛盾する.

(ii) $X^p - X - a \in F[X]$ の splitting field は

$F[\alpha, \alpha+1, \alpha+2, \cdots, \alpha+p+1] = F[\alpha]$ である.

よって拡大 $F[\alpha]/F$ は Galois である.

$X^p - X - a \in F[X]$ は irreducible であるので α の最小多項式だから

$[F[\alpha] : F] = p$ であり, $|Gal(F[\alpha]/F)| = p$ である.

$Gal(F[\alpha]/F) \ni \sigma_i$, $\sigma_i(\alpha) = \alpha + i$ とすると

$Gal(F[\alpha]/F) = \{1, \sigma_1, \sigma_2, \cdots, \sigma_{p-1}\}$

$= \{1, \sigma, \sigma^2, \cdots, \sigma^{p-1}\} = <\sigma_i>$

$Gal(F[\alpha]/F)$ は巡回群である.

(iii) E は F 上 cyclic とする.

$Gal(E/F) = \{1, \sigma, \sigma^2, \cdots, \sigma^{p-1}\}$ とする.

$E \ni -1$ で -1 の trace, $Tr(-1)$ は

$Tr(-1) = -1 + \sigma(-1) + \sigma^2(-1) + \cdots + \sigma^{p-1}(-1) = -1 \cdot p = 0$

よって Theorem 4.6.3(Hilbert's Theorem) より

$\exists \beta \in E \;\; s.t. \;\; -1 = \sigma\beta - \beta \;\; \cdots ①$

$\beta \in F$ とすると $\sigma\beta = \beta$ となり ① に矛盾するので
$\beta \notin F$ である.

```
        E
        |
        |
     F[β]
        |
        |
        F
```

であるが

$[E:F] = p$ で p は素数なので $E = F[\beta]$ である.
$f(X) = (X-\beta)(X-\sigma\beta)\cdots(X-\sigma^{p-1}\beta)$ とおくと
$\sigma f(X) = f(X)$ なので $f(X) \in F[X]$ である.
① より

$\sigma\beta = \beta - 1$
$\sigma^2\beta = \sigma(\sigma\beta) = \sigma(\beta-1) = \sigma\beta - \sigma(1) = (\beta-1) - 1 = \beta - 2$
$\sigma^3\beta = \sigma(\sigma^2\beta) = \sigma(\beta-2) = \sigma\beta - \sigma(2) = (\beta-1) - 2 = \beta - 3$
$\qquad \vdots$

$\sigma^{p-1}\beta = \beta - (p-1)$ より

$f(X) = (X-\beta)(X-\beta+1)(X-\beta+2)\cdots(X-\beta+p-1)$
$\quad = (X-\beta)^p - (X-\beta)$ [18]
$\quad = X^p - X - \beta^p + \beta$
$\quad = X^p - X - (\beta^p - \beta)$

$\beta^p - \beta \in F$ より $a = \beta^p - \beta$ とすればよい.

---

[18] $\quad X^p - X = X(X-1)(X-2)\cdots(X-p+1)$
$\qquad\qquad (\because 1, 2, 3, \cdots, p-1 \text{ は } X^p - X \text{ の根})$
$\qquad\quad = X(X+1)(X+2)\cdots(X+p-1)$ である.
$\qquad$ この X に $X - \beta$ を代入すればよい.

Proposition 4.7.2

F を原始 $n(n \geq 2)$ 乗根 ξ を含む体とする.
Ω を F の拡大体として
E と E' は Ω の部分体で n 次の cyclic とする.
このとき Corolally 4.7.1 より
$\quad E \ni^{\exists} \alpha \;\; s.t. \;\; n = min\{s \in \mathbb{N} | \alpha^s \in F\}$ かつ $E = F[\alpha]$
$\quad E' \ni^{\exists} \beta \;\; s.t. \;\; n = min\{s \in \mathbb{N} | \beta^s \in F\}$ かつ $E' = F[\beta]$
$a = \alpha^n, b = \beta^n$ とおくと $F \ni a, b$ である.
 この記号の元で次の 3 つは同値である.
(i) $E = E'$
(ii) $^{\exists} r \in \mathbb{Z}, \; ^{\exists} c \in F^{\times} \;\; s.t. \;\; a = b^r c^n$
(iii) a と b は $F^{\times}/F^{\times n}$ の同じ部分群を生成する.

(proof)
(i) $\Rightarrow$ (ii)
$\alpha \in F[\alpha] = E = E' = F[\beta]$ より
$Gal(F[\alpha]/F) = Gal(F[\beta]/F)$ である.
$Gal(F[\beta]/F) \ni \sigma$ は β を $\xi\beta$ にうつす元とする.
このとき
$\quad ^{\exists} r \;\; s.t. \;\; \sigma\alpha = \xi^r \alpha \quad (0 \leq r < n-1)$
である.
$c = \dfrac{\alpha}{\beta^r}$ とおく.
$\quad \sigma(c) = \dfrac{\sigma\alpha}{(\sigma\beta)^r} = \dfrac{\xi^r \alpha}{(\xi\beta)^r} = \dfrac{\alpha}{\beta^r} = c$
なので $F \ni c$ である.
ゆえに $r \in \mathbb{Z}, \; c \in F^{\times}$ で $\alpha = \beta^r c$ であり,
$\quad a = \alpha^n = (\beta^r c)^n = b^r c^n$
である.
(ii) $\Rightarrow$ (i)
$\quad a = b^r c^n$ より

第 4 章 solvable

$$\alpha^n = \beta^{nr}c^n = (\beta^r c)^n$$

$\alpha = \beta^r c\, \xi^i$ となる i が存在する.

$\alpha \in F[\beta^r c\, \xi^i] \in F[\beta]$

$E = F[\alpha] \subset F[\beta] = E'$

E も E' も F 上の拡大次数が n のガロア拡大だったので $E = E'$ である.

(ii) $\Rightarrow$ (iii)

$aF^{\times n} = b^r c^n F^{\times n} = b^r F^{\times n} = (bF^{\times n})^r$ より

$<aF^{\times n}> \subset <bF^{\times n}>$

共に位数が n の群なので [19]

$<aF^{\times n}> = <bF^{\times n}>$

(iii) $\Rightarrow$ (ii)

$aF^{\times n} \in <aF^{\times n}> = <bF^{\times n}>$

ゆえに

$\exists r \in \mathbb{Z}$ s.t. $a \in aF^{\times n} = (bF^{\times n})^r = b^r F^{\times n}$

よって

---

[19] $aF^{\times n}$ は $F^{\times}/F^{\times n}$ の位数が n の元である.
なぜならば
$(aF^{\times n})^s = 1F^{\times n}$ とすると
$a^s \in F^{\times n}$
よって
$F^{\times} \ni^{\exists} c$ s.t. $a^s = c^n$
$\alpha^{ns} = c^n$
ゆえに $\alpha^s = c\, \xi^t$ となる t が存在する.
$\alpha^s \in F$ である.
$E = F[\alpha]$ で, E は F の n 次の cyclic であり,
$n = min\{s \in \mathbb{N} | \alpha^s \in F\}$ なので
$n \leq s$
$(aF^{\times n})^n = a^n F^{\times n} = 1F^{\times n}$
が成り立つ.
同様にして $bF^{\times n}$ は $F^{\times}/F^{\times n}$ の位数が n の元である.

$$F^\times \ni^\exists c \ \ s.t. \ \ a = b^r c^n$$

Remark 4.7.2

$aF^{\times n}$ も $bF^{\times n}$ も $F^\times/F^{\times n}$ の位数が n の元であった.
$aF^{\times n} = (bF^{\times n})^r$
となるので r は n と互いに素である.

$$\hookrightarrow <4.7-1>$$

4.8 Kummer(クンマー) 拡大

この節では Kummer(クンマー) 拡大というものを考えて
その性質を調べる.
ここで使う記法を先に示しておく.
全ての元の位数が n の約数であるアーベル群 G のことを
exponent が n の約数 [20] のアーベル群といって
$G^n = 1$ で表す.
ガロア拡大で, そのガロア群がアーベル群であるものを
アーベル拡大という.

Def. 4.8.1 (n クンマー拡大)
アーベル拡大であり, そのガロア群 G が $G^n = 1$ であるとき
この拡大を n クンマー拡大という.

Example 4.8.1

n 次の cyclic 拡大は n クンマー拡大である.

この節では Ω は algebraically closed として, F を 1 の原始 n 乗根を含む
Ω の部分体とする.
F の algebraic 拡大体は Ω の中で考えることにする.

---

[20] n 乗すると 1 になるということ

Lemma 4.8.1

$\Omega \ni \alpha_1, \alpha_2, \cdots, \alpha_m$ で $F \ni \alpha_1{}^n, \alpha_2{}^n, \cdots, \alpha_m{}^n$ のとき
$F[\alpha_1, \alpha_2, \cdots, \alpha_m]$ は F の n クンマー拡大体である.

(proof)

$a_1 = \alpha_1{}^n, a_2 = \alpha_2{}^n, \cdots, a_m = \alpha_m{}^n$ とする.
ξ を 1 の原始 n 乗根として $\mu_n = \{1, \xi, \xi^2, \cdots, \xi^{n-1}\}$ とすると
F が μ_n を含むので
$F[\alpha_1, \alpha_2, \cdots, \alpha_m]$ は $(X^n - a_1)(X^n - a_2) \cdots (X^n - a_m)$ の
splitting field である.
よって $F[\alpha_1, \alpha_2, \cdots, \alpha_m] = L$ とおくと
拡大 L/F は Galois である.
拡大 L/F が n クンマー拡大であることは以下のようにしてわかる.
$Gal(L/F) = G$ とする.
$G \ni^\forall \sigma, \tau$ に対して
$^\forall i$ に対して

$(X^n - a_i) = (X - \alpha_i)(X - \alpha_i \xi) \cdots (X - \alpha_i \xi^{n-1})$

より

$^\exists s_i \quad s.t. \quad \sigma(\alpha_i) = \alpha_i \xi^{s_i}$
$^\exists t_i \quad s.t. \quad \tau(\alpha_i) = \alpha_i \xi^{t_i}$

なので

$\sigma\tau(\alpha_i) = \sigma(\alpha_i \xi^{t_i}) = \sigma(\alpha_i)\sigma(\xi^{t_i}) = \alpha_i \xi^{s_i} \xi^{t_i} = \alpha_i \xi^{s_i + t_i}$
$\tau\sigma(\alpha_i) = \tau(\alpha_i \xi^{s_i}) = \tau(\alpha_i)\tau(\xi^{s_i}) = \alpha_i \xi^{t_i} \xi^{s_i} = \alpha_i \xi^{t_i + s_i}$

よって

$\sigma\tau(\alpha_i) = \tau\sigma(\alpha_i)$

ゆえに

$\sigma\tau = \tau\sigma$

したがって G はアーベル群である.

$\sigma^2(\alpha_i) = \sigma(\alpha_i \xi^{s_i}) = \sigma(\alpha_i)\sigma(\xi^{s_i}) = \alpha_i \xi^{s_i} \xi^{s_i} = \alpha_i \xi^{2s_i}$
$\sigma^3(\alpha_i) = \sigma(\alpha_i \xi^{2s_i}) = \sigma(\alpha_i)\sigma(\xi^{2s_i}) = \alpha_i \xi^{s_i} \xi^{2s_i} = \alpha_i \xi^{3s_i}$

同様に繰り返し
$$\sigma^n(\alpha_i) = \alpha_i \xi^{ns_i} = \alpha_i$$
よって
$$\sigma^n = id$$
ゆえに G の任意の元の位数は n の約数である.

以上より $F[\alpha_1, \alpha_2, \cdots, \alpha_m]$ は F の n クンマー拡大体である.

この節では, E を F の n クンマー拡大体としたとき $F^\times \cap E^{\times n}/F^{\times n}$ から $Hom(G, \mu_n)$ への isomorphism が大事な役割を果たす.

まずはその isomorphism を見ておく.

Lemma 4.8.2

拡大 E/F をアーベル拡大として $G = Gal(E/F)$ とする.

群の epimorphism
$$\delta : F^\times \cap E^{\times n} \longrightarrow Hom(G, \mu_n)$$
で, $F^\times \cap E^{\times n} \ni^\forall a = \alpha^n$ と $G \ni^\forall \sigma$ に対して
$$\delta(a)(\sigma) = \frac{\sigma\alpha}{\alpha}$$
をみたすものが存在する.

$Ker\delta = F^{\times n}$ であり,

δ は $F^\times \cap E^{\times n}/F^{\times n}$ から $Hom(G, \mu_n)$ への isomorphism を誘導する.

すなわち次が成り立つ.

(1) $E^\times \ni \alpha$ で $F^\times \ni \alpha^n$ のとき

$G \ni^\forall \sigma$ に対して
$$f_\alpha : G \longrightarrow \mu_n \text{ で } f_\alpha(\sigma) = \frac{\sigma\alpha}{\alpha}$$
となるものが存在する.

(2) $F^\times \cap E^{\times n} \ni a$ のとき

$E^\times \ni^\exists \alpha \ \ s.t. \ \ F^\times \ni a = \alpha^n$

であるが

f_α は α の取り方によらず a のみで定まる.

(3) $F^\times \cap E^{\times n} \ni a = \alpha^n$ のとき
$\delta(a)(\sigma) = \dfrac{\sigma\alpha}{\alpha}$ で定まる

$$\begin{array}{ccc} F^\times \cap E^{\times n} & \longrightarrow & Hom(G, \mu_n) \\ \cup & & \cup \\ a & \longmapsto & \delta(a) \end{array}$$

は, 群の epimorphism である.

(4) $Ker\delta = F^{\times n}$ である.
よって δ は, $F^\times \cap E^{\times n}/F^{\times n}$ から $Hom(G, \mu_n)$ への isomorphism を誘導する.

(proof)
(1) $E^\times \ni \alpha$ で $F^\times \ni \alpha^n$ のとき
$F^\times \cap E^{\times n} \ni \alpha^n$ であり,
$G \ni \sigma$ に対して
$$\left(\dfrac{\sigma\alpha}{\alpha}\right)^n = \dfrac{(\sigma(\alpha))^n}{\alpha^n} = \dfrac{\sigma(\alpha^n)}{\alpha^n} = \dfrac{\alpha^n}{\alpha^n} = 1$$
$\dfrac{\sigma\alpha}{\alpha} \in \mu_n$ である.
よって $f_\alpha : G \longrightarrow \mu_n$ は
$f_\alpha(\sigma) = \dfrac{\sigma\alpha}{\alpha}$
をみたすものとすればよい.

(2) $a = \beta^n$ とすると
$\exists s \ s.t. \ \beta = \alpha\xi^s$
$$\dfrac{\sigma\beta}{\beta} = \dfrac{\sigma(\alpha\xi^s)}{\alpha\xi^s} = \dfrac{\sigma(\alpha)\sigma(\xi^s)}{\alpha\xi^s} = \dfrac{\sigma(\alpha)\xi^s}{\alpha\xi^s} = \dfrac{\sigma\alpha}{\alpha}$$

(3) $F^\times \cap E^{\times n} \ni a, b$ のとき
$E^\times \ni \alpha, \beta$ で $a = \alpha^n, \ b = \beta^n$ とすると
$ab = \alpha^n\beta^n = (\alpha\beta)^n$
なので
$$\delta(ab)(\sigma) = \dfrac{\sigma(\alpha\beta)}{\alpha\beta} = \dfrac{\sigma(\alpha)\sigma(\beta)}{\alpha\beta} = \dfrac{\sigma\alpha}{\alpha} \cdot \dfrac{\sigma\beta}{\beta} = \delta(a)(\sigma)\delta(b)(\sigma)$$
よって δ は homomorphism である.
δ は 全射であることも次のようにしてわかる.

$Hom(G, \mu_n) \ni f$ とする.
$G \ni^\forall \sigma, \tau$ に対して
$$f(\sigma\tau) = f(\sigma)f(\tau) = f(\sigma)(\sigma f(\tau)) \ (\because f(\tau) \in \mu_n \subset F)$$
よって f は crossed homo である.

($\hookrightarrow$ Def 4.6.1(crossed homomorphism))

Theorem 4.6.1(ガロア群の crossed homo は principal) より
$f : G \to \mu_n \hookrightarrow E^\times$ は principal crossed homo である.
すなわち
$$\exists \alpha \in E^\times \ s.t. \ G \ni^\forall \sigma \text{ に対して } f(\sigma) = \frac{\sigma\alpha}{\alpha}$$
また
$$\frac{\sigma\alpha}{\alpha} \in \mu_n$$
より
$$(\frac{\sigma\alpha}{\alpha})^n = 1$$
$(\sigma\alpha)^n = \alpha^n$ より
$$\sigma(\alpha^n) = \alpha^n$$
したがって
$$\alpha^n \in F^\times$$
$$\alpha^n \in F^\times \cap E^{\times n}$$
である.
$$\delta(\alpha^n)(\sigma) = \frac{\sigma\alpha}{\alpha}$$
ゆえに
$$\delta(\alpha^n)(\sigma) = f(\sigma)$$
よって
$$\delta(\alpha^n) = f$$
(4) $\delta(a) = 1$ [21] とすると ($Ker \delta \ni a$ とすると)
$^\forall \sigma \in G$ に対して

---

[21] $Hom(G, \mu_n) \ni 1$ は $Hom(G, \mu_n)$ の単位元であり G の元を全て 1 にうつすものである.

$$\delta(a)(\sigma) = 1$$
$$\frac{\sigma\alpha}{\alpha} = 1 \text{ より}$$
$$\alpha = \sigma(\alpha)$$

$\alpha \in F^\times$ である.

$a = \alpha^n \in F^{\times n}$

よって

$Ker\delta \subset F^{\times n}$

である.

$Ker\delta \supset F^{\times n}$

なので

$Ker\delta = F^{\times n}$

準同型定理より δ は

$F^\times \cap E^{\times n}/F^{\times n}$ から $Hom(G, \mu_n)$ への isomorphism を誘導する.

Corolally 4.8.1

$G^n = 1$ のときは

$|F^\times \cap E^{\times n}/F^{\times n}| = |Hom(G, \mu_n)| = |G| = [E : F]$

となる.

(proof) 上の Lemma 4.8.2 より

$F^\times \cap E^{\times n}/F^{\times n} \simeq Hom(G, \mu_n)$

ゆえに

$|F^\times \cap E^{\times n}/F^{\times n}| = |Hom(G, \mu_n)|$

$G^n = 1$ のときは

$|Hom(G, \mu_n)| = |G|$

($\hookrightarrow$ 別冊「$Hom(G, \mu_n)$」Proposition 7.21.1)

Theorem 4.8.1

$\Psi = \{E \mid E \text{ は} \Omega \text{の部分体で } F \text{ の n クンマー拡大体 }\}$

$\Pi = \{B \mid F^\times \supset B \supset F^{\times n} \text{で } B/F^{\times n} \text{ は } F^\times/F^{\times n} \text{ の有限部分群 }\}$

4.8 Kummer(クンマー) 拡大   341

とすると Ψ と Π には 1 対 1 対応がある. [22]

つまり次が成り立つ.

(1) $\Psi \ni E$ のとき $B(E) = F^\times \cap E^{\times n}$ とおくと
$\Pi \ni B(E)$

(2) $\Pi \ni B$ のとき $\Psi \ni F[B^{\frac{1}{n}}]$ [23]

(3) $\Psi \ni E$ のとき $F[B(E)^{\frac{1}{n}}] = E$

(4) $\Pi \ni B$ のとき $B(F[B^{\frac{1}{n}}]) = B$

(proof)

(1) $F^\times > F^\times \cap E^{\times n} > F^{\times n}$ なので
$F^\times \cap E^{\times n}/F^{\times n}$ は $F^\times/F^{\times n}$ の部分群である.
Corolally 4.8.1 で見たように
$|F^\times \cap E^{\times n}/F^{\times n}| = [E:F]$
したがって $F^\times \cap E^{\times n}/F^{\times n}$ は $F^\times/F^{\times n}$ の
有限部分群である.

(2) $B/F^{\times n}$ が有限なので
$B \ni^\exists b_1, \cdots, b_r \ s.t. \ B = b_1 F^{\times n} \cup b_2 F^{\times n} \cup \cdots \cup b_r F^{\times n}$
Ω は algebraic closure なので
$\Omega \ni^\exists \beta_1, \beta_2, \cdots, \beta_r \ s.t. \ \beta_1{}^n = b_1, \beta_2{}^n = b_2, \cdots, \beta_r{}^n = b_r$
このとき $F[B^{\frac{1}{n}}] = F[\beta_1, \cdots, \beta_r]$ である.
($\because$ ($\supset$) $F[B^{\frac{1}{n}}] \ni \beta_1, F[B^{\frac{1}{n}}] \ni \beta_2, \cdots, F[B^{\frac{1}{n}}] \ni \beta_r$ より明らか.
($\subset$) $B^{\frac{1}{n}} \ni x$ とすると
$B \ni x^n$ より
$\exists i \ s.t. \ x^n = b_i F^{\times n}$
$\exists a \in F^\times \ s.t. \ x^n = b_i a^n = (\beta_i a)^n$

---

22) Π を考えることは $\Pi' = \{B' | B'$ は $F^\times/F^{\times n}$ の有限部分群 $\}$
を考えることに等しい.

23)   ここで $F[B^{\frac{1}{n}}]$ は Ω の部分体で
F と B の全ての元の n 乗根 (n 乗すると B の元になるもの) を全て含む
最小のものである.

$(\frac{x}{\beta_i a})^n = 1$ より $\frac{x}{\beta_i a} \in \mu_n$

$F[\beta_1, \beta_2, \cdots, \beta_r] \supset \mu_n a \beta_i$ なので

$F[\beta_1, \beta_2, \cdots, \beta_r] \ni x$)

$F[B^{\frac{1}{n}}] = F[\beta_1, \beta_2, \cdots, \beta_r]$ は $(X^n - b_1)(X^n - b_2) \cdots (X^n - b_r)$ の splitting field であり，拡大 $F[B^{\frac{1}{n}}]/F$ は Galois である．
Lemma 4.8.1 で見たように
これは F の n クンマー拡大体である．

(3) $B(E) = F^{\times} \cap E^{\times n} \subset E^{\times n}$ で $\xi \in E^{\times}$ より

$B(E)^{\frac{1}{n}} \subset E^{\times}$ [24]

ゆえに

$F[B(E)^{\frac{1}{n}}] \subset F[E^{\times}] = E$

$E' = F[B(E)^{\frac{1}{n}}]$ とおく．

$E' \subset E$ より

$B(E') \subset B(E)$

$B(E)^{\frac{1}{n}} \subset E^{\times}$ なので $B(E)^{\frac{1}{n}} \not\ni 0$ だから

$E'^{\times} = (F[B(E)^{\frac{1}{n}}])^{\times} \supset B(E)^{\frac{1}{n}}$

$B(E') = F^{\times} \cap E'^{\times n} \supset F^{\times} \cap (B(E)^{\frac{1}{n}})^n = B(E)$

$B(E) = B(E')$ である．

よって Corolally 4.8.1 より

$[E : F] = |B(E)/F^{\times n}| = |B(E')/F^{\times n}| = [E' : F]$

ゆえに

$E = E'$ である．

すなわち

$E = F[B(E)^{\frac{1}{n}}]$

---

[24] $B(E)^{\frac{1}{n}} \ni x$ とすると
$x^n \in B(E) \subset E^{\times n}$ より
$\exists a \in E^{\times}$ s.t. $x^n = a^n$
$\therefore x = a\xi^s$ (ξ は 1 の原始 n 乗根, $E^{\times} \supset F^{\times} \supset \mu_n$)
よって $x \in E^{\times}$

(4) $F^\times > B > F^{\times n}$, $B/F^{\times n}$ が有限群とする.
$E = F[B^{\frac{1}{n}}]$ とおくと (2) で見たように
E は F の n クンマー拡大体であった.
$B = B(E)$ を示す.
$G = Gal(E/F)$ とおく.
$E^\times \supset B^{\frac{1}{n}}$ より
　　$E^{\times n} \supset B$　[25]
よって
　　$B(E) = F^\times \cap E^{\times n} \supset B$
$\delta(B)$ [26] は $Hom(G, \mu_n)$ の部分群である.
実は次の Lemma 4.8.3　で示すように
　　$\delta(B) = Hom(G, \mu_n)$ … ①
がわかる.
$B(E) \ni x$ とすると
$\delta(B) = Hom(G, \mu_n) = \delta(B(E)) \ni \delta(x)$ より
　　$B \ni^\exists y\ \ s.t.\ \ \delta(y) = \delta(x)$
　　$\delta(\dfrac{x}{y}) = 1$
　　$\dfrac{x}{y} \in Ker\delta = F^{\times n}$
　　$F^{\times n} \ni^\exists \alpha\ \ s.t.\ \ x = y\alpha$
$B \ni y, B \supset F^{\times n}$ だから
　　$B \ni \alpha$
よって
　　$x \in B$
以上より
　　$B = B(E)$ である.

---

[25]　　$B \ni^\forall x$ に対して $\Omega \ni^\exists y\ \ s.t.\ \ x = y^n$
　　　　　$B \ni x = y^n$ より $E^\times \supset B^{\frac{1}{n}} \ni y$
　　　　　よって $E^{\times n} \ni y^n = x$
[26]　$\delta : F^\times \cap E^{\times n} \longrightarrow Hom(G, \mu_n)$

ここからは ① の証明をする.

① を示すのに次の Lemma 4.8.3 を認めた上で示す.

Lemma 4.8.3 はあとで証明する.

Lemma 4.8.3

G は有限アーベル群とする.

$G^n = 1$ とする.

(1) $G \ni g$ に対して

$Hom(G, \mu_n) \longrightarrow \mu_n$ で $f \longmapsto f(g)$ で定まるものを

$\Phi(g)$ で表すとき

$Hom(Hom(G, \mu_n), \mu_n) \ni \Phi(g)$

である.

(2) $g \mapsto \Phi(g)$ で定まる $G \xrightarrow{\Phi} Hom(Hom(G, \mu_n), \mu_n)$ は

群の isomorphism である.

さらにここで H' を $Hom(G, \mu_n)$ の部分群として

$H" = \{\varphi \in Hom(Hom(G, \mu_n), \mu_n) | \varphi(H') = \{1\}\}$

とするとき

(3) $Hom(Hom(G, \mu_n), \mu_n) > H"$

(4) $H" = \{1\}$ のとき $H' = Hom(G, \mu_n)$

(5) $\Phi^{-1}(H") = \{1\}$ のとき $H' = Hom(G, \mu_n)$

これを使って ① を証明する.

$F^\times > B > F^{\times n}$ で $B/F^{\times n}$ が有限群のとき

$E = F[B^{\frac{1}{n}}]$ とおくと

E は F の n クンマー拡大である.

$G = Gal(E/F)$ とする.

G は $G^n = 1$ のアーベル群である.

$B(E) = F^\times \cap E^{\times n}$ としたとき

$B(E) \xrightarrow{\delta} Hom(G, \mu_n)$

があった.

4.8 Kummer(クンマー)拡大   345

$B(E) > B$ なので $Hom(G, \mu_n) > \delta(B)$ である.

$Hom(Hom(G, \mu_n), \mu_n)$ の部分群 $H"$ を

$\quad H" = \{\varphi \in Hom(Hom(G, \mu_n), \mu_n) | \varphi(\delta(B)) = \{1\}\}$

とおき, H を isomorphism $G \xrightarrow{\Phi} Hom(Hom(G, \mu_n), \mu_n)$ による $H"$ の逆像とする.

$B^{\frac{1}{n}} \ni \beta$ とする.

$b = \beta^n$ とおくと $B \ni b$ である.

$H \ni \sigma$ とすると

$\Phi(\sigma) \in \Phi(H) = H"$ なので

$\quad \Phi(\sigma)(\delta(b)) = 1$ である.

一方

$\quad \Phi(\sigma)(\delta(b)) = \delta(b)(\sigma) = \dfrac{\sigma(\beta)}{\beta}$

なので

$\quad \sigma(\beta) = \beta$

これは

$\quad E^H \supset B^{\frac{1}{n}}$

を示している.

したがって

$\quad E^H \supset F[B^{\frac{1}{n}}] = E$

を示しているので

$\quad E^H = E$

つまり

$\quad H = \{1\}$

が成り立つ.

Lemma 4.8.3 より $Hom(G, \mu_n) = \delta(B)$

が成り立っていることがわかる.

Lemma 4.8.3 を証明する.

(1) $G \ni g$ とする.

$Hom(G, \mu_n) \ni h_1, h_2$ とするとき

$\Phi(g)(h_1h_2) = (h_1h_2)(g) = h_1(g)h_2(g) = \Phi(g)(h_1)\Phi(g)(h_2)$
なので

$Hom(Hom(G,\mu_n),\mu_n) \ni \Phi(g)$

である.

(2) $G \ni g_1, g_2$ とする.

$Hom(G,\mu_n) \ni f$ とするとき

$\Phi(g_1g_2)(f) = f(g_1g_2) = f(g_1)f(g_2) = \Phi(g_1)(f)\Phi(g_2)(f)$

なので Φ は homomorphism である.

$|Hom(Hom(G,\mu_n),\mu_n)| = |Hom(G,\mu_n)| = |G|$ なので

$\Phi : G \longrightarrow Hom(Hom(G,\mu_n),\mu_n)$ は単射が示せれば

全射が示せるので

Φ が単射であることを示そう.

つまり $G \ni g \neq 1$ ならば $\Phi(g) \neq 1$ を示そう.

$G \ni g \neq 1$ とする.

$|Hom(Hom(G,\mu_n),\mu_n)| = |G/<g>| < |G| = |Hom(G,\mu_n)|$

なので

$f' \longmapsto f' \circ p$ で定まる

$Hom(Hom(G/<g>, \mu_n) \longrightarrow Hom(G,\mu_n)$ は全射でない. … ②

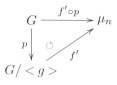

もし $\Phi(g) = 1$ とすると

$Hom(G,\mu_n) \ni^\forall f$ に対して

$f(g) = \Phi(g)(f) = 1$

となるので

$f(<g>) = 1$

$Hom(G/<g>, \mu_n) \ni^\exists \bar{f}$ s.t. $f = \bar{f} \circ p$

となり ② に矛盾する.

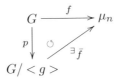

$G \ni g \neq 1$ ならば $\Phi(g) \neq 1$ がいえたので Φ は単射である.

(3) $H" \ni \varphi_1, \varphi_2$ とする.

$H' \ni f$ とするとき
$\varphi_1(f) = 1, \varphi_2(f) = 1$ より
$\quad (\varphi_1 \varphi_2)(f) = \varphi_1(f)\varphi_2(f) = 1$
よって $H" \ni \varphi_1 \varphi_2$ なので
$\quad Hom(Hom(G, \mu_n), \mu_n) > H"$

(4) 対偶を示す.

$Hom(G, \mu_n) \neq H'$ とする.
$Hom(G, \mu_n)/H' \neq \{1\}$ で $|Hom(G, \mu_n)/H'| \neq 1$ なので
$\quad Hom(Hom(G, \mu_n)/H', \mu_n) \neq \{1\}$
したがって
$\quad Hom(Hom(G, \mu_n)/H', \mu_n) \ni^\exists \bar\varphi \;\; s.t. \;\; \bar\varphi \neq 1$
$Hom(G, \mu_n) \stackrel{natural}{\to} Hom(G, \mu_n)/H' \stackrel{\bar\varphi}{\to} \mu_n$
の合成を φ とおくと
$\quad H" \ni \varphi \neq 1$
となる.

(5) Φ が isomorphism で $\Phi^{-1}(H") = \{1\}$ なので
$\quad H' = Hom(G, \mu_n)$

Example 4.8.2 (1 対 1 対応の例)

(i) $\{\mathbb{R}$ の 2 クンマー拡大$\} \longleftrightarrow \{\mathbb{R}^\times/(\mathbb{R}^\times)^2$ の有限部分群$\} \simeq \{\{1\}, \{1, -1\}\}$

$\mathbb{R}$ の 2 クンマー拡大は $\mathbb{C}$ と $\mathbb{R}$ である.

$\mathbb{C}$ と対応するのは $\mathbb{R}^\times \cap (\mathbb{C}^\times)^2/(\mathbb{R}^\times)^2 = \mathbb{R}^\times/(\mathbb{R}^\times)^2 \simeq \{1, -1\}$

$\mathbb{R}$ と対応するのは $\mathbb{R}^\times \cap (\mathbb{R}^\times)^2 / (\mathbb{R}^\times)^2 = (\mathbb{R}^\times)^2 / (\mathbb{R}^\times)^2 \simeq \{1\}$ [27]

(ii) $\{\mathbb{Q}$ の 2 クンマー拡大$\} \longleftrightarrow \{\mathbb{Q}^\times/(\mathbb{Q}^\times)^2$ の有限部分群$\}$

$\mathbb{Q}^\times/(\mathbb{Q}^\times)^2 \simeq \{\pm 1\} \times \mathbb{Z}/2\mathbb{Z} \oplus \mathbb{Z}/2\mathbb{Z} \oplus \cdots$ [28]

** さて,ここまでの話を perfect pairing の言葉を使って以下のようにまとめておく.

*1. G, H, N を群とする.

---

[27] $\mathbb{R}^\times \cap (\mathbb{C}^\times)^2 = \{\{(\mathbb{R}^\times)^2, -(\mathbb{R}^\times)^2\}, \{(\mathbb{R}^\times)^2\}\}$,
$\mathbb{R}^\times \cap (\mathbb{R}^\times)^2 = \{(\mathbb{R}^\times)^2\}$

[28] 素数を小さい順に $p_1, p_2, \cdots, p_n, \cdots$ とする.
a を $\mathbb{Q}^\times$ の元とするとき,$\epsilon = \frac{a}{|a|}$ とおくと
$a = \epsilon p_1{}^{n_1} \cdot p_2{}^{n_2} \cdots$ となる $\mathbb{Z} \oplus \mathbb{Z} \oplus \cdots$ の元 $(n_1, n_2, \cdots)$ が存在する.
$\varphi(a) = (\epsilon, n_1 + 2\mathbb{Z}, n_2 + 2\mathbb{Z}, \cdots)$
と $\mathbb{Q}$ から $\{\pm 1\} \times \mathbb{Z}/2\mathbb{Z} \oplus \mathbb{Z}/2\mathbb{Z} \oplus \cdots$ への写像 φ を定めると
φ は全射であり,
$a = \epsilon p_1{}^{n_1} \cdot p_2{}^{n_2} \cdots$
$b = \epsilon' p_1{}^{m_1} \cdot p_2{}^{m_2} \cdots$
とすると
$ab = \epsilon\epsilon' p_1{}^{n_1+m_1} \cdot p_2{}^{n_2+m_2} \cdots$
なので φ は全射準同型であることがわかる.
$Ker\varphi = (\mathbb{Q}^\times)^2$ なので
($\because \{\pm 1\} \times \mathbb{Z}/2\mathbb{Z} \oplus \mathbb{Z}/2\mathbb{Z} \oplus \cdots$ の単位元は
$(1, 0+2\mathbb{Z}, 0+2\mathbb{Z}, \cdots)$ なので $n_1, n_2, \cdots$ は偶数である)
準同型定理より下の可換図式をみたす $\tilde{\varphi}$ が存在する.

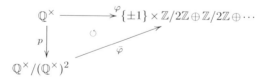

$\tilde{\varphi}$ は isomorphism なので
$\mathbb{Q}^\times/(\mathbb{Q}^\times)^2 \simeq \{\pm 1\} \times \mathbb{Z}/2\mathbb{Z} \oplus \mathbb{Z}/2\mathbb{Z} \oplus \cdots$
である.

4.8 Kummer(クンマー) 拡大

以下の (i)(ii) をみたすとき φ が bihomo であるという.

(i) $G \ni \sigma, \eta,\ H \ni h$ に対して
$$\varphi(\sigma\eta, h) = \varphi(\sigma, h)\varphi(\eta, h)$$

(ii) $G \ni \sigma,\ H \ni h, g$ に対して
$$\varphi(\sigma, hg) = \varphi(\sigma, h)\varphi(\sigma, g)$$

写像 $\varphi : G \times H \longrightarrow N$ が bihomo のとき
φ を pairing という.
このとき homomorphism $\Phi : G \longrightarrow Hom(H, N)$ が
次のように定義できる.

$G \ni^\forall \sigma$ に対して
$\Phi(\sigma) : H \longrightarrow N$ を
$\Phi(\sigma)(h) = \varphi(\sigma, h)$ と定めると
$\Phi(\sigma) \in Hom(H, N)$ である.
($\because G \ni \sigma,\ H \ni h, g$ に対して

$\quad \Phi(\sigma)(hg)$
$\quad = \varphi(\sigma, hg)$
$\quad = \varphi(\sigma, h)\varphi(\sigma, g)$
$\quad = \Phi(\sigma)(h)\Phi(\sigma)(g)$
$\quad$ よって $\Phi(\sigma) \in Hom(H, N)$)

これで写像
$\quad \Phi : G \longrightarrow Hom(H, N)$
が定まるが, Φ は homomorphism である.
($\because \Phi(\sigma\eta)(h)$
$\quad = \varphi(\sigma\eta, h)$
$\quad = \varphi(\sigma, h)\varphi(\eta, h)$
$\quad = \Phi(\sigma)(h)\Phi(\eta)(h)$
$\quad = (\Phi(\sigma)\Phi(\eta))(h)$
$\quad \therefore \Phi(\sigma\eta) = \Phi(\sigma)\Phi(\eta)\quad$)

*2. pairing により定まる homo Φ が isomorphism のとき

その pairing を perfect pairing という.

*3. 写像 $\varphi : G \times H \longrightarrow N$ が pairing のとき
   homo $\Phi : G \longrightarrow Hom(H,N)$ で
   $$\Phi(g)(h) = \varphi(g,h)$$
となるものがある.
逆に
   homo $\Phi : G \longrightarrow Hom(H,N)$ に対して
   写像 $\varphi : G \times H \longrightarrow N$ を
   $$\varphi(g,h) = \Phi(g)(h)$$
と定めると
   φ は pairing になっている.
   つまり $G \times H$ から N への pairing を与えると
   G から $Hom(H,N)$ への homo が定まり,
   逆に
   G から $Hom(H,N)$ への homo を与えると
   $G \times H$ から N への pairing が一つ定まる.
   この対応は互いに逆になっている. [29]

---

[29] $G \times H$ から N への pairing に対して
G から $Hom(H,N)$ への homo が定まるが
これにより定まる $G \times H$ から N への pairing は
もとの pairing と同じである.
また G から $Hom(H,N)$ への homo は
$G \times H$ から N への pairing を定めるが
これにより定まる G から $Hom(H,N)$ への homo は
もとの G から $Hom(H,N)$ への homo と同じである.

Remark 4.8.1 (KUMMER THEORY)

E を F の n クンマー拡大とする.
$G = Gal(E/F)$ とする.
$B(E) = \{a \in F^\times | {}^\exists \alpha \in E^\times \ s.t.\ a = \alpha^n\}$ とする.
$B(E)/(F^\times)^n \ni \bar{a}$ をとると
${}^\exists \alpha \in E^\times \ s.t.\ a = \alpha^n$
$B(E)/(F^\times)^n \times G \ni (\bar{a}, \sigma)$ に対して μ_n の元 $\dfrac{\sigma\alpha}{\alpha}$ を
対応させて

$$B(E)/(F^\times)^n \times Gal(E/F) \xrightarrow{\varphi} \mu_n$$
$$\cup \qquad\qquad\qquad\qquad \cup$$
$$(\bar{a}, \sigma) \qquad\qquad \longmapsto \quad \tfrac{\sigma\alpha}{\alpha}$$

が得られるがこれは perfect pairing である.

すなわち $\theta : B(E)/(F^\times)^n \longrightarrow Hom(Gal(E/F), \mu_n)$ は
isomorphism である.
E は n クンマー拡大なので
$\quad Hom(Gal(E/F), \mu_n) = Hom(G, \mu_n) \simeq G$ である.
$\quad (\hookrightarrow$ 別冊「$Hom(G, \mu_n)$」Proposition 7.21.1)
よって
$\quad B(E)/(F^\times)^n \simeq Hom(G, \mu_n) \simeq G$ である.
ゆえに
$\quad |G| = |Hom(G, \mu_n)| = |B(E)/(F^\times)^n|$ である.

4.9 solvable tower

以下の定義を確認しておく.

多項式 $f(X)$ が solvable (in radicals)
$\quad \overset{def.}{\Leftrightarrow}$ 体の列 $F = F_0 \subset F_1 \subset \cdots \subset F_k$ で
$\qquad$ 以下の (a), (b) をみたすものが存在する.
$\qquad\qquad$ (a) $1 \leq^\forall i \leq k$ に対して

$$^\exists \alpha_i \in F_i, ^\exists r_i \in \mathbb{N} \ \ s.t. \ \ F_{i-1} \ni \alpha_i{}^{r_i} \ かつ \ F_i = F_{i-1}[\alpha_i]$$

(b) F_k は $f(X)$ の splitting field を含む.

群 G が solvable

$\overset{def.}{\Leftrightarrow}$ 群の列 $G = G_0 \supset G_1 \supset G_2 \supset \cdots \supset G_l = \{1\}$ で

$1 \leq^\forall i \leq l$ に対して

(a) G_i は G_{i-1} の正規部分群

(b) G_{i-1}/G_i は cyclic

をみたすものが存在する.

新たに次の Definition と Lemma を用意する.

Def. 4.9.1 (solvable tower)

① 体の列 $F_0 \subset F_1 \subset \cdots \subset F_k$ を tower という.
このとき F_0 を bottom, F_k を top という.

② 体の列 $F_0 \subset F_1 \subset \cdots \subset F_k$ において

$0 \leq^\forall i \leq k$ に対して

$F_i \ni^\exists \alpha_i, \mathbb{N} \ni^\exists r_i \ \ s.t.$

$$F_{i-1} \ni \alpha_i{}^{r_i} \ かつ \ F_i = F_{i-1}[\alpha_i]$$

をみたすとき, この tower を solvable tower という.

③ 体の列 $F_0 \subset F_1 \subset \cdots \subset F_k$ において

$0 \leq^\forall i \leq k$ に対して

$F_i \ni^\exists \alpha_i, \ \mathbb{N} \ni^\exists n \ \ s.t.$

$$F_{i-1} \ni \alpha_i^n \ かつ \ F_i = F_{i-1}[\alpha_i]$$

をみたすとき この tower を exponent が n の約数の solvable tower という.

$\star_1$ この定義により多項式 $f(X) \in F[X]$ に対して

「 $f(X)$ が solvable in radicals である

$\Leftrightarrow f(X)$ の F 上の solvable tower が存在する 」

となる.

$\star_2$ $f(X)$ の solvable tower は一つに決まらない．

$\star_3$ K は体，ξ は 1 の原始 n 乗根とする．
このとき，拡大 $K[\xi]/K$ は Galois であり，
$K \subset K[\xi]$ は K が bottom, $K[\xi]$ が top の exponent が n の約数の solvable tower である．[30]

$\star_4$ 2 つの solvable tower
$\mathbb{T} : K_0 \subset K_1 \subset \cdots \subset K_l$ と
$\mathbb{T}' : K_l \subset K_2 \subset \cdots \subset K_m$ において
$K_0 \subset K_1 \subset \cdots K_l \subset K_2 \subset \cdots \subset K_m$ は solvable tower になる．
これを $\mathbb{T} + \mathbb{T}'$ で表す．
$\mathbb{T}$ と $\mathbb{T}'$ がともに exponent が n の約数のとき
$\mathbb{T} + \mathbb{T}'$ は exponent は n の約数である．

$\star_5$ $\mathbb{T} : K_0 \subset K_1 \subset K_2 \subset \cdots \subset K_m$ は exponent が
n の約数の solvable tower であるとする．
(1) σ を K_m を含む体から体への homo とするとき
$$\sigma(K_0) \subset \sigma(K_1) \subset \sigma(K_2) \subset \cdots \subset \sigma(K_m)$$
は, exponent が n の約数の solvable tower となる．
これを $\sigma(\mathbb{T})$ で表す．
(2) E を K_m を含む体の部分体とするとき
$$EK_0 \subset EK_1 \subset EK_2 \subset \cdots \subset EK_m$$
は, exponent が n の約数の solvable tower となる．
これを $E\mathbb{T}$ で表す．

(proof)
(1) $K_0 \subset K_1 \subset K_2 \subset \cdots \subset K_m$ を
exponent が n の約数の solvable tower とする．

---

[30] $K[\xi]$ は separable な多項式 $X^n - 1$ の splitting field なので拡大 $K[\xi]/K$ は Galois であり，$\xi^n = 1 \in K$ である．

$1 \leq i \leq m$ に対して

$^{\exists}\beta_i \in K_i$ s.t. $K_{i-1} \ni \beta_i{}^n$ かつ $K_i = K_{i-1}[\beta_i]$

である.

このとき

$\sigma(K_i) = \sigma(K_{i-1}[\beta_i]) = \sigma(K_{i-1})[\sigma(\beta_i)]$

であり

$\sigma(\beta_i{}^n) = (\sigma(\beta_i))^n \in \sigma(K_{i-1})$

なので

$\sigma(K_0) \subset \sigma(K_1) \subset \sigma(K_2) \subset \cdots \subset \sigma(K_m)$ は

exponent が n の約数の solvable tower である.

(2) (1) と同様に

$1 \leq i \leq m$ に対して

$^{\exists}\beta_i \in K_i$ s.t. $K_{i-1} \ni \beta_i{}^n$ かつ $K_i = K_{i-1}[\beta_i]$

であるが,

$EK_i = E(K_{i-1}[\beta_i]) = (EK_{i-1})[\beta_i]$

$EK_i \ni \beta_i$ かつ $\beta_i{}^n \in EK_{i-1}$

なので $EK_0 \subset EK_1 \subset EK_2 \subset \cdots \subset EK_m$ は

exponent が n の約数の solvable tower となる.

Lemma 4.9.1

1 の原始 n 乗根を ξ として, $F \ni \xi$ とする.

拡大 E/F は Galois で $G = Gal(E/F)$ とする.

このとき次が成り立つ.

(i) bottom が F で top が E の exponent が n の約数の
solvable tower が存在すれば
$G = Gal(E/F)$ は solvable

(ii) $G = Gal(E/F)$ が solvable で
$|G| = |Gal(E/F)|$ が n の約数のときは
F が bottom で top が E の exponent が n の約数の

solvable tower が存在する.

(proof)

(i) $F = F_0 \subset F_1 \subset \cdots \subset F_k = E$ を
exponent が n の約数の solvable tower であるとする.
よって
$$F_i \ni^\exists \alpha_i \ s.t.$$
$$F_{i-1} \ni \alpha_i{}^n \ \text{かつ} \ F_i = F_{i-1}[\alpha_i]$$
F_{i-1} は 1 の原始 n 乗根を含むので
Proposition 4.7.1 より
拡大 F_i/F_{i-1} は cyclic で $[F_i : F_{i-1}]$ は n の約数である.

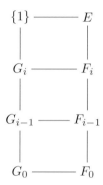

$G_i = Gal(E/F_i)$ とする.
拡大 F_i/F_{i-1} は Galois だから
Theorem 3.3.2(ガロア対応の性質)(c) より
G_i は G_{i-1} の正規部分群で $Gal(F_i/F_{i-1}) \simeq G_{i-1}/G_i$
$Gal(F_i/F_{i-1})$ は cyclic だから G_{i-1}/G_i は cyclic である.
よって $Gal(E/F)$ は solvable である.

(ii) $G = G_0 \triangleright G_1 \triangleright G_2 \triangleright \cdots \triangleright G_k = \{1\}$ とする.
G_{i-1}/G_i は cyclic である.
$F_i = E^{G_i}, F_{i-1} = E^{G_{i-1}}$ とする.

$G_{i-1} \triangleright G_i$ より 拡大 F_i/F_{i-1} は Galois で
$Gal(F_i/F_{i-1}) = G_{i-1}/G_i$ なので
$Gal(F_i/F_{i-1})$ は cyclic である.
よって拡大 F_i/F_{i-1} は cyclic である.
また $|G| = |Gal(E/F)|$ が n の約数 なので
$[E:F]$ は n の約数である.
よって $[F_i : F_{i-1}]$ も n の約数である.
F_{i-1} は 1 の原始 n 乗根を含むので Proposition 4.7.1 より
$\quad F_i \ni^\exists \alpha_i \ s.t \ F_{i-1} \ni \alpha_i^n$ かつ $F_i = F_{i-1}[\alpha_i]$
したがって体の列 $F = F_0 \subset F_1 \subset \cdots \subset F_k = E$ は
exponent が n の約数の solvable tower である.

Theorem 4.9.1

F は体で $char F = 0$ とする.
$F[X] \ni f(X)$ とする.
G_f を $f(X)$ の F 上のガロア群とする.
このとき
$\quad f(X)$ が solvable $\Leftrightarrow G_f$ が solvable

(proof)
($\Leftarrow$) G_f が solvable とする.
$f(X)$ の splitting field を F_f とする.
$[F_f : F] = n$ として ξ は 1 の原始 n 乗根とする.
$F_f[\xi]$ は F 上 $f(X)(X^n - 1)$ の splitting field であり,
拡大 $F_f[\xi]$ は F 上 Galois である.

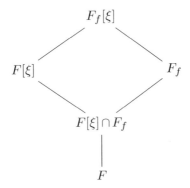

$G_f = Gal(F_f/F)$ は solvable であるので,
その部分群 $Gal(F_f/F[\xi] \cap F_f)$ は solvable
　　　　　($\because$ 別冊「solvable」Proposition 7.18.1 の 1.)
$Gal(F_f[\xi]/F[\xi]) \simeq Gal(F_f/F[\xi] \cap F_f)$ なので
($\because$ Proposition 3.3.1 $(Gal(EL/L) \simeq Gal(E/E \cap L)$
$Gal(F_f[\xi]/F[\xi])$ は solvable である.
$|Gal(F_f[\xi]/F[\xi])|$ は n の約数であるから Lemma 4.9.1(ii) より
bottom が $F[\xi]$ で top が $F_f[\xi]$ の exponent が n の約数の
solvable tower がある.
これを $\mathbb{T}_1$ とする.
solvable tower $F \subset F[\xi]$ を $\mathbb{T}_0$ とすると
$F_f[\xi] \supset F_f$ なので $\mathbb{T}_0 + \mathbb{T}_1$ は
exponent が n の約数の $f(X)$ の F 上の solvable tower である.
したがって $f(X)$ は solvable である.

($\Rightarrow$) $f(X)$ が solvable なので
bottom が F で top F_r が F_f を含む solvable tower が存在する.
これを
　　$F = F_0 \subset F_1 \subset \cdots \subset F_r$
とする.(exponent が n の約数とする)
L を F 上のガロア拡大で F_r を含むものとする.

このとき次の Lemma が成り立つ.

Lemma 4.9.2
次をみたす F 上のガロア拡大 E が存在する.
(1) E は 1 の原始 n 乗根を含む.
(2) $E \supset F_f$
(3) bottom が $F[\xi]$ で top が E の exponent が n の約数の solvable tower が存在する.

この Lemma を認めると G_f が solvable であることが以下のようにしてわかる.

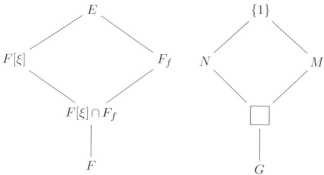

$G = Gal(E/F)$, $N = Gal(E/F[\xi])$, $M = Gal(E/F_f)$ とする.
また, $H = Gal(F[\xi]/F)$ とする.
$G \triangleright N$, $G \triangleright M$ である.
N は solvable である.($\because$ Lemma 4.9.2(3))
H も solvable であり,
$G/N \simeq H$ なので G/N は solvable である.
よって G は solvable である.
　　　($\because$ 別冊「solvable」Proposition 7.18.1 の 3.)
G が solvable で $G \triangleright M$ なので G/M は solvable
　　　($\because$ 別冊「solvable」Proposition 7.18.1 の 2.)
$G_f \simeq G/M$ なので G_f は solvable である.

Lemma を証明する.
$Gal(L/K) = \{\sigma_1, \sigma_2, \cdots, \sigma_t\}$ とおき,
$K_0 = F[\xi], K_1 = K_0\sigma_1(F_r), K_2 = K_1\sigma_2(F_r), \cdots, K_t = K_{t-1}\sigma_t(F_r)$
とおくと
$1 \leq i \leq t$ なる各 i に対して
$$F = \sigma_i(F) = \sigma_i(F_0) \subset \sigma_i(F_1) \subset \cdots \subset \sigma_i(F_r)$$
は solvable tower で exponent が n の約数なので
$$K_{i-1} = K_{i-1}\sigma_i(F_0) \subset K_{i-1}\sigma_i(F_1) \subset \cdots \subset K_{i-1}\sigma_i(F_r) = K_i$$
は bottom が K_{i-1} で top が K_i の, exponent が n の約数の solvable tower である.
これを $\mathbb{T}_i$ とおく.
$\mathbb{T}_1 + \mathbb{T}_2 + \cdots + \mathbb{T}_t$
は, bottom は K_0 すなわち $F[\xi]$ で top は K_t の
exponent が n の約数の solvable tower となっている.
ここで $E = K_t$ とおくと
$E = K_0\sigma_1(F_r)\sigma_2(F_r)\cdots\sigma_t(F_r)$
なので, $Gal(L/K)$ の任意の元 σ で不変であるから
E は F 上のガロア拡大である.
E が ξ と F_f を含むのは明らかである.

4.10　2次, 3次, 4次の多項式の solvable tower

第3章6節において
「多項式 $f(X) \in F[X]$ に対して
　$f(X)$ が solvable in radicals であるとは
　$f(X)$ の根, すなわち方程式 $f(X) = 0$ の解が
　　加法, 減法, 乗法, 除法, m 乗根をとるなどの代数的演算によって
　得られるときにいう」

と定義した.

また第4章9節において

「$f(X)$ が solvable in radicals である

$\Leftrightarrow f(X)$ の F 上の solvable tower が存在する」

を見た.

私たちは標数が 0 の体 F に係数をもつ 2 次, 3 次, 4 次の多項式 $f(X)$ については, $f(X)$ の根が加法, 減法, 乗法, 除法, m 乗根をとるなどの代数的演算によって得られることを知っている.
つまり, $f(X)$ の F 上の solvable tower が存在することになる.
すなわち, F を bottom にもち top が F_f を含む solvable tower が存在することになる.
実際にこれを作ってみよう.

1. $f(X) = X^2 + aX + b$ のとき
   $f(X) = (X + \frac{a}{2})^2 - (\frac{a^2}{4} - b)$ なので
   $\varepsilon = \sqrt{\frac{a^2}{4} - b}$ とおくと
   $X^2 + aX + b = (X + \frac{a}{2})^2 - \varepsilon^2$
   $\qquad\qquad = (X + \frac{a}{2} - \varepsilon)(X + \frac{a}{2} + \varepsilon)$ となり
   $-\frac{a}{2} + \varepsilon, -\frac{a}{2} - \varepsilon$ は $X^2 + aX + b$ の根なので

   $$\begin{array}{rcl} F_1 &=& F_0[\varepsilon] \ni -\frac{a}{2} + \varepsilon, -\frac{a}{2} - \varepsilon \\ | & & \\ F_0 &=& F \quad \ni \varepsilon^2 \end{array}$$

   これが $f(X)$ の solvable tower である.

2. $f(X) = X^3 + aX^2 + bX + c$ とする.
   $g(X) = f(X - \frac{a}{3})$ とおいて計算すると
   $g(X) = X^3 + b'X + c'$ の形をしている.
   $f(X) = (X - \alpha_1)(X - \alpha_2)(X - \alpha_3)$ と F_f で分解するとき,
   $g(X) = (X - \frac{a}{3} - \alpha_1)(X - \frac{a}{3} - \alpha_2)(X - \frac{a}{3} - \alpha_3)$ となり,
   $F_g = F(\frac{a}{3} + \alpha_1, \frac{a}{3} + \alpha_2, \frac{a}{3} + \alpha_3) = F(\alpha_1, \alpha_2, \alpha_3) = F_f$ となる.
   よって 2 次の項がない 3 次式 $g(X)$ の solvable tower は

$f(X)$ の solvable tower となる.

$X^3 + aX + b$ の形の 3 次式の solvable tower が作れれば一般の 3 次式の solvable tower も作れることになる.

$f(X) = X^3 + aX + b$ の solvable tower を作ろう.

- $a = 0$ のとき
$$f(X) = X^3 + b = (X + \sqrt[3]{b})(X + \sqrt[3]{b}\omega)(X + \sqrt[3]{b}\omega^2)$$
なので

右図のように
$f(X)$ の solvable tower が
作れる.

$$F_2 = F_1[\sqrt[3]{b}] \supset F_f$$
$$|$$
$$F_1 = F_0[\omega] \ni (\sqrt[3]{b})^3$$
$$|$$
$$F_0 = F \ni \omega^3$$

- $a \neq 0$ のとき
$$f(Y + Z) = (Y + Z)^3 + a(Y + Z) + b$$
$$= (Y^3 + Z^3 + b) + (3YZ + a)(Y + Z)$$
なので
F の拡大体の元 α, β が,
$$\begin{cases} \alpha^3 + \beta^3 + b = 0 \\ 3\alpha\beta + a = 0 \end{cases}$$
をみたせば $f(\alpha + \beta) = 0$ である.
ω を 1 の原始 3 乗根とすると
$$\begin{cases} (\alpha\omega)^3 + (\beta\omega^2)^3 + b = 0 \\ 3(\alpha\omega)(\beta\omega^2) + a = 0 \end{cases}$$
であり
$$\begin{cases} (\alpha\omega^2)^3 + (\beta\omega)^3 + b = 0 \\ 3(\alpha\omega^2)(\beta\omega) + a = 0 \end{cases}$$
でもあるので
$$f(\alpha\omega + \beta\omega^2) = f(\alpha\omega^2 + \beta\omega) = 0$$
となる.
このことから
$$f(X) = (X - \alpha - \beta)(X - \alpha\omega - \beta\omega^2)(X - \alpha\omega^2 - \beta\omega)$$

となることが期待されるが実際そうなっている. [31]
$$\begin{cases} \alpha^3 + \beta^3 + b = 0 \\ 27\alpha^3\beta^3 + a^3 = 0 \end{cases}$$
でもあるので,
α^3, β^3 は $F[X]$ の多項式 $X^2 + bX - \frac{a^3}{27}$ の根である.
$$\varepsilon = \sqrt{b^2 + \frac{4a^3}{27}}$$
とおき,
$$F_0 = F, F_1 = F_0[\omega], F_2 = F_1[\varepsilon], F_3 = F_2[\alpha]$$
とおくと
$F_2 \ni \alpha^3$ であり,
$F_3 \ni \alpha, \omega, -\frac{a}{3\alpha} = \beta$ より
　$F_3 \ni \alpha + \beta, \alpha\omega + \beta\omega^2, \alpha\omega^2 + \beta\omega$
となるので
　$F_3 \supset F_f$
となり,
右図のように $f(X)$ の
solvable tower が作れる.

$F_3 = F_2[\alpha] \supset F_f$
$|$
$F_2 = F_1[\varepsilon] \ni \alpha^3$
$|$
$F_1 = F_0[\omega] \ni \varepsilon^2$
$|$
$F_0 = \quad F \quad \ni \omega^3$

3. 4次式 $f(X) = X^4 + aX^3 + bX^2 + cX + d$ の根を $\alpha_1, \alpha_2, \alpha_3, \alpha_4$ とする.
　$\alpha = \alpha_1\alpha_2 + \alpha_3\alpha_4$
　$\beta = \alpha_1\alpha_3 + \alpha_2\alpha_4$
　$\gamma = \alpha_1\alpha_4 + \alpha_2\alpha_3$
とすると α, β, γ を解にもつ3次方程式は
　$X^3 - bX^2 + (ac - 4d)X - a^2d + 4bd - c^2 = 0$
である. [32]

---

[31] $(\alpha + \beta) + (\alpha\omega + \beta\omega^2) + (\alpha\omega^2 + \beta\omega) = 0$
　　　$(\alpha + \beta)(\alpha\omega + \beta\omega^2) + (\alpha\omega + \beta\omega^2)(\alpha\omega^2 + \beta\omega) + (\alpha\omega^2 + \beta\omega)(\alpha + \beta)$
　　　$= -3\alpha\beta = a$
　　　$(\alpha + \beta)(\alpha\omega + \beta\omega^2)(\alpha\omega^2 + \beta\omega) = \alpha^3 + \beta^3 = -b$

[32] 3.10 で見た resolvent cubic である.

3次のところで見たように右の形の solvable tower が存在する.

また以下のことが成り立つ.

$(\alpha_1 + \alpha_2) + (\alpha_3 + \alpha_4) = -a$

$(\alpha_1 + \alpha_2)(\alpha_3 + \alpha_4) = \beta + \gamma$

より, $\alpha_1 + \alpha_2, \alpha_3 + \alpha_4$ は $F_3[X]$ の多項式 $X^2 + aX + \beta + \gamma$ の根である.

$\varepsilon_1 = \sqrt{a^2 - 4(\beta + \gamma)}$

とおき

$F_4 = F_3[\varepsilon_1]$

とおくと

$F_4 \ni \alpha_1 + \alpha_2, \alpha_3 + \alpha_4$

である.

$$\begin{array}{rcl} F_3 = & F_2[s] & \ni \alpha, \beta, \gamma \\ & | & \\ F_2 = & F_1[\varepsilon] & \ni s^3 \\ & | & \\ F_1 = & F_0[\omega] & \ni \varepsilon^2 \\ & | & \\ F_0 = & F & \ni \omega^3 \end{array}$$

同様に
$$\varepsilon_2 = \sqrt{a^2 - 4(\alpha + \gamma)},$$
$$\varepsilon_3 = \sqrt{a^2 - 4(\alpha + \beta)},$$
とおき,
$$F_5 = F_4[\varepsilon_2], \quad F_6 = F_5[\varepsilon_2]$$
とおくと
$$F_5 \ni \alpha_1 + \alpha_3, \alpha_2 + \alpha_4$$
$$F_6 \ni \alpha_1 + \alpha_4, \alpha_2 + \alpha_3$$
である.
$$F_6 \ni \alpha_1 + \alpha_2,\ \alpha_1 + \alpha_3, \alpha_1 + \alpha_4$$
なので
$$F_6 \ni \frac{\alpha_1 + \alpha_2 + \alpha_1 + \alpha_3 + \alpha_1 + \alpha_4 + a}{2} = \alpha_1$$
同様にすれば $F_6 \ni \alpha_2, \alpha_3, \alpha_4$ がわかる.

よって $F_6 \supset F_f$

$$F_6 = F_5[\varepsilon_3] \supset F_f$$
$$|$$
$$F_5 = F_4[\varepsilon_2] \ni \varepsilon_3{}^2$$
$$|$$
$$F_4 = F_3[\varepsilon_1] \ni \varepsilon_2{}^2$$
$$|$$
$$F_3 = F_2[s] \ni \varepsilon_1{}^2$$
$$|$$
$$F_2 = F_1[\varepsilon] \ni s^3$$
$$|$$
$$F_1 = F_0[\omega] \ni \varepsilon^2$$
$$|$$
$$F_0 = \quad F \quad \ni \omega^3$$

右上の図のように $f(X)$ の solvable tower が作れる.

第5章

一般多項式

5.1 SYMMETRIC POLYNOMIALS THEOREM

「次数が n の一般多項式のガロア群は S_n である」
これを証明することを目標に話を進める．

初めに，対称式は基本対称式の多項式として一意的に表されることを示す．

$X_1, X_2, \cdots, X_n$ の monic な単項式全体のなす集合に
次数を優先して残りは辞書式で順序を入れる．
すなわち

$$X_1{}^{i_1} X_2{}^{i_2} \cdots X_n{}^{i_n} > X_1{}^{j_1} X_2{}^{j_2} \cdots X_n{}^{j_n}$$
$$\overset{def.}{\Leftrightarrow}$$

$$i_1 + i_2 + \cdots + i_n > j_1 + j_2 + \cdots + j_n$$
または
$$i_1 + i_2 + \cdots + i_n = j_1 + j_2 + \cdots + j_n$$
であって次のいずれかが成り立つ．

$$i_1 > j_1$$
または
$$i_1 = j_1 \text{ かつ } i_2 > j_2$$
または
$$i_1 = j_1,\ i_2 = j_2 \text{ かつ } i_3 > j_3$$

または
$$i_1 = j_1,\ i_2 = j_2,\ i_3 = j_3 \text{ かつ } i_4 > j_4$$
$$\vdots$$
または
$$i_1 = j_1,\ \cdots,\ i_{n-1} = j_{n-1} \text{ かつ } i_n > j_n$$

★ R を環とし, $R[X_1, X_2, \cdots, X_n]$ は多項式環とする.
$R[X_1, X_2, \cdots, X_n]$ の多項式
$$f(X_1, X_2, \cdots, X_n) = \sum a_{i_1 i_2 \cdots i_n} X_1^{i_1} X_2^{i_2} \cdots X_n^{i_n}$$
とする.

$a_{i_1 i_2 \cdots i_n} \neq 0$ のとき
$X_1^{i_1} X_2^{i_2} \cdots X_n^{i_n}$ を $f(X_1, X_2, \cdots, X_n)$ に現れる単項式という.
$f(X_1, X_2, \cdots, X_n)$ に現れる単項式のなかで最大の項を
$f(X_1, X_2, \cdots, X_n)$ の最大項という.
$f(X_1, X_2, \cdots, X_n)$ の最大項 $X_1^{s_1} X_2^{s_2} \cdots X_n^{s_n}$ の係数は
$a_{s_1 s_2 \cdots s_n}$ である.

Def. 5.1.1 (対称式・symmetric polynomial)

S_n の $R[X_1, X_2, \cdots, X_n]$ への自然な作用において
$f(X_1, X_2, \cdots, X_n) \in R[X_1, X_2, \cdots, X_n]$ について
$S_n \ni^\forall \sigma$ に対して
$$^\sigma f(X_1, X_2, \cdots, X_n) = f(X_1, X_2, \cdots, X_n)\ \ \ [1)]$$
のとき, $f(X_1, X_2, \cdots, X_n)$ を 対称式 (symmetric polynomial) という.

Remark 5.1.1

$R[X_1, X_2, \cdots, X_n]$ の 対称式全体の集合は環をなす.
実際,
$f(X_1, X_2, \cdots, X_n),\ g(X_1, X_2, \cdots, X_n)$ を $R[X_1, X_2, \cdots, X_n]$ の対称式として, $R \ni c$ とすると

[1)] $^\sigma f(X_1, X_2, \cdots, X_n)$ を $\sigma f(X_1, X_2, \cdots, X_n)$ と表すこともある.

$cf(X_1, X_2, \cdots, X_n)$,
$f(X_1, X_2, \cdots, X_n) \pm g(X_1, X_2, \cdots, X_n)$,
$f(X_1, X_2, \cdots, X_n)g(X_1, X_2, \cdots, X_n)$
は対称式である.

★ P を $R[X_1, X_2, \cdots, X_n]$ の monic な単項式全体のなす集合とするとき,
S_n の $R[X_1, X_2, \cdots, X_n]$ への作用は S_n の P への作用を誘導する.
O を S_n の作用の P の オービットの一つとすると
$\sum_{O \ni T} T$ は S_n の作用で不変である.
つまり $\sum_{O \ni T} T$ は symmetric polynomial である.
これを $p(O)$ で表す.
例えば

$O(X_1) = \{X_1, X_2, \cdots, X_n\}$

であり,

$p(O(X_1)) = X_1 + X_2 + \cdots + X_n = \sum_{1 \leq i_1 \leq n} X_{i_1}$

$O(X_1 X_2) = \{X_1 X_2, X_1 X_3, \cdots, X_1 X_n, X_2 X_3, \cdots, X_2 X_n, \cdots, X_{n-1} X_n\}$

であり,

$p(O(X_1 X_2)) = X_1 X_2 + X_1 X_3 + \cdots + X_{n-1} X_n = \sum_{1 \leq i_1 < i_2 \leq n} X_{i_1} X_{i_2}$

$O(X_1 X_2 X_3) = \{X_1 X_2 X_3, X_1 X_2 X_4, \cdots, X_{n-2} X_{n-1} X_n\}$

であり,

$p(O(X_1 X_2 X_3)) = X_1 X_2 X_3 + X_1 X_2 X_4 + \cdots + X_{n-2} X_{n-1} X_n$
$= \sum_{1 \leq i_1 < i_2 < i_3 \leq n} X_{i_1} X_{i_2} X_{i_3}$

$O(X_1 X_2 \cdots X_r) = \{X_{i_1} X_{i_2} \cdots X_{i_r} | 1 \leq i_1 < i_2 < \cdots < i_r \leq n\}$

であり,

$p(O(X_1 X_2 \cdots X_r)) = \sum_{1 \leq i_1 < i_2 \cdots < i_r \leq n} X_{i_1} X_{i_2} \cdots X_{i_r}$

⋮

$O(X_1 X_2 \cdots X_n) = \{X_1 X_2 \cdots X_n\}$

であり,

$p(O(X_1 X_2 \cdots X_n)) = X_1 X_2 \cdots X_n$

Def. 5.1.2 （基本対称式 · elementary symmetric polynomial）
上で現れた $p(O(X_1))$, $p(O(X_1X_2))$, $\cdots$, $p(O(X_1X_2\cdots X_n))$ を
各々 $p_1(X_1,X_2,\cdots,X_n)$, $p_2(X_1,X_2,\cdots,X_n),\cdots,p_n(X_1,X_2,\cdots,X_n)$
で表し，混乱の恐れのないときは単に $p_1,p_2,\cdots,p_n$ で表す．
$p_r(X_1,X_2,\cdots,X_n)$ を
r 次の基本対称式 (elementary symmetric polynomial) という．

Lemma 5.1.1
O を P のオービットの一つとする．
これに含まれる最大の単項式を
$$X_1{}^{k_1}X_2{}^{k_2}\cdots X_n{}^{k_n}$$
とすると
$$k_1 \geq k_2 \geq \cdots \geq k_n \geq 0$$
である．[2]
$$O = O(X_1{}^{k_1}X_2{}^{k_2}\cdots X_n{}^{k_n})$$
である．

★1 オービットが $X_1{}^{i_1}X_2{}^{i_2}\cdots X_n{}^{i_n}$ を含むとき
$$O = O(X_1{}^{i_1}X_2{}^{i_2}\cdots X_n{}^{i_n})$$
である．
$i_1,i_2,\cdots,i_n$ を大きい順に並び替えたものを $k_1,\cdots,k_n$ とおくと
$O = O(X_1{}^{k_1}X_2{}^{k_2}\cdots X_n{}^{k_n})$ である．

---

[2] $1 \leq^\exists t \leq n-1$ s.t. $k_t < k_{t+1}$ とすると以下のように矛盾が生じる．
$\tau = (t,\ t+1) \in S_n$ とする．
$T = X_1{}^{k_1}X_2{}^{k_2}\cdots X_{t-1}{}^{k_{t-1}}X_t{}^{k_t}X_{t+1}{}^{k_{t+1}}X_{t+2}{}^{k_{t+2}}\cdots X_n{}^{k_n}$
とおくと
$\tau T = X_1{}^{k_1}X_2{}^{k_2}\cdots X_{t-1}{}^{k_{t-1}}X_{t+1}{}^{k_t}X_t{}^{k_{t+1}}X_{t+2}{}^{k_{t+2}}\cdots X_n{}^{k_n}$
$= X_1{}^{k_1}X_2{}^{k_2}\cdots X_{t-1}{}^{k_{t-1}}X_t{}^{k_{t+1}}X_{t+1}{}^{k_t}X_{t+2}{}^{k_{t+2}}\cdots X_n{}^{k_n}$
で，$O \ni T, \tau T$ であり
$k_{t+1} > k_t$ より $\tau T > T$
T は O に含まれる最大の単項式なのでこれは矛盾である．

★2 これからは，オービットを考えるときには代表元は
最大のもので表すことにする．

Lemma 5.1.2

$f = f(X_1, X_2, \cdots, X_n)$ を 0 でない対称式とする．
このとき
P の t 個のオービット $O(T_1), O(T_2), \cdots, O(T_t)$ と $c_1, c_2, \cdots, c_t \in R$ で
次の条件をみたすものが存在する．

$T_1 > T_2 > \cdots > T_t$ かつ
$$\begin{cases} f = c_1 p(O(T_1)) + c_2 p(O(T_2)) + \cdots + c_t p(O(T_t)) \\ c_1 \neq 0,\ c_2 \neq 0, \cdots, c_t \neq 0 \end{cases}$$

(proof)

f の最大項を T_1 とおき，
その T_1 の係数を c_1 とする．
$f - c_1 p(O(T_1))$ は対称式であり，
そこに現れる単項式は全て T_1 より小さい． [3]
$f - c_1 p(O(T_1))$ が 0 でないときは
そこに現れる最大項を T_2 とし，
その T_2 の係数を c_2 とすると
$T_1 > T_2$ であり，
$f - c_1 p(O(T_1)) - c_2 p(O(T_2))$ は対称式であり，
そこに現れる単項式は全て T_2 より小さい．
これを繰り返せば
$$f - c_1 p(O(T_1)) - c_2 p(O(T_2)) - \cdots\cdots = 0$$
となる．

Theorem 5.1.1 (SYMMETRIC POLYNOMIALS THEOREM)

全ての対称式は基本対称式の多項式として一意的に表される．

---

[3] f に現れる最大の単項式は $c_1 T_1$ で $c_1 p(O(T_1))$ に現れる最大の単項式は $c_1 T_1$ だから

すなわち $\psi : R[X_1, X_2, \cdots, X_n] \to R[X_1, X_2, \cdots, X_n]$ を
代入写像とすると
(1) $R[p_1, p_2, \cdots, p_n]$ は $R[X_1, X_2, \cdots, X_n]$ の
対称式全体のなす環に一致する.
(2) Ψ は単射である.
これは $p_1, p_2, \cdots, p_n$ が R 上代数的独立であるという事である.

(1) の proof

S を対称式全体のなす環とする.
$R[p_1, p_2, \cdots, p_n] = S$ であることを示す.
($\subset$) $p_1, p_2, \cdots, p_n$ は対称式なので
Remark 5.1.1 より $R[p_1, p_2, \cdots, p_n] \subset S$ である.
($\supset$) $S \ni f$ のとき $f \in R[p_1, p_2, \cdots, p_n]$ を示す.
$f = 0$ のときは
$f \in R[p_1, p_2, \cdots, p_n]$
f の最大項の大きさの帰納法で示す.
f の最大項を $X_1^{k_1} X_2^{k_2} \cdots X_n^{k_n}$ とおき
その係数を c とする.
$k_1 \geq k_2 \geq \cdots \geq k_n \geq 0$ である. ($\because$ Lemma 5.1.1)
ここで
$d_1 = k_1 - k_2, d_2 = k_2 - k_3, \cdots, d_{n-1} = k_{n-1} - k_n, d_n = k_n$
とおく.
このとき $d_1 \geq 0, d_2 \geq 0, \cdots, d_n \geq 0$ で
$k_1 = d_1 + d_2 + \cdots + d_n$
$k_2 = d_2 + \cdots + d_n$
$\quad \vdots$
$k_n = d_n$
である.
また
$p_1 = p_1(X_1, \cdots, X_n), p_2 = p_2(X_1, \cdots, X_n), \cdots, p_n = p_n(X_1, \cdots, X_n)$

とおくとき
$p_1{}^{d_1} p_2{}^{d_2} \cdots p_n{}^{d_n}$ の最大項も
$X_1{}^{k_1} X_2{}^{k_2} \cdots X_n{}^{k_n}$ である. [4]
$f - c p_1{}^{d_1} p_2{}^{d_2} \cdots p_n{}^{d_n} = 0$ であるかまたは
$f - c p_1{}^{d_1} p_2{}^{d_2} \cdots p_n{}^{d_n}$ の最大項は $X_1{}^{k_1} X_2{}^{k_2} \cdots X_n{}^{k_n}$ より小さくなるので
帰納法の仮定より
$$f - c p_1{}^{d_1} p_2{}^{d_2} \cdots p_n{}^{d_n} \in R[p_1, \cdots, p_n]$$
である.

(2) の proof
$T = X_1{}^{i_1} X_2{}^{i_2} \cdots X_n{}^{i_n},\ T' = X_1{}^{j_1} X_2{}^{j_2} \cdots X_n{}^{j_n}$
とすると
$\Psi(T) = p_1{}^{i_1} p_2{}^{i_2} \cdots p_n{}^{i_n}$ の最大項は $X_1{}^{i_1+i_2+\cdots+i_n} X_2{}^{i_2+\cdots+i_n} \cdots X_n{}^{i_n}$
で,
$\Psi(T') = p_1{}^{j_1} p_2{}^{j_2} \cdots p_n{}^{j_n}$ の最大項は $X_1{}^{j_1+j_2+\cdots+j_n} X_2{}^{j_2+\cdots+j_n} \cdots X_n{}^{j_n}$
である.
両者が一致するのは
$$i_1 + i_2 + \cdots + i_n = j_1 + j_2 + \cdots + j_n$$
$$i_2 + \cdots + i_n = j_2 + \cdots + j_n$$
$$\vdots$$
$$i_1 = j_1$$
すなわち $T = T'$ のときのみである.

---

[4] $p_1{}^{d_1}$ に現れる最大の単項式は $X_1{}^{d_1}$
  $p_2{}^{d_2}$ に現れる最大の単項式は $(X_1 X_2)^{d_2}$
  $\vdots$
  $p_n{}^{d_n}$ に現れる最大の単項式は $(X_1 X_2 \cdots X_n)^{d_n}$
  よって $p_1{}^{d_1} p_2{}^{d_2} \cdots p_n{}^{d_n}$ に現れる最大の単項式は
  $X_1{}^{d_1} \cdot (X_1 X_2)^{d_2} \cdot \cdots \cdot (X_1 X_2 \cdots X_n)^{d_n}$
  $= X_1{}^{d_1} \cdot X_1{}^{d_2} X_2{}^{d_2} \cdot X_1{}^{d_3} X_2{}^{d_3} X_3{}^{d_3} \cdot \cdots \cdot X_1{}^{d_n} X_2{}^{d_n} \cdots X_n{}^{d_n}$
  $= X_1{}^{d_1+d_2+\cdots+d_n} \cdot X_2{}^{d_2+\cdots+d_n} \cdot \cdots \cdot X_n{}^{d_n}$
  $= X_1{}^{k_1} X_2{}^{k_2} \cdots X_n{}^{k_n}$

このことに注意しておく.

$R[X_1, X_2, \cdots, X_n] \ni g \neq 0$ とする.
$$g = c_1 T_1 + c_2 T_2 + \cdots + c_t T_t \neq 0$$
ただし $T_1, T_2, \cdots, T_t$ は異なる単項式で
$c_1 \neq 0, c_2 \neq 0, \cdots, c_t \neq 0$ とする.
$\Psi(g) = c_1 \Psi(T_1) + c_2 \Psi(T_2) + \cdots + c_t \Psi(T_t)$ である.
$\Psi(T_1), \cdots, \Psi(T_t)$ の各々の最大項は異なるので
$\Psi(g) \neq 0$ である.

★₁ $f(X) = X^n + a_1 X^{n-1} + \cdots + a_n \in R[X]$ とする.

R を含む環 S があって, $f(X)$ はそこで splits であるとする.
すなわち
$$f(X) = (X - \alpha_1)(X - \alpha_2) \cdots (X - \alpha_n), \quad \alpha_i \in S$$
とする.
このとき
$$R \ni a_1 = -(\alpha_1 + \alpha_2 + \cdots + \alpha_n) = -p_1(\alpha_1, \cdots, \alpha_n)$$
$$R \ni a_2 = \alpha_1 \alpha_2 + \alpha_2 \alpha_3 + \cdots = p_2(\alpha_1, \cdots, \alpha_n)$$
$$\vdots$$
$$R \ni a_n = (-1)^n \alpha_1 \alpha_2 \cdots \alpha_n = (-1)^n p_n(\alpha_1, \cdots, \alpha_n)$$
である.
こうして $f(X)$ の根 $\alpha_1, \cdots, \alpha_n$ の基本対称式は R の元である.
よって $f(X)$ の根 $\alpha_1, \cdots, \alpha_n$ の対称式は R の元である.

★₂ R 係数の多項式の根の対称式は R の元である.

例えば
$D(f) = \prod_{i<j} (\alpha_i - \alpha_j)^2$ より
$D(f)$ は $\alpha_1, \cdots, \alpha_n$ の対称式なので
$D(f) \in R$ である.

5.2 SYMMETRIC FUNCTIONS THEOREM

F を体とする.
多項式環 $F[X_1, X_2, \cdots, X_n]$ において,基本対称式
$p_1(X_1, X_2, \cdots, X_n), p_2(X_1, X_2, \cdots, X_n), \cdots, p_n(X_1, X_2, \cdots, X_n)$
を考える.
ここではそれを $p_1, p_2, \cdots, p_n$ と略して書くことにする.

Theorem 5.2.1 (SYMMETRIC FUNCTIONS THEOREM)
S_n は $E = F(X_1, X_2, \cdots, X_n)$ に対して X_i の置換により
自然に作用する.
この作用により S_n を $Aut(E)$ の部分群と見ることができる.
このとき
E の S_n による不変体 E^{S_n} は $F(p_1, p_2, \cdots, p_n)$ である.

この証明を2通り与える.
(proof 1.)
 $E^{S_n} = F(p_1, p_2, \cdots, p_n)$ を示す.
(⊃) $E^{S_n} \ni p_1, p_2, \cdots, p_n$ である.
 よって
 $E^{S_n} \supset F(p_1, p_2, \cdots, p_n)$ である.
(⊂) $E^{s_n} \ni f$ とする.
 $f \in F(X_1, X_2, \cdots, X_n)$ より
  $\exists g, h \in F[X_1, X_2, \cdots, X_n]$ s.t. $f = \dfrac{g}{h}$
  (f は $X_1, X_2, \cdots, X_n$ の有理式,つまり多項式/多項式 である)
 $S_n = \{\sigma_1, \sigma_2, \cdots, \sigma_n\}$ とする.
 (ここで $\sigma_1 = id$ としておく)
 $H = \sigma_1 h\ \sigma_2 h \cdots \sigma_n h$ とすると
 $S_n \ni^\forall \sigma$ に対して

$$\begin{aligned}\sigma(H) &= \sigma\sigma_1 h\ \sigma\sigma_2 h\ \cdots\ \sigma\sigma_n h\\ &= \sigma_1 h\ \sigma_2 h\ \cdots\ \sigma_n h\\ &= H\end{aligned}$$

よって H は対称式である.

また $\sigma_1 h = id(h) = h$ なので

$$\begin{aligned}Hf &= \sigma_1 h\ \sigma_2 h \cdots\ \sigma_n h \cdot \frac{g}{h}\\ &= \sigma_2 h \cdots \sigma_n h \cdot g \quad \in F[X_1, X_2, \cdots, X_n]\end{aligned}$$

また $f \in E^{S_n}$ より

$S_n \ni^\forall \sigma$ に対して $\sigma(f) = f$ なので

$$\sigma(Hf) = \sigma(H)\sigma(f) = Hf$$

である.

よって Hf も対称式である.

したがって

$$H \in F[p_1, p_2, \cdots, p_n],\ Hf \in F[p_1, p_2, \cdots, p_n]$$
$$(\because \text{Theorem 5.1.1})$$
$$f = \frac{Hf}{H} \in F(p_1, p_2, \cdots, p_n) \text{ である.}$$

(proof 2)

多項式

$$\begin{aligned}f(T) &= (T - X_1)(T - X_2) \cdots (T - X_n)\\ &= T^n - p_1 T^{n-1} + p_2 T^{n-2} - \cdots + (-1)^n p_n\end{aligned}$$

を考える.

$f(T)$ の $F(p_1, p_2, \cdots, p_n)$ 上の splitting field を E とすると

$$E = F(X_1, X_2, \cdots, X_n) \text{ である. }[5)$$

よって

$$[E : F(p_1, p_2, \cdots, p_n)] \leq n!$$

である.

[5)] $F[X_1, X_2, \cdots, X_n] \ni p_1, p_2, \cdots, p_n$ なので
$F(p_1, p_2, \cdots, p_n)[X_1, X_2, \cdots, X_n] = F(p_1, p_2, \cdots, p_n)(X_1, X_2, \cdots, X_n)$
$= F(X_1, X_2, \cdots, X_n)$ である.

($\because$ Def.2.3.2(F_f) 下の $\star$)

また S_n は $Aut(E)$ の有限部分群なので

E は E^{S_n} 上のガロア拡大で,

$$S_n = Gal(E/E^{S_n})$$

である.

($\because$ Theorem 3.2.1 (Galois 拡大の条件))

したがって

$$[E : E^{S_n}] = |S_n| = n!$$

$E^{S_n} \ni p_1, p_2, \cdots, p_n$ より

$$E^{S_n} \supset F(p_1, p_2, \cdots, p_n)$$

$\therefore [E : F(p_1, p_2, \cdots, p_n)] \geq [E : E^{S_n}] = |S_n| = n!$

以上より

$$[E : F(p_1, p_2, \cdots, p_n)] = [E : E^{S_n}]$$

となり

$$E^{S_n} = F(p_1, p_2, \cdots, p_n)$$

となる.

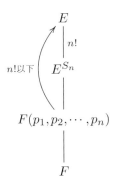

$f(T)$ の $F(p_1, p_2, \cdots, p_n)$ 上の splitting field は $F(X_1, X_2, \cdots, X_n)$ であり, 拡大 $F(X_1, X_2, \cdots, X_n)/F(p_1, p_2, \cdots, p_n)$ は Galois である. $f(T)$ のガロア群は S_n であることがわかった.

ここで示したことを少し表現を変えて次の Corolally とする.

Corolally 5.2.1

$F(p_1, p_2, \cdots, p_n)[X] \ni f(X) = X^n - p_1 X^{n-1} + p_2 X^{n-2} + \cdots + (-1)^n p_n$
とおくとき,
$F(X_1, X_2, \cdots, X_n)$ は $f(X)$ の $F(p_1, p_2, \cdots, p_n)$ 上の
splitting field である.
したがって, 拡大 $F(X_1, X_2, \cdots, X_n)/F(p_1, p_2, \cdots, p_n)$ は Galois であり,
$Gal(F(X_1, X_2, \cdots, X_n)/F(p_1, p_2, \cdots, p_n)) = S_n$ である.
ここで S_n の元 σ は $\sigma(X_i) = X_{\sigma(i)}$ として,
$Gal(F(X_1, X_2, \cdots, X_n)/F(p_1, p_2, \cdots, p_n))$ の元と見ている.

5.3　一般多項式のガロア群

Def. 5.3.1　(一般多項式)

F を体として $t_1, t_2, \cdots, t_n$ が F 上代数的独立 ($\hookrightarrow$ Def. 1.8.4(代数的従属・代数的独立)) であるとき
$$f(X) = X^n - t_1 X^{n-1} + t_2 X^{n-2} - \cdots + (-1)^n t_n \in F(t_1, \cdots, t_n)[X]$$ [6)]
を (F に関しての) 一般多項式という.

Theorem 5.3.1

$f(X) = X^n - t_1 X^{n-1} + t_2 X^{n-2} - \cdots + (-1)^n t_n$ を
F に関しての一般多項式とするとき,
$f(X)$ の $F(t_1, \cdots, t_n)$ 上のガロア群は S_n である.

(proof)
　多項式環 $F[X_1, X_2, \cdots, X_n]$ において
$$g(X) = (X - X_1)(X - X_2) \cdots (X - X_n)$$

[6)]　F 上の代数的独立な元 $a_1, \cdots, a_n$ を使って
$X^n + a_1 X^{n-1} + a_2 X^{n-2} + \cdots + a_n$ と表される多項式を
F に関しての一般多項式というのが普通であるが
ここでは符号による混乱を避けるためこの形で表した.

$$= X^n - p_1 X^{n-1} + p_2 X^{n-2} - \cdots + (-1)^n p_n$$

とおく.
このとき $F(p_1,\cdots,p_n)$ から $F(t_1,\cdots,t_n)$ への
$p_i \to t_i$ で定まる isomorphism がある. [7]
これを φ とする.

$$\varphi(g(X)) = f(X)$$

である.
$g(X)$ の $F(p_1,\cdots,p_n)$ 上の splitting field は $F(X_1,\cdots,X_n)$ であるので
これを E とおき, $f(X)$ の $F(t_1,\cdots,t_n)$ の splitting field を E' と
おくとき, 次の Lemma が示すように isomorphism $\tilde{\varphi}: E \to E'$ で

$$\begin{array}{ccc} E & \xrightarrow{\tilde{\varphi}:iso} & E' \\ \big| & \circlearrowleft & \big| \\ F(p_1,\cdots,p_n) & \xrightarrow{\varphi:iso} & F(t_1,\cdots,t_n) \end{array}$$

をみたすものが存在する.
$Gal(E'/F(t_1,\cdots,t_n))$ は, S_n である $Gal(E/F(p_1,\cdots,p_n))$ と
同型である.
よって一般多項式 $f(X)$ の $F(t_1,\cdots,t_n)$ 上のガロア群は S_n である.

ガロア群が S_n であるとは, 第3章に登場した下図において, 図の l に相当
するところが isomorphism であるということを意味している.

---

[7] $p_1,p_2,\cdots,p_n$ と $t_1,t_2,\cdots,t_n$ が F 上代数的独立なので
多項式環 $F[p_1,\cdots,p_n]$ から多項式環 $F[t_1,\cdots,t_n]$ への
$p_i \to t_i$ で定まる isomorphism がある.
これは $F(p_1,\cdots,p_n)$ から $F(t_1,\cdots,t_n)$ への
isomorphism を誘導する.

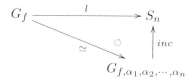

Lemma 5.3.1

$\varphi : F \longrightarrow F'$ は体の isomorphism とする.
$f(X) \in F[X]$ は monic で separable として
E を $f(X)$ の F 上の splitting field,
E' を $\varphi f(X)$ の F' 上の splitting field とするとき
次が成り立つ.

(i) 下の可換をみたすような isomorphism $\tilde{\varphi} : E \longrightarrow E'$ が存在する.

$$\begin{array}{ccc} E & \xrightarrow{\tilde{\varphi}:iso} & E' \\ \downarrow & \circlearrowleft & \downarrow \\ F & \xrightarrow{\varphi:iso} & F' \end{array}$$

(ii) $Gal(E/F)$ と $Gal(E'/F')$ は同型である.

(proof)

(i) Proposition 2.3.2 より下図をみたす E から E' への homo $\tilde{\varphi}$ が存在する.
$\tilde{\varphi}$ は単射である.

$$\begin{array}{ccc} E & \xrightarrow{\tilde{\varphi}} & E' \\ \downarrow & \circlearrowleft & \downarrow \\ F & \xrightarrow{\varphi:iso} & F' \end{array}$$

E において

$f(X) = (X - \alpha_1)(X - \alpha_2) \cdots (X - \alpha_n)$ とすると

$\varphi f(X) = \tilde{\varphi} f(X) = (X - \tilde{\varphi}(\alpha_1))(X - \tilde{\varphi}(\alpha_2)) \cdots (X - \tilde{\varphi}(\alpha_n))$

$E' = F'(\tilde{\varphi}(\alpha_1), \tilde{\varphi}(\alpha_2), \cdots, \tilde{\varphi}(\alpha_n))$

$\quad = \tilde{\varphi}(F(\alpha_1, \alpha_2, \cdots, \alpha_n))$

$\quad = \tilde{\varphi}(E)$

よって $\tilde{\varphi}$ は 全射である.

ゆえに $\tilde{\varphi}$ は isomorphism である.

(ii)
$$\begin{array}{ccc} E & \xrightarrow{\tilde{\varphi}:iso} & E' \\ \downarrow & \circlearrowleft & \downarrow \\ F & \xrightarrow{\varphi:iso} & F' \end{array} \quad \Rightarrow \quad Gal(E'/F') \simeq Gal(E/F)$$

を示す.

$Gal(E'/F') \ni \tilde{\theta}$ に対して

$$\begin{array}{ccc} E' & \xrightarrow{\tilde{\theta}:iso} & E' \\ \downarrow & \circlearrowleft & \downarrow \\ F' & \xrightarrow{id} & F' \end{array}$$

$\tilde{\varphi}^{-1} \circ \tilde{\theta} \circ \tilde{\varphi} : E \xrightarrow{\tilde{\varphi}} E' \xrightarrow{\tilde{\theta}} E' \xrightarrow{\tilde{\varphi}^{-1}} E$ を考えると

$$\begin{array}{ccccccc} E & \xrightarrow{\tilde{\varphi}} & E' & \xrightarrow{\tilde{\theta}} & E' & \xrightarrow{\tilde{\varphi}^{-1}} & E \\ \downarrow & \circlearrowleft & \downarrow & \circlearrowleft & \downarrow & \circlearrowleft & \downarrow \\ F & \xrightarrow{\varphi} & F' & \xrightarrow{id} & F' & \xrightarrow{\varphi^{-1}} & F \end{array}$$

$\tilde{\varphi}^{-1} \circ \tilde{\theta} \circ \tilde{\varphi} \in Gal(E/F)$ である.

同様に

$Gal(E/F) \ni \theta$ に対して

$$\begin{array}{ccc} E & \xrightarrow{\theta:iso} & E \\ \downarrow & \circlearrowleft & \downarrow \\ F & \xrightarrow{id} & F \end{array}$$

$\tilde{\varphi} \circ \theta \circ \tilde{\varphi}^{-1} : E' \xrightarrow{\tilde{\varphi}^{-1}} E \xrightarrow{\theta} E \xrightarrow{\tilde{\varphi}} E'$ を考えると

$$\begin{array}{ccccccc} E' & \xrightarrow{\tilde{\varphi}^{-1}} & E & \xrightarrow{\theta} & E & \xrightarrow{\tilde{\varphi}} & E' \\ \downarrow & \circlearrowleft & \downarrow & \circlearrowleft & \downarrow & \circlearrowleft & \downarrow \\ F' & \xrightarrow{\varphi^{-1}} & F & \xrightarrow{id} & F & \xrightarrow{\varphi} & F' \end{array}$$

$\tilde{\varphi} \circ \theta \circ \tilde{\varphi}^{-1} \in Gal(E'/F')$ である.

$Gal(E'/F') \xrightarrow[\pi']{\pi} Gal(E/F)$

を $\pi(\tilde{\theta}) = \tilde{\varphi}^{-1} \circ \tilde{\theta} \circ \tilde{\varphi}, \quad \pi'(\theta) = \tilde{\varphi} \circ \theta \circ \tilde{\varphi}^{-1}$ と定める.
$\pi \circ \pi'$ は群の homo であり,
$\quad \pi' \circ \pi(\tilde{\theta}) = \tilde{\varphi} \circ (\tilde{\varphi}^{-1} \circ \tilde{\theta} \circ \tilde{\varphi}) \circ \tilde{\varphi}^{-1} = \tilde{\theta}$
$\quad \pi \circ \pi'(\theta) = \tilde{\varphi}^{-1} \circ (\tilde{\varphi} \circ \theta \circ \tilde{\varphi}^{-1}) \circ \tilde{\varphi} = \theta$
より
$\quad \pi \circ \pi' = id, \ \pi' \circ \pi = id$
よって π は isomorphism である.

第6章

作図

6.1 constructible number と作図可能 (constructible)

「正 n 角形が作図可能 (constructible) $\iff n = 2^m \cdot p_1 \cdot p_2 \cdot \cdots \cdot p_s$
(p_i は異なるフェルマー素数 : $2^{2^r}+1$ の形の素数)」

この定理の証明にはガロア理論が深くかかわる.
まず第1に作図とは一体何であるか,
作図可能 (constructible) とは一体どういうことなのか,
これを定義することから始める.

Def. 6.1.1 (S-line・S-circle)

S を空間 H の2点以上からなる部分集合とするとき
(i) S の異なる2点を通る直線を S-line という.
(ii) S の1点を中心として, S の2点間の距離を半径とする円を
S-circle という.

Def. 6.1.2 (S-point)

以下の点を S-point という.
(イ) 異なる2本の S-line の交点
(ロ) S-line と S-circle の交点 (接点)
(ハ) 異なる2個の S-circle の交点 (接点)

** 以降 H を平面, H の異なる 2 点 A, B を基準点として与え,
ここから出発することにする.

Example 6.1.1

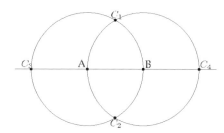

$S = \{A, B\}$ のとき
直線 AB は S-line,
円 AB, 円 BA は S-circle,
(円 PQ と書いた時には, それは
P を中心とし, PQ を半径とする円
とする)
図の A, B, C_1, C_2, C_3, C_4 は
S-point である.

Def. 6.1.3 (constructible sequence)

H の 3 点以上からなる点列 A, B, P_1, P_2, $\cdots$, P_n が条件

$$\begin{cases} P_1 \text{ は } \{A, B\}\text{-point} \\ P_2 \text{ は } \{A, B, P_1\}\text{-point} \\ P_3 \text{ は } \{A, B, P_1, P_2\}\text{-point} \\ \quad \vdots \\ P_n \text{ は } \{A, B, P_1, P_2, P_3, \cdots, P_{n-1}\}\text{-point} \end{cases}$$

をみたすとき, この点列を constructible sequence といい, P_n をその終点
という.

Def. 6.1.4 (constructible point・constructible line・constructible circle)

(1) P を平面の点とする.

P を含む constructible sequence が存在するとき, [1]

P を constructible point という.

constructible point を略して $C*P$ と略記する.

(2) $C*P$ 全体からなる集合を S とするとき,

---

[1] このとき P を終点にもつ constructible sequence が存在する.

S-line を constructible line といい,
S-circle を constructible circle という.
constructible line を $C*L$,
constructible circle を $C*C$ と略記する.

Proposition 6.1.1

(1) 異なる 2 本の $C*L$ の交点は $C*P$ である.
(2) $C*L$ と $C*C$ の交点は $C*P$ である.
(3) 異なる 2 個の $C*C$ の交点は $C*P$ である.

この Proposition を証明するために少し準備をしておく.

★ 点列 $\mathbb{P} = A, B, P_1, P_2, \cdots, P_n$ と
点列 $\mathbb{Q} = A, B, Q_1, Q_2, \cdots, Q_m$ に対して
点列 $A, B, P_1, P_2, \cdots, P_n, Q_1, Q_2, \cdots, Q_m$ を
$\mathbb{P}$ と $\mathbb{Q}$ の合成ということにして,
$\mathbb{P}\mathbb{Q}$ と表すことにする.
同様に有限個の点列
$$\mathbb{P}_1 = A, B, P_{11}, P_{12}, \cdots, P_{1n_1}$$
$$\mathbb{P}_2 = A, B, P_{21}, P_{22}, \cdots, P_{2n_2}$$
$$\vdots$$
$$\mathbb{P}_s = A, B, P_{s1}, P_{s2}, \cdots, P_{sn_s}$$
に対して, その合成 $\mathbb{P}_1 \mathbb{P}_2 \cdots \mathbb{P}_s$ を
$A, B, P_{11}, P_{12}, \cdots, P_{1n_1}, P_{21}, P_{22}, \cdots, P_{2n_2}, \cdots, P_{s1}, P_{s2}, \cdots, P_{sn_s}$
と定める.
この記号のもと明らかに次が成り立つ.

Lemma 6.1.1

有限個の constructible sequence の合成は constructible sequence である.

★ $P_1, P_2, \cdots, P_n$ が $C*P$ ならば, 各々を含む constructible sequence を一つずつ選び, それを全て合成すれば
$P_1, P_2, \cdots, P_n$ を含む constructible sequence が作れる.

Proposition 6.1.1 を証明する.

(proof)
(1) l_1, l_2 を異なる $C*L$ とする.
l_1 は $C*P$ である P_1 と P_2 を結ぶ直線, l_2 は $C*P$ である P_3 と P_4 を結ぶ直線とする.
P_1, P_2, P_3, P_4 を含む constructible sequence を作り,
これに l_1, l_2 の交点を付け加えたものは constructible sequence なので
l_1, l_2 の交点は $C*P$ である.
(2), (3) についても同様に示せる.

Proposition 6.1.2

P, Q が $C*P$ のとき

(a) P を中心として Q を時計回り, または反時計回りに
$60°$, $90°$, $180°$ 回転した点は $C*P$ である.
(実際 $30°$ の整数倍なら $C*P$ である)

(b) PQ の垂直二等分線は $C*L$ である.
したがって PQ の中点も $C*P$ である.

(c) P_1, P_2, P_3, P_4 が平行四辺形をなし, P_1, P_2, P_3 が $C*P$ のときは P_4 も $C*P$ である.

(d) $C*P$ を通り, $C*L$ に平行な直線は $C*L$ である.

(e) $C*P$ を通り, $C*L$ に垂直な直線は $C*L$ である.
したがって, 特に $C*P$ から $C*L$ に下ろした垂線の足は $C*P$ である. [2]

---

[2] $C*P$ を通り, $C*L$ に垂直な直線と $C*L$ との交点を $C*P$ から $C*L$ に下ろした垂線の足という.

(proof)

(a) 円 PQ と円 QP の交点を Q_1, Q_2 とする.

Q_1, Q_2 は $C*P$ である.

Q_1 は, P を中心として Q を反時計回りに $60°$ 回転した点となる.

Q_2 は, P を中心として Q を時計回りに $60°$ 回転した点となる.

Q_7 は, P を中心として Q を反時計回りに $90°$ 回転した点となる.

Q_4 は, P を中心として Q を時計回り, (反時計回り) に $180°$ 回転した点となる.

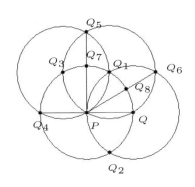

(b) 直線 Q_1Q_2 は PQ の垂直二等分線で, これは $C*L$ である.

PQ の中点は, $C*L$ である PQ と $C*L$ である直線 Q_1Q_2 の交点である.

よってこれは $C*P$ である.

(c) 四辺形 $P_1P_2P_3P_4$ が平行四辺形をなし,

P_1, P_2, P_3 が $C*P$ のとき $P_1P_4 = P_2P_3$ で, 円 P_1P_4 は P_1 を中心とし半径が P_2P_3 の円なので $C*C$ である.

$P_3P_4 = P_2P_1$ で, 円 P_3P_4 は P_3 を中心とし半径が P_2P_1 の円なので $C*C$ である.

よって P_4 は $C*P$ である.

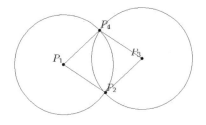

(d) $C*L$ である L と $C*P$ である P が
あるとき
L 上には $C*P$ が少なくとも 2 点ある
ので, L 上に $C*P$ である P_1, P_2
をとり, それと P とを用いて図のように
平行四辺形を作れば
残りの点 P_3 も $C*P$ である.
よって P を通り L と平行な $C*L$ が
作れる.

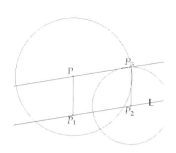

(e) $C*L$ である L と $C*P$ である P が
あるとき
L 上の 2 つの $C*P$ である P_1, P_2 を
とる.
このとき, 円 P_1P と円 P_2P の交点 P'
に対して
P と P' を結んだ直線は, L と垂直な $C*L$
であり, L との交点は $C*P$ である.

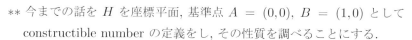

∗∗ 今までの話を H を座標平面, 基準点 $A = (0,0)$, $B = (1,0)$ として constructible number の定義をし, その性質を調べることにする.

前もって次に注意しておく.

Proposition 6.1.3

(1) $(0,1)$, これは $(0,0)$ を中心として $(1,0)$ を
反時計回りに 90° 回転した点なので
$C*P$ である.

(2) x 軸, これは $C*P$ である $(0,0)$ と $(1,0)$ を
通る直線なので $C*L$ である.

(3) y 軸, これは $C*P$ である $(0,0)$ と $(0,1)$ を
通る直線なので $C*L$ である.

Proposition 6.1.4

$\mathbb{R} \ni c, d$ のとき次が成り立つ.
(1) $(d,0)$ が $C*P$ $\iff$ $(0,d)$ が $C*P$
(2) (c,d) が $C*P$ $\iff$ $(c,0)$ と $(0,d)$ が $C*P$
(3) (c,d) が $C*P$ $\iff$ $(c,0)$ と $(d,0)$ が $C*P$

(proof)

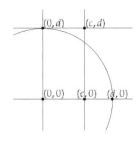

(1) $(0,d)$ は $(0,0)$ を中心として $(d,0)$ を
反時計回りに $90°$ 回転したものであり,
$(d,0)$ は $(0,0)$ を中心として $(0,d)$ を
時計回りに $90°$ 回転したものなので
これは成り立つ.
(2) x 軸 と y 軸は $C*L$ である.
 直線 $x = c$ は x 軸に垂直 (y 軸と平行) であり,
 直線 $y = d$ は y 軸に垂直 (x 軸と平行) である.

 ($\Longrightarrow$)
 直線 $x = c$ は $C*P$ である (c,d) を通り,
 $C*L$ である x 軸に垂直 ($C*L$ である y 軸に平行)
 なので, $C*L$ である.
 また, 直線 $x = c$ と x 軸 との交点 $(c,0)$ は $C*P$
 である.
 直線 $y = d$ は (c,d) を通り y 軸に垂直 (x 軸に平行)
 なので $C*L$ である.
 また, 直線 $y = d$ と y 軸との交点 $(0,d)$ は
 $C*P$ である.

 ($\Longleftarrow$)
 $(c,0), (0,d)$ が $C*P$ のとき,
 直線 $x = c$ は $(c,0)$ を通り, x 軸に垂直
 なので $C*L$ である.
 直線 $y = d$ は $(0,d)$ を通り, y 軸に垂直
 なので $C*L$ である.

よってこの 2 本直線の交点の (c,d) は $C*P$
である.

(3) これは (1), (2) より明らかである.

Def. 6.1.5 (constructible number)
$(x,0)$ が $C*P$ であるとき x を constructible number という.
constructible number を略して $c*n$ と書くことにする.

前の命題から次が成り立つ.

Proposition 6.1.5
$\mathbb{R} \ni a, b$ のとき
(a,b) が $C*P \iff a$ も b も $c*n$

($\because$ Proposition 6.1.4 (3) より
(a,b) が $C*P \iff (a,0), (b,0)$ は $C*P$)

Theorem 6.1.1 ($c*n$ 全体は体を成す)
$c*n$ 全体は体を成す.
また c が正の $c*n$ なら $\sqrt{c}$ は $c*n$ である.

定理は次の命題を示せばよい.

Proposition 6.1.6
F を $c*n$ 全体の集合とすると次が成り立つ.
(1) $F \ni 1$
(2) $F \ni c$ とすると $F \ni -c$
(3) $F \ni c, d$ とすると
 (イ) $F \ni c+d,\ c-d$
 (ロ) $F \ni cd$
 (ハ) $d \neq 0$ のとき $F \ni c/d$
(4) $F \ni c$ で $c > 0$ のとき $F \ni \sqrt{c}$

(proof)
(1) $(1,0)$ は $C*P$ より
  1 は $c*n$ つまり $F \ni 1$ である.
(2) $F \ni c$ のとき
  $(c,0)$ は $C*P$ であり
  $(-c,0)$ は $(0,0)$ を中心とし, $(c,0)$ を
  $180°$ 回転したものだから $C*P$ である.
  $F \ni -c$ である.

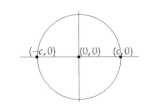

(3) $F \ni c,d$ とする.
  (イ) $(0,0)$, $(d,0)$, $(-d,0)$, $(c,1)$ は全て
  $C*P$ である.
  平行四辺形の頂点の3点が $C*P$ のときは
  残りの頂点も $C*P$ である.
  よって $(c+d,1)$, $(c-d,1)$ は $C*P$
  である.

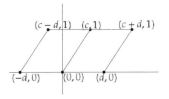

  ゆえに $c \pm d$ は $c*n$ である.
  ゆえに $F \ni c+d, c-d$ である.
  (ロ) $(1,d)$ は $C*P$ なので
  $(0,0)$ と $(1,d)$ を結ぶ直線は $C*L$ である.
  $(c,0)$ は $C*P$ なので
  直線 $x=c$ は $C*L$ である.
  この2本の $C*L$ の交点 (c,cd) は $C*P$
  なので cd は $c*n$ となり,
  $F \ni cd$ である.

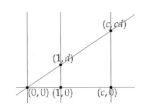

  (ハ) (d,c) は $C*P$ なので
  $(0,0)$ と (d,c) を結ぶ直線は $C*L$ である.
  $(1,0)$ は $C*P$ なので
  直線 $x=1$ は $C*L$ である.
  この2本の $C*L$ の交点 $(1,c/d)$ は $C*P$ である.
  c/d は $c*n$ となり, $F \ni c/d$ である.

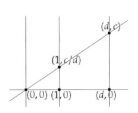

(4) $(c,0)$, $(-1,0)$ は $C*P$ である.

この2点を結ぶ線分を直径とする円は $C*C$ である.
この $C*C$ と $C*L$ である y 軸との交点は
$(0,\sqrt{c})$ と $(0,-\sqrt{c})$ で, これらは $C*P$ である.
ゆえに $F \ni \sqrt{c}$ である.

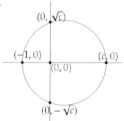

Corolally 6.1.1

$C*P$ と $C*P$ との距離は $c*n$ である.

(proof)

$P(a,b)$, $Q(c,d)$ が $C*P$ のとき
a,b,c,d が $c*n$ なので
$PQ = \sqrt{(a-c)^2 + (d-b)^2}$ は $c*n$ である. [3]

Lemma 6.1.2

F は体とする.

座標平面において

L を x 座標, y 座標がともに F の元である2点を通る直線,
C を x 座標, y 座標がともに F の元である1点を中心とし,
x 座標, y 座標がともに F の元である2点の距離を半径とする円とする.
このとき L と C の方程式の係数は全て 体 F の元である.
また, L と L の交点, L と C の交点, C と C の交点の x 座標, y 座標は
ともに $F[\sqrt{g}]$ $(g \in F, g \geq 0)$ の元である.

---

[3] 次のようにしてもわかる.
P を中心とした円 PQ は $C*C$ であり, その半径を r とすると
r は2点 P,Q 間の距離である.
この $C*C$ を原点を中心として描けば x 軸との交点は $(r,0)$ である.
よって P,Q 間の距離は $c*n$ である.

6.1 constructible number と作図可能 (constructible) 391

(proof)
　L は $ax+by+c=0$, a, b, $c \in F$ と表せる.
　($\because$ $(p,q),(r,s)$ $p,q,r,s \in F$ とする.
　　この2点を通る直線上の点 (x,y) とすると
　　$$\frac{y-q}{x-p} = \frac{s-q}{r-p}$$
　　よって
　　　$(y-q)(r-p) = (s-q)(x-p)$
　　　$(s-q)x - (r-p)y + rq - ps = 0$
　　　$s-q \in F$, $r-p \in F$, $rq-ps \in F$)
　逆に, $ax+by+c=0$, a, b, $c \in F$ は $(0, -\frac{c}{b})$, $(1, \frac{-a-c}{b})$ を通る.)
　C は $(x-a)^2 + (y-b)^2 = c^2$, a, b, $c \in F$ と表せる.
　($\because$ $(a,b) \in F \times F$ を中心とし, 半径 $c \in F$ の円上の点 (x,y) とすると
　　$\sqrt{(x-a)^2 + (y-b)^2} = c$ より $(x-a)^2 + (y-b)^2 = c^2$
　　逆に, この式をみたす (x,y) は (a,b) との距離が c である.
　　この点の集合は (a,b) を中心とし, 半径が $|c|$ の円である.)
このとき L と L の交点, L と C の交点, C と C の交点の
x 座標, y 座標は, F 係数のせいぜい2次方程式の解である.
よって $F[\sqrt{g}\,]$ ($g \in F$, $g \geq 0$) の元である.
次のことがわかった.

★₁ $A(0,0), B(1,0), P_1(\alpha_1, \beta_1), P_2(\alpha_2, \beta_2), \cdots, P_{n-1}(\alpha_{n-1}, \beta_{n-1})$ が
constructible sequence であるとする.
$\alpha_1, \beta_1, \alpha_2, \cdots, \alpha_{n-1}, \beta_{n-1}$ を含む体を F とすると
$\{A, B, P_1, P_2, \cdots, P_{n-1}\}$ の $C*L$ は
　$a, b, c \in F$ で $ax+by+c=0$
$\{A, B, P_1, P_2, \cdots, P_{n-1}\}$ の $C*C$ は
　$a', b', c' \in F$ で $(x-a')^2 + (y-b')^2 = (c')^2$
と表せる.
したがって それらの交点である $C*P$ の x 座標, y 座標は
$F[\sqrt{g}\,]$ ($g \in F$, $g \geq 0$) の元である.

これより次の Proposition を得る.

Proposition 6.1.7

$A(0,0), B(1,0), P_1(\alpha_1, \beta_1), P_2(\alpha_2, \beta_2), \cdots, P_n(\alpha_n, \beta_n)$ は constructible sequence

$\Rightarrow \mathbb{R} \ni^{\exists} a_1, a_2, \cdots, a_n$
$\qquad s.t.$
$\quad \mathbb{Q} \ni a_1 > 0 \quad s.t. \quad \mathbb{Q}[\sqrt{a_1}\,] \ni \alpha_1, \beta_1$
$\quad \mathbb{Q}[\sqrt{a_1}\,] \ni a_2 > 0 \quad s.t. \quad \mathbb{Q}[\sqrt{a_1}, \sqrt{a_2}\,] \ni \alpha_2, \beta_2$
$\qquad\qquad \vdots$
$\quad \mathbb{Q}[\sqrt{a_1}, \sqrt{a_2}, \cdots, \sqrt{a_{n-1}}\,] \ni a_n > 0 \quad s.t. \quad \mathbb{Q}[\sqrt{a_1}, \sqrt{a_2}, \cdots, \sqrt{a_n}\,] \ni \alpha_n, \beta_n$

(proof)

n についての帰納法で証明する.

$n=1$ のとき

$\mathbb{Q} \ni 0, 1$ である.

また $^{\exists}a_1(>0) \in \mathbb{Q} \quad s.t. \quad \mathbb{Q}[\sqrt{a_1}\,] \ni \alpha_1, \beta_1$ である.

$n \geq 2$ のとき

$n-1$ まで成り立つとする.

すなわち

$\quad \mathbb{Q}[\sqrt{a_1}, \sqrt{a_2}, \cdots, \sqrt{a_{n-2}}\,] \ni^{\exists} a_{n-1} > 0 \quad s.t.$
$\qquad \mathbb{Q}[\sqrt{a_1}, \sqrt{a_2}, \cdots, \sqrt{a_{n-1}}\,] \ni \alpha_{n-1}, \beta_{n-1}$

であるとする.

$F = \mathbb{Q}[\sqrt{a_1}, \sqrt{a_2}, \cdots, \sqrt{a_{n-1}}\,]$ とおく.

$F \ni \alpha_1, \beta_1, \alpha_2, \beta_2, \cdots, \alpha_{n-1}, \beta_{n-1}$ であるから

$\star_1$ より

$F \ni^{\exists} a_n > 0 \quad s.t. \quad F[\sqrt{a_n}\,] \ni \alpha_n, \beta_n$ である.

ここで

6.1 constructible number と作図可能 (constructible)

実数 α が $c*n$ $\Leftrightarrow$ $(\alpha,0)$ が $C*P$ $(\because \text{Def.6.1.5(constructible number)})$
$\Leftrightarrow$ $(\alpha,0)$ を終点にもつ constructible sequence
$A(0,0), B(1,0), P_1(\alpha_1,\beta_1), P_2(\alpha_2,\beta_2), \cdots, P_n(\alpha,0)$ が存在する
$(\because \text{Def. 6.1.4})$

に注意すると Proposition 6.1.7 より

α が $c*n \Rightarrow \mathbb{R} \ni^{\exists} a_1, a_2, \cdots, a_n$
  $s.t.$
$\mathbb{Q} \ni a_1 > 0$ $s.t.$ $\mathbb{Q}[\sqrt{a_1}] \ni \alpha_1, \beta_1$
$\mathbb{Q}[\sqrt{a_1}] \ni a_2 > 0$ $s.t.$ $\mathbb{Q}[\sqrt{a_1}, \sqrt{a_2}] \ni \alpha_2, \beta_2$
  $\vdots$
$\mathbb{Q}[\sqrt{a_1}, \sqrt{a_2}, \cdots, \sqrt{a_{n-1}}] \ni a_n > 0$ $s.t.$ $\mathbb{Q}[\sqrt{a_1}, \sqrt{a_2}, \cdots, \sqrt{a_n}] \ni \alpha, 0$

すなわち

$\mathbb{Q}[\sqrt{a_1}, \sqrt{a_2}, \cdots, \sqrt{a_n}] \ni \alpha$

が成り立つ.

逆に

$\mathbb{R} \ni^{\exists} a_1, a_2, \cdots, a_n$
  $s.t.$
$\mathbb{Q} \ni a_1 > 0$ $s.t.$ $\mathbb{Q}[\sqrt{a_1}] \ni \alpha_1, \beta_1$
$\mathbb{Q}[\sqrt{a_1}] \ni a_2 > 0$ $s.t.$ $\mathbb{Q}[\sqrt{a_1}, \sqrt{a_2}] \ni \alpha_2, \beta_2$
  $\vdots$
$\mathbb{Q}[\sqrt{a_1}, \sqrt{a_2}, \cdots, \sqrt{a_{n-1}}] \ni a_n > 0$ $s.t.$ $\mathbb{Q}[\sqrt{a_1}, \sqrt{a_2}, \cdots, \sqrt{a_n}] \ni \alpha$

ならば α は $c*n$ である.
すなわち $c*n$ 全体のなす体を K とすると $K \ni \alpha$ である.
なぜならば K は $\mathbb{R}$ の部分体だから

$K \supset \mathbb{Q} \ni a_1$ より $K \ni \sqrt{a_1}$ なので
$K \supset \mathbb{Q}[\sqrt{a_1}]$
$K \supset \mathbb{Q}[\sqrt{a_1}] \ni a_2$ より $K \ni \sqrt{a_2}$ なので
$K \supset \mathbb{Q}[\sqrt{a_1}][\sqrt{a_2}] = \mathbb{Q}[\sqrt{a_1}, \sqrt{a_2}]$
  $\vdots$

$$K \supset \mathbb{Q}[\sqrt{a_1}, \sqrt{a_2}, \cdots, \sqrt{a_n}\,] \ni \alpha$$

よって

「実数 α が $c*n$

$\Leftrightarrow \mathbb{R} \ni^\exists a_1, a_2, \cdots, a_n$

$\quad s.t.$

$\mathbb{Q} \ni a_1 > 0 \quad s.t. \quad \mathbb{Q}[\sqrt{a_1}\,] \ni \alpha_1, \beta_1$

$\mathbb{Q}[\sqrt{a_1}\,] \ni a_2 > 0 \quad s.t. \quad \mathbb{Q}[\sqrt{a_1}, \sqrt{a_2}\,] \ni \alpha_2, \beta_2$

$\quad\quad\quad\quad\quad \vdots$

$\mathbb{Q}[\sqrt{a_1}, \sqrt{a_2}, \cdots, \sqrt{a_{n-1}}\,] \ni a_n > 0 \quad s.t. \quad \mathbb{Q}[\sqrt{a_1}, \sqrt{a_2}, \cdots, \sqrt{a_n}\,] \ni \alpha$」

$\quad\quad\quad\quad\quad\quad\quad\quad\quad\quad\quad\quad\quad\quad\quad\quad \cdots (A)$

Corolally 6.1.2

実数 α が constructible number ならば α は $\mathbb{Q}$ 上 algebraic で $[\mathbb{Q}[\alpha] : \mathbb{Q}\,]$ は 2 のべき [4] である. $\cdots$ (B)

(proof)

α が $c*n$ なので Proposition 6.1.7 より

$\mathbb{R} \ni^\exists a_1, a_2, \cdots, a_n$

$\quad s.t.$

$\mathbb{Q}[\sqrt{a_1}, \sqrt{a_2}, \cdots, \sqrt{a_{n-1}}\,] \ni^\exists a_n > 0 \quad s.t. \quad \mathbb{Q}[\sqrt{a_1}, \sqrt{a_2}, \cdots, \sqrt{a_n}\,] \ni \alpha$

$a_1, a_2, \cdots, a_n$ は Proposition 6.1.7 のものである.

$[\,\mathbb{Q}[\sqrt{a_1}, \sqrt{a_2}, \cdots, \sqrt{a_i}\,] : \mathbb{Q}[\sqrt{a_1}, \sqrt{a_2}, \cdots, \sqrt{a_{i-1}}\,]\,] = 2 \text{ or } 1$ なので

$[\,\mathbb{Q}[\sqrt{a_1}, \sqrt{a_2}, \cdots, \sqrt{a_n}\,] : \mathbb{Q}\,]$ は 2^n の約数である.

$\mathbb{Q}[\sqrt{a_1}, \sqrt{a_2}, \cdots, \sqrt{a_n}\,] \supset \mathbb{Q}[\alpha]$ より

$[\,\mathbb{Q}[\alpha] : \mathbb{Q}\,]$ は 2^n の約数である.

したがって 2 のべきである.

Corolally 6.1.3

定規とコンパスによる作図で立方体を作ることは不可能である.

---

[4] $\exists k \quad s.t. \quad [\,\mathbb{Q}[\alpha] : \mathbb{Q}\,] = 2^k$

(作れないものがある)

(proof)
この問題は体積が 2 の立方体を作ることである.
これを作るためには, (一辺が) 多項式 $X^3 - 2$ の実数の根を construct すること ($\sqrt[3]{2}$ が $c*n$ であること) が要求される.
しかしこの多項式は irreducible である.(∵ Eisenstein's criterion)
ゆえに $\sqrt[3]{2}$ の最小多項式である.
よって $[\mathbb{Q}[\sqrt[3]{2}] : \mathbb{Q}] = 3$ である (2 のべきでない) から
$\sqrt[3]{2}$ は $c*n$ でない.

Corolally 6.1.4
一般に定規とコンパスによる作図で角の 3 等分線を作図することは不可能である.

(proof)
$60°$ の 3 等分は不可能であることを示す.
$60°$ を 3 等分するためには $cos 20°$ が $c*n$ であればよい.
3 倍角の公式 $cos 3\alpha = 4cos^3 \alpha - 3cos\alpha$ より
$\alpha = 20°$ のとき
 $cos 60° = 4cos^3 20° - 3cos 20°$
$\beta = cos 20°$ とおくと
 $4\beta^3 - 3\beta = cos 60° = \frac{1}{2}$
より β は $8X^3 - 6X - 1 = 0$ の解である.
$8X^3 - 6X - 1$ は irreducible なので ($\mathbb{Q}[\beta] \ni \beta$ で) $[\mathbb{Q}[\beta] : \mathbb{Q}] = 3$ である.
よって β は $c*n$ ではない.
角 $20°$ は作図できない.

Corolally 6.1.5
一般に定規とコンパスによる作図で, 円と同じ面積の正方形を作図することは不可能である.

(proof)
半径 1 の円の面積は π で π は超越数 [5] なので不可能である.

** ここで, 別の有名な問題を考える.
それは $^\forall n \in \mathbb{N}$ に対して 正 n 角形を作図することである.

Def. 6.1.6 （正 n 角形が作図可能）
n は 3 以上の自然数とする.
正 n 角形が, その頂点の全てが $C*P$ であるとき
正 n 角形は作図可能 (constructible) であるという.

Proposition 6.1.8
以下のことは同値である.
(1) 正 n 角形は作図可能である.
つまり $C*P$ である $P_1, P_2, \cdots, P_n$ で $P_1, P_2, \cdots, P_n$ が
正 n 角形となるものが存在する.
(2) $cos\frac{2\pi}{n}$ は $c*n$ である.
(3) $(cos\frac{2\pi}{n}, sin\frac{2\pi}{n})$ は $C*P$ である.
(4) 単位円に接して, $(1,0)$ を頂点の一つとする正 n 角形は
作図可能である.

★ 「(1) 正 n 角形は作図可能である $\Leftrightarrow$ (2) $cos\frac{2\pi}{n}$ は $c*n$」
の主張を (I) とする.

---

[5] 複素数で $\mathbb{Q}$ 上 algebraic でない数

(proof)
(1) ⇒ (2)

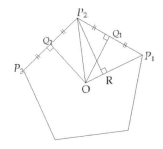

P_1P_2 の垂直 2 等分線と
P_2P_3 の垂直 2 等分線の交点を O と
する.
P_2 から OP_1 に下ろした垂線の足を
R とすると R は $C*P$ である.
$cos\frac{2\pi}{n} = \frac{OR}{OP_2}$ で O と P_2,
O と R の距離は $c*n$ なので
$cos\frac{2\pi}{n}$ は $c*n$ である.

(2) ⇒ (3)
$sin\frac{2\pi}{n} = \sqrt{1 - cos^2\frac{2\pi}{n}}$ より
$sin\frac{2\pi}{n}$ は $c*n$ なので
$(cos\frac{2\pi}{n}, sin\frac{2\pi}{n}) = C*P$ である.

(3) ⇒ (4)

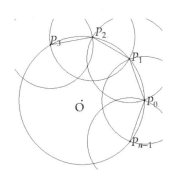

$P_0(1,0)$ とする.
$O(0,0), P_0(1,0)$ は $C*P$ なので
円 OP_0 は $C*C$ である.
(この円を単位円という)
$P_1(cos\frac{2\pi}{n}, sin\frac{2\pi}{n})$ として
円 P_1P_0 と単位円との交点を P_2
とすると P_2 は $C*P$ である.
次に円 P_2P_1 と単位円との交点を P_3
とすると P_3 は $C*P$ である.
この作業をくりかえし単位円上に点を
順にとっていけば
単位円に接して $(1,0)$ を頂点の一つと
する正 n 角形を得る.

(4) ⇒ (1)
自明である.

★ ここで $X^n - 1$ は irreducible でないことに注意しておく.
$$X^n - 1 = (X-1)(X^{n-1} + X^{n-2} + \cdots + 1)$$

Lemma 6.1.3

p が素数のとき $X^{p-1} + X^{p-2} + \cdots + 1$ は $\mathbb{Q}[X]$ で irreducible である.

(proof)
$$f(X) = \frac{X^p - 1}{X - 1} = X^{p-1} + X^{p-2} + \cdots + 1 \text{ とおく.}$$

$$f(X+1) = \frac{(X+1)^p - 1}{X} = \frac{{}_pC_0 X^p + {}_pC_1 X^{p-1} + {}_pC_2 X^{p-2} + \cdots + {}_pC_{p-1}X}{X}$$
$$= X^{p-1} + pX^{p-2} + \frac{p(p-1)}{2}X^{p-3} + \cdots + p$$

ここで
$${}_pC_s = \frac{p \cdot (p-1)(p-2) \cdots (p-s+1)}{s!}$$
$$s! \times {}_pC_s = p \cdot (p-1)(p-2) \cdots (p-s+1)$$

$s < p$ $(1 \leq s \leq p-1)$ より $s!$ は p でわれない.
よって ${}_pC_s$ を p がわる.
一番次数の高いところの係数 1 を p はわれず,それ以外を p はわる.
一番次数の低いところの係数 p は p^2 でわれない.
よって $f(X+1)$ は irreducible である.
($\because$ Proposition 7.4.4(Eisenstein's criterion))
ゆえに $f(X)$ は irreducible である.
($\because f(X) = g(X)h(X)$ とすると
$f(X+1) = g(X+1)h(X+1)$ となり $f(X+1)$ は irreducible
であるから $g(X+1)$ は unit または $h(X+1)$ は unit である.
つまり $g(X)$ は unit または $h(X)$ は unit である.)

** p は奇素数のときの正 p 角形の作図について考えてみる.

Proposition 6.1.8, (I) より
「正 p 角形が作図可能である $\Leftrightarrow cos\frac{2\pi}{p}$ が $c * n$」
また Corolally 6.1.2 より

「$cos\frac{2\pi}{p}$ が $c*n$ $\Rightarrow$ [$\mathbb{Q}[cos\frac{2\pi}{p}]:\mathbb{Q}$] は2のべきである」
(このとき finite 拡大なので $cos\frac{2\pi}{p}$ は $\mathbb{Q}$ 上 algebraic である)
さて
$$e^{\frac{2\pi i}{p}} = cos\frac{2\pi}{p} + isin\frac{2\pi}{p}$$
とおくと $e^{\frac{2\pi i}{p}}$ は $X^p - 1$ の根である.
よって $e^{\frac{2\pi i}{p}}$ の $\mathbb{Q}$ 上の最小多項式の次数は $p-1$ である.
$$(\because \text{Lemma 6.1.3})$$
$cos\frac{2\pi}{p} = \frac{1}{2}\{e^{\frac{2\pi i}{p}} + (e^{\frac{2\pi i}{p}})^{-1}\}$ である.
($\because$

$$\begin{array}{rcl}
e^{\frac{2\pi i}{p}} &=& cos\frac{2\pi}{p} + isin\frac{2\pi}{p} \\
+\quad (e^{\frac{2\pi i}{p}})^{-1} &=& cos\frac{2\pi}{p} - isin\frac{2\pi}{p} \\
\hline
e^{\frac{2\pi i}{p}} + (e^{\frac{2\pi i}{p}})^{-1} &=& 2cos\frac{2\pi}{p} \\
cos\frac{2\pi}{p} &=& \frac{1}{2}\{e^{\frac{2\pi i}{p}} + (e^{\frac{2\pi i}{p}})^{-1}\})
\end{array}$$

また
$\mathbb{Q}[e^{\frac{2\pi i}{p}}] \supset \mathbb{Q}[cos\frac{2\pi}{p}] \supset \mathbb{Q}$ で
[$\mathbb{Q}[e^{\frac{2\pi i}{p}}]:\mathbb{Q}[cos\frac{2\pi}{p}]$] $= 2$ である.
($\because$

$e^{\frac{2\pi i}{p}}$ と $(e^{\frac{2\pi i}{p}})^{-1}$ を解にもつ2次方程式は
$X^2 - cos\frac{2\pi}{p}X + 1 = 0 \in \mathbb{Q}[cos\frac{2\pi}{p}][X]$ である.
よって $e^{\frac{2\pi i}{p}}$ の $\mathbb{Q}[cos\frac{2\pi}{p}]$ 上の最小多項式は2次以下
つまり [$\mathbb{Q}[e^{\frac{2\pi i}{p}}]:\mathbb{Q}[cos\frac{2\pi}{p}]$] $= 1$ or 2 である.
ところが $e^{\frac{2\pi i}{p}} \notin \mathbb{Q}[cos\frac{2\pi}{p}]$
よって 拡大次数は2である.)

$$p-1 \left\{ \begin{array}{l} \mathbb{Q}[e^{\frac{2\pi i}{p}}] \\ \quad \uparrow \;\; 2 \\ \mathbb{Q}[cos\frac{2\pi}{p}] \\ \quad \uparrow \;\; 2^k \\ \mathbb{Q} \end{array} \right.$$

$[\mathbb{Q}[e^{\frac{2\pi i}{p}}]:\mathbb{Q}] = p-1$ なので
[$\mathbb{Q}[cos\frac{2\pi}{p}]:\mathbb{Q}$] は $\frac{p-1}{2}$ となる.
すなわち $cos\frac{2\pi}{p}$ が $c*n$ ならば $\frac{p-1}{2} = 2^k$ となる k が

存在する.
つまり $p = 2^{k+1} + 1$ となる k が存在することになる.
すなわち 「$\exists b \ s.t. \ p = 2^b + 1$」
ところが b が 2 のべきのときだけ p は素数なので [6)]
正 p 角形 (p は奇素数) がつくれるのであれば $p = 2^{2^r} + 1$ となる r が存在することになる.

フェルマーは $2^{2^r} + 1$ の形の数は全て素数だと推測した.
そしてこれが $r < 5$ のとき, 素数であることを示した.
(こうした理由からこの形の素数をフェルマー素数と呼ぶ)
$r = 0, 1, 2, 3, 4, \ p = 3, 5, 17, 257, 65537$ は素数である.
しかし オイラーは $2^{2^5} + 1 = 641 \times 6700417$ となり素数でないことを示した.
他のフェルマー素数は知られていない.

6.2 正 p 角形 (p は素数) の作図

前節において p が奇素数のとき
正 p 角形が作図可能であるならば
p はフェルマー素数であることがわかった.
ここでは, 正 p 角形が作図可能であるための必要十分条件 (C) を明らかにする.

[6)] b が 2 のべきでないならば, 3 以上のある奇数でわりきれる.
$\mathbb{N} \ni \exists c, d \ s.t. \ c$ は 3 以上の奇数で $b = cd$
このとき
$$2^b + 1 = (2^d)^c + 1 = (2^d + 1)((2^d)^{c-1} - \cdots)$$
と整数の範囲で分解してしまう.
($\because c$ が奇数のとき
$$X^c + 1 = (X + 1)(X^{c-1} - X^{c-2} + X^{c-3} - X^{c-4} + \cdots + 1))$$
$2^b + 1 > 2^d + 1 > 1$ なので $2^b + 1$ が素数であることに矛盾する.

6.2 正 p 角形 (p は素数) の作図

前節の (A),(B) の主張は以下のものであった.

(A) 実数 α が $c*n$ $\Leftrightarrow$ $\mathbb{R} \ni^{\exists} a_1, a_2, \cdots, a_n(>0)$ s.t. $\alpha \in \mathbb{Q}[\sqrt{a_1}, \sqrt{a_2}, \cdots, \sqrt{a_n}]$

ここで $a_1, a_2, \cdots, a_n$ は以下をみたすものである.

$$\mathbb{Q} \ni a_1$$
$$\mathbb{Q}[\sqrt{a_1}] \ni a_2$$
$$\mathbb{Q}[\sqrt{a_1}, \sqrt{a_2}] \ni a_3$$
$$\vdots$$
$$\mathbb{Q}[\sqrt{a_1}, \sqrt{a_2}, \cdots, \sqrt{a_{i-1}}] \ni a_i$$
$$\vdots$$
$$\mathbb{Q}[\sqrt{a_1}, \sqrt{a_2}, \cdots, \sqrt{a_i}, \cdots, \sqrt{a_{n-1}}] \ni a_n$$

(B) 実数 α が $c*n \Rightarrow \alpha$ は $\mathbb{Q}$ 上 algebraic で $[\mathbb{Q}[\alpha]:\mathbb{Q}]$ は 2 のべき

($\because$ Corolally 6.1.2)

★ (A),(B) の主張は複素数の範囲にまで広げることができる.

(A) 以下のように定義する.

$\mathbb{C} \ni a+bi$ が $c*n \overset{def.}{\Leftrightarrow} a, b$ が $c*n$

このとき次が成り立つ.

「複素数 α が $c*n \Leftrightarrow \mathbb{C} \ni^{\exists} \beta_1, \beta_2, \cdots, \beta_n$ s.t. $\alpha \in \mathbb{Q}[\beta_1, \beta_2, \cdots, \beta_n]$

ここで $\beta_1, \beta_2, \cdots, \beta_n$ は以下をみたすものである.

$$\mathbb{Q} \ni \beta_1^2$$
$$\mathbb{Q}[\beta_1] \ni \beta_2^2$$
$$\mathbb{Q}[\beta_1, \beta_2] \ni \beta_3^2$$
$$\vdots$$
$$\mathbb{Q}[\beta_1, \beta_2, \cdots, \beta_{n-1}] \ni \beta_n^2$$」

(B) 複素数 α が $c*n \Rightarrow \alpha$ は $\mathbb{Q}$ 上 algebraic で $[\mathbb{Q}[\alpha]:\mathbb{Q}]$ は 2 のべき

(proof (A))

($\Rightarrow$)

$\mathbb{C} \ni \alpha = a+bi$ とする.

実数 a が $c*n$ なので
$\mathbb{R} \ni^{\exists} a_1, a_2, \cdots, a_n > 0 \quad s.t. \quad \mathbb{Q}[\sqrt{a_1}, \sqrt{a_2}, \cdots, \sqrt{a_n}\,] \ni a$
かつ $\mathbb{Q} \ni a_1$
$\mathbb{Q}[\sqrt{a_1}\,] \ni a_2$
$\mathbb{Q}[\sqrt{a_1}, \sqrt{a_2}\,] \ni a_3$
$\qquad \vdots$
$\mathbb{Q}[\sqrt{a_1}, \sqrt{a_2}, \cdots, \sqrt{a_i}, \cdots, \sqrt{a_{n-1}}\,] \ni a_n$

実数 b が $c*n$ なので
$\mathbb{R} \ni^{\exists} b_1, b_2, \cdots, b_m > 0 \quad s.t. \quad \mathbb{Q}[\sqrt{b_1}, \sqrt{b_2}, \cdots, \sqrt{b_m}\,] \ni b$
かつ $\mathbb{Q} \ni b_1$
$\mathbb{Q}[\sqrt{b_1}\,] \ni b_2$
$\mathbb{Q}[\sqrt{b_1}, \sqrt{b_2}\,] \ni b_3$
$\qquad \vdots$
$\mathbb{Q}[\sqrt{b_1}, \sqrt{b_2}, \cdots, \sqrt{b_i}, \cdots, \sqrt{b_{m-1}}\,] \ni b_m$
$i, \sqrt{a_1}, \cdots, \sqrt{a_n}, \sqrt{b_1}, \cdots, \sqrt{b_m}$ に対して
$\quad \beta_1$ として i
$\quad \beta_2$ として $\sqrt{a_1}$
$\quad \beta_3$ として $\sqrt{a_2}$
$\qquad \vdots$

とすると
$\quad \mathbb{Q} \ni i^2 \quad (\because \mathbb{Q} \ni -1)$
$\quad \mathbb{Q}[i] \ni a_1 \quad (\because \mathbb{Q} \ni a_1)$
$\quad \mathbb{Q}[i, \sqrt{a_1}\,] \ni a_2 \quad (\because \mathbb{Q}[\sqrt{a_1}\,] \ni a_2)$
$\qquad \vdots$
$\quad \mathbb{Q}[i, \sqrt{a_1}, \cdots, \sqrt{a_n}\,] \ni b_1 \quad (\because \mathbb{Q} \ni b_1)$
$\quad \mathbb{Q}[i, \sqrt{a_1}, \cdots, \sqrt{a_n}, \sqrt{b_1}\,] \ni b_2 \quad (\because \mathbb{Q}[\sqrt{b_1}\,] \ni b_2)$
$\qquad \vdots$
$\quad \mathbb{Q}[i, \sqrt{a_1}, \cdots, \sqrt{a_n}, \sqrt{b_1}, \cdots, \sqrt{b_{m-1}}\,] \ni b_m$

このとき

$a \in \mathbb{Q}[i, \sqrt{a_1}, \cdots, \sqrt{a_n}, \sqrt{b_1}, \cdots, \sqrt{b_m}]$ かつ
$b \in \mathbb{Q}[i, \sqrt{a_1}, \cdots, \sqrt{a_n}, \sqrt{b_1}, \cdots, \sqrt{b_m}]$ かつ
$i \in \mathbb{Q}[i, \sqrt{a_1}, \cdots, \sqrt{a_n}, \sqrt{b_1}, \cdots, \sqrt{b_m}]$
$\mathbb{Q}[i, \sqrt{a_1}, \cdots, \sqrt{a_n}, \sqrt{b_1}, \cdots, \sqrt{b_m}]$ は体なので
$a + bi \in \mathbb{Q}[i, \sqrt{a_1}, \cdots, \sqrt{a_n}, \sqrt{b_1}, \cdots, \sqrt{b_m}]$

($\Leftarrow$)

「$\mathbb{C} \ni \beta$ とする.

β^2 が $c*n$ のとき β は $c*n$ である.」 [7)]
したがって $\beta_1{}^2 \in \mathbb{Q}$ は $c*n$ なので β_1 は $c*n$ である.
よって $\mathbb{Q}[\beta_1]$ の元は全て $c*n$ である.
$\beta_2{}^2$ は $c*n$ なので β_2 は $c*n$ である.
よって $\mathbb{Q}[\beta_1, \beta_2]$ の元は全て $c*n$ である.
$\vdots$
$\beta_n{}^2$ は $c*n$ なので β_n は $c*n$ である.
よって $\mathbb{Q}[\beta_1, \cdots, \beta_n]$ の元は全て $c*n$ である.
ゆえに $\mathbb{Q}[\beta_1, \cdots, \beta_n] \ni \alpha$ は $c*n$ である.

(proof(B))

α が $c*n$ なので $\mathbb{C} \ni \beta_1, \beta_2, \cdots, \beta_n$ で
$\alpha \in \mathbb{Q}[\beta_1, \beta_2, \cdots, \beta_n]$ かつ
$\mathbb{Q} \ni \beta_1{}^2$

[7)] $\beta = a + bi$ とする. (a, b は実数)
$\beta^2 = a^2 - b^2 + 2abi$ である.
$c = a^2 - b^2$, $d = 2ab$ とおくと
c, d は $c*n$ である.
$c^2 + d^2 = a^4 + 2a^2b^2 + b^4 = (a^2 + b^2)^2$
$c^2 + d^2$ は $c*n$ なので
$(a^2 + b^2)^2$ は $c*n$ であり, $a^2 + b^2$ は $c*n$ である.
$a^2 = \frac{1}{2}\{(a^2 + b^2) + (a^2 - b^2)\}$ より a は $c*n$
$b^2 = \frac{1}{2}\{(a^2 + b^2) - (a^2 - b^2)\}$ より b は $c*n$

$\mathbb{Q}[\beta_1] \ni \beta_2{}^2$

$\mathbb{Q}[\beta_1, \beta_2] \ni \beta_3{}^2$

$$\vdots$$

$\mathbb{Q}[\beta_1, \beta_2, \cdots, \beta_{n-1}] \ni \beta_n{}^2$

$[\mathbb{Q}[\beta_1] : \mathbb{Q}] = 1 \text{ or } 2$

$[\mathbb{Q}[\beta_1, \beta_2] : \mathbb{Q}[\beta_1]] = 1 \text{ or } 2$

$$\vdots$$

$[\mathbb{Q}[\beta_1, \beta_2, \cdots, \beta_n] : \mathbb{Q}[\beta_1, \beta_2, \cdots, \beta_{n-1}]] = 1 \text{ or } 2$

$\mathbb{Q}[\beta_1, \beta_2, \cdots, \beta_n] \supset \mathbb{Q}[\alpha]$ より

$[\mathbb{Q}[\alpha] : \mathbb{Q}]$ は 2 のべきである.

★ Proposition 6.1.8 において以下のことが成り立つ事を見た.

「正 n 角形が constructible $\Leftrightarrow cos\frac{2\pi}{n}$ が $c*n$」

$$\Leftrightarrow (cos\frac{2\pi}{n}, sin\frac{2\pi}{n}) \text{ が } C*P$$

ここで $\xi = cos\frac{2\pi}{n} + isin\frac{2\pi}{n}$ とおくと

「$(cos\frac{2\pi}{n}, sin\frac{2\pi}{n})$ が $C*P \Leftrightarrow \xi$ が $c*n$」　[8]

であるから

「正 n 角形が constructible $\Leftrightarrow \xi$ が $c*n$」 $\cdots$ (II)

である.

さらに以下の主張が成り立つ.

Theorem 6.2.1

α が, $\mathbb{C}$ の部分体で $\mathbb{Q}$ 上の拡大次数が 2 のべきであるガロア拡大体に含まれているならば, α は constructible number である.

---

[8] Proposition 6.1.5 より
$(cos\frac{2\pi}{n}, sin\frac{2\pi}{n})$ が $C*P \Leftrightarrow cos\frac{2\pi}{n}, sin\frac{2\pi}{n}$ が $c*n$
上の ★ で見た複素数が $c*n$ であることの定義より
$\xi = cos\frac{2\pi}{n} + isin\frac{2\pi}{n}$ が $c*n \Leftrightarrow cos\frac{2\pi}{n}, sin\frac{2\pi}{n}$ が $c*n$

(proof)

$\alpha \in E \subset \mathbb{C}$, E を $\mathbb{Q}$ 上の拡大次数が 2 のべきであるガロア拡大体とする.

$Gal(E/\mathbb{Q}) = G$ とすると G は 2-群なので

$G = G_0 \supset G_1 \supset G_2 \supset \cdots \supset G_{r-2} \supset G_{r-1} \supset G_r = \{1\}$

で, $|G_i/G_{i+1}| = 2$ という列がある.

これに対して以下の体の列

$\mathbb{Q} = E_0 \subset E_1 \subset E_2 \subset \cdots \subset E_{r-2} \subset E_{r-1} \subset E_r = E$

があり, $[E_{i+1} : E_i] = 2$ である.

(∵

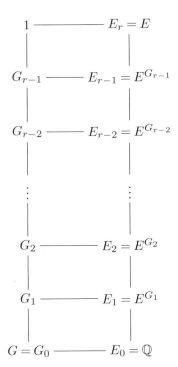

$[E_{i+1} : E_i] = \dfrac{[E : E_i]}{[E : E_{i+1}]} = \dfrac{|G_i|}{|G_{i+1}|} = |G_i/G_{i+1}| = 2$)

次の Lemma 6.2.1 から

$\forall i$ に対して $[E_{i+1} : E_i] = 2$ のとき

$\exists \beta_{i+1} \in E_{i+1}$ s.t. $\beta_{i+1}{}^2 \in E_i$ かつ $E_{i+1} = E_i[\beta_{i+1}]$
であることがわかるので
$E_1 \ni^\exists \beta_1$ s.t. $\beta_1{}^2 \in \mathbb{Q} = E_0$ かつ $E_1 = E_0[\beta_1] = \mathbb{Q}[\beta_1]$
$E_2 \ni^\exists \beta_2$ s.t. $\beta_2{}^2 \in E_1$ かつ $E_2 = E_1[\beta_2] = \mathbb{Q}[\beta_1, \beta_2]$
$E_3 \ni^\exists \beta_3$ s.t. $\beta_3{}^2 \in E_2$ かつ $E_3 = E_2[\beta_3] = \mathbb{Q}[\beta_1, \beta_2, \beta_3]$
$$\vdots$$
$E_{r-1} \ni^\exists \beta_{r-1}$ s.t. $\beta_{r-1}{}^2 \in E_{r-2}$ かつ
$$E_{r-1} = E_{r-2}[\beta_{r-1}] = \mathbb{Q}[\beta_1, \cdots, \beta_{r-1}]$$
$E_r \ni^\exists \beta_r$ s.t. $\beta_r{}^2 \in E_{r-1}$ かつ
$\alpha \in E = E_r = E_{r-1}[\beta_r] = \mathbb{Q}[\beta_1, \cdots, \beta_{r-1}, \beta_r]$
であり，α は $c*n$ である．

Lemma 6.2.1

拡大 E/F は $charF \neq 2 (2 \neq 0)$ の 2 次拡大であるとする．
このとき $E \ni^\exists \beta$ s.t. $\beta^2 \in F$ かつ $E = F[\beta]$

(proof)

$\alpha \in E$ かつ $\alpha \notin F$ とする．
$E \supset F[\alpha] \supset F$ であり，$[E:F] = 2$ より
$[F[\alpha]:F] = 2$ or 1 である．
$\alpha \notin F$ なので $[F[\alpha]:F] = 2$
$E = F[\alpha]$ である．
よって α の最小多項式は $X^2 + bX + c$ と表せる． $(b, c \in F)$
$\alpha^2 + b\alpha + c = 0$ より
$(\alpha + \frac{b}{2})^2 - \frac{b^2}{4} + c = 0$ ($\because charF \neq 2$)
$(\alpha + \frac{b}{2})^2 = \frac{b^2 - 4c}{4} \in F$
$\beta = \alpha + \frac{b}{2}$ とおくと $\beta^2 \in F$
$F[\beta] = F[\alpha + \frac{b}{2}] = F[\alpha] = E$

Corolally 6.2.1

p が 2のべき $+ 1$ $(2^k + 1)$ の形の素数ならば

6.2 正 p 角形 (p は素数) の作図

$cos\frac{2\pi}{p}$ は constructible number である.

(proof)

$\mathbb{Q}[e^{\frac{2\pi i}{p}}]$ は $\mathbb{Q}$ 上 Galois である.

($\because$ p が素数のとき $e^{\frac{2\pi i}{p}}$ は 1 の原始 p 乗根で, $\mathbb{Q}[e^{\frac{2\pi i}{p}}]$ は $X^p - 1$ の splitting field である)

$Gal(\mathbb{Q}[e^{\frac{2\pi i}{p}}]/\mathbb{Q}) \simeq (Z/pZ)^\times$ であり,

$|Gal(\mathbb{Q}[e^{\frac{2\pi i}{p}}]/\mathbb{Q})| = p - 1$

よって
$[\mathbb{Q}[e^{\frac{2\pi i}{p}}] : \mathbb{Q}] = p - 1 = 2^k$
である.

$cos\frac{2\pi}{p} \in \mathbb{Q}[cos\frac{2\pi}{p}]$
であり,

$\mathbb{Q}[cos\frac{2\pi}{p}] \subset \mathbb{Q}[e^{\frac{2\pi i}{p}}]$
である.
これを図で表すと以下のようになる.

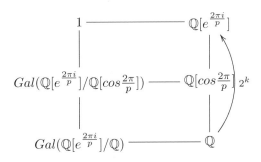

$Gal(\mathbb{Q}[e^{\frac{2\pi i}{p}}]/\mathbb{Q})$ はアーベル群なので, その部分群 $Gal(\mathbb{Q}[e^{\frac{2\pi i}{p}}]/\mathbb{Q}[cos\frac{2\pi}{p}])$ は正規部分群である.
よって, 拡大 $\mathbb{Q}[cos\frac{2\pi}{p}]/\mathbb{Q}$ は normal ゆえに Galois である.
また, その拡大次数は 2^k の約数, よって 2 のべきである.
以上より $cos\frac{2\pi}{p}$ は, $\mathbb{R}$ の部分体で $\mathbb{Q}$ 上の拡大次数が 2 のべきである

ガロア拡大体に含まれているので

Theorem 6.2.1 より constructible number であることがわかる.

$\star_1$ 「p が素数のとき

$\qquad cos\frac{2\pi}{p}$ が $c*n \Rightarrow p$ が 2^k+1 の形の素数である 」

を前節 ($\star\ p$ は奇素数のときの正 p 角形の作図) で証明した.
上の Corolally 6.2.1 とあわせて
「 p が素数のとき

$\qquad cos\frac{2\pi}{p}$ が $c*n \Leftrightarrow p$ が 2^k+1 の形の素数である 」

がわかった.
また, 次も成り立つ.
 「 p が 2^k+1 の形の素数である

$\qquad\qquad\qquad \Leftrightarrow p$ が $2^{2^r}+1$ の形の素数 (Fermat prime)」

$\qquad\qquad\qquad\qquad\qquad\qquad\cdots (\star\star) \hookrightarrow <6.2-1>$

以上より
「 p が素数のとき

 正 p 角形が作図可能 (constructible) である $\Leftrightarrow p$ が $2^{2^r}+1$ の形の素数

$\qquad\qquad\qquad\qquad\qquad$ (Fermat prime)」 $\cdots$ (C)

がわかった.

これで p が素数のとき, 正 p 角形が作図可能 (constructible) であるための必要十分条件が明らかになった.

$\star_2$ 前節の最後に述べたフェルマーとオイラーの話より $2^{2^r}+1$ の形の数は $r=0,1,2,3,4$ のときは素数であることがわかっている.
$3=2^{2^0}+1,\ 5=2^{2^1}+1,\ 17=2^{2^2}+1,\ 257=2^{2^3}+1,\ 65537=2^{2^4}+1$
より, 正 3 角形, 正 5 角形, 正 17 角形, 正 257 角形, 正 65537 角形が constructible であることが証明できた.

Remark 6.2.1

(B) の主張は

「α が $c*n \Rightarrow \alpha$ は $\mathbb{Q}$ 上 algebraic で $[\mathbb{Q}[\alpha]:\mathbb{Q}]$ は 2 のべき」

であったが，これの逆は成り立たない．

(proof)
$f(X) = X^4 - 4X + 2$ の $\mathbb{Q}$ 上の splitting field を E とする．
$f(X)$ は $\mathbb{Q}[X]$ で irreducible($\because$ Eisenstein's criterion)
で $Gal(E/\mathbb{Q}) = S_4$ である．(Example 3.10.1)
$f(X)$ の根を $\alpha_1, \alpha_2, \alpha_3, \alpha_4$ とする．
(B) の逆が成り立つとすると $\mathbb{Q}[\alpha_1], \mathbb{Q}[\alpha_2], \mathbb{Q}[\alpha_3], \mathbb{Q}[\alpha_4]$ は
$\mathbb{Q}$ 上の 4 次拡大，すなわち 2^2 次拡大なので
$\alpha_1, \alpha_2, \alpha_3, \alpha_4$ は $c*n$ となる．
ゆえに $E = \mathbb{Q}[\alpha_1, \alpha_2, \alpha_3, \alpha_4]$ の元は全て $c*n$ である．↪<6.2-2>
ところが $|Gal(E/\mathbb{Q})| = |S_4| = 24 = 2^3 \times 3$ より
2-シロー部分群をもつ．
それを H とする．
$M = E^H$ とおくと $|Gal(E/\mathbb{Q}) : H| = \frac{24}{8} = 3$ なので
M は $\mathbb{Q}$ 上 3 次拡大である．
つまり $M \ni {}^\exists \alpha \ s.t. \ M = \mathbb{Q}[\alpha]$ かつ $[\mathbb{Q}[\alpha] : \mathbb{Q}] = 3$
これは E の元が全て $c*n$ であることに矛盾する．

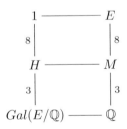

6.3 正 n 角形の作図

この節において正 n 角形が作図可能であるための必要十分条件を完成する．

前節の n が素数 p のときの正 p 角形が作図可能であるための必要十分条件はこれの特別な場合である．

Theorem 6.3.1

　　正 n 角形が constructible $\iff n = 2^m \cdot p_1 \cdot p_2 \cdot \cdots \cdot p_s$
　　　　　　　　　　(p_i は異なるフェルマー素数：$2^{2^r}+1$ の形の素数)

(proof)

　$\xi = cos\frac{2\pi}{n} + isin\frac{2\pi}{n}$ とおく．

　ξ は 1 の原始 n 乗根である．

　さて前節で

　「正 n 角形が constructible $\iff \xi$ が $c*n$」　$\cdots$ (II)

　が成り立つことを見た．

　また (B) と Theorem 6.2.1 より

　ξ は $\mathbb{Q}$ 上 algebraic で $\mathbb{Q}[\xi]$ が $\mathbb{Q}$ 上 Galois なので

　「ξ が $c*n \iff [\mathbb{Q}[\xi]:\mathbb{Q}]$ は 2 のべき」

　が成り立つ．

　よって

　「正 n 角形が constructible $\iff [\mathbb{Q}[\xi]:\mathbb{Q}]$ は 2 のべき」　$\cdots$(III)

　が成り立つ．

　$\mathbb{Q}$ の characteristic は 0 なので $[\mathbb{Q}[\xi]:\mathbb{Q}] = \phi(n)$ ($\because$ Lemma 4.4.1 の (b))

　であった．

　したがって，定理の証明は次を示せばよい．

　「$\phi(n)$ は 2 のべき $\iff n = 2^m \cdot p_1 \cdot p_2 \cdot \cdots \cdot p_s$
　　　　　　　(p_i は異なるフェルマー素数：$2^{2^r}+1$ の形の素数)」

　これを証明する．

　($\Rightarrow$)$n = 2^t \cdot p_1^{t_1} \cdot p_2^{t_2} \cdot \cdots \cdot p_s^{t_s}$ と素因数素因数分解できる．
　　　　　(ここで $s \geq 0, t \geq 0, p_1, \cdots, p_s$ は異なる奇素数)

　$s \geq 1$ のときは $t_1 = t_2 = \cdots = t_s = 1$ で $p_1, p_2, \cdots, p_s$ はフェルマー素数であることを示す．

　$\phi(n) = \phi(2^t)\phi(p_1^{t_1})\cdots\phi(p_s^{t_s})$ 　　$\hookrightarrow <4.4-1>$

$1 \leq i \leq s$ なる全ての i に対して

$\phi(p_i^{t_i}) \mid \phi(n)$

$\phi(p_i^{t_i}) = (p_i - 1)p_i^{t_i - 1}$ なので $\hookrightarrow <4.4-1>$

$p_i - 1 \mid \phi(n)$ かつ $p_i^{t_i-1} \mid \phi(n)$

$\phi(n)$ は2のべきなので $p_i - 1$ は2のべきである.

p_i が素数で $p_i - 1$ は2のべきなので p_i はフェルマー素数である.

つまり p_i は $2^{2^r} + 1$ の形の素数である. $(\hookrightarrow 6.2\ (\star\star))$

また $\phi(n)$ が2のべきで p_i は奇数なので $p_i \nmid \phi(n)$

$p_i^{t_i - 1} \mid \phi(n)$ だから $t_i = 1$ である.

($\Leftarrow$) $n = 2^m \cdot p_1 \cdot p_2 \cdot \cdots \cdot p_s$ (p_i は異なるフェルマー素数) とする.

$p_i - 1$ は2のべきで

$\phi(n) = (2-1)2^{m-1} \cdot (p_1 - 1) \cdot (p_2 - 1) \cdot \cdots \cdot (p_s - 1)$

$\hookrightarrow <4.4-1>$

なので $\phi(n)$ は2のべきである.

第7章

別冊

7.1 ツォルンの補題

Def. 7.1.1 (部分順序と全順序)
集合 S において関係 (relation) '$\preceq$' が定まっていて次の 3 条件をみたすとき '$\preceq$' を S における部分順序 (pertial ordering) という.
 (i) $S \ni a$ のとき
    $a \preceq a$
  この条件を reflexive という.
 (ii) $S \ni a,b,c$ のとき
    $a \preceq b$ かつ $b \preceq c \Rightarrow a \preceq c$
  この条件を transitive という.
 (iii) $S \ni a,b$ のとき
    $a \preceq b$ かつ $b \preceq a \Rightarrow a = b$
  この条件を anti-symmetric という.

部分順序 '$\preceq$' がさらに次の条件
 (iv) $S \ni^{\forall} a,b$ に対して
    $a \preceq b$ または $b \preceq a$ の少なくとも一方が成立するとき
    '$\preceq$' を S における全順序 (total ordering) という.

★ 集合 S に部分順序 '$\preceq$' があるとき
   $(S, \preceq)$ を順序集合 (ordering set) という.

$\preceq$ を略して単に S は順序集合であるということもあるが
その時には共に部分順序を考えている.
その順序が全順序であるときは全順序集合という.

Remark 7.1.1
順序集合 $(S, \preceq)$ において, $a \preceq b$ のことを
$b \succeq a$ とかくこともある.
また 部分順序を単に順序ということもある.

Def. 7.1.2 (順序部分集合と全順序部分集合)
$(S, \preceq)$ を順序集合とする.
$S \supset T$ のとき
T に S の順序を使って順序を入れたとき
T を S の順序部分集合という.
T がその順序で全順序集合になっているとき
T を S の全順序部分集合という.

Example 7.1.1
(1) $\mathbb{R}$ において普通の '$\leq$' は全順序であり,
その意味で $\mathbb{R}$ は全順序集合である.
(2) X を空でない集合として, X の部分集合全体のなす集合を $\mathfrak{K}$
(これを X の部分集合族という) とする.
$\mathfrak{K}$ における包含関係は部分順序である.
($\mathfrak{K} \ni A, B$ のとき $A \subset B$ が $A \preceq B$ の役目をしている.
断らない限り X の部分集合族は, この順序で
X の順序部分集合とみなす)
X が2個以上元をもつときは $\mathfrak{K}$ は X の順序部分集合であるが
X の全順序部分集合ではない.
実際 $X \ni a, b$ で $a \neq b$ のときには
$\{a\} \subset \{b\}$ でもないし, $\{a\} \supset \{b\}$ でもない.

Def. 7.1.3 (上界・極大元・最大元)

$(S, \preceq)$ を順序集合として $S \ni s$ とする.

(1) $S \supset T$ とする.

T の任意の元 t に対して $t \preceq s$ が成立するとき

s を T の上界 (upper bound) という.

(2) $S \ni t$ のとき $s \preceq t$ ならば $t = s$ が成立するとき

s を S の極大元 (maximal element) という.

(3) S の任意の元 t に対して $t \preceq s$ が成立するとき

s を S の最大元 (maximum element) という.

Example 7.1.2

X が $\emptyset, \{1\}, \{2\}, \{3\}, \{1, 2\}, \{2, 3\}$ の 6 個の元からなる集合のときは, 包含関係で X は順序集合になるが

X には最大元はなく, 極大元 (極大な集合) は $\{1, 2\}, \{2, 3\}$ の

2 個である.

Example 7.1.3

X を無限集合とする.

$\mathfrak{F}$ を X の有限部分集合全体のなす集合とすると

X の部分集合族である $\mathfrak{F}$ は

包含関係により順序集合になっている.

$\mathfrak{F}$ には maximal element がない.

なぜならば

$\mathfrak{F}$ に maximal element A があると仮定すると

A は有限集合で X は無限集合なので

$X \ni^{\exists} a$ $s.t.$ $A \not\ni a$ である.

ここに $B = A \cup \{a\}$ とおくと, B も X に含まれる有限集合なので

$\mathfrak{F} \ni B$ であるが, $A \subset B$ かつ $A \neq B$ となり

A が maximal element であることに矛盾する.

Def. 7.1.4 (帰納的順序集合)
S の全ての全順序部分集合が S の中で upper bound をもつとき S を帰納的順序集合という.

次の Lemma は証明は省略するが ツォルンの補題 (Zorn's lemma) と呼ばれるものであり，この本では認めて使うことにする.

Lemma 7.1.1 (Zorn's lemma)
空でない帰納的順序集合には maximal element が存在する.

7.2 イデアル (ideal)

Def. 7.2.1 (ideal(イデアル)・単項 ideal・単項 ideal 環・単項 ideal 聖域・proper ideal・ prime ideal・maximal ideal・local ring・prime(素元)　)

R は環とする.

1) I を R の空でない部分集合とする.

   I が次をみたすとき I を R の ideal という.

   ① $I \ni^\forall a, {}^\forall b$ に対して $I \ni a+b$

   ② $R \ni^\forall r$ と $I \ni^\forall a$ に対して $I \ni ra$

2) $R \ni^\forall a$ に対して

   $\{ra | r \in R\}$ は R の ideal であり,

   この形の ideal を単項 ideal, もっと詳しく

   a で生成された単項 ideal という.

   この ideal を Ra または aR で表し,

   混乱の恐れがないときには (a) で表す.

3) R の ideal が全て単項 ideal であるとき, R を単項 ideal 環という.

   さらに R が聖域 (domain) であるとき, R を単項 ideal 聖域といい,

   PID(principal ideal domain) という.

4) R は R の ideal である.

   R と異なる R の ideal を R の proper ideal [1] という.

   その意味で R は R の non proper ideal という.

5) R の proper ideal $\mathfrak{a}$ が

   $R \ni^\forall a, {}^\forall b$ に対して

   　　$\mathfrak{a} \ni ab \Rightarrow \mathfrak{a} \ni a$ または $\mathfrak{a} \ni b$

   をみたすとき, $\mathfrak{a}$ を R の prime ideal という.

6) R の proper な ideal 全体の中で maximal なものを

---

[1]　proper な ideal といったりもする.

R の maximal ideal という.
すなわち

$\mathfrak{a}$ が R の proper な ideal で, $\mathfrak{b}$ を $\mathfrak{a}$ を含む R の ideal とすると
$$\mathfrak{a} = \mathfrak{b} \text{ または } \mathfrak{b} = R$$
が成り立つとき, $\mathfrak{a}$ は R の maximal ideal という.

7) R の maximal ideal が一つだけのとき, R を local ring という.

8) $R \ni a$ とする.
$a \neq 0$ かつ (a) が prime ideal のとき, a を prime(素元) という.

Proposition 7.2.1

R を環とするとき以下のことが成り立つ.

① $\mathfrak{a}$ を R の proper な ideal とすると
$\mathfrak{a}$ を含む R の maximal ideal が存在する.
$\{0\}$ は R の proper な ideal なので
R にはいつも maximal ideal が存在する.

② $R \ni p \neq 0$ とするとき
p が prime $\Leftrightarrow$ (p) が prime ideal

③ R は domain で $R \ni a, b$ とするとき
$(a) = (b) \Leftrightarrow b = ua$ (u は unit)

④ R が PID のとき, $\{0\}$ でない prime ideal は maximal ideal である.

⑤ R が体 $\Leftrightarrow$ R の proper ideal は $\{0\}$ のみ

⑥ $\mathfrak{a}$ が R の maximal ideal $\Leftrightarrow$ $R/\mathfrak{a}$ が体
$\mathfrak{a}$ が R の prime ideal $\Leftrightarrow$ $R/\mathfrak{a}$ が domain

⑦ $\mathfrak{a}$ は R の maximal ideal とすると $\mathfrak{a}$ は R の prime ideal である.

(proof)
① R を環とする.
$\mathfrak{a} \subset R$ は R の proper ideal とする.

M を $\mathfrak{a}$ を含む R の proper な ideal 全体からなる集合とする。
M に maximal element があればそれは $\mathfrak{a}$ を含む R の
maximal ideal である。
M が空でない帰納的順序集合であることを示せば
Zorn's lemma より M に maximal element が存在するので
これを示そう。
すなわち M の全ての全順序部分集合が
M に upper bound をもつことを示す。
$M \ni \mathfrak{a}$ であり，M は包含関係により順序集合である。
$N = \{I_\lambda\}_{\lambda \in \Lambda}$ を M の全ての全順序部分集合の集合であるとする。
このとき $I = \cup_{\lambda \in \Lambda} I_\lambda$ とおくと，
I は R の ideal であり [2)]
$\mathfrak{a}$ を含むものの和集合なので $\mathfrak{a}$ を含んでいる。
また 1 を含まないものの和集合なので I は 1 を含まない。
つまり I は $\mathfrak{a}$ を含む R の proper な ideal であり
I は M の member である。
I は M における N の upper bound になっている。
以上より M は空でない帰納的順序集合である。

---

2) 一般に $\{I_\lambda\}_{\lambda \in \Lambda}$ が R の ideal の集合で
全順序部分集合の集合になっているとき，
すなわち $\Lambda \ni^\forall \lambda, \mu$ に対して
$I_\lambda \subset I_\mu$ または $I_\mu \subset I_\lambda$ が成立しているとき
$\cup_{\lambda \in \Lambda} I_\lambda$ は R の ideal である。
これを示しておく。
  $\cup_{\lambda \in \Lambda} I_\lambda = I$ とする。
  $I \ni a, b$ で $R \ni c$ とするとき，
  $\Lambda \ni^\exists \lambda_1, \lambda_2 \ \ s.t. \ \ I_{\lambda_1} \ni a$ かつ $I_{\lambda_2} \ni b$
  $I_{\lambda_1} \supset I_{\lambda_2}$ のときは $I_{\lambda_1} \ni a, b$ で $R \ni c$ なので
  $I \supset I_{\lambda_1} \ni a+b, ca$
  $I_{\lambda_2} \supset I_{\lambda_1}$ のときも同様に
  $I \supset I_{\lambda_2} \ni a+b, ca$

ツォルンの補題 (別冊「ツォルンの補題」Lemma 7.1.1(Zorn's lemma))
より, M には maximal element がある.
$\mathfrak{m}$ を M の maximal element とすると
$\mathfrak{m}$ は $\mathfrak{a}$ を含む R の maximal ideal である.
実際, $\mathfrak{b}$ を $\mathfrak{m}$ を含む R の proper な ideal とすると
$$\mathfrak{a} \subset \mathfrak{m} \subset \mathfrak{b} (\neq R)$$
より, $M \ni \mathfrak{b}$ である.($\because \mathfrak{b}$ は $\mathfrak{a}$ を含む proper)
$\mathfrak{m}$ は M の maximal element だったので $\mathfrak{m} = \mathfrak{b}$ である.
よって $\mathfrak{m}$ は R の maximal ideal である.
したがって $\mathfrak{m}$ は $\mathfrak{a}$ を含む R の maximal ideal である.

② これは Def 7.2.1 の 8) そのもの

③ ($\Leftarrow$)
　$(a) \ni ua$ より
　　$(a) \supset (ua) = (b)$
　$a = u^{-1}b$ なので同様にして
　　$(b) \ni u^{-1}b$ より $(b) \supset (u^{-1}b) = (a)$
　$\therefore (a) = (b)$
　($\Rightarrow$)
　$b \neq 0$ のとき
　　$(a) = (b) \ni b$ より $R \ni^{\exists} u$ s.t. $b = ua$
　同様に
　　$R \ni^{\exists} v$ s.t. $a = vb$
　よって
　　$b = ua = uvb$
　$b \neq 0$ なので
　　$uv = 1$
　つまり u は unit である.
　$b = 0$ のときは $a = 0$ なので
　　$b = 1 \times a$ で 1 は unit である.

④ $\mathfrak{a}$ を PID R における $\{0\}$ でない prime ideal とする.
$\mathfrak{a}$ は proper な ideal なので $\mathfrak{a}$ を含む maximal ideal $\mathfrak{m}$ が存在する.
R は PID なので
$$R \ni {}^{\exists}a, {}^{\exists}p \;\; s.t. \;\; \mathfrak{a}=(a) \text{ かつ } \mathfrak{m}=(p)$$
したがって
$$(p)=\mathfrak{m} \supset \mathfrak{a} =(a) \ni a \neq 0$$
より
$$R \ni {}^{\exists}b \;\; s.t. \;\; a=bp$$
$(a) \ni bp$ で (a) は prime なので
$$(a) \ni b \text{ または } (a) \ni p$$
$(a) \ni b$ とすると
$$R \ni {}^{\exists}u \;\; s.t. \;\; b=ua$$
よって $a=bp=uap$
$a \neq 0$ で R は domain だから $1=up$
$R \supsetneq \mathfrak{m}=(p) \ni up=1$ となり矛盾.
したがって $(a) \ni p$
このときは $(p)=\mathfrak{m} \supset \mathfrak{a}=(a) \supset (p)$
より $\mathfrak{m}=\mathfrak{a}$ となる.
ゆえに $\mathfrak{a}$ は maximal ideal である.

⑤ $(\Rightarrow)$
$\mathfrak{a}$ を R の $\{0\}$ と異なる ideal とすると
R は体なので $R \supset \mathfrak{a} \ni {}^{\exists}a \neq 0$
$R \ni a^{-1}$
よって $\mathfrak{a} \ni a^{-1}a=1$ であり
$R=\mathfrak{a}$ となり矛盾.
したがって R の proper ideal は $\{0\}$ のみである.

$(\Leftarrow)$
$R \ni a \neq 0$ とする.
$(a) \neq \{0\}$

仮定より (a) は proper ideal でない.
よって $(a) \ni 1$
ゆえに $^\exists b \in R \ \ s.t. \ \ ab = 1$
したがって R は体である.

⑥ · $\mathfrak{a}$ が R の maximal ideal $\iff R/\mathfrak{a}$ が体

($\Rightarrow$)

$R/\mathfrak{a} \ni a + \mathfrak{m} \neq 0$ とする.
$a \notin \mathfrak{m}$ なので
$\mathfrak{m} \subsetneq (a) + \mathfrak{m}$
$\mathfrak{m}$ は maximal ideal なので
$(a) + \mathfrak{m} = R$
よって $ab + c = 1$ となる R の元 b と $\mathfrak{m}$ の元 c がある.
$\mathfrak{m} \ni c = 1 - ab$ より
$(a + \mathfrak{m})(b + \mathfrak{m}) = ab + \mathfrak{m} = 1 + \mathfrak{m}$
$1 + \mathfrak{m}$ は $R/\mathfrak{m}$ のイチである.
よって $R/\mathfrak{m}$ は体である.

($\Leftarrow$)

$\mathfrak{b}$ を R の ideal で
$\mathfrak{a} \subsetneq \mathfrak{b}$ とする.
$\mathfrak{b} \ni^\exists a \ \ s.t. \ \ \mathfrak{a} \not\ni a$
$R/\mathfrak{a} \ni a + \mathfrak{a} \neq 0 + \mathfrak{a}$
$R/\mathfrak{a}$ は体なので
$R \ni^\exists b \ \ s.t. \ \ (a + \mathfrak{a})(b + \mathfrak{a}) = 1 + \mathfrak{a}$
つまり $ab + \mathfrak{a} = 1 + \mathfrak{a}$
$\mathfrak{b} \supset \mathfrak{a} \ni 1 - ab$
$\mathfrak{b} \ni 1$ より $\mathfrak{b} = R$
よって $\mathfrak{a}$ は maximal ideal である.

· $\mathfrak{a}$ が R の prime ideal $\iff R/\mathfrak{a}$ が domain

($\Rightarrow$)

$R/\mathfrak{a} \ni a+\mathfrak{a}, b+\mathfrak{a}$ で

$(a+\mathfrak{a})(b+\mathfrak{a}) = 0+\mathfrak{a}$ とする.

このとき $ab \in \mathfrak{a}$ である.

$\mathfrak{a}$ は prime ideal なので

$a \in \mathfrak{a}$ または $b \in \mathfrak{a}$

すなわち $a+\mathfrak{a} = 0+\mathfrak{a}$ または $b+\mathfrak{a} = 0+\mathfrak{a}$

よって $R/\mathfrak{a}$ は domain である.

($\Leftarrow$)

$R \ni a, b$ で $\mathfrak{a} \ni ab$ とすると

$(a+\mathfrak{a})(b+\mathfrak{a}) = 0+\mathfrak{a}$

$R/\mathfrak{a}$ が domain なので

　$a+\mathfrak{a} = 0+\mathfrak{a}$, または $b+\mathfrak{a} = 0+\mathfrak{a}$

すなわち $a \in \mathfrak{a}$ または $b \in \mathfrak{a}$

$\mathfrak{a}$ は prime ideal である.

⑦ $\mathfrak{a}$ は R の maximal ideal なので ⑥ より

$R/\mathfrak{a}$ は体である.

体は domain なので $R/\mathfrak{a}$ は domain である.

⑥ より $\mathfrak{a}$ は R の prime ideal である.

7.3 UFD1

UFD に関する基本的な事柄とその周辺について述べておく.

Def. 7.3.1 (unit(単元))
R を環として, $R \ni a$ とする.
このとき
a が unit $\overset{def.}{\Leftrightarrow} \exists b \in R \ \ s.t. \ \ ab = 1$

Def. 7.3.2 (irreducible(既約元))
R を環として, $R \ni a$ とする.
$a \neq 0$ かつ $a \neq$ unit のとき
a が irreducible $\overset{def.}{\Leftrightarrow} R \ni b, c$ で $a = bc$ ならば b が unit または c が unit

Def. 7.3.3 (prime(素元))
R を環として, $R \ni a$ とする.
$a \neq 0$ かつ (a) [3] が prime ideal [4] のとき a を prime(素元) という.

★ R を環として, $R \ni a$ とする,
$a \neq 0$ かつ $a \neq$ unit のとき
a が prime $\Leftrightarrow R \ni b, c$ かつ $(a) \ni bc \Rightarrow (a) \ni b$ または $(a) \ni c$

以後 R は domain とする.

---

[3] (a) は $a \in R$ で生成された principal idal である.
(a) は proper ideal なので a は unit でない.
($\hookrightarrow$ Proposition 7.3.1)

[4] R を環とするとき
$R \supset \mathfrak{a}$ が R の prime ideal
$\overset{def}{\Leftrightarrow} \mathfrak{a}$ は R の proper ideal であって
$R \ni^\forall a, ^\forall b$ に対して
$\mathfrak{a} \ni ab \Rightarrow \mathfrak{a} \ni a$ または $\mathfrak{a} \ni b$

Proposition 7.3.1

$R \ni a, u$ とする.

(1) u が unit ならば $(ua) = (a)$ である.
特に $(u) = (1) = R$ である.

(2) $a \neq 0$ のとき
$(ua) = (a)$ ならば u は unit である.

(proof)

(1) $ua \in (a)$ より $(ua) \subset (a)$
$a = u^{-1}ua \in (ua)$ より $(ua) \supset (a)$
よって $(ua) = (a)$

(2) $(ua) = (a) \ni a$
ゆえに $R \ni^{\exists} b \ \ s.t. \ \ bua = a$
$a \neq 0$ で R は domain なので
$bu = 1$

Def. 7.3.4 (同伴)

$R \ni a, b$ のとき
$b = ua$ となる R の unit u が存在するとき
a と b は同伴であるという.

Proposition 7.3.2

$R \ni a, b$ のとき
$(a) = (b) \Leftrightarrow a$ と b は同伴

(proof)

($\Rightarrow$)

$a = 0$ のとき
$b = 0$
$a \neq 0$ のとき
$R \ni^{\exists} c \ \ s.t. \ \ b = ca$

$(ca) = (b) = (a)$

Proposition 7.3.1 (2) より c は unit である.

($\Leftarrow$) $b = ua$ となる R の unit u が存在する.

Proposition 7.3.1 (1) より $(b) = (ua) = (a)$ である.

Proposition 7.3.3

$R \ni p$ とする.

p は prime $\Rightarrow$ p は irreducible

(proof)

p は prime であるとする.

$R \ni a, b$ で $p = ab$ とする.

$ab = p \in (p)$ である.

(p) は prime ideal なので

$a \in (p)$ または $b \in (p)$

$a \in (p)$ とすると

$\exists c \in R$ s.t. $a = cp$

ゆえに

$p = ab = pcb$

R は domain で $p \neq 0$ なので $1 = cb$ である.

このとき b は unit である.

$b \in (p)$ とすると同様にして a が unit であることがわかる.

Def. 7.3.5 (分解・ある意味で同じ)

$R \ni x$ とする.

$R \ni x_1, x_2, \cdots, x_n$ で $x = x_1 x_2 \cdots x_n$ のとき

これを x の分解という.

$x = x_1 x_2 \cdots x_n$, $x = y_1 y_2 \cdots y_m$ が共に

x の分解のとき,

$n = m$ で $y_1 y_2 \cdots y_n$ を並び替えたときに,

$(x_1) = (y_1), (x_2) = (y_2), \cdots, (x_n) = (y_n)$

が成り立つとき [5)]
この分解はある意味で同じであるという.

Def. 7.3.6 (既約分解)
$R \ni x$ で x は 0 でなく unit でないとする.
$x = p_1 p_2 \cdots p_n$ で
各 p_i が irreducible のとき,
$x = p_1 p_2 \cdots p_n$ を x の既約分解という.

Proposition 7.3.4
R の全ての ideal が有限生成だとする.
(このような環をネーター環という)
このとき R の全ての 0 でなく unit でない元は既約分解をもつ. [6)]

(proof.1)

x_1 を R の 0 でなく unit でない元で既約分解をもたないものとする.
x_1 は irreducible でないので [7)]
$x_1 = y_1 z_1$ となる unit でない元 y_1, z_1 がある.
y_1, z_1 が共に既約分解できれば, x_1 も既約分解できてしまうので
y_1, z_1 のうち少なくともどちらかが既約分解できない.
y_1 が既約分解できないとき, $x_2 = y_1$ とおく.
z_1 は unit でないので
$$(x_1) = (y_1 z_1) = (x_2 z_1) \subsetneq (x_2)$$ である.
z_1 が既約分解できないときは $x_2 = z_1$ とおくと, 同様にして
$$(x_1) \subsetneq (x_2)$$
を得る.

---

5) 並び替えたときこの式が成り立つとは, 並び替えないときは 置換 σ で
$$(x_1) = (y_{\sigma(1)}), (x_2) = (y_{\sigma(2)}), \cdots, (x_n) = (y_{\sigma(n)})$$
となるものが存在するということである.

6) R の全ての 0 でなく unit でない元は既約分解できる.

7) irreducible とすると $x_1 = x_1$ が既約分解となってしまう.

また x_2 に関して同様の議論を行うと
既約分解できない元 x_3 で $(x_2) \subsetneq (x_3)$ をみたすものが存在する.
同様にして, R の元の列 $x_1, x_2, \cdots, x_n$ で,
各 x_i は既約分解できなくて
$$(x_1) \subsetneq (x_2) \subsetneq \cdots \subsetneq (x_n) \subsetneq \cdots$$
となるものが存在する.
$I = \cup_{i \in \mathbb{N}}(x_i)$ とおく.
I は R の ideal なので I は有限生成である.
$a_1, a_2, \cdots, a_m$ を I の生成元とすると
$$\cup_{i \in \mathbb{N}}(x_i) = I \ni a_1, a_2, \cdots, a_m \text{ で}$$
$$(x_1) \subsetneq (x_2) \subsetneq \cdots \subsetneq (x_n) \subsetneq \cdots$$
なので $(x_k) \ni a_1, a_2, \cdots, a_m$ となる k が存在する.
よって $(x_k) \supseteq I$ である.
$I = \cup_{i \in \mathbb{N}}(x_i) \supset (x_{k+1})$ より
$(x_k) \supset (x_{k+1})$ であり, したがって
$(x_k) = (x_{k+1})$ となるが, これは
$(x_k) \subsetneq (x_{k+1})$ に矛盾する.

(proof.2)

R に 0 でなく unit でない元で既約分解をもたないものがあるとする.
集合
$$\{(x) | x \neq 0, x \neq \text{unit}, x \text{ は既約分解をもたない}\}$$
を考える.
これは R の ideal の集合で, $\emptyset$ でないので maximal ideal がある.
それを (x_1) とする.
x_1 は irreducible でないので unit でない y, z で $x_1 = yz$
となるものが存在する.
y, z は unit でないので
$$(x_1) \subsetneq (y), (x_1) \subsetneq (z)$$
x_1 のとりかたにより y は既約分解をもち, z も既約分解をもつ.
$x_1 = yz$ なので x_1 は既約分解をもつことになりこれは矛盾である.

Example 7.3.1

$R = \mathbb{Z}[\sqrt{-5}]$ において
$$6 = 2 \times 3$$
$$6 = (1+\sqrt{-5})(1-\sqrt{-5})$$
これは共に 6 の既約分解であるが, [8]
$$(2) \neq (1+\sqrt{-5})$$
$$(2) \neq (1-\sqrt{-5})$$
すなわち $\mathbb{Z}[\sqrt{-5}]$ においては一意性は成り立たない.

---

[8] 2 は $\mathbb{Z}[\sqrt{-5}]$ で irreducible である.
なぜならば $2 \neq 0$ かつ 2 は unit でない.
さらに
$$2 = (a+b\sqrt{-5})(c+d\sqrt{-5})\ a,b,c,d \in \mathbb{Z} \cdots ①$$
とすると
$$2 = (ac - 5bd) + (ad+bc)\sqrt{-5}$$
よって
$$2 = ac - 5bd,\ 0 = ad + bc\ となる.$$
したがって
$$2 = (ac - 5bd) - (ad+bc)\sqrt{-5}$$
$$= (a - b\sqrt{-5})(c - d\sqrt{-5}) \cdots ②$$
①, ② を辺々掛け合わせると
$$4 = (a+b\sqrt{-5})(c+d\sqrt{-5})(a-b\sqrt{-5})(c-d\sqrt{-5})$$
$$= (a+b\sqrt{-5})(a-b\sqrt{-5})(c+d\sqrt{-5})(c-d\sqrt{-5})$$
$$= (a^2 + 5b^2)(c^2 + 5d^2)$$
よって
$$b = d = 0\ かつ\ \pm 2 = ac$$
ゆえに
$$a = \pm 1\ または\ c = \pm 1$$
すなわち
$$a + b\sqrt{-5} = \pm 1\ または\ (c + d\sqrt{-5}) = \pm 1$$
以上より 2 は $\mathbb{Z}[\sqrt{-5}]$ で irreducible である.
3, $1 + \sqrt{-5}$, $1 - \sqrt{-5}$ が $\mathbb{Z}[\sqrt{-5}]$ で irreducible であることも同様に確かめられる.

Def. 7.3.7 (素元分解)

$R \ni x$ で x は 0 でなく unit でないとする.

$x = p_1 p_2 \cdots p_n$ で

各 p_i が prime のとき

$x = p_1 p_2 \cdots p_n$ を x の素元分解という.

Proposition 7.3.5 (素元分解の一意性)

素元分解はある意味一意的である.

もっと正確に言えば, 元 x の素元分解があったときに
どの2つの素元分解もある意味で同じである.

(proof)

$p_1, p_2, \cdots, p_n,\ q_1, q_2, \cdots, q_m$ は prime で

$p_1 p_2 \cdots p_n = q_1 q_2 \cdots q_m$

であるとすると

$n = m$ で $q_1 q_2 \cdots q_n$ を並び替えれば

$(p_1) = (q_1), (p_2) = (q_2), \cdots, (p_n) = (q_n) \quad \cdots \text{①}$

であることを証明する.

$n \leq m$ としてよい.

n についての帰納法で証明する.

i) $n = 1$ のとき

p_1 は prime であり, すなわち p_1 は irreducible であるから

$(\because \text{Proposition 7.3.3})$

$m = 1$ であり, $p_1 = q_1$ である.

ii) $n \geq 2$ のとき

$(p_1) \supset p_1 \cdots p_n = q_1 \cdots q_m$

並び替えて $q_1 \in (p_1)$ としてよい.

このとき $\exists u \text{ s.t. } q_1 = u p_1$ であるが

q_1 は irreducible なので

u は unit であり

$\quad (q_1) = (u p_1) = (p_1)$

また $p_1 p_2 \cdots p_n = u p_1 q_2 \cdots q_m$ で
$p_1 \neq 0$ なので
$$p_2 \cdots p_n = (u q_2) \cdots q_m$$
$$(u^{-1} p_2) p_3 \cdots p_n = q_2 \cdots q_m$$
となる.
$u^{-1} p_2$ は prime なので帰納法の仮定よりこの分解は
ある意味で同じである.
すなわち $n = m$ で $q_2, \cdots, q_n$ を並び替えれば
$$(p_2) = (u^{-1} p_2) = (q_2),$$
$$(p_3) = (q_3), \cdots, (p_n) = (q_n)$$
が成り立つ.

Def. 7.3.8 (UFD)

R を domain とする.
R の 0 でなく unit でもない全ての元が既約分解をもち,
その分解がある意味一意的であるとき R を UFD という.

Proposition 7.3.6

R を domain とする.
R の 0 でなく unit でない全ての元が素元分解をもつとき
以下のことが成り立つ.
 (1) irreducible $\Rightarrow$ prime
 (2) R は UFD である.

(proof)
(1) $R \ni q$ で q は irreducible であるとする.
$q = p_1 p_2 \cdots p_n$ を q の素元分解とするとき
q は irreducible なので $n = 1$ であり, $q = p_1$ である.
よって q は prime である.
(2) $R \ni x$, x は 0 でなく unit でないとする.
x は素元分解をもつが Proposition 7.3.3 で見たように

prime は irreducible なので x は既約分解をもつ.
既約分解は (1) より素元分解なので
Proposition 7.3.5 (素元分解の一意性) より
この既約分解はある意味一意的である.
よって R は UFD である.

Def. 7.3.9 (PID)

R は domain とする.
R の全ての ideal が principal ideal(単項 ideal) であるとき, R を principal ideal domain(単項 ideal 整域) であるといい略して PID であるという.

PID, UFD については次が成り立つ.

Proposition 7.3.7

R を UFD とする.
$R \ni p$ で p は 0 でなく unit でないとする.
このとき
　　p が irreducible $\Leftrightarrow$ p が prime
が成り立つ.
したがって UFD において, 既約分解は素元分解である.

(proof)

($\Rightarrow$)
　$(p) \ni ab$ で $(p) \not\ni a, (p) \not\ni b$ とする.
このとき $a \neq 0$, $b \neq 0$ である.
また b が unit なら $(p) \supset (ab) = (a) \ni a$ となってしまうので b は unit でない.
同様にして a も unit でないことがわかる.
$(p) \ni ab$ より R の元 q で $qp = ab$ となるものがある. … ①
q が unit とすると qp は irreducible であり

よって ab は irreducible である.
a,b は共に unit でないのでこれは矛盾である.
ゆえに q は unit でない.
また $a \neq 0, b \neq 0$ より $q \neq 0$ である.
$a = a_1 a_2 \cdots a_n$ を a の既約分解とし,
$b = b_1 b_2 \cdots b_m$ を b の既約分解とする.
さらに $q = q_1 q_2 \cdots q_s$ を q の既約分解とする.
このとき $a_1 a_2 \cdots a_n b_1 b_2 \cdots b_m$ と $q_1 q_2 \cdots q_s p$ は
① より共に ab の既約分解である.
分解の一意性により
$\exists i$ s.t. $(a_i) = (p)$, または $\exists j$ s.t. $(b_j) = (p)$
$(p) = (a_i)$ のとき $(p) \ni a$, $(p) \ni (b_j)$ のとき $(p) \ni b$ となる.
($\Leftarrow$)
Proposition 7.3.3 より明らか.

Proposition 7.3.6, 7.3.7 をまとめると次のようになる.

Proposition 7.3.8

domain R において以下のことは同値である.
(1) R は UFD
(2) R の 0 でなく unit でない全ての元は既約分解をもち irreducible ならば prime である.
(3) R の 0 でなく unit でない全ての元は素元分解をもつ.

$F[X]$ は PID であり, この証明には次数が大きな役割を果たした.
$$(\hookrightarrow \text{Theorem 1.3.3})$$
整数環 $\mathbb{Z}$ も PID であり, これの証明には絶対値が大きな役割を果たしている.
$F[X]$ における次数や $\mathbb{Z}$ における絶対値のような役割を果たす写像をもつ環 ED を考えて,
それが PID であり UFD であることを示すことにする.

Def. 7.3.10　(ユークリッド聖域 (Euclid domain, ED))

R を domain とする.

$R - \{0\}$ から $\mathbb{N}$ への写像 N が

$R - \{0\} \ni a$ と $R \ni^\forall b$ に対して

$R \ni^\exists q, r \ \ s.t. \begin{cases} b = qa + r \\ r = 0 \ \text{または} \ N(r) < N(a) \end{cases}$

をみたすとき, この N を R のノルム関数という.

また $N(a)$ を a のノルムという.

ノルム関数をもつ domain を Euclid domain(ユークリッド聖域) といい, ED と略記する.

★ $N(a) = |a|$ と定めると $\mathbb{Z}$ は ED になる.

$N(f(X)) = deg \ f(X) + 1$ と定めると $F[X]$ は ED になる.

次の定理は $F[X]$ が PID になることを証明したのと全く同様に示される.

Theorem 7.3.1　(ED は PID)

R を ED とすると R は PID である.

実際 N を R のノルム関数とするとき,

R の $\{0\}$ と異なる ideal I に対して

$I - \{0\}$ の元のなかでノルムが最小の元 a をとると [9)]

I は a で生成される principal ideal である.

Proposition 7.3.9　(PID は UFD)

principal ideal domain は unique factorization domain である.

(proof)
(i) PID の 0 でなく unit でない全ての元は既約分解をもつ.
(ii) PID において irreducible は prime である.
　　この二つを示す.
(i) PID の全ての ideal は一つの元で生成されているので

[9)]　a は $I \ni a \neq 0$ で $I \ni x \neq 0$ に対して $N(a) \leq N(x)$ をみたしている.

Proposition 7.3.4 より

PID の 0 でなく unit でない全ての元は既約分解をもつ.

(ii) q を irreducible な元とする.

(q) は R の proper ideal である. [10]

(q) を含む maximai ideal が存在する.

　　($\hookrightarrow$ 別冊「イデアル」Proposition 7.2.1①)

これを $\mathfrak{m}$ とする.

このとき $\exists p \in R$ s.t. $\mathfrak{m} = (p)$

$(p) = \mathfrak{m} \supset (q)$ である.

よって $R \ni \exists a$ s.t. $q = ap$

q は irreducible で p は unit でないから

a は unit である.

したがって $(q) = (ap) = (p) = \mathfrak{m}$

つまり (q) は prime ideal である.

ゆえに q は prime である.

(i),(ii) より PID の 0 でなく unit でない全ての元は既約分解をもつが これは素元分解である.

したがって PID は UFD である.

★ $F[X]$ は ED なので PID であり, したがって UFD である.

　ここからは UFD 係数の多項式環は UFD であることを
　示していくことにする.
　まず R を UFD として $R[X]$ の素元 (prime) について調べてみる.
　準備として素の概念を定める.

Def. 7.3.11　(素)

$a_1, a_2, \cdots, a_n$ を少なくとも一つは 0 でない R の元の組とする.

(1) $a_1, a_2, \cdots, a_n$ の共通の irreducible な約元がないとき

---

[10]　　$(q) = R \Leftrightarrow q$ は unit

　　　　q は irreducible なので unit でないから $(q) \neq R$

$a_1, a_2, \cdots, a_n$ は素であるという.

(2) d が $a_1, a_2, \cdots, a_n$ の共通の約元で
$a_1 = da'_1, a_2 = da'_2, \cdots, a_n = da'_n$
としたときに
$a'_1, a'_2, \cdots, a'_n$ が素となるとき
d を $a_1, a_2, \cdots, a_n$ の最大公約元という.

(3) α を R の商体 F の元とするとき
$\alpha = \frac{a}{b}$ と α は R の元の分数の形で表されるが
必要であれば約分して a, b が素にできる. [11]
そうしたときこの表現を α の既約表現という.

この準備のもと話を始める.

p を UFD R の irreducible すなわち prime とするとき
p は R の prime なので Rp は R の prime ideal である. [12]
よって R/Rp は domain [13] なので $(R/Rp)[X]$ も domain になる.
R から R/Rp への自然な epimorphism は
$R[X]$ から domain $(R/Rp)[X]$ への epimorphism を誘導する.
それを φ_p で表すことにする.
$Ker\, \varphi_p$ は $R[X]p$ となるが, これは $R[X]$ の prime である.
これらをまとめると次の Lemma になる.

Lemma 7.3.1

p を UFD R の irreducible すなわち prime とするとき次が成り立つ.

(1) $Ker\varphi_p$ は $R[X]p$ である.

---

[11] 分子, 分母に共通の素因子があればそれを約分して得られる.
[12] p で生成される単項 ideal を (p) で表すと
R の ideal なのか $R[X]$ の ideal なのかの区別がつかないので
R の ideal のときは Rp, $R[X]$ の ideal のときは $R[X]p$
で表すことにする.
[13] 別冊「イデアル」Proposition 7.2.1⑥

(2) $R[X]p$ は $R[X]$ の prime ideal である. [14)]

(3) p は $R[X]$ で prime であり, したがって irreducible である.

$R[X]$ の prime を調べる上で大事な役割を果たす primitive(原始的)多項式を定義する.

Def. 7.3.12 (primitive)

R を UFD とする.
$R[X]$ の 1 次以上の多項式 $f(X)$ について その係数たちが素であるとき, $f(X)$ は primitive であるという.

次が成り立つ.

Proposition 7.3.10

1. $R[X]$ の定数でない多項式 $f(X)$ について次は同値である.
   (1) $f(X)$ は primitive である.
   (2) $f(X)$ の係数たち全ての約元となるのは R の unit のみである.
   (3) R の任意の prime p に対して $\varphi_p(f(X)) \neq 0$ である.

2. $R[X] \ni f(X), g(X)$ を定数でない多項式とすると
   $f(X)$ と $g(X)$ が primitive のときは $f(X)g(X)$ は primitive であり,
   $f(X)g(X)$ が primitive のときは $f(X)$ と $g(X)$ は primitive である.

3. (1) $R \ni a,b$ で $a \neq 0, b \neq 0$ とする.
   $f(X)$ を $R[X]$ の primitive とする.
   a が $bf(X)$ の約元とすると a は b の約元である.
   (2) $R \ni a,b$ で $a \neq 0, b \neq 0$ であり, $f(X), g(X)$ は $R[X]$ の

[14)] $Ker\varphi_p \ni f(X)g(X)$ とすると
$\varphi_p(f(X))\varphi_p(g(X)) = \varphi_p(f(X)g(X)) = 0$
なので $\varphi_p(f(X)) = 0$ または $\varphi_p(g(X)) = 0$ である.
よって $Ker\varphi_p \ni f(X)$, または $Ker\varphi_p \ni g(X)$

primitive として
$$af(X) = bg(X)$$
が成り立つとき，
a と b は R で同伴であり，$f(X)$ と $g(X)$ は $R[X]$ で同伴である．

(proof)
1. は primitive の定義から明らかである．
2. p を R の irreducible とすると
$$\varphi_p(f(X)g(X)) = \varphi_p(f(X))\varphi_p(g(X))$$ であり
$(R/Rp)[X]$ が domain なので
$$\varphi_p(f(X)) \neq 0 \text{ かつ } \varphi_p(g(X)) \neq 0 \Leftrightarrow \varphi_p(f(X)g(X)) \neq 0$$
これよりわかる．
3. (1) d を a と b の最大公約元として $a = da', b = db'$ とすると
a', b' は素であり a' は $b'f(X)$ の約元である．
a' が unit でないと仮定すると，R の素元 p で a' の約元となるものがある．
a' と b' は素なので p は b' の約元でない．
p が a' の約元で a' が $b'f(X)$ の約元なので p は $b'f(X)$ の約元である．
p が $R[X]$ でも素元なので p は $f(X)$ の約元となるが
これは $f(X)$ が primitive であることに矛盾する．
よって a' は unit である．
ゆえに $b = (b'a'^{-1})a$ となる．
つまり a が b の約元であることがわかる．
(2) a は $bg(X)$ の約元だから (1) より a は b の約元である．
同様に b は a の約元となるので a と b は同伴となり，
$b = au$ となる R の unit u が存在する．
$af(X) = bg(X) = aug(X)$ より $f(X) = ug(X)$ となり
$f(X)$ と $g(X)$ は同伴である．

Proposition 7.3.11
(1) $f(X)$ が $R[X]$ の定数でない多項式のとき

$R \ni c$ と primitive $\tilde{f}(X)$ で
$$f(X) = c\tilde{f}(X)$$
となるものがある．

(2) $f(X)$ が $F[X]$ の定数でない多項式のとき
R の元 c, d と primitive $\tilde{f}(X)$ で
$$f(X) = \frac{c}{d}\tilde{f}(X)$$
となるものが存在する．

(3) $f(X)$ が $R[X]$ の定数でない多項式のとき
$F \ni \alpha$, $\tilde{f}(X)$ は primitive で, $f(X) = \alpha\tilde{f}(X)$ とすると
$R \ni \alpha$ である．

(proof)
(1) c を $f(X)$ の係数たちの最大公約元として $f(X)$ から c をとりだした相棒を $\tilde{f}(X)$ とすればよい．

(2) R の 0 でない元 d で $R[X] \ni df(X)$ となるものが存在する．[15)]
$df(X)$ は 1 次以上の $R[X]$ の多項式なので (1) より
$$df(X) = c\tilde{f}(X)$$
となる R の元 c と，primitive $\tilde{f}(X)$ が存在する．

(3) $\alpha = \frac{c}{d}$ とおくと
$df(X) = c\tilde{f}(X)$ である．
d は $c\tilde{f}(X)$ の約元である．
このとき d は c の約元である．($\because$ Proposition 7.3.10 の 3.(1))
よって $R \ni \frac{c}{d} = \alpha$ である．

Def. 7.3.13 (primitive 部分)

Proposition 7.3.11(1), (2) における $f(X) = c\tilde{f}(X)$ や $f(X) = \frac{c}{d}\tilde{f}(X)$ と表したときの $c\tilde{f}(X)$ や $\frac{c}{d}\tilde{f}(X)$ を

[15)] F の元は R の元の分数の形で表される．
$f(X)$ の 0 でない係数の分母に現れる R の元を全てかけたものを d とすればよい．

$f(X)$ の primitive 分解といい, $\tilde{f}(X)$ を $f(X)$ の primitive 部分という.

primitive 部分に関しては Proposition 7.3.10 の 3.(2) や定義より次が成り立つ.

Proposition 7.3.12

$f(X)$ を $F[X]$ の定数でない多項式とする.
(1) $\tilde{f}(X)$ を $f(X)$ の primitive 部分とすると
$f(X)$ と $\tilde{f}(X)$ は $F[X]$ において同伴である. [16]
$f(X)$ の primitive 部分は $R[X]$ において同伴の意味で
一意的に定まる. [17]
(2) $f_1(X), f_2(X), \cdots, f_s(X)$ を $F[X]$ の定数でない多項式として
$f(X) = f_1(X)f_2(X)\cdots f_s(X)$ とする.
$\tilde{f}_i(X)$ を $f_i(X)$ の primitive 部分とするとき,
$\tilde{f}_1(X)\tilde{f}_2(X)\cdots\tilde{f}_s(X)$ は $f(X)$ の primitive 部分になっている.

これの系として次の命題を得る.

Proposition 7.3.13

$f(X)$ を $R[X]$ の primitive とするとき次が成り立つ.
(1) $R[X] \ni g(X)$ として $f(X)$ が $F[X]$ での $g(X)$ の約元とすると
$f(X)$ は $R[X]$ でも $g(X)$ の約元である.
(2) $f(X)$ が $F[X]$ で prime ならば $R[X]$ で prime である.
(3) $f(X) = f_1(X)f_2(X)\cdots f_s(X)$ を $f(X)$ の $F[X]$ での素元分解
とするとき
$$f(X) = \tilde{f}_1(X)\tilde{f}_2(X)\cdots\tilde{f}_s(X)$$

---

[16] $f(X) = \frac{a}{b}\tilde{f}(X),\ \frac{a}{b} \in F - \{0\}$
$\frac{a}{b}$ は F で unit であり, したがって $F[X]$ で unit である.
[17] $f(X) = \frac{a_1}{b_1}\tilde{f}_1(X),\ \frac{a_2}{b_2}\tilde{f}_2(X)$ を
$f(X)$ の primitive 分解とすると
$a_1 b_2 \tilde{f}_1(X) = a_2 b_1 \tilde{f}_2(X)$ となるので
$\tilde{f}_1(X)$ と $\tilde{f}_2(X)$ は $R[X]$ で同伴である.

と $f_i(X)$ の primitive 部分 $\tilde{f}_i(X)$ を使って $R[X]$ において分解できる．
これは $f(X)$ の $R[X]$ における素元分解である．
これは $F[X]$ における素元分解にもなっている．
(4) $f(X)$ が monic のときには $R[X]$ において
$f(X)$ は monic なものの積として素元分解される．
これは $F[X]$ における素元分解でもある．

(proof)
(1) $f(X)$ が $F[X]$ での $g(X)$ の約元なので
$F[X]$ の多項式 $h(X)$ で
$$g(X) = h(X)f(X)$$
となるものがある．
$h(X)$ の primitive 部分を $\tilde{h}(X)$ [18] とおく．
$\tilde{h}(X)f(X)$ は $h(X)f(X)$，つまり $g(X)$ の primitive 部分である．
よって
$$\exists c \in F,\ s.t.\ g(X) = c\tilde{h}(X)f(X) \in F[X]$$
$R[X] \ni g(X)$ なので Proposition 7.3.11(3) より
$$c \in R$$
となる．
したがって $\tilde{h}(X)f(X)$ は $R[X]$ における $g(X)$ の約元である．
よって $f(X)$ は $R[X]$ における $g(X)$ の約元である．
(2) $R[X] \ni g(X), h(X)$ で $R[X]$ において $f(X)$ が
$g(X)h(X)$ の約元とすると
$f(X)$ は $F[X]$ でも $g(X)h(X)$ の約元であるから
$F[X]$ において $g(X), h(X)$ のどちらかの約元になる．
よって (1) より $R[X]$ でも $f(X)$ は $g(X), h(X)$ のどちらかの約元になる．
$f(X)$ が $R[X]$ で prime であることがいえた．

---

[18] $R[X]$ の多項式である．

(3) 各 i に対して $\tilde{f}_i(X)$ を $f_i(X)$ の primitive 部分とすると
$\tilde{f}_1(X)\tilde{f}_2(X)\cdots\tilde{f}_s(X)$ は $f(X)$ の primitive 部分であり，
$f(X)$ はもともと primitive だったので，R の unit u で
$$f(X) = u\tilde{f}_1(X)\tilde{f}_2(X)\cdots\tilde{f}_s(X)$$
となるものが存在する．
$u\tilde{f}_1(X)$ も $f_1(X)$ の primitive 部分なので $u\tilde{f}_1(X)$ を
改めて $\tilde{f}_1(X)$ にとりなおしておくと
$$f(X) = \tilde{f}_1(X)\tilde{f}_2(X)\cdots\tilde{f}_s(X) \quad \cdots \text{①}$$
となる．
また $f_i(X)$ は $F[X]$ で prime なので，$F[X]$ において
$f_i(X)$ と同伴である $\tilde{f}_i(X)$ [19] も $F[X]$ で prime である．
(2) より $\tilde{f}_i(X)$ は $R[X]$ でも prime である．
したがって ① は $f(X)$ の $R[X]$ における素元分解であり，
これは $F[X]$ における素元分解でもある．

(4) (3) の結果を使う．
各 $\tilde{f}_i(X)$ の最高次の係数を a_i とおくと $f(X)$ が monic だったので
$$1 = a_1 a_2 \cdots a_s$$
となり a_i が unit であることがわかる．
$a_i^{-1}\tilde{f}_i(X)$ を改めて $\tilde{f}_i(X)$ に取り直すと
$$f(X) = \tilde{f}_1(X)\tilde{f}_2(X)\cdots\tilde{f}_s(X)$$
が $R[X]$ での $f(X)$ の monic による素元分解になっている．
(3) と同じでこれは $F[X]$ における素元分解でもある．

R が UFD で F は R の商体とするとこれまでの話をまとめると次になる．

★ R のゼロでなく unit でない元は R で素元分解をもち，
それが $R[X]$ での素元分解になる．
★ $R[X]$ の primitive は $R[X]$ で素元分解をもち，
それは $F[X]$ における素元分解でもある．

---

[19] Proposition 7.3.12(1)

$R[X]$ のゼロでなく unit でない多項式 $f(X)$ は素元分解をもつ.

実際, $R \ni f(X)$ つまり $f(X)$ が定数の時は $f(X)$ の R での素元分解がそのまま $R[X]$ での素元分解になる.
$R \not\ni f(X)$ のとき
$$f(X) = ag(X)$$
を $f(X)$ の primitive 分解とすると
$g(X)$ は $R[X]$ において素元分解をもつ.
a が unit のときは $g(X)$ の素元分解より $f(X)$ の素元分解がつくれる.
a が unit でないときは a の R における素元分解と
$g(X)$ の素元分解の積が $f(X)$ の素元分解である.

以上より $R[X]$ は UFD である.

F が体のとき, $F[X]$ が UFD であり, したがって $F[X][Y]$ すなわち $F[X,Y]$ は UFD となる.
同様に考えると今までのことを含めて次の Theorem を得る.

Theorem 7.3.2

I. $\mathbb{Z}$ は UFD である.

II. R を UFD とすると

(1) $R[X]$ は UFD である.

(2) $R[X,Y]$ は UFD である.

(3) $R[X_1, X_2, \cdots, X_n]$ は UFD である.

III. F を体とするとき

(1) $F[X]$ は UFD である.

(2) $F[X,Y]$ は UFD である.

(3) $F[X_1, X_2, \cdots, X_n]$ は UFD である.

7.4 UFD2

UFD においては素元であることと irreducible であることは同じであることに注意して，前節の話を
$R = \mathbb{Z}$, $F = \mathbb{Q}$ の場合に適用すると次が得られる．

Proposition 7.4.1

$f(X)$ が $\mathbb{Z}[X]$ の primitive のとき

I.(1) $f(X)$ の $\mathbb{Q}[X]$ での既約分解から，その primitive 部分をとって $f(X)$ の $\mathbb{Z}[X]$ での既約分解がつくれる．

(2) $f(X)$ が $\mathbb{Z}[X]$ で irreducible である
$\Leftrightarrow$ $f(X)$ が $\mathbb{Q}[X]$ で irreducible である

(3) $f(X)$ の $\mathbb{Z}[X]$ での既約分解は $f(X)$ の $\mathbb{Q}[X]$ での既約分解である．

II. $f(X)$ が monic のとき

(1) $f(X)$ は $\mathbb{Z}[X]$ において monic で irreducible である factor の積として分解されるが
それは $f(X)$ の $\mathbb{Q}[X]$ での既約分解になっている．

(2) $f(X)$ の $\mathbb{Q}[X]$ での monic で irreducible である factor は $\mathbb{Z}[X]$ での $f(X)$ の irreducible である factor である．

(proof)

I.(1) 別冊「UFD1」Proposition 7.3.13(3) で
$R = \mathbb{Z}, F = \mathbb{Q}$ として見ればよい．

(2) ($\Leftarrow$)
$f(X)$ が $\mathbb{Z}[X]$ で irreducible でないならば，$f(X)$ は次数をもつ二つの多項式の積となるので $\mathbb{Q}[X]$ で irreducible でない．

($\Rightarrow$)
$f(X)$ が $\mathbb{Q}[X]$ で irreducible でないならば，
(1) より $f(X)$ は $\mathbb{Z}[X]$ で irreducible でない．

(3) $\mathbb{Z}[X]$ において irreducible なものは $\mathbb{Q}[X]$ においても irreducible なので明らか．

II.(1) 別冊「UFD1」Proposition 7.3.13(4) で
$R = \mathbb{Z}$ としてみればよい.

(2) $f(X) = f_1(X)f_2(X)\cdots f_s(X)$ を $\mathbb{Z}[X]$ における
monic で irreducible である factor による分解とすると
(1) で見たように, これは $\mathbb{Q}[X]$ での既約分解になっている.
$p(X)$ を $\mathbb{Q}[X]$ での $f(X)$ の monic で irreducible である
factor とすると
$p(X)$ は $f_1(X), f_2(X), \cdots, f_s(X)$ のどれかと同伴である.
共に monic なので $p(X)$ は
$f_1(X), f_2(X), \cdots, f_s(X)$ のどれかと一致する.
$(\because \mathbb{Q}[X]$ は UFD$)$

これをふまえて $\mathbb{Z}[X]$ や $\mathbb{Q}[X]$ での factor の状態を調べていこう.
次は $\mathbb{Z}[X]$ の多項式が 1 次の factor をもつかどうかの判定に
よく使われる Proposition である.

Proposition 7.4.2

$f(X)$ を $\mathbb{Z}[X]$ の primitive な n 次式 $(n \geq 2)$
とするとき次は同値である.
(1) $\mathbb{Z}[X]$ で $f(X)$ が 1 次の factor をもつ.
(2) $\mathbb{Z} \ni^{\exists} c, d \ \ s.t.$
    $c|a_n, \ d|a_0$ かつ $f(\frac{d}{c}) = 0$

(proof)

(1) $\Rightarrow$ (2)
$f(X) = a_n X^n + a_{n-1} X^{n-1} + \cdots + a_0$ とする.
$f(X)$ は $\mathbb{Z}[X]$ で 1 次の factor をもつので
その一つを $cX - d$ とおくと
$f(X) = (cX - d)(b_{n-1}X^{n-1} + b_{n-2}X^{n-2} + \cdots + b_0)$
の形で $\mathbb{Z}[X]$ で分解される.
n 次の係数と定数項を見て

$$a_n = cb_{n-1},\ a_0 = -db_0$$
を得る．
また
$$f(\tfrac{d}{c}) = 0$$
である．

(2) $\Rightarrow$ (1)

c, d は素としてよい．
$f(\tfrac{d}{c}) = 0$ より $f(X)$ は $\mathbb{Q}[X]$ で $X - \tfrac{d}{c}$ を
factor にもっている．
$cX - d$ は $X - \tfrac{d}{c}$ の primitive 部分であり [20]
これは $f(X)$ の $\mathbb{Z}[X]$ での factor である．

$n = 2$ または $n = 3$ のとき n 次式が irreducible でないならば
n 次式は必ず 1 次の factor をもつので Proposition 7.4.2 は
既約判定に利用される．

Example 7.4.1

$\mathbb{Z}[X]$ の多項式 $f(X) = X^3 - 3X - 1$ は $\mathbb{Q}[X]$ において irreducible である．

(proof)

$f(1) \neq 0,\ f(-1) \neq 0$ なので $f(X)$ は $\mathbb{Z}[X]$ で irreducible である．
したがって $\mathbb{Q}[X]$ で irreducible である．
$\qquad$ ($\because$ Proposition 7.4.1 の I(2))

$\mathbb{Z}[X]$ の多項式 $f(X)$ が irreducible であることの十分条件を
調べる方法の一つとして，
$\mathbb{Z}$ から $\mathbb{Z}/p\mathbb{Z}$ への自然な epimorphism から誘導された
epimorphism $\varphi_p : \mathbb{Z}[X] \to \mathbb{Z}/p\mathbb{Z}[X]$ を使う方法がある．

---

[20] $X - \tfrac{d}{c} = \tfrac{1}{c}(cX - d)$

Proposition 7.4.3

$f(X)$ を $\mathbb{Z}[X]$ の 1 次以上の primitive とする.
$f(X)$ の最高次の係数をわらない素数 p で $\varphi_p(f(X))$ が
$\mathbb{Z}/p\mathbb{Z}[X]$ で irreducible となるものがあれば
$f(X)$ は $\mathbb{Z}[X]$ で irreducible である.

(proof)
$f(X)$ は irreducible でないとすると
$f(X) = g(X)h(X)$ と $f(X)$ は 1 次以上の 2 つの多項式
$g(X), h(X)$ の積として分解される.
　$\varphi_p(f(X)) = \varphi_p(g(X))\varphi_p(h(X))$
である.
$deg\ f(X) = n, deg\ g(X) = s, deg\ h(X) = t$ とすると
　$s \geq 1,\ t \geq 1$ で $n = s + t\ (s \geq 1, t \geq 1)$
p のとり方により $deg\ \varphi_p(f(X)) = n$ であり
　$deg\ \varphi_p(g(X)) \leq s,\ deg\ \varphi_p(h(X)) \leq t$
$n = deg\ \varphi_p(f(X)) = deg\ \varphi_p(g(X)) + deg\ \varphi_p(h(X))$
なので
　$deg\ \varphi_p(g(X)) = s \geq 1,\ deg\ \varphi_p(h(X)) = t \geq 1$
これは $\varphi_p(f(X))$ が irreducible であることに矛盾する.

$\varphi_p(f(X))$ が n 次式となる素数 p についてはそれが
irreducible であるか irreducible でないかの判定は比較的容易にできる.
なぜならば $\mathbb{Z}/p\mathbb{Z}[X]$ が有限体なので n 次より次数が低い多項式の数が
有限個なので, 実際に全て割り算をして調べればよい.
ところがこの方法は万全ではない.
$\mathbb{Z}[X]$ の n 次式 $f(X)$ で $\varphi_p(f(X))$ が n 次式となる全ての素数 p
に対して, $\varphi_p(f(X))$ が irreducible でないにもかかわらず
$f(X)$ が irreducible であるものが見つかる.
それが次の Example である.

Example 7.4.2

全ての素数 p について $\varphi_p(X^4-10X^2+1)$ は irreducible でないが X^4-10X^2+1 は $\mathbb{Z}[X]$ で irreducible である.

この例題の証明のために次の Lemma を用意する.

Lemma 7.4.1

p を奇素数とするとき $\mathbb{F}_p(=\mathbb{Z}/p\mathbb{Z})$ において $\varphi_p(2), \varphi_p(3), \varphi_p(6)$ のうち少なくとも一つは平方元である.

Lemma の証明はこの節の最後にすることにしてこれを認めて Example 7.4.2 の証明をする.

Example 7.4.2 の proof

$f(X) = X^4 - 10X^2 + 1$ とする.

$p=2$ のとき
$$\varphi_p(f(X)) = X^4 + 1 = (X^2+1)^2$$

p が奇素数なので Lemma 7.4.1 より $\varphi_p(2), \varphi_p(3), \varphi_p(6)$ のうち少なくとも一つは $\mathbb{F}_p$ の平方元である.

case1. $\varphi_p(2)$ が $\mathbb{F}_p$ の平方元のとき

$\varphi_p(2) = \alpha^2$ となる $\mathbb{F}_p$ の元 α がある.
よって
$$\varphi_p(f(X)) = \varphi_p(X^4 - 2X^2 + 1 - 4 \times 2X^2) = (X^2-1)^2 - 4\alpha^2 X^2$$
$$= (X^2 + 2\alpha X - 1)(X^2 - 2\alpha X - 1)$$

case2. $\varphi_p(3)$ が $\mathbb{F}_p$ の平方元のとき

$\varphi_p(3) = \beta^2$ となる $\mathbb{F}_p$ の元 β がある.
$$\varphi_p(f(X)) = \varphi_p(X^4 + 2X^2 + 1 - 4 \times 3X^2) = (X^2+1)^2 - 4\beta^2 X^2$$
$$= (X^2 + 2\beta X + 1)(X^2 - 2\beta X + 1)$$

case3. $\varphi_p(6)$ が $\mathbb{F}_p$ の平方元のとき

$\varphi_p(6) = \gamma^2$ となる $\mathbb{F}_p$ の元 γ がある.
$$\varphi_p(f(X)) = \varphi_p(X^4 - 10X^2 + 25 - 4 \times 6) = (X^2-5)^2 - 4\gamma^2$$

$$= (X^2 - 5 + 2\gamma)(X^2 - 5 - 2\gamma)$$

したがって $\varphi_p(f(X))$ が irreducible でないことがわかる.

次に $f(X)$ が $\mathbb{Z}[X]$ で irreducible であることを示す.

$f(X)$ が irreducible でないとする.

$f(X)$ が monic な $\mathbb{Z}[X]$ の多項式であり,

$f(1) = f(-1) = -8 \neq 0$ より

$f(X)$ は1次の factor をもたないので [21]

$f(X)$ は2つの monic な2次式の積である.

$$f(X) = (X^2 + aX + b)(X^2 + cX + d) \ (\mathbb{Z} \ni a, b, c, d)$$

とすると

$bd = 1, \ a + c = 0, \ b + d + ac = -10, \ ad + bc = 0$

である.

$bd = 1$ より $b = d = \pm 1$

$a + c = 0$ より $c = -a$

したがって

$$a^2 = -ac = 10 + b + d = \begin{cases} 12 & (b = 1 \text{ のとき}) \\ 8 & (b = -1 \text{ のとき}) \end{cases}$$

となるが a は整数なのでこれは不可能である.

次の判定法も $\mathbb{Z}[X]$ の多項式 $f(X)$ が irreducible であることの十分条件を与える強力なものである.

Proposition 7.4.4 (Eisenstein's criterion)

$\mathbb{Z}[X] \ni f(X)$

$f(X) = a_n X^n + a_{n-1} X^{n-1} + \cdots + a_0$

において

$p \nmid a_n, \ p \mid a_{n-1}, \cdots, p \mid a_1, p \mid a_0$

かつ $p^2 \nmid a_0$

---

[21] 最高次の係数も定数項も1なので1次の factor をもてば 1 または -1 を根にもつはずである.

をみたす素数 p が存在するとき

$f(X)$ は $\mathbb{Q}[X]$ で irreducible である.

(proof)

$f(X)$ が primitive であるときを証明すれば十分である. [22]

$f(X) \in \mathbb{Z}[X]$ が $\mathbb{Z}[X]$ において irreducible でないとすると

$f(X)$ は primitive なのでその irreducible である factor は定数でない.

よって

$f(X) = g(X)h(X)$, $\deg f(X) \geq 1$, $\deg g(X) \geq 1$

となる $\mathbb{Z}[X]$ の多項式 $g(X), h(X)$ が存在する.

$g(X) = b_s X^s + b_{s-1} X^{s-1} + \cdots + b_0 \quad (1 \leq s)$
$h(X) = c_t X^t + c_{t-1} X^{t-1} + \cdots + c_0 \quad (1 \leq t)$

とおくと $n = s+t$, $a_n = b_s c_t$ である. $\cdots$ ①

よって

$\varphi_p(a_n) X^n = \varphi_p(f(X)) = \varphi_p(g(X))\varphi_p(h(X))$

また ① より

$\varphi_p(a_n) X^n = \varphi_p(b_s) X^s \varphi_p(c_t) X^t$

$\mathbb{Z}/(p)[X]$ は UFD なので

$\varphi_p(g(X)) = \varphi_p(b_s) X_s,\ \varphi_p(h(X)) = \varphi_p(c_t) X_t$

となる.

特に

$\varphi_p(b_0) = 0$ かつ $\varphi_p(c_0) = 0$

となり, b_0 が p でわりきれかつ c_0 が p でわりきれることになる.

よって $b_0 c_0 = a_0$ が p^2 でわりきれることになり矛盾が生じる.

ゆえに $f(X)$ は $\mathbb{Z}[X]$ において irreducible である.

したがって $\mathbb{Q}[X]$ において irreducible である.

---

[22] $\mathbb{Z}[X] \ni f(X)$ の primitive 分解が $f(X) = a\tilde{f}(X)$ のとき 定数 a は $\mathbb{Q}[X]$ で unit なので $\tilde{f}(X)$ が $\mathbb{Q}[X]$ で irreducible であることを示せばよい.

Example 7.4.3
$X^4+X^3+X^2+X+1$ は $\mathbb{Q}[X]$ の irreducible な多項式である.

(proof)

$f(X) = X^4+X^3+X^2+X+1$ とおくと
$f(X) = \dfrac{X^5-1}{X-1}$ である.
$g(X) = f(X+1)$ とおくと
$g(X) = \dfrac{(X+1)^5-1}{X} = X^4+5X^3+10X^2+10X+5$
$5,10,10,5$ は全て素数 5 でわりきれて 5 は 5^2 でわりきれないので
$g(X)$ は $\mathbb{Z}[X]$ で irreducible である.
$f(X)$ が irreducible でないなら $g(X)$ も irreducible でないので
$f(X)$ は $\mathbb{Z}[X]$ で irreducible である.
ゆえに $f(X)$ は $\mathbb{Q}[X]$ で irreducible である.(Proposition 7.4.1 の I(2))

Example 7.4.4
p が素数のとき $X^{p-1}+X^{p-2}+\cdots+X+1$ は $\mathbb{Q}[X]$ の irreducible な多項式である. [23]

Lemma 7.4.1 を証明する.

$\varphi_p(6) = \varphi_p(2) \times \varphi_p(3)$
であるので, これは次の一般論からでてくる.
　「$\mathbb{F}_p^\times \ni x,y$ で x,y が平方元でないときは
　　 xy は平方元である.」
これを示す.
　$\mathbb{F}_p^\times = G$ とおく.
　$H = \{x^2 | G \ni x\}$ とする.

---

[23] Lemma 6.1.3

$$f: \begin{array}{ccc} G & \longrightarrow & H \\ \cup & & \cup \\ x & \longmapsto & x^2 \end{array}$$

とすると f は $2:1$ [24) の全射である．
よって $|G/H|=2$ で $G=H\cup H_a$ となる G の元 a が存在する．
x,y が共に平方元でないと仮定すると $H \not\ni x, H \not\ni y$ より
$x=x'a, y=y'a$ となる H の元が存在する，
$xy=x'y'a^2 \in H$ なので
このときは xy は平方元である．

---

24) $x^2=y^2$ とすると $(x-y)(x+y)=x^2-y^2=0$
     $\mathbb{F}_p{}^\times$ は domain なので $y=x$ または $y=-x$
     p は奇素数なので $2 \neq 0$
     $x \neq 0$ なので $2x \neq 0$, つまり $x \neq -x$
     よって f は $2:1$ の写像である．

7.5 1を作る定理

Theorem 7.5.1

$\mathbb{Z} \ni a, b$ で $a \neq 0$, または $b \neq 0$ とする.
(1) d を a と b の最大公約数とすると
 $(a) + (b) = (d)$ である.
(2) $d > 0$ で $(a) + (b) = (d)$ とすると
 d は最大公約数である.

次は (1) と (2) の証明になっている.

(proof)

$(a) + (b)$ は $\{0\}$ でなく $\mathbb{Z}$ の ideal なので
$\mathbb{N} \ni^\exists e \ \ s.t. \ \ (a) + (b) = (e)$ である.
$(e) = (d)$ を示す.

d は a の約数なので $a \in (d)$, よって $(a) \subset (d)$
d は b の約数なので $b \in (d)$, よって $(b) \subset (d)$
ゆえに $(a) + (b) \subset (d)$ である.
$e \in (a) + (b) \subset (d)$ より d は e の約数である.
したがって $d \leq e$
また $(e) = (a) + (b) \ni a$ より e は a の約数であるし,
$(e) = (a) + (b) \ni b$ より e は b の約数である.
ゆえに e は a と b の公約数である.
したがって $e \leq d$
以上より $e = d$ である.

Corolally 7.5.1 (1 を作る定理)

$\mathbb{Z} \ni a, b$ とする.
a と b が互いに素
 $\overset{\star_1}{\Leftrightarrow} (a) + (b) = \mathbb{Z}$
 $\overset{\star_2}{\Leftrightarrow} \mathbb{Z} \ni^\exists m, \ n, \ \ s.t. \ \ ma + nb = 1$

(proof)

★$_1$

($\Rightarrow$)

$\mathbb{Z}$ は PID なので

$^\exists d$ $s.t.$ $(a)+(b)=(d)$

$a \in (d)$ なので

$^\exists f$ $s.t.$ $a = df$

$b \in (d)$ なので

$^\exists g$ $s.t.$ $b = dg$

a と b は互いに素なので d は unit である.

よって $(d) = \mathbb{Z}$

($\Leftarrow$)

a と b の公約数を k とする.

$(a) \subset (k)$ かつ $(b) \subset (k)$

ゆえに

$\mathbb{Z} = (a) + (d) \subset (k) \subset \mathbb{Z}$

k は unit である.

よって a と b は互いに素である.

★$_2$

($\Rightarrow$) 明らかである.

($\Leftarrow$)

$(a)+(b)$ は $\mathbb{Z}$ の ideal で

$(a)+(b) \ni 1$ より

$(a)+(b) = \mathbb{Z} = (1)$

7.6 体の乗法群の有限な部分群は巡回群

Def. 7.6.1 （体の乗法群）
体 F に対して
$F^\times = F - \{0\}$ は，体の定義より乗法に関して群をなす．
これを，体 F の乗法群という．

Proposition 7.6.1 （体の乗法群の有限部分群は巡回群）
$G \subset F^\times$，体の乗法群の有限部分群とすると
G は巡回群である．

証明のために Lemma を二つ用意する．

Lemma 7.6.1
$G = <a>, |G| = n$
$\Rightarrow {}^\forall m | n$ に対して $|Gm| = |\{g \in G \mid g \text{ の位数は } m\}| = \phi(m)$

(proof)
次の 2 つが成り立つことからわかる．
a の位数を n とする．
(i) $<a>$ の中の位数が n の元の個数は $\phi(n)$ である．
(ii) $n = md$ のとき
  $\{x \in <a> \mid x \text{ の位数は } m\} = \{x \in <a^d> \mid x \text{ の位数は } m\}$

(i) の proof
a の位数が n のとき
  a^i の位数が $n \Leftrightarrow i$ と n は互いに素
が成り立つ．
  ($\because (\Rightarrow)$ $\gcd(i\ n) = d$ とする．
    $i = di',\ n = dn' \cdots$ ①
    $(a^i)^{n'} = a^{di'n'} = a^{ni'} = e$
    ゆえに $n \leq n'$
    ① より $d = 1$

7.6 体の乗法群の有限な部分群は巡回群　455

　　よって i と n は互いに素である.

　　($\Leftarrow$) $(a^i)^s = e$ とすると

　　$n|is$　ゆえに $n|s$ ($\because i$ と n は互いに素)

　　よって $n \leq s$

　　a^i の位数は n である.)

したがって

$<a> = \{a^0, a^1, \cdots, a^{n-1}\} = \{a^i | 0 \leq i \leq n-1\}$

の元で, 位数が n の元の個数は i が n と互いに素であるものの個数であるから $\phi(n)$ である.

(ii) の proof

　　($\subset$)　$(a^d)^k = e$ とすると

　　　　$\exists s$　s.t.　$dk = sn = smd$

　　　　$k = sm$

　　　　k が最小となるのは $s = 1$ のとき

　　　　ゆえに $k = m$

　　($\supset$)　明らかである.

∗ (ii) より $<a>$ の元で位数が m の元は $<a^d>$ の中の位数が m の元である.

a^d の位数は m なので (i) より $<a^d>$ の中の位数が m の元の個数は $\phi(m)$ である.

したがって $|G_m| = \phi(m)$ である.

Lemma 7.6.2

$|G| = n$ とする.

$\forall m|n$ に対して $|Gm| \leq \phi(m)$ ならば G は巡回群である.

(proof)

$|G| = n$ とする.

n の約数 $m_1, m_2, \cdots, m_s$ とする.

$$G = Gm_1 \cup Gm_2 \cup \cdots \cup Gm_s \text{ (disjoint union)}$$

である.
よって
$$|G| = |Gm_1| + |Gm_2| + \cdots + |Gm_s|$$
である.
一方 H を位数が n の巡回群とする.
($X^n - 1$ の根の集合を考えれば必ずある)
$$H = Hm_1 \cup Hm_2 \cup \cdots \cup Hm_s$$
よって
$$n = \phi(m_1) + \phi(m_2) + \cdots + \phi(m_s) \ (\because \text{Lemma 7.6.1 より } |Hm_i| = \phi(m_i))$$
$|G| = n$ なので
$$\phi(m_1) + \phi(m_2) + \cdots + \phi(m_s) = |Gm_1| + |Gm_2| + \cdots + |Gm_s|$$
仮定より
$$|Gm_1| \leq \phi(m_1), |Gm_2| \leq \phi(m_2), \cdots, |Gm_s| \leq \phi(m_s)$$
したがって
$$|Gm_1| = \phi(m_1), |Gm_2| = \phi(m_2), \cdots, |Gm_s| = \phi(m_s)$$
となる.
$n|n$ なので $|Gn|$ を見てみると
$$|Gn| = \phi(n) \neq 0$$
すなわち G には位数 n の元がある.
これを b とすると
$$|<b>| = n, \ |G| = n$$
$<b> \subset G$ より
$$<b> = G$$
したがって G は巡回群である.

Proposition 7.6.1(体の乗法群の有限部分群は巡回群) を 証明する.

F は体,
$F^\times > G, \ |G| = n$ とする.
$m \mid n, \ Gm = \{x \in G \mid x \text{ の位数が } m\}, \ |Gm| \neq 0$ とすると

$Gm \ni^\forall a$ に対して $<a> \supset Gm$

である．

なぜならば

$Gm \ni b$ とする．

a は位数が m より a は $X^m - 1$ の根である．

$X^m - 1 = (X-1)(X-a)(X-a^2) \cdots (X-a^{m-1}) \cdots$ ①

($\because 1, a, a^2, \cdots, a^{m-1}$ は m 乗すると 1 であり，全て異なる)

$\hookrightarrow (*)$

$\{1, a, a^2, \cdots, a^{m-1}\} = <a>$ である．

① に b を代入すると b は m 乗すると 1 なので左辺$=0$

$0 = b^m - 1 = (b-1)(b-a)(b-a^2) \cdots (b-a^{m-1})$

F は体なので $(b-1), (b-a), (b-a^2), \cdots, (b-a^{m-1})$ のどれかは 0 である．

ゆえに b は $\{1, a, a^2, \cdots, a^{m-1}\}$ のどれかである．

よって $b \in <a>$

$Gm \subset <a>$ である．

$Gm \ni x$ とすると $x \in <a>$ なので

x は $<a>$ の中の位数が m の元である．

$<a>$ の中の位数が m の元の個数は $\phi(m)$ であるから

($\because$ Lemma 7.6.1, $|<a>| = m$ で m は m の約数)

$|Gm| \leq \phi(m)$

である．

Lemma 7.6.2 より G は巡回群である．

$(*)$ について

$f(X)$ が体係数の monic な n 次式 $\Rightarrow f(X) = 0$ の解は n 個以下

が成り立つ．

$\alpha_1, \cdots, \alpha_n \in F$ で $f(X) = 0$ の異なる解のときは

$f(X) = (X - \alpha_1)(X - \alpha_2) \cdots (X - \alpha_n)$

である．

これは「$F[X] \ni f(X)$
$F \subset T,\ T \ni \alpha, f(\alpha) = 0 \Rightarrow f(X) = (X - \alpha) \cdot g(X)$」
のくり返しより得られる.
これができるのは F が体, すなわち domain だからである. [25]

---

[25] $f(\alpha_1) = 0$ より $f(X) = (X - \alpha_1) \cdot g(X)$
$f(\alpha_2) = 0$ より $(\alpha_2 - \alpha_1) \cdot g(\alpha_2) = 0$
$\alpha_2 - \alpha_1 \neq 0$ より $g(\alpha_2) = 0$ ($\because F$ は domain)

7.7 正規部分群

初めの 3 つの Def. は，本文において先に定義したものであるがここで重ねて述べておく．

Def. 7.7.1 (群 (group))

G を空でない集合とする．

$G \ni^\forall a, {}^\forall b$ に対して $a*b \in G$

であり，次をみたすとき

G は群であるという．

(1) $G \ni^\forall a, {}^\forall b, {}^\forall c$ に対して
$$(a*b)*c = a*(b*c)$$
(2) $^\exists e \in G \ \ s.t. \ \ G \ni^\forall a$ に対して $e*a = a*e = a$
(3) $G \ni^\forall a$ に対して $^\exists b \in G \ \ s.t. \ \ a*b = b*a = e$

Def. 7.7.2 (可換群・アーベル群)

G は群であって

$G \ni^\forall a, {}^\forall b$ に対して $ab = ba$

が成り立つとき，

G は可換群 (アーベル群) であるという．

Def. 7.7.3 (加群)

$M \neq \emptyset$ であって

$M \ni^\forall a, {}^\forall b$ に対して $M \ni a+b$

であり，次をみたすとき

M は加群であるという．

(0) $M \ni^\forall a, {}^\forall b$ に対して
$$a+b = b+a$$
(1) $M \ni^\forall a, {}^\forall b, {}^\forall c$ に対して
$$(a+b)+c = a+(b+c)$$
(2) $^\exists 0_M \in M \ \ s.t.$

$M \ni^\forall a$ に対して
$$0_M + a = a + 0_M = a$$
(3) $M \ni^\forall a$ に対して
$$\exists b \in M \quad s.t. \quad a+b = b+a = 0_M$$
この b を $-a$ で表す．

★ 加群は演算が和の形の可換群である．

Def. 7.7.4
A, B は群 G の集合，$G \ni g$ とする．
このとき
- $AB = \{ab \mid a \in A, b \in B\}$
- $gA = \{ga \mid a \in A\}$
- $ag = \{ag \mid a \in A\}$
- $A^{-1} = \{a^{-1} \mid a \in A\}$

と定義する．

★ G が群のとき $GG = G$, $G^{-1} = G$ である．
なぜならば
$G \ni a, b$ に対して $G \ni ab$
これは $GG \subset G$ を示している．
$G \ni a$ のとき $a = ae \in GG$
これは $G \subset GG$ を示している．
よって $GG = G$
また
$G^{-1} \ni x$ とすると
$G \ni^\exists y \quad s.t \quad x = y^{-1}$
$G \ni y$ より
$G \ni y^{-1} = x$
ゆえに
$G^{-1} \subset G$

$G \ni g$ とすると $G \ni g^{-1}$ である.
つまり
$$g = (g^{-1})^{-1} \in G^{-1}$$
ゆえに
$$G \subset G^{-1}$$
よって
$$G^{-1} = G$$

Def. 7.7.5 (部分群)
G は群,H は G の集合で 空集合でないとする.
H が G における演算と同じ演算で群になるとき [26]
H は G の部分群であるという.
H が G の部分群であるということを $G > H$ で表す.

Proposition 7.7.1 (部分群であるための必要十分条件その1)
H は空でない群 G の部分集合とする.
このとき次は同値である.
(1) H が 群 G の部分群
(2) $H \ni {}^\forall a, {}^\forall b$ に対して $H \ni ab$ かつ $H \ni a^{-1}$
(3) $H \ni {}^\forall a, {}^\forall b$ に対して $H \ni ab^{-1}$
(4) $H \ni {}^\forall a, {}^\forall b$ に対して $H \ni a^{-1}b$

(proof)
まず (2),(3),(4) のとき $H \ni e$ を示しておく.
$H \neq \emptyset$ より $H \ni {}^\exists \alpha$
(2) のとき $H \ni \alpha, \alpha^{-1}$ より $H \ni \alpha\alpha^{-1} = e$
(3) のとき $H \ni \alpha, \alpha$ より $H \ni \alpha\alpha^{-1} = e$
(4) のとき $H \ni \alpha, \alpha$ より $H \ni \alpha^{-1}\alpha = e$

---

[26] $H \ni x,y$ のとき $G \ni x,y$ なので
$G \ni xy$ であるが $H \ni xy$ となっているとき
H は G と同じ演算で群であるという.

$\cdots (*)$

$(2) \Rightarrow (1)$

$H \ni {}^\forall a, {}^\forall b$ に対して $H \ni ab$ より

H に G と同じ二項演算が入る.

G においてこの演算は結合法則をみたしているので

H においてもこの演算は結合法則をみたす.

$(*)$ より $H \ni e$ である.

よって e は G における単位元であるが H の単位元となる.

また $H \ni a$ のとき $a^{-1} \in H$ [27)]

H においても $aa^{-1} = e$ である. [28)]

a^{-1} は H における a の逆元になる.

$(2) \Rightarrow (3)$

$H \ni a, b$ とする.

$H \ni b$ より $H \ni b^{-1}$

$H \ni a, b^{-1}$ より $H \ni ab^{-1}$

$(3) \Rightarrow (2)$

$H \ni a, b$ とする.

$H \ni e, b$ より $H \ni eb^{-1} = b^{-1}$

$H \ni a, b^{-1}$ より $H \ni a(b^{-1})^{-1} = ab$

$(2) \Rightarrow (4)$

$H \ni a, b$ のとき

$H \ni a, e$ より $H \ni a^{-1}e = a^{-1}$

$H \ni a^{-1}, b$ より $H \ni a^{-1}b$

$(4) \Rightarrow (2)$

$H \ni a, b$ とする.

---

27) これは a の G における逆元 a^{-1} が H の元であることをいっている.

28) これは G の元 a と G における a の逆元 a^{-1} の積が G の単位元 e であることを示しているが, a と H の元 a^{-1} との H における積が H の単位元 e になっていることも示している.

よって G における a の逆元 a^{-1} が H における a の逆元になっている.

$H \ni a, e$ より $H \ni a^{-1}e = a^{-1}$
$H \ni a^{-1}, b$ より $H \ni (a^{-1})^{-1}b = ab$

Def. 7.7.4 を使えば Proposition 7.7.1
(部分群であるための必要十分条件その 1) は次のように書きかえられる.

Proposition 7.7.2 (部分群であるための必要十分条件その 2)
$G \supset H \neq \emptyset$ のとき
H が G の部分群 $\Leftrightarrow$ $HH \subset H$ かつ $H^{-1} \subset H$
$\Leftrightarrow HH^{-1} = H$
$\Leftrightarrow H^{-1}H = H$

Def. 7.7.6 (巡回群)
G は群とする.
このとき $\{g^n | \mathbb{Z} \ni n\}$ は G の部分群をなす.
これを g で生成された巡回群といい $<g>$ で表す.

Def. 7.7.7 (中心・中心化群・正規化群)
群 G に対して集合
$Z(G) = \{x \in G | G \ni^{\forall} g$ に対して $xg = gx\}$
と定めるとこれは G の部分群である. [29]
$Z(G)$ を G の中心という.
群 G に対して集合
$N_G(H) = \{x \in G | xH = Hx\}$
と定めるとこれは G の部分群である. [30]

---

[29] $Z(G) \ni x, y$ のとき $xg = gx, yg = gy$
よって $x^{-1}g = gx^{-1}, xyg = xgy = gxy$
ゆえに $Z(G) \ni x^{-1}, xy$

[30] $N_G(H) \ni x, y$ のとき
$xH = Hx, yH = Hy$
よって $x^{-1}H = Hx^{-1}, xyH = xHy = Hxy$
ゆえに $N_G(H) \ni x^{-1}, xy$

$N_G(H)$ を G の 正規化群という.

a を 群 G の元としたとき

集合 $Z_G(a) = \{g \in G | gag^{-1} = a\}$

と定めるとこれは G の部分群である. [31]

$Z_G(a)$ を G における a の中心化群という.

Remark 7.7.1

群 G において

G が アーベル群 $\iff Z(G) = G$

(proof)

明らかである.

Def. 7.7.8 (右剰余類・左剰余類)

H は群 G の部分群, $G \ni g$ とする.

集合 $Hg = \{hg | h \in H\}$ を右剰余類 という.

集合 $gH = \{gh | h \in H\}$ を左剰余類という.

★ この左剰余類全体の集合を G/H で表す.

Def. 7.7.9 (位数)

(1) G が無限個の元をもつとき, G の位数は無限であるといい, $|G| = \infty$ と表す.

(2) G が n 個の元からなる有限群のとき

G の位数は n であるといい, $|G| = n$ と表す.

一般に $|G|$ で G の位数を表す.

(3) $G \ni g$ のとき

$<g>$ の位数を g の位数という.

---

[31] $Z_G(a) \ni x, y$ のとき
$xax^{-1} = a, \ yay^{-1} = a$
よって $x^{-1}ax = a, \ xya(xy)^{-1} = xyay^{-1}x^{-1} = xax^{-1} = a$
ゆえに $Z_G(a) \ni x^{-1}, xy$

Proposition 7.7.3

元 g の位数が $n \Leftrightarrow n = min\{s \in \mathbb{N} | g^s = e\}$

つまり g は n 乗して初めて単位元となる.

(proof)

$<a>$ が有限群のとき

$e^0, a^1, a^2, \cdots, a^m, \cdots$ のうち見かけは違うが同じものがある.

よって

$0 \leq {}^\exists i < {}^\exists j \ s.t. \ a^i = a^j$

つまり

$a^{j-i} = e$

ゆえに $\{s \in \mathbb{N} | a^s = e\} \neq \emptyset$ なので

ここに最小値がある. それを n とする.

$H = \{e, a, a^2, \cdots, a^{n-1}\}$ とおく.

$<a> \ni x$ とすると $x = a^k$ の形をしている.

このとき剰余の定理より

$\mathbb{Z} \ni {}^\exists q, r \ s.t. \ k = qn + r,$ かつ $0 \leq r \leq n-1$

ゆえに

$x = a^k = a^{qn+r} = (a^n)^q a^r = e^q a^r = a^r \in H$

よって

$<a> \subset H$

$<a> \supset H$ は明らかなので $H = <a>$ である.

$e = a^0, \ a = a^1, a^2, \cdots, a^{n-1}$ は全て相異なる. [32]

H, すなわち $<a>$ は n 個の元よりなる群となる.

つまり a の位数は n である.

★ ここで示したのは

「$<a>$ が有限群のとき

---

[32] $0 \leq i < j \leq n-1$ で $a^i = a^j$ とする.
$1 \leq j - i \leq n-1$ であるが $a^{j-i} = e$ となり n の取り方に反する.

$n = min\{s \in \mathbb{N} | a^s = e\}$ となる n があり,
n は $<a>$ の位数である」
ということである.
すなわち
「$<a>$ の位数が n のとき
$m = min\{s \in \mathbb{N} | a^s = e\}$ となる m があり,
m は $<a>$ の位数である $(n = m)$」

Def. 7.7.10　（指数）

G/H が有限集合のとき G/H の元の個数を
H の G における指数という.
H の G における指数を $[G:H]$ で表す.

★ G/H が無限集合のとき H の G における指数は無限であるという.

Theorem 7.7.1

H を群 G の部分群とするとき, 次が成り立つ.
$|G| : [G:H] = |H| : 1$ である.
$([G:H] = |G/H| = |G|/|H|$ が成り立つ)

(proof)

$|H| = m$ とする.
写像 $p : G \longrightarrow G/H$ を $p(x) = xH$ となるように定めると
p は全射で [33] $m : 1$ の写像である.
　実際, G/H の元は G の元 a を適当に選んで aH の形,
すなわち $p(a)$ と表される.
つまり p は全射である.
また

---

[33]　$\varphi : G \to G/H$ で
　　　$\varphi(a) = aH$ で定まるものを自然な全射と呼ぶ.

$p^{-1}(\{aH\}) \ni b$ [34] $\Leftrightarrow p(b) \in \{aH\}$
$\Leftrightarrow p(b) = aH$
$\Leftrightarrow bH = aH$
$\Leftrightarrow b \in aH$

$|aH| = |H| = m$ なので $|p^{-1}(\{aH\})| = m$
よって p は $m:1$ の写像である.
つまり
　$|G/H| = |G|/|H|$
である.

★ $G/H \ni aH$ として aH は G/H の元の一つであり,
$H \supset G/H \supset aH$ として aH は G/H の部分集合の一つである.

Theorem 7.7.2

G は有限群とする.
(1) H を G の部分群とすると H の位数は G の位数の約数である.
(2) $G \ni g$ のとき g の位数は G の位数の約数である.

(proof)
(1) Theorem 7.7.1 より $|G| = [G:H]|H|$
(2) g の位数は G の部分群 $<g>$ の位数だから
　(1) より明らか.

Def. 7.7.11　(同値関係)

X を空でない集合とする.
「X に関係 $\sim$ が与えられている」とは,
X の任意の 2 元 a,b について, これらが $\sim$ という関係にあるかないかがはっきり定まっていることである.
「集合 X に関係 $\sim$ が与えられている」とする.
関係 $\sim$ が同値関係であるとは次の 3 つの性質がみたされることである.

---

[34]　$p^{-1}(\{aH\})$ は G の元で p でうつすと aH にうつるものの集まりである.

(反射律) $X \ni^\forall a$ に対して $a \sim a$

(対称律) $X \ni^\forall a, ^\forall b$ に対して $a \sim b \Rightarrow b \sim a$

(推移律) $X \ni^\forall a, ^\forall b, ^\forall c$ に対して
$$a \sim b \text{ かつ } b \sim c \Rightarrow a \sim c$$

Def. 7.7.12 (同値類)

$(X, \sim)$ を空でない集合 X における同値関係とする.
$X \ni a$ のとき $\{x \in X \mid a \sim x\}$ を
X における a を代表元にもつ同値類という.

∗ 同値関係 $\sim$ に関する同値類の集合を $X/\sim$ と表す.

Def. 7.7.13 (共役)

G は群, a, b は G の元であるとする.
$G \ni^\exists g \ \ s.t. \ \ b = gag^{-1}$
が成り立つとき, a と b は G において共役であるといい,
b は G における a の共役元であるという.

Proposition 7.7.4 (共役は同値関係)

G は群とする.
G において 共役は同値関係である.

(proof)

・$G \ni a$ とする.

$G \ni e$ で $a = eae^{-1}$

よって a と a は G において共役である.

・$G \ni a, b$ で a と b は G において共役であるとする.

このとき, $G \ni^\exists g \ \ s.t. \ \ b = gag^{-1}$ である.

つまり $G \ni g^{-1}$ で $a = g^{-1}b(g^{-1})^{-1}$ が成り立つ.

よって b と a は G において共役である.

・$G \ni a, b, c$ とする.

a と b が G において共役で b と c が G において共役とする.

このとき, $G \ni^\exists g, h$ s.t. $b = gag^{-1}$ かつ $c = hbh^{-1}$ である.
つまり $G \ni hg$ で $c = hbh^{-1} = hgag^{-1}h^{-1} = (hg)a(hg)^{-1}$ が成り立つ.
よって a と c は G において共役である.

Def. 7.7.14 (共役類)

群 G において, 共役という同値関係での同値類を共役類という.
a を G の元とするとき, a を代表元にもつ共役類は
$\{gag^{-1} \mid G \ni g\}$ である. [35)]
これを $C(a)$ で表す.

Proposition 7.7.5

H を群 G の部分群として g を G の元とするとき
gHg^{-1} も G の部分群である. [36)]

Def. 7.7.15 (共役部分群)

H と H' を群 G の部分群とする.
$G \ni^\exists g$ s.t. $H' = gHg^{-1}$ が成り立つとき
H と H' は G において共役であるといい,
H' は G における H の共役部分群であるという.

Lemma 7.7.1

群 G において, その二つの部分群 H と H' が共役のとき
H と H' は群として同型である.
当然 H と H' は同じ位数をもつ.

(proof)
$G \ni^\exists g$ s.t $H' = gHg^{-1}$ である.

[35)] これは $\{x \mid ^\exists g \in G$ s.t. $x = gag^{-1}\}$ である.
a を代表元にもつ共役類の元 x は
「$^\exists g \in G$ s.t. $x = gag^{-1}$」をみたしている.

[36)] $gHg^{-1} = \{gxg^{-1} \mid H \ni x\} = \{y \mid ^\exists x \in H$ s.t. $y = gxg^{-1}\}$ である.
gHg^{-1} の元をとれば「$^\exists x \in H$ s.t. $y = gxg^{-1}$」をみたしている.

H から gHg^{-1} への写像を $x \longmapsto gxg^{-1}$ で定めれば
これは同型写像になっている.

Proposition 7.7.6　(共役な部分群という関係は同値関係)

群 G の部分群全体のなす集合において
群 G において共役な部分群であるという関係は同値関係である.

(proof)

　　Proposition 7.7.4(共役は同値関係) と同様に確かめられる.

Def. 7.7.16　(正規部分群)

H を群 G の部分群とする.
G における H の共役な部分群が H のみであるとき
H は G の正規部分群であるという.
H が G の正規部分群であるということを
$H \triangleleft G$ あるいは $G \triangleright H$ で表す.

正規部分群に関して次が成り立つ.

Proposition 7.7.7　(正規部分群であるための条件)

G を群として H をその部分群とする.
このとき次はみな同値である.
(1) H は G の正規部分群である.
(2) $G \ni^{\forall} g$ に対して $H = gHg^{-1}$
(3) $G \ni^{\forall} g$ に対して $H \supset gHg^{-1}$
(4) $G \ni^{\forall} g$ に対して $H \subset gHg^{-1}$
(5) $G \ni^{\forall} g$ に対して $Hg = gH$
(6) $G \ni^{\forall} g$ に対して $Hg \supset gH$
(7) $G \ni^{\forall} g$ に対して $Hg \subset gH$
(8) $G \ni g$ で $H \ni h$ とすれば $H \ni ghg^{-1}$

(9) $G \ni g$ で $H \ni h$ とすれば $H \ni g^{-1}hg$

(proof)

  (1) $\Leftrightarrow$ (2)

    (2) は H と共役な群は H のみであることを示しているので明らか.

また $G \ni g$ のとき

$H = gHg^{-1} \Leftrightarrow Hg = gH$

$H \supset gHg^{-1} \Leftrightarrow Hg \supset gH$

$H \subset gHg^{-1} \Leftrightarrow Hg \subset gH$

なので

  (2) $\Leftrightarrow$ (5)

  (3) $\Leftrightarrow$ (6)

  (4) $\Leftrightarrow$ (7)

が成り立つ.

元をとって考えると

  (3) $\Leftrightarrow$ (8)

  (4) $\Leftrightarrow$ (9)

は明らかである.

 (6) $\Rightarrow$ (7) を示す.

  $G \ni g$ とする.

  $G \ni g^{-1}$ より $Hg^{-1} \supset g^{-1}H$

  よって $gHg^{-1}g \supset gg^{-1}Hg$

  ゆえに $gH \supset Hg$

 (7) $\Rightarrow$ (6) を示す.

  $G \ni g$ とする.

  $G \ni g^{-1}$ より $Hg^{-1} \subset g^{-1}H$

  よって $gHg^{-1}g \subset gg^{-1}Hg$

  ゆえに $gH \subset Hg$

 (5) $\Rightarrow$ (6) は明らかである.

 (6) $\Rightarrow$ (5) を示す.

(6) のとき (7) なので (6) と (7) が成立するので (5) が成立する.

Proposition 7.7.8
(1) $\{e\}$ は G の正規部分群である.
(2) G は G の正規部分群である.

(proof)
(1) $G \ni g$ のとき $g^{-1}eg = e \in \{e\}$ より
　　$\{e\}$ は G の正規部分群である.
(2) $G \ni g, a$ のとき $g^{-1}ag \in G$ より
　　G は G の正規部分群である.

Theorem 7.7.3　(正規部分群は共役類の和集合からなる部分群)
H を群 G の部分群とするとき次が成り立つ.
H が G の正規部分群 $\Leftrightarrow$ H は G の共役類いくつかの和集合

(proof)
($\Rightarrow$)
　H が G の正規部分群のときは
　$H \ni x$ とすると
　$C(x) \ni^\forall y$ に対して
　　$G \ni^\exists g$　s.t.　$y = gxg^{-1}$
　よって
　　$y \in H$
　ゆえに
　　$H \supset C(x)$
　したがって
　　$H \supset \cup_{x \in H} C(x)$
　$H \subset \cup_{x \in H} C(x)$ は明らかである.　[37]

---

[37]　$H \subset \cup_{x \in H} C(x)$ を示すには
　　　$H \ni^\forall y$ に対して $H \ni^\exists x$　s.t.　$y \in C(x)$

以上より $H = \cup_{x \in H} C(x)$ である.

($\Leftarrow$)

$G \ni^{\exists} a_1, a_2, \cdots, a_n$ s.t.

$H = C(a_1) \cup C(a_2) \cdots \cup C(a_n)$ とすると

$G \ni^{\forall} g$ と $H \ni^{\forall} h$ に対して

$H \ni h$ より $^{\exists} i$ s.t. $C(a_i) \ni h$

∴ $H \supset C(a_i) \ni ghg^{-1}$

よって H は G の正規部分群である.

Proposition 7.7.9 (中心は 正規部分群)

G を群とするとき

G の中心 $Z(G)$ の部分群は G の正規部分群である.

特に $Z(G)$ は G の正規部分群である.

(proof)

H を $Z(G)$ の部分群とする.

$G \ni g$ のとき H の元は $Z(G)$ の元なので g と可換である.

よって $gH = Hg$

ゆえに H は G の正規部分群である.

Proposition 7.7.10 (正規化群の中では正規部分群)

H を 群 G の部分群とするとき

H は G における H の正規化群 $N_G(H)$ の正規部分群である.

(proof)

$N_G(H) \ni g$ とすると $gH = Hg$ が成り立つ.

よって $gHg^{-1} = H$

H は $N_G(H)$ の正規部分群である.

を示せばよかった.

今は x として y を考える.

Remark 7.7.2

H を群 G の部分群とするとき
G における H の正規化群 $N_G(H)$ は，H を正規部分群にもつ
G の部分群のうち最大のものである．[38]

Proposition 7.7.11 (指数2の部分群は正規部分群)

H を群 G の部分群で G における指数が2とするとき
H は G の正規部分群である．

(proof)

$G \ni g$ とする．
$H \ni g$ のときは $Hg = H = gH$ である．
$H \not\ni g$ のときは $Hg \cap He = \emptyset$ で $gH \cap eH = \emptyset$ である．
G における H の指数が2なので
$G = Hg \cup He$, $G = gH \cup eH$ (disjoint union) である．
$He = H = eH$ なので
Hg と gH は共に G における H の
補集合である．
H の補集合は1個しかないので $Hg = gH$ である．
以上より H は G の正規部分群である．

Proposition 7.7.12

アーベル群においては全ての部分群は正規部分群である．

(proof)

アーベル群を G とおくと
$G = Z(G)$ なので Proposition 7.7.9 (中心は正規部分群) より明らか．

Theorem 7.7.4 (正規部分群と準同型写像)

$\varphi : G \longrightarrow G'$ を準同型写像とする．

---

[38] K を G の部分群で H を正規部分群にもつものとすると，
$K \ni g$ に対して $gH = Hg$ なので $g \in N_G(H)$

このとき次が成り立つ.
(1) H' を G' の正規部分群とすると
$\varphi^{-1}(H')$ は G の正規部分群である.
(2) $Ker\varphi$ は G の正規部分群である.
(3) φ が全射で H が G の正規部分群とすると
$\varphi(H)$ は G' の正規部分群である.

(proof)
(1) $G \ni g$ で $\varphi^{-1}(H') \ni h$ とする.
このとき H' が G' の正規部分群であり,
$G' \ni \varphi(g)$ で $H' \ni \varphi(h)$ なので
$\varphi(g)\varphi(h)\varphi(g)^{-1} \in H'$
である.
$\varphi(ghg^{-1}) = \varphi(g)\varphi(h)\varphi(g)^{-1} \in H'$ より
$ghg^{-1} \in \varphi^{-1}(H')$
よって $\varphi^{-1}(H')$ は G の正規部分群である.
(2) e' を G' の単位元とする.
このとき $\{e'\}$ は G' の正規部分群で $Ker\varphi = \varphi^{-1}(\{e'\})$ なので
$Ker\varphi$ は G の正規部分群である.
(3) $G' \ni g'$ で $\varphi(H) \ni h'$ とする.
φ が全射なので
$G \ni^{\exists} g \ \ s.t. \ \ g' = \varphi(g)$
$\varphi(H) \ni h'$ なので
$H \ni^{\exists} h \ \ s.t. \ \ h' = \varphi(h)$
H が G の正規部分群で $G \ni g$ かつ $H \ni h$ なので
$ghg^{-1} \in H$
よって
$g'h'g'^{-1} = \varphi(g)\varphi(h)\varphi(g)^{-1} = \varphi(ghg^{-1}) \in \varphi(H)$
したがって $\varphi(H)$ は G' の正規部分群である.
以下は H が G の正規部分群のときの左剰余類 G/H について述べる.

Theorem 7.7.5 (剰余類群)

H を群 G の正規部分群とするとき
G/H に積を $(aH)(bH) = abH$ と定めるとこれは well-defined であり，この積により G/H は群になる．
G/H における単位元は $eH(\neq H)$ で aH の逆元は $a^{-1}H$ である．

(proof)

$G/H \ni aH, bH, cH, dH$ で $aH = cH, bH = dH$ とすると
$c \in aH,\ d \in bH$ より
　$H \ni^{\exists} h, h'\ \ s.t.\ \ c = ah,\ d = bh'$
$bH = Hb \ni hb$ より
　$H \ni^{\exists} h''\ \ s.t.\ \ hb = bh''$
ゆえに
　$cd = ahbh' = abh''h' \in abH$
よって
　$abH = cdH$ [39)]
$G \ni a, b, c$ とする．
このとき
$$((aH)(bH))(cH) = (abH)(cH) = ((ab)c)H = (a(bc))H$$
$$= (aH)(bcH) = (aH)((bH)(cH))$$
よって G/H の積は結合法則をみたしている．
　$(aH)(eH) = aeH = aH = eaH = (eH)(aH)$
よって eH は G/H の単位元である．
　$(aH)(a^{-1}H) = aa^{-1}H = eH = a^{-1}aH = (a^{-1}H)(aH)$
よって $a^{-1}H$ が aH の逆元である．
以上より G/H は群をなす．

[39)] 集合としては $(aH)(bH) = aHbH = abHH = abH$
　　 だったので，これで well-defined である．

Def. 7.7.17 （剰余類群）

H を群 G の正規部分群とするとき

上の Theorem 7.7.5(剰余類群) のように G/H を群とするとき, G/H を剰余類群という.

Proposition 7.7.13

H を群 G の正規部分群とするとき

次が成り立つ.

(1) 自然な全射 $p : G \to G/H$ は準同型写像である.
(2) $H = Ker p$ である.
(3) $|G| : |G/H| = |H| : 1$ である.

(proof)
(1) $G \ni a,b$ とする.

このとき
$$p(ab) = abH = (aH)(bH) = p(a)p(b)$$
よって自然な全射 p は準同型写像である.

(2) ($\subset$)

$x \in H$ とする.

$xH = eH$ である.

すなわち $p(x) = eH$

よって $x \in Ker p$

($\supset$)

$x \in Ker p$ とする.

$p(x) = eH$ より

$xH = eH$ である.

よって $x \in H$

以上より $H = Ker p$ である.

(3) Theorem 7.7.1 で示した.

★ N が加群 M の部分加群であるとき,M/N における和を $(a+N)+(b+N)=(a+b)+N$ で定める.

7.8 準同型定理

この節ではガロア理論だけでなく代数学の理論展開で
よく使われて役に立つ準同型定理について述べておくことにする.
準同型写像のことを homomorphism と言っていたが, この節では
節の題にあわせて準同型写像とかくことにする.
準同型定理は見かけ上一般群の場合, 加群の場合, 環の場合と
一見異なった形に見えているが本質的には同じものである.
ここでは最初に演算が積の形の群の場合を述べ, 次に加群の場合に言及し,
最後に環の場合に触れることにする.
しばらく G, G' は二項演算が積の群で, e は G の単位元, e' は G' の単位元
とする.

Def. 7.8.1 (準同型写像・homomorphism)
　G, G' を群とする.
　写像 $\varphi : G \longrightarrow G'$ が
　$G \ni^\forall a,\ {}^\forall b$ に対して $\varphi(ab) = \varphi(a)\varphi(b)$ をみたすとき,
　φ は準同型写像 (homomorphism) であるという. [40]

Def. 7.8.2 (同型写像・isomorphism)
　全単射である準同型写像を 同型写像 (isomorphism) という.

準同型写像の合成は準同型写像になる.

Proposition 7.8.1 (準同型の合成は準同型)
　$\varphi : G \longrightarrow G', \psi : G' \longrightarrow G''$ 準同型写像とする.
　このとき
　$\psi \circ \varphi : G \longrightarrow G''$ は準同型写像である.

---

[40] 正確には群の準同型写像とか群準同型という.
　　ここでは略して準同型写像や準同型ということにする.

(proof)

$G \ni^\forall a,^\forall b$ に対して
$$\begin{aligned}
\psi \circ \varphi(ab) &= \psi(\varphi(ab)) \\
&= \psi(\varphi(a)\varphi(b)) (\because \varphi \text{ は準同型}) \\
&= \psi(\varphi(a))\psi(\varphi(b)) \quad (\because \psi \text{ は準同型}) \\
&= (\psi \circ \varphi(a))(\psi \circ \varphi(b))
\end{aligned}$$

準同型写像では単位元は単位元にうつり，逆元は逆元にうつる．すなわち次の命題が成り立つ．

Proposition 7.8.2 （単位元は単位元にうつる）

$\varphi : G \longrightarrow G'$ 準同型写像とする．
このとき $\varphi(e) = e'$ である．

(proof)

$\varphi(e) \in G'$ で
$\varphi(e)\varphi(e) = \varphi(ee) = \varphi(e)$ である．
$\varphi(e)$ に逆元があるので両辺に $\varphi(e)^{-1}$ をかけて
$\quad e'\varphi(e) = e'$
ゆえに
$\quad \varphi(e) = e'$

Proposition 7.8.3 （逆元は像の逆元にうつる）

$\varphi : G \longrightarrow G'$ を準同型写像とするとき
$G \ni^\forall g$ に対して
$\varphi(g^{-1}) = \varphi(g)^{-1}$ である．
また $G \ni^\forall a,^\forall b$ に対して
$\varphi(ab^{-1}) = \varphi(a)\varphi(b)^{-1}$ である．

(proof)

$\varphi(g)\varphi(g^{-1}) = \varphi(gg^{-1}) = \varphi(e) = e'$
よって

$$\varphi(g^{-1}) = \varphi(g)^{-1}$$

また

$$\varphi(ab^{-1}) = \varphi(a)\varphi(b^{-1}) = \varphi(a)\varphi(b)^{-1}$$

準同型写像においては,その像はイメージと呼ばれる.
また,単位元のみからなる集合の逆像は
核とかカーネル (kernel) と呼ばれる.

Def. 7.8.3 (像 (イメージ) と核 (カーネル))
$\varphi : G \longrightarrow G'$ を準同型写像とするとき
φ による G の像 $\{\varphi(g) \mid g \in G\}$ を
φ の像,または φ のイメージといい,
$\varphi(G)$ や $Im\varphi$ で表す.
$\varphi^{-1}(\{e'\})$ を φ の核,または φ のカーネルといい,
$Ker\varphi$ で表す.[41]

Proposition 7.8.4 (部分群と準同型写像)
$\varphi : G \longrightarrow G'$ を準同型写像とするとき
φ による G の部分群の像は G' の部分群であり
φ による G' の部分群の逆像は G の部分群である.
特に $Im\varphi$ は G' の部分群であり
$Ker\varphi$ は,G の部分群である.

(proof)
H を G の部分群とすると
$\varphi(H)$ は空でない G' の部分集合である.
$\varphi(H) \ni x', y'$ とすると
 $H \ni^\exists x, y$ s.t. $\varphi(x) = x'$, $\varphi(y) = y'$ で $xy^{-1} \in H$ より
 $x'y'^{-1} = \varphi(x)\varphi(y)^{-1} = \varphi(xy^{-1}) \in \varphi(H)$
よって $\varphi(H)$ は G' の部分群である.

---

[41] $Ker\varphi \ni x \Leftrightarrow \varphi(x) \in \{e'\} \Leftrightarrow \varphi(x) = e'$

逆に H' を G' の部分群とすると
$\quad \varphi(e) = e' \in H'$ より
$\quad e \in \varphi^{-1}(H')$ [42]
$\varphi^{-1}(H') \ni a, b$ とすると
$\quad \varphi(a) \in H',\ \varphi(b) = \in H',\ \varphi(b)^{-1} \in H'$
である. よって
$\quad \varphi(ab^{-1}) = \varphi(a)\varphi(b)^{-1} \in H'$
ゆえに
$\quad ab^{-1} \in \varphi^{-1}(H')$
$\varphi^{-1}(H')$ は G の部分群である.

単射性をカーネルの言葉で述べることができる.

Proposition 7.8.5
$\quad \varphi : G \longrightarrow G'$ を準同型写像とするとき次が成り立つ.
$\quad \varphi$ が単射である $\Leftrightarrow Ker\varphi = \{e\}$

(proof)
($\Rightarrow$)
$\quad \varphi(e) = e'$ であり, φ が単射であるから
$\quad e$ 以外に e' に移る元はない.
$\quad$ したがって $Ker\varphi = \{e\}$ である.
($\Leftarrow$)
$\quad G \ni x,\ y$ で $\varphi(x) = \varphi(y)$ とする.
$\quad$ 両辺に $\varphi(y)^{-1}$ をかけると
$\quad\quad \varphi(xy^{-1}) = \varphi(x)\varphi(y)^{-1} = e'$
$\quad\quad xy^{-1} \in Ker\varphi = \{e\}$
$\quad$ よって
$\quad\quad xy^{-1} = e$

---

[42] $\varphi^{-1}(H') \neq \emptyset$ である.

である.

したがって $x = y$ となり, φ は単射であることがわかる.

$\varphi : G \to G'$ が準同型のときは
φ は G から $Im\varphi$ への写像を誘導するが
それには次の関係が成り立つ.

Proposition 7.8.6

$\varphi : G \to G'$ を準同型とするとき
$$\varphi'(x) = \varphi(x)$$
と $\varphi' : G \to Im\varphi$ を定めると
φ' は全射準同型写像である.
φ が単射のときは φ' は同型写像になる.

(proof)

$Im\varphi$ が群になることはすぐわかる.
φ' が全射準同型であることもすぐわかる.
φ が単射のときは φ' の定義より
φ' も単射になり, したがって
φ' は同型写像である.

★ 上の φ' を φ により誘導された
準同型写像という.

$\varphi : G \to G'$ が単射準同型写像のときには
φ' は G から $Im\varphi$ への同型写像であった.

Proposition 7.8.7

$\varphi : G \to G'$ が単射準同型写像のときは
G と $Im\varphi$ は同型である.

準同型写像と正規部分群の間には密接な関係がある.

Proposition 7.8.8 （正規部分群と準同型写像）

$\varphi : G \longrightarrow G'$ 準同型写像とする.
(1) H' を G' の正規部分群とすると
$\varphi^{-1}(H')$ は G の正規部分群である.
(2) $Ker\varphi$ は G の正規部分群である.

(proof)
(1) $G \ni g,\ \varphi^{-1}(H') \ni h$ とする.
H' は G' の正規部分群で $G' \ni \varphi(g),\ H' \ni \varphi(h)$ より
$\varphi(g)\varphi(h)\varphi(g)^{-1} \in H'$ である.
$\varphi(ghg^{-1}) = \varphi(g)\varphi(h)\varphi(g)^{-1} \in H'$ なので
$ghg^{-1} \in \varphi^{-1}(H')$
よって $\varphi^{-1}(H')$ は G の正規部分群である.

(2) $\{e'\}$ は G' の正規部分群であり,
定義より $Ker\varphi = \varphi^{-1}(\{e'\})$ なので
(1) より $Ker\varphi$ は G の正規部分群である.

H を G の正規部分群とする.
自然な全射 $p : G \to G/H$ が準同型となる群構造を G/H に入れることができる.

Proposition 7.8.9

H を G の正規部分群とするとき
(1) G/H に $(aH)(bH) = abH$ と積を定めると
これは well-defined である.
この積で G/H は群になる.
eH は G/H の単位元で $(aH)^{-1} = a^{-1}H$ である.
(2) $p(a) = aH$ で定まる自然な全射 $p : G \to G/H$ は
全射準同型である.
(3) $Kerp = H$ である.

(proof)
(1) 別冊「正規部分群」Theorem 7.7.5(剰余類群) で示した.
(2) $G \ni a,b$ に対して
$$p(ab) = abH = (aH)(bH) = p(a)p(b)$$
よって群の準同型である.
(3) $Kerp \ni x$ とすると
$$p(x) = eH$$
また $p(x) = xH$ なので
$$xH = eH = H$$
ゆえに
$$x \in H$$
また $H \ni a$ とすると
$$p(a) = aH = H = eH$$
ゆえに $a \in Kerp$ である. [43)]

H を G の正規部分群として
$\varphi : G \to G'$ を準同型写像とするとき,
φ が $\bar{\varphi}(aH) = \varphi(a)$ となる
G/H から G' への準同型写像 $\bar{\varphi}$ を
誘導する. つまり
$p : G \to G/H$ を自然な全射とするとき
$$\varphi = \bar{\varphi} \circ p$$
が成り立つような $\bar{\varphi}$ が存在するための条件を調べよう.

φ が $\bar{\varphi}$ を誘導したとする.
eH は G/H の単位元なので $H \ni^{\forall} x$ に対して
$$\varphi(x) = \bar{\varphi}(xH) = \bar{\varphi}(eH) = e'$$
つまり $x \in Ker\varphi$ となり, $H \subset Ker\varphi$ である.

---

43) この本では eH は G/H の単位元, H は G/H の部分集合と使い分けている.

逆に $Ker\varphi \supset H$ のとき
$\bar{\varphi}(aH) = \varphi(a)$ と $\bar{\varphi}: G/H \to G'$ を定めると
これは well-defined である。[44]
つまり φ より写像 $\bar{\varphi}$ は誘導される．
$$\bar{\varphi}(abH) = \varphi(ab) = \varphi(a)\varphi(b) = \bar{\varphi}(aH)\bar{\varphi}(bH)$$
が成り立つので $\bar{\varphi}$ は準同型である．

★ $\varphi: G \to G'$ を準同型写像として H を G の正規部分群とする．
φ が $\bar{\varphi}(aH) = \varphi(a)$ となる $\bar{\varphi}: G/H \to G'$ を
誘導するならば，$Ker\varphi \supset H$ である．
$Ker\varphi \supset H$ のとき φ は
$\bar{\varphi}(aH) = \varphi(a)$ となる $\bar{\varphi}: G/H \to G'$ を誘導する．

ここでの話を可換図式を使って視覚的に理解しておこう．
$\varphi: G \to G'$ を準同型写像として，H を G の正規部分群とするとき
準同型写像 $\bar{\varphi}: G/H \to G'$ が $\bar{\varphi}(aH) = \varphi(a)$ をみたす
ということ，つまり

$p: G \to G/H$ を
自然な準同型写像とするとき
$\varphi = \bar{\varphi} \circ p$ が成り立つことを
右の図のように表現する．

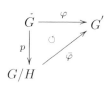

---

[44] $aH = bH$ とする．
$b^{-1}a \in H \subset Ker\varphi$
$\varphi(b^{-1}a) = e'$
$\varphi(b)^{-1}\varphi(a) = e'$ より
　$\varphi(a) = \varphi(b)$
よって $\bar{\varphi}$ は well-defined である．

そのような $\bar{\varphi}$ が
存在すること,
あるいは
唯一つ存在することを
右のように表現する.

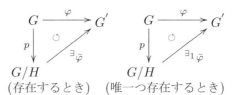

(存在するとき)　(唯一つ存在するとき)

取り扱う可換図式がしばらく群の準同型写像の可換図式ばかりの時は, 断ってから単に可換図式というのが普通である.
また $G \xrightarrow{p} G/H$ は自然な全射準同型写像とする.

Theorem 7.8.1 （準同型定理 1）
$\varphi : G \longrightarrow G'$ は準同型として
H を G の正規部分群,
$Ker\varphi \supset H$ とするとき
右の準同型写像の可換図式が成り立つ.

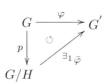

$\bar{\varphi}$ については次が成り立つ.
(a) $\bar{\varphi}$ が全射 $\iff \varphi$ が全射
(b) $\bar{\varphi}$ が単射 $\iff H = Ker\varphi$

(proof)
前半は示したので後半を示す.
(a)($\Rightarrow$)
　　p が全射なので $\bar{\varphi}$ が全射とすると
　　$\bar{\varphi} \circ p$, すなわち φ は全射になる.
　($\Leftarrow$)
　　φ, すなわち $\bar{\varphi} \circ p$ が全射とすると $\bar{\varphi}$ は全射になる.
(b)($\Rightarrow$)
　　$H \subset Ker\varphi$ だったので $H \supset Ker\varphi$ を示す.
　　$Ker\varphi \ni x$ とする.
　　$\varphi(x) = e'$ なので
　　　$\bar{\varphi}(p(x)) = \varphi(x) = e'$

$\bar{\varphi}$ は単射より $p(x)$ は G/H の単位元である.
ゆえに
$$xH = eH$$
よって
$$x \in eH = H$$

($\Leftarrow$)
$G/H \ni xH, yH$ で $\bar{\varphi}(xH) = \bar{\varphi}(yH)$ とする.
$$\varphi(x) = \bar{\varphi}(xH) = \bar{\varphi}(yH) = \varphi(y)$$
ゆえに
$$\varphi(x^{-1}y) = \varphi(x)^{-1}\varphi(y) = e'$$
$$x^{-1}y \in Ker\varphi = H$$
したがって
$$xH = yH \quad {}^{45)}$$
よって $\bar{\varphi}$ は単射である.

★ $\varphi : G \to G'$ が全射準同型のときは
H として $Ker\varphi$ をとれば
φ から誘導される $\bar{\varphi}$ は
全射かつ単射, すなわち同型なので次を得る.

Theorem 7.8.2 (準同型定理２)
$\varphi : G \to G'$ が全射準同型のときは
φ は $G/Ker\varphi$ と G' の同型を誘導する.

★ Theorem 7.8.1(b)($\Leftarrow$) は φ より $G/Ker\varphi$ から G' への
単射準同型写像 $\bar{\varphi}$ が誘導されることを主張している.
$\bar{\varphi}$ は単射準同型なので $\bar{\varphi}$ は $G/Ker\varphi$ から $Im\bar{\varphi}$ への同型写像を誘導する.
ところが p は全射なので $Im\varphi = Im\bar{\varphi}$ である. ${}^{46)}$

---

45) $x^{-1}y \in H \Leftrightarrow x^{-1}yH = H \Leftrightarrow yH = xH$
46) $Im\bar{\varphi} = \bar{\varphi}(G/H) = \bar{\varphi}(p(G)) = \varphi(G) = Im\varphi$

よって次の定理を得る.

Theorem 7.8.3 （準同型定理3）

G, G' を群とする.
$\varphi : G \longrightarrow G'$ を群の準同型とすると,
$G/Ker\varphi \simeq Im\varphi$ である.
（φ が全射のときは $G/Ker\varphi \simeq G'$ である）

H が G の部分群の時は断らない限り
$$H \to G$$
で H から G への包含写像を表すものとする.
また G から G' への G の元を G' の単位元にうつす写像は
$$G \xrightarrow{1} G'$$
で表す.
また $\varphi : G \to G'$ が全射であることを強調したいときは
$$G \twoheadrightarrow G'$$
と表す.
この約束の下では準同型定理の主張を全て可換図式だけで表すことができる.

$\varphi : G \to G'$ が準同型写像で H が G の正規部分群のとき
$Ker\varphi \supset H$ のとき

$H \ni^{\forall} x$ に対して
$\varphi(x) = e'$ より
「$Ker\varphi \supset H$」は
右の可換図式で表せる.

よって 準同型定理 1.Theorem 7.8.1 を可換図式だけで表すと

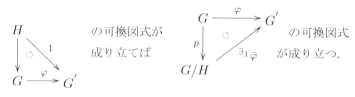

の可換図式が成り立てば ... の可換図式が成り立つ．

これは
「G から G' への行く道で，H の元が全て単位元に移るときはその道で G から G' へ行くことと G から G/H に自然に行ってから，G/H から G' へ行く道で行くことは，結果的に同じである」というような G/H から G' へ行く道がただ一つ存在していることを意味している．

これを略して 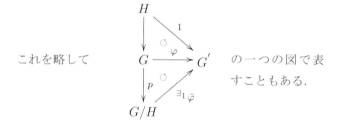 の一つの図で表すこともある．

よって準同型定理1はこの図を用いて次のように主張することもできる．

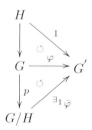

$\bar{\varphi}$ については次が成り立つ．
   (a) $\bar{\varphi}$ が全射 $\iff \varphi$ が全射
   (b) $\bar{\varphi}$ が単射 $\iff H = Ker\varphi$

Corolally 7.8.1

$\varphi: G \longrightarrow G'$ が全射準同型で
$\psi: G \longrightarrow G''$ は
$Ker\psi \supset Ker\varphi$ をみたす
準同型写像の時, ψ は
$$\psi = \bar{\psi} \circ \varphi$$
となる準同型写像 $\bar{\psi}: G' \longrightarrow G''$ を
誘導する.

この Corolally も可換図式で主張すると

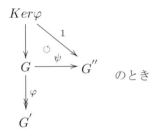 のとき 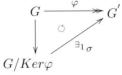 が成り立つ.

となる.

これを一つの図で表して

が成り立つ.

としてよい.

(proof)
定理より右が成り立ち
この σ は同型写像である.

$Ker\psi \supset Ker\varphi$ より右が成
り立つ.

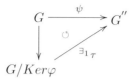

この二つの図をまとめて一つにすると

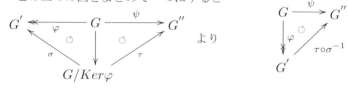 より

$\bar{\psi} = \tau \circ \sigma^{-1}$ とすると存在が示された.

次に一意性を示そう.

 左が成り立つとする.

このとき左の可換図式が成り立ち右の可換図式を得る.

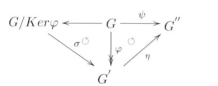 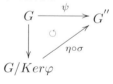

$\eta \circ \sigma$ は ψ で誘導されたものなので
$\eta \circ \sigma$ は τ と一致する.
したがって $\eta = \tau \circ \sigma^{-1}$ となり一意性が示された.

Proposition 7.8.10 (G/H から G'/H' への準同型)

$G \triangleright H$, $G' \triangleright H'$ とする。
φ は G から G' への準同型で
$\varphi(H) \subset H'$ とするとき
$\varphi : G \longrightarrow G'$ は $\bar{\varphi}(aH) = \varphi(a)H'$
で定まる G/H から G'/H' への写像 $\bar{\varphi}$ を
ただ一つ誘導する。
このとき $\bar{\varphi}$ について次が成り立つ。
(a) φ が全射 $\Rightarrow$ $\bar{\varphi}$ が全射
(b) $\bar{\varphi}$ が単射 $\Leftrightarrow$ $\varphi^{-1}(H') = H$

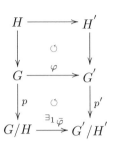

(proof)

$\varphi(H) \subset H'$ より $Ker\ (p' \circ \varphi) \supset H$ である。
よって準同型定理1より $\bar{\varphi}$ が存在して (a),(b) が成り立つ。 [47]

★ H の元は φ を通ってから p' を通っていくと単位元にうつるので
φ を通ってから p' を通る道と
p を通ってから $\bar{\varphi}$ を通る道とが結果的に同じとなる $\bar{\varphi}$ が
ただ一つ存在する。
この $\bar{\varphi}$ は $\bar{\varphi}(aH) = \varphi(a)H'$ となっている。
この証明からわかるようにこの Proposition は

---

[47] (b) $H = Ker\ (p' \circ \varphi) = (p' \circ \varphi)^{-1}(\{1\}) = \varphi^{-1} \circ p'^{-1}(\{1\}) = \varphi^{-1}(H')$
よりわかる。

$G \triangleright H$, $G' \triangleright H'$ として
φ は G から G' への準同型で
$\varphi(H) \subset H'$ とするとき
準同型定理より
右の可換図式が成り立つ.

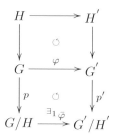

と記して証明の代わりにしてよい.

★ 加群 M から加群 M' への写像 $\varphi : M \to M'$ が
 $\varphi(a+b) = \varphi(a) + \varphi(b)$ をみたすとき
 φ は準同型写像という.
 準同型写像ではゼロはゼロにうつり,
 $M \ni a$ のとき $\varphi(-a) = -\varphi(a)$ となる.
 φ が準同型のとき $Ker\varphi$ は $\varphi^{-1}(e')$ であったことに注意しておく.
 準同型定理は加群の場合にも成り立つ.
 ここで描く可換図式は環準同型写像の可換図式である.

Theorem 7.8.4

$\varphi : M \longrightarrow M'$ は加群の準同型写像
とする.
N が M の部分加群のとき
$Ker\varphi \supset N$ ならば
 $\varphi : M \longrightarrow M'$ は $\bar{\varphi}(a+N) = \varphi(a)$
となる M/N から M' への
加群の準同型写像 $\bar{\varphi}$ を誘導する.
つまり右の可換図式が成り立つ.

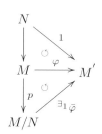

ここで p は自然な全射準同型写像であり，
加群の部分群は全て正規部分群であることに注意する．

Corolally 7.8.2

$\varphi : M \longrightarrow M'$ を加群の準同型写像
とする．
N が M の部分加群で N' が M' の
部分加群であるとする．
$\varphi(N) \subset N'$ のとき
$\bar\varphi(a+N) = \varphi(a) + N'$ で定まる
M/N から M'/N' への加群の準同型写像
$\bar\varphi$ で右の可換図式をみたすものが
存在する．

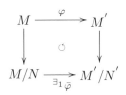

最後に環が関係した準同型定理について述べる．
これは本質的に加群のときの準同型定理なのだが
登場する環から環への写像は全て環準同型写像であるという違いがある．

★ $\varphi : A \longrightarrow B$ を環の準同型写像とする．
 I を A の ideal として $Ker\varphi \supset I$
とするとき
φ は加群の準同型写像であり
I は A の部分群であるので
$\varphi : A \longrightarrow B$ は A/I から B への
加群の準同型写像 $\bar\varphi$ を誘導する．
つまり右の可換図式が成り立つ加群の
準同型写像 $\bar\varphi$ が存在する．

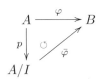

実はこの $\bar\varphi$ は環の準同型写像になっている．[48]

---

[48] $A \ni a, b$ のとき
$\bar\varphi((a+I)(b+I)) = \bar\varphi(ab+I)$

Theorem 7.8.5

$\varphi: A \longrightarrow B$ を環の準同型写像
とする.
I を A の ideal として $Ker\varphi \supset I$
とするとき
φ は環の準同型写像であり,
I は A の部分群であるので
$\bar{\varphi}(a+I) = \varphi(a)$ で定まる A/I から B
への環の準同型写像 $\bar{\varphi}$ が存在する.
つまり右の可換図式が成り立つ.

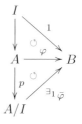

Corolally 7.8.3

$\varphi: A \longrightarrow B$ を環の準同型写像とする.
I を A の ideal, J を B の ideal とする.
$\varphi(I) \subset J$ のとき
$\bar{\varphi}(a+I) = \varphi(a)+J$ で定まる
A/I から B/J への環の準同型写像で
右の可換図式をみたすものが存在する.

$$= \varphi(ab) = \varphi(a)\varphi(b) = \bar{\varphi}(a+I)\bar{\varphi}(b+I)$$

7.9 S_n

Def. 7.9.1 (対称群 S_n)

X を空でない集合とするとき
X から X 自身への全単射全体のなす集合を $S(X)$ で表し
X の対称群という.

実際, $S(X) \ni f, g$ とするとき f と g の合成 $f \circ g$ は
X から X 自身への全単射写像になる.
つまり $S(X)$ の元である.
$f \circ g$ を fg で表し, f と g の積という.
この積は結合法則をみたしている.
X から X 自身への恒等写像 id_X は
$S(X)$ での単位元の役割を果たしている.
$S(X) \ni f$ のとき, f は全単射なので f の逆写像 f^{-1} が存在し,
それは全単射であり $S(X)$ の元である.
逆写像 f^{-1} は f の逆元の役割を果たす.
$S(X)$ はこのようにして群になっている.

Def. 7.9.2 (対称群 S_n)

n 個の自然数の集合 $\{1,2,3,\cdots,n\}$ から $\{1,2,3,\cdots,n\}$ 自身への
全単射全体からなる群 $S(\{1,2,3,\cdots,n\})$ を n 次対称群といい,
S_n で表す.
また S_n の元を (n 次の置換) という.
n は 2 以上の自然数とし, $\{1,2,3,\cdots,n\}$ を I_n で表すことにする.
また, 順列 $(i_1, i_2, \cdots, i_n)$ で $(1,2,3,\cdots,n)$ の順列を表すことにする.

⋆ $(i_1, i_2, \cdots, i_n)$ と $(j_1, j_2, \cdots, j_n)$ を共に順列としたとき
n 次の置換 σ で
$\sigma(i_1) = j_1, \sigma(i_2) = j_2, \cdots, \sigma(i_n) = j_n$
となるものを

$$\begin{pmatrix} i_1 & i_2 & i_3 & \cdots & i_n \\ j_1 & j_2 & j_3 & \cdots & j_n \end{pmatrix}$$

と表す．

$$\sigma^{-1} = \begin{pmatrix} j_1 & j_2 & j_3 & \cdots & j_n \\ i_1 & i_2 & i_3 & \cdots & i_n \end{pmatrix} \quad \text{であり,}$$

S_n の単位元 e は $\quad e = \begin{pmatrix} i_1 & i_2 & i_3 & \cdots & i_n \\ i_1 & i_2 & i_3 & \cdots & i_n \end{pmatrix} \quad$ である．

Def. 7.9.3 (S_n での巡回置換)

m を $2 \leq m \leq n$ なる自然数とし，
$i_1, i_2, \cdots, i_m$ を I_n の異なる m 個の元とするとき
n 次の置換 σ で，
$$\sigma(i) = \begin{cases} i_{s+1} & (1 \leq^{\exists} s \leq m-1 \ s.t. \ i = i_s \text{のとき}) \\ i_1 & (i = i_m \text{のとき}) \\ i & (\text{上記以外のとき}) \end{cases}$$
で定まるものを $(i_1 \ i_2 \ i_3 \ \cdots \ i_m)$ と表し，長さが m の巡回置換という．
長さが2の巡回置換を互換という．

Remark 7.9.1

長さが m の巡回置換 $(i_1 \ i_2 \ i_3 \ \cdots \ i_m)$ は
$i_1 \to i_2 \to i_3 \to \cdots \to i_{m-1} \to i_m \to i_1$ と
$i_1, i_2, i_3, \cdots, i_m$ を巡回的にうつして他は不動にする置換である．
巡回置換 $(i_1 \ i_2 \ i_3 \ \cdots \ i_m)$ は $(i_2 \ i_3 \ \cdots \ i_m \ i_1)$ と表してもよい．
巡回置換 $(i_1 \ i_2 \ i_3 \ \cdots \ i_m)$ の表記には，どこの置換か (何次の置換であるか) という情報が含まれていないが使うときには意識する．
長さが m の巡回置換 $(i_1 \ i_2 \ i_3 \ \cdots \ i_m)$ と $(j_1 \ j_2 \ j_3 \ \cdots \ j_m)$ に対しては
$i_1 = j_1$ のときは
$\quad (i_1 \ i_2 \ i_3 \ \cdots \ i_m) = (j_1 \ j_2 \ j_3 \ \cdots \ j_m)$
$\quad \Leftrightarrow i_2 = j_2, \ i_2 = j_2, \cdots, i_m = j_m$
である．
巡回置換 $(i_1 \ i_2 \ i_3 \ \cdots \ i_m)$ の逆置換は，逆向きの回転に相等する

長さが m の巡回置換 $(i_1\ i_m\ i_{m-1}\ \cdots\ i_3\ i_2)$ [49]である．

Remark 7.9.2

σ が長さが s の巡回置換で a が $\sigma(a) \neq a$ となる I_n の元のとき
$\sigma = (a\ \sigma(a)\ \sigma^2(a)\ \cdots\ \sigma^{s-1}(a))$ である．[50]

Def. 7.9.4 （互いに素な巡回置換）

S_n の二つの巡回置換 $\sigma = (i_1\ i_2\ \cdots\ i_m)$ と $\sigma' = (j_1\ j_2\ \cdots\ j_m)$
に対して
$\{i_1, i_2, \cdots, i_m\} \cap \{j_1, j_2, \cdots, j_m\} = \emptyset$ のとき
σ と σ' は互いに素であるという．

Remark 7.9.3

σ と σ' が S_n の互いに素な巡回置換のときは
$\sigma\sigma' = \sigma'\sigma$ が成り立つ．

(proof)
  $I_n \ni i$ とする．
  σ で動くものは σ' で動かなくて
  σ' で動くものは σ で動かない．
・ $\sigma(i) \neq i$ のとき
  $\sigma(\sigma(i)) \neq \sigma(i)$ である．
  よって
    $\sigma'(i) = i$ で $\sigma'(\sigma(i)) = \sigma(i)$
  なので
    $\sigma'(\sigma(i)) = \sigma(i) = \sigma(\sigma'(i))$

---

[49] $(i_m\ i_{m-1}\ \cdots\ i_3\ i_2\ i_1)$ でもよい．
[50] $\sigma = (i_1\ i_2\ \cdots\ i_s)$ で $I_n \ni a, \sigma(a) \neq a$ のとき
  a は $i_1, i_2, \cdots, i_s$ のどれかである．
  $a = i_j$ とすると
  $\sigma = (i_1\ i_2\ \cdots\ i_s) = (i_j\ i_{j+1}\ \cdots\ i_s\ i_1\ \cdots\ i_{j-1})$
  $ = (a\ \sigma(a)\ \sigma^2(a)\ \cdots\ \sigma^{s-1}(a))$

- $\sigma'(i) \neq i$ のとき

  $\sigma'(\sigma'(i)) \neq \sigma'(i)$ である.

  よって

  $\sigma(i) = i$ で $\sigma(\sigma'(i)) = \sigma'(i)$

  なので

  $\sigma'(\sigma(i)) = \sigma'(i) = \sigma(\sigma'(i))$

- $\sigma(i) = i$ かつ $\sigma'(i) = i$ のとき

  $\sigma'(\sigma(i)) = \sigma'(i) = i = \sigma(i) = \sigma(\sigma'(i))$

  ゆえに $\sigma'\sigma = \sigma\sigma'$

  いつでも $\sigma\sigma' = \sigma'\sigma$ である.

Theorem 7.9.1　(恒等置換以外の置換は互いに素な巡回置換の積で表される)

恒等置換以外の置換は互いに素な巡回置換の積で表される.

その積は積の順番の違いを無視すれば一意的に決まる.

(1つの巡回置換は互いに素な巡回置換1個の積とみなす)

(proof)

σ を n 次の置換で恒等置換でないものとする.

σ で生成された巡回群 $<\sigma>$ を素直に集合 I_n に作用させる.

つまり

　　$I_n \ni x$ に対して $\sigma^k x = \sigma^k(x)$

と作用させる.

σ が恒等置換でないのでこの作用のオービットで

2個以上の元からなるものがある.

$s \geq 2$ として O を s 個の元からなるオービットとして $O \ni x$ とすると

　　$O = \{x, \sigma(x), \sigma^2(x), \cdots, \sigma^{s-1}(x)\}$ で $\sigma^s(x) = x$

である.

($\because O \ni x, \sigma(x), \sigma^2(x), \cdots$

　O の元の数は有限なので

　　① $x, \sigma(x), \sigma^2(x), \cdots, \sigma^{w-1}(x)$ は全て異なる.

　　② $\sigma^w(x)$ は $x, \sigma(x), \sigma^2(x), \cdots, \sigma^{w-1}(x)$ のどれかに一致する.

このような $w \in \mathbb{N}$ をとることができて
$\sigma^w(x) = x$ である.
なぜならば ② より $0 \leq^\exists u \leq w-1$ $s.t.$ $\sigma^u(x) = \sigma^w(x)$ となるが
$0 < u$ とすると $0 < w-u < w$ で $x = \sigma^{w-u}(x)$ となり
① の主張 (w より小さいものは全部違う) に反するからである.
よって $u = 0$ なので $\sigma^w(x) = \sigma^0(x) = x$ となる.
よって $O = \{x, \sigma^1(x), \sigma^2(x), \cdots, \sigma^{w-1}(x)\}$ と
O は w 個の元よりなる集合になる.
O が s 個の元からなるオービットなので $s = w$ である.)

★ 長さ s の巡回置換
  $(x\ \sigma(x)\ \sigma^2(x)\ \cdots\ \sigma^{s-1}(x))$ を
σ と O とにより定まる巡回置換ということにする. [51]

τ を σ と O とにより定まる巡回置換とすると
$I_n \ni a$ のとき
$$\tau(a) = \begin{cases} \sigma(a) & (a \in O \text{ のとき}) \\ a & (a \notin O \text{ のとき}) \end{cases}$$ [52]
である巡回置換である.
O の要素はこの巡回置換で動かしても σ で動かしても同じである.
今考えている作用のオービットで 2 個以上の元からなるものの全てを
$O_1, O_2, \cdots, O_t$ とする.
$1 \leq j \leq t$ なる各 j に対して
σ と O_j により定まる巡回置換を τ_j とおく.
このとき $\sigma = \tau_1 \cdot \tau_2 \cdot \cdots \cdot \tau_t$ である. [53]

---

[51] これは x のとりかたによらず σ と O のみにより定まる.
実際 $O \ni \sigma^j(x) = y$ とすると
$(x\ \sigma(x)\ \cdots\ \sigma^{s-1}(x)) = (\sigma^j(x)\ \sigma^{j+1}(x)\ \cdots\ \sigma^{s-1}(x)\ x\ \sigma^1(x)\ \cdots\ \sigma^{j-1}(x))$
$= (y\ \sigma(y)\ \cdots\ \sigma^{s-1}(y))$

[52] $O \ni a$ のとき $\tau = (a\ \sigma(a)\ \sigma^2(a)\ \cdots\ \sigma^{s-1}(a))$

[53] $I_n \ni a$ とする.
  ・ $a \notin O_1 \cup O_2 \cup \cdots \cup O_t$ のとき

集合として $\{\tau_1, \tau_2, \cdots, \tau_t\}$ が σ により一意的に決まるのは自明である.

Def. 7.9.5 (cycle 分解の型)

$S_n \ni \sigma$ は $\sigma = \tau_1 \cdot \tau_2 \cdots \tau_r$ と互いに素な長さが 2 以上の巡回置換の積として表される.

τ_i の長さが m_i のとき, σ を

$m_1 \times m_2 \times \cdots \times m_r$ 型の置換と呼ぶ.

また $m_1 \times m_2 \times \cdots \times m_r$ を σ の cycle 分解の型という.

Remark 7.9.4

1. $S_n > <\sigma>$ の $\{1, 2, \cdots, n\}$ への作用によるオービットで
   その元の個数が 2 個以上のものを $O_1, O_2, \cdots, O_r$ としたとき,
   各 O_i の個数が m_i であれば
   σ の cycle 分解の型は $m_1 \times m_2 \times \cdots \times m_r$ である.
2. $2 \times 3 \times 5 \times 3 \times 2$ 型の置換は
   同じ長さの巡回置換を指数を使ってまとめて書いて
   $2^2 \times 3^2 \times 5$ と表す.
   m_i に 1 があれば 1 を省いたもので表現する.
   ただし恒等置換は 1^n 型のままとする.

Example 7.9.1

S_7 に属する置換を全て求めてみると

$1^7, \ 1^5 \times 2, \ 1^4 \times 3, \ 1^3 \times 2^2, \ 1^2 \times 3 \times 2$

$1 \times 2^3, \ 1 \times 3^2, \ 2^2 \times 3$

$^\forall i$ に対して $\tau_i(a) = a$ かつ $\sigma(a) = a$ である.
よって $\sigma(a) = \tau_1 \tau_2 \cdots \tau_t(a)$
・$^\exists i$ s.t. $O_i \ni a$ のとき
$O_i \ni a$, $\tau_i(a)$ であり,
$j \neq i$ のとき $O_j \not\ni a, \tau_i(a)$
∴ $\tau_j(a) = a$, $\tau_j(\tau_i(a)) = \tau_i(a)$ となる.
よって $\tau_1 \tau_2 \cdots \tau_t(a) = \tau_i(a) = \sigma(a)$

である.

実際はそれぞれ 1 を省略して

$1^7, \ 2, \ 3, \ 2^2, \ 3 \times 2$

$2^3, \ 3^2, \ 2^2 \times 3$

と表す.

Proposition 7.9.1 (置換の位数)

(1) 長さが m の巡回置換の位数は m である.

(2) それぞれの長さが $s_1, s_2, \cdots, s_t$ の
互いに素な巡回置換の積で表される置換の位数は
$s_1, s_2, \cdots, s_t$ の最小公倍数である.

(3) (2) において 位数が素数 p のとき
$s_1 = s_2 = s_3 = \cdots = s_t = p$ である.

(proof)

(1)

$\sigma = (i_1 \ i_2 \ i_3 \ \cdots \ i_m)$ とすると

$\sigma(i_1) = i_2 \neq i_1$

$\sigma^2(i_2) = i_3 \neq i_2$

$\vdots$

$\sigma^{m-1}(i_{m-1}) = i_m \neq i_{m-1}$

なので

$\sigma \neq e, \sigma^2 \neq e, \cdots, \sigma^{m-1} \neq e$ である.

$I_n \ni^\forall i$ に対して $\sigma^m(i) = i$ [54] なので $\sigma^m = e$

よって σ の位数は m である.

---

[54] $\sigma^m(i_1) = \sigma^m(\sigma(i_m)) = \sigma(\sigma^m(i_m)) = \sigma(i_m) = i_1$

$\sigma^m(i_2) = \sigma^m(\sigma(i_1)) = \sigma(\sigma^m(i_1)) = \sigma(i_1) = i_2$

$\sigma^m(i_3) = \sigma^m(\sigma(i_2)) = \sigma(\sigma^m(i_2)) = \sigma(i_2) = i_3$

$\vdots$

(2) $\sigma = \tau_1 \tau_2 \cdots \tau_t$ 互いに素な巡回置換の積であり，
各巡回置換 τ_j の長さを s_j とする．
$\tau_1, \tau_2, \cdots, \tau_t$ は互いに素なので互いに可換であるから
k を自然数とするとき，
$\sigma^k = \tau_1{}^k \tau_2{}^k \cdots \tau_t{}^k$ が成り立つ．
$\tau_1{}^k, \tau_2{}^k, \cdots, \tau_t{}^k$ も互いに素なので
$\sigma^k = e \Leftrightarrow \tau_1{}^k = \tau_2{}^k = \cdots = \tau_t{}^k = e \quad \cdots \text{①}$
$\tau_j{}^k = e \Leftrightarrow k$ は s_j の倍数
なので
① をみたすような k は $s_1, s_2, \cdots, s_t$ の最小公倍数の倍数である．
したがって
$\quad \sigma^k = e \Leftrightarrow k$ は $s_1, s_2, \cdots, s_t$ の最小公倍数の倍数
が成り立つ．
このことは σ の位数が $s_1, s_2, \cdots, s_t$ の最小公倍数であることを
示している．

(3) (2) より明らかである．

★ 恒等置換以外の全ての置換は互いに素な巡回置換の 1 個以上の積で
表される．
全ての巡回置換は，いくつかの互換の積で表すことができることを示す．
これが示せたら，全ての置換は恒等置換も含めて，いくつかの互換の積
で表せることになる．

Proposition 7.9.2 （長さが m の巡回置換は $m-1$ 個の互換の積）
長さが m の巡回置換は $m-1$ 個の互換の積で表される．

(proof)
長さが m の巡回置換 $(i_1 \; i_2 \; i_3 \; \cdots \; i_m)$ は
$(i_1 \; i_2 \; i_3 \; \cdots \; i_m) = (i_1 \; i_m)(i_1 \; i_{m-1}) \cdots (i_1 \; i_3)(i_1 \; i_2)$
と $m-1$ 個の互換の積で表される．

★ 恒等置換も $(1 \; 2)(1 \; 2)$ と 2 個の互換の積で表されるので次の定理を得る．

Theorem 7.9.2 (全ての置換は互換の積)

全ての置換は互換の積で表される.

Remark 7.9.5

σ を S_n の置換とするとき

(1) σ が偶数個の互換の積で表される時は
σ をどのように互換の積で表しても
その積にでてくる互換の個数は偶数である.

(2) σ が奇数個の互換の積で表される時は
σ をどのように互換の積で表しても
その積にでてくる互換の個数は奇数である.
(このことは後で示す)

★ σ が偶数個の互換の積で表されるときは σ は偶置換といい,
σ が奇数個の互換の積で表される時は σ は奇置換という.
σ が偶置換のとき
σ の符号は $+1$ といい $sgn\ \sigma = 1$ と表す.
σ が奇置換のとき
σ の符号は -1 といい $sgn\ \sigma = -1$ と表す.

Proposition 7.9.3 (全ての互換は隣り合う数の互換の奇数個の積)

$0 < i < j \leq n$ とするとき
$(i\ j)$
$= (i\ i+1)(i+1\ i+2) \cdots (j-2\ j-1)(j-1\ j)(j-2\ j-1)$
$ \cdots (i+1\ i+2)(i\ i+1)$
と互換 $(i\ j)$ は隣り合う数を入れ替える互換の積で表される.

(proof)

$1 \leqq i < j \leqq n$ のとき

$k = j-i$ とおいて

k 個の互換

$\tau_1, \tau_2, \cdots, \tau_k$ を

$\tau_1 = (i\ i+1)$
$\tau_2 = (i+1\ i+2)$
$\tau_3 = (i+2\ i+3)$
$\vdots$
$\tau_{k-2} = (j-3\ j-2)$
$\tau_{k-1} = (j-2\ j-1)$
$\tau_k = (j-1\ j)$

と定める時

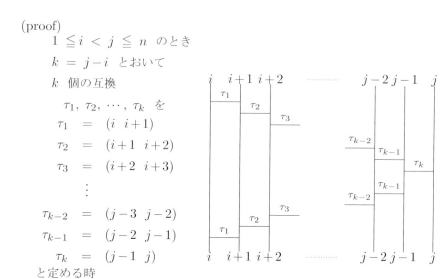

$(i\ j) = \tau_1 \tau_2 \cdots \tau_{k-1} \tau_k \tau_{k-1} \cdots \tau_2 \tau_1$

と 互換 $(i\ j)$ は $2k-1$ 個の隣り合う数の互換の積として表される.

S_n の置換の共役と型には密接な関係がある.

Theorem 7.9.3 (共役であることと型が同じということは同じ)

η と τ を S_n の置換とするとき次が成り立つ.

η と τ が共役 $\Leftrightarrow$ η と τ は型が同じ

例から入ろう.

S_7 の 3 型置換 $(1\ 2\ 3)$ とする.

S_7 の置換 σ に対して

$\sigma(1\ 2\ 3)\sigma^{-1} = (\sigma(1)\ \sigma(2)\ \sigma(3))$ である. [55]

---

[55] $\tau = (1\ 2\ 3)$ とするとき

$\sigma(1) \xrightarrow{\sigma^{-1}} 1 \xrightarrow{\tau} 2 \xrightarrow{\sigma} \sigma(2)$
$\sigma(2) \xrightarrow{\sigma^{-1}} 2 \xrightarrow{\tau} 3 \xrightarrow{\sigma} \sigma(3)$
$\sigma(3) \xrightarrow{\sigma^{-1}} 3 \xrightarrow{\tau} 1 \xrightarrow{\sigma} \sigma(1)$

同様にして S_7 の 2×3 型の置換 $(3\ 4)(1\ 2\ 7)$ に対して
$$\sigma(3\ 4)(1\ 2\ 7)\sigma^{-1} = \sigma(3\ 4)\sigma^{-1}\sigma(1\ 2\ 7)\sigma^{-1}$$
$$= (\sigma(3)\ \sigma(4))(\sigma(1)\ \sigma(2)\ \sigma(7))$$
となり $\sigma(3\ 4)(1\ 2\ 7)\sigma^{-1}$ は 2×3 型の置換になる.
S_7 の置換 η に対して η と $\sigma\eta\sigma^{-1}$ は型が同じであることがわかる.

逆に $\eta = (1\ 2)(4\ 5\ 7),\ \tau = (3\ 6)(1\ 4\ 2)$ を S_7 の 2×3 型置換とする.
σ を $\sigma(1) = 3,\ \sigma(2) = 6,\ \sigma(4) = 1,\ \sigma(5) = 4,\ \sigma(7) = 2$ となる
S_7 の置換とすれば
$$\sigma\eta\sigma^{-1} = \sigma(1\ 2)(4\ 5\ 7)\sigma^{-1}$$
$$= (\sigma(1)\ \sigma(2))(\sigma(4)\ \sigma(5)\ \sigma(7))$$
$$= (3\ 6)(1\ 4\ 2) = \tau$$
となり η と τ は共役になる.

σ の例としては
$$\begin{pmatrix} 1 & 2 & 4 & 5 & 7 & 3 & 6 \\ 3 & 6 & 1 & 4 & 2 & 5 & 7 \end{pmatrix}$$
(proof)
互いに素な長さが $s_1, s_2, \cdots, s_t$ の巡回置換
$\eta = (i_{11}\ i_{12}\ \cdots\ i_{1s_1})(i_{21}\ i_{22}\ \cdots\ i_{2s_2}) \cdots (i_{t1}\ i_{t2}\ \cdots\ i_{ts_t})$ に対して
$\sigma\eta\sigma^{-1}$
$= (\sigma(i_{11})\sigma(i_{12})\cdots\sigma(i_{1s_1}))(\sigma(i_{21})\sigma(i_{22})\cdots\sigma(i_{2s_2}))\cdots(\sigma(i_{t1})\ \sigma(i_{t2})\cdots\sigma(i_{ts_t}))$
となり $\sigma\eta\sigma^{-1}$ も互いに素な長さが $s_1, s_2, \cdots, s_t$ の巡回置換の積となり
η と型が同じになる.

逆に $\tau = (j_{11}\ \cdots\ j_{1s_1})(j_{22}\ \cdots\ j_{2s_2}) \cdots (j_{t1}\ \cdots\ j_{ts_t})$ と τ も互いに素な
長さが $s_1, s_2, \cdots, s_t$ の巡回置換の積とするとき
$i_{11}, i_{12}, \cdots, i_{1s_1}, i_{21}, i_{22}, \cdots, i_{2s_2}, \cdots, i_{t1}, i_{t2}\ \cdots\ i_{ts_t}$ を並べて
I_n の元で足りないものを補充して第1行に

---

b が $1, 2, 3$ 以外のときは $\sigma^{-1}(b)$ も $1, 2, 3$ 以外なので
$$b \xrightarrow{\sigma^{-1}} \sigma^{-1}(b) \xrightarrow{\tau} \sigma^{-1}(b) \xrightarrow{\sigma} b$$
よって $\sigma(1\ 2\ 3)\sigma^{-1} = (\sigma(1)\ \sigma(2)\ \sigma(3))$ である.

$j_{11}, j_{12}, \cdots, j_{1s_1}, j_{21}, j_{22}, \cdots, j_{2s_2}, \cdots, j_{t1}, j_{t2} \cdots j_{ts_t}$ を並べて
I_n の元で足りないものを補充して第2行にした行列によって
決まる置換を σ としたとき [56]
$\tau = \sigma \eta \sigma^{-1}$ となる.

Lemma 7.9.1 (互換を含む正規部分群)

G を S_n の正規部分群とする.
このとき G が互換を一つ含めば $G = S_n$ である.

(proof)

正規部分群 G が互換を一つでも含めば互換どうしは共役なので
G は全ての互換を含む.
全ての置換は互換の積で表されるので, 互換を含む全ての群は
全ての置換を含む.

Def. 7.9.6 (n 次交代群 A_n)

$\{\sigma \in S_n | \sigma$ は偶置換 $\}$ を n 次交代群といい A_n で表す.

Theorem 7.9.4 (A_n は S_n の正規部分群)

$n \geq 2$ のとき A_n の S_n における指数は 2 であり
A_n は S_n の正規部分群である.

(proof)

(1 2)A_n に含まれる写像は奇置換である.
σ を奇置換とすると, (1 2)σ は偶置換なので
$\sigma = (1\ 2)(1\ 2)\sigma \in (1\ 2)A_n$
つまり $S_n = A_n \cup (1\ 2)A_n$ は disjoint union である.
よって A_n の S_n における指数は 2 であり,

---

[56] $\sigma =$
$\begin{pmatrix} i_{11} & \cdots & i_{1s_1} & i_{21} & \cdots & i_{2s_2} & \cdots & i_{t1} & \cdots & i_{ts_t} & i_{t+1\ 1} & \cdots & i_{t+1\ s_{t+1}} \\ j_{11} & \cdots & j_{1s_1} & j_{21} & \cdots & j_{2s_2} & \cdots & j_{t1} & \cdots & j_{ts_t} & j_{t+1\ 1} & \cdots & j_{t+1\ s_{t+1}} \end{pmatrix}$

A_n は S_n の正規部分群である. [57]

$\{e\}$ と A_n と S_n は S_n の正規部分群であるが
これに関連して次の定理が成り立つ.

Theorem 7.9.5 (S_n の正規部分群)
  (1) S_2 の正規部分群は $\{e\}$ と S_2 のみである.
  (2) S_3 の正規部分群は $\{e\}$ と A_3 と S_3 である.
  (3) S_4 の正規部分群は $\{e\}$ と A_4 と S_4 と
      $\{e, (1\ 2)(3\ 4), (1\ 3)(2\ 4), (1\ 4)(2\ 3)\}$ である.
  (4) $n \geq 5$ のときは
      S_n の正規部分群は $\{e\}$ と A_n と S_n である.

(proof)
(1) $S_2 = \{e, (1\ 2)\}$ なので明らか.
(2) $S_3 = \{e, (1\ 2), (1\ 3), (2\ 3), (1\ 2\ 3), (1\ 3\ 2)\}$ であり,
  $A_3 = \{e, (1\ 2\ 3), (1\ 3\ 2)\}$ である.
    G を S_3 の $\{e\}$ と異なる正規部分群とする.
    G が互換を一つでも含むとすると, 互換どうしは共役なので
  正規部分群 G は全ての互換を含む.
  全ての置換は互換の積で表されるので, 全ての置換は G の元となる.
  このときは $G = S_3$ となる.
    互換を含まないときは $G \subset \{e, (1\ 2\ 3), (1\ 3\ 2)\} = A_3$ である.
    A_3 に含まれる群は
      $G = \{e\}$ か $G = \{e, (1\ 2\ 3), (1\ 3\ 2)\}$ である.
(3) は証明に必要な Lemma を用意してから証明する.

Lemma 7.9.2 (S_4 の正規部分群)
  $G = \{e, (1\ 2)(3\ 4), (1\ 3)(2\ 4), (1\ 4)(2\ 3)\}$ は S_4 の正規部分群である.

---

[57] Proposition 7.7.11(指数 2 の部分群は正規部分群)

(proof)

G の 2 つの元の積は G の元であり，G の各元の逆元は自分自身である．したがって G は S_4 の部分群である．

G は S_4 の 2 つの共役類 $\{e\}$ と $\{(1\ 2)(3\ 4), (1\ 3)(2\ 4), (1\ 4)(2\ 3)\}$ の和集合なので G は S_4 の正規部分群である．

(∵ 別冊「正規部分群」Theorem 7.7.3 (正規部分群は共役類の和集合からなる部分群))

Lemma 7.9.3 (2 つの互換の積)

2 つの互換の積は単位元か，長さが 3 の巡回置換か，または長さが 3 の巡回置換 2 つの積である．

(proof)

S_n において

(1) i, j を I_n の異なる数とするとき

$(i\ j)(i\ j) = e$

(2) i, j, k を I_n の異なる数とするとき

$(i\ j)(j\ k) = (i\ j\ k)$

(3) i, j, k, l を I_n の異なる数とするとき

$(i\ j)(k\ l) = (i\ j)(j\ k)(j\ k)(k\ l) = (i\ j\ k)(j\ k\ l)$

Lemma 7.9.4 (偶置換は長さが 3 の巡回置換の積)

$n \geq 3$ のとき次が成り立つ．

S_n の偶置換は，長さが 3 の巡回置換の積で表される．

つまり長さが 3 の巡回置換全体は A_n を生成する．

(proof)

偶置換を偶数個の互換の積として表し，
それを互換 2 個ずつの積の積として表す．
互換 2 個の積は e または，長さが 3 の巡回置換，または
長さが 3 の巡回置換 2 個の積となるので

偶置換はいくつかの長さが 3 の巡回置換の積として表される.

Lemma 7.9.5 (長さが 3 の巡回置換を含む正規部分群)

G を S_n の正規部分群とする.

このとき

G が長さ 3 の巡回置換を一つでも含めば G は A_n を含む.

したがって $G = A_n$ または $G = S_n$ である.

(proof)

S_n の正規部分群 G が長さが 3 の巡回置換を一つでも含めば
G は長さが 3 の巡回置換を全て含む. [58]

このとき G は A_n を含む. [59]

A_n は S_n の指数が 2 の部分群なので

S_n の部分群で A_n を含むものは A_n と S_n しかない.

★ Theorem 7.9.5(S_n の正規部分群) の (3)

「S_4 の正規部分群は $\{e\}$ と A_4 と S_4 と
$$\{e, (1\ 2)(3\ 4), (1\ 3)(2\ 4), (1\ 4)(2\ 3)\}\ である」$$

を証明する.

G を S_4 の正規部分群とする.

S_4 の元 σ に対して σ を含む S_4 での共役類を $C(\sigma)$ で
表すことにする.

このとき

$S_4 = C(e) \cup C((1\ 2)) \cup C((1\ 2\ 3)) \cup C(1\ 2\ 3\ 4)) \cup C((1\ 2)(3\ 4))$ が
S_4 の共役類分解である.

G が S_4 の正規部分群なので G は S_4 での共役類いくつかの和集合である.
よって G は $C((1\ 2))$ を含むか, $C((1\ 2\ 3))$ を含むか, $C((1\ 2\ 3\ 4))$ を
含むか, あるいは $C((1\ 2))$ も $C((1\ 2\ 3))$ も $C((1\ 2\ 3\ 4))$ も含まないか

---

[58] G は正規部分群なので type が同じものを全部含む.

[59] Lemma 7.9.4(偶置換は長さが 3 の巡回置換の積)

の場合がある.

$G \supset C((1\ 2))$ のときは

$G = S_4$ である.($\because$ Lemma 7.9.1(互換を含む正規部分群))

$G \supset C((1\ 2\ 3))$ のときは

$G = A_4$ または $G = S_4$ である.

($\because$ Lemma 7.9.5(長さが3の巡回置換を含む正規部分群))

$G \supset C((1\ 2\ 3\ 4))$ のときは

$G \ni (1\ 2\ 3\ 4)(1\ 2\ 4\ 3) = (1\ 3\ 2)$

よって $G \supset C((1\ 2\ 3))$ となる.

ゆえに $G = A_4$ または $G = S_4$ となるが,$A_4 \not\ni (1\ 2\ 3\ 4)$ なので

$G = S_4$ である.

G が $C((1\ 2))$ も $C((1\ 2\ 3))$ も $C((1\ 2\ 3\ 4))$ も含まないときは

$G \subset \{e\} \cup C((1\ 2)(3\ 4))$ なので

$\{e\}$ と $C((1\ 2)(3\ 4))$ でつくれる群を考えると

$G = \{e\}$ または $G = \{e, (1\ 2)(3\ 4), (1\ 3)(2\ 4), (1\ 4)(2\ 3)\}$ である.

以上より S_4 の正規部分群は

$\{e\}$ と A_4 と S_4 と $\{e, (1\ 2)(3\ 4), (1\ 3)(2\ 4), (1\ 4)(2\ 3)\}$

しかない.

Theorem 7.9.5(S_n の正規部分群)(4) については次の節で証明する.

★ 群 G において,その正規部分群が $\{e\}$ と自分自身

しかない群を単純群といった.

単純群の最も簡単な例は素数位数の群である.

素数位数の群では,部分群自体が $\{e\}$ と自分自身しかないので

当然素数位数の群は単純群である.

・A_2 は $\{e\}$ なので単純群である.

・A_3 は位数が3なので単純群である.

・$\{e, (1\ 2)(3\ 4), (1\ 3)(2\ 4), (1\ 4)(2\ 3)\}$

は S_4 の正規部分群である.

$\{e, (1\ 2)(3\ 4), (1\ 3)(2\ 4), (1\ 4)(2\ 3)\}$ は A_4 の部分群なので
$\{e, (1\ 2)(3\ 4), (1\ 3)(2\ 4), (1\ 4)(2\ 3)\}$ は A_4 の正規部分群である.
よって A_4 は単純群ではない.

Theorem 7.9.6 (A_n の単純性)
$n \geq 5$ のとき, A_n は単純群である.

この定理は Theorem 7.9.5(S_n の正規部分群)(4) とともに
次の節 (別冊「$n \geq 5$ のときの S_n の正規部分群と A_n の単純性」) にて
証明する.

7.10　$n \geq 5$ のときの S_n の正規部分群と A_n の単純性

Theorem 7.10.1　(S_n と A_n の正規部分群)

$n \geq 5$ のとき

(1) S_n の正規部分群は $\{e\}$ と A_n と S_n のみである.

(2) A_n は単純群である.

この Theorem は次の Theorem と同じである.

Theorem 7.10.2　(S_n と A_n の正規部分群)

$n \geq 5$ のとき

自明でない群 G [60] が S_n の正規部分群, あるいは A_n の正規部分群であれば G は A_n を含む. [61]

Theorem の証明に必要な事柄を述べておく.

I. (1) S_n においては共役であることと型が同じであることは同じである.
　(2) S_n は互換全体で生成されている.
　(3) A_n は長さが 3 の巡回置換全体で生成されている.

II. (1) S_n の正規部分群が互換を含めば S_n と一致する.
　(2) S_n の正規部分群が長さが 3 の巡回置換を含めば A_n を含む.

III. $n \geq 5$ のときは
　(1) 長さが 3 の巡回置換どうしは A_n で共役である.
　(2) A_n の正規部分群が長さが 3 の巡回置換を含めば A_n と一致する.

I. (1)　別冊「S_n」Theorem 7.9.3(共役であることと型が同じということは同じ) にて証明した.

　(2)　別冊「S_n」Theorem 7.9.2 (全ての置換は互換の積) にて証明した.

　(3)　別冊「S_n」Lemma 7.9.4(偶置換は長さが 3 の巡回置換の積)

---

[60]　単位元からなる群 $\{e\}$ を自明な群ということにする.

[61]　A_n は S_n の指数 2 の正規部分群なので, A_n を含むのは S_n と A_n しかない. また $A_n \supset G$ に対して $A_n = G$ を示したいので, $A_n \subset G$ を示せばよい.

にて証明した.

II. (1) S_n は互換で生成されている [62] ので明らか.
(2) 別冊「S_n」Lemma 7.9.5(長さが3の巡回置換を含む正規部分群)にて証明した.

III を証明する.

(1) $(i\ j\ k)$ を S_n の長さが3の巡回置換とする.
$(i\ j\ k)$ と $(1\ 2\ 3)$ は S_n で共役なので
$(i\ j\ k) = \eta(1\ 2\ 3)\eta^{-1}$ をみたす S_n の置換
η が存在する.
$n \geq 5$ なので S_n には互換 $(4\ 5)$ がある.
$(i\ j\ k) = \eta(1\ 2\ 3)\eta^{-1} = \eta(4\ 5)(1\ 2\ 3)(4\ 5)\eta^{-1}$
$\qquad = \eta(4\ 5)(1\ 2\ 3)(\eta(4\ 5))^{-1}$
であり, η と $\eta(4\ 5)$ のどちらかは偶置換, すなわち A_n の元である.
よって $(i\ j\ k)$ と $(1\ 2\ 3)$ は A_n で共役である.
ゆえに, 長さが3の巡回置換どうしは A_n で共役である.

(2) A_n の正規部分群 G が長さが3の巡回置換を一つでも含めば
(1) より, S_n の長さが3の巡回置換は全て A_n でも共役なので
G に含まれる.
G は全ての S_n の長さが3の巡回置換を含むことになる.
全ての偶置換は長さが3の巡回置換で生成されているので
G は A_n を含む.
よって G は A_n である.

証明に使うので次を定義する.

Def. 7.10.1 （最小元）

群 G の単位元以外の元 [63] で位数が最小のものを G の最小元という.

---

[62] 別冊「S_n」Theorem 7.9.2 (全ての置換は互換の積) にて証明した.
[63] 自明でない元ということにする.

Lemma 7.10.1

G を $\{e\}$ と異なる群とする.
G の最小元を g とすると
g の位数は素数である.

(proof)

g の位数を m とする.
m が合成数とすると $m = m_1 m_2$ とかける.
ただし $1 < m_1 < m$, $1 < m_2 < m$
g^{m_2} の位数は m_1 となり矛盾である. [64]

S_n の部分群の最小元については次が成り立つ.

Lemma 7.10.2 (S_n の部分群の最小元)

G を S_n の $\{e\}$ と異なる部分群 [65] とする.
g を G の最小元の 1 つ [66] とすると,
g が p^t 型となるような素数 p と自然数 t が存在する. [67]

(proof)

別冊「S_n」Proposition 7.9.1(置換の位数) と Lemma 7.10.1 より
g の位数を p とすると p は素数であり,
$g = \tau_1 \tau_2 \cdots \tau_t$ と互いに素な巡回置換の積で表すと
$\tau_1, \tau_2, \cdots, \tau_t$ の長さは全て
p である.
よって g の型は p^t である.

置換の計算の準備に入る.
$\sigma \tau \sigma^{-1} \tau^{-1}$ の形の計算の例から入ろう.

---

[64] G の元で m より小さい位数をもつ.
[65] 自明でない部分群ということにする.
[66] 普通は最小元は多くある.
[67] $pt \leq n$ であることに注意しておく.

7.10 $n \geq 5$ のときの S_n の正規部分群と A_n の単純性　517

Example 7.10.1　次が成り立つ．
 (1) $(1\ 2)(3\ 4)(1\ 2\ 4)(4\ 3)(2\ 1)(4\ 2\ 1) = (1\ 4)(2\ 3)$
 (2) $(1\ 2)(3\ 4)(1\ 2\ 5)(4\ 3)(2\ 1)(5\ 2\ 1) = (1\ 2\ 5)$
 (3) $(1\ 2\ 3)(4\ 5\ 6)(1\ 4)(2\ 5)(6\ 5\ 4)(3\ 2\ 1)(5\ 2)(4\ 1) = (1\ 4)(3\ 6)$
 (4) $(1\ 2\ 3\ 4\ 5)(2\ 3\ 4)(5\ 4\ 3\ 2\ 1)(4\ 3\ 2) = (2\ 5\ 3)$

次の Lemma はこの Example を参考にして作ったものである．
S_n において次が成り立つ．

Lemma 7.10.3
 (1) 2^2 型置換 $(i_1\ i_2)(i_3\ i_4)$ と，これと可換な置換 h に対して
  $\sigma = (i_1\ i_2)(i_3\ i_4)h, \tau = (i_1\ i_2\ i_4)$ とおくと
  $\sigma\tau\sigma^{-1}\tau^{-1} = (i_1\ i_4)(i_2\ i_3)$
  が成り立つ．
 (2) 2^2 型置換 $(i_1\ i_2)(i_3\ i_4)$ と i_1, i_2, i_3, i_4 と異なる i_5 に対して
  $\sigma = (i_1\ i_2)(i_3\ i_4), \tau = (i_1\ i_2\ i_5)$ とおくと
  $\sigma\tau\sigma^{-1}\tau^{-1} = (i_1\ i_2\ i_5)$
  が成り立つ．
 (3) 3^2 型置換 $(i_1\ i_2\ i_3)(i_4\ i_5\ i_6)$ と，これと可換な置換 h に対して
  $\sigma = (i_1\ i_2\ i_3)(i_4\ i_5\ i_6)h, \tau = (i_1\ i_4)(i_2\ i_5)$ とおくと
  $\sigma\tau\sigma^{-1}\tau^{-1} = (i_1\ i_4)(i_3\ i_6)$
  が成り立つ．
 (4) 長さが 5 以上の巡回置換 $(i_1\ i_2\ i_3\ i_4\ i_5 \cdots i_p)$ と，これと可換な置換 h に対して
  $\sigma = (i_1\ i_2\ i_3\ i_4\ i_5 \cdots i_p)h, \tau = (i_2\ i_3\ i_4)$ とおくと
  $\sigma\tau\sigma^{-1}\tau^{-1} = (i_2\ i_5\ i_3)$
  が成り立つ．

証明は h の可換性を使って h を消してから計算すればよい．[68]

---

[68] $(1) \sigma\tau\sigma^{-1}\tau^{-1} = (i_1\ i_2)(i_3\ i_4)h(i_1\ i_2\ i_4)h^{-1}(i_4\ i_3)(i_2\ i_1)(i_4\ i_2\ i_1)$
$= (i_1\ i_2)(i_3\ i_4)(i_1\ i_2\ i_4)(i_4\ i_3)(i_2\ i_1)(i_4\ i_2\ i_1)$

Theorem 7.10.2 を証明する.

G を S_n の自明でない正規部分群とする.

σ を G の最小元とする.

σ の型は素数 p と自然数 t を使って p^t と表される.

p, t の場合分けをして調べることにする.

$p = 2, t = 1$ のとき

　σ は互換なので $G = S_n$

$p = 2, t = 2$ のとき

　$\sigma = (i_1\ i_2)(i_3\ i_4)$ と互いに素な互換の積として表される.

　$\tau = (i_1\ i_2\ i_4)$ とおき, $\eta = \sigma\tau\sigma^{-1}\tau^{-1}$ とおく.

　G は正規部分群なので $G \ni \eta$ である. [69]

　Lemma 7.10.3 の (2) より η は 3 型の置換なので $G \supset A_n$ である.

$$(\because \text{II の (2)})$$

$p = 2, 3 \leq t$ のとき

　$\sigma = \tau_1 \tau_2 \tau_3 \cdots \tau_t$

　と σ を t 個の互いに素な互換の積に分解できる.

　$(i_1\ i_2)(i_3\ i_4) = \tau_1\tau_2, h = \tau_3\cdots\tau_t, \tau = (i_1\ i_2\ i_4)$ とおき,

　$\eta = \sigma\tau\sigma^{-1}\tau^{-1}$ とおく.

　G は S_n の正規部分群なので $G \ni \eta$ である.

　Lemma 7.10.3 の (1) より η は 2^2 型の置換なので

$$\begin{aligned}
&= (i_1\ i_4)(i_2\ i_3) \\
(2)\sigma\tau\sigma^{-1}\tau^{-1} &= (i_1\ i_2)(i_3\ i_4)(i_1\ i_2\ i_5)(i_4\ i_3)(i_2\ i_1)(i_5\ i_2\ i_1) \\
&= (i_1\ i_2\ i_5) \\
(3)\sigma\tau\sigma^{-1}\tau^{-1} &= (i_1\ i_2\ i_3)(i_4\ i_5\ i_6)h(i_1\ i_4)(i_2\ i_5)h^{-1}(i_6\ i_5\ i_4)(i_3\ i_2\ i_1)(i_5\ i_2)(i_4\ i_1) \\
&= (i_1\ i_2\ i_3)(i_4\ i_5\ i_6)(i_1\ i_4)(i_2\ i_5)(i_6\ i_5\ i_4)(i_3\ i_2\ i_1)(i_5\ i_2)(i_4\ i_1) \\
&= (i_1\ i_4)(i_3\ i_6) \\
(4)\sigma\tau\sigma^{-1}\tau^{-1} &= (i_1\ i_2\ i_3\ i_4\ i_5\cdots i_p)h(i_2\ i_3\ i_4)h^{-1}(i_p\cdots i_5\ i_4\ i_3\ i_2\ i_1)(i_4\ i_3\ i_2) \\
&= (i_1\ i_2\ i_3\ i_4\ i_5\cdots i_p)(i_2\ i_3\ i_4)(i_p\cdots i_5\ i_4\ i_3\ i_2\ i_1)(i_4\ i_3\ i_2) \\
&= (i_2\ i_5\ i_3)
\end{aligned}$$

[69] 　$G \ni \tau\sigma^{-1}\tau^{-1}$

$p = 2, t = 2$ の場合に帰着され $G \supset A_n$ がわかる.

$p = 3, t = 1$ のとき

G は長さが 3 の巡回置換を含むので $G \supset A_n$ である. [70]

$p = 3, 2 \le t$ のとき

$\sigma = \tau_1 \tau_2 \tau_3 \cdots \tau_t$

と σ を t 個の互いに素な長さが 3 の巡回置換の積に分解できる.

$(i_1\ i_2\ i_3)(i_4\ i_5\ i_6) = \tau_1 \tau_2, h = \tau_3 \cdots \tau_t$ [71], $\tau = (i_1\ i_4)(i_2\ i_5)$ とおき,
$\eta = \sigma \tau \sigma^{-1} \tau^{-1}$ とおく.

G は S_n の正規部分群なので, $G \ni \eta$ である.

Lemma 7.10.3 の (3) より η は 2^2 型の置換である.

したがって位数は 2 なので σ の最小位数性に矛盾する.

$5 \le p$ のとき

$\sigma = \tau_1 \tau_2 \tau_3 \cdots \tau_t$

と σ を t 個の互いに素な長さが p の巡回置換の積に分解できる.

$(i_1\ i_2\ i_3\ i_4\ i_5 \cdots i_p) = \tau_1, h = \tau_2 \tau_3 \cdots \tau_t, \tau = (i_2\ i_3\ i_4)$ [72] とおき,
$\eta = \sigma \tau \sigma^{-1} \tau^{-1}$ とおく.

G は S_n の正規部分群なので $G \ni \eta$ である.

Lemma 7.10.3 の (4) より η は 3 型の置換である.

したがって位数は 3 なので σ の最小位数性に矛盾する.

以上により S_n の自明でない正規部分群が A_n を含むことが示せた.

次に G を A_n の自明でない正規部分群とする.

Theorem 7.10.2 の証明における τ が偶置換, すなわち A_n の置換であることに注意すると, Theorem 7.10.2 の証明の S_n を A_n に置き換えることができるので G が A_n を含むことが示せる. 最も $p = 2, t = 1$ のところは省く.

---

[70] G が互換を含むので $p = 2$ である.
これは矛盾であるといったほうがより正確.

[71] $t = 2$ のときは h を恒等置換としておく.

[72] $t = 2$ のときは h を恒等置換としておく.

7.11 linear map(線型写像)

この節では F は体として,
断らない限り V,W は F-ベクトル空間とする. [73)]
また F 係数の n 項列ベクトル全体のなす F-ベクトル空間

$$\left\{ \begin{pmatrix} x_1 \\ x_2 \\ \vdots \\ x_n \end{pmatrix} \middle| F \ni x_1,\cdots,x_n \right\}$$

を F^n で表すことにする.

$$\mathbf{e}_1 = \begin{pmatrix} 1 \\ 0 \\ \vdots \\ 0 \end{pmatrix}, \mathbf{e}_2 = \begin{pmatrix} 0 \\ 1 \\ \vdots \\ 0 \end{pmatrix}, \cdots, \mathbf{e}_n = \begin{pmatrix} 0 \\ 0 \\ \vdots \\ 1 \end{pmatrix}$$

とおくとき,
$\mathbf{e}_1,\cdots,\mathbf{e}_n$ は F^n の base(基底) になるが, これを
F^n の標準基底という. [74)]

Def. 7.11.1 (線型写像)

$f : V \longrightarrow W$ が

(1) $V \ni \mathbf{a}, \mathbf{b}$ のとき $f(\mathbf{a}+\mathbf{b}) = f(\mathbf{a})+f(\mathbf{b})$

(2) $V \ni \mathbf{a}$ で $F \ni c$ のとき $f(c\mathbf{a}) = cf(\mathbf{a})$

をみたすとき f を線型写像という.

Proposition 7.11.1

Def 7.11.1(線型写像) の (1), (2) の条件はまとめて一つの条件に

[73)] 注釈 $< 1.4-1 >$ 参照
[74)] F^n は n 次元 F-ベクトル空間である.

できる.

$V \ni \mathbf{a}, \mathbf{b}$ で $F \ni c, d$ のとき
$$f(c\mathbf{a} + d\mathbf{b}) = cf(\mathbf{a}) + df(\mathbf{b})$$

Remark 7.11.1

$f: V \longrightarrow W$ を線型写像とするとき
$V \ni \mathbf{a}_1, \mathbf{a}_2, \cdots, \mathbf{a}_n$ と $F \ni c_1, c_2, \cdots, c_n$ に対して
$$f(c_1\mathbf{a}_1 + c_2\mathbf{a}_2 + \cdots + c_n\mathbf{a}_n) = c_1 f(\mathbf{a}_1) + c_2 f(\mathbf{a}_2) + \cdots + c_n f(\mathbf{a}_n)$$
が成り立つ.

Def. 7.11.2 (線型写像の表記法)

$V \ni \mathbf{a}_1, \mathbf{a}_2, \cdots, \mathbf{a}_n$, $F^n \ni \mathbf{c} = \begin{pmatrix} c_1 \\ c_2 \\ \vdots \\ c_n \end{pmatrix}$ とするとき

$c_1 \mathbf{a}_1 + c_2 \mathbf{a}_2 + \cdots + c_n \mathbf{a}_n$ を

$(\mathbf{a}_1 \ \mathbf{a}_2 \ \cdots \ \mathbf{a}_n) \begin{pmatrix} c_1 \\ c_2 \\ \vdots \\ c_n \end{pmatrix}$ または $(\mathbf{a}_1 \ \mathbf{a}_2 \ \cdots \ \mathbf{a}_n)\mathbf{c}$

で表すことにする.

また
$$C = \begin{pmatrix} c_{11} & c_{12} & \cdots & c_{1m} \\ c_{21} & c_{22} & \cdots & c_{2m} \\ \vdots & \vdots & \ddots & \vdots \\ c_{n1} & c_{n2} & \cdots & c_{nm} \end{pmatrix}$$
を n 行 m 列の行列とするとき,

$$\begin{array}{rcl}
\mathbf{b}_1 &=& c_{11}\mathbf{a}_1 + c_{21}\mathbf{a}_2 + \cdots + c_{n1}\mathbf{a}_n \\
\mathbf{b}_2 &=& c_{12}\mathbf{a}_1 + c_{22}\mathbf{a}_2 + \cdots + c_{n2}\mathbf{a}_n \\
&\vdots& \\
\mathbf{b}_m &=& c_{1m}\mathbf{a}_1 + c_{2m}\mathbf{a}_2 + \cdots + c_{nm}\mathbf{a}_n
\end{array} \quad \cdots (*)$$

であることを

$$(\mathbf{b}_1 \ \mathbf{b}_2 \ \cdots \ \mathbf{b}_m) = (\mathbf{a}_1 \ \mathbf{a}_2 \ \cdots \ \mathbf{a}_n)\begin{pmatrix} c_{11} & c_{12} & \cdots & c_{1m} \\ c_{21} & c_{22} & \cdots & c_{2m} \\ \vdots & \vdots & \ddots & \vdots \\ c_{n1} & c_{n2} & \cdots & c_{nm} \end{pmatrix}$$

あるいは

$$(\mathbf{b}_1 \ \mathbf{b}_2 \ \cdots \ \mathbf{b}_m) = (\mathbf{a}_1 \ \mathbf{a}_2 \ \cdots \ \mathbf{a}_n)C$$

で表すことにする.

$$C' = \begin{pmatrix} c'_{11} & c'_{12} & \cdots & c'_{1l} \\ c'_{21} & c'_{22} & \cdots & c'_{2l} \\ \vdots & \vdots & \ddots & \vdots \\ c'_{m1} & c'_{m2} & \cdots & c'_{ml} \end{pmatrix} \quad \text{として}$$

$$\begin{array}{rcl}
\mathbf{c}_1 &=& c'_{11}\mathbf{b}_1 + c'_{21}\mathbf{b}_2 + \cdots + c'_{m1}\mathbf{b}_m \\
\mathbf{c}_2 &=& c'_{12}\mathbf{b}_1 + c'_{22}\mathbf{b}_2 + \cdots + c'_{m2}\mathbf{b}_m \\
&\vdots& \\
\mathbf{c}_l &=& c'_{1l}\mathbf{b}_1 + c'_{2l}\mathbf{b}_2 + \cdots + c'_{ml}\mathbf{b}_m
\end{array} \quad \cdots (**)$$

とするとき

$$(\mathbf{c}_1 \ \mathbf{c}_2 \ \cdots \ \mathbf{c}_l) = (\mathbf{b}_1 \ \mathbf{b}_2 \ \cdots \ \mathbf{b}_m)C' \quad \text{となる.}$$

$(**)$ に $(*)$ を代入して整理すると

$$\mathbf{c}_1 = c''_{11}\mathbf{a}_1 + c''_{21}\mathbf{a}_2 + \cdots + c''_{m1}\mathbf{a}_n$$
$$\mathbf{c}_2 = c''_{12}\mathbf{a}_1 + c''_{22}\mathbf{a}_2 + \cdots + c''_{m2}\mathbf{a}_n$$
$$\vdots$$
$$\mathbf{c}_l = c''_{1l}\mathbf{a}_1 + c''_{2l}\mathbf{a}_2 + \cdots + c''_{ml}\mathbf{a}_n$$

の形で表されるが,
$$C'' = \begin{pmatrix} c''_{11} & c''_{12} & \cdots & c''_{1l} \\ c''_{21} & c''_{22} & \cdots & c''_{2l} \\ \vdots & \vdots & \ddots & \vdots \\ c''_{m1} & c''_{m2} & \cdots & c''_{ml} \end{pmatrix}$$ とおくと

$(\mathbf{c}_1\ \mathbf{c}_2\ \cdots\ \mathbf{c}_l) = (\mathbf{a}_1\ \mathbf{a}_2\ \cdots\ \mathbf{a}_n)C''$ となる.
このとき $C'' = CC'$ であることは計算することで確かめることができる.
これは形式的に

$(\mathbf{c}_1\ \mathbf{c}_2\ \cdots\ \mathbf{c}_l) = (\mathbf{b}_1\ \mathbf{b}_2\ \cdots\ \mathbf{b}_m)C'$ に
$(\mathbf{b}_1\ \mathbf{b}_2\ \cdots\ \mathbf{b}_m) = (\mathbf{a}_1\ \mathbf{a}_2\ \cdots\ \mathbf{a}_n)C$ を代入して
$(\mathbf{c}_1\ \mathbf{c}_2\ \cdots\ \mathbf{c}_l) = ((\mathbf{a}_1\ \mathbf{a}_2\ \cdots\ \mathbf{a}_n)C)C' = (\mathbf{a}_1\ \mathbf{a}_2\ \cdots\ \mathbf{a}_n)CC'$ と
計算してよいことを示している.

Remark 7.11.2

$f : V \longrightarrow W$ を線型写像として
$V \ni \mathbf{a}_1, \mathbf{a}_2, \cdots, \mathbf{a}_n$, $F^n \ni \mathbf{c}$,
C を F 係数の n 行 n 列の行列とするとき次が成り立つ.

(1) $\mathbf{b} = (\mathbf{a}_1\ \mathbf{a}_2\ \cdots\ \mathbf{a}_n)\mathbf{c}$ のとき
$$f(\mathbf{b}) = f(\mathbf{a}_1\ \mathbf{a}_2\ \cdots\ \mathbf{a}_n)\mathbf{c}$$
である.

(2) $(\mathbf{b}_1\ \mathbf{b}_2\ \cdots\ \mathbf{b}_n) = (\mathbf{a}_1\ \mathbf{a}_2\ \cdots\ \mathbf{a}_n)C$ のとき
$$f(\mathbf{b}_1\ \mathbf{b}_2\ \cdots\ \mathbf{b}_n) = f(\mathbf{a}_1\ \mathbf{a}_2\ \cdots\ \mathbf{a}_n)C$$
である.

ただし
$$f(\mathbf{a}_1\ \mathbf{a}_2\ \cdots\ \mathbf{a}_n) = (f(\mathbf{a}_1)\ f(\mathbf{a}_2)\ \cdots\ f(\mathbf{a}_n))$$
$$f(\mathbf{b}_1\ \mathbf{b}_2\ \cdots\ \mathbf{b}_n) = (f(\mathbf{b}_1)\ f(\mathbf{b}_2)\ \cdots\ f(\mathbf{b}_n))$$
としている.

(proof)
(1) Remark 7.11.1 よりわかる.

(2) Def 7.11.2 の (∗) の表記を使うと
$$\begin{aligned} f(\mathbf{b}_1) &= c_{11}f(\mathbf{a}_1) + c_{21}f(\mathbf{a}_2) + \cdots + c_{n1}f(\mathbf{a}_n) \\ f(\mathbf{b}_2) &= c_{12}f(\mathbf{a}_1) + c_{22}f(\mathbf{a}_2) + \cdots + c_{n2}f(\mathbf{a}_n) \\ &\vdots \\ f(\mathbf{b}_n) &= c_{1n}f(\mathbf{a}_1) + c_{2n}f(\mathbf{a}_2) + \cdots + c_{nn}f(\mathbf{a}_n) \end{aligned}$$
となり
$$(f(\mathbf{b}_1)\ f(\mathbf{b}_2)\ \cdots\ f(\mathbf{b}_n)) = (f(\mathbf{a}_1)\ f(\mathbf{a}_2)\ \cdots\ f(\mathbf{a}_n))C$$
となるので
$$f(\mathbf{b}_1\ \mathbf{b}_2\ \cdots\ \mathbf{b}_n) = f(\mathbf{a}_1\ \mathbf{a}_2\ \cdots\ \mathbf{a}_n)C$$
である.

Theorem 7.11.1 (線型写像は base(基底) の行き先で定まる)

$f : V \longrightarrow W$ を線型写像, $\mathbf{v}_1, \mathbf{v}_2, \cdots, \mathbf{v}_n$ を V の base とする.
このとき f による $\mathbf{v}_1, \mathbf{v}_2, \cdots, \mathbf{v}_n$ のうつり先は
$f(\mathbf{v}_1), f(\mathbf{v}_2), \cdots, f(\mathbf{v}_n)$ で定まる.

(proof)

$V \ni^\forall \mathbf{x}$ に対して
$\exists_1 c_1, c_2, \cdots, c_n \in F \quad s.t. \quad \mathbf{x} = c_1 \mathbf{v}_1 + c_2 \mathbf{v}_2 + \cdots + c_n \mathbf{v}_n$
なので
$$f(\mathbf{x}) = c_1 f(\mathbf{v}_1) + c_2 f(\mathbf{v}_2) + \cdots + c_n f(\mathbf{v}_n)$$
が成り立つ.

Theorem 7.11.2

V を $\mathbf{v}_1, \mathbf{v}_2, \cdots, \mathbf{v}_n$ を base とするベクトル空間とし,
$\mathbf{b}_1, \mathbf{b}_2, \cdots, \mathbf{b}_n$ を W の n 個のベクトルとする.
このとき V から W への線型写像 f で
$f(\mathbf{v}_1) = \mathbf{b}_1,\ f(\mathbf{v}_2) = \mathbf{b}_2, \cdots, f(\mathbf{v}_n) = \mathbf{b}_n$ を
みたすものがただ一つ存在する. [75]

---

[75] $V \ni^\forall \mathbf{x}$ に対して, $F \ni^{\exists_1} c_1, \cdots, c_n \quad s.t.$
$\mathbf{x} = c_1 \mathbf{v}_1 + c_2 \mathbf{v}_2 + \cdots + c_n \mathbf{v}_n$ となる.

Theorem 7.11.3 (F^n から F^m への線型写像)

(1) A を m 行 n 列の行列とする．
このとき $f_A : F^n \longrightarrow F^m$ を
F^n の任意のベクトル $\mathbf{x}$ に対して
$f_A(\mathbf{x}) = A\mathbf{x} \cdots \star$ と定めると
f_A は線型写像である．

(2) $f : F^n \longrightarrow F^m$ を線型写像とする．
$\mathbf{e}_1, \cdots, \mathbf{e}_n$ を F^n の標準基底として
$A = (f(\mathbf{e}_1) \ f(\mathbf{e}_2) \ \cdots \ f(\mathbf{e}_n))$ とおくと
A は m 行 n 列の行列であり，$f = f_A$ である．

(proof)
(1) $F^n \ni \mathbf{a}, \mathbf{b}$ とし，$F \ni c, d$ とする．
このとき
$$\begin{aligned} f_A(c\mathbf{a} + d\mathbf{b}) &= A(c\mathbf{a} + d\mathbf{b}) \\ &= cA\mathbf{a} + dA\mathbf{b} \\ &= cf_A(\mathbf{a}) + df_A(\mathbf{b}) \end{aligned}$$
(2) $F^n \ni \mathbf{x}$ に対して $(\mathbf{e}_1 \ \cdots \ \mathbf{e}_n)\mathbf{x} = \mathbf{x}$ なので [76]
$f(\mathbf{x}) = f((\mathbf{e}_1 \ \cdots \ \mathbf{e}_n)\mathbf{x}) = (f(\mathbf{e}_1) \cdots f(\mathbf{e}_n))\mathbf{x} = A\mathbf{x} = f_A(\mathbf{x})$
$\therefore f = f_A$

$\star$ F^n から F^m への線型写像は全て m 行 n 列の行列をかけて得られる．

Theorem 7.11.4 (n 次元ベクトル空間 V から m 次元ベクトル空間 W への線型写像)
V を $\mathbf{v}_1, \mathbf{v}_2, \cdots, \mathbf{v}_n$ を base にもつ n 次元ベクトル空間，
W を $\mathbf{w}_1, \mathbf{w}_2, \cdots, \mathbf{w}_m$ を base もつ m 次元ベクトル空間とする．
$f : V \longrightarrow W$ を線型写像とする．

$f(\mathbf{x}) = c_1 \mathbf{b}_1 + c_2 \mathbf{b}_2 + \cdots + c_n \mathbf{b}_n$ で定まる
線型写像がそうである．

[76] $(\mathbf{e}_1 \ \mathbf{e}_2 \ \cdots \ \mathbf{e}_n)$ は単位行列 E なので明らか．

A を $(f(\mathbf{v}_1)\ f(\mathbf{v}_2)\ \cdots\ f(\mathbf{v}_n)) = (\mathbf{w}_1\ \mathbf{w}_2\ \cdots\ \mathbf{w}_m)A$ で定まる m 行 n 列の行列とする.

このとき, 任意の n 項列ベクトル $\mathbf{c}$ に対して

$f((\mathbf{v}_1\ \mathbf{v}_2\ \cdots\ \mathbf{v}_n)\mathbf{c}) = (\mathbf{w}_1\ \mathbf{w}_2\ \cdots\ \mathbf{w}_m)A\mathbf{c}$

である.

(proof)

$f((\mathbf{v}_1\ \mathbf{v}_2\ \cdots\ \mathbf{v}_n)\mathbf{c})$
$= (f(\mathbf{v}_1)\ f(\mathbf{v}_2)\ \cdots\ f(\mathbf{v}_n))\mathbf{c}$
$= (\mathbf{w}_1\ \mathbf{w}_2\ \cdots\ \mathbf{w}_m)A\mathbf{c}$

Def. 7.11.3 (線型写像と基底で定まる行列)

上の定理における

$(f(\mathbf{v}_1)\ f(\mathbf{v}_2)\ \cdots\ f(\mathbf{v}_n)) = (\mathbf{w}_1\ \mathbf{w}_2\ \cdots\ \mathbf{w}_m)A$

で定まる m 行 n 列の行列 A を

「線型写像 f と V の base $\mathbf{v}_1, \mathbf{v}_2, \cdots, \mathbf{v}_n$ と

W の base $\mathbf{w}_1, \mathbf{w}_2, \cdots, \mathbf{w}_m$ で定まる行列」という.

Proposition 7.11.2 (線型写像の合成)

U, V, W をベクトル空間として, それぞれ n, m, k 次元とする.

$f : U \longrightarrow V$, $g : V \longrightarrow W$ を線型写像とする.

(1) $g \circ f : U \longrightarrow W$ は線型写像である.

(2) $\mathbf{u}_1, \mathbf{u}_2, \cdots, \mathbf{u}_n$ を U の base

$\mathbf{v}_1, \mathbf{v}_2, \cdots, \mathbf{v}_m$ を V の base

$\mathbf{w}_1, \mathbf{w}_2, \cdots, \mathbf{w}_k$ を W の base とする.

線型写像 f と U の base $\mathbf{u}_1, \mathbf{u}_2, \cdots, \mathbf{u}_n$ と

V の vase $\mathbf{v}_1, \mathbf{v}_2, \cdots, \mathbf{v}_m$ で定まる行列を B とする.

線型写像 g と V の base $\mathbf{v}_1, \mathbf{v}_2, \cdots, \mathbf{v}_m$ と

W の base $\mathbf{w}_1, \mathbf{w}_2, \cdots, \mathbf{w}_k$ で定まる行列を A とする.

このとき, 線型写像 $g \circ f$ と U の base $\mathbf{u}_1, \mathbf{u}_2, \cdots, \mathbf{u}_n$ と

W の base $\mathbf{w}_1, \mathbf{w}_2, \cdots, \mathbf{w}_k$ で定まる行列は AB である.

(proof)
(1) $U \ni \mathbf{a}, \mathbf{b},\ F \ni c, d$ とする.
$$\begin{aligned} g \circ f(c\mathbf{a}+d\mathbf{b}) &= g(f(c\mathbf{a}+d\mathbf{b})) \\ &= g(cf(\mathbf{a})+df(\mathbf{b})) \\ &= cg(f(\mathbf{a}))+dg(f(\mathbf{b})) \\ &= cg \circ f(\mathbf{a}) + dg \circ f(\mathbf{b}) \end{aligned}$$

(2) $\mathbf{c} \in F^n$ とする.
$$\begin{aligned} g \circ f((\mathbf{u}_1\ \mathbf{u}_2\ \cdots\ \mathbf{u}_n)\mathbf{c}) &= g(f((\mathbf{u}_1\ \mathbf{u}_2\ \cdots\ \mathbf{u}_n)\mathbf{c})) \\ &= g((f(\mathbf{u}_1)\ f(\mathbf{u}_2)\ \cdots\ f(\mathbf{u}_n))\mathbf{c}) \\ &= g((\mathbf{v}_1\ \mathbf{v}_2\ \cdots\ \mathbf{v}_m)B\mathbf{c}) \\ &= (g(\mathbf{v}_1)\ g(\mathbf{v}_2)\ \cdots\ g(\mathbf{v}_m))B\mathbf{c} \\ &= (\mathbf{w}_1\ \mathbf{w}_2\ \cdots\ \mathbf{w}_k)AB\mathbf{c} \end{aligned}$$

★ Theorem 7.11.3 (F^n から F^m への線型写像) より次が成り立つ.

1. $f : F^n \longrightarrow F^n$ を linear map とする.
$A = (f(\mathbf{e}_1)\ f(\mathbf{e}_2)\ \cdots\ f(\mathbf{e}_n))$ とすると [77]
A は n 次正方行列であり, $F^n \ni \mathbf{x}$ に対して
$$f(\mathbf{x}) = A\mathbf{x}$$
が成り立つ.

2. V を n 次元 F-ベクトル空間とすると
$F^n \longrightarrow V$ への同型写像が存在する.

(proof)
$\mathbf{v}_1, \cdots, \mathbf{v}_n$ を V の base とする.
$\varphi : F^n \longrightarrow V$ を $F^n \ni \begin{pmatrix} x_1 \\ x_2 \\ \vdots \\ x_n \end{pmatrix}$ に対して

---

[77] $\mathbf{e}_1, \cdots, \mathbf{e}_n$ は F^n の標準基底

$$\varphi\begin{pmatrix} x_1 \\ \vdots \\ x_n \end{pmatrix} = x_1\mathbf{v}_1 + x_2\mathbf{v}_2 + \cdots + x_n\mathbf{v}_n \quad \text{78)}$$

と定めると, φ は同型写像である. 79)

Theorem 7.11.5

V を n 次元 F-ベクトル空間とする.

$\alpha : V \longrightarrow V$ を線型写像とする.

このとき V の base $\mathbf{v}_1, \cdots, \mathbf{v}_n$ を一つ選べば

n 次正方行列 A で

$$(\alpha(\mathbf{v}_1)\ \alpha(\mathbf{v}_2)\ \cdots\ \alpha(\mathbf{v}_n)) = (\mathbf{v}_1\ \cdots\ \mathbf{v}_n)A$$

をみたすものが存在するが,

A の固有多項式 80) は base $\mathbf{v}_1, \cdots, \mathbf{v}_n$ の選び方によらず, α のみで定まる.

(proof)

$\mathbf{v}_1, \cdots, \mathbf{v}_n$ と $\mathbf{v}'_1, \cdots, \mathbf{v}'_n$ を V の base とする.

α と $\mathbf{v}_1, \cdots, \mathbf{v}_n$ で定まる行列を A,

α と $\mathbf{v}'_1, \cdots, \mathbf{v}'_n$ で定まる行列を A' とする.

このとき

$$(\alpha(\mathbf{v}_1)\ \cdots\ \alpha(\mathbf{v}_n)) = (\mathbf{v}_1\ \cdots\ \mathbf{v}_n)A$$
$$(\alpha(\mathbf{v}'_1)\ \cdots\ \alpha(\mathbf{v}'_n)) = (\mathbf{v}'_1\ \cdots\ \mathbf{v}'_n)A'$$

$\mathbf{v}_1, \cdots, \mathbf{v}_n$ と $\mathbf{v}'_1, \cdots, \mathbf{v}'_n$ がともに V の base なので

---

78) $\varphi\left(\begin{pmatrix} x_1 \\ \vdots \\ x_n \end{pmatrix}\right)$ を $\varphi\begin{pmatrix} x_1 \\ \vdots \\ x_n \end{pmatrix}$ とかくことにする.

79) φ が homomorphism であることは明らか.

$\mathbf{v}_1, \cdots, \mathbf{v}_n$ が線型独立なので φ は単射である.

$\mathbf{v}_1, \cdots, \mathbf{v}_n$ が生成系なので φ は全射である.

80) 別冊「行列式」参照

$(\mathbf{v}'_1 \cdots \mathbf{v}'_n) = (\mathbf{v}_1 \cdots \mathbf{v}_n)P$ [81) となる n 次正方行列 P が存在する.
これにより
$(\alpha(\mathbf{v}'_1) \cdots \alpha(\mathbf{v}'_n)) = (\mathbf{v}'_1 \cdots \mathbf{v}'_n)A' = (\mathbf{v}_1 \cdots \mathbf{v}_n)PA'$
一方, $(\mathbf{v}'_1 \cdots \mathbf{v}'_n) = (\mathbf{v}_1 \cdots \mathbf{v}_n)P$ より
$(\alpha(\mathbf{v}'_1) \cdots \alpha(\mathbf{v}'_n)) = (\alpha(\mathbf{v}_1) \cdots \alpha(\mathbf{v}_n))P = (\mathbf{v}_1 \cdots \mathbf{v}_n)AP$
ゆえに
$PA' = AP$
よって
$A' = P^{-1}AP$
以上のことから
$|XI - A'|$
$= |XI - P^{-1}AP|$
$= |P^{-1}(XI)P - P^{-1}AP|$
$= |P^{-1}||XI - A||P|$
$= |XI - A|$ [82)
よって A と A' の固有多項式は一致する.

Def. 7.11.4 (線型写像の固有多項式)
定理における固有多項式を α の固有多項式という.

---

81) $\mathbf{v}'_1 = p_{11}\mathbf{v}_1 + p_{21}\mathbf{v}_2 + \cdots + p_{n1}\mathbf{v}_n$
$\mathbf{v}'_2 = p_{12}\mathbf{v}_1 + p_{22}\mathbf{v}_2 + \cdots + p_{n2}\mathbf{v}_n$
$\vdots$
$\mathbf{v}'_n = p_{1n}\mathbf{v}_1 + p_{2n}\mathbf{v}_2 + \cdots + p_{nn}\mathbf{v}_n$
これを
$(\mathbf{v}'_1 \cdots \mathbf{v}'_n) = (\mathbf{v}_1 \cdots \mathbf{v}_n)\begin{pmatrix} p_{11} & p_{12} & \cdots & p_{1n} \\ p_{21} & p_{22} & \cdots & p_{2n} \\ \vdots & \vdots & \ddots & \vdots \\ p_{n1} & p_{n2} & \cdots & p_{nn} \end{pmatrix}$
と表した.
82) I は n 次の単位行列である.

Theorem 7.11.6

V を n 次元 F-ベクトル空間とする.

$\alpha : V \longrightarrow V$ を線型写像とする.

α の固有多項式を $f(X)$ とするとき $f(\alpha) = 0$ である. [83]

---

[83] 一般に
$$F[X] \ni g(X) = b_0 X^m + b_1 X^{m-1} + \cdots + b_{m-1} X + b_m$$
とするとき
$$g(\alpha) = b_0 \alpha^m + b_1 \alpha^{m-1} + \cdots + b_{m-1} \alpha + b_m id_V$$
つまり $V \ni^\forall \mathbf{x}$ に対して
$$\mathbf{x} \hookrightarrow b_0 \alpha^m(\mathbf{x}) + b_1 \alpha^{m-1}(\mathbf{x}) + \cdots + b_{m-1} \alpha(\mathbf{x}) + b_m \mathbf{x}$$
で定まる V から V への線型写像である.
$f(\alpha) = 0$ とは
$f(X)$ がゼロ写像であることを意味している.
これは, 別冊「normal base」確認しておきたいこと ① で証明している.

7.12 行列

Def. 7.12.1 (行列)

m, n は自然数, F を体として $a_{11}, a_{12}, \cdots, a_{mn}$ は F の $m \times n$ 個の元であるとする.

このとき F の $m \times n$ 個の元, $a_{11}, a_{12}, \cdots, a_{mn}$ を以下の形に並べたものを m 行 n 列の行列という.

$$\begin{pmatrix} a_{11} & a_{12} & \cdots & a_{1n} \\ a_{21} & a_{22} & \cdots & a_{2n} \\ \vdots & \vdots & \ddots & \vdots \\ a_{m1} & a_{m2} & \cdots & a_{mn} \end{pmatrix}$$

m 行 n 列の行列を (m, n) 型行列ともいう.

★ $m = n$ のとき (n, n) 型行列を n 次正方行列という.

Def. 7.12.2 (行・列・成分)

$$A = \begin{pmatrix} a_{11} & a_{12} & \cdots & a_{1n} \\ a_{21} & a_{22} & \cdots & a_{2n} \\ \vdots & \vdots & \ddots & \vdots \\ a_{m1} & a_{m2} & \cdots & a_{mn} \end{pmatrix}$$

とするとき

$(a_{i1}\ a_{i2}\ \cdots\ a_{in})$ を A の第 i 行といい,

$$\begin{pmatrix} a_{1j} \\ a_{2j} \\ \vdots \\ a_{mj} \end{pmatrix}$$ を A の第 j 列という. [84)]

A の第 i 行, 第 j 列の交差するところに現れる数を A の (i, j) 成分という.

[84)] $1 \leq i \leq m, 1 \leq j \leq n$ とする.

Def. 7.12.3 (対角成分・対角行列)

$1 \leq i \leq n$ とするとき

n 次正方行列において (i,i) 成分をその行列の対角成分という.

また, 対角成分以外の成分が全て 0 である正方行列を対角行列という.

Def. 7.12.4 (行ベクトル・列ベクトル)

$(1,n)$ 型行列 $(a_1 \ a_2 \ \cdots \ a_n)$ のことを n 項行ベクトル
または単に行ベクトルという.

$(m,1)$ 型行列 $\begin{pmatrix} a_1 \\ a_2 \\ \vdots \\ a_m \end{pmatrix}$ を m 項列ベクトルという.

または単に列ベクトルという.

★ 行ベクトルや列ベクトルを $\mathbf{a}$ を使って表すこともある.
例えば

$$A = \begin{pmatrix} a_{11} & a_{12} & \cdots & a_{1n} \\ a_{21} & a_{22} & \cdots & a_{2n} \\ \vdots & \vdots & \ddots & \vdots \\ a_{m1} & a_{m2} & \cdots & a_{mn} \end{pmatrix}$$ を

$1 \leq j \leq n$ である各 j に対して A の第 j 列を $\mathbf{a_j}$ とおいて

$$A = (\mathbf{a_1} \ \mathbf{a_2} \ \cdots \ \mathbf{a_n})$$

と表したりする.

また $1 \leq i \leq m$ である各 i に対して, A の第 i 行を $\mathbf{a'_i}$ とおいて

$$A = \begin{pmatrix} \mathbf{a'_1} \\ \mathbf{a'_2} \\ \vdots \\ \mathbf{a'_m} \end{pmatrix}$$

と表したりする.

Def. 7.12.5 (行列の相等)

二つの行列 A と B に対して

(1) A と B が同じ型の行列である.

(2) A と B の各成分が全て等しい.

この2つが成り立つとき, A と B は同じであるといって $A = B$ で表す.

Def. 7.12.6 (転置行列)

$$A = \begin{pmatrix} a_{11} & a_{12} & \cdots & a_{1n} \\ a_{21} & a_{22} & \cdots & a_{2n} \\ \vdots & \vdots & \ddots & \vdots \\ a_{m1} & a_{m2} & \cdots & a_{mn} \end{pmatrix}$$ に対して

A の行と列を入れ替えた

$$\begin{pmatrix} a_{11} & a_{21} & \cdots & a_{m1} \\ a_{12} & a_{22} & \cdots & a_{m2} \\ \vdots & \vdots & \ddots & \vdots \\ a_{1m} & a_{2m} & \cdots & a_{nm} \end{pmatrix}$$

を A の転置行列といい ${}^tA$ で表す.

★ ${}^{tt}A = A$ である.

Def. 7.12.7 (行列の和)

(m, n) 型行列

$$A = \begin{pmatrix} a_{11} & a_{12} & \cdots & a_{1n} \\ a_{21} & a_{22} & \cdots & a_{2n} \\ \vdots & \vdots & \ddots & \vdots \\ a_{m1} & a_{m2} & \cdots & a_{mn} \end{pmatrix}, B = \begin{pmatrix} b_{11} & b_{12} & \cdots & b_{1n} \\ b_{21} & b_{22} & \cdots & b_{2n} \\ \vdots & \vdots & \ddots & \vdots \\ b_{m1} & b_{m2} & \cdots & b_{mn} \end{pmatrix}$$

に対して, A と B の和 $A + B$ を

$$A+B = \begin{pmatrix} a_{11}+b_{11} & a_{12}+b_{12} & \cdots & a_{1n}+b_{1n} \\ a_{21}+b_{21} & a_{22}+b_{22} & \cdots & a_{2n}+b_{2n} \\ \vdots & \vdots & \ddots & \vdots \\ a_{m1}+b_{m1} & a_{m2}+b_{m2} & \cdots & a_{mn}+b_{mn} \end{pmatrix}$$

と決める.

特に列ベクトルの和は

$$\begin{pmatrix} a_1 \\ a_2 \\ \vdots \\ a_m \end{pmatrix} + \begin{pmatrix} b_1 \\ b_2 \\ \vdots \\ b_m \end{pmatrix} = \begin{pmatrix} a_1+b_1 \\ a_2+b_2 \\ \vdots \\ a_m+b_m \end{pmatrix}$$

行ベクトルの和は

$$(a_1\ a_2\ \cdots\ a_n) + (b_1\ b_2\ \cdots\ b_n) = (a_1+b_1\ a_2+b_2\ \cdots\ a_n+b_n)$$

が成り立つ.

また A と B を行ベクトルで表したときは

$$\begin{pmatrix} \mathbf{a}'_1 \\ \mathbf{a}'_2 \\ \vdots \\ \mathbf{a}'_m \end{pmatrix} + \begin{pmatrix} \mathbf{b}'_1 \\ \mathbf{b}'_2 \\ \vdots \\ \mathbf{b}'_m \end{pmatrix} = \begin{pmatrix} \mathbf{a}'_1+\mathbf{b}'_1 \\ \mathbf{a}'_2+\mathbf{b}'_2 \\ \vdots \\ \mathbf{a}'_m+\mathbf{b}'_m \end{pmatrix}$$

が成り立ち,

A と B を列ベクトルで表したときは

$$(\mathbf{a_1}\ \mathbf{a_2}\ \cdots\ \mathbf{a_n}) + (\mathbf{b_1}\ \mathbf{b_2}\ \cdots\ \mathbf{b_n})$$
$$= (\mathbf{a_1}+\mathbf{b_1}\ \mathbf{a_2}+\mathbf{b_2}\ \cdots\ \mathbf{a_n}+\mathbf{b_n})$$

が成り立つ.

Def. 7.12.8 (スカラー倍)

$$A = \begin{pmatrix} a_{11} & a_{12} & \cdots & a_{1n} \\ a_{21} & a_{22} & \cdots & a_{2n} \\ \vdots & \vdots & \ddots & \vdots \\ a_{m1} & a_{m2} & \cdots & a_{mn} \end{pmatrix}$$

c をスカラー [85] とする.

このとき cA を以下のものと決める.

$$\begin{pmatrix} ca_{11} & ca_{12} & \cdots & ca_{1n} \\ ca_{21} & ca_{22} & \cdots & ca_{2n} \\ \vdots & \vdots & \ddots & \vdots \\ ca_{m1} & ca_{m2} & \cdots & ca_{mn} \end{pmatrix}$$

特に 行ベクトル,列ベクトル では以下のようになる.

$$c(a_1\ a_2\ \cdots\ a_n) = (ca_1\ ca_2\ \cdots\ ca_n)$$

$$c \begin{pmatrix} a_1 \\ a_2 \\ \vdots \\ a_m \end{pmatrix} = \begin{pmatrix} ca_1 \\ ca_2 \\ \vdots \\ ca_m \end{pmatrix}$$

A を列ベクトルで表したときは

$$c(\mathbf{a_1}\ \mathbf{a_2}\ \cdots\ \mathbf{a_n}) = (c\mathbf{a_1}\ c\mathbf{a_2}\ \cdots\ c\mathbf{a_n})$$

また A を行ベクトルで表したときは

$$c \begin{pmatrix} \mathbf{a'_1} \\ \mathbf{a'_2} \\ \vdots \\ \mathbf{a'_m} \end{pmatrix} = \begin{pmatrix} c\mathbf{a'_1} \\ c\mathbf{a'_2} \\ \vdots \\ c\mathbf{a'_m} \end{pmatrix}$$

が成り立つ.

---

[85] 単に体 F の元のことをスカラーと呼ぶ.

Def. 7.12.9 (m 項行ベクトルと m 項列ベクトルの積)

$$\mathbf{a}' = (a_1\ a_2\ \cdots\ a_m) \text{ と } \mathbf{b} = \begin{pmatrix} b_1 \\ b_2 \\ \vdots \\ b_m \end{pmatrix} \text{ に対して}$$

積 $\mathbf{a}'\mathbf{b}$ を

$$\mathbf{a}'\mathbf{b} = a_1 b_1 + a_2 b_2 + \cdots + a_m b_m$$

と定める.

Def. 7.12.10 (行列の積)

A を (l,m) 型行列, B を (m,n) 型行列とする.
$1 \le i \le l, 1 \le j \le n$ である全ての i,j に対して
A の第 i 行と B の第 j 列との積を (i,j) 成分にもつ
(l,n) 型行列を A と B の積といい AB で表す.

$$\star\ A = \begin{pmatrix} a_{11} & a_{12} & \cdots & a_{1m} \\ a_{21} & a_{22} & \cdots & a_{2m} \\ \vdots & \vdots & \ddots & \vdots \\ a_{l1} & a_{l2} & \cdots & a_{lm} \end{pmatrix} = \begin{pmatrix} \mathbf{a}'_1 \\ \mathbf{a}'_2 \\ \vdots \\ \mathbf{a}'_l \end{pmatrix},$$

$$B = \begin{pmatrix} b_{11} & b_{12} & \cdots & b_{1n} \\ b_{21} & b_{22} & \cdots & b_{2n} \\ \vdots & \vdots & \ddots & \vdots \\ b_{m1} & b_{m2} & \cdots & b_{mn} \end{pmatrix} = (\mathbf{b_1}\ \mathbf{b_2}\ \cdots\ \mathbf{b_n})$$

とするとき

$$AB = \begin{pmatrix} \mathbf{a}'_1 \\ \mathbf{a}'_2 \\ \vdots \\ \mathbf{a}'_l \end{pmatrix} (\mathbf{b_1}\ \mathbf{b_2}\ \cdots\ \mathbf{b_n}) = \begin{pmatrix} \mathbf{a}'_1\mathbf{b_1} & \mathbf{a}'_1\mathbf{b_2} & \cdots & \mathbf{a}'_1\mathbf{b_n} \\ \mathbf{a}'_2\mathbf{b_1} & \mathbf{a}'_2\mathbf{b_2} & \cdots & \mathbf{a}'_2\mathbf{b_n} \\ \vdots & \vdots & \ddots & \vdots \\ \mathbf{a}'_l\mathbf{b_1} & \mathbf{a}'_l\mathbf{b_2} & \cdots & \mathbf{a}'_l\mathbf{b_n} \end{pmatrix}$$

である.

Corolally 7.12.1 (行列の積の分配律)

A, C は (l, m) 型の行列, B, D は (m, n) 型の行列とし,
λ をスカラーとする.
このとき次が成り立つ.
- (1) $A(B+D) = AB + AD$
- (2) $(A+C)B = AB + CB$
- (3) $\lambda(AB) = (\lambda A)B = A\lambda B$

(proof)
(1) A の (i,j) 成分を a_{ij}, B, D の (k,l) 成分は b_{kl}, d_{kl} とする.
$B + D$ の (k, l) 成分は $b_{kl} + d_{kl}$ である.
AB の (i, l) 成分は $a_{i1}b_{1l} + a_{i2}b_{2l} + \cdots + a_{im}b_{ml}$
AD の (i, l) 成分は $a_{i1}d_{1l} + a_{i2}d_{2l} + \cdots + a_{im}d_{ml}$
よって $AB + AD$ の (i, l) 成分は
$$a_{i1}(b_{1l} + d_{1l}) + a_{i2}(b_{2l} + d_{2l}) + \cdots + a_{im}(b_{ml} + d_{ml})$$
これは $A(B+D)$ の (i, l) 成分である.
よって $A(B+D) = AB + AD$ である.
(2), (3) も同様に示せる.

Theorem 7.12.1 (行列の積の結合法則)

A は (l, m) 型の行列, B は (m, n) 型の行列, C は (n, k) 型の行列とする.
このとき次が成り立つ.
$$(AB)C = A(BC)$$
以降これを単に ABC で表す.

Theorem の証明のために次の Lemma を用意する.

Lemma 7.12.1

$\mathbf{a}'$ を m 項行ベクトル, B を (m, n) 型の行列, $\mathbf{c}$ を n 項列ベクトル
とするとき
$$(\mathbf{a}'B)\mathbf{c} = \mathbf{a}'(B\mathbf{c})$$
である.

以降これを $\mathbf{a}'B\mathbf{c}$ で表す.
(proof)
$$\mathbf{a}' = (a_1\ a_2\ \cdots\ a_m)$$
$$B = \begin{pmatrix} b_{11} & b_{12} & \cdots & b_{1n} \\ b_{21} & b_{22} & \cdots & b_{2n} \\ \vdots & \vdots & \ddots & \vdots \\ b_{m1} & b_{m2} & \cdots & b_{mn} \end{pmatrix}$$
$$\mathbf{c} = \begin{pmatrix} c_1 \\ c_2 \\ \vdots \\ c_n \end{pmatrix}$$ とするとき
$$\mathbf{a}'B = \left(\sum_{i=1}^{m} a_i b_{i1} \quad \sum_{i=1}^{m} a_i b_{i2} \quad \cdots \quad \sum_{i=1}^{m} a_i b_{in}\right)$$
なので
$$(\mathbf{a}'B)\mathbf{c} = \sum_{j=1}^{n}\left(\sum_{i=1}^{m} a_i b_{ij}\right)c_j = \sum_{j=1}^{n}\sum_{i=1}^{m} a_i b_{ij} c_j$$
$$B\mathbf{c} = \begin{pmatrix} \sum_{j=1}^{n} b_{1j} c_j \\ \sum_{j=1}^{n} b_{2j} c_j \\ \vdots \\ \sum_{j=1}^{n} b_{mj} c_j \end{pmatrix}$$
なので
$$\mathbf{a}'(B\mathbf{c}) = \sum_{i=1}^{m} a_i\left(\sum_{j=1}^{n} b_{ij} c_j\right) = \sum_{i=1}^{m}\sum_{j=1}^{n} a_i b_{ij} c_j$$
よって
$$(\mathbf{a}'B)\mathbf{c} = \mathbf{a}'(B\mathbf{c})$$

Theorem 7.12.1(行列の積の結合法則) を証明する.
AB は (l, n) 型行列であり,その第 i 行は $\mathbf{a}'_i B$ である.
$(AB)C$ は (l, k) 型行列であり,その第 ij 成分は $(\mathbf{a}'_i B)\mathbf{c}_j$
BC は (m, k) 型行列であり,その第 j 列は $B\mathbf{c}_j$
$A(BC)$ は (l, k) 型行列であり,その第 ij 成分は $\mathbf{a}'_i(B\mathbf{c}_j)$
$(\mathbf{a}'_i B)\mathbf{c}_j = \mathbf{a}'_i(B\mathbf{c}_j)$ より $(AB)C = A(BC)$ である.

Def. 7.12.11 （単位行列）
n 次正方行列であり，各成分が 1 で残りの成分が 0 である行列を単位行列といい E_n で表す．
混乱の恐れがないときは単に E で表す．

★ (1) $E_1 = 1$
 (2) $E_2 = \begin{pmatrix} 1 & 0 \\ 0 & 1 \end{pmatrix}$
 (3) $E_3 = \begin{pmatrix} 1 & 0 & 0 \\ 0 & 1 & 0 \\ 0 & 0 & 1 \end{pmatrix}$
 (4) $E_4 = \begin{pmatrix} 1 & 0 & 0 & 0 \\ 0 & 1 & 0 & 0 \\ 0 & 0 & 1 & 0 \\ 0 & 0 & 0 & 1 \end{pmatrix}$

Proposition 7.12.1 （単位行列やゼロ行列との積）
A を m 行 n 列の行列とする．
各積が定義されるとき次が成り立つ．
 (1) $AE = A$ かつ $EA = A$
 (2) $AO = O$ かつ $OA = O$

Def. 7.12.12 （正則行列と逆行列）
A を n 次正方行列とする．
n 次正方行列 B で
 $AB = E$ かつ $BA = E$
をみたすものがあるとき，
B を A の逆行列といい A^{-1} で表す． [86]
逆行列をもつ行列を正則行列という．

---

[86] A は B の逆行列になっている．

★ A, B を n 次の正方行列として,E を n 次の単位行列とする.このとき次が成り立つ.

I. A の逆行列が存在すればそれはただ一つである.[87]

II. A^{-1}, B^{-1} が存在するとき
   (1) $E^{-1} = E$
   (2) $AA^{-1} = E$ かつ $A^{-1}A = E$
   (3) $(A^{-1})^{-1} = A$
   (4) $(AB)^{-1} = B^{-1}A^{-1}$

III. $AB = E$ のとき
   $A = B^{-1}$ であり $B = A^{-1}$

(proof)

I. B と C を A の逆行列とすると
   $AB = E, CA = E$ より
   $B = EB = (CA)B = C(AB) = CE = C$

II. (1) $EE = E$ より $E = E^{-1}$
   (2) 逆行列の定義より明らか
   (3) $AA^{-1} = E$ かつ $A^{-1}A = E$ より
      A は A^{-1} の逆行列である.
   (4) $AB(B^{-1}A^{-1}) = A(BB^{-1})A^{-1} = AA^{-1} = E$
      $(B^{-1}A^{-1})AB = B^{-1}(A^{-1}A)B = B^{-1}B = E$
      よって $B^{-1}A^{-1}$ は AB の逆行列である.

III. A^{-1} や B^{-1} の存在を仮定すればすぐ示せる.
   A^{-1}, B^{-1} の存在は行列式の話の後に示すことにする.
   ($\hookrightarrow$ 別冊「行列式」Theorem 7.13.4(余因子行列と逆行列))

---

[87] これで A^{-1} という記号が使えることになる.

7.13 行列式

n 行 n 列の正方行列に対して，行列式と呼ばれるスカラーを n について帰納的に定義したい．
$n = 1$ のときは (a) の行列式は，その成分 a とする．
$n - 1$ までの行列式が定義されているとき，n 行 n 列の行列式を次の余因子を使って定義する．

Def. 7.13.1 （余因子）
n 行 n 列の行列

$$A = \begin{pmatrix} a_{11} & a_{12} & \cdots & a_{1n} \\ a_{21} & a_{22} & \cdots & a_{2n} \\ \vdots & \vdots & \ddots & \vdots \\ a_{n1} & a_{n2} & \cdots & a_{nn} \end{pmatrix}$$

に対して，a_{ij} を A の (i, j) 成分といった．

A の第 i 行と第 j 列を取り除いて得られる $n-1$ 行 $n-1$ 列の行列の行列式に符号 $(-1)^{i+j}$ をかけたものを，A の (i, j) 余因子という．

普通の数をスカラーと呼ぶ．
n 行 n 列の行列に対して，その行列式を次のように定義する．

Def. 7.13.2 （n 行 n 列の行列式）

(1) $n = 1$ のとき，スカラー a は 1 行 1 列の行列式であるが，その行列式は a そのものとする．

(2) $n \geqq 2$ のとき，n 行 n 列の行列式を次のように帰納的に定義する．

A を n 行 n 列の行列

$$A = \begin{pmatrix} a_{11} & a_{12} & \cdots & a_{1n} \\ a_{21} & a_{22} & \cdots & a_{2n} \\ \vdots & \vdots & \ddots & \vdots \\ a_{n1} & a_{n2} & \cdots & a_{nn} \end{pmatrix}$$

とするとき, $1 \leq i \leq n, 1 \leq j \leq n$ となる i,j に対して
その各 (i,j) 余因子を $\tilde{a}_{ij}$ とおくとき
$$a_{11}\tilde{a}_{11} + a_{12}\tilde{a}_{12} + \cdots + a_{1n}\tilde{a}_{1n}$$
を, A の行列式といい,
$$\begin{vmatrix} a_{11} & a_{12} & \cdots & a_{1n} \\ a_{21} & a_{22} & \cdots & a_{2n} \\ \vdots & \vdots & \ddots & \vdots \\ a_{n1} & a_{n2} & \cdots & a_{nn} \end{vmatrix}$$
または $|A|$, または $detA$ と表す. [88]

Example 7.13.1

・$n=2$ のとき $A = \begin{pmatrix} a & b \\ c & d \end{pmatrix}$ とすると

A の $(1,1)$ 余因子は $\tilde{a}_{11}$ は $(-1)^{1+1}d = d$

A の $(1,2)$ 余因子は $\tilde{a}_{12}$ は $(-1)^{1+2}c = -c$ なので

$|A| = ad + b(-c) = ad - bc$

・$n=3$ のとき $A = \begin{pmatrix} a_{11} & a_{12} & a_{13} \\ a_{21} & a_{22} & a_{23} \\ a_{31} & a_{32} & a_{33} \end{pmatrix}$ とすると

A の $(1,1)$ 余因子 $\tilde{a}_{11}$ は $(-1)^{1+1} \begin{vmatrix} a_{22} & a_{23} \\ a_{32} & a_{33} \end{vmatrix} = a_{22}a_{33} - a_{23}a_{32}$

A の $(1,2)$ 余因子 $\tilde{a}_{12}$ は $(-1)^{1+2} \begin{vmatrix} a_{21} & a_{23} \\ a_{31} & a_{33} \end{vmatrix} = -(a_{21}a_{33} - a_{23}a_{31})$

A の $(1,3)$ 余因子 $\tilde{a}_{13}$ は $(-1)^{1+3} \begin{vmatrix} a_{21} & a_{22} \\ a_{31} & a_{32} \end{vmatrix} = a_{21}a_{32} - a_{22}a_{31}$

---

[88] 実は
$$|A| = a_{i1}\tilde{a}_{i1} + a_{i2}\tilde{a}_{i2} + \cdots + a_{in}\tilde{a}_{in}$$
$$= a_{1j}\tilde{a}_{1j} + a_{2j}\tilde{a}_{2j} + \cdots + a_{nj}\tilde{a}_{nj}$$
が成り立つことがあとでわかる.

なので
$$|A| = a_{11}(a_{22}a_{33} - a_{23}a_{32}) - a_{12}(a_{21}a_{33} - a_{23}a_{31}) \\ + a_{13}(a_{21}a_{32} - a_{22}a_{31})$$

・$n = 4$ のときは

$$|A| = \begin{vmatrix} a_{11} & a_{12} & a_{13} & a_{14} \\ a_{21} & a_{22} & a_{23} & a_{24} \\ a_{31} & a_{32} & a_{33} & a_{34} \\ a_{41} & a_{42} & a_{43} & a_{44} \end{vmatrix}$$

$$= a_{11} \cdot (-1)^{1+1} \begin{vmatrix} a_{22} & a_{23} & a_{24} \\ a_{32} & a_{33} & a_{34} \\ a_{42} & a_{43} & a_{44} \end{vmatrix} + a_{12} \cdot (-1)^{1+2} \begin{vmatrix} a_{21} & a_{23} & a_{24} \\ a_{31} & a_{33} & a_{34} \\ a_{41} & a_{43} & a_{44} \end{vmatrix}$$

$$+ a_{13} \cdot (-1)^{1+3} \begin{vmatrix} a_{21} & a_{22} & a_{24} \\ a_{31} & a_{32} & a_{34} \\ a_{41} & a_{42} & a_{44} \end{vmatrix} + a_{14} \cdot (-1)^{1+4} \begin{vmatrix} a_{21} & a_{22} & a_{23} \\ a_{31} & a_{32} & a_{33} \\ a_{41} & a_{42} & a_{43} \end{vmatrix}$$

n 行 n 列の行列の行列式において次のことが成り立つ．

Proposition 7.13.1 (n 行 n 列の行列の行列式の性質)

① 単位行列の行列式は 1 である．
② 行列式において 2 つの行を入れ替えると符号が変わる．
③ 行列式は行に関して多重線型である．[89]

---

[89] ・2 行 2 列の行列の行列式が第 1 行において線型性をもつとは以下の 2 つが成り立つことである．

$$\begin{vmatrix} x_1 + y_1 & x_2 + y_2 \\ z_1 & z_2 \end{vmatrix} = \begin{vmatrix} x_1 & x_2 \\ z_1 & z_2 \end{vmatrix} + \begin{vmatrix} y_1 & y_2 \\ z_1 & z_2 \end{vmatrix}$$

$$\begin{vmatrix} cx_1 & cx_2 \\ y_1 & y_2 \end{vmatrix} = c \begin{vmatrix} x_1 & x_2 \\ y_1 & y_2 \end{vmatrix}$$

これは

$$\begin{vmatrix} kx_1 + ly_1 & kx_2 + ly_2 \\ z_1 & z_2 \end{vmatrix} = k \begin{vmatrix} x_1 & x_2 \\ z_1 & z_2 \end{vmatrix} + l \begin{vmatrix} y_1 & y_2 \\ z_1 & z_2 \end{vmatrix}$$

が成り立つことと同じである．

④ 2つの行が同じならば行列式は 0 である.
⑤ 1つの行が他の行の定数倍と一致すれば行列式は 0 である.
⑥ 1つの行に他の行の定数倍を加えても引いても行列式は変わらない.
⑦ 転置しても行列式は変わらない.
⑧ A, B を n 行 n 列の行列式とすれば $|AB| = |A||B|$ が成り立つ.

(proof)

①～⑥ を証明する.

$\star_1$ $n = 2$ のとき

① $\begin{vmatrix} 1 & 0 \\ 0 & 1 \end{vmatrix} = 1 \cdot 1 - 0 \cdot 0 = 1$

② $\begin{vmatrix} a & b \\ c & d \end{vmatrix} = ad - bc$

$\begin{vmatrix} c & d \\ a & b \end{vmatrix} = cb - ad = -(ad - bc)$

③ $\begin{vmatrix} a_1 + b_1 & a_2 + b_2 \\ c_1 & c_2 \end{vmatrix} = \begin{vmatrix} a_1 & a_2 \\ c_1 & c_2 \end{vmatrix} + \begin{vmatrix} b_1 & b_2 \\ c_1 & c_2 \end{vmatrix}$

$\begin{vmatrix} ka_1 & ka_2 \\ c_1 & c_2 \end{vmatrix} = k \begin{vmatrix} a_1 & a_2 \\ c_1 & c_2 \end{vmatrix}$

が成り立つ.

これは, ここに現れる 3 つの行列の第 2 行は全て同じなので
それらの $(1,1)$ 余因子, $(1,2)$ 余因子は全て同じであるから
それぞれを $\tilde{a}_{11}, \tilde{a}_{12}$ とおくと以下が成り立つことからわかる.

$(a_1 + b_1)\tilde{a}_{11} + (a_2 + b_2)\tilde{a}_{12} = (a_1 \tilde{a}_{11} + a_2 \tilde{a}_{12}) + (b_1 \tilde{a}_{11} + b_2 \tilde{a}_{12})$

$ka_1 \tilde{a}_{11} + ka_2 \tilde{a}_{12} = k(a_1 \tilde{a}_{11} + a_2 \tilde{a}_{12})$

すなわち

$\begin{vmatrix} ka_1 + lb_1 & ka_2 + lb_2 \\ c_1 & c_2 \end{vmatrix} = k \begin{vmatrix} a_1 & a_2 \\ c_1 & c_2 \end{vmatrix} + l \begin{vmatrix} b_1 & b_2 \\ c_1 & c_2 \end{vmatrix}$

・全ての行が線型性をもつとき, 行に関して多重線型であるという.

が成り立つ.
以上より第 1 行に関して線型であることがわかった.

- $\begin{vmatrix} a_1 & a_2 \\ c_1+d_1 & c_2+d_2 \end{vmatrix} = -\begin{vmatrix} c_1+d_1 & c_2+d_2 \\ a_1 & a_2 \end{vmatrix}$

$= -(\begin{vmatrix} c_1 & c_2 \\ a_1 & a_2 \end{vmatrix} + \begin{vmatrix} d_1 & d_2 \\ a_1 & a_2 \end{vmatrix})$

$= -\begin{vmatrix} c_1 & c_2 \\ a_1 & a_2 \end{vmatrix} - \begin{vmatrix} d_1 & d_2 \\ a_1 & a_2 \end{vmatrix}$

$= \begin{vmatrix} a_1 & a_2 \\ c_1 & c_2 \end{vmatrix} + \begin{vmatrix} a_1 & a_2 \\ d_1 & d_2 \end{vmatrix}$

- $\begin{vmatrix} a_1 & a_2 \\ kc_1 & kc_2 \end{vmatrix} = -\begin{vmatrix} kc_1 & kc_2 \\ a_1 & a_2 \end{vmatrix} = -k\begin{vmatrix} c_1 & c_2 \\ a_1 & a_2 \end{vmatrix} = k\begin{vmatrix} a_1 & a_2 \\ c_1 & c_2 \end{vmatrix}$

すなわち

$\begin{vmatrix} a_1 & a_2 \\ kc_1+ld_1 & kc_2+ld_2 \end{vmatrix} = k\begin{vmatrix} a_1 & a_2 \\ c_1 & c_2 \end{vmatrix} + l\begin{vmatrix} a_1 & a_2 \\ d_1 & d_2 \end{vmatrix}$

以上より第 2 行に関して線型であることがわかった.

④ $\begin{vmatrix} a_1 & a_2 \\ a_1 & a_2 \end{vmatrix} = -\begin{vmatrix} a_1 & a_2 \\ a_1 & a_2 \end{vmatrix}$ より $\begin{vmatrix} a_1 & a_2 \\ a_1 & a_2 \end{vmatrix} = 0$

⑤ $\begin{vmatrix} a_1 & a_2 \\ ka_1 & ka_2 \end{vmatrix} = k\begin{vmatrix} a_1 & a_2 \\ a_1 & a_2 \end{vmatrix} = k \cdot 0$

⑥ $\begin{vmatrix} a_1+kb_1 & a_2+kb_2 \\ b_1 & b_2 \end{vmatrix} = \begin{vmatrix} a_1 & a_2 \\ b_1 & b_2 \end{vmatrix} + k\begin{vmatrix} b_1 & b_2 \\ b_1 & b_2 \end{vmatrix} = \begin{vmatrix} a_1 & a_2 \\ b_1 & b_2 \end{vmatrix}$

★★★ これらの主張を行ベクトルを使って表現する.

$\mathbf{a} = \begin{pmatrix} a_1 & a_2 \end{pmatrix}, \mathbf{b} = \begin{pmatrix} b_1 & b_2 \end{pmatrix}, \mathbf{c} = \begin{pmatrix} c_1 & c_2 \end{pmatrix}$ とするとき

③ の第 1 行に関して線型あることは

$\begin{vmatrix} \mathbf{a}+\mathbf{b} \\ \mathbf{c} \end{vmatrix} = \begin{vmatrix} \mathbf{a} \\ \mathbf{c} \end{vmatrix} + \begin{vmatrix} \mathbf{b} \\ \mathbf{c} \end{vmatrix}$

また $\begin{vmatrix} k\mathbf{a} \\ \mathbf{c} \end{vmatrix} = k\begin{vmatrix} \mathbf{a} \\ \mathbf{c} \end{vmatrix}$

すなわち $\begin{vmatrix} k\mathbf{a}+l\mathbf{b} \\ \mathbf{c} \end{vmatrix} = k\begin{vmatrix} \mathbf{a} \\ \mathbf{c} \end{vmatrix} + l\begin{vmatrix} \mathbf{b} \\ \mathbf{c} \end{vmatrix}$

$\mathbf{d} = \begin{pmatrix} d_1 & d_2 \end{pmatrix}$ とすると，第2行に関して線型であることは

$$\begin{vmatrix} \mathbf{a} \\ \mathbf{c}+\mathbf{d} \end{vmatrix} = -\begin{vmatrix} \mathbf{c}+\mathbf{d} \\ \mathbf{a} \end{vmatrix} = -\begin{vmatrix} \mathbf{c} \\ \mathbf{a} \end{vmatrix} - \begin{vmatrix} \mathbf{d} \\ \mathbf{a} \end{vmatrix} = \begin{vmatrix} \mathbf{a} \\ \mathbf{c} \end{vmatrix} + \begin{vmatrix} \mathbf{a} \\ \mathbf{d} \end{vmatrix}$$

また $\begin{vmatrix} \mathbf{a} \\ k\mathbf{c} \end{vmatrix} = -\begin{vmatrix} k\mathbf{c} \\ \mathbf{a} \end{vmatrix} = -k\begin{vmatrix} \mathbf{c} \\ \mathbf{a} \end{vmatrix} = k\begin{vmatrix} \mathbf{a} \\ \mathbf{c} \end{vmatrix}$

すなわち $\begin{vmatrix} \mathbf{a} \\ k\mathbf{c}+l\mathbf{d} \end{vmatrix} = -\begin{vmatrix} k\mathbf{c}+l\mathbf{d} \\ \mathbf{a} \end{vmatrix} = -k\begin{vmatrix} \mathbf{c} \\ \mathbf{a} \end{vmatrix} - l\begin{vmatrix} \mathbf{d} \\ \mathbf{a} \end{vmatrix}$

$$= k\begin{vmatrix} \mathbf{a} \\ \mathbf{c} \end{vmatrix} + l\begin{vmatrix} \mathbf{a} \\ \mathbf{d} \end{vmatrix}$$

④ は $\begin{vmatrix} \mathbf{a} \\ \mathbf{a} \end{vmatrix} = -\begin{vmatrix} \mathbf{a} \\ \mathbf{a} \end{vmatrix}$ より $\begin{vmatrix} \mathbf{a} \\ \mathbf{a} \end{vmatrix} = 0$ [90]

⑤ は $\begin{vmatrix} \mathbf{a} \\ k\mathbf{a} \end{vmatrix} = k\begin{vmatrix} \mathbf{a} \\ \mathbf{a} \end{vmatrix} = 0$

⑥ は $\begin{vmatrix} \mathbf{a}+k\mathbf{b} \\ \mathbf{b} \end{vmatrix} = \begin{vmatrix} \mathbf{a} \\ \mathbf{b} \end{vmatrix} + k\begin{vmatrix} \mathbf{b} \\ \mathbf{b} \end{vmatrix} = \begin{vmatrix} \mathbf{a} \\ \mathbf{b} \end{vmatrix}$

★★★★★

以下は この表現を併用しながら進めることにする．

(1) $n=3$ のとき ① 〜 ⑥ が成り立つことを示す.

---

[90] これは標数が2でないときの証明である．
標数が2のときは $2 \times X = 0$ のとき $X = 0$ とは限らないのでこの方法では証明にならない．
標数が2のときの $n=2$ のときは定義どおり計算すれば
$\begin{vmatrix} a_1 & a_2 \\ a_1 & a_2 \end{vmatrix} = a_1 a_2 - a_2 a_1 = 0$ である．
また $n \geq 3$ のときは，行の入れ替えと帰納法により証明できる．

① $\begin{vmatrix} 1 & 0 & 0 \\ 0 & 1 & 0 \\ 0 & 0 & 1 \end{vmatrix} = 1 \cdot (-1)^{1+1} \begin{vmatrix} 1 & 0 \\ 0 & 1 \end{vmatrix} = \begin{vmatrix} 1 & 0 \\ 0 & 1 \end{vmatrix} = 1$

② 第1行と第2行の入れ替えで符号が変わる．

$\begin{vmatrix} b_1 & b_2 & b_3 \\ a_1 & a_2 & a_3 \\ c_1 & c_2 & c_3 \end{vmatrix}$

$= b_1 \cdot (-1)^{1+1} \begin{vmatrix} a_2 & a_3 \\ c_2 & c_3 \end{vmatrix} + b_2 \cdot (-1)^{1+2} \begin{vmatrix} a_1 & a_3 \\ c_1 & c_3 \end{vmatrix} + b_3 \cdot (-1)^{1+3} \begin{vmatrix} a_1 & a_2 \\ c_1 & c_2 \end{vmatrix}$

$= b_1(a_2 c_3 - a_3 c_2) - b_2(a_1 c_3 - a_3 c_1) + b_3(a_1 c_2 - a_2 c_1)$

$= -a_1(b_2 c_3 - b_3 c_2) + a_2(b_1 c_3 - b_3 c_1) - a_3(b_1 c_2 - b_2 c_2)$

$= -\{ a_1 \cdot (-1)^{1+1} \begin{vmatrix} b_2 & b_3 \\ c_2 & c_3 \end{vmatrix} - a_2 \cdot (-1)^{1+2} \begin{vmatrix} b_1 & b_3 \\ c_1 & c_3 \end{vmatrix} + a_3 \cdot (-1)^{1+3} \begin{vmatrix} b_1 & b_2 \\ c_1 & c_2 \end{vmatrix} \}$

$= - \begin{vmatrix} a_1 & a_2 & a_3 \\ b_1 & b_2 & b_3 \\ c_1 & c_2 & c_3 \end{vmatrix}$

★★★

$\mathbf{a} = \begin{pmatrix} a_1 & a_2 & a_3 \end{pmatrix}, \mathbf{b} = \begin{pmatrix} b_1 & b_2 & b_3 \end{pmatrix}, \mathbf{c} = \begin{pmatrix} c_1 & c_2 & c_3 \end{pmatrix}$

とするとき

$\begin{vmatrix} \mathbf{b} \\ \mathbf{a} \\ \mathbf{c} \end{vmatrix} = - \begin{vmatrix} \mathbf{a} \\ \mathbf{b} \\ \mathbf{c} \end{vmatrix}$

★★★★★

第2行と第3行の入れ替えで符号が変わることは
$n = 2$ のときに第1行と第2行の入れ替えで
符号が変わることからわかる．

$\begin{vmatrix} a_1 & a_2 & a_3 \\ c_1 & c_2 & c_3 \\ b_1 & b_2 & b_3 \end{vmatrix}$

$$= a_1 \cdot (-1)^{1+1} \begin{vmatrix} c_2 & c_3 \\ b_2 & b_3 \end{vmatrix} + a_2 \cdot (-1)^{1+2} \begin{vmatrix} c_1 & c_3 \\ b_1 & b_3 \end{vmatrix} + a_3 \cdot (-1)^{1+3} \begin{vmatrix} c_1 & c_2 \\ b_1 & b_2 \end{vmatrix}$$

$$= -a_1 \cdot (-1)^{1+1} \begin{vmatrix} b_2 & b_3 \\ c_2 & c_3 \end{vmatrix} - a_2 \cdot (-1)^{1+2} \begin{vmatrix} b_1 & b_3 \\ c_1 & c_3 \end{vmatrix} - a_3 \cdot (-1)^{1+3} \begin{vmatrix} b_1 & b_2 \\ c_1 & c_2 \end{vmatrix}$$

$$= - \begin{vmatrix} a_1 & a_2 & a_3 \\ b_1 & b_2 & b_3 \\ c_1 & c_2 & c_3 \end{vmatrix}$$

★★★

$$\begin{vmatrix} \mathbf{a} \\ \mathbf{c} \\ \mathbf{b} \end{vmatrix} = - \begin{vmatrix} \mathbf{a} \\ \mathbf{b} \\ \mathbf{c} \end{vmatrix}$$

★★★★★

第1行と第2行を入れ替えて,第2行と第3行を入れ替えて,
また第1行と第2行を入れ替えると,第1行と第3行の入れ替えで
符号が変わる事がわかる.

$$\begin{vmatrix} \mathbf{a} \\ \mathbf{b} \\ \mathbf{c} \end{vmatrix} = - \begin{vmatrix} \mathbf{b} \\ \mathbf{a} \\ \mathbf{c} \end{vmatrix} = \begin{vmatrix} \mathbf{b} \\ \mathbf{c} \\ \mathbf{a} \end{vmatrix} = - \begin{vmatrix} \mathbf{c} \\ \mathbf{b} \\ \mathbf{a} \end{vmatrix}$$

③
$$\begin{vmatrix} a_1+b_1 & a_2+b_2 & a_3+b_3 \\ x_1 & x_2 & x_3 \\ y_1 & y_2 & y_3 \end{vmatrix} = \begin{vmatrix} a_1 & a_2 & a_3 \\ x_1 & x_2 & x_3 \\ y_1 & y_2 & y_3 \end{vmatrix} + \begin{vmatrix} b_1 & b_2 & b_3 \\ x_1 & x_2 & x_3 \\ y_1 & y_2 & y_3 \end{vmatrix}$$

$$\begin{vmatrix} ka_1 & ka_2 & ka_3 \\ x_1 & x_2 & x_3 \\ y_1 & y_2 & y_3 \end{vmatrix} = k \begin{vmatrix} a_1 & a_2 & a_3 \\ x_1 & x_2 & x_3 \\ y_1 & y_2 & y_3 \end{vmatrix}$$

が成り立つので第1行に関して線型である.

これは,ここに現れる3つの行列の第2行,第3行は全て同じなので
それらの (1,1) 余因子, (1,2) 余因子, (1,3) 余因子は全て同じであるから
それぞれを $\tilde{a}_{11}, \tilde{a}_{12}, \tilde{a}_{13}$ とおくと以下が成り立つことからわかる.

$$(a_1+b_1)\tilde{a}_{11} + (a_2+b_2)\tilde{a}_{12} + (a_3+b_3)\tilde{a}_{13}$$

$$= (a_1 \tilde{a}_{11} + a_2 \tilde{a}_{12} + a_3 \tilde{a}_{13}) + (b_1 \tilde{a}_{11} + b_2 \tilde{a}_{12} + b_3 \tilde{a}_{13})$$
$$ka_1 \tilde{a}_{11} + ka_2 \tilde{a}_{12} + ka_3 \tilde{a}_{13} = k(a_1 \tilde{a}_{11} + a_2 \tilde{a}_{12} + a_3 \tilde{a}_{13})$$

すなわち

$$\begin{vmatrix} ka_1+lb_1 & ka_2+lb_2 & ka_3+lb_3 \\ x_1 & x_2 & x_3 \\ y_1 & y_2 & y_3 \end{vmatrix} = k \begin{vmatrix} a_1 & a_2 & a_3 \\ x_1 & x_2 & x_3 \\ y_1 & y_2 & y_3 \end{vmatrix} + l \begin{vmatrix} b_1 & b_2 & b_3 \\ x_1 & x_2 & x_3 \\ y_1 & y_2 & y_3 \end{vmatrix}$$

が成り立つ.

★★★
$$\begin{vmatrix} \mathbf{a}+\mathbf{b} \\ \mathbf{x} \\ \mathbf{y} \end{vmatrix} = \begin{vmatrix} \mathbf{a} \\ \mathbf{x} \\ \mathbf{y} \end{vmatrix} + \begin{vmatrix} \mathbf{b} \\ \mathbf{x} \\ \mathbf{y} \end{vmatrix}$$

$$\begin{vmatrix} k\mathbf{a} \\ \mathbf{x} \\ \mathbf{y} \end{vmatrix} = k \begin{vmatrix} \mathbf{a} \\ \mathbf{x} \\ \mathbf{y} \end{vmatrix}$$

$$\begin{vmatrix} k\mathbf{a}+l\mathbf{b} \\ \mathbf{x} \\ \mathbf{y} \end{vmatrix} = k \begin{vmatrix} \mathbf{a} \\ \mathbf{x} \\ \mathbf{y} \end{vmatrix} + l \begin{vmatrix} \mathbf{a} \\ \mathbf{x} \\ \mathbf{y} \end{vmatrix}$$

★★★★★

第 1 行に関して線型であることがわかった.

これと ② を使えば以下のように第 2 行についても線型であることがわかる.

$$\begin{vmatrix} \mathbf{a} \\ k\mathbf{x}+l\mathbf{y} \\ \mathbf{b} \end{vmatrix} = - \begin{vmatrix} k\mathbf{x}+l\mathbf{y} \\ \mathbf{a} \\ \mathbf{b} \end{vmatrix}$$

$$= -\left(k \begin{vmatrix} \mathbf{x} \\ \mathbf{a} \\ \mathbf{b} \end{vmatrix} + l \begin{vmatrix} \mathbf{y} \\ \mathbf{a} \\ \mathbf{b} \end{vmatrix}\right) = -k \begin{vmatrix} \mathbf{x} \\ \mathbf{a} \\ \mathbf{b} \end{vmatrix} - l \begin{vmatrix} \mathbf{y} \\ \mathbf{a} \\ \mathbf{b} \end{vmatrix}$$

$$= k \begin{vmatrix} \mathbf{a} \\ \mathbf{x} \\ \mathbf{b} \end{vmatrix} + l \begin{vmatrix} \mathbf{a} \\ \mathbf{y} \\ \mathbf{b} \end{vmatrix}$$

同様にすれば第3行に関しても線型であることがわかる.

④ 第2行と第3行が同じとき行列式は0であることは
次のようにしてわかる.

$$\begin{vmatrix} \mathbf{a} \\ \mathbf{b} \\ \mathbf{b} \end{vmatrix} = - \begin{vmatrix} \mathbf{a} \\ \mathbf{b} \\ \mathbf{b} \end{vmatrix} \quad (第2行と第3行の入れ替え)$$

よって $\begin{vmatrix} \mathbf{a} \\ \mathbf{b} \\ \mathbf{b} \end{vmatrix} = 0$

他の行でも同じ行があれば行列式が0であることは同様に示せる.

⑤ 第2行が第3行の k 倍のとき行列式は0であることは
次のようにしてわかる.

$$\begin{vmatrix} \mathbf{a} \\ k\mathbf{b} \\ \mathbf{b} \end{vmatrix} = k \begin{vmatrix} \mathbf{a} \\ \mathbf{b} \\ \mathbf{b} \end{vmatrix} = 0$$

他の行についても同様に示せる.

⑥ 第2行に第3行の k 倍を加えても行列式が変わらないことは
次のようにしわかる.

$$\begin{vmatrix} \mathbf{a} \\ \mathbf{b}+k\mathbf{c} \\ \mathbf{c} \end{vmatrix} = \begin{vmatrix} \mathbf{a} \\ \mathbf{b} \\ \mathbf{c} \end{vmatrix} + \begin{vmatrix} \mathbf{a} \\ k\mathbf{c} \\ \mathbf{c} \end{vmatrix} = \begin{vmatrix} \mathbf{a} \\ \mathbf{b} \\ \mathbf{c} \end{vmatrix}$$

他の行についても同様に示せる.

(2) $n=4$ のとき ① ～ ⑥ が成り立つことを示す.

① $\begin{vmatrix} 1 & 0 & 0 & 0 \\ 0 & 1 & 0 & 0 \\ 0 & 0 & 1 & 0 \\ 0 & 0 & 0 & 1 \end{vmatrix} = 1 \cdot \begin{vmatrix} 1 & 0 & 0 \\ 0 & 1 & 0 \\ 0 & 0 & 1 \end{vmatrix} = 1 \cdot 1 = 1$

② $A = \begin{pmatrix} x & y & z & w \\ p & q & r & s \\ a_{31} & a_{32} & a_{33} & a_{34} \\ a_{41} & a_{42} & a_{43} & a_{44} \end{pmatrix}$ とおく.

$\begin{vmatrix} x & y & z & w \\ p & q & r & s \\ a_{31} & a_{32} & a_{33} & a_{34} \\ a_{41} & a_{42} & a_{43} & a_{44} \end{vmatrix} = x \begin{vmatrix} q & r & s \\ a_{32} & a_{33} & a_{34} \\ a_{42} & a_{43} & a_{44} \end{vmatrix} - y \begin{vmatrix} p & r & s \\ a_{31} & a_{33} & a_{34} \\ a_{41} & a_{43} & a_{44} \end{vmatrix}$

$+ z \begin{vmatrix} p & q & s \\ a_{31} & a_{32} & a_{34} \\ a_{41} & a_{42} & a_{44} \end{vmatrix} - w \begin{vmatrix} p & q & r \\ a_{31} & a_{32} & a_{33} \\ a_{41} & a_{42} & a_{43} \end{vmatrix}$

左辺の第2行と第3行の入れ替えを行うと, 右辺の展開の3行3列の行列の行列式の第1行と第2行の入れ替えになるので, 4行4列の行列式において第2行と第3行の入れ替えを行うと符号が変わる.

同様に第2行と第4行, 第3行と第4行の入れ替えを行うと符号が変わることがわかる.

第1行と第2行の入れ替えで符号が変わることは以下のように示せる.

$\begin{vmatrix} x & y & z & w \\ p & q & r & s \\ a_{31} & a_{32} & a_{33} & a_{34} \\ a_{41} & a_{42} & a_{43} & a_{44} \end{vmatrix} = x \begin{vmatrix} q & r & s \\ a_{32} & a_{33} & a_{34} \\ a_{42} & a_{43} & a_{44} \end{vmatrix} - y \begin{vmatrix} p & r & s \\ a_{31} & a_{33} & a_{34} \\ a_{41} & a_{43} & a_{44} \end{vmatrix}$

$+ z \begin{vmatrix} p & q & s \\ a_{31} & a_{32} & a_{34} \\ a_{41} & a_{42} & a_{44} \end{vmatrix} - w \begin{vmatrix} p & q & r \\ a_{31} & a_{32} & a_{33} \\ a_{41} & a_{42} & a_{43} \end{vmatrix}$

$= xq \begin{vmatrix} a_{33} & a_{34} \\ a_{43} & a_{44} \end{vmatrix} - xr \begin{vmatrix} a_{32} & a_{34} \\ a_{42} & a_{44} \end{vmatrix} + xs \begin{vmatrix} a_{32} & a_{33} \\ a_{42} & a_{43} \end{vmatrix}$

$- yp \begin{vmatrix} a_{33} & a_{34} \\ a_{43} & a_{44} \end{vmatrix} + yr \begin{vmatrix} a_{31} & a_{34} \\ a_{41} & a_{44} \end{vmatrix} - ys \begin{vmatrix} a_{31} & a_{33} \\ a_{41} & a_{43} \end{vmatrix}$

$$+ zp \begin{vmatrix} a_{32} & a_{34} \\ a_{42} & a_{44} \end{vmatrix} - zq \begin{vmatrix} a_{31} & a_{34} \\ a_{41} & a_{44} \end{vmatrix} + zs \begin{vmatrix} a_{31} & a_{32} \\ a_{41} & a_{42} \end{vmatrix}$$

$$- wp \begin{vmatrix} a_{32} & a_{33} \\ a_{42} & a_{43} \end{vmatrix} + wq \begin{vmatrix} a_{31} & a_{33} \\ a_{41} & a_{43} \end{vmatrix} - wr \begin{vmatrix} a_{31} & a_{32} \\ a_{41} & a_{42} \end{vmatrix}$$

$$= \begin{vmatrix} x & y \\ p & q \end{vmatrix} \begin{vmatrix} a_{33} & a_{34} \\ a_{43} & a_{44} \end{vmatrix} - \begin{vmatrix} x & z \\ p & r \end{vmatrix} \begin{vmatrix} a_{32} & a_{34} \\ a_{42} & a_{44} \end{vmatrix} + \begin{vmatrix} x & w \\ p & s \end{vmatrix} \begin{vmatrix} a_{32} & a_{33} \\ a_{42} & a_{43} \end{vmatrix}$$

$$+ \begin{vmatrix} y & z \\ q & r \end{vmatrix} \begin{vmatrix} a_{31} & a_{34} \\ a_{41} & a_{44} \end{vmatrix} - \begin{vmatrix} y & w \\ q & s \end{vmatrix} \begin{vmatrix} a_{31} & a_{33} \\ a_{41} & a_{43} \end{vmatrix} + \begin{vmatrix} z & w \\ r & s \end{vmatrix} \begin{vmatrix} a_{31} & a_{32} \\ a_{41} & a_{42} \end{vmatrix}$$

これを見ると $(x\ y\ z\ w)$ と $(p\ q\ r\ s)$ を入れ替えると符号が変わることがわかる.

第1行と第2行の入れ替えで符号が変わることがわかった.

★★★

$$\begin{vmatrix} \mathbf{a} \\ \mathbf{b} \\ \mathbf{c} \\ \mathbf{d} \end{vmatrix} = - \begin{vmatrix} \mathbf{b} \\ \mathbf{a} \\ \mathbf{c} \\ \mathbf{d} \end{vmatrix}$$

★★★★★

次に第1行と第2行を入れ替えて, 第2行と第3行を入れ替えて,
第1行と第2行を入れ替えると,

$$\begin{vmatrix} \mathbf{a} \\ \mathbf{b} \\ \mathbf{c} \\ \mathbf{d} \end{vmatrix} = - \begin{vmatrix} \mathbf{b} \\ \mathbf{a} \\ \mathbf{c} \\ \mathbf{d} \end{vmatrix} = \begin{vmatrix} \mathbf{b} \\ \mathbf{c} \\ \mathbf{a} \\ \mathbf{d} \end{vmatrix} = - \begin{vmatrix} \mathbf{c} \\ \mathbf{b} \\ \mathbf{a} \\ \mathbf{d} \end{vmatrix}$$

となることより, 第1行と第3行を入れ替えると符号が変わることがわかる.
同様に第2行と第4行を入れ替えて, 第1行と第2行を入れ替えて,
第2行と第4行を入れ替えると

$$\begin{vmatrix} \mathbf{a} \\ \mathbf{b} \\ \mathbf{c} \\ \mathbf{d} \end{vmatrix} = - \begin{vmatrix} \mathbf{a} \\ \mathbf{d} \\ \mathbf{c} \\ \mathbf{b} \end{vmatrix} = \begin{vmatrix} \mathbf{d} \\ \mathbf{a} \\ \mathbf{c} \\ \mathbf{b} \end{vmatrix} = - \begin{vmatrix} \mathbf{d} \\ \mathbf{b} \\ \mathbf{c} \\ \mathbf{a} \end{vmatrix}$$

となることより，第1行と第4行を入れ替えると符号が変わることがわかる．

③ $\begin{vmatrix} a_1+b_1 & a_2+b_2 & a_3+b_3 & a_4+b_4 \\ x_1 & x_2 & x_3 & x_4 \\ y_1 & y_2 & y_3 & y_4 \\ z_1 & z_2 & z_3 & z_4 \end{vmatrix}$

$= \begin{vmatrix} a_1 & a_2 & a_3 & a_4 \\ x_1 & x_2 & x_3 & x_4 \\ y_1 & y_2 & y_3 & y_4 \\ z_1 & z_2 & z_3 & z_4 \end{vmatrix} + \begin{vmatrix} b_1 & b_2 & b_3 & b_4 \\ x_1 & x_2 & x_3 & x_4 \\ y_1 & y_2 & y_3 & y_4 \\ z_1 & z_2 & z_3 & z_4 \end{vmatrix}$

$\begin{vmatrix} ka_1 & ka_2 & ka_3 & ka_4 \\ x_1 & x_2 & x_3 & x_4 \\ y_1 & y_2 & y_3 & y_4 \\ z_1 & z_2 & z_3 & z_4 \end{vmatrix} = k \begin{vmatrix} a_1 & a_2 & a_3 & a_4 \\ x_1 & x_2 & x_3 & x_4 \\ y_1 & y_2 & y_3 & y_4 \\ z_1 & z_2 & z_3 & z_4 \end{vmatrix}$

が成り立つので第1行に関して線型である．
これは，ここに現れる3つの行列の第1行以外は全て同じなので
それらの $(1,j)$ 余因子は全て同じであるから
それを $\tilde{a}_{1j}$ とおくと以下が成り立つことからわかる．

$(a_1+b_1)\tilde{a}_{11} + (a_2+b_2)\tilde{a}_{12} + (a_3+b_3)\tilde{a}_{13} + (a_4+b_4)\tilde{a}_{14}$
$= (a_1\tilde{a}_{11} + a_2\tilde{a}_{12} + a_3\tilde{a}_{13} + a_4\tilde{a}_{14}) + (b_1\tilde{a}_{11} + b_2\tilde{a}_{12} + b_3\tilde{a}_{13} + b_4\tilde{a}_{14})$
$ka_1\tilde{a}_{11} + ka_2\tilde{a}_{12} + ka_3\tilde{a}_{13} + ka_4\tilde{a}_{14} = k(a_1\tilde{a}_{11} + a_2\tilde{a}_{12} + a_3\tilde{a}_{13} + a_4\tilde{a}_{14})$

★★★
$\begin{vmatrix} \mathbf{a}+\mathbf{b} \\ \mathbf{x} \\ \mathbf{y} \\ \mathbf{z} \end{vmatrix} = \begin{vmatrix} \mathbf{a} \\ \mathbf{x} \\ \mathbf{y} \\ \mathbf{z} \end{vmatrix} + \begin{vmatrix} \mathbf{b} \\ \mathbf{x} \\ \mathbf{y} \\ \mathbf{z} \end{vmatrix}, \quad \begin{vmatrix} k\mathbf{a} \\ \mathbf{x} \\ \mathbf{y} \\ \mathbf{z} \end{vmatrix} = k \begin{vmatrix} \mathbf{a} \\ \mathbf{x} \\ \mathbf{y} \\ \mathbf{z} \end{vmatrix}$

★★★★★

第1行の線型性と ② を使って第2行に関して線型であることが
次のようにしてわかる．

$$\begin{vmatrix} \mathbf{a} \\ k\mathbf{b}_1+l\mathbf{b}_2 \\ \mathbf{c} \\ \mathbf{d} \end{vmatrix} = -\begin{vmatrix} k\mathbf{b}_1+l\mathbf{b}_2 \\ \mathbf{a} \\ \mathbf{c} \\ \mathbf{d} \end{vmatrix} = -(k\begin{vmatrix} \mathbf{b}_1 \\ \mathbf{a} \\ \mathbf{c} \\ \mathbf{d} \end{vmatrix} + l\begin{vmatrix} \mathbf{b}_2 \\ \mathbf{a} \\ \mathbf{c} \\ \mathbf{b} \end{vmatrix})$$

$$= -k\begin{vmatrix} \mathbf{b}_1 \\ \mathbf{a} \\ \mathbf{c} \\ \mathbf{d} \end{vmatrix} - l\begin{vmatrix} \mathbf{b}_2 \\ \mathbf{a} \\ \mathbf{c} \\ \mathbf{b} \end{vmatrix} = k\begin{vmatrix} \mathbf{a} \\ \mathbf{b}_1 \\ \mathbf{c} \\ \mathbf{d} \end{vmatrix} + l\begin{vmatrix} \mathbf{a} \\ \mathbf{b}_2 \\ \mathbf{c} \\ \mathbf{d} \end{vmatrix}$$

第3行, 第4行に関して線型であることも同様にしてわかる.

④ 第2行と第3行が同じとき, 行列式は 0 であることは
次のようにしてわかる.

$$\begin{vmatrix} \mathbf{a} \\ \mathbf{b} \\ \mathbf{b} \\ \mathbf{d} \end{vmatrix} = -\begin{vmatrix} \mathbf{a} \\ \mathbf{b} \\ \mathbf{b} \\ \mathbf{d} \end{vmatrix} \quad (\text{第2行と第3行の入れ替え})$$

よって $\begin{vmatrix} \mathbf{a} \\ \mathbf{b} \\ \mathbf{b} \\ \mathbf{d} \end{vmatrix} = 0$

他の行でも同じ行があれば行列式が 0 であることは同様に示せる.

⑤ 第2行が第3行の k 倍のとき, 行列式は 0 であることは
次のようにしてわかる.

$$\begin{vmatrix} \mathbf{a} \\ k\mathbf{b} \\ \mathbf{b} \\ \mathbf{d} \end{vmatrix} = k\begin{vmatrix} \mathbf{a} \\ \mathbf{b} \\ \mathbf{b} \\ \mathbf{d} \end{vmatrix} = 0$$

他の行についても同様に示せる.

⑥ 第2行に第3行の k 倍を加えても行列式が変わらないことは

次のようにしてわかる.

$$\begin{vmatrix} \mathbf{a} \\ \mathbf{b}+k\mathbf{c} \\ \mathbf{c} \\ \mathbf{d} \end{vmatrix} = \begin{vmatrix} \mathbf{a} \\ \mathbf{b} \\ \mathbf{c} \\ \mathbf{d} \end{vmatrix} + \begin{vmatrix} \mathbf{a} \\ k\mathbf{b} \\ \mathbf{c} \\ \mathbf{d} \end{vmatrix} = \begin{vmatrix} \mathbf{a} \\ \mathbf{b} \\ \mathbf{c} \\ \mathbf{d} \end{vmatrix}$$

他の行についても同様に示せる.

① から ⑥ については, ここまでの証明を見れば $n \geq 5$ のときも同様に示せることがわかる.

⑧「$|AB|=|A||B|$」を示す.

(1) $n=2$ のとき

$A = \begin{pmatrix} a & b \\ c & d \end{pmatrix}, B = \begin{pmatrix} p & q \\ r & s \end{pmatrix}$ とする.

$$|AB| = \left| \begin{pmatrix} a & b \\ c & d \end{pmatrix} \begin{pmatrix} p & q \\ r & s \end{pmatrix} \right| = \begin{vmatrix} ap+br & aq+bs \\ cp+dr & cq+ds \end{vmatrix}$$
$$= (ap+br)(cq+ds) - (aq+bs)(cp+dr)$$
$$= apcq + apds + brcq + brds - aqcp - aqdr - bscp - bsdr$$
$$= apds + brcq - aqdr - bscp$$
$$= (ad-bc)ps - (ad-bc)qr$$
$$= (ad-bc)(ps-qr)$$
$$= \begin{vmatrix} a & b \\ c & d \end{vmatrix} \begin{vmatrix} p & q \\ r & s \end{vmatrix} = |A||B|$$

$A = \begin{pmatrix} a_{11} & a_{12} \\ a_{21} & a_{22} \end{pmatrix}, (p,q) = \mathbf{b}_1, (r,s) = \mathbf{b}_2$ とすると

$B = \begin{pmatrix} p & q \\ r & s \end{pmatrix} = \begin{pmatrix} \mathbf{b}_1 \\ \mathbf{b}_2 \end{pmatrix}$ である.

$$|AB| = \left| \begin{pmatrix} a_{11} & a_{12} \\ a_{21} & a_{22} \end{pmatrix} \begin{pmatrix} \mathbf{b}_1 \\ \mathbf{b}_2 \end{pmatrix} \right| = \begin{vmatrix} a_{11}\mathbf{b}_1 + a_{12}\mathbf{b}_2 \\ a_{21}\mathbf{b}_1 + a_{22}\mathbf{b}_2 \end{vmatrix}$$
$$= a_{11} \begin{vmatrix} \mathbf{b}_1 \\ a_{21}\mathbf{b}_1 + a_{22}\mathbf{b}_2 \end{vmatrix} + a_{12} \begin{vmatrix} \mathbf{b}_2 \\ a_{21}\mathbf{b}_1 + a_{22}\mathbf{b}_2 \end{vmatrix}$$

$$= a_{11}(a_{21}\begin{vmatrix}\mathbf{b}_1\\\mathbf{b}_1\end{vmatrix} + a_{22}\begin{vmatrix}\mathbf{b}_1\\\mathbf{b}_2\end{vmatrix}) + a_{12}(a_{21}\begin{vmatrix}\mathbf{b}_2\\\mathbf{b}_1\end{vmatrix} + a_{22}\begin{vmatrix}\mathbf{b}_2\\\mathbf{b}_2\end{vmatrix})$$

$$= a_{11}a_{21}\begin{vmatrix}\mathbf{b}_1\\\mathbf{b}_1\end{vmatrix} + a_{11}a_{22}\begin{vmatrix}\mathbf{b}_1\\\mathbf{b}_2\end{vmatrix} + a_{12}a_{21}\begin{vmatrix}\mathbf{b}_2\\\mathbf{b}_1\end{vmatrix} + a_{12}a_{22}\begin{vmatrix}\mathbf{b}_2\\\mathbf{b}_2\end{vmatrix}$$

となる.

ここまでを記号 $\sum$ を使って表すと

$$|AB| = \left|\begin{pmatrix}a_{11} & a_{12}\\ a_{21} & a_{22}\end{pmatrix}\begin{pmatrix}\mathbf{b}_1\\ \mathbf{b}_2\end{pmatrix}\right| = \begin{vmatrix}\sum_{j_1=1}^{2} a_{1j_1}\mathbf{b}_{j_1}\\ \sum_{j_2=1}^{2} a_{2j_2}\mathbf{b}_{j_2}\end{vmatrix}$$

$$= \sum_{j_1=1}^{2} a_{1j_1}\begin{vmatrix}\mathbf{b}_{j_1}\\ \sum_{j_2=1}^{2} a_{2j_2}\mathbf{b}_{j_2}\end{vmatrix}$$

$$= \sum_{j_1=1}^{2} a_{1j_1}(\sum_{j_2=1}^{2} a_{2j_2}\begin{vmatrix}\mathbf{b}_{j_1}\\ \mathbf{b}_{j_2}\end{vmatrix})$$

$$= \sum_{j_1=1}^{2}\sum_{j_2=1}^{2} a_{1j_1}a_{2j_2}\begin{vmatrix}\mathbf{b}_{j_1}\\ \mathbf{b}_{j_2}\end{vmatrix}$$

J を $(1,2)$ の順列とすると

$$= \sum_{J \ni (j_1,j_2)} a_{1j_1}a_{2j_2}\begin{vmatrix}\mathbf{b}_{j_1}\\ \mathbf{b}_{j_2}\end{vmatrix} \cdots (\star)$$

この表現で 第1行と第2行が同じものは省けた.

さらに以下のようなことを考える.

$$S_2 \ni \sigma = \begin{pmatrix}1 & 2\\ 1 & 2\end{pmatrix} \text{ のとき } \begin{vmatrix}\mathbf{b}_{\sigma(1)}\\ \mathbf{b}_{\sigma(2)}\end{vmatrix} = \begin{vmatrix}\mathbf{b}_1\\ \mathbf{b}_2\end{vmatrix}$$

$$S_2 \ni \sigma = \begin{pmatrix}1 & 2\\ 2 & 1\end{pmatrix} \text{ のとき } \begin{vmatrix}\mathbf{b}_{\sigma(1)}\\ \mathbf{b}_{\sigma(2)}\end{vmatrix} = \begin{vmatrix}\mathbf{b}_2\\ \mathbf{b}_1\end{vmatrix} = -\begin{vmatrix}\mathbf{b}_1\\ \mathbf{b}_2\end{vmatrix}$$

符号の定義より[91]

$$S_2 \ni \sigma = \begin{pmatrix}1 & 2\\ 1 & 2\end{pmatrix} \text{ のとき } sgn\sigma = 1$$

$$S_2 \ni \sigma = \begin{pmatrix}1 & 2\\ 2 & 1\end{pmatrix} \text{ のとき } sgn\sigma = -1$$

なので

---

[91] 別冊「S_n」 Remark 7.9.5 $\star$

$$\begin{vmatrix} \mathbf{b}_{\sigma(1)} \\ \mathbf{b}_{\sigma(2)} \end{vmatrix} = sgn\sigma \begin{vmatrix} \mathbf{b}_1 \\ \mathbf{b}_2 \end{vmatrix}$$
である.

($\star$) に戻ってこれを置換 σ を使って表すと

$$\sum_{J \ni (j_1, j_2)} a_{1j_1} a_{2j_2} \begin{vmatrix} \mathbf{b}_{j_1} \\ \mathbf{b}_{j_2} \end{vmatrix}$$

$$= \sum_{S_2 \ni \sigma} a_{1\sigma(1)} a_{2\sigma(2)} \begin{vmatrix} \mathbf{b}_{\sigma(1)} \\ \mathbf{b}_{\sigma(2)} \end{vmatrix}$$

$$= \sum_{S_2 \ni \sigma} sgn\sigma a_{1\sigma(1)} a_{2\sigma(2)} \begin{vmatrix} \mathbf{b}_1 \\ \mathbf{b}_2 \end{vmatrix}$$

以上より

$$|AB| = \sum_{S_2 \ni \sigma} sgn\ \sigma a_{1\sigma(1)} a_{2\sigma(2)} |B|$$

が成り立つ.

B を E に換えてみると $|E|=1$ より

$$|A| = |AE| = \sum_{S_2 \ni \sigma} sgn\ \sigma a_{1\sigma(1)} a_{2\sigma(2)}$$

である.

よって

$|AB| = |A||B|$ である.

(2) $n = 3$ のとき

$$A = \begin{pmatrix} a_{11} & a_{12} & a_{13} \\ a_{21} & a_{22} & a_{23} \\ a_{31} & a_{32} & a_{33} \end{pmatrix}, B = \begin{pmatrix} b_{11} & b_{12} & b_{13} \\ b_{21} & b_{22} & b_{23} \\ b_{31} & b_{32} & b_{33} \end{pmatrix}$$

$(b_{11}\ b_{12}\ b_{13}) = \mathbf{b}_1, (b_{21}\ b_{22}\ b_{23}) = \mathbf{b}_2, (b_{31}\ b_{32}\ b_{33}) = \mathbf{b}_3$ とすると

$$B = \begin{pmatrix} \mathbf{b}_1 \\ \mathbf{b}_2 \\ \mathbf{b}_3 \end{pmatrix}$$

$$|AB| = \left| \begin{pmatrix} a_{11} & a_{12} & a_{13} \\ a_{21} & a_{22} & a_{23} \\ a_{31} & a_{32} & a_{33} \end{pmatrix} B \right|$$

$$= \begin{vmatrix} a_{11}\mathbf{b}_1 + a_{12}\mathbf{b}_2 + a_{13}\mathbf{b}_3 \\ a_{21}\mathbf{b}_1 + a_{22}\mathbf{b}_2 + a_{23}\mathbf{b}_3 \\ a_{31}\mathbf{b}_1 + a_{32}\mathbf{b}_2 + a_{33}\mathbf{b}_3 \end{vmatrix}$$

$$= \begin{vmatrix} \sum_{j_1=1}^{3} a_{1j_1}\mathbf{b}_{j_1} \\ \sum_{j_2=1}^{3} a_{2j_2}\mathbf{b}_{j_2} \\ \sum_{j_3=1}^{3} a_{3j_3}\mathbf{b}_{j_3} \end{vmatrix}$$

$$= \sum_{j_1=1}^{3} a_{1j_1} \begin{vmatrix} \mathbf{b}_{j_1} \\ \sum_{j_2=1}^{3} a_{2j_2}\mathbf{b}_{j_2} \\ \sum_{j_3=1}^{3} a_{3j_3}\mathbf{b}_{j_3} \end{vmatrix}$$

$$= \sum_{j_1=1}^{3} a_{1j_1} (\sum_{j_2=1}^{3} a_{2j_2} \begin{vmatrix} \mathbf{b}_{j_1} \\ \mathbf{b}_{j_2} \\ \sum_{j_3=1}^{3} a_{3j_3}\mathbf{b}_{j_3} \end{vmatrix})$$

$$= \sum_{j_1=1}^{3} \sum_{j_2=1}^{3} a_{1j_1} a_{2j_2} (\sum_{j_3=1}^{3} a_{3j_3} \begin{vmatrix} \mathbf{b}_{j_1} \\ \mathbf{b}_{j_2} \\ \mathbf{b}_{j_3} \end{vmatrix})$$

$$= \sum_{j_1=1}^{3} \sum_{j_2=1}^{3} \sum_{j_3=1}^{3} a_{1j_1} a_{2j_2} a_{3j_3} \begin{vmatrix} \mathbf{b}_{j_1} \\ \mathbf{b}_{j_2} \\ \mathbf{b}_{j_3} \end{vmatrix}$$

J を $(1,2,3)$ の順列とすると

$$\sum_{J \ni (j_1, j_2, j_3)} a_{1j_1} a_{2j_2} a_{3j_3} \begin{vmatrix} \mathbf{b}_{j_1} \\ \mathbf{b}_{j_2} \\ \mathbf{b}_{j_3} \end{vmatrix} \cdots (\star\star)$$

この表現で j_1, j_2, j_3 のうちどれか 2 つが同じで $\begin{vmatrix} \mathbf{b}_{j_1} \\ \mathbf{b}_{j_2} \\ \mathbf{b}_{j_3} \end{vmatrix} = 0$ となるものを除くことができた.

さらに以下のようなことを考える.

$$S_3 \ni \sigma = \{ \begin{pmatrix} 1 & 2 & 3 \\ 1 & 2 & 3 \end{pmatrix}, \begin{pmatrix} 1 & 2 & 3 \\ 1 & 3 & 2 \end{pmatrix}, \begin{pmatrix} 1 & 2 & 3 \\ 2 & 1 & 3 \end{pmatrix}, \begin{pmatrix} 1 & 2 & 3 \\ 2 & 3 & 1 \end{pmatrix},$$
$$\begin{pmatrix} 1 & 2 & 3 \\ 3 & 2 & 2 \end{pmatrix}, \begin{pmatrix} 1 & 2 & 3 \\ 3 & 2 & 1 \end{pmatrix} \}$$

2つの行を入れ替えると符号が変わったので、

S_3 の任意の元 σ に対して $\begin{vmatrix} \mathbf{b}_{\sigma(1)} \\ \mathbf{b}_{\sigma(2)} \\ \mathbf{b}_{\sigma(3)} \end{vmatrix} = sgn\sigma \begin{vmatrix} \mathbf{b}_1 \\ \mathbf{b}_2 \\ \mathbf{b}_3 \end{vmatrix}$ となる.

(★★) に戻ってこれを置換 σ を使って表すと

$$\sum_{J \ni (j_1, j_2, j_3)} a_{1j_1} a_{2j_2} a_{3j_3} \begin{vmatrix} \mathbf{b}_{j_1} \\ \mathbf{b}_{j_2} \\ \mathbf{b}_{j_3} \end{vmatrix} = \sum_{S_3 \ni \sigma} sgn\ \sigma a_{1\sigma(1)} a_{2\sigma(2)} a_{3\sigma(3)} \begin{vmatrix} \mathbf{b}_{\sigma(1)} \\ \mathbf{b}_{\sigma(2)} \\ \mathbf{b}_{\sigma(3)} \end{vmatrix}$$

以上より

$|AB| = \sum_{S_3 \ni \sigma} sgn\ \sigma a_{1\sigma(1)} a_{2\sigma(2)} a_{3\sigma(3)} |B|$

が成り立つ.

B を E に換えてみると

$|A| = |AE| = \sum_{S_3 \ni \sigma} sgn\ \sigma a_{1\sigma(1)} a_{2\sigma(2)} a_{3\sigma(3)}$

である.

よって

$|AB| = |A||B|$

である.

$n \geq 4$ のときも同様に証明ができる.

Theorem 7.13.1

A を正則行列 [92] とする.

このとき $|A| \neq 0$ であり, $|A^{-1}| = |A|^{-1}$ である.

(proof)
$1 = |E| = |AA^{-1}| = |A||A^{-1}|$

---

[92] 逆行列をもつ正方行列

$1 = |E| = |A^{-1}A| = |A^{-1}||A|$
よって $|A^{-1}| = |A|^{-1}$

⑦ の「A を n 行 n 列の行列とするとき $|{}^tA| = |A|$」を証明する．

$$A = \begin{pmatrix} a_{11} & a_{12} & a_{13} & \cdots & a_{1n} \\ a_{21} & a_{22} & a_{23} & \cdots & a_{2n} \\ a_{31} & a_{32} & a_{33} & \cdots & a_{3n} \\ \vdots & \vdots & \vdots & \ddots & \vdots \\ a_{n1} & a_{n2} & a_{n3} & \cdots & a_{nn} \end{pmatrix}$$

$$B = {}^tA = \begin{pmatrix} a_{11} & a_{21} & a_{31} & \cdots & a_{n1} \\ a_{12} & a_{22} & a_{32} & \cdots & a_{n2} \\ a_{13} & a_{23} & a_{33} & \cdots & a_{n3} \\ \vdots & \vdots & \vdots & \ddots & \vdots \\ a_{1n} & a_{2n} & a_{3n} & \cdots & a_{nn} \end{pmatrix} = \begin{pmatrix} b_{11} & b_{12} & b_{13} & \cdots & b_{1n} \\ b_{21} & b_{22} & b_{23} & \cdots & b_{2n} \\ b_{31} & b_{32} & b_{33} & \cdots & b_{3n} \\ \vdots & \vdots & \vdots & \ddots & \vdots \\ b_{n1} & b_{n2} & b_{n3} & \cdots & b_{nn} \end{pmatrix}$$

とおく．
$S_n \ni \sigma$ のとき
$$\begin{pmatrix} 1 & 2 & 3 & \cdots & n \\ \sigma^{-1}(1) & \sigma^{-1}(2) & \sigma^{-1}(3) & \cdots & \sigma^{-1}(n) \end{pmatrix} = \sigma^{-1}$$
$$= \begin{pmatrix} \sigma(1) & \sigma(2) & \sigma(3) & \cdots & \sigma(n) \\ 1 & 2 & 3 & \cdots & n \end{pmatrix}$$

また $S_n = \{\sigma^{-1} | S_n \ni \sigma\}$ である．

さて ⑧ の証明の中で
$|A| = \sum_{S_n \ni \sigma} \mathrm{sgn}\ \sigma a_{1\sigma(1)} a_{2\sigma(2)} a_{3\sigma(3)} \cdots a_{n\sigma(n)}$
となることがわかった．
よって
$|{}^tA| = |B| = \sum_{S_n \ni \sigma} \mathrm{sgn}\ \sigma b_{1\sigma(1)} b_{2\sigma(2)} b_{3\sigma(3)} \cdots b_{n\sigma(n)}$
$= \sum_{S_n \ni \sigma} \mathrm{sgn}\ \sigma a_{\sigma(1)1} a_{\sigma(2)2} a_{\sigma(3)3} \cdots a_{\sigma(n)n}$ $\cdots$ (i)
$= \sum_{S_n \ni \sigma} \mathrm{sgn}\ \sigma^{-1} a_{1\sigma^{-1}(1)} a_{2\sigma^{-1}(2)} a_{3\sigma^{-1}(3)} \cdots a_{n\sigma^{-1}(n)}$ $\cdots$ (ii)
$= \sum_{S_n \ni \sigma} \mathrm{sgn}\ \sigma a_{1\sigma(1)} a_{2\sigma(2)} a_{3\sigma(3)} \cdots a_{n\sigma(n)}$

$= |A|$ [93)]

★ n 行 n 列の行列は転置しても行列式は変わらない．
このことから n 行 n 列の行列の行列式では行について成り立つことは列について成り立つことがわかる．

[93)] $n = 3$ のときを見ておく．
$$A = \begin{pmatrix} a_{11} & a_{12} & a_{13} \\ a_{21} & a_{22} & a_{23} \\ a_{31} & a_{32} & a_{33} \end{pmatrix}$$

$$B = {}^tA = \begin{pmatrix} a_{11} & a_{21} & a_{31} \\ a_{12} & a_{22} & a_{32} \\ a_{13} & a_{23} & a_{33} \end{pmatrix} = \begin{pmatrix} b_{11} & b_{12} & b_{13} \\ b_{21} & b_{22} & b_{23} \\ b_{31} & b_{32} & b_{33} \end{pmatrix}$$ とおく．

$|{}^tA| = |B| = \sum_{S_3 \ni \sigma} \text{sgn } \sigma \, b_{1\sigma(1)} b_{2\sigma(2)} b_{3\sigma(3)}$
$= \sum_{S_3 \ni \sigma} \text{sgn } \sigma \, a_{\sigma(1)1} a_{\sigma(2)2} a_{\sigma(3)3}$ … (i)
$= \sum_{S_3 \ni \sigma} \text{sgn } \sigma^{-1} \, a_{1\sigma^{-1}(1)} a_{2\sigma^{-1}(2)} a_{3\sigma^{-1}(3)}$ … (ii)
$= \sum_{S_3 \ni \sigma} \text{sgn } \sigma \, a_{1\sigma(1)} a_{2\sigma(2)} a_{3\sigma(3)}$
$= |A|$

下の表を見れば $n = 3$ におけるこの証明の (i) = (ii) が確かめられる．

σ	sgn $\sigma a_{\sigma(1)1} a_{\sigma(2)2} a_{\sigma(3)3}$	σ^{-1}	sgn $\sigma^{-1} a_{1\sigma^{-1}(1)} a_{2\sigma^{-1}(2)} a_{3\sigma^{-1}(3)}$
$\begin{pmatrix} 1 & 2 & 3 \\ 1 & 2 & 3 \end{pmatrix}$	$a_{11}a_{22}a_{33}$	$\begin{pmatrix} 1 & 2 & 3 \\ 1 & 2 & 3 \end{pmatrix}$	$a_{11}a_{22}a_{33}$
$\begin{pmatrix} 1 & 2 & 3 \\ 1 & 3 & 2 \end{pmatrix}$	$- a_{11}a_{32}a_{23}$	$\begin{pmatrix} 1 & 2 & 3 \\ 1 & 3 & 2 \end{pmatrix}$	$- a_{11}a_{23}a_{32}$
$\begin{pmatrix} 1 & 2 & 3 \\ 2 & 1 & 3 \end{pmatrix}$	$- a_{21}a_{12}a_{33}$	$\begin{pmatrix} 1 & 2 & 3 \\ 2 & 1 & 3 \end{pmatrix}$	$- a_{12}a_{21}a_{33}$
$\begin{pmatrix} 1 & 2 & 3 \\ 2 & 3 & 1 \end{pmatrix}$	$a_{21}a_{32}a_{13}$	$\begin{pmatrix} 1 & 2 & 3 \\ 3 & 1 & 2 \end{pmatrix}$	$a_{13}a_{21}a_{32}$
$\begin{pmatrix} 1 & 2 & 3 \\ 3 & 1 & 2 \end{pmatrix}$	$a_{31}a_{12}a_{23}$	$\begin{pmatrix} 1 & 2 & 3 \\ 2 & 3 & 1 \end{pmatrix}$	$a_{12}a_{23}a_{31}$
$\begin{pmatrix} 1 & 2 & 3 \\ 3 & 2 & 1 \end{pmatrix}$	$- a_{31}a_{22}a_{13}$	$\begin{pmatrix} 1 & 2 & 3 \\ 3 & 2 & 1 \end{pmatrix}$	$-a_{13}a_{22}a_{31}$

一般に $\sigma(i) = j$ のとき $i = \sigma^{-1}(j)$ なので
$$a_{\sigma(i)i} = a_{j\sigma^{-1}(j)}$$
よって
$$\{a_{\sigma(1)1}, a_{\sigma(2)2}, \cdots, a_{\sigma(n)n}\} = \{a_{1\sigma^{-1}(1)}, a_{2\sigma^{-1}(2)}, \cdots, a_{n\sigma^{-1}(n)}\}$$
である．

すなわち

②' 行列式において，2 つの列を入れ替えると符号が変わる．
③' 行列式は列に関して多重線型である．
④' 二つの列が同じならば行列式は 0 である．
⑤' 一つの列が他の列の定数倍と一致すれば行列式は 0 である．
⑥' 一つの列に他の列の定数倍を加えても引いても行列式は変わらない．

Theorem 7.13.2 (n 行 n 列行列の展開)

A は n 行 n 列の行列とする．
$\forall i, j, k$ s.t. $1 \leq i \leq n, 1 \leq j \leq n, 1 \leq k \leq n$ に対して
A の (i, j) 成分を a_{ij}，(i, j) 余因子を $\tilde{a}_{ij}$ とするとき
次が成り立つ．

(i) $a_{k1}\tilde{a}_{i1} + a_{k2}\tilde{a}_{i2} + a_{k3}\tilde{a}_{i3} + \cdots + a_{kn}\tilde{a}_{in} = \begin{cases} |A| & k = i \text{ のとき} \\ 0 & k \neq i \text{ のとき} \end{cases}$

(ii) $a_{1k}\tilde{a}_{1j} + a_{2k}\tilde{a}_{2j} + a_{3k}\tilde{a}_{3j} + \cdots + a_{nk}\tilde{a}_{nj} = \begin{cases} |A| & k = j \text{ のとき} \\ 0 & k \neq j \text{ のとき} \end{cases}$

これを証明するために次の Lemma を用意する．

Lemma 7.13.1

A を n 次の正方行列とする．
A の (i,j) 余因子 $\tilde{a}_{i,j}$ は A の第 i 行を
$(0 \cdots 0\ 1\ 0 \cdots 0)$ (j 列めだけ 1 で他は 0)
に置き換えた行列の行列式に等しい．

また A の第 j 列を $\begin{pmatrix} 0 \\ \vdots \\ 0 \\ 1 \\ 0 \\ \vdots \\ 0 \end{pmatrix}$ (i 行目だけ 1 で他は 0)

に置き換えた行列の行列式に等しい.

(proof)
行列 A の第 i 行と第 j 列を取り除いた行列を A' とすると,
$\tilde{a}_{i,j} = (-1)^{i+j}|A'|$ である.
A の第 i 行を
$(0 \cdots 0\ 1\ 0 \cdots 0)$ (j 列めだけ 1 で他は 0)
に置き換えた行列の行列式は

$$\begin{vmatrix} a_{11} & \cdots & a_{1\ j-1} & a_{1j} & a_{1\ j+1} & \cdots & a_{1n} \\ a_{21} & \cdots & a_{2\ j-1} & a_{2j} & a_{2\ j+1} & \cdots & a_{2n} \\ \vdots & & \vdots & \vdots & \vdots & & \vdots \\ a_{i1}=0 & \cdots & 0 & a_{ij}=1 & 0 & \cdots & a_{in}=0 \\ \vdots & & \vdots & \vdots & \vdots & & \vdots \\ a_{n1} & \cdots & a_{n\ j-1} & a_{nj} & a_{n\ j+1} & \cdots & a_{nn} \end{vmatrix}$$

$$= (-1)^{i-1} \times (-1)^{j-1} \times \begin{vmatrix} 1 & 0 & 0 & \cdots & 0 \\ 0 & & & & \\ 0 & & A' & & \\ \vdots & & & & \\ 0 & & & & \end{vmatrix}$$

$$= (-1)^{i+j-2} \times |A'|$$

Example 7.13.2

Lemma 7.13.1 の例を示しておく.
$$A = \begin{pmatrix} a_{11} & a_{12} & a_{13} \\ a_{21} & a_{22} & a_{23} \\ a_{31} & a_{32} & a_{33} \end{pmatrix} \text{ のとき}$$

$$\tilde{a}_{23} = (-1)^{2+3} \begin{vmatrix} a_{11} & a_{12} \\ a_{31} & a_{32} \end{vmatrix} = - \begin{vmatrix} a_{11} & a_{12} \\ a_{31} & a_{32} \end{vmatrix}$$

一方 A の第 2 行を $(0,0,1)$ に置き換えた

$\begin{pmatrix} a_{11} & a_{12} & a_{13} \\ 0 & 0 & 1 \\ a_{31} & a_{32} & a_{33} \end{pmatrix}$ の行列式は

$\begin{vmatrix} a_{11} & a_{12} & a_{13} \\ 0 & 0 & 1 \\ a_{31} & a_{32} & a_{33} \end{vmatrix} = - \begin{vmatrix} 0 & 0 & 1 \\ a_{11} & a_{12} & a_{13} \\ a_{33} & a_{32} & a_{33} \end{vmatrix}$

$= (-1) \times (-1) \times (-1) \times \begin{vmatrix} 1 & 0 & 0 \\ a_{13} & a_{11} & a_{12} \\ a_{33} & a_{31} & a_{32} \end{vmatrix}$

$= - \begin{vmatrix} a_{11} & a_{12} \\ a_{31} & a_{32} \end{vmatrix}$

★ Theorem 7.13.2(n 行 n 列行列の展開)(i) が $n = 3$ のとき成り立つことを見ておこう.

第 2 行の線型性により

$\begin{vmatrix} a_{11} & a_{12} & a_{13} \\ x & y & z \\ a_{31} & a_{32} & a_{33} \end{vmatrix} = x \begin{vmatrix} a_{11} & a_{12} & a_{13} \\ 1 & 0 & 0 \\ a_{31} & a_{32} & a_{33} \end{vmatrix} + y \begin{vmatrix} a_{11} & a_{12} & a_{13} \\ 0 & 1 & 0 \\ a_{31} & a_{32} & a_{33} \end{vmatrix}$

$+ z \begin{vmatrix} a_{11} & a_{12} & a_{13} \\ 0 & 0 & 1 \\ a_{31} & a_{32} & a_{33} \end{vmatrix}$

$= x\tilde{a}_{21} + y\tilde{a}_{22} + z\tilde{a}_{23}$

が成り立つ.

このとき

$|A| = \begin{vmatrix} a_{11} & a_{12} & a_{13} \\ a_{21} & a_{22} & a_{23} \\ a_{31} & a_{32} & a_{33} \end{vmatrix} = a_{21}\tilde{a}_{21} + a_{22}\tilde{a}_{22} + a_{23}\tilde{a}_{23}$

$$0 = \begin{vmatrix} a_{11} & a_{12} & a_{13} \\ a_{31} & a_{32} & a_{33} \\ a_{31} & a_{32} & a_{33} \end{vmatrix} = a_{31}\tilde{a}_{21} + a_{32}\tilde{a}_{22} + a_{33}\tilde{a}_{23}$$

これを見れば

$k = i$ のとき $\quad a_{k1}\tilde{a}_{i1} + a_{k2}\tilde{a}_{i2} + a_{k3}\tilde{a}_{i3} = |A|$

$k \neq i$ のとき $\quad a_{k1}\tilde{a}_{i1} + a_{k2}\tilde{a}_{i2} + a_{k3}\tilde{a}_{i3} = 0$

が成り立つことがわかる.

$n \geq 4$ のときも (i) が成り立つことが同様にして確かめられる.

また (ii) についても同様に確かめられることがわかる.

Proposition 7.13.2 （三角行列の行列式は対角成分の積である）

三角行列の行列式は対角成分の積である.

つまり以下のことが成り立っている.

(1) $\begin{vmatrix} a_1 & * & * & \cdots & * \\ 0 & a_2 & * & \cdots & * \\ 0 & 0 & a_3 & \cdots & * \\ \vdots & \vdots & \vdots & \ddots & \vdots \\ 0 & 0 & 0 & \cdots & a_n \end{vmatrix} = a_1 a_2 a_3 \cdots a_n$

(2) $\begin{vmatrix} a_1 & 0 & 0 & \cdots & 0 \\ * & a_2 & 0 & \cdots & 0 \\ * & * & a_3 & \cdots & 0 \\ \vdots & \vdots & \vdots & \ddots & \vdots \\ * & * & * & \cdots & a_n \end{vmatrix} = a_1 a_2 a_3 \cdots a_n$

(3) $\begin{vmatrix} a_1 & 0 & 0 & \cdots & 0 \\ 0 & a_2 & 0 & \cdots & 0 \\ 0 & 0 & a_3 & \cdots & 0 \\ \vdots & \vdots & \vdots & \ddots & \vdots \\ 0 & 0 & 0 & \cdots & a_n \end{vmatrix} = a_1 a_2 a_3 \cdots a_n$

★ どの * にもどんなスカラーがはいってもよい.

(proof)
(1) は第 1 列の展開を行い帰納法を使う. [94)]
(2) は第 1 行の展開を行い帰納法を使う.
(3) は (1) の特別な場合である.

Def. 7.13.3 (余因子行列)

A : n 行 n 列の行列

$\tilde{a}_{ij}$ を A の各 (i, j) 余因子とするとき

$$A = \begin{pmatrix} \tilde{a}_{11} & \tilde{a}_{21} & \tilde{a}_{31} & \cdots & \tilde{a}_{n1} \\ \tilde{a}_{12} & \tilde{a}_{22} & \tilde{a}_{32} & \cdots & \tilde{a}_{n2} \\ \tilde{a}_{13} & \tilde{a}_{23} & \tilde{a}_{33} & \cdots & \tilde{a}_{n3} \\ \vdots & \vdots & \vdots & \ddots & \vdots \\ \tilde{a}_{1n} & \tilde{a}_{2n} & \tilde{a}_{3n} & \cdots & \tilde{a}_{nn} \end{pmatrix}$$

を A の余因子行列といって $\tilde{A}$ で表す.

Theorem 7.13.3

A は n 行 n 列の行列

$\tilde{A}$ は A の余因子行列とする.

このとき次が成り立つ.

(1) $A\tilde{A} = |A|E$
(2) $\tilde{A}A = |A|E$

[94)] $|a_1| = a_1$

$$\begin{vmatrix} a_1 & * & * & \cdots & * \\ 0 & a_2 & * & \cdots & * \\ 0 & 0 & a_3 & \cdots & * \\ \vdots & \vdots & \vdots & \ddots & \vdots \\ 0 & 0 & 0 & \cdots & a_n \end{vmatrix} = a_1 \cdot (-1)^{1+1} \begin{vmatrix} a_2 & * & \cdots & * \\ 0 & a_3 & \cdots & * \\ \vdots & \vdots & \ddots & \vdots \\ 0 & 0 & \cdots & a_n \end{vmatrix}$$

$= a_1 \cdot (-1)^{1+1} \cdot a_2 a_3 \cdots a_n$ ($\because$ 帰納法の仮定より)
$= a_1 a_2 a_3 \cdots a_n$

(proof)

$n \geq 4$ のとき

行の展開により $A\tilde{A} = |A|E$

列の展開により $\tilde{A}A = |A|E$

が成り立つことがわかる． [95)]

$n = 3$ のときを見ておく．

$$A = \begin{pmatrix} a_{11} & a_{12} & a_{13} \\ a_{21} & a_{22} & a_{23} \\ a_{31} & a_{32} & a_{33} \end{pmatrix}, \tilde{A} = \begin{pmatrix} \tilde{a}_{11} & \tilde{a}_{12} & \tilde{a}_{13} \\ \tilde{a}_{21} & \tilde{a}_{22} & \tilde{a}_{23} \\ \tilde{a}_{31} & \tilde{a}_{32} & \tilde{a}_{33} \end{pmatrix}$$

とする．

$$A\tilde{A} = \begin{pmatrix} a_{11}\tilde{a}_{11}+a_{12}\tilde{a}_{12}+a_{13}\tilde{a}_{13} & a_{11}\tilde{a}_{21}+a_{12}\tilde{a}_{22}+a_{13}\tilde{a}_{23} & a_{11}\tilde{a}_{31}+a_{12}\tilde{a}_{32}+a_{13}\tilde{a}_{33} \\ a_{21}\tilde{a}_{11}+a_{22}\tilde{a}_{12}+a_{23}\tilde{a}_{13} & a_{21}\tilde{a}_{21}+a_{22}\tilde{a}_{22}+a_{23}\tilde{a}_{23} & a_{21}\tilde{a}_{31}+a_{22}\tilde{a}_{32}+a_{23}\tilde{a}_{33} \\ a_{31}\tilde{a}_{11}+a_{32}\tilde{a}_{12}+a_{33}\tilde{a}_{13} & a_{31}\tilde{a}_{21}+a_{32}\tilde{a}_{22}+a_{33}\tilde{a}_{23} & a_{31}\tilde{a}_{31}+a_{32}\tilde{a}_{32}+a_{33}\tilde{a}_{33} \end{pmatrix}$$

$$= \begin{pmatrix} |A| & 0 & 0 \\ 0 & |A| & 0 \\ 0 & 0 & |A| \end{pmatrix}$$

$$= |A| \begin{pmatrix} 1 & 0 & 0 \\ 0 & 1 & 0 \\ 0 & 0 & 1 \end{pmatrix} = |A|E$$

[95)] $A = \begin{pmatrix} a_{11} & a_{12} & \cdots & a_{1n} \\ a_{21} & a_{22} & \cdots & a_{2n} \\ \vdots & \vdots & \ddots & \vdots \\ a_{n1} & a_{n2} & \cdots & a_{nn} \end{pmatrix}, \tilde{A} = \begin{pmatrix} \tilde{a}_{11} & \tilde{a}_{21} & \cdots & \tilde{a}_{n1} \\ \tilde{a}_{12} & \tilde{a}_{22} & \cdots & \tilde{a}_{n2} \\ \vdots & \vdots & \ddots & \vdots \\ \tilde{a}_{1n} & \tilde{a}_{2n} & \cdots & \tilde{a}_{nn} \end{pmatrix}$

とする．

$A\tilde{A}$ において

$a_{k1}\tilde{a}_{i1} + a_{k2}\tilde{a}_{i2} + a_{k3}\tilde{a}_{i3} + \cdots + a_{kn}\tilde{a}_{in}$ は

$k = i$ のとき $|A|$ であり，$k \neq i$ のとき 0 であった．

よって $A\tilde{A}$ は $n \times n$ 行列の対角線に $|A|$ が並び，他は 0 である．

同様に $\tilde{A}A$ において

$a_{1k}\tilde{a}_{1j} + a_{2k}\tilde{a}_{2j} + a_{3k}\tilde{a}_{3j} + \cdots + a_{nk}\tilde{a}_{nj}$ は

$k = j$ のとき $|A|$ であり，$k \neq j$ のとき 0 であった．

よって $\tilde{A}A$ は $n \times n$ 行列の対角線に $|A|$ が並び，他は 0 である．

(2) についても同様に確かめられる.

Theorem 7.13.4 (余因子行列と逆行列)

A は n 行 n 列の行列とするとき

A が逆行列をもつ $\iff |A| \neq 0$

が成り立つ.

A が逆行列をもつとき
$$A^{-1} = \frac{1}{|A|}\tilde{A}$$
である.

(proof)
($\Rightarrow$) A が逆行列をもつとする.

このとき $AA^{-1} = E$

よって $|A||A^{-1}| = |AA^{-1}| = |E| = 1$

ゆえに $|A| \neq 0$

($\Leftarrow$) $A \cdot \dfrac{1}{|A|}\tilde{A} = A\tilde{A} \cdot \dfrac{1}{|A|} = |A|E \cdot \dfrac{1}{|A|} = E$

$\dfrac{1}{|A|}\tilde{A} \cdot A = \dfrac{1}{|A|}\tilde{A}A = \dfrac{1}{|A|}|A|E = E$

ゆえに A の逆行列は $\dfrac{1}{|A|}\tilde{A}$ である.

Proposition 7.13.3

A は s 次正方行列, B は t 次正方行列

O は (s, t) 型ゼロ行列, X は (t, s) 型ゼロ行列とする.

このとき次が成り立つ.

$$\begin{vmatrix} A & O \\ X & B \end{vmatrix} = |A||B|$$

(proof)

(1) $n = 1$ のとき

$A = (a)$ は 1 次の正方行列, $B = \begin{pmatrix} b_{11} & b_{12} & b_{13} \\ b_{21} & b_{22} & b_{23} \\ b_{31} & b_{32} & b_{33} \end{pmatrix}$ とする.

$$\begin{vmatrix} A & O \\ X & B \end{vmatrix} = \begin{vmatrix} a & 0 & 0 & 0 \\ 0 & b_{11} & b_{12} & b_{13} \\ 0 & b_{21} & b_{22} & b_{23} \\ 0 & b_{13} & b_{32} & b_{33} \end{vmatrix} = a \times \begin{vmatrix} b_{11} & b_{12} & b_{13} \\ b_{21} & b_{22} & b_{23} \\ b_{31} & b_{32} & b_{33} \end{vmatrix} = |A||B|$$

(2) $n = 2$ のとき

$A = \begin{pmatrix} a_{11} & a_{12} \\ a_{21} & a_{22} \end{pmatrix}$ とする.

$$\begin{vmatrix} A & X \\ O & B \end{vmatrix} = \begin{vmatrix} a_{11} & a_{12} & 0 & 0 & 0 \\ a_{21} & a_{22} & 0 & 0 & 0 \\ 0 & 0 & b_{11} & b_{12} & b_{13} \\ 0 & 0 & b_{21} & b_{22} & b_{23} \\ 0 & 0 & b_{13} & b_{32} & b_{33} \end{vmatrix}$$

$$= a_{11} \begin{vmatrix} a_{22} & 0 & 0 & 0 \\ 0 & b_{11} & b_{12} & b_{13} \\ 0 & b_{21} & b_{22} & b_{23} \\ 0 & b_{13} & b_{32} & b_{33} \end{vmatrix} - a_{12} \begin{vmatrix} a_{21} & 0 & 0 & 0 \\ 0 & b_{11} & b_{12} & b_{13} \\ 0 & b_{21} & b_{22} & b_{23} \\ 0 & b_{13} & b_{32} & b_{33} \end{vmatrix}$$

$= a_{11} a_{22} |B| - a_{12} a_{21} |B|$

$= (a_{11} a_{22} - a_{12} a_{21}) |B|$

$= |A||B|$

(3) A が 2 次の正方行列のとき成り立つとしたときに A が 3 次の正方行列のとき成り立つことを示しておく.

$$
\begin{vmatrix} a_{11} & a_{12} & a_{13} & 0 & 0 & \cdots & 0 \\ a_{21} & a_{22} & a_{23} & 0 & 0 & \cdots & 0 \\ a_{31} & a_{32} & a_{33} & 0 & 0 & \cdots & 0 \\ 0 & 0 & 0 & & & & \\ 0 & 0 & 0 & & B & & \\ \vdots & \vdots & \vdots & & & & \\ 0 & 0 & 0 & & & & \end{vmatrix} = a_{11} \begin{vmatrix} a_{22} & a_{23} & 0 & 0 & \cdots & 0 \\ a_{32} & a_{33} & 0 & 0 & \cdots & 0 \\ 0 & 0 & & & & \\ 0 & 0 & & B & & \\ \vdots & \vdots & & & & \\ 0 & 0 & & & & \end{vmatrix}
$$

$$
- a_{12} \begin{vmatrix} a_{21} & a_{23} & 0 & 0 & \cdots & 0 \\ a_{31} & a_{33} & 0 & 0 & \cdots & 0 \\ 0 & 0 & & & & \\ 0 & 0 & & B & & \\ \vdots & \vdots & & & & \\ 0 & 0 & & & & \end{vmatrix} + a_{13} \begin{vmatrix} a_{21} & a_{22} & 0 & 0 & \cdots & 0 \\ a_{31} & a_{32} & 0 & 0 & \cdots & 0 \\ 0 & 0 & & & & \\ 0 & 0 & & B & & \\ \vdots & \vdots & & & & \\ 0 & 0 & & & & \end{vmatrix}
$$

$$
= a_{11} \begin{vmatrix} a_{22} & a_{23} \\ a_{32} & a_{33} \end{vmatrix} |B| - a_{12} \begin{vmatrix} a_{21} & a_{23} \\ a_{31} & a_{33} \end{vmatrix} |B| + a_{13} \begin{vmatrix} a_{21} & a_{22} \\ a_{31} & a_{32} \end{vmatrix} |B|
$$

$$
= (a_{11} \begin{vmatrix} a_{22} & a_{23} \\ a_{32} & a_{33} \end{vmatrix} - a_{12} \begin{vmatrix} a_{21} & a_{23} \\ a_{31} & a_{33} \end{vmatrix} + a_{13} \begin{vmatrix} a_{21} & a_{22} \\ a_{31} & a_{32} \end{vmatrix}) |B|
$$

$$
= |A||B|
$$

Theorem 7.13.5 (クラーメルの公式)

連立 1 次方程式

$$a_{11}x_1 + a_{12}x_2 + a_{13}x_3 + \cdots + a_{1n}x_n = b_1$$
$$a_{21}x_1 + a_{22}x_2 + a_{23}x_3 + \cdots + a_{2n}x_n = b_2$$
$$a_{31}x_1 + a_{32}x_2 + a_{33}x_3 + \cdots + a_{3n}x_n = b_3$$
$$\vdots$$
$$a_{n1}x_1 + a_{n2}x_2 + a_{n3}x_3 + \cdots + a_{nn}x_n = b_n$$

は係数のなす行列

$$\begin{pmatrix} a_{11} & a_{12} & a_{13} & \cdots & a_{1n} \\ a_{21} & a_{22} & a_{23} & \cdots & a_{2n} \\ a_{31} & a_{32} & a_{33} & \cdots & a_{3n} \\ \vdots & \vdots & \vdots & \ddots & \vdots \\ a_{n1} & a_{n2} & a_{n3} & \cdots & a_{nn} \end{pmatrix}$$

を A とすると, $|A| \neq 0$ のときは解をもち, それは

$$x_i = \frac{|A_i|}{|A|} \quad (i=1,2,3,\cdots,n)$$

である.

ここで A_i は係数のなす行列 A の第 i 列を

定数のなす列ベクトル $\begin{pmatrix} b_1 \\ b_2 \\ b_3 \\ \vdots \\ b_n \end{pmatrix}$ に置き換えた行列である.

(proof)

$$\mathbf{a}_1 = \begin{pmatrix} a_{11} \\ a_{21} \\ a_{31} \\ \vdots \\ a_{n1} \end{pmatrix},\ \mathbf{a}_2 = \begin{pmatrix} a_{12} \\ a_{22} \\ a_{33} \\ \vdots \\ a_{n2} \end{pmatrix},\ \mathbf{a}_3 = \begin{pmatrix} a_{13} \\ a_{23} \\ a_{33} \\ \vdots \\ a_{n3} \end{pmatrix},\ \mathbf{b} = \begin{pmatrix} b_1 \\ b_2 \\ b_3 \\ \vdots \\ b_n \end{pmatrix}$$

$X = \begin{pmatrix} x_1 \\ x_2 \\ x_3 \\ \vdots \\ x_n \end{pmatrix}$ とおくと

$A_i = (\mathbf{a}_1 \ \cdots \ \mathbf{b} \ \cdots \ \mathbf{a}_n)$

$\mathbf{b} = x_1 \mathbf{a}_1 + x_2 \mathbf{a}_2 + \cdots + x_n \mathbf{a}_n$ なので

$|A_i| = |\mathbf{a}_1 \ \cdots \ x_1 \mathbf{a}_1 + x_2 \mathbf{a}_2 + \cdots + x_n \mathbf{a}_n \ \cdots \ \mathbf{a}_n|$

$$= |\mathbf{a}_1 \cdots x_1\mathbf{a}_1 \cdots \mathbf{a}_n| + |\mathbf{a}_1 \cdots x_2\mathbf{a}_2 \cdots \mathbf{a}_n| + \cdots + |\mathbf{a}_1 \cdots x_n\mathbf{a}_n \cdots \mathbf{a}_n|$$
$$= x_1|\mathbf{a}_1 \cdots \mathbf{a}_1 \cdots \mathbf{a}_n| + x_2|\mathbf{a}_1 \cdots \mathbf{a}_2 \cdots \mathbf{a}_n| + \cdots + x_n|\mathbf{a}_1 \cdots \mathbf{a}_n \cdots \mathbf{a}_n|$$
$$= x_i|\mathbf{a}_1 \cdots \mathbf{a}_i \cdots \mathbf{a}_n|$$
$$= x_i|A|$$

よって $x_i = \dfrac{|A_i|}{|A|} \quad (i=1,2,3,\cdots,n)$ である．

7.14 固有値

Def. 7.14.1 (固有値と固有ベクトル)
A は n 行 n 列の行列とする.
スカラー λ について, ゼロベクトルと異なる n 項列ベクトル $\mathbf{a}$ で
$$Aa = \lambda a$$
をみたすものが存在するとき, λ を A の固有値という.
また, この $\mathbf{a}$ を A の固有値 λ に対する固有ベクトルという.

次のことが成り立つ.

Remark 7.14.1
λ が A の固有値 $\overset{①}{\iff}$ 方程式 $(\lambda E - A)\mathbf{a} = \mathbf{0}$ が自明でない解をもつ
$\overset{②}{\iff}$ $|\lambda E - A| = 0$

(proof) ①
 ($\Rightarrow$) $^\exists \mathbf{a} \neq \mathbf{0}$ $s.t.$ $A\mathbf{a} = \lambda \mathbf{a}$
  $A\mathbf{a} = \lambda E\mathbf{a}$
  $(\lambda E - A)\mathbf{a} = \mathbf{0}$
 ($\Leftarrow$) $^\exists \mathbf{a} \neq \mathbf{0}$ $s.t.$ $(\lambda E - A)\mathbf{a} = \mathbf{0}$
  よって
   $\lambda E - A = O$
  ゆえに
   $\lambda E = A$
   $\lambda E \mathbf{a} = A \mathbf{a}$
   $A\mathbf{a} = \lambda \mathbf{a}$
  である.

(proof) ②
 ($\Rightarrow$) 対偶 「$|\lambda E - A| \neq 0$ ならば $(\lambda E - A)\mathbf{a} = \mathbf{0} \Rightarrow \mathbf{a} = \mathbf{0}$」を証明する.
  $|\lambda E - A| \neq 0$ のとき $\lambda E - A$ は逆行列をもつ.

よって $(\lambda E - A)\mathbf{a} = \mathbf{0}$ とすると
$$\mathbf{a} = (\lambda E - A)^{-1}(\lambda E - A)\mathbf{a} = (\lambda E - A)^{-1}\mathbf{0} = \mathbf{0}$$
($\Leftarrow$) 後に証明する.

Def. 7.14.2 (固有多項式)

A は n 行 n 列の行列とする.

$|xE - A|$ を A の固有多項式といい, $f_A(x)$ で表す.

$$A = \begin{pmatrix} a_{11} & a_{12} & a_{13} & \cdots & a_{1n} \\ a_{21} & a_{22} & a_{23} & \cdots & a_{2n} \\ a_{31} & a_{32} & a_{33} & \cdots & a_{3n} \\ \vdots & \vdots & \vdots & \ddots & \vdots \\ a_{n1} & a_{n2} & a_{n3} & \cdots & a_{nn} \end{pmatrix}$$

とおくとき

$$f_A(x) = \begin{vmatrix} x-a_{11} & -a_{12} & -a_{13} & \cdots & -a_{1n} \\ -a_{21} & x-a_{22} & -a_{23} & \cdots & -a_{2n} \\ -a_{31} & -a_{32} & x-a_{33} & \cdots & -a_{3n} \\ \vdots & \vdots & \vdots & \ddots & \vdots \\ -a_{n1} & -a_{n2} & -a_{n3} & \cdots & x-a_{nn} \end{vmatrix}$$

である.

これは x の n 次式であり, 最高次の係数は 1 である.

Proposition 7.14.1

A は n 行 n 列の行列, P は n 行 n 列の正則行列とする.
このとき A の固有多項式と $P^{-1}AP$ の固有多項式は一致する.
すなわち $f_A(x) = f_{P^{-1}AP}(x)$ である.

(proof)

$$\begin{aligned} f_{P^{-1}AP}(x) &= |xE - P^{-1}AP| \\ &= |xP^{-1}EP - P^{-1}AP| \\ &= |P^{-1}(xE - A)P| \\ &= |P^{-1}||xE - A||P| \end{aligned}$$

$$= |xE - A||P^{-1}||P|$$
$$= |xE - A|$$
$$= f_A(x)$$

Proposition 7.14.2

A は n 行 n 列の行列，λ を A の固有値，
$\mathbf{a}$ を λ に対する A の固有ベクトル，
P を n 行 n 列の行列とする．
このとき λ は $P^{-1}AP$ の固有値であり，
$P^{-1}\mathbf{a}$ は λ に対する $P^{-1}AP$ の固有ベクトルである．

(proof)

$\mathbf{a}$ は A の固有値 λ に対する固有ベクトルなので
$\mathbf{a} \neq \mathbf{0}$ であり，$A\mathbf{a} = \lambda \mathbf{a}$ である．
$\mathbf{b} = P^{-1}\mathbf{a}$ とおくと
$P\mathbf{b} = P(P^{-1}\mathbf{a}) = \mathbf{a} \neq \mathbf{0}$
よって
 $\mathbf{b} \neq \mathbf{0}$
また
$$\begin{aligned} P^{-1}AP\mathbf{b} = P^{-1}AP(P^{-1}\mathbf{a}) &= P^{-1}A\mathbf{a} \\ &= P^{-1}\lambda \mathbf{a} \\ &= \lambda P^{-1}\mathbf{a} \\ &= \lambda \mathbf{b} \end{aligned}$$
したがって λ は $P^{-1}AP$ の固有値であり，
$P^{-1}\mathbf{a}$ は λ に対する $P^{-1}AP$ の固有ベクトルであることが示せた．

Theorem 7.14.1 (多項式への正方行列の代入)

$f(x) = a_0 x^n + a_1 x^{n-1} + \cdots + a_{n-1} x + a_n$ を多項式とし，
A を n 次の正方行列とするとき
 $a_0 A^n + a_1 A^{n-1} + \cdots + a_{n-1} A + a_n E$
を，$f(x)$ に A を代入して得られる行列といい，$f(A)$ で表す．

(E は n 次の単位行列)

Proposition 7.14.3
A は n 次の正方行列
$f(x)$, $g(x)$ は多項式とする.
次のことが成り立つ.
  (1) $h(x) = f(x) + g(x)$ とするとき $h(A) = f(A) + g(A)$
  (2) $h(x) = f(x)g(x)$ とするとき $h(A) = f(A)g(A)$

(proof)
(1) $f(x) = a_0 x^n + a_1 x^{n-1} + \cdots + a_n$
$g(x) = b_0 x^n + b_1 x^{n-1} + \cdots + b_n$ とする.
$h(x) = (a_0 + b_0)x^n + (a_1 + b_1)x^{n-1} + \cdots + a_n + b_n$ より
$$\begin{aligned}h(A) &= (a_0+b_0)A^n + (a_1+b_1)A^{n-1} + \cdots + (a_n+b_n)E \\ &= (a_0 A^n + a_1 A^{n-1} + \cdots + a_n E) + (b_0 A^n + b_1 A^{n-1} + \cdots + b_n E) \\ &= f(A) + g(A)\end{aligned}$$
(2) $h(x) = a_0 b_0 x^{2n} + (a_1 b_0 + b_1 a_0)x^{2n-1} + \cdots + a_n b_n$ より
$$\begin{aligned}h(A) &= a_0 b_0 A^{2n} + (a_1 b_0 + b_1 a_0)A^{2n-1} + \cdots + a_n b_n E \\ &= (a_0 A^n + a_1 A^{n-1} + \cdots + a_n E)(b_0 A^n + b_1 A^{n-1} + \cdots + b_n E) \\ &= f(A)g(A)\end{aligned}$$

Theorem 7.14.2 (ケーリー・ハミルトンの定理)
A を n 次の正方行列とするとき
$f_A(A) = O$ が成り立つ.
  (O は n 次の正方行列)

(proof)
$n = 3$ のとき定理が成り立つことを証明する.
$f_A(x) = x^3 + a_1 x^2 + a_2 x + a_3$ とおく.

$$A = \begin{pmatrix} a_{11} & a_{12} & a_{13} \\ a_{21} & a_{22} & a_{23} \\ a_{31} & a_{32} & a_{33} \end{pmatrix} \text{ とおき}$$

$B(x) = xE - A$ とおく.

$$B(x) = \begin{pmatrix} x - a_{11} & -a_{12} & -a_{13} \\ -a_{21} & x - a_{22} & -a_{23} \\ -a_{31} & -a_{32} & x - a_{33} \end{pmatrix} \text{ である.}$$

$B(x)$ の余因子行列を

$$\tilde{B}(x) = \begin{pmatrix} \tilde{b}_{11}(x) & \tilde{b}_{21}(x) & \tilde{b}_{31}(x) \\ \tilde{b}_{12}(x) & \tilde{b}_{22}(x) & \tilde{b}_{32}(x) \\ \tilde{b}_{13}(x) & \tilde{b}_{23}(x) & \tilde{b}_{33}(x) \end{pmatrix} \text{ とおく.}$$

このとき

$$\tilde{b}_{11}(x) = (-1)^2 \begin{vmatrix} x - a_{22} & -a_{23} \\ -a_{32} & x - a_{33} \end{vmatrix} = x^2 - (a_{22} + a_{33})x + a_{22}a_{32} - a_{23}a_{32}$$

$$\tilde{b}_{12}(x) = (-1)^3 \begin{vmatrix} -a_{21} & -a_{23} \\ -a_{31} & x - a_{33} \end{vmatrix} = a_{21}x - a_{21}a_{33} + a_{23}a_{31}$$

$$\tilde{b}_{13}(x) = (-1)^4 \begin{vmatrix} -a_{21} & x - a_{22} \\ -a_{31} & -a_{32} \end{vmatrix} = a_{21}a_{32} + a_{31}x - a_{22}a_{31}$$

$$\tilde{b}_{21}(x) = (-1)^3 \begin{vmatrix} -a_{12} & -a_{13} \\ -a_{32} & x - a_{33} \end{vmatrix} = a_{12}x - a_{12}a_{33} + a_{13}a_{32}$$

$$\tilde{b}_{22}(x) = (-1)^4 \begin{vmatrix} x - a_{11} & -a_{13} \\ -a_{31} & x - a_{33} \end{vmatrix} = x^2 - (a_{11} + a_{33})x + a_{11}a_{33} - a_{13}a_{31}$$

$$\tilde{b}_{23}(x) = (-1)^5 \begin{vmatrix} x - a_{11} & -a_{12} \\ -a_{31} & -a_{32} \end{vmatrix} = a_{32}x - a_{11}a_{32} + a_{12}a_{31}$$

$$\tilde{b}_{31}(x) = (-1)^4 \begin{vmatrix} -a_{12} & -a_{13} \\ x - a_{22} & -a_{23} \end{vmatrix} = a_{12}a_{23} + a_{13}x - a_{13}a_{22}$$

$$\tilde{b}_{32}(x) = (-1)^5 \begin{vmatrix} x-a_{11} & -a_{13} \\ -a_{21} & -a_{23} \end{vmatrix} = a_{23}x - a_{11}a_{23} + a_{13}a_{21}$$

$$\tilde{b}_{33}(x) = (-1)^6 \begin{vmatrix} x-a_{11} & -a_{12} \\ -a_{21} & x-a_{22} \end{vmatrix} = x^2 - (a_{11}+a_{22})x + a_{11}a_{22} - a_{12}a_{21}$$

$B(x)$ の余因子行列 $\tilde{B}(x)$ の (j,i) 成分は $B(x)$ の (i,j) 余因子であることに注意する.

ここで

$$C_0 = E$$

$$C_1 = \begin{pmatrix} -a_{22}-a_{33} & a_{12} & a_{13} \\ a_{21} & -a_{11}-a_{33} & a_{23} \\ a_{31} & a_{32} & -a_{11}-a_{22} \end{pmatrix}$$

$$C_2 = \begin{pmatrix} a_{22}a_{33}-a_{23}a_{32} & -a_{12}a_{33}+a_{13}a_{32} & -a_{13}a_{22}+a_{12}a_{23} \\ -a_{21}a_{33}+a_{23}a_{31} & a_{11}a_{33}-a_{13}a_{31} & -a_{11}a_{23}+a_{13}a_{21} \\ a_{21}a_{32}-a_{22}a_{31} & -a_{11}a_{32}+a_{12}a_{31} & a_{11}a_{22}-a_{12}a_{21} \end{pmatrix}$$

とおくと

$$\tilde{B}(x) = x^2 C_0 + x C_1 + C_2$$

となる. よって

$$\begin{aligned} B(x)\tilde{B}(x) &= (xE-A)(x^2 C_0 + x C_1 + C_2) \\ &= x^3 C_0 + x^2 (C_1 - AC_0) + x(C_2 - AC_1) - AC_2 \quad \cdots \text{(i)} \end{aligned}$$

$$\begin{aligned} B(x)\tilde{B}(x) &= |B(x)|E \quad (\because \text{Theorem7.13.3}) \\ &= f_A(x)E \\ &= (x^3 + a_1 x^2 + a_2 x + a_3)E \\ &= x^3 E + x^2(a_1 E) + x(a_2 E) + a_3 E \quad \cdots \text{(ii)} \end{aligned}$$

(i) と (ii) の係数の行列を比較して

$$\begin{aligned} E &= C_0 \\ a_1 E &= C_1 - AC_0 \\ a_2 E &= C_2 - AC_1 \\ a_3 E &= -AC_2 \end{aligned}$$

よって
$$\begin{aligned} A^3 &= A^3 C_0 \\ a_1 A^2 &= A^2 C_1 - A^3 C_0 \\ a_2 A &= A C_2 - A^2 C_1 \\ a_3 E &= -A C_2 \end{aligned}$$
となり
$$\begin{aligned} f_A(A) &= A^3 + a_1 A^2 + a_2 A + a_3 E \\ &= A^3 C_0 + (A^2 C_1 - A^3 C_0) + (A C_2 - A^2 C_1) - A C_2 \\ &= O \end{aligned}$$

一般に定理が成り立つことを証明する.

A を n 次の正方行列とする.
$f_A(x) = x^n + a_1 x^{n-1} + a_2 x^{n-2} + \cdots + a_{n-1} x + a_n$ とおく.
また $B(x) = xE - A$ とおく.
$B(x)$ の余因子行列を $\tilde{B}(x)$ とおく.
$B(x)$ の各余因子は x のせいぜい $n-1$ 次の多項式なので
n 個の n 次の正方行列 $C_0, C_1, \cdots, C_{n-1}$ で
$$\tilde{B}(x) = x^{n-1} C_0 + x^{n-2} C_1 + x^{n-3} C_2 + \cdots + x C_{n-2} + C_{n-1}$$
をみたすものが存在する.
よって
$$\begin{aligned} &B(x)\tilde{B}(x) \\ &= (xE - A)(x^{n-1} C_0 + x^{n-2} C_1 + x^{n-3} C_2 + \cdots + x C_{n-2} + C_{n-1}) \\ &= x^n C_0 + x^{n-1}(C_1 - AC_0) + x^{n-2}(C_2 - AC_1) \\ &\qquad + \cdots + x(C_{n-1} - AC_{n-2}) - AC_{n-1} \quad \cdots \text{①} \end{aligned}$$
また
$$\begin{aligned} &B(x)\tilde{B}(x) \\ &= |B(x)| E \\ &= f_A(x) E \\ &= x^n E + x^{n-1} a_1 E + x^{n-2} a_2 E + \cdots + x a_{n-1} E + a_n E \cdots \text{②} \end{aligned}$$
① と ② の係数の行列を比較して

$$
\begin{aligned}
E &= C_0 \\
a_1 E &= C_1 - AC_0 \\
a_2 E &= C_2 - AC_1 \\
&\vdots \\
a_{n-1} E &= C_{n-1} - AC_{n-2} \\
a_n E &= -AC_{n-1}
\end{aligned}
$$

よって
$$
\begin{aligned}
a_1 A^{n-1} &= A^{n-1} C_1 - A^n C_0 \\
a_2 A^{n-2} &= A^{n-2} C_2 - A^{n-1} C_1 \\
a_3 A^{n-3} &= A^{n-3} C_3 - A^{n-2} C_2 \\
&\vdots \\
a_{n-1} A &= AC_{n-1} - A^2 C_{n-2} \\
a_n E &= -AC_{n-1}
\end{aligned}
$$

となり，
$$
\begin{aligned}
f_A(A) &= A^n + a_1 A^{n-1} + a_2 A^{n-2} + \cdots + a_{n-1} A + a_n E \\
&= A^n C_0 + (A^{n-1} C_1 - A^n C_0) + (A^{n-2} C_2 - A^{n-1} C_1) \\
&\quad + \cdots + (AC_{n-1} - A^2 C_{n-2}) - AC_{n-1} \\
&= O
\end{aligned}
$$

Def. 7.14.3 (最小多項式)

A を n 次の正方行列とするとき

$\{f(x) \mid f(x)$ は多項式で $f(A) = O\}$ [96)]

に含まれる 0 以外の多項式で

次数が最小のものであり，最高次の係数が 1 のものを

A の最小多項式という．

Lemma 7.14.1

A を n 次の正方行列とし，$\varphi(x)$ を A の最小多項式とする．このとき

[96)] この集合は A の固有多項式 (n 次式) を含んでいる．

(0) $\varphi(A) = O$ である.
(1) $f(x)$ が多項式で $f(A) = O$ とすると, $f(x)$ は $\varphi(x)$ でわりきれる.
(2) $f_A(x)$ は $\varphi(x)$ でわりきれる.

(proof)

(0) 定義より明らか.

(1) $f(x)$ を $\varphi(x)$ で割った商を $q(x)$, あまりを $r(x)$ とすると
$$f(x) = \varphi(x)q(x) + r(x)$$
$$deg\ r(x) < deg\ \varphi(x)$$
が成り立つ.
$$O = f(A) = \varphi(A)q(A) + r(A) = r(A)$$
$deg\ r(x) < deg\ \varphi(x)$ なので, 最小多項式の定義より $r(x) = 0$ である. これは $f(x)$ が $\varphi(x)$ で割り切れることを意味している.

(2) $f_A(A) = O$ ($\because$ Theorem 7.14.2(ケーリー・ハミルトンの定理)) なので (1) より明らか.

Remark 7.14.1 の ② ($\Leftarrow$) を証明する.

Remark 7.14.1 の ② の主張を定理の形でもう 1 度述べておく.

Theorem 7.14.3

A を n 次の正方行列とするとき, 次が成り立つ.

方程式 $A\mathbf{x} = \mathbf{0}$ が自明でない解をもつ $\iff |A| = 0$

(proof)

($\Rightarrow$) $|A| \neq 0$ ならば 「$A\mathbf{x} = \mathbf{0} \Rightarrow \mathbf{x} = \mathbf{0}$」 を示す.

$|A| \neq 0$ のとき A は逆行列をもつ.

よって $A\mathbf{x} = \mathbf{0}$ とすると
$$\mathbf{x} = A^{-1}A\mathbf{x} = A^{-1}\mathbf{0} = \mathbf{0}$$

($\Leftarrow$) $|A| = 0$ とする.
$$\varphi(x) = x^m + b_1 x^{m-1}x + \cdots + b_{m-1}x + b_m$$
を A の最小多項式とする.

$g(x) = x^{m-1} + b_1 x^{m-2} + \cdots + b_{m-1}$ とおくと

$\varphi(x) = xg(x) + b_m$

$O = \varphi(A) = Ag(A) + b_m E$ なので

${b_m}^n = |b_m E| = |-Ag(A)| = |A||-g(A)| = 0$

よって

$b_m = 0$

ゆえに

$\varphi(x) = xg(x)$

$g(x) \neq 0$ であり, $deg\ g(x) < deg\ \varphi(x)$ なので

$g(A) \neq O$

($\because \varphi(x)$ が A を代入して O となる多項式の中で最小の次数をもつ)

$g(A)$ には $\mathbf{0}$ と異なる列ベクトルがある.

その一つを $\mathbf{a}$ とおく.

$Ag(A) = \varphi(A) = O$ なので

$A\mathbf{a} = \mathbf{0}$

★ 以上より前の Remark 7.14.1 に戻ると

λ が A の固有値 $\iff$ 方程式 $(\lambda E - A)\mathbf{a} = \mathbf{0}$ が自明でない解をもつ

$\iff |\lambda E - A| = 0$

$\iff f_A(\lambda) = O$

7.15 trace(トレース),norm(ノルム), 固有多項式

R を可換環とする.

(I) 行列の trace, norm, 固有多項式

Def. 7.15.1 (行列の trace・norm・固有多項式)
n 次の正方行列
$$A = \begin{pmatrix} a_{11} & a_{12} & \cdots & a_{1n} \\ a_{21} & a_{22} & \cdots & a_{2n} \\ \vdots & \vdots & \ddots & \vdots \\ a_{n1} & a_{n2} & \cdots & a_{nn} \end{pmatrix}$$
に対して

(1) $a_{11}+a_{22}+a_{33}+\cdots+a_{nn}$ を A の trace といい, $Tr(A)$ で表す.
(2) A の行列式を $det(A)$ または A の norm といい, $Nm(A)$ で表す.
(3) A の固有多項式 $|XI-A|$ を $C_A(X)$ で表す. [97]
$$C_A(X) = \begin{vmatrix} X-a_{11} & -a_{12} & \cdots & -a_{1n} \\ -a_{21} & X-a_{22} & \cdots & -a_{2n} \\ \vdots & \vdots & \ddots & \vdots \\ -a_{n1} & -a_{n2} & \cdots & X-a_{nn} \end{vmatrix}$$

Proposition 7.15.1
R-係数の n 次正方行列 A に対して
$R \ni Tr(A), Nm(A)$ であり,
$C_A(X)$ は $R[X]$ の monic な多項式である. [98]

---

[97] I は n 次の単位行列である.
また, 変数 X はスカラーである.
[98] $n=2$ のとき
$$C_A(X) = \begin{vmatrix} X-a_{11} & -a_{12} \\ -a_{21} & X-a_{22} \end{vmatrix} = (X-a_{11})(X-a_{22}) - a_{12}a_{21}$$
$$= X^2 - (a_{11}+a_{22})X + a_{11}a_{22} - a_{12}a_{21}$$

(1) $Tr(A)$ は $C_A(X)$ の X^{n-1} 次の係数 $\times(-1)$ である.
(2) $Nm(A) = (-1)^n \times (C_A(X)$ の定数項$)$ である.

(proof)
(1) $C_A(X)$ の X^{n-1} の係数は
   $(X-a_{11})(X-a_{n2})\cdots(X-a_{nn})$ の X^{n-1} の係数と同じである.
(2) $C_A(X)$ の定数項は
   $C_A(0) = |0I - A| = |-A| = (-1)^n |A| = (-1)^n \times Nm(A)$

Proposition 7.15.2 (互いに共役な行列の固有多項式,trace,norm)
互いに共役な行列に対してその固有多項式は等しく,
trace も norm(行列式) も等しい.
つまり A を n 次の正方行列, U を n 次の正則行列とすると
$$C_{UAU^{-1}}(X) = C_A(X)$$
$$Tr(UAU^{-1}) = Tr(A)$$
$$Nm(UAU^{-1}) = det(UAU^{-1}) = det(A) = Nm(A)$$
である. [99]

$n = 3$ のとき
$$C_A(X) = \begin{vmatrix} X-a_{11} & -a_{12} & -a_{13} \\ -a_{21} & X-a_{22} & -a_{23} \\ -a_{31} & -a_{32} & X-a_{33} \end{vmatrix}$$
$$= (X-a_{11}) \begin{vmatrix} X-a_{22} & -a_{23} \\ -a_{32} & X-a_{33} \end{vmatrix} + a_{12} \begin{vmatrix} -a_{21} & -a_{23} \\ -a_{31} & X-a_{33} \end{vmatrix}$$
$$- a_{13} \begin{vmatrix} -a_{21} & X-a_{22} \\ -a_{31} & -a_{32} \end{vmatrix}$$
$$= (X-a_{11})(X-a_{22})(X-a_{33}) - a_{23}a_{32}(X-a_{11}) - a_{12}a_{21}(X-a_{33})$$
$$- a_{12}a_{23}a_{31} - a_{13}a_{21}a_{32} - a_{13}a_{31}(X-a_{22})$$
$$= X^3 - (a_{11} + a_{22} + a_{33})X^2$$
$$+ (a_{11}a_{22} + a_{11}a_{33} + a_{22}a_{33} - a_{32}a_{23} - a_{12}a_{21} - a_{13}a_{31})X$$
$$- (a_{11}a_{22}a_{33} + a_{12}a_{23}a_{31} + a_{13}a_{21}a_{32} - a_{13}a_{22}a_{31} - a_{11}a_{23}a_{32}$$
$$- a_{12}a_{21}a_{33})$$

[99] A は n 次の正方行列で, U は n 次の正則行列としている.
$|UAU^{-1}| = |U||A||U^{-1}|$, $1 = |UU^{-1}| = |U||U^{-1}|$ より

(proof)
$$C_{UAU^{-1}}(X) = |XI - UAU^{-1}|$$
$$= |XUIU^{-1} - UAU^{-1}|$$
$$= |U(XI - A)U^{-1}|$$
$$= |U||XI - A||U^{-1}|$$
$$= |XI - A||U||U^{-1}|$$
$$= |XI - A|$$
$$= C_A(X)$$

よって 互いに共役な行列の固有多項式は等しい.
また Proposition 7.15.1 より, 互いに共役な行列の trace, norm は等しい.

(II) 線型写像の trace, norm, 固有多項式

R を domain,
M を有限階数の free R-module として
$f : M \longrightarrow M$ を R-linear map とする.
M の R-module としての base を $\{v_1, v_2, \cdots, v_m\}$
とすると $1 \leq^\forall i \leq m$ に対して $f(v_i) \in M$ であり,
$\{v_1, v_2, \cdots, v_m\}$ は M の base なので
$$\exists a_{i1}, a_{i2}, \cdots, a_{im} \in R \quad s.t.$$
$$f \begin{pmatrix} v_1 \\ v_2 \\ \vdots \\ v_m \end{pmatrix} = \begin{pmatrix} a_{11} & a_{12} & \cdots & a_{1m} \\ a_{21} & a_{22} & \cdots & a_{2m} \\ \vdots & \vdots & \ddots & \vdots \\ a_{m1} & a_{m2} & \cdots & a_{mm} \end{pmatrix} \begin{pmatrix} v_1 \\ v_2 \\ \vdots \\ v_m \end{pmatrix}$$
となる.
これは

$det(UAU^{-1}) = det(A)$ が成り立つ.

$$\mathbf{v} = \begin{pmatrix} v_1 \\ v_2 \\ \vdots \\ v_m \end{pmatrix}, A = \begin{pmatrix} a_{11} & a_{12} & \cdots & a_{1m} \\ a_{21} & a_{22} & \cdots & a_{2m} \\ \vdots & \vdots & \ddots & \vdots \\ a_{m1} & a_{m2} & \cdots & a_{mm} \end{pmatrix}$$

として

$$f(\mathbf{v}) = A\mathbf{v}$$

と表すことができる.

この m 次の正方行列 A を

「M の base $\{v_1, v_2, \cdots, v_m\}$ を選んだときの f の行列」[100]

と呼ぶことにする.

M の base $\{v_1, v_2, \cdots, v_m\}$ を選んだときの f の行列を A として
M の base $\{w_1, w_2, \cdots, w_m\}$ を選んだときの f の行列を B とすると
B は A と共役である.

実際, $\mathbf{v} = \begin{pmatrix} v_1 \\ v_2 \\ \vdots \\ v_m \end{pmatrix}, \mathbf{w} = \begin{pmatrix} w_1 \\ w_2 \\ \vdots \\ w_m \end{pmatrix}$ とおくと

$$f(\mathbf{v}) = A\mathbf{v}, f(\mathbf{w}) = B\mathbf{w}$$

となる.

$\mathbf{v}$ は R-module M の base で,
$\mathbf{w}$ も R-module M の base なので
$\mathbf{w} = P\mathbf{v}$ となる R 係数の m 次正則行列 P が存在する.
$B\mathbf{w} = BP\mathbf{v}$ で,

$$B\mathbf{w} = f(\mathbf{w}) = f(P\mathbf{v}) = P(f(\mathbf{v})) = P(A\mathbf{v}) = PA\mathbf{v}$$

であり,
$\mathbf{v}$ は base なので

$$BP = PA$$

すなわち $B = PAP^{-1}$ となり, B は A と共役である.

---

[100] 別冊「linear map」参照

よって
$$Tr(A) = Tr(B)$$
$$Nm(A) = Nm(B)$$
$$C_A(X) = C_B(X)$$

$C_A(X)$, $Tr(A)$, $det(A)$ は f のみにより定まり,
M の base のとりかたによらないことになる.
したがって次の定義が可能になる.

Def. 7.15.2 (線型写像の固有多項式,trace,norm)
  M の base を選んで, それで f の行列 A をつくり,
$$C_f(X) = C_A(X)$$
$$Tr(f) = Tr(A)$$
$$Nm(f) = Nm(A)$$
と $C_f(X)$, $Tr(f)$, $Nm(f)$ を定義する.
各々を f の固有多項式, f の trace, f の norm という.

(III) 有限,自由拡大体における 固有多項式, trace, norm

Def. 7.15.3 (スカラーの固有多項式,trace,norm)
  S を可換環として, R をその部分環とする.
  S が有限階数の free R-module で
  $S \ni \alpha$ のとき $S \xrightarrow{f_\alpha} S$ を
    $S \ni^\forall x$ に対して $f_\alpha(x) = \alpha x$
  で定まる R-homo (f_α は R-linear map) とするとき
  $C_{f_\alpha}(X)$, $Tr(f_\alpha)$, $Nm(f_\alpha)$ をそれぞれ
  $C_{\alpha,S/R}(X)$, $Tr_{S/R}(\alpha)$, $Nm_{S/R}(\alpha)$ と表して
  α の拡大 S/R における 固有多項式, trace, norm という.

  ★ $\{e_1, e_2, \cdots, e_m\}$ を free R-module S の base として
    $S \ni \alpha$ のとき

$$\alpha \begin{pmatrix} e_1 \\ e_2 \\ \vdots \\ e_m \end{pmatrix} = \begin{pmatrix} a_{11} & a_{12} & \cdots & a_{1m} \\ a_{21} & a_{22} & \cdots & a_{2m} \\ \vdots & \vdots & \ddots & \vdots \\ a_{m1} & a_{m2} & \cdots & a_{mm} \end{pmatrix} \begin{pmatrix} e_1 \\ e_2 \\ \vdots \\ e_m \end{pmatrix}$$

となる R 係数の m 次の正方行列がただ一つ存在する.
この行列の trace が $Tr_{S/R}(\alpha)$, norm が $Nm_{S/R}(\alpha)$, 固有多項式が $C_{\alpha,S/R}(X)$ である.

Proposition 7.15.3 (trace, norm, 固有多項式の性質)

S が階数 m の free R-module のとき, 次が成り立つ.

(1) $R \ni a$ のとき
  ① $Tr_{S/R}(a) = ma$
  ② $Nm_{S/R}(a) = a^m$
  ③ $C_{a,S/R}(X) = (X-a)^m$

(2) $S \ni \alpha, \beta$ のとき
  ① $Tr_{S/R}(\alpha + \beta) = Tr_{S/R}(\alpha) + Tr_{S/R}(\beta)$
    $Tr_{S/R}(\alpha - \beta) = Tr_{S/R}(\alpha) - Tr_{S/R}(\beta)$
  ② $Nm_{S/R}(\alpha\beta) = Nm_{S/R}(\alpha) Nm_{S/R}(\beta)$

(3) $R \ni a, S \ni \alpha$ のとき
  ① $Tr_{S/R}(a\alpha) = a Tr_{S/R}(\alpha)$
  ② $Nm_{S/R}(a\alpha) = a^m Nm_{S/R}(\alpha)$

(proof)

(1) $R \ni a$ のとき
$$a\mathbf{e} = \begin{pmatrix} a & 0 & \cdots & 0 \\ 0 & a & \cdots & 0 \\ \vdots & \vdots & \ddots & \vdots \\ 0 & 0 & \cdots & a \end{pmatrix} \begin{pmatrix} e_1 \\ e_2 \\ \vdots \\ e_m \end{pmatrix}$$

なので

$$Tr_{S/R}(a) = Tr \begin{pmatrix} a & 0 & \cdots & 0 \\ 0 & a & \cdots & 0 \\ \vdots & \vdots & \ddots & \vdots \\ 0 & 0 & \cdots & a \end{pmatrix} = ma$$

$$Nm_{S/R}(a) = \begin{vmatrix} a & 0 & \cdots & 0 \\ 0 & a & \cdots & 0 \\ \vdots & \vdots & \ddots & \vdots \\ 0 & 0 & \cdots & a \end{vmatrix} = a^m$$

$$C_{a,S/R}(X) = \begin{vmatrix} X-a & 0 & \cdots & 0 \\ 0 & X-a & \cdots & 0 \\ \vdots & \vdots & \ddots & \vdots \\ 0 & 0 & \cdots & X-a \end{vmatrix} = (X-a)^m$$

(2) $\alpha \mathbf{e} = A_\alpha \mathbf{e}$, $\beta \mathbf{e} = A_\beta \mathbf{e}$ より

$(\alpha+\beta)\mathbf{e} = \alpha\mathbf{e} + \beta\mathbf{e} = A_\alpha \mathbf{e} + A_\beta \mathbf{e} = (A_\alpha + A_\beta)\mathbf{e}$

$(\alpha+\beta)\mathbf{e} = A_{\alpha+\beta}\mathbf{e}$ より

$A_{\alpha+\beta} = A_\alpha + A_\beta$

ゆえに

$$\begin{aligned} Tr_{S/R}(\alpha+\beta) &= Tr(A_{\alpha+\beta}) \\ &= Tr(A_\alpha + A_\beta) \\ &= Tr(A_\alpha) + Tr(A_\beta) \\ &= Tr_{S/R}(\alpha) + Tr_{S/R}(\beta) \end{aligned}$$

また

$\alpha\beta \mathbf{e} = \alpha(\beta \mathbf{e}) = \alpha(A_\beta \mathbf{e}) = A_\beta(\alpha \mathbf{e})$ [101] $= A_\beta(A_\alpha \mathbf{e}) = (A_\beta A_\alpha)\mathbf{e}$

よって

$Nm(\alpha\beta) = det(A_\beta A_\alpha) = det(A_\beta)det(A_\alpha) = det(A_\alpha)det(A_\beta)$
$\hspace{10em} = Nm(\alpha)Nm(\beta)$

(3) $a\alpha \mathbf{e} = a(\alpha \mathbf{e}) = a(A_\alpha \mathbf{e}) = (aA_\alpha)\mathbf{e}$ なので

---

[101] α, A_β の元は可換環 S の元である.

$$Tr_{S/R}(a\alpha) = Tr(aA_\alpha) = aTr(A_\alpha) = aTr_{S/R}(\alpha)$$
$$Nm_{S/R}(a\alpha) = Nm(aA_\alpha) = a^m Nm(A_\alpha) = a^m Nm_{S/R}(\alpha)$$

Corolally 7.15.1

(1) $Tr_{S/R}$ は $(S,+)$ から $(R,+)$ への homo である.

(2) $Nm_{S/R}$ は $(S^\times,\cdot)$ から $(R^\times,\cdot)$ への homo を誘導する.

(proof)

$S \ni^\forall \alpha,^\forall \beta$ に対して

(1) $R \ni Tr_{S/R}(\alpha)$ である.

また
$$Tr_{S/R}(\alpha+\beta) = Tr_{S/R}(\alpha) + Tr_{S/R}(\beta)$$
($\because$ Proposition 7.15.3(trace,norm, 固有多項式の性質)(2))

(2) $R \ni Nm_{S/R}(\alpha)$ である.

$Nm_{S/R}(1) = 1^m = 1$ であり,

Proposition 7.15.3(trace,norm, 固有多項式の性質)(2) より

$S^\times \ni \alpha$ のとき
$$\begin{array}{rcl} Nm_{S/R}(\alpha)Nm_{S/R}(\alpha^{-1}) & = & Nm_{S/R}(\alpha\alpha^{-1}) \\ & = & Nm_{S/R}(1) \\ & = & 1^m \\ & = & 1 \end{array}$$

よって
$$R^\times \ni Nm_{S/R}(\alpha)$$
また
$$Nm_{S/R}(\alpha\beta) = Nm_{S/R}(\alpha)Nm_{S/R}(\beta)$$

Proposition 7.15.4 (Proposition 7.15.3 の系)

$R \ni a_1, a_2, \cdots, a_n, \quad S \ni \alpha_1, \alpha_2, \cdots, \alpha_n$ のとき
$$Tr_{S/R}(a_1\alpha_1 + a_2\alpha_2 + \cdots + a_n\alpha_n)$$
$$= a_1 Tr_{S/R}(\alpha_1) + a_2 Tr_{S/R}(\alpha_2) + \cdots + a_n Tr_{S/R}(\alpha_n)$$

さらに次のことが成り立つ.

Proposition 7.15.5

T が free S - module で
その階数が n のとき
$S \ni \alpha$ に対して $(\alpha \in T)$
$$Tr_{T/R}(\alpha) = n \times Tr_{S/R}(\alpha)$$
$$Nm_{T/R}(\alpha) = (Nm_{S/R}(\alpha))^n$$
$$C_{\alpha,T/R}(X) = (C_{\alpha,S/R}(X))^n$$

$$\begin{array}{c} T \\ n \Big| \\ S \ni \alpha \\ m \Big| \\ R \end{array}$$

(proof)
$n = 2$ の場合を示す.
$m = 3$ とする.
$\{e_1, e_2, e_3\}$ を S の R-module としての base とし,
$\{k_1, k_2\}$ を T の S-module としての base とする.
このとき
$e_1k_1, e_2k_1, e_3k_1, e_1k_2, e_2k_2, e_3k_2$ は
T の R-module としての base となる.

$$\alpha \begin{pmatrix} e_1 \\ e_2 \\ e_3 \end{pmatrix} = \begin{pmatrix} a_{11} & a_{12} & a_{13} \\ a_{21} & a_{22} & a_{23} \\ a_{31} & a_{32} & a_{33} \end{pmatrix} \begin{pmatrix} e_1 \\ e_2 \\ e_3 \end{pmatrix}$$

のとき
$$Tr_{S/R}(\alpha) = a_{11} + a_{22} + a_{33}$$
である. このとき
$$\begin{aligned} \alpha e_1 k_1 &= a_{11}e_1k_1 + a_{12}e_2k_1 + a_{13}e_3k_1 \\ \alpha e_2 k_1 &= a_{21}e_1k_1 + a_{22}e_2k_1 + a_{23}e_3k_1 \\ \alpha e_3 k_1 &= a_{31}e_1k_1 + a_{32}e_2k_1 + a_{33}e_3k_1 \\ \\ \alpha e_1 k_2 &= a_{11}e_1k_2 + a_{12}e_2k_2 + a_{13}e_3k_2 \\ \alpha e_2 k_2 &= a_{21}e_1k_2 + a_{22}e_2k_2 + a_{23}e_3k_2 \\ \alpha e_3 k_2 &= a_{31}e_1k_2 + a_{32}e_2k_2 + a_{33}e_3k_2 \end{aligned}$$

これは次のように表せる.

$$\alpha \begin{pmatrix} e_1 k_1 \\ e_2 k_1 \\ e_3 k_1 \\ e_1 k_2 \\ e_2 k_2 \\ e_3 k_2 \end{pmatrix} = \begin{pmatrix} a_{11} & a_{12} & a_{13} & 0 & 0 & 0 \\ a_{21} & a_{22} & a_{23} & 0 & 0 & 0 \\ a_{31} & a_{32} & a_{33} & 0 & 0 & 0 \\ 0 & 0 & 0 & a_{11} & a_{12} & a_{13} \\ 0 & 0 & 0 & a_{21} & a_{22} & a_{23} \\ 0 & 0 & 0 & a_{31} & a_{32} & a_{33} \end{pmatrix} \begin{pmatrix} e_1 k_1 \\ e_2 k_1 \\ e_3 k_1 \\ e_1 k_2 \\ e_2 k_2 \\ e_3 k_2 \end{pmatrix}$$

よって

$$Tr_{T/R}(\alpha) = (a_{11} + a_{22} + a_{33}) + (a_{11} + a_{22} + a_{33})$$
$$= 2 Tr_{S/R}(\alpha)$$

$$Nm_{T/R}(\alpha) = \begin{vmatrix} a_{11} & a_{12} & a_{13} \\ a_{21} & a_{22} & a_{23} \\ a_{31} & a_{32} & a_{33} \end{vmatrix} \times \begin{vmatrix} a_{11} & a_{12} & a_{13} \\ a_{21} & a_{22} & a_{23} \\ a_{31} & a_{32} & a_{33} \end{vmatrix}$$ [102)]

$$= \begin{vmatrix} a_{11} & a_{12} & a_{13} \\ a_{21} & a_{22} & a_{23} \\ a_{31} & a_{32} & a_{33} \end{vmatrix}^2 = (Nm_{S/R}(\alpha))^2$$

また

$$A = \begin{pmatrix} a_{11} & a_{12} & a_{13} \\ a_{21} & a_{22} & a_{23} \\ a_{31} & a_{32} & a_{33} \end{pmatrix}$$

とすると

$$C_{\alpha, S/R}(X) = |XI - A|$$

$$C_{\alpha, T/R}(X) = \begin{vmatrix} XI - A & O \\ O & XI - A \end{vmatrix} = |XI - A|^2 = (C_{\alpha, S/R}(X))^2$$

階数が一般の n のときも次のように同様に示せる.

$\{e_1, e_2, \cdots, e_m\}$ を R-module S の base として,

$\{k_1, k_2, \cdots, k_n\}$ を S-module T の base とする.

[102)] 別冊「行列式」Proposition 7.13.3

$T \ni^\forall x$ に対して

$S \ni^{\exists 1} s_1, s_2, \cdots, s_n$ s.t. $x = s_1 k_1 + s_2 k_2 + \cdots + s_n k_n$

$1 \leq^\forall i \leq n$ に対して

$R \ni^{\exists 1} a_{i1}, a_{i2}, \cdots, a_{im}$ s.t. $s_i = a_{i1} e_1 + a_{i2} e_2 + \cdots + a_{im} e_m$

$\therefore x = \sum_{i=1}^n s_i k_i = \sum_{i=1}^n (\sum_{j=1}^m a_{ij} e_j) k_i = \sum_{i=1}^n \sum_{j=1}^m a_{ij} e_j k_i$

よって

$e_1 k_1, e_2 k_1, \cdots, e_m k_1, e_1 k_2, e_2 k_2, \cdots, e_m k_2, e_1 k_n, e_2 k_n, \cdots, e_m k_n$

すなわち

$k_1 e_1, k_1 e_2, \cdots, k_1 e_m, k_2 e_1, k_2 e_2, \cdots, k_2 e_m, \cdots, k_n e_1, k_n e_2, \cdots, k_n e_m$

が R-module T の生成系である.

これが線型独立であることはすぐにわかり,

R-module T の base になっている.

これを $t_1, t_2, \cdots, t_{mn}$ とする.

$$\mathbf{e} = \begin{pmatrix} e_1 \\ e_2 \\ \vdots \\ e_m \end{pmatrix}, \mathbf{t} = \begin{pmatrix} t_1 \\ t_2 \\ \vdots \\ t_{mn} \end{pmatrix}$$

とおく.

$$\mathbf{t} = \begin{pmatrix} k_1 \mathbf{e} \\ k_2 \mathbf{e} \\ \vdots \\ k_n \mathbf{e} \end{pmatrix}$$

となる.

$\alpha \in S$ のとき

$$\alpha \begin{pmatrix} e_1 \\ e_2 \\ \vdots \\ e_m \end{pmatrix} = \begin{pmatrix} a_{11} & a_{12} & \cdots & a_{1m} \\ a_{21} & a_{22} & \cdots & a_{2m} \\ \vdots & \vdots & \ddots & \vdots \\ a_{m1} & a_{m2} & \cdots & a_{mm} \end{pmatrix} \begin{pmatrix} e_1 \\ e_2 \\ \vdots \\ e_m \end{pmatrix}$$

となる R-係数の $m \times m$ 行列

$$\begin{pmatrix} a_{11} & a_{12} & \cdots & a_{1m} \\ a_{21} & a_{22} & \cdots & a_{2m} \\ \vdots & \vdots & \ddots & \vdots \\ a_{m1} & a_{m2} & \cdots & a_{mm} \end{pmatrix}$$

が存在する.

これを A とおくと

$\alpha \mathbf{e} = A\mathbf{e}$

であり,

$Tr_{S/R}(\alpha) = Tr(A)$

$Nm_{S/R}(\alpha) = Nm(A) = det(A)$

である.

$1 \leq^\forall i \leq n$ に対して

$$\alpha \begin{pmatrix} k_i e_1 \\ k_i e_2 \\ \vdots \\ k_i e_m \end{pmatrix} = \begin{pmatrix} a_{11} & a_{12} & \cdots & a_{1m} \\ a_{21} & a_{22} & \cdots & a_{2m} \\ \vdots & \vdots & \ddots & \vdots \\ a_{m1} & a_{m2} & \cdots & a_{mm} \end{pmatrix} \begin{pmatrix} k_i e_1 \\ k_i e_2 \\ \vdots \\ k_i e_m \end{pmatrix}$$

$$= A \begin{pmatrix} k_i e_1 \\ k_i e_2 \\ \vdots \\ k_i e_m \end{pmatrix}$$

すなわち

$\alpha k_i \mathbf{e} = A k_i \mathbf{e}$

である.

O を R 係数の m 次の正方 0 行列とすると

$\alpha k_1 \mathbf{e} = A k_1 \mathbf{e} + O k_2 \mathbf{e} + O k_3 \mathbf{e} + \cdots + O k_n \mathbf{e}$

$\alpha k_2 \mathbf{e} = O k_1 \mathbf{e} + A k_2 \mathbf{e} + O k_3 \mathbf{e} + \cdots + O k_n \mathbf{e}$

$\alpha k_3 \mathbf{e} = O k_1 \mathbf{e} + O k_2 \mathbf{e} + A k_3 \mathbf{e} + \cdots + O k_n \mathbf{e}$

$\qquad \vdots$

$\alpha k_n \mathbf{e} = O k_1 \mathbf{e} + O k_2 \mathbf{e} + O k_3 \mathbf{e} + \cdots + A k_n \mathbf{e}$

7.15 trace(トレース),norm(ノルム), 固有多項式

なので

$$\begin{pmatrix} \alpha k_1 \mathbf{e} \\ \alpha k_2 \mathbf{e} \\ \alpha k_3 \mathbf{e} \\ \vdots \\ \alpha k_n \mathbf{e} \end{pmatrix} = \begin{pmatrix} A & O & O & \cdots & O \\ O & A & O & \cdots & O \\ O & O & A & \cdots & O \\ \vdots & \vdots & \vdots & \ddots & \vdots \\ O & O & O & \cdots & A \end{pmatrix} \begin{pmatrix} k_1 \mathbf{e} \\ k_2 \mathbf{e} \\ k_3 \mathbf{e} \\ \vdots \\ k_n \mathbf{e} \end{pmatrix}$$

$$= \begin{pmatrix} A & O & O & \cdots & O \\ O & A & O & \cdots & O \\ O & O & A & \cdots & O \\ \vdots & \vdots & \vdots & \ddots & \vdots \\ O & O & O & \cdots & A \end{pmatrix} \mathbf{t}$$

となる.

よって

$$Tr_{T/R}(\alpha) = Tr \begin{pmatrix} A & O & O & \cdots & O \\ O & A & O & \cdots & O \\ O & O & A & \cdots & O \\ \vdots & \vdots & \vdots & \ddots & \vdots \\ O & O & O & \cdots & A \end{pmatrix} = nTr(A) = nTr_{S/R}(\alpha)$$

$$Nm_{T/R}(\alpha) = det \begin{pmatrix} A & O & O & \cdots & O \\ O & A & O & \cdots & O \\ O & O & A & \cdots & O \\ \vdots & \vdots & \vdots & \ddots & \vdots \\ O & O & O & \cdots & A \end{pmatrix} = (det(A))^n = (Nm_{S/R}(\alpha))^n$$

$$C_{\alpha, T/R}(X) = \begin{vmatrix} XI-A & O & O & \cdots & O \\ O & XI-A & O & \cdots & O \\ O & O & XI-A & \cdots & O \\ \vdots & \vdots & \vdots & \ddots & \vdots \\ O & O & O & \cdots & XI-A \end{vmatrix}$$

$$= |XI - A|^n = (C_{\alpha, S/R}(X))^n$$

(IV) 体の拡大と trace と norm と homo

F を体として, K を F の finite 拡大体とするとき
K が F 上有限生成のとき, K は free F-module であり,
K の F-vector 空間としての base は
K の free F-module としての base である.
よって $f : K \longrightarrow K$, F-linear map に対して
K の F 上の trace, norm, 固有多項式, $Tr(f), Nm(f), C_f(X)$ が定義できる.
したがって (III) の話が $S = K, R = F$ として使える.

Example 7.15.1

$\mathbb{C} \supset \mathbb{R}$

$\mathbb{C} \ni \alpha = a + bi$ ($\mathbb{R} \ni a, b$) とする.

$$f_\alpha : \begin{array}{ccc} \mathbb{C} & \longrightarrow & \mathbb{C} \\ \cup & & \cup \\ x & \longmapsto & \alpha x \end{array}$$

$$\alpha \begin{pmatrix} 1 \\ i \end{pmatrix} = (a+bi) \begin{pmatrix} 1 \\ i \end{pmatrix}$$
$$= \begin{pmatrix} a + bi \\ -b + ai \end{pmatrix}$$
$$= \begin{pmatrix} a & b \\ -b & a \end{pmatrix} \begin{pmatrix} 1 \\ i \end{pmatrix}$$

なので, $\{1, i\}$ を $\mathbb{C}$ の base に選んだときの f_α の行列は
$$\begin{pmatrix} a & b \\ -b & a \end{pmatrix}$$
である.

$$Tr_{\mathbb{C}/\mathbb{R}}(\alpha) = Tr \begin{pmatrix} a & b \\ -b & a \end{pmatrix} = 2a = 2R_e(\alpha)$$

$$Nm_{\mathbb{C}/\mathbb{R}}(\alpha) = \begin{vmatrix} a & b \\ -b & a \end{vmatrix} = a^2 + b^2 = |\alpha|^2$$

Proposition 7.15.6

F は体, α は F 上 algebraic とするとき
$C_{\alpha, F[\alpha]/F}(X)$ は α の F 上の最小多項式と一致する.

(proof)

$m = [F[\alpha] : F]$ として, $f(X)$ を α の F 上の最小多項式とする.

このとき $f(X)$ は $F[X]$ の monic かつ irreducible である m 次の多項式である.

$F[\alpha]$ の base として $\{e_1, e_2, \cdots, e_m\}$ を選び,

$f_\alpha : F[\alpha] \to F[\alpha]$ に対して

f_α の行列を A_α とする.

すなわち

$$\mathbf{e} = \begin{pmatrix} e_1 \\ e_2 \\ \vdots \\ e_m \end{pmatrix}$$

とおくとき

$\alpha \mathbf{e} = A_\alpha \mathbf{e}$ である.

α は A_α の固有値なので α は A_α の固有多項式,

すなわち $C_{\alpha, F[\alpha]/F}(X)$ の根である.

∴ $C_{\alpha, F[\alpha]/F}(\alpha) = 0$

よって

$C_{\alpha, F[\alpha]/F}(X) \mid f(X)$

$C_{\alpha, F[\alpha]/F}(X)$ は $F[X]$ の monic な m 次の多項式なので

α の F 上の最小多項式 $f(X)$ と一致する.

Corolally 7.15.2

E を F の finite 拡大体, α を E の元として

α の F 上の最小多項式を $f(X)$ とする.

このとき

$C_{\alpha, E/F}(X) = f(X)^{[E:F[\alpha]]}$

である．

(proof)

$n = [E : F[\alpha]]$ とおく．
$C_{\alpha, E/F}(X) = (C_{\alpha, F[\alpha]/F}(X))^n = f(X)^n$
　　　　($\because$ Proposition 7.15.5)

Corolally 7.15.3

E を F の finite 拡大体，α の最小多項式の E の
algebraic closure の中にある根を $\alpha_1, \alpha_2, \cdots, \alpha_m$ とする．
$C_{\alpha, F[\alpha]/F}(X) = (X - \alpha_1)(X - \alpha_2) \cdots (X - \alpha_m)$ なので
$[E : F[\alpha]] = n$ とすると
　$Tr_{E/F}(\alpha) = n \sum_{i=1}^{m} \alpha_i$, $Nm_{E/F}(\alpha) = (\prod_{i=1}^{m} \alpha_i)^n$
である．

Theorem 7.15.1　(trace と homomorphism)

F を体として，K は F の m 次の separable 拡大体
E も F の拡大体とする．
$\sigma_1, \sigma_2, \cdots, \sigma_m$ を K から E への異なる m 個の F-homo とする．
このとき $K \ni \alpha$ に対して
　① $Tr_{K/F}(\alpha) = \sigma_1(\alpha) + \sigma_2(\alpha) + \cdots + \sigma_m(\alpha)$ である．
　② $Nm_{K/F}(\alpha) = \sigma_1(\alpha)\sigma_2(\alpha) \cdots \sigma_m(\alpha)$ である．

(proof)

Ω を E の algebrac closure とする．
K が F の separable な m 次拡大なので
Theorem 2.3.3 より K から Ω への F-homo はちょうど m 個ある．
$\sigma_1, \sigma_2, \cdots, \sigma_m$ が K から E への F-homo なので，
K から Ω への F-homo は $\sigma_1, \cdots, \sigma_m$ を経由したもののみである．
つまり，主張の $\sigma_1, \sigma_2, \cdots, \sigma_m$ が
K から Ω への異なる homo の全てである．
この定理は E を Ω にかえて示せばよい．

(i) $K = F[\alpha]$ のとき $m = [F[\alpha] : F]$ である.
   $C_{\alpha, K/F}(X)$ は α の F 上の最小多項式である.
   これは $F(X)$ の m 次の monic な多項式である.
   $\sigma_1(\alpha), \sigma_2(\alpha), \cdots, \sigma_m(\alpha)$ は全て異なり,
   α の F 上の最小多項式の根であるので
   $$C_{\alpha, K/F}(X) = (X - \sigma_1(\alpha))(X - \sigma_2(\alpha)) \cdots (X - \sigma_m(\alpha))$$
   よって
   $$Tr_{K/F}(\alpha) = \sigma_1(\alpha) + \sigma_2(\alpha) + \cdots + \sigma_m(\alpha)$$
   $$Nm_{K/F}(\alpha) = \sigma_1(\alpha)\sigma_2(\alpha) \cdots \sigma_m(\alpha)$$

(ii) $K \neq F[\alpha]$ のとき
   $M = F[\alpha]$ とおき,
   $[M : F] = s$, $[K : M] = t$ とおく.
   $Tr_{K/F}(\alpha) = t\, Tr_{M/F}(\alpha)$ である ($\because$ Proposition 7.15.5)
   上で述べたことより
   M から Ω への F-homo はちょうど s 個ある.
   それを $\tau_1, \tau_2, \cdots, \tau_s$ とする.
   (i) より $Tr_{M/F}(\alpha) = \sum_{i=1}^{s} \tau_i(\alpha)$, $Nm_{M/F}(\alpha) = \prod_{i=1}^{s} \tau_i(\alpha)$ である.
   各 τ_i に対して τ_i の拡張たる K から Ω への homo は
   ちょうど t 個ある.
   それらを $\tau_{i1}, \tau_{i2}, \cdots, \tau_{it}$ とおく.
   $\{\tau_{ij} | 1 \leq i \leq s,\ 1 \leq j \leq t\}$ の元は全て
   K から Ω への F-homo であり, これらは全部で st 個,
   つまり m 個ある.
   よって
   $$\{\sigma_1, \cdots, \sigma_m\} = \{\tau_{ij} | 1 \leq i \leq s,\ 1 \leq j \leq t\}$$
   となるので

$$
\begin{array}{rclcrcl}
 & \sum_{i=1}^{m}\sigma_i(\alpha) & & & & \prod_{i=1}^{m}\sigma_i(\alpha) & \\
= & \sum_{i=1}^{s}\sum_{j=1}^{t}\tau_{ij}(\alpha) & & & = & \prod_{i=1}^{s}\prod_{j=1}^{t}\tau_{ij}(\alpha) & \\
= & \sum_{i=1}^{s}t\tau_i(\alpha) & & & = & \prod_{i=1}^{s}(\tau_i(\alpha))^t & \\
= & t\sum_{i=1}^{s}\tau_i(\alpha) & & & = & (\prod_{i=1}^{s}\tau_i(\alpha))^t & \\
= & t\times Tr_{M/F}(\alpha) & & & = & (Nm_{M/F}(\alpha))^t & \\
= & Tr_{K/F}(\alpha) & & & = & Nm_{K/F}(\alpha) &
\end{array}
$$

Proposition 7.15.7　（ガロア群 と trace）

F を体として，K を F の ガロア拡大体とすると

$K \ni^{\forall} \alpha$ に対して

$Tr_{K/F}(\alpha) = \sum_{\sigma \in Gal(K/F)}\sigma(\alpha)$

$Nm_{K/F}(\alpha) = \prod_{\sigma \in Gal(K/F)}\sigma(\alpha)$

(proof)

　K を m 次の F 上の Galois とする．

　拡大 K/F は separable である．

　$Gal(K/F)$ は m 個の元よりなっている．

　$Gal(K/F) = \{\sigma_1, \cdots, \sigma_m\}$ とおく．

　Theorem 7.15.1(Trace と homomorphism) の E を K として適用すると

　$Tr_{K/F}(\alpha) = \sigma_1(\alpha) + \sigma_2(\alpha) + \cdots + \sigma_m(\alpha)$ である．

　$Nm_{K/F}(\alpha) = \sigma_1(\alpha)\sigma_2(\alpha)\cdots\sigma_m(\alpha)$ である．

Theorem 7.15.2

　F を体として

　G を群とする．

　$\chi_i : G \longrightarrow F^{\times} (i = 1, 2, 3, \cdots, m)$ を

　G から F の unit 群への m 個の異なる homo とするとき，

　$\chi_1, \chi_2, \cdots, \chi_m$ は F 上線型独立である．

　つまり

　$F \ni a_1, a_2, \cdots, a_m$ で

　$G \ni^{\forall} g$ に対して

$$a_1\chi_1(g) + a_2\chi_2(g) + \cdots + a_m\chi_m(g) = 0$$
とすると
$$a_1 = a_2 = \cdots = a_m = 0$$
が成り立つ.

(proof)

これは Theorem 4.3.1(DEDEKIND'S・群から体の乗法群への homo は体上線型独立) で見た主張である.

Theorem 7.15.3

K を体 F の finite 拡大体として,

E を F の拡大体とする.

$\sigma_1, \sigma_2, \cdots, \sigma_m$ を m 個の異なる K から E への F-homo とすると

$\sigma_1, \sigma_2, \cdots, \sigma_m$ は E 上線型独立である.

すなわち

$E \ni a_1, a_2, \cdots, a_m$ で

$a_1\sigma_1 + a_2\sigma_2 + \cdots + a_m\sigma_m = 0$ とすると [103)]

$a_1 = a_2 = \cdots = a_m = 0$ となる.

(proof)

これも Corolally 4.3.1(体から体への異なる homo は体上線型独立) より明らかである.

Theorem 7.15.4

F を体,

K を F の finite separable 拡大体とする.

このとき $Tr_{K/F}$ はゼロ写像でない.

---

103) $a_1\sigma_1 + a_2\sigma_2 + \cdots + a_m\sigma_m = 0$ は
$K \ni {}^\forall \alpha$ に対して $a_1\sigma_1(\alpha) + a_2\sigma_2(\alpha) + \cdots + a_m\sigma_m(\alpha) = 0$
を意味している.

(proof)

K を F 上の m 次の拡大体とする.

Ω を K の closure とすると, K から Ω への F-homo がちょうど m 個ある.

それを $\sigma_1, \sigma_2, \cdots, \sigma_m$ とする.

Theorem 7.15.1(Trace と homomorphism) より, $K \ni^\forall \alpha$ に対して
$$Tr_{K/F}(\alpha) = \sigma_1(\alpha) + \sigma_2(\alpha) + \cdots + \sigma_m(\alpha)$$
が成り立つが,

$\sigma_1, \sigma_2, \cdots, \sigma_m$ は E 上線型独立なので ($\because$ Theorem 7.15.3)
$$1 \cdot \sigma_1 + 1 \cdot \sigma_2 + \cdots + 1 \cdot \sigma_m \neq 0 \text{ である.}$$
すなわち

$K \ni^\exists \alpha \ \ s.t.$
$$1 \cdot \sigma_1(\alpha) + 1 \cdot \sigma_2(\alpha) + \cdots + 1 \cdot \sigma_m(\alpha) \neq 0$$
つまり
$$\sigma_1(\alpha) + \sigma_2(\alpha) + \cdots + \sigma_m(\alpha) \neq 0$$

Example 7.15.2

(a) $\mathbb{C} \ni \alpha$ とする.

 (i) $\mathbb{R} \not\ni \alpha$ のとき
 $$C_{\alpha, \mathbb{C}/\mathbb{R}}(X) = X^2 - 2Re(\alpha)X + |\alpha|^2 = (X - \alpha)(X - \bar{\alpha})$$
 (ii) $\mathbb{R} \ni \alpha$ のとき
 $$C_{\alpha, \mathbb{C}/\mathbb{R}}(X) = (X - \alpha)^2$$

(b) $\alpha = \sqrt[8]{2}$ として $X^8 - 2$ の $\mathbb{Q}$ 上の splitting field を E とするとき
$E = \mathbb{Q}[\alpha, i]$ である.

$\alpha = \sqrt[8]{2}$ の $\mathbb{Q}$ 上の最小多項式は $X^8 - 2$ なので
$C_{\alpha, \mathbb{Q}[\alpha]/\mathbb{Q}}(X) = X^8 - 2$
よって

(i) $C_{\alpha, \mathbb{Q}[\alpha]/\mathbb{Q}}(X) = X^8 - 2$ で
$Tr_{\mathbb{Q}[\alpha]/\mathbb{Q}}(\alpha) = 0 \quad (X^8 - 2$ の 7 乗の項の係数は 0)
$Nm_{\mathbb{Q}[\alpha]/\mathbb{Q}}(\alpha) = -2 \quad (X^8 - 2$ の定数項 $\div (-1)^8)$

(ii) $C_{\alpha, E/\mathbb{Q}}(X) = (X^8 - 2)^2$ で
$Tr_{E/\mathbb{Q}}(\alpha) = 0$
$\quad ((X^8 - 2)^2$ の 15 乗の項の係数は 0)
$Nm_{E/\mathbb{Q}}(\alpha) = 4 \quad ((X^8 - 2)^2$ の定数項 $\div (-1)^{16})$

$$\begin{array}{c} \mathbb{Q}[\alpha, i] \\ {\big|}\,2 \\ \mathbb{Q}[\alpha] \ni \alpha \\ {\big|}\,8 \\ \mathbb{Q} \end{array}$$

Proposition 7.15.8 (多項式の discriminant と norm)

$f(X)$ を $F[X]$ の monic かつ separable で irreducible である多項式とする.
α を $f(X)$ の splitting field E における $f(X)$ の根の一つとすると
$$D(f(X)) = disc\ f(X) = (-1)^{\frac{m(m-1)}{2}} \times Nm_{F[\alpha]/F}(f'(\alpha))$$
である.
ここで E において
$$f(X) = (X - \alpha_1)(X - \alpha_2) \cdots (X - \alpha_m)$$
とすると
$$D(f(X)) = \prod_{1 \leq i < j \leq m}(\alpha_i - \alpha_j)^2$$
$f'(X)$ は $f(X)$ の形式的微分である.
つまり
$$\begin{aligned} F[X] \ni f'(X) = &(X - \alpha_2)(X - \alpha_3) \cdots (X - \alpha_m) \\ &+ (X - \alpha_1)(X - \alpha_3) \cdots (X - \alpha_m) \\ &+ \cdots + (X - \alpha_1)(X - \alpha_2) \cdots (X - \alpha_{m-1}) \end{aligned}$$
としている.

(proof)

$F[\alpha]$ から E への F-homo σ_i で
$\sigma_i(\alpha) = \alpha_i$ となるものがあり,
$\sigma_1, \sigma_2, \cdots, \sigma_m$ が $F[\alpha]$ から E への F-homo の全てである.

$Nm_{F[\alpha]/F}(f'(\alpha))$
$= f'(\sigma_1(\alpha))f'(\sigma_2(\alpha))\cdots f'(\sigma_m(\alpha))$
$= f'(\alpha_1)f'(\alpha_2)\cdots f'(\alpha_m)$

よって
$$\begin{array}{rcl} D(f(X)) &=& \Pi_{i<j}(\alpha_i - \alpha_j)^2 \quad (\because \text{Def.3.7.1(discriminant)}) \\ &=& (-1)^{\frac{m(m-1)}{2}} \Pi_i(\Pi_{j\neq i}(\alpha_i - \alpha_j)) \\ &=& (-1)^{\frac{m(m-1)}{2}} \Pi_i f'(\alpha_i) \\ &=& (-1)^{\frac{m(m-1)}{2}} Nm_{F[\alpha]/F}(f'(\alpha)) \end{array}$$

7.16 コチェイン

G は群として,X は G の作用する可換群とする.
$r \geq 1$ のとき G^r は G の r 個の直積 $\underbrace{G \times G \times \cdots \times G}_{r \text{ 個}}$
を表すものとする.
$C^r(G, X)$ を次のように定義する.

Def. 7.16.1 (G の X に関する r コチェイン)
 $C^0(G, X) = X$
 $C^r(G, X) = \{f \mid f \text{ は } G^r \text{ から } X \text{ への写像}\}$
と定める.
 $C^r(G, X)$ を G の X に関する r コチェインという.

X の群構造から自然に $C^r(G,X)$ は可換群になっている.
実際,$C^0(G,X) = X$ なので $C^0(G,X)$ は群になっている.
$r \geq 1$ とする.
$C^r(G,X) \ni f,g$ とする.
(a) X が加群のとき
$$(f+g)((\sigma_1, \sigma_2, \cdots, \sigma_r)) = f(\sigma_1, \sigma_2, \cdots, \sigma_r) + g(\sigma_1, \sigma_2, \cdots, \sigma_r)$$
と,$C^r(G,X)$ に和を入れることができる.
この和で $C^r(G,X)$ は加群になっている.
 G^r から X へのゼロ写像が この群のゼロになっている.
(b) X が乗法群のとき
$$(f \times g)((\sigma_1, \sigma_2, \cdots, \sigma_r)) = f(\sigma_1, \sigma_2, \cdots, \sigma_r) g(\sigma_1, \sigma_2, \cdots, \sigma_r)$$
と,$C^r(G,X)$ に積を入れることができる.
この積で $C^r(G,X)$ は乗法群になっている.
 $C^r(G, X)$ の単位元は
 G^r の全ての元を X の単位元にうつす写像である.

Def. 7.16.2 (コバウンダリー作用素・r コチェインから $r+1$ コチェインへの写像)

$r \geq 0$ に対して, r コチェインから $r+1$ コチェインへの写像を次のように定義する.

$$\delta_r: \quad C^r(\underset{\cup}{G}, X) \longrightarrow C^{r+1}(\underset{}{G}, X)$$
$$\qquad\qquad f \longmapsto \delta_r f$$

(a) X が加群のとき

・$r = 0$ のとき

δ_0 は $C^0(G, X) = X$ から $C(G, X)$ への写像であり, $X \ni^\forall x$ に対して $\delta_0 x : G \to X$ を

$G \ni^\forall \sigma$ に対して $\delta_0 x(\sigma) = \sigma x - x$

と定める.

・$r \geq 1$ のとき

$G^{r+1} \ni^\forall (\sigma_1, \sigma_2, \cdots, \sigma_{r+1})$ に対して

$\delta_r f : G^{r+1} \longrightarrow X$ を

$\delta_r f(\sigma_1, \sigma_2, \cdots, \sigma_{r+1})$

$= \sigma_1(f(\sigma_2, \sigma_3, \cdots, \sigma_{r+1}))$

$\quad + \underline{\sum_{i=2}^{r+1}(-1)^{i-1}f(\sigma_1, \cdots, \sigma_{i-2}, \sigma_{i-1}\sigma_i, \sigma_{i+1}, \cdots, \sigma_{r+1})}_{(*)}$

$\quad + (-1)^{r+1}f(\sigma_1, \sigma_2, \cdots, \sigma_r)$

$(*)$ は

$-f(\sigma_1\sigma_2, \sigma_3, \cdots, \sigma_{r+1}) + f(\sigma_1, \sigma_2\sigma_3, \sigma_4, \cdots, \sigma_{r+1}) - f(\sigma_1, \sigma_2, \sigma_3\sigma_4, \sigma_5 \cdots, \sigma_{r+1}$

$\quad + \cdots + (-1)^r f(\sigma_1, \sigma_2, \cdots, \sigma_{r-1}, \sigma_r \sigma_{r+1})$

と定める.

(b) X が乗法群のとき

・$r = 0$ のとき

$X \ni^\forall x$ に対して $\delta_0 x : G \to X$ を

$G \ni^\forall \sigma$ に対して $\delta_0 x(\sigma) = (\sigma x)x^{-1}$

と定める.

・$r \geq 1$ のときは

$G^{r+1} \ni^\forall (\sigma_1, \sigma_2, \cdots, \sigma_{r+1})$ に対して

$\delta_r f : G^{r+1} \longrightarrow X$ を

$\delta_r f(\sigma_1, \sigma_2, \cdots, \sigma_{r+1})$
$= \sigma_1(f(\sigma_2, \sigma_3, \cdots, \sigma_{r+1}))$
$\times \prod_{i=2}^{r+1} f(\sigma_1, \cdots, \sigma_{i-2}, \sigma_{i-1}\sigma_i, \sigma_{i+1}, \cdots, \sigma_{r+1})^{(-1)^{i-1}}$
$\times f(\sigma_1, \sigma_2, \cdots, \sigma_r)^{(-1)^{r+1}}$

と定める.

δ_r をコバウンダリー作用素という.

★ この定義はわかりづらいので $r = 0, 1, 2$ までを記しておく.

(a) X が加群のとき

・$r = 0$ のとき

$X \ni x$ のとき, $G \ni^\forall \sigma$ に対して

$\delta_0 x(\sigma) = \sigma x - x$

・$r = 1$ のとき

$C^1(G, X) \ni f$ のとき, $G \times G \ni^\forall (\sigma_1, \sigma_2)$ に対して

$\delta_1 f(\sigma_1, \sigma_2) = \sigma_1 f(\sigma_2) - f(\sigma_1 \sigma_2) + f(\sigma_1)$

・$r = 2$ のとき

$C^2(G, X) \ni f$ のとき, $G \times G \times G \ni^\forall (\sigma_1, \sigma_2, \sigma_3)$ に対して

$\delta_2 f(\sigma_1, \sigma_2, \sigma_3)$
$= \sigma_1 f(\sigma_2, \sigma_3) - f(\sigma_1\sigma_2, \sigma_3) + f(\sigma_1, \sigma_2\sigma_3) - f(\sigma_1, \sigma_2)$

(b) X が乗法群のとき

・$r = 0$ のとき

$X \ni x$ のとき, $G \ni^\forall \sigma$ に対して

$\delta_0 x(\sigma) = (\sigma x) x^{-1}$

・$r = 1$ のとき

$C^1(G, X) \ni f$ のとき, $G \times G \ni^\forall (\sigma_1, \sigma_2)$ に対して

$$\delta_1 f(\sigma_1,\sigma_2) = \sigma_1 f(\sigma_2)\cdot f(\sigma_1\sigma_2)^{-1}\cdot f(\sigma_1)$$

・$r=2$ のとき

$C^2(G,X)\ni f$ のとき，$G\times G\times G\ni^\forall (\sigma_1,\sigma_2,\sigma_3)$ に対して

$$\delta_2 f(\sigma_1,\sigma_2,\sigma_3)$$
$$=\sigma_1 f(\sigma_2,\sigma_3)\cdot f(\sigma_1\sigma_2,\sigma_3)^{-1}\cdot f(\sigma_1,\sigma_2\sigma_3)\cdot f(\sigma_1,\sigma_2)^{-1}$$

Def. 7.16.3 (G 加群の双対複体)

G と X に対して

$\{C^r(G,X)\}$ と δ_r の組を G 加群の双対複体という．

Proposition 7.16.1

$r\geq 1$ のとき

$$Im(\delta_{r-1})\subset Ker(\delta_r)$$

である．

(proof)

$\delta_r\circ\delta_{r-1}$ が 0 写像であることを示す．

(a) X が加群のとき

$r=1,2$ のときで確かめる．

・$\delta_1\circ\delta_0$ について

$$C^0(G,X)\xrightarrow{\delta_0} C^1(G,X)\xrightarrow{\delta_1} C^2(G,X)$$
$$\cup\qquad\qquad \cup\qquad\qquad \cup$$
$$x\longmapsto \delta_0(x)=f\longmapsto \delta_1 f$$

($C^0(G,X)=X$, $G\ni^\forall \sigma$ に対して $\delta_0(x)(\sigma)=\sigma x-x$ であった)

$G\times G\ni^\forall (\sigma_1,\sigma_2)$ に対して

$$\begin{aligned}\delta_1 f(\sigma_1,\sigma_2) &= \sigma_1 f(\sigma_2)-f(\sigma_1\sigma_2)+f(\sigma_1)\\ &= \sigma_1(\sigma_2 x-x)-(\sigma_1\sigma_2 x-x)+\sigma_1 x-x\\ &= \sigma_1\sigma_2 x-\sigma_1 x-\sigma_1\sigma_2 x+x+\sigma_1 x-x\\ &= 0\end{aligned}$$

· $\delta_2 \circ \delta_1$ について

$$C^1(G,X) \xrightarrow{\delta_1} C^2(G,X) \xrightarrow{\delta_2} C^3(G,X)$$
$$\cup \qquad\qquad \cup \qquad\qquad \cup$$
$$f \longmapsto \delta_1 f = g \longmapsto \delta_2 g$$

$G \times G \times G \ni^\forall (\sigma_1, \sigma_2, \sigma_3)$ に対して

$$\begin{aligned}
\delta_2 g(\sigma_1, \sigma_2, \sigma_3) &= \sigma_1 g(\sigma_2, \sigma_3) - g(\sigma_1\sigma_2, \sigma_3) + g(\sigma_1, \sigma_2\sigma_3) - g(\sigma_1\sigma_2) \\
&= \sigma_1(\delta_1 f(\sigma_2, \sigma_3)) - \delta_1 f(\sigma_1\sigma_2, \sigma_3) + \delta_1 f(\sigma_1, \sigma_2\sigma_3) - \delta_1 f(\sigma_1, \sigma_2) \\
&= \sigma_1(\quad \sigma_2 f(\sigma_3) - f(\sigma_2\sigma_3) + f(\sigma_2) \quad) \\
&\quad -(\quad \sigma_1\sigma_2 f(\sigma_3) - f(\sigma_1\sigma_2\sigma_3) + f(\sigma_1\sigma_2) \quad) \\
&\quad +(\quad \sigma_1 f(\sigma_2\sigma_3) - f(\sigma_1\sigma_2\sigma_3) + f(\sigma_1) \quad) \\
&\quad -(\quad \sigma_1 f(\sigma_2) - f(\sigma_1\sigma_2) + f(\sigma_1) \quad) \\
&= 0
\end{aligned}$$

· $r \geq 3$ のときも同様に確かめられる.

(b) X が乗法群のときも同様に確かめられる.

Def. 7.16.4 (r コバウンダリー・r コサイクル・コホモロジー群)

$\{C^r(G, X)\}$ と δ_r に対して

$B^r(G, X) = Im(\delta_{r-1})$, $Z^r(G, X) = Ker(\delta_r)$ とする.

$B^r(G, X)$ を r コバウンダリー, $Z^r(G, X)$ を r コサイクルと呼ぶ.

$r = 0$ のとき δ_{r-1} は存在しないので

(a) X が加群のとき $B^0(G, X) = \{0\}$

(b) X が乗法群のとき $B^0(G, X) = \{1\}$

とする.

$r \geq 1$ に対して

$B^r(G, X) \subset Z^r(G, X)$ であるから

$$H^r(G, X) = \frac{Z^r(G, X)}{B^r(G, X)}$$

とし,

これを群 G の X に係数をもつ r 次元のコホモロジー群という.

Def. 7.16.5 (ガロアコホモロジー)

拡大 L/K はガロア拡大, $G = Gal(L/K)$ とする.

X を L, または $L^\times$ としたコホモロジー群をガロアコホモロジーという.

Theorem 7.16.1

拡大 L/K は有限次ガロア拡大, $G = Gal(L/K)$ とする.

(1) $H^0(G, L^\times) = K^\times$

(2) $H^1(G, L^\times) = \{1\}$, つまり $Z^1(G, L^\times) = B^1(G, L^\times)$

(proof)

(1) $Z^0(G, L^\times) \ni x$ とする.

このとき $x \in Ker(\delta_0)$ なので

$L^\times \ni x$ で $G \ni^\forall \sigma$ に対して

$$(\sigma x) x^{-1} = \delta_0 x(\sigma) = 1 \quad ^{104)}$$

よって

$$\sigma x = x$$

ゆえに

$$x \in K^\times$$

逆に $K^\times \ni x$ とすると

$G \ni^\forall \sigma$ に対して

$$\sigma x = x$$

$L^\times \ni x$ で $G \ni^\forall \sigma$ に対して $(\sigma x) x^{-1} = 1$ より

$$x \in Ker(\delta_0)$$

したがって

$$x \in Z^0(G, L^\times)$$

以上より

$$Z^0(G, L^\times) = K^\times$$

$B^0(G, L^\times) = \{1\}$ であることから

---

104) $X \ni^\forall x$ に対して $\delta_0 x : G \to X$ を
       $G \ni^\forall \sigma$ に対して $\delta_0 x(\sigma) = (\sigma x) x^{-1}$ と定めていた.

$$H^0(G,L^\times) = \frac{Z^0(G,\ L^\times)}{B^0(G,L^\times)} = Z^0(G,L^\times) = K^\times$$

★ ここで $Z^1(G,\ X)$ と $B^1(G,X)$ についてくわしく見ると

X が乗法群のとき

$C^1(G,X) \ni f$ のとき

$G \ni^\forall \sigma_1, \sigma_2$ に対して

$$\delta_1 f(\sigma_1, \sigma_2) = \sigma_1 f(\sigma_2) f(\sigma_1 \sigma_2)^{-1} f(\sigma_1)$$

なので

$\delta_1 f = 1 \Leftrightarrow G \ni^\forall \sigma_1, \sigma_2$ に対して $f(\sigma_1 \sigma_2) = f(\sigma_1) \sigma_1 f(\sigma_2)$

つまり

$Z^1(G,X)$
$= Ker(\delta_1)$
$= \{f \in C^1(G,X) \mid G \ni^\forall \sigma_1, \sigma_2$ に対して $f(\sigma_1\sigma_2) = f(\sigma_1)\sigma_1 f(\sigma_2)\}$

また $X = C^0(G,X) \ni x$ のとき

$C^1(G,X)$ の元 $\delta_0 x$ は

$G \ni^\forall \sigma$ に対して, $\delta_0 x(\sigma) = (\sigma x) x^{-1}$

で定まるものであった.

$B^1(G,X)$
$= Im(\delta_0)$
$= \{\delta_0 x \in C^1(G,X) \mid X \ni x\}$
$= \{f \in C^1(G,X) \mid X \ni^\exists x \ \ s.t. \ \ f = \delta_0 x\}$
$= \{f \in C^1(G,X) \mid X \ni^\exists x \ \ s.t. \ \ G \ni^\forall \sigma$ に対して $f(\sigma) = (\sigma x)x^{-1}\}$

以上のことは X が加群のときも同様に考えられる.

したがって

$Z^1(G,\ X)$ は, 本文の「4.6 Hilbert の定理 90」の crossed homo の集合である.

$B^1(G,\ X)$ は, 本文の「4.6 Hilbert の定理 90」の principal crossed homo の集合である.

(2)「4.6 Hilbert の定理 90」Theorem 4.6.1(ガロア群の crossed homo は

principal) にて証明した.

Corolally 7.16.1

$\chi : G \longrightarrow K^\times$ homo
$\Rightarrow \exists \alpha \in L^\times \ s.t. \ G \ni^\forall \sigma$ に対して $\chi(\sigma) = (\sigma\alpha)\alpha^{-1} \ (\sigma \in G)$

(proof) $\chi : G \longrightarrow K^\times \subset L^\times$ なので $C^1(G, L^\times) \ni \chi$ である.

χ を δ_1 でうつしてみる.

$$\begin{array}{ccc} \delta_1: & C^1(G, L^\times) & \longrightarrow & C^2(G, L^\times) \\ & \cup & & \cup \\ & \chi & \longmapsto & \delta_1\chi \end{array}$$

$G \times G \ni \sigma, \tau$ に対して

$$\begin{aligned} \delta_1\chi(\sigma,\tau) &= \sigma(\chi(\tau))\chi(\sigma\tau)^{-1}\chi(\sigma) \\ &= \chi(\tau)\chi(\sigma\tau)^{-1}\chi(\sigma) \\ &\qquad (\because \chi(\tau) \in K^\times \text{ なので } \sigma(\chi(\tau)) = \chi(\tau) \quad) \\ &= \chi(\tau)\chi(\tau)^{-1}\chi(\sigma)^{-1}\chi(\sigma) \\ &= 1 \end{aligned}$$

よって

$\chi \in Ker(\delta_1)$

$Ker(\delta_1) = Z^1(G, L^\times)$ で Theorem 7.16.1 の (2) より

$Im(\delta_0) = B^1(G, L^\times) = Z^1(G, L^\times) \ni \chi$

したがって

$\exists \alpha \in L^\times \ s.t. \ \chi = \delta_0\alpha$

ゆえに

$G \ni^\forall \sigma$ に対して $\chi(\sigma) = (\sigma\alpha)\alpha^{-1}$

これは以下のようにしても示せる.

$\chi : G \to K^\times$ は crossed homo である.

なぜならば

$G \ni^\forall \sigma, \tau$ に対して

$\chi(\sigma\tau) = \chi(\sigma)\chi(\tau)$

$\chi(\tau) \in K^\times$ なので
$$\sigma(\chi(\tau)) = \chi(\tau)$$
よって
$$\chi(\sigma)\chi(\tau) = \sigma(\chi(\tau))\chi(\sigma)$$
$$\chi(\sigma\tau) = \sigma\chi(\tau)\chi(\sigma)$$
Theorem 7.16.1 より crossed homo は principal crossed homo であるので主張が成り立つ.

Theorem 7.16.2

拡大 L/K は有限次ガロア拡大, $G = Gal(L/K)$ とする.
(1) $H^0(G, L) = K$
(2) $H^1(G, L) = \{0\}$ $(Z^1(G, L) = B^1(G, L))$

(proof)

$Z^0(G,L) \ni \alpha$ とする.

$Ker\delta_0 \ni \alpha$ なので
$$\delta_0\alpha = 0 \quad (0\ 写像)$$
ゆえに $G \ni^\forall \sigma$ に対して
$$\sigma\alpha - \alpha = \delta_0\alpha(\sigma) = 0$$
なので
$$\sigma\alpha = \alpha$$
よって
$$\alpha \in K$$
逆に, $K \ni \alpha$ とすると, $L \ni \alpha$ であって
$G \ni^\forall \sigma$ に対して
$$\delta_0\alpha(\sigma) = \sigma\alpha - \alpha = \alpha - \alpha = 0$$
したがって
$$\delta_0\alpha = 0$$
$\alpha \in Z^0(G,L)$ である.
ゆえに $Z^0(G,L) = K$ である.
$B^0(G,L) = \{0\}$ であることから

$$H^0(G,L) = \frac{Z^0(G,\ L)}{B^0(G,L)} = Z^0(G,L) = K$$

(2)「4.6 Hilbert の定理 90」 Theorem 4.6.2(ガロア群の crossed homo は principal) にて証明した.

Corolally 7.16.2

$\chi : G \longrightarrow K$(加群)　　homo
$\Rightarrow {}^\exists \alpha \in L\ \ s.t.\ \ G \ni^\forall \sigma$ に対して $\chi(\sigma) = \sigma\alpha - \alpha$

(proof)　　$\chi : G \longrightarrow K \subset L$ なので $C^1(G,\ L) \ni \chi$ である.

χ を δ_1 でうつしてみる.

$$\delta_1 : \begin{array}{ccc} C^1(G,\ L) & \longrightarrow & C^2(G,\ L) \\ \cup & & \cup \\ \chi & \longmapsto & \delta_1\chi \end{array}$$

$G \times G \ni \sigma, \tau$ に対して

$$\begin{aligned}\delta_1\chi(\sigma,\tau) &= \sigma(\chi(\tau)) - \chi(\sigma\tau) + \chi(\sigma) \\ &= \chi(\tau) - \chi(\sigma\tau) + \chi(\sigma) \\ &\quad (\because \chi(\tau) \in K\ \text{なので}\ \sigma(\chi(\tau)) = \chi(\tau)\ ) \\ &= \chi(\tau) - (\chi(\sigma) + \chi(\tau)) + \chi(\sigma) \\ &= 0\end{aligned}$$

よって

$\chi \in Ker(\delta_1)$

$Ker(\delta_1) = Z^1(G,\ L)$ で Theorem 7.16.2 の (2) より

$Im(\delta_0) = B^1(G,\ L) = Z^1(G,\ L) \ni \chi$

したがって

${}^\exists \alpha \in L\ \ s.t.\ \ \chi = \delta_0\alpha$

ゆえに

$G \ni^\forall \sigma$ に対して $\chi(\sigma) = \delta_0\alpha(\sigma) = \sigma\alpha - \alpha$

★ Corolally 7.16.1 の別証と同様にして示せる.

Theorem 7.16.3 (Hilbert's Theorem)

L/K は n 次の cyclic,
σ を $G = Gal(L/K)$ の生成元とする.
$\alpha \in L$ について次の (1), (2) が成り立つ.
(1) $Nm_{L/K}(\alpha) = 1 \Leftrightarrow {}^{\exists}\beta \in L^{\times}$ s.t, $\alpha = (\sigma\beta)\beta^{-1}$
(2) $Tr_{L/K}(\alpha) = 0 \Leftrightarrow {}^{\exists}\beta \in L$ s.t. $\alpha = \sigma\beta - \beta$

(proof)

「4.6 Hilbert の定理 90」 Corolally 4.6.1, 4.6.2 にて証明した.

7.17 exact sequence(完全列)

Def. 7.17.1 (exact sequence)

G_{i-1}, G_i, G_{i+1} は群

$\varphi_i : G_{i-1} \longrightarrow G_i$, $\varphi_{i+1} : G_i \longrightarrow G_{i+1}$ は homomorphism とする.

「$\cdots G_{i-1} \xrightarrow{\varphi_i} G_i \xrightarrow{\varphi_{i+1}} G_{i+1} \cdots$」が exact sequence

$\overset{def.}{\Leftrightarrow} {}^\forall i$ に対して $Im(\varphi_i) = Ker(\varphi_{i+1})$ が成り立つ

★ 「$\cdots G_{i-1} \xrightarrow{\varphi_i} G_i \xrightarrow{\varphi_{i+1}} G_{i+1} \cdots$」が exact sequence

を示すために

${}^\forall i$ に対して

① $Im(\varphi_i) \subset Ker(\varphi_{i+1})$

かつ

② $Im(\varphi_i) \supset Ker(\varphi_{i+1})$

の二つを示す.

すなわち

① ${}^\forall i$ に対して $Im(\varphi_i) \subset Ker(\varphi_{i+1})$ であるということは,

φ_i でうつってくる元は, φ_{i+1} でうつすと 0 になるということである.

すなわち $G_{i-1} \ni {}^\forall a$ に対して $\varphi_{i+1}(\varphi_i(a)) = 0$

② $Im(\varphi_i) \supset Ker(\varphi_{i+1})$ であるということは,

φ_{i+1} でうつして 0 になる元は, φ_i でうつってきたものである.

ということである.

$G_i \ni b$ で $\varphi_{i+1}(b) = 0$ とすると

$G_{i-1} \ni {}^\exists a$ $s.t.$ $b = \varphi_i(a)$

この 2 つを確かめる.

以降 exact sequence のことを略して exact とかくこともある.

Theorem 7.17.1

G_1, G_2 を群として,

$\varphi : G_1 \longrightarrow G_2$, $\psi : G_2 \longrightarrow G_3$ homomorphism とする.

このとき次が成り立つ.
(1) $0 \longrightarrow G_1 \xrightarrow{\varphi} G_2$ が exact である [105]
$\Leftrightarrow \varphi$ は単射である
(2) $G_2 \xrightarrow{\psi} G_3 \longrightarrow 0$ が exact である [106]
$\Leftrightarrow \psi$ は全射である

(proof)
ほとんど明らかである.

(1) $0 \longrightarrow G_1 \xrightarrow{\varphi} G_2$ がexactである $\quad \Leftrightarrow \quad Ker\varphi = 0$
$\qquad\qquad\qquad\qquad\qquad\qquad\qquad \Leftrightarrow \quad \varphi$ は単射

(2) $G_2 \xrightarrow{\psi} G_3 \longrightarrow 0$ がexactである $\quad \Leftrightarrow \quad Im\psi = G_3$
$\qquad\qquad\qquad\qquad\qquad\qquad\qquad \Leftrightarrow \quad \psi$ は全射

Def. 7.17.2 (G-module sequence)
「$0 \longrightarrow M' \xrightarrow{\varphi} M \xrightarrow{\psi} M'' \longrightarrow 0$」
が G-module の exact sequence であるとは
「$0 \longrightarrow M' \xrightarrow{\varphi} M \xrightarrow{\psi} M'' \longrightarrow 0$」 が exact sequence であり,
M', M, M'' は G-module かつ φ, ψ が G-homo であることをいう.
ここで $M' \ni^\forall x$ と $G \ni^\forall \sigma$ に対して $\varphi(\sigma(x)) = \sigma(\varphi(x))$
が成り立つとき, φ は G-homo であるという. [107]

---

[105] $0 \longrightarrow G_1 \xrightarrow{\varphi} G_2$ が exact のとき
0 は $\{0\}$ のことであり, $0 \longrightarrow G_1$ はゼロ写像のことである.

[106] $G_2 \xrightarrow{\psi} G_3 \longrightarrow 0$ が exact のとき
$G_3 \longrightarrow 0$ はゼロ写像のことである.

[107] $M \ni^\forall y$ と $G \ni^\forall \sigma$ に対して
$\psi(\sigma(y)) = \sigma(\psi(y))$
が成り立つとき ψ は G-homo である.

★ M', M, M'' における演算が乗法のときは
「$1 \longrightarrow M' \xrightarrow{\varphi} M \xrightarrow{\psi} M'' \longrightarrow 1$」
と表される. [108]

Theorem 7.17.2

「$0 \longrightarrow M' \xrightarrow{\varphi} M \xrightarrow{\psi} M'' \to 0$」$\cdots (\star)$

が G-module の exact sequence のとき

「$0 \longrightarrow M'^G \xrightarrow{\varphi_0} M^G \xrightarrow{\psi_0} M''^G \xrightarrow{\delta} H^1(G, M')$ [109]
$\xrightarrow{\varphi_1} H^1(G, M) \xrightarrow{\psi_1} H^1(G, M'')$」

なる exact sequence がある.

(proof)

証明に入る前に記号の説明をしておく.

$M'^G \ni x$ のとき, $x \in M'$ で, $\varphi(x) \in M$ であり
$G \ni^\forall \sigma$ に対して
$\sigma(\varphi(x)) = \varphi(\sigma(x)) = \varphi(x)$ なので,
  $M^G \ni \varphi(x)$
$M^G \ni y$ のとき, $y \in M$ で, $\psi(y) \in M'$ であり
$G \ni^\forall \sigma$ に対して
$\sigma(\psi(y)) = \psi(\sigma(y)) = \psi(y)$ なので,
  $M''^G \ni \psi(y)$

つまり以下の可換が成り立つ φ_0, ψ_0 が存在する.

$$\begin{array}{ccc} M' & \xrightarrow{\varphi} & M \\ \uparrow^{inc} & \circlearrowleft & \uparrow^{inc} \\ M'^G & \xrightarrow{\varphi_0} & M^G \end{array} \qquad \begin{array}{ccc} M & \xrightarrow{\psi} & M'' \\ \uparrow^{inc} & \circlearrowleft & \uparrow^{inc} \\ M^G & \xrightarrow{\psi_0} & M''^G \end{array}$$

φ_0, ψ_0 はそれぞれこの可換をみたすものとする.

---

[108] $\{0\}$ を表す 0 の代わりに $\{1\}$ を表す 1 を使っている.
[109]   別冊「コチェイン」Def.7.16.4(r コバウンダリー, r コサイクル, コホモロジー群) 参照

(i) 「$0 \longrightarrow M'^G \xrightarrow{\varphi_0} M^G$」が exact を示す.

上の可換図式より
「$M' \xrightarrow{\varphi} M$」は単射なので「$M'^G \xrightarrow{\varphi_0} M^G$」も単射である.
「$0 \longrightarrow M'^G \xrightarrow{\varphi_0} M^G$」は exact である.($\because$ Theorem 7.17.1(1))

(ii) 「$M'^G \xrightarrow{\varphi_0} M^G \xrightarrow{\psi_0} M''^G$」が exact を示す.

① $M'^G \ni x$ とする.
　このとき $M' \ni x$ で $\psi \circ \varphi(x) = 0$ である.
　よって $\psi_0 \circ \varphi_0(x) = 0$ である.

$$\begin{array}{ccccc} M' & \xrightarrow{\varphi} & M & \xrightarrow{\psi} & M'' \\ \uparrow{inc} & \circlearrowleft & \uparrow{inc} & \circlearrowleft & \uparrow{inc} \\ M'^G & \xrightarrow{\varphi_0} & M^G & \xrightarrow{\psi_0} & M''^G \end{array}$$

② $M^G \ni y$ で $\psi_0(y) = 0$ とする.
　$M \ni y$ で $\psi(y) = 0$ である.
　　$y \in Ker\psi = Im\varphi$
　よって
　　$^\exists x \in M'$ s.t. $\varphi(x) = y$
　$G \ni^\forall \sigma$ に対して
　　$\varphi(\sigma(x)) = \sigma(\varphi(x)) = \sigma(y) = y = \varphi(x)$
　φ は単射なので
　　$\sigma(x) = x$
　よって $M'^G \ni x$ より
　　$y = \varphi(x) = \varphi_0(x)$
以上より「$M'^G \xrightarrow{\varphi_0} M^G \xrightarrow{\psi_0} M''^G$」は exact である.

(iii) 「$M''^G \xrightarrow{\delta} H^1(G, M')$」を定義して

「 $M^G \xrightarrow{\psi_0} M''^G \xrightarrow{\delta} H^1(G,M')$ 」が exact を示す.

δ を定義するために次の Lemma を用意する.

Lemma 7.17.1

$M''^G \ni z$ のとき

(1) $M \ni y$ で $z = \psi(y)$ となるものが存在する.

(2) このような y に対して $Z^1(G,M')$ [110] の元 f_y で
$G \ni {}^\forall \sigma$ に対して
$$\varphi(f_y(\sigma)) = \sigma y - y$$
となるものがただ一つ存在する.

(3) $M \ni y'$ で $z = \psi(y')$ のとき
$B^1(G,M')$ [111] $\ni f_y - f_{y'}$

(4) z に対しては $H^1(G,M)$ の元 $\bar{f}_y$ は y のとりかたによらず定まる.

(proof)

(1) $M''^G \ni z$ とすると

$z \in M''$

ψ は全射より M には ψ により z にうつってくる元がある.

それを一つ選んで y とすれば $z = \psi(y)$ である.

$$\begin{array}{c} M''^G \ni\ z \\ \cap \\ M \xrightarrow{\psi} M'' \longrightarrow 0 \\ \cup \quad\ \cup \\ \exists y \longrightarrow z = \psi(y) \end{array}$$

---

[110] $Z^1(G,M')$ は G から M' への crossed homo(4.6 Hilbert の定理 90) の集合である.

[111] $B^1(G,M')$ は G から M' への principal crossed homo(4.6 Hilbert の定理 90) の集合である.

(2) $M \ni y$ で $M''^G \ni \psi(y)$ より

$G \ni^\forall \sigma$ に対して

$\sigma(\psi(y)) = \psi(y)$
$\sigma(\psi(y)) - \psi(y) = 0$
$\psi(\sigma y) - \psi(y) = 0$
$\psi(\sigma y - y) = 0$

$$\begin{array}{ccccc} M' & \xrightarrow{\varphi} & M & \xrightarrow{\psi} & M'' \\ \cup & & \cup & & \\ \exists_1 x & \longmapsto & \sigma y - y & \longmapsto & 0 \end{array}$$

$\sigma y - y \in M$ で $\psi(\sigma y - y) = 0$ より

$M' \ni^{\exists_1} x$ s.t. $\varphi(x) = \sigma y - y$

$G \ni^\forall \sigma$ に対して,

上の式が成り立つような x を
対応させる写像を f_y とすると,
$(x = f_y(\sigma)$ とすると)
$G \ni^\forall \sigma$ に対しては
$\quad \varphi(f_y(\sigma)) = \sigma y - y$
が成立している.

$$\begin{array}{ccc} G & \xrightarrow{f_y} & M' \\ \cup & & \cup \\ \sigma & \longmapsto & f_y(\sigma) \end{array}$$

$\varphi(f_y(\sigma)) = \sigma y - y$
$f_y \in Z^1(G, M')$

$G \ni^\forall \sigma, ^\forall \tau$ に対して

$\varphi(f_y(\sigma\tau) - f_y(\sigma) - \sigma f_y(\tau))$
$= \varphi(\sigma\tau y - y - (\sigma y - y) - \sigma(\tau y - y))$
$= \varphi(\sigma\tau y - y - \sigma y + y - \sigma\tau y + \sigma y)$
$= 0$

φ は単射より

$f_y(\sigma\tau) = f_y(\sigma) + \sigma f_y(\tau)$

よって f_y は crossed homo である.
したがって $f_y \in Z^1(G, M')$ ($\hookrightarrow$ 別冊「コチェイン」) である.

******
$$M' \xrightarrow{\varphi} M \xrightarrow{\psi} M''$$
$$\cup \qquad \cup$$
$$y$$
$$\exists x \longmapsto \sigma y - y$$
$$M'^G \xrightarrow{\varphi_0} M^G \xrightarrow{\psi_0} M''^G \qquad Z^1(G, M')$$
$$\cup \qquad \cup$$
$$\psi(y) \qquad \exists f_y : \sigma \longmapsto x$$

******

(3) $f_{y'}$ は $G \ni^\forall \sigma$ に対して

$\varphi(f_{y'}(\sigma)) = \sigma y' - y'$ をみたす

$Z^1(G, M')$ の元である.

$y - y' \in M$ であり,

$\psi(y - y') = \psi(y) - \psi(y') = 0$

$$G \xrightarrow{f_{y'}} M'$$
$$\cup \qquad \cup$$
$$\sigma \longmapsto f_{y'}(\sigma)$$

ゆえに

$y - y' \in Ker\psi = Im\varphi$

よって

$\exists m \in M' \quad s.t. \quad \varphi(m) = y - y'$

******
$$M' \xrightarrow{\varphi} M \xrightarrow{\psi} M''$$
$$\cup \qquad \cup$$
$$y, y' \qquad \psi(y) = \psi(y')$$
$$\cup$$
$$\exists m \longmapsto y - y'$$
$$M'^G \xrightarrow{\varphi_0} M^G \xrightarrow{\psi_0} M''^G$$

******

さて

$G \ni^\forall \sigma$ に対して
$$\varphi((f_y - f_{y'})(\sigma))$$
$$= \varphi(f_y(\sigma)) - \varphi(f_{y'}(\sigma))$$
$$= \sigma y - y - (\sigma y' - y')$$
$$= \sigma(y - y') - (y - y')$$
$$= \sigma(\varphi(m)) - \varphi(m)$$
$$= \varphi(\sigma m - m)$$

φ は単射より
$$(f_y - f_{y'})(\sigma) = \sigma m - m$$
よって $f_y - f_{y'}$ は principal crossed homo である.
つまり $f_y - f_{y'} \in B^1(G, M')$ である.

(4) z にうつってくる元として y を選ぶと
$\exists f_y \in Z^1(G, M')$ であった.
$Z^1(G, M')$ における f_y の class $\bar{f}_y$ は
$H^1(G, M') = Z^1(G, M')/B^1(G, M')$ の元である.
z にうつってくる元として y' をとると同様に, $\bar{f}_{y'}$ も
$H^1(G, M') = Z^1(G, M')/B^1(G, M')$ の元である.
(3) より $f_y - f_{y'} \in B^1(G, M')$ なので
$\bar{f}_y = \bar{f}_{y'}$ である.

以上のことから, δ は z に $\bar{f}_y$ を対応させる写像
つまり $\delta(z) = \bar{f}_y$ として,
$\delta : M''^G \longrightarrow H^1(G, M')$ が定義できる.

＊＊＊＊＊＊

$$\begin{array}{ccccc} M' & \xrightarrow{\varphi} & M & \xrightarrow{\psi} & M'' \\ \cup & & \cup & & \\ & & y & & \end{array}$$

$$\begin{array}{ccccccc} f_y(\sigma) & \longmapsto & \sigma y - y & & & & \\ M'^G & \xrightarrow{\varphi_0} & M^G & \xrightarrow{\psi_0} & M''^G & \xrightarrow{\delta} & H^1(G, M') \\ & & & & \cup & & \cup \\ & & & & z = \psi(y) & & \bar{f}_y \end{array}$$

＊＊＊＊＊＊

★ 「 $M^G \xrightarrow{\psi_0} M''^G \xrightarrow{\delta} H^1(G, M')$ 」が exact を示す.

① $M^G \ni y$ として, $z = \psi_0(y)$ とすると, $\delta(z) = \bar{f}_y$ である.
この $\bar{f}_y$ は $G \ni^\forall \sigma$ に対して
$\varphi(f_y(\sigma)) = \sigma y - y$ で定義される f_y の class であった.

＊＊＊＊＊＊

$$\begin{array}{ccccccccc} 0 & \longrightarrow & M'^G & \xrightarrow{\varphi_0} & M^G & \xrightarrow{\psi_0} & M''^G & \xrightarrow{\delta} & H^1(G, M') \\ & & & & \cup & & \cup & & \cup \\ & & & & y & \longmapsto & z & \longmapsto & \bar{f}_y \end{array}$$

＊＊＊＊＊＊

$y \in M^G$ なので
 $\varphi(f_y(\sigma)) = \sigma y - y = y - y = 0$
φ は単射なので
 $f_y(\sigma) = 0$
$G \ni^\forall \sigma$ に対して成り立つので
 $f_y = 0$
ゆえに
 $\bar{f}_y = 0$

② $M''^G \ni z$ で $\delta(z) = 0$ とする.
$\psi(y) = z$ なる M の元 y をえらぶと
$\bar{f}_y = \delta(z) = 0$ より,
$f_y \in B^1(G, M')$ である.

7.17 exact sequence(完全列)　625

******

$$
\begin{array}{ccccc}
M' & \xrightarrow{\varphi} & M & \xrightarrow{\psi} & M'' \\
\cup & & \cup & & \cup \\
& & y & \longmapsto & z \\
x & \longmapsto & \varphi(x) & & \\
& & M''^{G} & \xrightarrow{\delta} & H^1(G, M') \\
& & \cup & & \cup \\
& & z & \longrightarrow & \bar{f}_y
\end{array}
$$

******

$f_y \in B^1(G, M')$ より

$M' \ni^{\exists} x$ s.t. $G \ni^{\forall} \sigma$ に対して $f_y(\sigma) = \sigma x - x$

である.

このとき $G \ni^{\forall} \sigma$ に対して

$\varphi(f_y(\sigma)) = \sigma y - y$ だったので,

$$
\begin{aligned}
\sigma(y - \varphi(x)) &= \sigma y - \sigma(\varphi(x)) \\
&= \varphi(f_y(\sigma)) + y - \varphi(\sigma x) \\
&= \varphi(\sigma x - x) + y - \varphi(\sigma x) \\
&= \varphi(\sigma x) - \varphi(x) + y - \varphi(\sigma x) \\
&= y - \varphi(x)
\end{aligned}
$$

よって $y - \varphi(x) \in M^G$ である.

また

$$
\begin{aligned}
\psi_0(y - \varphi(x)) &= \psi(y - \varphi(x)) \\
&= \psi(y) - \psi(\varphi(x)) \\
&= \psi(y) \\
&= z
\end{aligned}
$$

(iv) $H^1(G, M') \xrightarrow{\varphi_1} H^1(G, M)$ を定義して
「$M''^{G} \xrightarrow{\delta} H^1(G, M') \xrightarrow{\varphi_1} H^1(G, M)$」が exact を示す.

φ_1 の定義のために次の Lemma を準備する.

Lemma 7.17.2

一般に
$M \xrightarrow{\varphi} N$ を G-module の homo とするとき
次が成立する.
(1) $Z^1(G,M) \ni f$ とすると $Z^1(G,N) \ni \varphi f$
(2) $B^1(G,M) \ni f$ とすると $B^1(G,N) \ni \varphi f$
(3) φ は $\bar{f}$ を $\overline{\varphi f}$ に対応させることにより
   $H^1(G,M) \longrightarrow H^1(G,N)$ への写像を誘導する.

(proof)
(1) f は G から M への写像であり,φf は G から N への写像である.
   $f \in Z^1(G,M)$ より
   $G \ni^\forall \sigma,\tau$ に対して $f(\sigma\tau) = f(\sigma) + \sigma f(\tau)$

$$\begin{aligned}\varphi f(\sigma\tau) &= \varphi(f(\sigma\tau)) \\ &= \varphi(f(\sigma) + \sigma f(\tau)) \\ &= \varphi f(\sigma) + \sigma(\varphi f(\tau))\end{aligned}$$

よって $\varphi f \in Z^1(G,N)$ である.

(2) $f \in B^1(G,M)$ とする.
   $^\exists x \in M \quad s.t.$
   $G \ni^\forall \sigma$ に対して $f(\sigma) = \sigma x - x$
である.
$\varphi f(\sigma) = \varphi(f(\sigma)) = \varphi(\sigma x - x) = \sigma(\varphi(x)) - \varphi(x)$
$\varphi(x) \in N$ なので
$\varphi f \in B^1(G,N)$ である.

(3) 準同型定理より $\bar{f}$ を $\overline{\varphi f}$ に対応させる写像がある.
   これが φ により誘導された $H^1(G,M)$ から $H^1(G,N)$ への写像である.

★ Lemma 7.17.2 より
$$\begin{array}{ccc} H^1(G,M^{'}) & \xrightarrow{\varphi_1} & H^1(G,M) \\ \cup & & \cup \\ \bar{f}_y & \longmapsto & \overline{\varphi f_y} \end{array}$$

が定義できる.

「$M''^G \xrightarrow{\delta} H^1(G,M') \xrightarrow{\varphi_1} H^1(G,M)$」が exact を示す.

① $M''^G \ni z$ とする.
M の元 y で $z = \psi(y)$ となる y があるが, この y をとると
$\delta(z) = \bar{f}_y$ であった.
$G \ni^\forall \sigma$ に対して,
$\varphi f_y(\sigma) = \varphi(f_y(\sigma)) = \sigma y - y$ なので
$\varphi f_y \in B^1(G, M)$
よって $\varphi_1 \circ \delta(z) = \varphi_1(\bar{f}_y) = \overline{\varphi f_y} = 0$

******

$$\begin{array}{ccccc} M^G & \xrightarrow{\delta} & H^1(G,M') & \xrightarrow{\varphi_1} & H^1(G,M) \\ \cup & & \cup & & \cup \\ z & \longmapsto & \bar{f}_y & \longmapsto & \overline{\varphi f_y} = 0 \end{array}$$

******

② $H^1(G, M') \ni \bar{f}$ で $\varphi_1(\bar{f}) = 0$ とする.
$\overline{\varphi f} = \varphi_1(\bar{f}) = 0$ なので
$\varphi f \in B^1(G, M)$ である.
つまり $\exists y \in M$ s.t. $G \ni^\forall \sigma$ に対して $\varphi f(\sigma) = \sigma y - y$

******

$$\begin{array}{ccccccc} M' & \xrightarrow{\varphi} & M & \xrightarrow{\psi} & M'' & & \\ & & \cup & & & & \\ & & y & & & & \\ M'^G & \xrightarrow{\varphi_0} & M^G & \xrightarrow{\psi_0} & M''^G & \xrightarrow{\delta} & H^1(G,M') & \longrightarrow & H^1(G,M) \\ & & & & & & \cup & & \cup \\ & & & & & & \bar{f} & \xmapsto{\varphi_1} & \overline{\varphi f} \end{array}$$

******

さて, $\psi(y) \in M''$ であり,
$G \ni^\forall \sigma$ に対して

$$\sigma(\psi(y)) = \psi(\sigma y) \;=\; \psi(\varphi f(\sigma) + y)$$
$$= \psi\varphi(f(\sigma)) + \psi(y)$$
$$= \psi(y)$$

よって $\psi(y) \in M''^G$ である.
δ の定義より $\delta(\psi(y)) = \bar{f}_y$ である.
$G \ni^\forall \sigma$ に対して
$\varphi(f_y(\sigma)) = \sigma y - y = \varphi f(\sigma) = \varphi(f(\sigma))$ である.
φ は単射より $f(\sigma) = f_y(\sigma)$
$^\forall \sigma \in G$ に対して $f(\sigma) = f_y(\sigma)$ なので $f = f_y$
$\therefore \bar{f} = \bar{f}_y = \delta(\psi(y))$ である.

(v) ψ_1 を ψ で誘導される写像として
「$H^1(G, M') \xrightarrow{\varphi_1} H^1(G, M) \xrightarrow{\psi_1} H^1(G, M'')$」が exact を示す.

① $H^1(G, M') \ni \bar{f}$ とする.
$\psi \circ \varphi = 0$ なので
$\overline{\psi\varphi f} = \psi_1 \circ \varphi_1(\bar{f}) = \overline{\psi \circ \varphi(f)} = 0$

* * * * * *

$$\begin{array}{ccccc}
H^1(G, M') & \xrightarrow{\varphi_1} & H^1(G, M) & \xrightarrow{\psi_1} & H^1(G, M'') \\
\cup & & \cup & & \cup \\
\bar{f} & \longmapsto & \overline{\varphi f} & \longmapsto & \overline{\psi \varphi f} = 0
\end{array}$$

* * * * * *

②
$$\begin{array}{ccccc}
M' & \xrightarrow{\varphi} & M & \xrightarrow{\psi} & M'' \\
& & \cup & & \cup \\
& & y & \longmapsto & z
\end{array}$$

$$M'^G \xrightarrow{\varphi_0} M^G \xrightarrow{\psi_0} M''^G \xrightarrow{\delta} H^1(G, M') \xrightarrow{\varphi_1} H^1(G, M) \xrightarrow{\psi_1} H^1(G, M')$$
$$\phantom{M'^G \xrightarrow{\varphi_0} M^G \xrightarrow{\psi_0} M''^G \xrightarrow{\delta} H^1(G, M') \xrightarrow{\varphi_1}} \cup \phantom{\xrightarrow{\psi_1}} \cup$$
$$\phantom{M'^G \xrightarrow{\varphi_0} M^G \xrightarrow{\psi_0} M''^G \xrightarrow{\delta} H^1(G, M') \xrightarrow{\varphi_1}} \bar{g} \longmapsto \overline{\psi g}$$

* * * * * *

$H^1(G, M) \ni \bar{g}$ で $\psi_1(\bar{g}) = 0$ とする.

$\overline{\psi g} = \psi_1(\bar{g}) = 0$ より
$\psi g \in B^1(G, M'')$ である.
よって
$M'' \ni^\exists z \ \ s.t. \ \ G \ni^\forall \sigma$ に対して
$\quad \psi g(\sigma) = \sigma z - z$
$M'' \ni z$ より
$\quad M \ni^\exists y \ \ s.t. \ \ z = \psi(y)$
$G \ni^\forall \sigma$ に対して
$\quad \psi(g(\sigma) - \sigma y + y)$
$\quad = \psi g(\sigma) - \sigma(\psi(y)) + \psi(y)$
$\quad = \sigma z - z - \sigma z + z = 0$
ゆえに
$\quad M' \ni^{\exists_1} x \ \ s.t. \ \ \varphi(x) = g(\sigma) - \sigma y + y$
$\sigma \longmapsto x$ で定まる G から M' への写像を f とおく.
f は $G \ni^\forall \sigma$ に対して
$\quad g(\sigma) - \sigma y + y = \varphi(f(\sigma))$
をみたす写像である.
このとき次が成立する.
$\quad$ (1) $f \in Z^1(G, M')$
$\quad$ (2) $\varphi_1(\bar{f}) = \bar{g}$
この (1), (2) を証明する.
(1) $G \ni^\forall \sigma$ に対して
$\quad\quad \varphi(f(\sigma\tau) - \sigma f(\tau) - f(\sigma))$
$\quad\quad = \varphi(f(\sigma\tau)) - \sigma(\varphi(f(\tau))) - \varphi(f(\sigma))$
$\quad\quad = g(\sigma\tau) - \sigma\tau y + y$
$\quad\quad\quad - \sigma(g(\tau) - \tau y + y)$
$\quad\quad\quad - (g(\sigma) - \sigma y + y)$
$\quad\quad = g(\sigma\tau) - \sigma g(\tau) - g(\sigma)$

$$= 0 \quad ^{112)}$$

φ は単射なので
$$f(\sigma\tau) - \sigma f(\tau) - f(\sigma) = 0$$
よって $f \in Z^1(G, M')$ である.

(2) $\varphi_1(\bar{f}) = \overline{\varphi f}$ である.

$G \ni^\forall \sigma$ に対して
$$(g - \varphi f)(\sigma)$$
$$= g(\sigma) - \varphi(f(\sigma))$$
$$= g(\sigma) - (g(\sigma) - \sigma y + y)$$
$$= \sigma y - y$$
よって $g - \varphi f \in B^1(G, M)$
$\therefore \varphi_1(\bar{f}) = \overline{\varphi f} = \bar{g}$

[112)] $g \in Z^1(G, M')$

7.18 solvable

群 G が solvable
$\overset{def.}{\Leftrightarrow}$ 群の列 $\quad G_f = G_0 \supset G_1 \supset G_2 \supset \cdots \supset G_l = \{1\}$ で
$1 \leq^{\forall} i \leq l$ に対して
  (a) G_i は G_{i-1} の正規部分群
  (b) G_{i-1}/G_i は 巡回群
をみたすものが存在する.

Proposition 7.18.1

G は群, H は G の部分群とする.
このとき次が成り立つ.
1. G が solvable $\Rightarrow$ H は solvable
2. $G \triangleright H$ とする.
   G が solvable $\Rightarrow$ G/H は solvable
3. $G \triangleright H$ とする.
   G/H が solvable で H が solvable $\Rightarrow$ G は solvable

これらを証明するために次の Lemma を用意する.

Lemma 7.18.1

G, K, N, L は群で $G > K \triangleright N$ とする.

(1) $\varphi : L \longrightarrow G$ が homo のとき
  (a) $L > \varphi^{-1}(K) \triangleright \varphi^{-1}(N)$
  (b) φ は $\varphi^{-1}(K)/\varphi^{-1}(N) \longrightarrow K/N$ への monomorphism を誘導する.
      特に φ が全射のときは isomorphism を誘導する.
  (c) K/N が巡回群 のときは $\varphi^{-1}(K)/\varphi^{-1}(N)$ は巡回群である.

(2) $\psi : G \longrightarrow L$ が homo のとき
  (a) $\psi(G) > \psi(K) \triangleright \psi(N)$
  (b) ψ は $K/N \longrightarrow \psi(K)/\psi(N)$ への epimorphism を誘導する.
  (c) K/N が巡回群のとき $\psi(K)/\psi(N)$ は巡回群である.

まず Lemma を証明する.

(1)(a) $\varphi: L \to G$ は $\varphi^{-1}(K)$ から K への homo を誘導する.
それを ψ とする.
$\varphi^{-1}(K)$ は L の部分群である.
$$(\hookrightarrow \text{Proposition 7.8.4}(部分群と準同型写像))$$
N が K の正規部部群なので $\psi^{-1}(N)$ は $\varphi^{-1}(K)$ の
正規部分群である. [113)]
$\psi^{-1}(N) = \varphi^{-1}(N)$ なので [114)]
$L > \varphi^{-1}(K) \triangleright \varphi^{-1}(N)$

(b) $\varphi^{-1}(K) \triangleright \psi^{-1}(N)$, $K \triangleright N$ より
$\varphi^{-1}(K)/\psi^{-1}(N)$ から K/N への monomorphism $\tilde{\varphi}$ が
ただ一つ存在する.
$$(\hookrightarrow \text{Proposition 7.8.10}(G/H \text{ から } G'/H' \text{ への準同型}))$$

$$\begin{array}{ccc}
\psi^{-1}(N) & \longrightarrow & N \\
\downarrow \varphi & \circlearrowleft & \downarrow \\
\varphi^{-1}(K) & \xrightarrow{\psi} & K \\
\downarrow p & \circlearrowleft & \downarrow p' \\
\varphi^{-1}(K)/\psi^{-1}(N) & \xrightarrow{\exists_1 \tilde{\varphi}} & K/N
\end{array}$$

(a) で示したように $\psi^{-1}(N) = \varphi^{-1}(N)$ なので
$\tilde{\varphi}$ は, $\varphi^{-1}(K)/\varphi^{-1}(N) \longrightarrow K/N$ への
単射である.

[113)] Theorem 7.7.4(正規部分群と準同型写像)(1)
[114)] $\varphi^{-1}(N) = \{x \in L | \varphi(x) \in N\}$
$\phantom{\varphi^{-1}(N)} = \{x \in \varphi^{-1}(K) | \varphi(x) \in N\}$
$\phantom{\varphi^{-1}(N)} = \{x \in \varphi^{-1}(K) | \psi(x) \in N\}$
$\phantom{\varphi^{-1}(N)} = \psi^{-1}(N)$

φ が全射のときは ψ も全射であり，[115]
$\tilde{\varphi}$ は全射である.
結果的に φ は
$\varphi^{-1}(K)/\varphi^{-1}(N) \longrightarrow K/N$ への monomorphism を誘導し,
特に φ が全射のときは isomorphism を誘導する.

(c) (b) より明らか.

(2)(a) $\psi(G), \psi(K), \psi(N)$ は L の部分群であり
$$(\hookrightarrow \text{Proposition 7.8.4}(部分群と準同型写像))$$
$L \supset \psi(G) \supset \psi(K) \supset \psi(N)$ なので
$L > \psi(G) > \psi(K) > \psi(N)$ である. [116]
$\psi(N)$ は K から $\psi(K)$ への全射準同型による N の像と
見れるので
$$\psi(K) \triangleright \psi(N) \quad [117]$$

(b) 別冊「準同型定理」Theorem 7.8.10(G/H から G'/H' への準同型)
より

$$\begin{array}{ccc}
N & \longrightarrow & \psi(N) \\
\downarrow \varphi & \circlearrowleft & \downarrow p' \\
K & \stackrel{\psi}{\longrightarrow} & \psi(K) \\
\downarrow p & \circlearrowleft & \downarrow p' \\
K/N & \stackrel{\exists_1 \tilde{\varphi}}{\longrightarrow} & \psi(K)/\psi(N)
\end{array}$$

---

[115] $K \ni^{\forall} y$ に対して $^{\exists}x \in L$ s.t. $y = \varphi(x)$
$\varphi^{-1}(K) \ni x$ であり,
$y = \varphi(x) = \psi(x)$, ψ は全射である.

[116] 部分群の定義から以下のことが成り立つ.
　　　G, K, N は群とするとき
　　　(i) $G > K, K > N \Rightarrow G > N$
　　　(ii) $G > K, G > N$ かつ $K \supset N \Rightarrow K > N$

[117] Theorem 7.7.4(正規部分群と準同型写像)(3)

ψ が全射のとき $\tilde{\varphi}$ は全射である.
(c) (b) より明らか.

Proposition 7.18.1 を証明する.

1. $G = G_0 \triangleright G_1 \triangleright \cdots \triangleright G_l = \{1\}$
   $G_1/G_0, G_1/G_2, \cdots, G_{l-1}/G_l$ は巡回群であるとする.
   $\varphi: H \longrightarrow G$, inclusion map とする.
   Lemma 7.18.1(1) の (a) より
   $\varphi^{-1}(G_0) = H, \varphi^{-1}(G_1), \varphi^{-1}(G_2), \cdots, \varphi^{-1}(G_l)$ に対して, 以下の列
   $$H = \varphi^{-1}(G_0) \triangleright \varphi^{-1}(G_1) \triangleright \varphi^{-1}(G_2) \triangleright \cdots \triangleright \varphi^{-1}(G_l) = \{1\}$$
   が存在する.
   また Lemma 7.18.1(1) の (c) より
   $\varphi^{-1}(G_0)/\varphi^{-1}(G_1),\ \varphi^{-1}(G_1)/\varphi^{-1}(G_2), \cdots, \varphi^{-1}(G_{l-1})/\varphi^{-1}(G_l)$ は巡回群である.
   よって H は solvable である.

2. $G = G_0 \triangleright G_1 \triangleright \cdots \triangleright G_l = \{1\}$
   $G_1/G_0, G_1/G_2, \cdots, G_{l-1}/G_l$ は巡回群であるとする.
   $\psi: G \longrightarrow G/H$ を自然な epimorphism とする.
   Lemma 7.18.1(2) の (a) より
   $\psi(G_0) = G/H, \psi(G_1), \psi(G_2), \cdots, \psi(G_l)$ に対して, 以下の列
   $$G/H = \psi(G_0) \triangleright \psi(G_1) \triangleright \psi(G_2) \triangleright \cdots \triangleright \psi(G_l) = \{1\}$$
   が存在する.
   また Lemma 7.18.1(2) の (c) より
   $\psi(G_0)/\psi(G_1),\ \psi(G_1)/\psi(G_2), \cdots, \psi(G_{l-1})/\psi(G_l) = 1$ は巡回群である.
   よって G/H は solvable である.

3. $\varphi: G \longrightarrow G/H$ とする.
   $G/H = K_0 \triangleright K_1 \triangleright K_2 \triangleright \cdots \triangleright K_s = \{1\}$ で

K_{i-1}/K_i は巡回群である.

Lemma 7.18.1(1) より
$$G = \varphi^{-1}(K_0) \triangleright \varphi^{-1}(K_1) \triangleright \cdots \triangleright \varphi^{-1}(K_s) = H \quad \cdots (A)$$
であり, $\varphi^{-1}(K_{i-1})/\varphi^{-1}(K_i)$ は巡回群である.

また H は solvable なので $H = H_0 \triangleright H_1 \triangleright \cdots \triangleright H_t = \{1\} \quad \cdots (B)$
であり, H_{i-1}/H_i は巡回群である.

(A) に (B) をつなげば G が solvable であることがわかる.

7.19　normal base(正規底)

m, n を自然数, p を素数として $q = p^m$ とする.
σ を $\mathbb{F}_{q^n}$ におけるフロベニウス写像 [118] とする.
$\mathbb{F}_{q^n}$ の $\mathbb{F}_p$ 上のガロア群は σ を生成元にもつ巡回群 $<\sigma>$ であり,
$\mathbb{F}_{q^n}$ は $\mathbb{F}_q$ 上 n 次の拡大体であり, そのガロア群は σ^m を
生成元にもつ巡回群 $<\sigma^m>$ であった.
つまり $Gal(\mathbb{F}_{q^n}/\mathbb{F}_p) = <\sigma>$ であり,
$Gal(\mathbb{F}_{q^n}/\mathbb{F}_q) = <\sigma^m>$ である.
この節では $\sigma^m = \sigma_*$ とする.
つまり $Gal(\mathbb{F}_{q^n}/\mathbb{F}_q) = <\sigma_*>$ である.

Def. 7.19.1　(normal base, normal element)
$\mathbb{F}_{q^n}$ は $\mathbb{F}_q$-ベクトル空間として n 次元である.
$\alpha, \sigma_*(\alpha), \sigma_*^2(\alpha), \cdots, \sigma_*^{n-1}(\alpha)$ が $\mathbb{F}_{q^n}$ の $\mathbb{F}_q$-ベクトル空間としての
base となっているとき,
$\alpha, \sigma_*(\alpha), \sigma_*^2(\alpha), \cdots, \sigma_*^{n-1}(\alpha)$ を $\mathbb{F}_{q^n}$ の $\mathbb{F}_q$ 上の
normal base という.
また α を $\mathbb{F}_{q^n}$ の $\mathbb{F}_q$ 上の normal element という. [119]

$\mathbb{F}_{q^n}$ の $\mathbb{F}_q$ 上の normal base が存在することを示したい.
そのために以下の事柄を確認しておく.
そのあと Lemma を用意して証明を進めることにする.

∗ 確認しておきたいこと ∗

M を n 次の F-ベクトル空間, $v_1, v_2, \cdots, v_n$ を M の base とするとき
$\varphi: M \longrightarrow M$ を F-linear map とすると

---

[118]　フロベニウス写像は元を p 乗する写像
[119]　$\mathbb{F}_{q^n}$ は $\mathbb{F}_q$-ベクトル空間として n 次元なので
$\alpha, \sigma_*(\alpha), \sigma_*^2(\alpha), \cdots, \sigma_*^{n-1}(\alpha)$ が $\mathbb{F}_q$ 上
線型独立のとき α は $\mathbb{F}_q$ 上の normal element になっている.

F 係数の n 次の正方行列 D で
$$\varphi \begin{pmatrix} v_1 \\ v_2 \\ \vdots \\ v_n \end{pmatrix} = D \begin{pmatrix} v_1 \\ v_2 \\ \vdots \\ v_n \end{pmatrix}$$
をみたすものが存在する.
このとき D の固有多項式は $v_1, v_2, \cdots, v_n$ の取り方によらず φ のみで定まる.
(↪ 別冊「trace(トレース),norm(ノルム), 固有多項式」(II) 線型写像の trace, norm, 固有多項式)
これを φ の characteristic polynomial という.
φ の characteristic polynomial は F 係数の monic な n 次式である.
次のことが成り立つ.

「$f(X)$ を φ の characteristic polynomial とすると
$f(\varphi) = 0$ (ゼロ写像)」 ⋯ ①

一般に
F 係数の monic な多項式 $g(X)$ で $g(\varphi) = 0$ となるものの中で, 次数が最小のものを φ の最小多項式という.
よって ① より以下が成り立つ.

「φ の最小多項式は φ の characteristic polynomial の factor である」
⋯ ②

(proof ①)
D の固有多項式, すなわち φ の characteristic polynomial を
$$f(X) = X^n + a_1 X^{n-1} + a_2 X^{n-2} + \cdots + a_{n-1} X + a_n$$
とおくと, ケーリー・ハミルトンの定理より
$$f(D) = D^n + a_1 D^{n-1} + a_2 D^{n-2} + \cdots + a_{n-1} D + a_n I = O$$
である.

$$f(\varphi)\begin{pmatrix} v_1 \\ v_2 \\ \vdots \\ v_n \end{pmatrix}$$

$$= (\varphi^n + a_1\varphi^{n-1} + \cdots + a_{n-1}\varphi + a_n \cdot id)\begin{pmatrix} v_1 \\ v_2 \\ \vdots \\ v_n \end{pmatrix}$$

$$= \varphi^n \begin{pmatrix} v_1 \\ v_2 \\ \vdots \\ v_n \end{pmatrix} + a_1\varphi^{n-1}\begin{pmatrix} v_1 \\ v_2 \\ \vdots \\ v_n \end{pmatrix} + \cdots + a_{n-1}\varphi\begin{pmatrix} v_1 \\ v_2 \\ \vdots \\ v_n \end{pmatrix} + a_n\begin{pmatrix} v_1 \\ v_2 \\ \vdots \\ v_n \end{pmatrix} \quad \text{120)}$$

$$= D^n \begin{pmatrix} v_1 \\ v_2 \\ \vdots \\ v_n \end{pmatrix} + a_1 D^{n-1}\begin{pmatrix} v_1 \\ v_2 \\ \vdots \\ v_n \end{pmatrix} + \cdots + a_{n-1}D\begin{pmatrix} v_1 \\ v_2 \\ \vdots \\ v_n \end{pmatrix} + a_n I\begin{pmatrix} v_1 \\ v_2 \\ \vdots \\ v_n \end{pmatrix}$$

---

120)　X を空でない集合として M を F-ベクトル空間とするとき
$\{f \mid X$ から M への写像 $\}$ を $Map(X, M)$ とすると
$Map(X, M)$ は自然に F-ベクトル空間になる.
つまり $Map(X, M) \ni f, g,\ M \ni c$ のとき
　$X \ni^{\forall} x$ に対して $f + g,\ cf$ を
　$(f + g)(x) = f(x) + g(x)$
　$cf(x) = c(f(x))$
と定めている.
　F-linear map φ は F-ベクトル空間 $Map(M, M)$ の部分空間 $Hom(M, M)$ の元である.

$$= (D^n + a_1 D^{n-1} + \cdots + a_{n-1} D + a_n I) \begin{pmatrix} v_1 \\ v_2 \\ \vdots \\ v_n \end{pmatrix}$$

$$= O \begin{pmatrix} v_1 \\ v_2 \\ \vdots \\ v_n \end{pmatrix} = \begin{pmatrix} 0 \\ 0 \\ \vdots \\ 0 \end{pmatrix}$$

よって $f(\varphi) = \varphi^n + a_1 \varphi^{n-1} + \cdots + a_{n-1}\varphi + a_n \cdot id$ はゼロ写像である.

(proof ②)

$g(X)$ を φ の最小多項式とする. $(g(\varphi) = 0)$

一般に, $F[X] \ni h(X)$ で $h(\varphi) = 0$ とすると $h(X)$ は $g(X)$ でわりきれる.

なぜならば

$F[X] \ni^{\exists} q(X), r(X)$ s.t.

$h(X) = g(X)q(X) + r(X)$ $deg\ r(X) \leq deg\ g(X)$

と表せる.

このとき

$h(\varphi) = g(\varphi)q(\varphi) + r(\varphi)$ で, $h(\varphi) = 0$ より

$r(\varphi) = 0$ となる.

$r(X) \neq 0$ とすると

φ を代入して 0 となる $g(X)$ よりも次数が小さい monic な多項式が存在することになり, [121)]

$g(X)$ が φ の最小多項式であることに矛盾する.

よって $r(X) = 0$ である.

ゆえに $h(X)$ は $g(X)$ でわりきれる.

① より $f(\varphi) = 0$ なので, $f(X)$ は $g(X)$ でわりきれる.

[121)] $r(X)$ の最高次の係数を c とすると $c^{-1}r(X)$ がそうである.

以上より φ の最小多項式 $g(X)$ は

φ の characteristic polynomial の factor である.

Lemma 7.19.1

σ_* を $\mathbb{F}_{q^n}$ から $\mathbb{F}_{q^n}$ への $\mathbb{F}_q$ - linear map と見たときの
σ_* の最小多項式は $X^n - 1$ である.

これは σ_* の characteristic polynomial である.

(proof)

$Gal(\mathbb{F}_{q^n}/\mathbb{F}_q) = <\sigma_*>$ で, $\sigma_*{}^n = 1$ より

$X^n - 1$ に σ_* を代入すると $\sigma_*{}^n - 1 = 0$ を得る.

よって σ_* の最小多項式は $X^n - 1$ の factor である.

σ_* の最小多項式が $X^n - 1$ と異なっているとする.

σ_* の最小多項式を

$\quad X^s + a_1 X^{s-1} + \cdots + a_{s-1} X + a_s$

とおくと $s < n$ であり,

$\quad \sigma_*{}^s + a_1 \sigma_*{}^{s-1} + \cdots + a_{s-1} \sigma_*{}^1 + a_s \cdot 1 = 0 \ (0\ 写像)$

である.

$\mathbb{F}_{q^n} \ni {}^\forall \alpha$ に対して

$\quad (\sigma_*{}^s + a_1 \sigma_*{}^{s-1} + \cdots + a_{s-1} \sigma_*{}^1 + a_s \cdot 1)(\alpha) = 0 \cdots$ (i)

ここで $\sigma_* = \sigma^m$ のとき

$\quad \sigma_* \alpha = \alpha^{p^m} = \alpha^q$

$\quad \sigma_*{}^2 \alpha = \sigma_*(\alpha^q) = (\sigma_* \alpha)^q = (\alpha^q)^q = \alpha^{q^2}$

$\quad \sigma_*{}^t \alpha = \alpha^{q^t}$

であることに注意すると

(i) は $\alpha^{q^s} + a_1 \alpha^{q^{s-1}} + \cdots + a_{s-1} \alpha^q + a_s = 0$

よって $h(X) = X^{q^s} + a_1 X^{q^{s-1}} + \cdots + a_{s-1} X^q + a_s$ とおくと

$\quad h(\alpha) = 0$

$\mathbb{F}_{q^n}$ の元は全て $h(X)$ の根なので

$\quad q^s = deg\ h(X) \geq |\mathbb{F}_{q^n}| = q^n$

つまり $s \geq n$ となり $s < n$ に矛盾である.

よって σ_* の最小多項式は $X^n - 1$ である.

Lemma 7.19.2

$X^n - 1$ の $\mathbb{F}_q[X]$ での既約分解を
$X^n - 1 = f_1(X)^{d_1} f_2(X)^{d_2} f_3(X)^{d_3} \cdots f_r(X)^{d_r}$ $(d_i \geq 1)$ として
$\Psi_i(X) = \dfrac{X^n - 1}{f_i(X)^{d_i}}$ $(i = 1, 2, \cdots, r)$

$\Phi_i(X) = \dfrac{X^n - 1}{f_i(X)}$ $(i = 1, 2, \cdots, r)$
とおくとき, 次が成り立っている.

I (1) $\mathbb{F}_q[X] \ni^\exists a_1(X), a_2(X), a_3(X), \cdots, a_r(X)$
  s.t. $a_1(X)\Psi_1(X) + a_2(X)\Psi_2(X) + \cdots + a_r(X)\Psi_r(X) = 1$

(2) $1 \leq i, j \leq r$ で $i \neq j$ のとき
  $(X^n - 1) \mid \Phi_i(X)\Psi_j(X)$ $\cdots$ ①
  特に $\Phi_i(\sigma_*)\Psi_j(\sigma_*) = 0$

(3) $X^n - 1$ の factor で $n - 1$ 次以下のものは
  $\Phi_1(X), \Phi_2(X), \cdots, \Phi_r(X)$ のどれかの factor である.

II (1) $1 \leq^\forall i \leq r$ に対して
  $\mathbb{F}_{q^n} \ni^\exists \alpha_i$
    s.t. $\Phi_i(\sigma_*)(\alpha_i) \neq 0$, かつ $j \neq i$ のとき $\Phi_j(\sigma_*)(\alpha_i) = 0$

(2) $\mathbb{F}_{q^n} \ni^\exists \alpha$ s.t. $1 \leq^\forall i \leq r$ に対して $\Phi_i(\sigma_*)(\alpha) \neq 0$

III (1) $\mathbb{F}_{q^n} \ni^\exists \alpha$ s.t. α は $\mathbb{F}_q$ 上の normal element

(proof) I の (1) の証明
  $\Psi_1(X), \Psi_2(X), \cdots, \Psi_r(X)$ は monic であり, かつ共通の factor をもたない.
  すなわち $\Psi_i(X)$ の最大公約元は 1 である.
  したがって
    $(\Psi_1(X)) + (\Psi_2(X)) + \cdots + (\Psi_r(X)) = 1$
  である.

よって主張は成り立つ.

I の (2) の証明

$f_i(X) \mid \Psi_j(X)$ より

$f_i(X)\Phi_i(X) \mid \Psi_j(X)\Phi_i(X)$

よって

$X^n - 1 \mid \Psi_j(X)\Phi_i(X)$

I の (3) の証明

$X^n - 1$ の $(n-1)$ 次以下の factor は

$f_1(X)^{d_1} f_2(X)^{d_2} \cdots f_r(X)^{d_r}$ から $f_1(X), f_2(X), \cdots, f_r(X)$ を重複を許して 1 個以上のものを取り除いたものの定数倍なので $\Phi_1(X), \Phi_2(X), \cdots, \Phi_r(X)$ のどれかの factor である. [122]

II の (1) の証明

$1 \leq i \leq r$ とする.

$\Phi_i(X)$ は σ_* の最小多項式 $X^n - 1$ を factor にもたないので $\Phi_i(\sigma_*) \neq 0$ である.

よって $\mathbb{F}_{q^n} \ni^\exists \alpha'_i \ s.t. \ \Phi_i(\sigma_*)(\alpha'_i) \neq 0$

ここで $\alpha_i = a_i(\sigma_*)\Psi_i(\sigma_*)\alpha'_i$ とおく.

(I) の 1 より $\mathbb{F}_q(X) \ni^\exists a_1(X), a_2(X), \cdots, a_r(X) \ s.t.$

$1 = a_1(X)\Psi_1(X) + a_2(X)\Psi_2(X) + \cdots + a_r(X)\Psi_r(X)$

$1 = a_1(\sigma_*)\Psi_1(\sigma_*) + a_2(\sigma_*)\Psi_2(\sigma_*) + \cdots + a_r(\sigma_*)\Psi_r(\sigma_*)$

よって

$\alpha'_i = (a_1(\sigma_*)\Psi_1(\sigma_*) + a_2(\sigma_*)\Psi_2(\sigma_*) + \cdots + a_r(\sigma_*)\Psi_r(\sigma_*))\alpha'_i$

$\quad = a_1(\sigma_*)\Psi_1(\sigma_*)\alpha'_i + a_2(\sigma_*)\Psi_2(\sigma_*)\alpha'_i + \cdots + a_r(\sigma_*)\Psi_r(\sigma_*)\alpha'_i$

すなわち

$\alpha'_i = \sum_{j=1}^{r} a_j(\sigma_*)\Psi_j(\sigma_*)(\alpha'_i)$

である.

---

[122] $\Phi_i(X)$ は $f_1(X)^{d_1} f_2(X)^{d_2} \cdots f_r(X)^{d_r}$ から $f_i(X)$ を取り除いたものである.

$\Phi_i(\sigma_*)(\alpha'_i)$
$= \sum_{j=1}^r a_j(\sigma_*)\Phi_i(\sigma_*)\Psi_j(\sigma_*)(\alpha'_i)$
$= a_i(\sigma_*)\Phi_i(\sigma_*)\Psi_i(\sigma_*)(\alpha'_i)$ [123]
$= \Phi_i(\sigma_*)(\alpha_i)$
$\Phi_i(\sigma_*)(\alpha_i) = \Phi_i(\sigma_*)(\alpha'_i) \neq 0$ である.

また $j \neq i$ のとき
$\Phi_j(\sigma_*)(\alpha_i) = \Phi_j(\sigma_*)(a_i(\sigma_*)\Psi_i(\sigma_*)(\alpha'_i))$
$\qquad\qquad = a_i(\sigma_*)\Phi_j(\sigma_*)\Psi_i(\sigma_*)(\alpha'_i) = 0$

II の (2) の証明

α_i を II の (1) のものとして

$\alpha = \alpha_1 + \alpha_2 + \cdots + \alpha_n$ とおく.

このとき
$\Phi_1(\sigma_*)(\alpha) = \Phi_1(\sigma_*)(\alpha_1) + \Phi_1(\sigma_*)(\alpha_2) + \cdots + \Phi_1(\sigma_*)(\alpha_n)$
$\qquad\qquad = \Phi_1(\sigma_*)(\alpha_1) \neq 0$
$\Phi_2(\sigma_*)(\alpha) = \Phi_2(\sigma_*)(\alpha_1) + \Phi_2(\sigma_*)(\alpha_2) + \cdots + \Phi_n(\sigma_*)(\alpha_n)$
$\qquad\qquad = \Phi_2(\sigma_*)(\alpha_2) \neq 0$
$\qquad\qquad\vdots$
$\Phi_n(\sigma_*)(\alpha) = \Phi_n(\sigma_*)(\alpha_1) + \Phi_n(\sigma_*)(\alpha_2) + \cdots + \Phi_n(\sigma_*)(\alpha_n)$
$\qquad\qquad = \Phi_n(\sigma_*)(\alpha_n) \neq 0$

である.

III の (1) の証明

α を II の条件をみたすものとする.

この α が normal element であることを示す.

$\qquad I = \{g(X) \in \mathbb{F}_q[X] \mid g(\sigma_*)(\alpha) = 0\}$

とおくと, これは $\mathbb{F}_q[X]$ の ideal である.

この ideal の monic な生成元を $f(X)$ とおくと

$\qquad I = (f(X))$

---

[123] $\Phi_i(\sigma_*)\Psi_j(\sigma_*) = 0$

$(\sigma_*{}^n - 1)(\alpha) = 0$ なので

$I \ni X^n - 1$

つまり $f(X)$ は $X^n - 1$ の factor である.

$f(X) \neq X^n - 1$ とすると

$X^n - 1$ の factor は $n-1$ 次以下のものである.

よって I の (3) より $f(X)$ は $\Phi_1(X), \cdots, \Phi_r(X)$ のどれかの factor である.

つまり

$\Phi_1(\sigma_*)(\alpha) = 0,\ \Phi_2(\sigma_*)(\alpha) = 0,\ \cdots,\ \Phi_r(\sigma_*)(\alpha) = 0$

のいずれかが成り立つ.

これは α の取り方に矛盾する.

よって

$f(X) = X^n - 1$

いま, $\mathbb{F}_q \ni c_0, c_1, \cdots, c_{n-1}$ で

$c_0(\alpha) + c_1 \sigma_*(\alpha) + c_2 \sigma_*^2(\alpha) + \cdots + c_{n-1}\sigma_*^{n-1}(\alpha) = 0$

とする.

$h(X) = c_0 + c_1 X + c_2 X^2 + \cdots + c_{n-1} X^{n-1}$ とおくと

$h(\sigma_*)(\alpha) = 0$ より

$I = (X^n - 1) \ni h(X)$

$\deg h(X) \leq n-1$ なので

$h(X) = 0$

つまり

$c_0 = c_1 = \cdots = c_{n-1} = 0$

よって $\alpha, \sigma_*(\alpha), \sigma_*{}^2(\alpha), \cdots, \sigma_*{}^{n-1}(\alpha)$ は

線型独立であることが示されたので α は $\mathbb{F}_q$ 上の normal element である.

7.20 作用とオービット・シローの定理

Def. 7.20.1 (作用)

G は群, e はその単位元, X は空でない集合とする.

写像 $\varphi : G \times X \longrightarrow X$ が条件

- $X \ni {}^{\forall}x$ に対して $\varphi(e, x) = x$
- $G \ni {}^{\forall}g, {}^{\forall}h$ と $X \ni {}^{\forall}x$ に対して $\varphi(g, \varphi(h, x)) = \varphi(gh, x)$

をみたすとき,

「φ は G の X への作用を与える」

または,

「$(\varphi$ によって$)G$ は X に作用する」

という.

混乱の恐れが無いときには $\varphi(g, x)$ のかわりに ${}^{g}x$ と表すことにする.

★ 作用を ${}^{g}x$ の形で表現したときには作用になるための条件は
次の二つが成り立つことである.

- $X \ni^{\forall} x$ に対して ${}^{e}x = x$
- $G \ni^{\forall} g,^{\forall} h$ と $X \ni^{\forall} x$ に対して ${}^{g}({}^{h}x) = {}^{gh}x$

Def. 7.20.2 (オービット)

G が X に作用するとき

空でない X の部分集合 O が

- $G \ni^{\forall} g, O \ni^{\forall} x$ に対して ${}^{g}x \in O$
- $O \ni {}^{\forall}x,{}^{\forall}y$ に対して ${}^{\exists}g \in G$ s.t. $y = {}^{g}x$

であるとき, O をこの作用のオービットという.

Proposition 7.20.1 (オービットの性質)

G が X に作用しているとする.

このとき

(1) O をこの作用のオービットとして $O \ni a$ とすると $O = \{{}^{g}a \mid G \ni g\}$

(2) $X \ni a$ のとき $\{{}^g a \mid G \ni g\}$ はこの作用のオービットである.

(3) X の任意の元はこの作用の一つのオービットに含まれる.

(4) この作用の異なるオービットには共通部分がない.

(5) X はこの作用のオービットたちの disjoint union である.

(proof)
(1) O がこの作用のオービットで $O \ni a$ より
$\quad G \ni {}^\forall g$ に対して $O \ni {}^g a$
つまり
$\quad O \supset \{{}^g a \mid G \ni g\}$ が成り立つ.
$\quad O \ni {}^\forall x$ に対して ($O \ni a$ なので)
$\quad G \ni {}^\exists g \ \ s.t. \ \ x = {}^g a$
よって
$\quad O \subset \{{}^g a \mid G \ni g\}$ が成り立つ.
ゆえに
$\quad O = \{{}^g a \mid G \ni g\}$

(2) $\{{}^g a \mid G \ni g\} \ni b$ とする.
$\quad {}^\exists h \in G \ \ s.t. \ \ b = {}^h a$ である.
$\quad G \ni g$ とすると $G \ni gh$ なので
$\quad {}^g(b) = {}^g({}^h a) = {}^{gh} a \in \{{}^g a \mid G \ni g\}$
また $\{{}^g a \mid G \ni g\} \ni x, y$ とすると
$\quad G \ni {}^\exists g, h \ \ s.t. \ \ x = {}^g a$ かつ $y = {}^h a$
ここで $G \ni hg^{-1}$ である.
$\quad y = {}^h a = {}^{hg^{-1}g} a = {}^{hg^{-1}}({}^g a) = {}^{hg^{-1}} x$
である.
以上より $\{{}^g a \mid G \ni g\}$ はこの作用のオービットである.

(3) $X \ni a$ とすると $\{{}^g a \mid G \ni g\}$ はこの作用のオービットであった.
$\quad G \ni e$ で $a = {}^e a$ なので

$$a \in \{{}^g a \mid G \ni g\}$$

(4) O_1 と O_2 をこの作用のオービットとしてこの共通部分が空でないとする.
共通部分に含まれる元の一つを c とすれば
$$O_1 = \{{}^g c \mid G \ni g\} = O_2$$
となる.
これはこの作用の異なるオービットには共通部分がないことを
示している.

(5) これは (3) と (4) から明らか.

Def. 7.20.3 (オービットの代表元)

G が X に作用しているとき
O を a を含むこの作用のオービットとすると
$O = \{{}^g a \mid G \ni g\}$ であったので
これを a を代表元に持つオービットといい,
$O(a)$ で表す.

★ $O(a) \ni b$ のときは $O(a) = O(b)$ である.

Proposition 7.20.2 (オービット分解)

G が有限集合 X に作用しているとき
異なる 2 つのオービットは共通部分をもたないので
$$X \ni^\exists a_1, a_2, \cdots, a_s \quad s.t.$$
$$X = O(a_1) \cup O(a_2) \cup \cdots \cup O(a_s) \quad \text{(disjoint union)}$$
ここで $a_1 = e$ としてよい.

Def. 7.20.4 (安定化部分群)

G が X に作用していて $X \ni a$ のとき
$\{g \in G \mid {}^g a = a\}$ を a の安定化部分群という.

Proposition 7.20.3 (安定化部分群の性質)

G が X に作用していて, $X \ni a$ とする.

G_a を a の安定化部分群とする.

このとき

(1) G_a は G の部分群である.

(2) $O(a) \ni b$ のとき

　　つまり a と b がこの作用の同じオービットに属するとき

　　G_a と G_b は G において共役である.

(3) G_a の位数を m とするとき

$$g \longmapsto {}^g a \text{ で定まる } G \text{ から } O(a) \text{ への全射は } m:1 \text{ の写像である.}$$

(4) G が有限群のときは　$|O(a)| = |G|/|G_a|$　である.

(proof)

(1) ${}^e a = a$ より $G_a \ni e$ である.

　　また $G_a \ni g, h$ とすると

　　　${}^g a = a = {}^h a$ である.

　　よって

　　　${}^{h^{-1} g} a = a$

　　ゆえに

　　　$G_a \ni h^{-1} g$

　　G_a は G の部分群である.

(2) a と b がこの作用の同じ オービットの元なので

　　　$G \ni^{\exists} g \ \ s.t. \ \ b = {}^g a$ である.

このとき $G_a = g^{-1} G_b g$ を示す.

　　$G_b \ni h$ とする.

　　${}^h b = b$ なので

　　　${}^{g^{-1} h g} a = {}^{g^{-1} h}({}^g a) = {}^{g^{-1} h}(b) = {}^{g^{-1}} b = {}^{g^{-1} g} a = a$

　　ゆえに

　　　$g^{-1} h g \in G_a$

　　よって

$$g^{-1}G_b g \subset G_a$$
$b = {}^g a$ より $g^{-1}G_b g \subset G_a$ がいえたので
$a = {}^{g^{-1}} b$ より $(g^{-1})^{-1}G_a g^{-1} \subset G_b$ が成り立つ.
つまり
$$G_a \subset g^{-1}G_b g$$
となる.
よって
$$G_a = g^{-1}G_b g$$
である.

(3) $\psi : G \longrightarrow O(a)$ を $G \ni^\forall g$ に対して $\psi(g) = {}^g a$ で定まる写像とする.
$O(a) \ni b$ とすると
$$G \ni^\exists g \ \ s.t. \ \ b = {}^g a$$
である.
このとき
$$\psi^{-1}(\{b\}) \ {}^{124)} = \{h \in G | {}^h a = b\}$$
$${}^h a = b \Leftrightarrow {}^h a = {}^g a \Leftrightarrow {}^{g^{-1}h} a = a \Leftrightarrow g^{-1}h \in G_a \Leftrightarrow gg^{-1}h \in gG_a$$
$$\Leftrightarrow h \in gG_a$$
よって
$$\psi^{-1}(\{b\}) = gG_a$$
G_a が m 個の元よりなっていたので, gG_a も m 個の元よりなる.
つまり $\psi^{-1}(\{b\})$ は m 個の元よりなる.
これは $\psi : G \longrightarrow O(a)$ が $m:1$ の全射であることを示している.

(4) (3) より $|O(a)| = |G|/m = |G|/|G_a|$

Proposition 7.20.2 と 7.20.3(4) より次がわかる.

---

124) ψ の逆写像 ψ^{-1} を考えているのではなく
ψ による集合 $\{b\}$ の逆像を考えているので $\psi^{-1}(\{b\})$ としている.

Theorem 7.20.1 （作用と個数）

有限群 G が 有限集合 X に作用していて

$O(a_1), O(a_2), \cdots, O(a_s)$ が、そのオービットの全てとすると

$$|X| = |O(a_1)| + |O(a_2)| + \cdots + |O(a_s)| = \frac{|G|}{|G_{a_1}|} + \frac{|G|}{|G_{a_2}|} + \cdots + \frac{|G|}{|G_{a_s}|}$$

である．

G を群とし，H を G の部分群とするとき

$\varphi : H \times G \longrightarrow G$ を

$\varphi(h, x) = xh^{-1}$ と定めると

φ は H の G への作用を与える．[125]

$G \ni g$ のとき g を代表元とするこの作用のオービットは

$O(g) = \{{}^h g \mid H \ni h\} = \{gh^{-1} \mid H \ni h\} = gH^{-1} = gH$ [126]

である．

この作用のオービットに対して以下を定義する．

しばらくこの作用で考える．

Def. 7.20.5 （オービットとしての左剰余類）

$G \ni g$ に対して g を代表元にもつこの作用のオービット $O(g)$ は

左剰余類 gH である．

これを G の H を法とする左剰余類ともいう．

G が有限群のときこの作用のオービット分解の話より

次が成り立つ．

---

[125] ${}^e g = ge^{-1} = g$
${}^{hh'} g = g(hh')^{-1} = gh'^{-1}h^{-1} = ({}^{h'}g)h^{-1} = {}^h({}^{h'}g)$
なのでこれは作用になっている．

[126] $H^{-1} = H$ なので $gH^{-1} = gH$

Proposition 7.20.4

G が有限群のとき $G \ni^{\exists} g_1, g_2, \cdots, g_s$ s.t.
$G = g_1 H \cup g_2 H \cup \cdots \cup g_s H$ (disjoint union) [127]

Proposition 7.20.5

$G \ni a$ とすると $aH \ni a$ である.
また $G \ni a, b$ に対して次は同値である.

    (1) $aH \ni b$
    (2) $bH \ni a$
    (3) $H \ni a^{-1}b$
    (4) $H \ni b^{-1}a$
    (5) $aH = bH$
    (6) $aH \cap bH \neq \emptyset$

(proof)

$aH = O(a)$ で $bH = O(b)$ なので
・$O(a) \ni b$
・$O(b) \ni a$
・$O(a) = O(b)$
・$O(a) \cap O(b) \neq \emptyset$
これが全て同値だったので
(1)(2)(5)(6) は同値である.
$aH \ni b \Leftrightarrow H \ni a^{-1}b$ より
(1) $\Leftrightarrow$ (3)
$bH \ni a \Leftrightarrow H \ni b^{-1}a$ より
(2) $\Leftrightarrow$ (4)

Proposition 7.20.6

(1) この作用による G の各元の安定化部分群は $\{e\}$ である.

---

[127] $G = O(g_1) \cup O(g_2) \cup \cdots \cup O(g_s)$ (disjoint union)
とするとこの式が成り立つ.

(2) G の H による左剰余類の個数を H の G における指数といって
   $[G:H]$
   で表す.
   G が有限群のときは
   $|G| = |H|[G:H]$
   である.

(proof)
  (1) は明らか.
  (2) G は左剰余類により
   $G = g_1 H \cup g_2 H \cup \cdots \cup g_s H$
   と disjoint union に分解され, 各 i に対して $|g_i H| = |H|$ なので
   $|G| = |H| \times s = |H|[G:H]$
   である.
   $|g_i H| = |H|$ の部分は原始的にもわかるが
   $g_i H$ は H の作用による g_i のオービット $O(g_i)$ であったので
   $|g_i H| = |O(g_i)| = \dfrac{|H|}{|\{e\}|} = |H|$
      ($\because$ Proposition 7.20.3(安定化部分群の性質) の (4))
   であることからもわかる.

次に H を群 G の部分群とするとき H の G への作用で
  ${}^h g = hg$
で定まるものを考える. [128)]
  $G \ni g$ のとき g を代表元とするこの作用のオービットは
  $O(g) = \{{}^h g | H \ni h\} = \{hg | H \ni h\} = Hg$
である.
オービットについての性質から以下の 2 つは示される.

[128)] ${}^e g = eg = g$
  ${}^{hh'} g = hh'g = h(h'g) = {}^h ({}^{h'} g)$
  なのでこれは作用になっている.

Proposition 7.20.7

G が有限群のとき $G \ni g_1, g_2, \cdots, g_s$ で
$G = Hg_1 \cup Hg_2 \cup \cdots \cup Hg_s$ (disjoint union)

Proposition 7.20.8

$G \ni a$ とすると $Ha \ni a$ である.
また $G \ni a, b$ に対して次は同値である.

(1) $Ha \ni b$
(2) $Hb \ni a$
(3) $H \ni ba^{-1}$
(4) $H \ni ab^{-1}$
(5) $Ha = Hb$
(6) $Ha \cap Hb \neq \emptyset$

次に共役という作用を考える.

Proposition 7.20.9 (共役と作用)

G を群とするとき
$\varphi : G \times G \longrightarrow G$ を $\varphi(g, x) = gxg^{-1}$ と定める.
このとき次が成り立つ.

(1) φ は G の G への作用を与える.

(2) $G \ni a$ のとき
a を代表元とするこの作用のオービット $O(a)$ は
a を代表元にもつ共役類 $C(a)$ である.
　　　($\hookrightarrow$ 別冊「正規部分群」Def.7.7.14(共役類))
a の安定化部分群は $\{g \in G \mid gag^{-1} = a\}$ である.

(proof)

(1) $G \ni {}^\forall x$ に対して $\varphi(e, x) = exe^{-1} = x$
$G \ni {}^\forall g, {}^\forall h \quad G \ni {}^\forall x$ に対して

$$\varphi(g,\varphi(h,x)) = g(hxh^{-1})g^{-1}$$
$$= (gh)x(gh)^{-1}$$
$$= \varphi(gh,x)$$

(2) 定義より a を代表元とするこの作用のオービットは
$$O(a) = \{gag^{-1}|g \in G\} = C(a)$$
であり,

a の安定化部分群は
$$\{g \in G \mid gag^{-1} = a\}$$
である.

★ G を群とし a を G の元としたとき $\{g \in G \mid gag^{-1} = a\}$ を G における a の中心化群といい, $Z_G(a)$ で表した.
これは今考えている作用の a の安定化群 G_a そのものである.
$\{a \in G \mid G \ni^\forall g$ に対して $ga = ag\}$ を G の中心といい, $Z(G)$ で表した.
($\hookrightarrow$ 別冊「正規部分群」Def.7.7.7(中心・中心化群・正規化群))
このとき
$$Z(G) \ni a \Leftrightarrow G \ni^\forall g \text{ に対して } ga = ag$$
$$\Leftrightarrow O(a) = \{a\}$$
$$\Leftrightarrow |O(a)| = 1$$
である.
これより次が成り立つ.

Proposition 7.20.10 (共役な元の個数)

G は有限群, $G \ni a$ とする.
a を代表元にもつ共役類を $C(a)$ とするとき
(1) $Z(G) \ni a \iff |C(a)| = 1$
(2) $|C(a)| = |G|/|Z_G(a)|$

(proof)
(1) G における a の共役類 $C(a)$ は $O(a)$ と一致していたので

上で述べたことにより成立する.

(2) $O(a) = C(a)$ で $G_a = Z_G(a)$ なので
Proposition 7.20.3(安定化部分群の性質)(4) よりでる.

(1) より $Z(G)$ はその共役類が 1 個の元よりなる集合なので
Theorem 7.20.1 より次の定理が成立する.

Theorem 7.20.2 (類等式)

G を有限群として $C(b_1), C(b_2), \cdots, C(b_t)$ を 2 個以上の元からなる共役類全てから なる集合とするとき
$$|G| = |Z(G)| + |C(b_1)| + |C(b_2)| + \cdots + |C(b_t)| \quad [129]$$
$$= |Z(G)| + \frac{|G|}{|Z_G(b_1)|} + \frac{|G|}{|Z_G(b_2)|} + \cdots + \frac{|G|}{|Z_G(b_t)|}$$
である.

Def. 7.20.6 (p 群)

p は素数とする.

位数が p のべきである群を p 群 という.

★ 単位元 e のみからなる群 $\{e\}$ は位数が p^0 なので
これも p 群である.
これを自明な p 群という.

Proposition 7.20.11

自明でない p 群には 位数が p の元がある.

(proof)

G を自明でない p 群とする.

$G \ni^\exists x \quad s.t. \quad x \neq e$

---

[129] この作用のオービット全体のなす集合を個数の少ない順に $O(a_1), O(a_2), \cdots, O(a_k), O(b_1), \cdots, O(b_t)$ とする. $\{O(a_1), O(a_2), \cdots, O(a_k)\}$ を元の個数が 1 個のオービットとすると $|Z(G)| = k$ である.

x の位数は p のべきの約数で, 1 ではないので $p^t(t \geq 1)$ である.
このとき $x^{p^{t-1}}$ は位数が p の元である.

p 群に関しては次は有名な定理である.

Theorem 7.20.3 (自明でない p 群は自明でない中心をもつ)
P を自明でない p 群とすると, その中心も自明でない p 群である.

(proof)
類等式を使う.
$C(b_1), C(b_2), \cdots, C(b_t)$ を 2 個以上の元からなる P の共役類全てからなる集合とする.
Theorem 7.20.2(類等式) より
$$|P| = |Z(P)| + \frac{|P|}{|Z_P(b_1)|} + \frac{|P|}{|Z_P(b_2)|} + \cdots + \frac{|P|}{|Z_P(b_t)|}$$
が成り立つ.
$|P|$ は p のべきであり 1 ではないので p で割り切れる.
各 i に対しても $\frac{|P|}{|Z_P(b_i)|}$ は p のべきの約数であり
1 ではないのでこれも p で割り切れる.
よって $|Z(P)|$ も p でわりきれる.
ゆえに P の中心 $Z(P)$ も $\{e\}$ とは異なる.

Theorem 7.20.4 (自明でない p 群の位数が p^s のとき位数が p^{s-1} の部分群をもつ)
G を自明でない p 群とする.
$|G| = p^s$ とすると
$\quad G >^\exists H \quad s.t. \quad |H| = p^{s-1}$

(proof)
$s = 1$ のとき $H = \{e\}$ とすればよい.
$s \geq 2$ とする.
G の中心 $Z(G)$ は自明でない p 群であるので
$Z(G)$ の元で位数が p のものがある.

その一つを a とすると

$<a>$ は $Z(G)$ に含まれるので G の正規部分群である.
$|G/<a>| = |G|/|<a>| = \frac{p^s}{p} = p^{s-1}$ である. [130)]
帰納法の仮定より [131)]

$G/<a> \supset^\exists H'$ s.t. $|H'| = p^{s-2}$

ここで

$\varphi : G \longrightarrow G/<a>$ を自然な epimorphism とすると

φ は $p : 1$ の全射なので

(↪ 別冊「正規部分群」Theorem 7.7.1)

$\varphi^{-1}(H')$ は G の部分群であり,
$|\varphi^{-1}(H')| = p|H'| = p^{s-1}$

Proposition 7.20.12 (位数 p^2 の群はアーベル群)

p を素数とする.
G を 位数 p^2 の群とすると G はアーベル群である.

(proof)

G は自明でない p 群なのでその中心 $Z(G)$ も自明でない p 群である.
よって $Z(G)$ には位数 p の元がある.
a を $Z(G)$ の位数 p の元とする.
$<a>$ は位数 p の G の部分群で G の正規部分群である.
よって $G/<a>$ を考えることができるが

$|G/<a>| = |G|/|<a>| = \frac{p^2}{p} = p$ なので

$G/<a>$ は巡回群である.
よって $G/<a> = <b<a>>$ となる G の元 b が存在する.

$G = <a> \cup b<a> \cup b^2<a> \cup \cdots\cdots \cup b^{n-1}<a>$

であるので $G \ni x, y$ とすると

$x = b^s a^t, y = b^{s'} a^{t'}$

[130)]　$G/<a>$ は G の $<a>$ による剰余類群 (↪ 別冊「正規部分群」Def.7.7.8)
[131)]　$s \geq 2$ なので $G/<a>$ は自明でない p 群だから帰納法の仮定が使える.

となる整数 s, s', t, t' が存在する.

a は $Z(G)$ の元なので a は G の全ての元と可換なので
$$xy = b^s a^t b^{s'} a^{t'} = b^{s+s'} a^{t+t'} = b^{s'} a^{t'} b^s a^t = yx \quad {}^{132)}$$
よって G はアーベル群である.

★ H を G の部分群としたとき

$\{x \in G \mid xH = Hx\}$ を G における H の正規化群といい, $N_G(H)$ で表した.

(↪ 別冊「正規部分群」Def.7.7.7(中心・中心化群・正規化群))

$N_G(H) \ni^\forall g$ に対して $gH = Hg$ が成り立つので

H は $N_G(H)$ の正規部分群である.

Proposition 7.20.13 (共役な部分群の個数)

H を有限群 G の部分群とするとき

G において H と共役な部分群の個数 $= \dfrac{|G|}{|N_G(H)|}$ が成り立つ.

(proof)

X を G の部分群全体のなす集合とする.

G の X への作用で

$G \ni g$ と $X \ni K$ に対して ${}^g K = gKg^{-1}$ と定めると ${}^{133)}$

$X \ni H$ であり, H の安定化群 G_H は

$G_H = \{x \in G | {}^x H = H\} = \{x \in G | xHx^{-1} = H\} = N_G(H)$

をみたしている.

(H の安定化群は G における H の正規化群と一致している)

H と共役な部分群全体は H のオービット $O(H)$ と一致している.

Proposition 7.20.3(安定化部分群の性質) の (4) より

---

132) $Z(G) \ni a$ より $a^t b^{s'} = b^{s'} a^t$

133) $X \ni K$ のとき e を G の単位元とすると
$\quad {}^e K = eKe^{-1} = K$
$G \ni g, h$ とすると
$\quad {}^{gh} K = ghK(gh)^{-1} = g(hKh^{-1})g^{-1} = {}^g ({}^h K)$

$$|O(H)| = \frac{|G|}{|G_H|} = \frac{|G|}{|N_G(H)|}$$
である.

これからシローの定理について述べる. p は素数とする.

Def. 7.20.7 (シロー部分群)

G を位数 $p^s m$ の有限群とする.

ただし $s \geq 1$ で m は p と互いに素とする.

このとき位数が p^s の G の部分群を G の p-シロー部分群という.

この定義のもと以下が成立する.

Theorem 7.20.5 (シローの第 1 定理)

G が位数が p の倍数の有限群のとき

G には p-シロー部分群が存在する.

互いに共役な部分群は同じ位数をもっているので次の注意が成り立つ.

Remark 7.20.1 (p-シロー部分群と共役な部分群は p-シロー部分群である)

S を群 G の p-シロー部分群とするとき

$G \ni^\forall g$ に対して gSg^{-1} も G の p-シロー部分群である.

Theorem 7.20.6 (シローの第 2 定理)

G の位数が p の倍数のとき

G の p-シロー部分群どうしは G において共役である.

Theorem 7.20.7 (シローの第 3 定理)

G の位数が p の倍数のとき

G の p-シロー部分群の個数は p を法として 1 と合同であり,

$|G|$ の約数である.

Theorem 7.20.8 (シローの第 4 定理)

G の位数が p の倍数のとき

G の任意の p 部分群はどれかの G の p-シロー部分群に含まれる.

これらの定理の証明のために次の Lemma を用意する.

Lemma 7.20.1 (位数が p の倍数のアーベル群には位数 p の元がある)
　G をその位数が p の倍数のアーベル群とすると G には位数 p の元がある.

(proof)
　$|G|$ についての帰納法で示す.
　G の位数が p のときは G の単位元以外の元は全て位数が p である. [134]
　G の位数は p より大きいとき
　G から単位元以外の元 a を一つとる.
　a の位数が p の倍数 pt だとすると a^t は位数 p の元である.
　a の位数が p の倍数でないとき
$$|G/<a>| = |G|/|<a>|$$
なので
$|G/<a>|$ は p の倍数であり, [135]
$|<a>| > 1$ なので
$$|G/<a>| < |G|$$
である.
　帰納法の仮定より, $G/<a>$ には位数が p の元 $b<a>$ がある.
　b の位数を l とすると
$$(b<a>)^l = b^l <a> = e<a> = <a>$$
$b^l = e$ より
$$p | l$$
よって $l = pt$ の形をしている.
b^t は位数が p の元である.

ここから定理たちの証明をする.

---

[134] p の約数は 1 か p である.
[135] $|G|$ は p の倍数で $|<a>|$ は p の倍数でない.
　　　$|G|/|<a>|$ は整数である.

Theorem 7.20.5(シローの第1定理) の証明

G の位数に関する帰納法で行う.

$|G| = p^s m$ で $s \geq 1$, m は p と互いに素とする.

・$|G| = p$ のとき,つまり $s = 1, m = 1$ のとき (G の位数が一番小さいとき)

$|G| = p^1$ なので G 自身が G の p-シロー部分群である.

・$|G| > p$ のとき,次の2つの場合に分けて証明する.

case1. G と異なる G の部分群 G' で,その位数が p^s で割り切れるものが存在する場合

$|G'| = p^s m'$(ただし m' は p と互いに素) とかける. [136]

帰納法の仮定より G' には位数が p^s の部分群

すなわち G' の p-シロー部分群が存在する.

G' の p-シロー部分群は G の部分群であり,位数が p^s なので

G の p-シロー部分群である.

case2. G の G と異なる部分群の位数は全て p^s で割り切れない場合

$C(b_1), C(b_2), \cdots, C(b_n)$ を2個以上の元からなる G の共役類全てからなる集合とする.

このとき
$$|G| = |Z(G)| + \frac{|G|}{|Z_G(b_1)|} + \frac{|G|}{|Z_G(b_2)|} + \cdots + \frac{|G|}{|Z_G(b_t)|}$$
である.(∵ Theorem 7.20.2(類等式))

各 i について

$Z_G(b_i)$ は G の部分群で G と異なるのでその位数は p^s でわれない.
$|G|$ は p^s でわれるので $\frac{|G|}{|Z_G(b_i)|}$ は p でわれる.
$|G|$ も p でわれるので $|Z(G)|$ も p でわれる.

Lemma 7.20.1(位数が p の倍数のアーベル群には位数 p の元がある)

より $Z(G)$ には位数が p の元がある.

---

[136] G' は G の部分群なので $|G'|$ は $|G|$ の約数
つまり $p^s m'$ は $p^s m$ の約数である.
よって m' は m の約数であり m は p と互いに素なので
m' は p と互いに素である.

それを a とする.

$s=1$ のときは $|<a>|=p=p^1$ なので

$<a>$ が G の p-シロー部分群である.

$s>1$ のときは $G/<a>$ は位数 $p^{s-1}m$ の群なので帰納法の仮定より

その p-シロー部分群がある.

その一つを S_* とおく.(S_* は $G/<a>$ の位数が p^{s-1} の部分群である)

$\varphi: G \longrightarrow G/<a>$ を自然な epimorphism とする.

これは $p:1$ の epimorphism なので

$\varphi^{-1}(S_*)$ は位数が p^s の G の部分群になる.

これは G の p-シロー部分群である.

残りの定理を証明する前にさらに準備をしておく.

P を G の p 部分群, H を G の部分群として

X を H の左剰余類全体のなす集合 $\{xH \mid G \ni x\}$ とする.

$P \ni g$, $X \ni xH$ のとき ${}^g(xH) = gxH$

で定まる P の X への左からの作用を考える. [137]

このとき

$X \ni aH$ の安定化部分群 $G_p(aH)$ については

$$\begin{aligned} G_P(aH) &= \{x \in P \mid xaH = aH\} \\ &= \{x \in P \mid xa \in aH\} \\ &= \{x \in P \mid x \in aHa^{-1}\} \\ &= P \cap aHa^{-1} \end{aligned}$$ [138]

なのでオービット $O(aH)$ については

---

[137] 実際,

$X \ni^\forall a$ に対して ${}^\exists x \in G$ s.t. $a = xH$

${}^e(xH) = exH = xH$

$P \ni^\forall g, h$ と $X \ni^\forall xH$ に対して

${}^g({}^h(xH)) = {}^g(hxH) = ghxH = {}^{gh}(xH)$

なのでこれは P の X への作用になっている.

[138] $bH = aH \Leftrightarrow b \in aH$ なので $xaH = aH \Leftrightarrow xa \in aH$

$$|O(aH)| = \frac{|P|}{|G_P(aH)|} = \frac{|P|}{|P \cap aHa^{-1}|}$$

が成り立っている. (∵ Proposition 7.20.3(安定化部分群の性質)(4))

P は p 群なので $|O(aH)|$ は p のべきであり, したがって $|O(aH)| \neq 1$ のときは $|O(aH)|$ は p の倍数である.

$|O(aH)| = 1$ となる条件は

$|P| = |P \cap aHa^{-1}|$, すなわち $P = P \cap aHa^{-1}$

つまり $P \subset aHa^{-1}$

である.

X のこの作用におけるオービット全体のなす集合を

$O(a_1 H), O(a_2 H), \cdots, O(a_t H)$

とすると

$|X| = |O(a_1 H)| + |O(a_2 H)| + \cdots + |O(a_t H)|$

である.

このことに注意すると次の Corolally を得る.

Corolally 7.20.1

P を G の p 部分群, H を G の部分群として

X を H の左剰余類全体のなす集合 $\{xH \mid G \ni x\}$ とする.

(1) $|X|$ が p の倍数でないとき

$P \subset aHa^{-1}$ なる G の元 a が存在する.

(2) P の X への左からの作用の, 元の個数が 1 個のオービットが

一つしかない時は $|X|$ は p を法として 1 である.

Theorem 7.20.8(シローの第 4 定理) を証明する.

P を G の p 部分群として S を G の p-シロー部分群の一つとする.

X を S の左剰余類全体のなす集合とすると

$|X| = \dfrac{|G|}{|S|}$ なのでこれは p と互いに素である.

S は G の部分群だから

$H = S$ として Corolally 7.20.1(1) を適用すると

$P \subset aSa^{-1}$ なる G の元 a が存在する.

$|aSa^{-1}| = |S|$ なので aSa^{-1} は G の p-シロー部分群である.
したがって G の全ての p 部分群は G のどれかの p-シロー部分群に含まれる.

Theorem 7.20.6(シローの第 2 定理) の証明

S と S' をともに G の p-シロー部分群とする.

S' は G の p 部分群なので先程の証明を $P = S'$ としてみると

$S' \subset aSa^{-1}$ なる G の元 a が存在する.

$|S'| = |S| = |aSa^{-1}|$ なので

$S' = aSa^{-1}$

つまり S' と S は互いに共役である.

Theorem 7.20.7(シローの第 3 定理) の証明するまえに次のことに注意しておく.

Corolally 7.20.2

S を G の p-シロー部分群として $N_G(S)$ を G における S の正規化群とするとき次が成り立つ.
(1) G における p-シロー部分群の個数は $\dfrac{|G|}{|N_G(S)|}$ である.
(2) S が G の正規部分群のとき G の p-シロー部分群は S 一つだけである.
(3) S は $N_G(S)$ の唯一の p-シロー部分群である.
(4) $\dfrac{|G|}{|N_G(S)|}$ は p を法として 1 である.

(proof)
(1) Theorem 7.20.6(シローの第 2 定理) より G の p-シロー部分群の個数は G において S と共役な部分群の数である.

よって G における p-シロー部分群の個数は $\dfrac{|G|}{|N_G(S)|}$ である.
(∵ Proposition 7.20.13(共役な部分群の個数))
(2) S が G の正規部分群のときは S と共役なものは S しかないので
Theorem 7.20.6(シローの第 2 定理) より G の p-シロー部分群は

S しかない.

(3) 正規化群の定義より S は $N_G(S)$ の正規部分群である.
$|S| = p^s$, $|N_G(S) : S| = m'$, $|G : N_G(S)| = m''$ とおくと
$$|N_G(S)| = p^s m', \quad |G| = p^s m' m''$$
である.
S が G の p-シロー部分群なので $m' m''$ は p と互いに素であり
したがって m', m'' ともに p と互いに素である.
$|N_G(S)| = p^s m'$, $|S| = p^s$, m' は p と互いに素
なので S は $N_G(S)$ の p-シロー部分群である.

Theorem 7.20.7(シローの第3定理) を証明する.
(1) より G における p-シロー部分群の個数は
S を G の p-シロー部分群とし, $N_G(S)$ を G における S の正規化群
とするとき $\dfrac{|G|}{|N_G(S)|}$ であった.
よって $\dfrac{|G|}{|N_G(S)|}$ が p を法として 1 であることを示す.
S の $G/N_G(S)$ [139] への左からの作用で,
$O(aN_G(S))$ が 1 個の元から成るとすると
S は p 部分群なので Corolally 7.20.1 の上で見たように
$$S \subset aN_G(S)a^{-1}$$
となり
$$a^{-1}Sa \subset N_G(S)$$
ここで $|a^{-1}Sa| = |S|$ なので $a^{-1}Sa$ は G の p-シロー部分群となり
Corolally 7.20.2(3) より, これが $N_G(S)$ のただ一つの
p-シロー部分群である.
$$a^{-1}Sa = S, \text{ つまり } S = aSa^{-1}$$
よって
$$N_G(S) \ni a \text{ となり } O(aN_G(S)) = O(N_G(S))$$
S の $G/N_G(S)$ への左からの作用のオービットで, 元の個数が 1 個

---

[139] $N_G(S)$ の左剰余類全体のなす集合

のものは $O(N_G(S))$ の 1 個だけなので
$|G/N_G(S)|$ は p を法として 1 である.($\because$ Corolally 7.20.1(2))
$\dfrac{|G|}{|N_G(S)|}$ は p を法として 1 である.

7.21 Hom(G, μ_n)

n は自然数,
G は 有限アーベル群で,その exponent は n の約数とする.
すなわち $G \ni {}^\forall x$ に対して $x^n = 1$ (1 は単位元) が成り立っているとする.
$G \longrightarrow \mu_n$ [140])への homomorphism の集合は群をなす.
その群を $Hom(G, \mu_n)$ で表す.

Theorem 7.21.1
$\exists m_1, m_2, \cdots, m_s$ s.t. $G \simeq \mu_{m_1} \times \mu_{m_2} \times \cdots \times \mu_{m_s}$ (直積)
ここで $m_1, m_2, \cdots, m_s$ は全て n の約数である.

Theorem 7.21.2
G_1, G_2 をアーベル群とするとき
$Hom(G_1 \times G_2, \mu_n) \simeq Hom(G_1, \mu_n) \times Hom(G_2, \mu_n)$

Theorem 7.21.3
m を n の約数とするとき
$Hom(\mu_m, \mu_n) \simeq \mu_m$

Theorem 7.21.1 は アーベル群の基本定理から得られる.
(別冊「アーベル群の基本定理 (2)」Theorem 7.23.2)
Theorem 7.21.2, Theorem 7.21.3 はあとで証明する.
この 3 つの定理が成り立つものとして話を進める.

Proposition 7.21.1
G を有限アーベル群で exponent は n の約数とするとき
$Hom(G, \mu_n) \simeq G$,
特に $|Hom(G, \mu_n)| = |G|$ が成り立つ.

---

140) μ_n は 1 の原始 n 乗根の集合

(proof)
$$\begin{aligned}
Hom(G,\mu_n) &\simeq Hom(\mu_{m_1} \times \mu_{m_2} \times \cdots \times \mu_{m_s}, \mu_n) \\
&\qquad m_1|n,\ m_2|n,\ \cdots,\ m_s|n \quad (\because \text{Theorem7.21.1}) \\
&\simeq Hom(\mu_{m_1},\mu_n) \times Hom(\mu_{m_2},\mu_n) \times \cdots \times Hom(\mu_{m_s},\mu_n) \\
&\qquad\qquad (\because \text{Theorem7.21.2}) \\
&\simeq \mu_{m_1} \times \mu_{m_2} \times \cdots \times \mu_{m_s} \quad (\because \text{Theorem7.21.3}) \\
&\simeq G \quad (\because \text{Theorem7.21.1})
\end{aligned}$$

Theorem 7.21.2, 7.21.3 を証明する.

次の Lemma を用意する.

Lemma 7.21.1

G, G_1, G_2 をアーベル群とする.

このとき, 次の 2 つは同値である.

(1) $G \simeq G_1 \times G_2$ (直積)

(2) 4 つの homomorphism

$\varphi : G_1 \longrightarrow G,\ \psi : G_2 \longrightarrow G$

$p : G \longrightarrow G_1,\ q : G \longrightarrow G_2$ で

条件 : $G_1 \ni^{\forall} x$ に対して $p(\varphi(x)) = x,\ q(\varphi(x)) = 1$

$\qquad G_2 \ni^{\forall} y$ に対して $q(\psi(y)) = y,\ p(\psi(y)) = 1$

$\qquad G \ni^{\forall} z$ に対して $\varphi(p(z))\psi(q(z)) = z$

をみたすものが存在する.

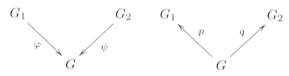

(proof)

(1) $\Rightarrow$ (2)

$G \simeq G_1 \times G_2$ より G から $G_1 \times G_2$ への isomorphism が存在する.

これを $\Phi : G \longrightarrow G_1 \times G_2$ とする.
$\Psi : G_1 \times G_2 \longrightarrow G$ をその逆写像とする.
$\varphi : G_1 \longrightarrow G$ を $G_1 \ni^\forall x$ に対して $\varphi(x) = \Psi(x,1)$ と定める.
$\psi : G_2 \longrightarrow G$ を $G_2 \ni^\forall y$ に対して $\psi(y) = \Psi(1,y)$ と定める.
また $p : G \longrightarrow G_1$, $q : G \longrightarrow G_2$ を
$G \ni^\forall z$ に対して $(p(z), q(z)) = \Phi(z)$ が成り立つように定める.
このとき $G_1 \ni^\forall x$ に対して
$p(\varphi(x)) = x$, $q(\varphi(x)) = 1$ である.
 ($\because \varphi(x) \in G$ であり,
  $\Phi(\varphi(x)) = (p(\varphi(x)), q(\varphi(x)))$ なので
  $\Phi(\varphi(x)) = (x,1)$ であればよい.
  $\Phi(\varphi(x)) = \Phi(\Psi(x,1)) = (x,1)$ である. [141])

また $G_2 \ni^\forall y$ に対して
$q(\psi(y)) = y$, $p(\psi(y)) = 1$ である.
 ($\because \psi(y) \in G$ であり,
  $\Phi(\psi(y)) = (p(\psi(y)), q(\psi(y)))$ なので
  $\Phi(\psi(y)) = (1,y)$ であればよい.
  $\Phi(\psi(y)) = \Phi(\Psi(1,y)) = (1,y)$ である.)

最後に $G \ni^\forall z$ に対して
$\varphi(p(z)) \psi(q(z)) = z$ である.
 ($\because p(z) \in G_1$, $q(z) \in G_2$ であり,
  $\Psi(p(z), 1) = \varphi(p(z))$
  $\Psi(1, q(z)) = \psi(q(z))$ なので
  $\varphi(p(z)) \psi(q(z)) = \Psi(p(z),1) \Psi(1, q(z))$
  $\qquad\qquad\qquad = \Psi(p(z), q(z))$
  $\qquad\qquad\qquad = \Psi(\Phi(z))$
  $\qquad\qquad\qquad = z$)

---

[141] $\Phi \circ \Psi = id$ である.

(2) ⇒ (1)

$\Phi: G \longrightarrow G_1 \times G_2$ で
$G \ni^\forall z$ に対して $\Phi(z) = (p(z), q(z))$ と定め、
$\Psi: G_1 \times G_2 \longrightarrow G$ を $G_1 \times G_2 \ni^\forall (x, y)$ に対して
$\Psi(x, y) = \varphi(x)\psi(y)$ と定める.
このとき Φ も Ψ も homomorphism である.
$G \ni^\forall z$ に対して
$\quad \Psi(\Phi(z)) = \Psi(p(z), q(z)) = \varphi(p(z))\psi(q(z)) = z$
$G_1 \times G_2 \ni^\forall (x, y)$ に対して
$\Phi(\Psi(x, y))$
$= \Phi(\varphi(x)\psi(y))$
$= (p(\varphi(x)\psi(y)),\ q(\varphi(x)\psi(y)))$
$= (p(\varphi(x))p(\psi(y)),\ q(\varphi(x))q(\psi(y)))$
$= (x, y)$
よって $\Phi \circ \Psi = id,\ \Psi \circ \Phi = id$ である.
ゆえに Φ は isomorphism で Ψ はその逆写像である.
したがって $G \simeq G_1 \times G_2$

これを使って Theorem 7.21.2 を証明する.

Theorem 7.21.2 は以下のものであった.

「G_1, G_2, H をアーベル群とする.

このとき $Hom(G_1 \times G_2, H) \simeq Hom(G_1, H) \times Hom(G_2, H)$ が成り立つ.」

(proof)

$\varphi: Hom(G_1, H) \longrightarrow Hom(G_1 \times G_2, H)$
$\psi: Hom(G_2, H) \longrightarrow Hom(G_1 \times G_2, H)$
$p: Hom(G_1 \times G_2, H) \longrightarrow Hom(G_1, H)$
$q: Hom(G_1 \times G_2, H) \longrightarrow Hom(G_2, H)$

$Hom(G_1, H) \ni^\forall f$ に対して $p(\varphi(f)) = f, q(\varphi(f)) = 1$
$Hom(G_2, H) \ni^\forall g$ に対して $q(\psi(g)) = g, p(\psi(g)) = 1$

$Hom(G_1 \times G_2, H) \ni^\forall h \ni$ に対して $\varphi(p(h))\psi(q(h)) = h$
をみたす homo φ, ψ, p, q が存在すればよい.

$\varphi : Hom(G_1, H) \longrightarrow Hom(G_1 \times G_2, H)$ を
 $Hom(G_1, H) \ni^\forall f$ に対して $Hom(G_1 \times G_2, H) \ni \varphi(f)$ を
 $G_1 \times G_2 \ni^\forall (x, y)$ に対して
 $\varphi(f)(x, y) = f(x)$
と定める.

$\psi : Hom(G_2, H) \longrightarrow Hom(G_1 \times G_2, H)$ を
 $Hom(G_2, H) \ni^\forall g$ に対して $Hom(G_1 \times G_2, H) \ni \psi(g)$ を
 $G_1 \times G_2 \ni^\forall (x, y)$ に対して
 $\psi(g)(x, y) = g(y)$
と定める.

$p : Hom(G_1 \times G_2, H) \longrightarrow Hom(G_1, H)$ を
 $Hom(G_1 \times G_2, H) \ni^\forall h$ に対して $Hom(G_1, H) \ni p(h)$ を
 $G_1 \ni^\forall x$ に対して $p(h)(x) = h(x, 1)$
と定める.

$q : Hom(G_1 \times G_2, H) \longrightarrow Hom(G_2, H)$ を
 $Hom(G_1 \times G_2, H) \ni^\forall h$ に対して $Hom(G_2, H) \ni q(h)$ を
 $G_2 \ni^\forall y$ に対して $q(h)(y) = h(1, y)$
と定める.

このとき

$Hom(G_1, H) \ni^\forall f$ に対して

$p(\varphi(f)) \in Hom(G_1, H)$ である.

$G_1 \ni^\forall x$ に対して $p(\varphi(f))(x) = \varphi(f)(x, 1) = f(x)$

よって $p(\varphi(f)) = f$

$Hom(G_1, H) \ni^\forall f$ に対して

$q(\varphi(f)) \in Hom(G_2, H)$ である.

$G_2 \ni^\forall y$ に対して $q(\varphi(f))(y) = \varphi(f)(1, y) = f(1) = 1$

よって $q(\varphi(f)) = 1$

$Hom(G_2, H) \ni^\forall g$ に対して
$p(\psi(g)) \in Hom(G_1, H)$ である.
$G_1 \ni^\forall x$ に対して $p(\psi(g))(x) = \psi(g)(x, 1) = g(1) = 1$
よって $p(\psi(g)) = 1$

$Hom(G_2, H) \ni^\forall g$ に対して
$q(\psi(g)) \in Hom(G_2, H)$ である.
$G_2 \ni^\forall y$ に対して $q(\psi(g))(y) = \psi(g)(1, y) = g(y)$
よって $q(\psi(g)) = g$

$Hom(G_1 \times G_2, H) \ni^\forall h$ に対して
$\varphi(p(h))\psi(q(h)) \in Hom(G_1 \times G_2, H)$ である.
$G_1 \times G_2 \ni^\forall (x, y)$ に対して
$$\begin{aligned}(\varphi(p(h))\psi(q(h)))(x, y) &= \varphi(p(h))(x, y)\psi(q(h))(x, y) \\ &= p(h)(x)q(h)(y) \\ &= h(x, 1)h(1, y) = h((x, 1)(1, y)) = h(x, y)\end{aligned}$$
よって $\varphi(p(h))\psi(q(h)) = h$

以上より Lemma 7.21.1(2) の 4 つが存在することが確かめられたので
$Hom(G_1 \times G_2, H) \simeq Hom(G_1, H) \times Hom(G_2, H)$ である.

最後に Theorem 7.21.3 を証明する.

Theorem 7.21.3 は以下のものであった.

「m を n の約数とするとき $Hom(\mu_m, \mu_n) \simeq \mu_m$」

(proof)
m が n の約数なので $n = md$ となる自然数 d が存在する.
ξ を μ_n の生成元の一つとする.
$\gamma = \xi^d$ とおくと γ は μ_m の生成元の一つになっている.
$Hom(\mu_m, \mu_n) \ni f$ とする.
ここで φ を μ_m から μ_m への inclusion map とすると

$Hom(\mu_m, \mu_n) \ni \varphi$ であることに注意する.

さて $Hom(\mu_m, \mu_n) \ni f$ とすると
$$(f(\gamma))^m = f(\gamma^m) = f(1) = 1$$
なので $f(\gamma) \in \mu_m$ である.

逆に $\mu_m \ni \eta$ とすると
$$\exists t \ s.t. \ \eta = \gamma^t = (\varphi(\gamma))^t \ {}^{142)} = \varphi^t(\gamma)$$
である.

$\varphi \in Hom(\mu_m, \mu_n)$ だったので $\varphi^t \in Hom(\mu_m, \mu_n)$ である.

以上のことから 全射 $\Pi : Hom(\mu_m, \mu_n) \longrightarrow \mu_n$ が定義できる.

Π は単射であり homomorphism であるから [143]

Π は isomorphism である.

したがって $Hom(\mu_m, \mu_n) \simeq \mu_m$ である.

---

[142] φ は inclusion map である.

[143]   ・単射を示す.
        $Hom(\mu_m, \mu_n) \ni f, g$ で $f(\gamma) = g(\gamma)$ とする.
        $f(\gamma^s) = f(\gamma)^s = g(\gamma)^s = g(\gamma^s)$
        よって $f = g$ である.
   ・homo であることを示す.
        $Hom(\mu_m, \mu_n)$ は,
           $Hom(\mu_m, \mu_n) \ni f, g$ に対して fg を
             $\mu_m \ni^\forall x$ に対して $fg(x) = f(x)g(x)$
        と決められた群である.
        よって $fg(\gamma) = f(\gamma)g(\gamma)$ であるから Π は homomorphism である.

7.22 アーベル群の基本定理 (1)

この節では
「PID の有限自由加群 (finite free module) の
自明でない部分加群 (submodule) は自由加群である.」
というアーベル群の基本定理を紹介することにする.
まず基本的な定義とこの節だけに使う定義を与えることにする.
節の後半では A は PID とするが, 当面は単に環としておく.

(I) A-module

先ず A-module を定義する.

Def. 7.22.1 (A-module)

M を加群とする.
A の任意の元 a と M の任意の元 x に対して
x の a 倍と呼ばれ ax で表される M の元が定まり,
次の条件をみたすとき, M は A 加群であるとか A-module であるという.
I.(1) $M \ni^\forall x$ に対して
$$1.x = x$$
(2) $A \ni^\forall a,^\forall b$ と $M \ni^\forall x$ に対して
$$a(bx) = (ab)x \quad (これを abx とかく)$$
II. $A \ni^\forall a,^\forall b$ と $M \ni^\forall x,^\forall y$ に対して
$$a(x+y) = ax + ay$$
$$(a+b)x = ax + bx$$

Remark 7.22.1

A 自身は A-module である.
$A^n = \{(a_1, a_2, \cdots, a_n) \mid A \ni a_1, a_2, \cdots, a_n\}$
も A-module である.

A-module M の部分集合 N が M の部分加群であり,
M と同じ演算で A-module となるとき

N は M の submodule であるという.

Def. 7.22.2 (submodule)

A-module M の空でない部分集合 N が次をみたすとき
N を M の submodule という.
$A \ni^\forall a$ と $N \ni^\forall x, ^\forall y$ に対して
$\quad N \ni x + y$
$\quad N \ni ax$

A-module の submodule に関しては次が成り立つ.

Proposition 7.22.1

I.(1) M は M の submodule である.
 (2) $\{0\}$ は M の submodule である.
  これを M の自明な submodule という.
II. N_1, N_2 を M の submodule とするとき
 (1) $N_1 \cap N_2$ は M の submodule である.
 (2) $N_1 + N_2$ は M の submodule である.
 (3) $N_1 \supset N_2$ のとき
  N_2 は N_1 の submodule である.
III. N_1 が M の submodule, N_2 が N_1 の submodule とするとき
  N_2 は M の submodule である.

(II) 生成系・生成元

Lemma 7.22.1

M を A-module とするとき次が成り立つ.
(1) x を M の元とするとき
  $\{cx \mid A \ni c\}$
 を Ax で表すがこれは M の submodule である.
(2) $x_1, x_2, \cdots, x_n$ を M の元とするとき
  $Ax_1 + Ax_2 + \cdots + Ax_n$

は M の submodule になる.

ここで記法と定義を与えておく.

Def. 7.22.3

M を A-module として $M \ni x, x_1, x_2, \cdots, x_n$
とするとき
(1) Ax を $<x>$ で表し,
   x で生成された M の submodule という.
(2) $Ax_1 + Ax_2 + \cdots + Ax_n$ を $<x_1, x_2, \cdots, x_n>$ とも表し,
   $x_1, x_2, \cdots, x_n$ で生成された M の submodule という.
(3) $M = <x_1, x_2, \cdots, x_n>$
   となるとき $x_1, x_2, \cdots, x_n$ を M の生成系とか生成元とかいう.
   このとき M は $x_1, x_2, \cdots, x_n$ で生成されているという.

一般に $x_1, x_2, \cdots, x_n$ が A-module M の元のとき
A^n から M への A-homo で
   $(c_1, c_2, \cdots, c_n) \mapsto c_1 x_1 + c_2 x_2 + \cdots + c_n x_n$
で定まるものが存在する.
これを $x_1, x_2, \cdots, x_n$ で定まる A^n から M への A-homo というが
これの像が $<x_1, x_2, \cdots, x_n>$ である.

生成系に関してはもっと一般に次の定義を与えておく.

Def. 7.22.4

S を A-module M の部分集合とする.
M の任意の元 x に対して
   S の元 $x_1, x_2, \cdots, x_n$ で
   $<x_1, x_2, \cdots, x_n> \ni x$
をみたすものが存在するとき, S を M の生成系であるという.

有限個の M の元の集合 $\{x_1, x_2, \cdots, x_n\}$ が M の生成系になっているとき
   $M = <x_1, x_2, \cdots, x_n>$

である. [144]

Def. 7.22.5
有限個の元からなる集合を生成系にもつ A-module を
有限生成 A-module という.

(III) 線型独立・base・free A-module

Def. 7.22.6 (線型独立)
A-module M の元 $v_1, v_2, \cdots, v_n$ が条件
$\quad A \ni c_1, c_2, \cdots, c_n$ で
$\quad\quad c_1 v_1 + c_2 v_2 + \cdots + c_n v_n = 0$ ならば
$\quad\quad c_1 = c_2 = \cdots = c_n = 0$
をみたすとき, $v_1, v_2, \cdots, v_n$ は線型独立であるという.

$v_1, v_2, \cdots, v_n$ で定まる A^n から M への A-homo が単射であることと
$v_1, v_2, \cdots, v_n$ は線型独立であることは同じである.

Def. 7.22.7 (base(基底))
A-module M の元 $v_1, v_2, \cdots, v_n$ が線型独立であって,
M の生成系になっているとき
$v_1, v_2, \cdots, v_n$ は M の base(基底) であるという.

$v_1, v_2, \cdots, v_n$ で定まる A^n から M への A-homo が isomorphism
であることと
$v_1, v_2, \cdots, v_n$ が M の base であることは同じである.

---

[144] $M \supset \{x_1, x_2, \cdots, x_n\}$, で $\{x_1, x_2, \cdots, x_n\}$ が
M の生成系とすると
$\quad$($\subset$) $M \ni^\forall x$ に対して $\{x_1, x_2, \cdots, x_n\} \ni^\exists x_{i_1}, \cdots, x_{i_n}$ s.t.
$\quad\quad < x_{i_1}, \cdots, x_{i_n} > \ni x$ である.
$\quad\quad < x_1, x_2, \cdots, x_n > \supset < x_{i_1}, \cdots, x_{i_n} >$ なので $< x_1, x_2, \cdots, x_n > \ni x$
$\quad$($\supset$) 明らかである
よって $M = < x_1, x_2, \cdots, x_n >$ である.

base に関しては次の命題が成り立っている.

Proposition 7.22.2　(base をなす元の個数)
A-module M が m 個の元よりなる base をもつときは
M のどの base も m 個の元よりなる.

これの証明は節の最後に示すことにして，これを認めて話を続ける.

Def. 7.22.8　(free A-module, rank)
M を A-module とするとき
(1)　M が有限個の元からなる base をもつとき
M を free A-module という.
正確には有限階数の free A-module という.
(2)　M が m 個の元よりなる base をもつときは
M は rank m の free A-module という.
このときは rank M は m を表している.

Remark 7.22.2
M が rank m の free A-module のときは
A^m から M への A-isomorphism が存在する.
　逆に A^m から M への A-isomorphism が存在するときは
M は rank m の free A-module である.

次の Theorem がアーベル群の基本定理と呼ばれるものである.

Theorem 7.22.1　(アーベル群の基本定理)
A を PID として F を有限階数の free A-module とする.
N を F の自明でない submodule とするとき
N も有限階数の free A-module である.
すなわち次が成り立つ.
　　F の base, $v_1, v_2, \cdots, v_m$ と
　　A の元 $a_1, a_2, \cdots, a_n$ (ただし $0 < n \leq m$) で次をみたすものが存在する.
　　(1) $a_1 v_1, a_2 v_2, \cdots, a_n v_n$ が N の base になる.

(2) $(a_1) \supset (a_2) \supset \cdots \supset (a_n) \neq \{0\}$

(IV) 基本定理の証明のための準備

次の記法はこの節でのみ約束して使用するものであり
これ以降は A は PID とする.

Def. 7.22.9

(1) 「$v_1, v_2, \cdots, v_n$」と書けば
$v_1, v_2, \cdots, v_n$ はある A-module の線型独立な元の列を
表すことにする.

(2) $[v_1, v_2, \cdots, v_n]$ と書けば
「$v_1, v_2, \cdots, v_n$」であって, $[v_1, v_2, \cdots, v_n]$ 自身は
$<v_1, v_2, \cdots, v_n>$ を表すことにする.
したがって $[v_1, v_2, \cdots, v_n]$ は $v_1, v_2, \cdots, v_n$ を base にもつ
free A-module を表すことになる.

(3) x が $[v_1, v_2, \cdots, v_n]$ の元のとき
$$x = c_1 v_1 + c_2 v_2 + \cdots + c_n v_n$$
と x は A の元の組 $c_1, c_2, \cdots, c_n$ を使って一意的に表されるが
$I(x, \lceil v_1, v_2, \cdots, v_n \rfloor) = c_1,$
$J(x, \lceil v_1, v_2, \cdots, v_n \rfloor) = (c_1) + (c_2) + \cdots + (c_n)$
と定めることにする. [145)]

Lemma 7.22.2

N を $[v_1, v_2, \cdots, v_n]$ の submodule とするとき
$I(N, \lceil v_1, v_2, \cdots, v_n \rfloor) = \{I(x, \lceil v_1, \cdots, v_n \rfloor) | N \ni x\}$ は
A の ideal である.

(proof)
$V = \lceil v_1, v_2, \cdots, v_n \rfloor$ とおく.

[145)] $I(x, \lceil v_1, v_2, \cdots, v_n \rfloor)$ は A の元で
$J(x, \lceil v_1, v_2, \cdots, v_n \rfloor)$ は A の ideal である.

$I(N,V) \ni a,b$ で $A \ni r$ とする.
$a+b \in I(N,V)$, $ra \in I(N,V)$ を示す.

$I(N,V) \ni a,b$ より
$N \ni^\exists x,y$ s.t. $a = I(x,V)$, $b = I(y,V)$
つまり
$A \ni^{\exists_1} c_1, c_2, \cdots, c_n$ s.t.
$$x = c_1 v_1 + c_2 v_2 + \cdots + c_n v_n \text{ かつ } a = c_1$$
$A \ni^{\exists_1} d_1, d_2, \cdots, d_n$ s.t.
$$y = d_1 v_1 + d_2 v_2 + \cdots + d_n v_n \text{ かつ } b = d_1$$
このとき
$x + y = (c_1 + d_1)v_1 + (c_2 + d_2)v_2 + \cdots + (c_n + d_n)v_n$
$rx = (rc_1)v_1 + (rc_2)v_2 + \cdots + (rc_n)v_n$
ここで $N \ni x+y$, rx なので
$a + b = c_1 + d_1 = I(x+y, V) \in I(N,V)$
$ra = rc_1 = I(rx, V) \in I(N,V)$
よって $I(N,V)$ すなわち $I(N, \lceil v_1, v_2, \cdots, v_n \rfloor)$ は A の ideal である.

これらの記号のもと次が成り立つ.

Lemma 7.22.3

$[v_1, v_2, \cdots, v_n]$ の元 x に対して次が成り立つ.
(1) $J(x, \lceil v_1, v_2, \cdots, v_n \rfloor) \ni I(x, \lceil v_1, v_2, \cdots, v_n \rfloor)$
(2) $[v_1, v_2, \cdots, v_n] = [v_1', v_2', \cdots, v_n']$ とすると
$J(x, \lceil v_1, v_2, \cdots, v_n \rfloor) = J(x, \lceil v_1', v_2', \cdots, v_n' \rfloor)$

(proof)
(1) $x = c_1 v_1 + c_2 v_2 + \cdots + c_n v_n$ とする.
$(c_1) + (c_2) + \cdots + (c_n) \supset (c_1) \ni c_1$
より明らかに成り立つ.
(2) $x = c_1 v_1 + c_2 v_2 + \cdots + c_n v_n \cdots$ ①
$x = c_1' v_1' + c_2' v_2' + \cdots + c_n' v_n' \cdots$ ②

とする.
$(c_1) + (c_2) + \cdots + (c_n) = (c'_1) + (c'_2) + \cdots + (c'_n)$ を示す.

$1 \leq i \leq n$ なる i に対して
v'_i は $v'_1, v'_2, \cdots, v'_n$ の一次結合でかけるので
$[v_1, v_2, \cdots, v_n] = [v'_1, v'_2, \cdots, v'_n] \ni v'_i$
よって v'_i は $v_1, v_2, \cdots, v_n$ の一次結合でかける.
つまり
$$v'_i = \alpha_{i1} v_1 + \alpha_{i2} v_2 + \cdots + \alpha_{in} v_n$$
となる A の元 $\alpha_{i1}, \alpha_{i2}, \cdots, \alpha_{in}$ が存在する.
これを ② に代入して ① と比べると
$1 \leq j \leq n$ なる全ての j について
$c_j = c'_1 \alpha_{1j} + c'_2 \alpha_{2j} + \cdots + c'_n \alpha_{nj} \in (c'_1) + (c'_2) + \cdots + (c'_n)$
よって
$(c_1) + (c_2) + \cdots + (c_n) \subset (c'_1) + (c'_2) + \cdots + (c'_n)$
ゆえに
$J(x, \lceil v_1, v_2, \cdots, v_n \rfloor) \subset J(x, \lceil v'_1, v'_2, \cdots, v'_n \rfloor)$
$[v_1, v_2, \cdots, v_n]$ と $[v'_1, v'_2, \cdots, v'_n]$ の役割を入れ換えれば
$J(x, \lceil v_1, v_2, \cdots, v_n \rfloor) \supset J(x, \lceil v'_1, v'_2, \cdots, v'_n \rfloor)$ もわかる.
よって
$J(x, \lceil v_1, v_2, \cdots, v_n \rfloor) = J(x, \lceil v'_1, v'_2, \cdots, v'_n \rfloor)$
である.

Lemma 7.22.3(2) は次の定義が well-defined であることを意味している.

Def. 7.22.10

x を有限階数の free A-module M の元とするとき
$M = [v_1, v_2, \cdots, v_n]$ なる $\lceil v_1, v_2, \cdots, v_n \rfloor$ を選んで
$J(x, M) = J(x, \lceil v_1, v_2, \cdots, v_n \rfloor)$ と
$J(x, M)$ を定義する.

Lemma 7.22.4

$[v,w] \ni x$ として $(c) = J(x, \lceil v,w \rfloor)$ とするとき

$[v,w] = [v',w']$ かつ $x = cv'$

となる $\lceil v',w' \rfloor$ が存在する.

(proof)

$A \ni a,b$ で $x = av+bw$ とする.

$x = 0$ のときは $c = 0$ であり, $v' = v$, $w' = w$ とすればよい.

$x \neq 0$ のときは $(c) = (a) + (b)$ で $c \neq 0$ である.

$A \ni^{\exists} d,e,f,g \quad s.t. \begin{cases} ad+be = c \\ a = cf \\ b = cg \end{cases}$

よって

$(fd+eg)c = ad+be = c$

$c \neq 0$ より

$fd+eg = 1$

である.

よって $\begin{vmatrix} d & -g \\ e & f \end{vmatrix} = 1$ より

$\begin{pmatrix} v' \\ w' \end{pmatrix} = \begin{pmatrix} d & -g \\ e & f \end{pmatrix}^{-1} \begin{pmatrix} v \\ w \end{pmatrix}$

とおくと v', w' は $[v,w]$ の base, [146)]

つまり $[v,w] = [v',w']$ である.

$av+bw = (a \ b) \begin{pmatrix} v \\ w \end{pmatrix}$

---

146) $v' = fv+gw$, $w' = -ev+dw$ とおくと

$dv' - gw' = dfv + egv = v$

$ev' + fw' = egw + fdw = w$

が成り立つことから確かめることができる.

$$= (a\ b) \begin{pmatrix} d & -g \\ e & f \end{pmatrix} \begin{pmatrix} v' \\ w' \end{pmatrix}$$

$$= (ad+be\ \ -ag+bf) \begin{pmatrix} v' \\ w' \end{pmatrix}$$

$$= (c\ \ 0) \begin{pmatrix} v' \\ w' \end{pmatrix}$$

$$= cv'$$

もっと一般に次が成り立つ.

Lemma 7.22.5

$[v_1, v_2, \cdots, v_n] \ni x$ として $(c) = J(x, \lceil v_1, v_2, \cdots, v_n \rfloor)$
とするとき

$$[v_1, v_2, \cdots, v_n] = [v'_1, v'_2, \cdots, v'_n] \quad \text{かつ} \quad x = cv'_1$$

となる $\lceil v'_1, v'_2, \cdots, v'_n \rfloor$ が存在する.

(proof)

n についての帰納法で行う

$n = 2$ のときは Lemma 7.22.4 そのままである.

$n = 3$ のとき 主張が成り立つことを証明してみる.

$[v_1, v_2, v_3] \ni x$ なので

$A \ni^\exists a_1, a_2, a_3 \ s.t. \ x = a_1 v_1 + a_2 v_2 + a_3 v_3$ である. $\cdots$ ①

$[v_2, v_3] \ni a_2 v_2 + a_3 v_3$ であり, $(c'') = (a_2) + (a_3)$ とすると

Lemma 7.22.4 より

$\quad F \ni^\exists v''_2, v'_3 \ s.t. \ [v_2, v_3] = [v''_2, v'_3]$

$$\text{かつ}\ a_2 v_2 + a_3 v_3 = c'' v''_2$$

ここで $[v_1, v''_2] \ni a_1 v_1 + c'' v''_2$ で

$\quad J(a_1 v_1 + c'' v''_2, \lceil v_1, v''_2 \rfloor) = (a_1) + (c'') = (a_1) + (a_2) + (a_3)$

$\quad = J(x, \lceil v_1, v_2, v_3 \rfloor) = (c)$ なので

Lemma 7.22.4 より

$\quad F \ni^\exists v'_1, v'_2 \ s.t.$

$[v_1, v_2''] = [v_1', v_2']$, かつ $a_1 v_1 + c'' v_2'' = c v_1'$
したがって
$$[v_1, v_2, v_3] = [v_1, v_2'', v_3'] = [v_1', v_2', v_3']$$
$$x = a_1 v_1 + a_2 v_2 + a_3 v_3 = a_1 v_1 + c'' v_2'' = c v_1'$$
となり主張が成り立つことが確かめられた.

$n = 3$ のときの証明を参考にして一般の場合を証明する.
$n > 2$ として $n-1$ までは成り立っているとする.
$[v_1, v_2, \cdots, v_n] \ni x$ なので
$A \ni^\forall a_1, a_2, \cdots, a_n \ \ s.t. \ \ x = a_1 v_1 + a_2 v_2 + \cdots + a_n v_n$
$a_2 v_2 + \cdots + a_n v_n \in [v_2, v_3, \cdots, v_n]$ なので
$(d) = (a_2) + (a_3) + \cdots + (a_n)$ とおくと
帰納法の仮定より
$F \ni^\exists v_2'', v_3', \cdots, v_n' \ \ s.t.$
$\quad [v_2, v_3, \cdots, v_n] = [v_2'', v_3', \cdots, v_n']$
$\quad$ かつ $(a_2) + (a_3) + \cdots + (a_n) = d v_2''$
また
$\quad [v_1, v_2''] \ni a_1 v_1 + d v_2''$
であり
$\quad (c) = (a_1) + (a_2) + \cdots + (a_n) = (a_1) + (d)$
なので
$F \ni^\exists v_1', v_2' \ \ s.t.$
$\quad [v_1, v_2''] = [v_1', v_2']$ かつ $a_1 v_1 + d v_2'' = c v_1'$
したがって
$\quad [v_1, v_2, \cdots, v_n] = [v_1, v_2'', v_3', \cdots, v_n'] = [v_1', v_2', \cdots, v_n']$
である.
$\quad a_1 v_1 + a_2 v_2 + \cdots + a_n v_n = a_1 v_1 + d v_2'' = c v_1'$
$\quad x = a_1 v_1 + a_2 v_2 + \cdots + a_n v_n = a_1 v_1 + d v_2'' = c v_1'$
である.

Lemma 7.22.6

N を有限階数の free A-module F の $\{0\}$ でない submodule とするとき A の元 a_1 と F の base $v_1, v_2, \cdots, v_m$ で次をみたすものが存在する.

$N \ni a_1 v_1$

$N \ni^\forall x$ に対して

A の元 d と $N \cap [v_2, v_3, \cdots, v_m]$ の元 y で

$x = d a_1 v_1 + y$

$(a_1) \supset J(y, \ulcorner v_2, v_3, \cdots, v_m \urcorner)$

をみたすものが存在する.

(proof)

A は PID なので ネーターであるから $\{J(x, F) \mid N \ni x\}$ には極大なものが存在する.

その一つを $J(x_0, F)$ とする. ただし $N \ni x_0$ とする.

A は PID なので

$(a_1) = J(x_0, F)$

となる A の元 a_1 が存在する.

Lemma 7.22.5 より

$F = [v_1, v_2, \cdots, v_m]$ なる $\ulcorner v_1, v_2, \cdots, v_m \urcorner$ で

$x_0 = a_1 v_1$

をみたすものが存在する.(すなわち $a_1 v_1 \in N$)

$I(N, \ulcorner v_1, v_2, \cdots, v_m \urcorner)$ が PID A の ideal なので

$(\alpha) = I(N, \ulcorner v_1, v_2, \cdots, v_m \urcorner)$

となる A の元 α が存在する.

$I(N, \ulcorner v_1, v_2, \cdots, v_m \urcorner) \ni \alpha$ より

$N \ni^\exists x_1 \ s.t. \ \alpha = I(x_1, \ulcorner v_1, v_2, \cdots, v_m \urcorner)$

$(\alpha) = I(N, \ulcorner v_1, v_2, \cdots, v_m \urcorner) \ni I(a_1 v_1, \ulcorner v_1, v_2, \cdots, v_m \urcorner) = a_1$

なので

$(\alpha) \supset (a_1)$

ここで

$$J(x_1, \ulcorner v_1, v_2, \cdots, v_m \urcorner) \supset (I(x_1, \ulcorner v_1, v_2, \cdots, v_m \urcorner)) = (\alpha)$$

なので (a_1) の極大性より

$$(\alpha) = (a_1)$$

$N \ni^\forall x$ に対して

$$x = c_1 v_1 + c_2 v_2 + \cdots + c_m v_m$$

と A の元たち c_i を使って表すことができる.

$$y = c_2 v_2 + c_3 v_3 + \cdots + c_m v_m$$

とおくことにする.

$$(a_1) = (\alpha) \ni I(x, \ulcorner v_1, v_2, \cdots, v_m \urcorner) = c_1$$

なので

$$c_1 = d a_1$$

となる A の元 d が存在する.

$N \ni d a_1 v_1 = c_1 v_1$ なので

$$N \ni x - c_1 v_1 = y$$

である.

$N \ni a_1 v_1 + y$

なので

$$J(a_1 v_1 + y, \ulcorner v_1, v_2, \cdots, v_m \urcorner) = (a_1) + (c_2) + (c_3) + \cdots + (c_m) \supset (a_1)$$

(a_1) の極大性により

$$(a_1) + (c_2) + (c_3) + \cdots + (c_m) = (a_1)$$

したがって

$$(a_1) \supset (c_2) + (c_3) + \cdots + (c_m) = J(y, \ulcorner v_2, v_3, \cdots, v_m \urcorner)$$

Theorem 7.22.1 を証明する.

F を rank m の free A-module として N を $\{0\}$ でない F の submodule とする.

m についての帰納法で行う.

$m = 1$ のとき明らかに成り立つ. [147]

$m \geq 2$ のとき

Lemma 7.22.6 より

A の元 a_1 と F の base $v_1, v'_2, \cdots, v'_m$ で次をみたすものが存在する.

　　$N \ni a_1 v_1$

　　$N \ni^\forall x$ に対して

　　　　A の元 d と $N \cap [v'_2, v'_3, \cdots, v'_m]$ の元 y で

　　　　$x = d a_1 v_1 + y$

　　　　$(a_1) \supset J(y, \lceil v'_2, v'_3, \cdots, v'_m \rfloor)$

　　をみたすものが存在する.

$[v'_2, v'_3, \cdots, v'_m] \supset N \cap [v'_2, v'_3, \cdots, v'_m]$ である.

$N \cap [v'_2, v'_3, \cdots, v'_m] = \{0\}$ のとき

　$a_1 v_1$ が N の base である.

$N \cap [v'_2, v'_3, \cdots, v'_m] \neq \{0\}$ のとき

帰納法の仮定より

$[v'_2, v'_3, \cdots, v'_m]$ の base $v_2, v_3, \cdots, v_m$ と

A の元 $a_2, a_3, \cdots, a_m$ (ただし $0 < n \leq m$) で次をみたすものが存在する.

　(1) $a_2 v_2, a_3 v_3, \cdots, a_n v_n$ が $N \cap [v'_2, v'_3, \cdots, v'_m]$ の base になる.

　(2) $(a_2) \supset (a_3) \supset \cdots \supset (a_n) \neq \{0\}$

次の Lemma を示せば Theorem 7.22.1 が証明されたことになる.

Lemma 7.22.7

(1) $v_1, v_2, \cdots, v_m$ は F の base である.

---

[147] $\{c \in A \mid N \ni c v_1\}$ は A の $\{0\}$ でない ideal なので
その生成元を a_1 とおくと $a_1 \neq 0$ で $N \ni a_1 v_1$ である.
$N \ni^\forall x$ に対して $A \ni^\exists c,\ s.t.\ x = c v_1$ だから
$c \in (a_1), c = d a_1$ より $x = d a_1 v_1$
ゆえに $N = <a_1 v_1>$ である.
$d a_1 v_1 = 0$ とすると $d a_1 = 0$ なので $d = 0$ である.
よって $N = [a_1 v_1]$
すなわち $a_1 v_1$ が N の base で $(a_1) \neq \{0\}$

(2) $a_1v_1, a_2v_2, \cdots, a_nv_n$ が N の base である.
(3) $(a_1) \supset (a_2)$

(proof)
(3) $(a_2) = J(a_2v_2, \ulcorner v_2, \cdots, v_m \lrcorner) = J(a_2v_2, \ulcorner v'_2, \cdots, v'_m \lrcorner) \subset (a_1)$
である.
(1), (2) は後述の Lemma 7.22.8 を使って以下のように示せる.
(1) $\ulcorner v_1, v'_2, \cdots, v'_m \lrcorner$ なので
$$[v_1] \cap [v'_2, \cdots, v'_m] = \{0\}$$
また, $[v_1] + [v'_2, \cdots, v'_m] = [v_1] + [v_2, \cdots, v_m]$ なので
$$[v_1] \cap [v_2, \cdots, v_m] = \{0\}$$
$$[v_1, v_2, \cdots, v_m] = [v_1] + [v_2, \cdots, v_m] = [v_1] + [v'_2, \cdots, v'_m]$$
$$= [v_1, v'_2, \cdots, v'_m] = F$$
(2) $N = [a_1v_1] + [a_2v_2, \cdots, a_nv_n]$ で
$$[a_1v_1] \cap [a_2v_2, \cdots, a_nv_n] \subset [v_1] \cap [v_2, \cdots, v_m] = \{0\}$$
$$N = [a_1v_1, a_2v_2, \cdots, a_nv_n]$$

Lemma 7.22.8

$v_1, v_2, \cdots, v_s, w_1, w_2, \cdots, w_t$ が何かある一つの A-module に含まれているとき, 以下が成り立つ.
(0) $< v_1, v_2, \cdots, v_s, w_1, w_2, \cdots, w_t > = < v_1, v_2, \cdots, v_s > + < w_1, w_2, \cdots, w_t >$
(1) $\ulcorner v_1, v_2, \cdots, v_s, w_1, w_2, \cdots, w_t \lrcorner$ のときは
$\ulcorner v_1, v_2, \cdots, v_s \lrcorner$ であり, $\ulcorner w_1, w_2, \cdots, w_t \lrcorner$ である.
$$[v_1, v_2, \cdots, v_s] \cap [w_1, w_2, \cdots, w_t] = \{0\}$$
(2) $\ulcorner v_1, v_2, \cdots, v_s \lrcorner, \ulcorner w_1, w_2, \cdots, w_t \lrcorner$ で
$[v_1, v_2, \cdots, v_s] \cap [w_1, w_2, \cdots, w_t] = \{0\}$ とすると
$[v_1, v_2, \cdots, v_s, w_1, w_2, \cdots, w_t]$ が考えられて
$[v_1, v_2, \cdots, v_s] + [w_1, w_2, \cdots, w_t]$ と一致する.

(proof)
(0) 定義より明らかである.

(1) 「$v_1, v_2, \cdots, v_s, w_1, w_2, \cdots, w_t$」のときは

「$v_1, v_2, \cdots, v_s$」であり, 「$w_1, w_2, \cdots, w_t$」である.

$[v_1, v_2, \cdots, v_s] \cap [w_1, w_2, \cdots, w_t] = \{0\}$

を示す.

($\subset$) $[v_1, v_2, \cdots, v_s] \cap [w_1, w_2, \cdots, w_t] \ni x$ とすると

$A \ni^{\exists} c_1, c_2, \cdots, c_s, d_1, d_2, \cdots, d_t$ で

$x = c_1 v_1 + c_2 v_2 + \cdots + c_s v_s$

$x = d_1 w_1 + d_2 w_2 + \cdots + d_t w_t$

となるものが存在する.

$c_1 v_1 + c_2 v_2 + \cdots + c_s v_s + (-d_1 w_1) + (-d_2 w_2) + \cdots + (-d_t w_t) = x - x = 0$

よって「$v_1, v_2, \cdots, v_s, w_1, w_2, \cdots, w_t$」より

$c_1 = c_2 = \cdots = c_s = 0$ なので $x = 0$

ゆえに

$[v_1, v_2, \cdots, v_s] \cap [w_1, w_2, \cdots, w_t] = \{0\}$

($\supset$) は明らかである.

(2) $A \ni c_1, c_2, \cdots, c_s, d_1, d_2, \cdots, d_t$ で

$c_1 v_1 + c_2 v_2 + \cdots + c_s v_s + d_1 w_1 + d_2 w_2 + \cdots + d_t w_t = 0$

とする.

$x = c_1 v_1 + c_2 v_2 + \cdots + c_s v_s$ とおくと

$x = -d_1 w_1 + (-d_2 w_2) + \cdots + (-d_t w_t)$

である.

$x \in [v_1, v_2, \cdots, v_s] \cap [w_1, w_2, \cdots, w_t]$ なので

$c_1 = c_2 = \cdots = c_s = 0, \ d_1 = d_2 = \cdots = d_t = 0$

ゆえに

「$v_1, v_2, \cdots, v_s, w_1, w_2, \cdots, w_t$」

なので

$[v_1, v_2, \cdots, v_s, w_1, w_2, \cdots, w_t]$ を考えることができる.

当然

$[v_1, v_2, \cdots, v_s] + [w_1, w_2, \cdots, w_t]$
$= [v_1, v_2, \cdots, v_s, w_1, w_2, \cdots, w_t]$

である.

(V) base をなす元の個数について

次の Proposition 7.22.3 を示すことで Proposition 7.22.2 が示される.

Proposition 7.22.3

$e_1, e_2, \cdots, e_m$ が A-module M の base であるとする.

$e'_1, e'_2, \cdots, e'_k$ が M の k 個の元ならば

$$\mathbf{e} = \begin{pmatrix} e_1 \\ e_2 \\ \vdots \\ e_m \end{pmatrix}, \mathbf{e}' = \begin{pmatrix} e'_1 \\ e'_2 \\ \vdots \\ e'_k \end{pmatrix} \text{ とおくと}$$

$$\mathbf{e}' = C\mathbf{e}$$

となる A 係数の k 行 m 列の行列 C がただ一つ存在する. [148]

(i) $e'_1, e'_2, \cdots, e'_k$ も M の base ならば

$k = m$ で C は正則である.

(ii) $k = m$ のとき C が正則ならば $e'_1, e'_2, \cdots, e'_m$ も

M の base である.

---

[148] $1 \leq^\forall i \leq k$ に対して
$e'_i = c_{i1}e_1 + c_{i2}e_2 + \cdots + c_{im}e_m$
となる A の元がある.
$$C = \begin{pmatrix} c_{11} & c_{12} & \cdots & c_{1m} \\ c_{21} & c_{22} & \cdots & c_{2m} \\ \vdots & \vdots & \ddots & \vdots \\ c_{k1} & a_{k2} & \cdots & c_{km} \end{pmatrix} \text{ とおくと}$$
$$\begin{pmatrix} e'_1 \\ e'_2 \\ \vdots \\ e'_k \end{pmatrix} = \begin{pmatrix} c_{11} & c_{12} & \cdots & c_{1m} \\ c_{21} & c_{22} & \cdots & c_{2m} \\ \vdots & \vdots & \ddots & \vdots \\ c_{k1} & a_{k2} & \cdots & c_{km} \end{pmatrix} \begin{pmatrix} e_1 \\ e_2 \\ \vdots \\ e_m \end{pmatrix}$$
となる.

(proof)
$e'_1, e'_2, \cdots, e'_k$ が M の base になっているとすると

同様に A 係数の m 行 k 列の行列で
$$\mathbf{e} = C'\mathbf{e}'$$
をみたすものが存在するはずである．

このときは

E_m, E_k を各々 m 次, k 次の単位行列とするとき
$$E_m \mathbf{e} = \mathbf{e} = C'\mathbf{e}' = C'C\mathbf{e}$$
$$E_k \mathbf{e}' = \mathbf{e}' = C\mathbf{e} = CC'\mathbf{e}'$$
が成り立ち

$e_1, e_2, \cdots, e_m$ と $e'_1, e'_2, \cdots, e'_k$ が共に
線型独立なので
$$C'C = E_m, \quad CC' = E_k$$
が成り立っている．
$$C'C = E_m \text{ より } m \leq k \quad ^{149)}$$
$$CC' = E_k \text{ より } K \leq m$$
したがって $k = m$ であり, C は正則で $C' = C^{-1}$ となる．

(2) $k = m$ であり C が正則であるとすると

$e'_1, e'_2, \cdots, e'_k$ も M の base になる.

実際 $M \ni x$ とすると
$$x = c_1 e_1 + c_2 e_2 + \cdots + c_m v_m$$
となる A の元達 $\{c_i\}$ が存在するが
$$x = (c_1 \ c_2 \ \cdots \ c_m)\mathbf{e} = (c_1 \ c_2 \ \cdots \ c_m)C^{-1}\mathbf{e}'$$
なので

---

149) $k < m$ とすると
C' の後にゼロ行列を $m - k$ 個付け加えた m 次正則行列を $\tilde{C}'$
C の下にゼロ行列を $m - k$ 個付け加えた m 次正則行列を $\tilde{C}$
とおくと $|\tilde{C}'| = 0$, $\tilde{C}'\tilde{C} = \tilde{C}\tilde{C}'$ なので
$$0 = |\tilde{C}'||\tilde{C}| = |\tilde{C}'\tilde{C}| = |E_m| = 1$$
となり矛盾が生じる．

$$(c'_1\ c'_2\ \cdots\ c'_m) = (c_1\ c_2\ \cdots\ c_m)C^{-1}$$

とおくと

$$x = c'_1 e'_1 + c'_2 e'_2 + \cdots + c'_m e'_m$$

なので $e'_1, e'_2, \cdots, e'_m$ は M の生成系である．
また

$$c'_1 e'_1 + c'_2 e'_2 + \cdots + c'_m e'_m = 0$$

とすると

$$0 = (c'_1\ c'_2\ \cdots\ c'_m)\mathbf{e}' = (c'_1\ c'_2\ \cdots\ c'_m)C\mathbf{e}$$

で, $e_1, e_2, \cdots, e_m$ が線型独立なので

$$(c'_1\ c'_2\ \cdots\ c'_m)C = (0\ 0\ \cdots\ 0)$$

よって

$$(c'_1\ c'_2\ \cdots\ c'_m) = (0\ 0\ \cdots\ 0)C^{-1} = (0\ 0\ \cdots\ 0)$$

となり $e'_1, e'_2, \cdots, e'_m$ が線型独立がわかる．

7.23　アーベル群の基本定理 (2)

Theorem 7.23.1

A は PID,

M は有限生成 A-module とする.

このとき

$$0 \leq^\exists r, \quad 0 \leq^\exists m, \quad A \ni^\exists a_1, \cdots, a_m$$
$$s.t. \quad A \neq (a_1) \supset (a_2) \supset \cdots \supset (a_m) \neq \{0\}$$

かつ

$$M \simeq A^r \oplus A/(a_1) \oplus A/(a_2) \oplus \cdots \oplus A/(a_m)$$

が成り立つ.

(1) $|A| = \infty$ で $|M| < \infty$ のときは $r = 0$ である.

したがって

$$M \simeq A/(a_1) \oplus A/(a_2) \oplus \cdots \oplus A/(a_m)$$

である.

(2) M が torsion free [150] のときは $m = 0$ である.

したがって

$M \simeq A^r$ であり M は free A-module である.

---

[150]　M が A-module で A が domain のとき

　M が torsion free であるというのは

　　$M \ni x \neq 0$ で $A \ni a \neq 0 \Rightarrow ax \neq 0$

　が成り立つことである.

　x が M の torsion というのは

　　$A \ni^\exists a \quad s.t. \quad a \neq 0$ かつ $ax = 0$

　が成り立つことであり

　M が torsion free というのは

　M には torsion が 0 しかないことを意味している.

　　一般に A が domain とは限らないときは

　x が M の torsion というのは

　　$A \ni^\exists a \quad s.t. \quad a$ は non-zerodiviser で $ax = 0$

　が成り立つことである.

これを証明するために Lemma を準備する.

Lemma 7.23.1

A は環,

F は $v_1, v_2, \cdots, v_n$ を base にもつ free A-module とする.

$A \ni c_1, \cdots, c_n$ として

N を $c_1 v_1, c_2 v_2, \cdots, c_n v_n$ で生成された F の submodule とすると

$$F/N \simeq A/(c_1) \oplus A/(c_2) \oplus \cdots \oplus A/(c_n)$$

である.

(proof)

$F \ni^\forall x$ に対して $A \ni^{\exists 1} d_1, d_2, \cdots, d_n \ s.t.$

$x = d_1 v_1 + d_2 v_2 + \cdots + d_n v_n$

であるが, このとき

$\varphi : F \longrightarrow A/(c_1) \oplus A/(c_2) \oplus \cdots \oplus A/(c_n)$ を

$\varphi(x) = (d_1 + (c_1), d_2 + (c_2), \cdots, d_n + (c_n))$

と定めると φ は全射な A-homo である.

また $Ker\varphi = N$ である.

よって φ は F/N から $A/(c_1) \oplus A/(c_2) \oplus \cdots \oplus A/(c_n)$ への

A-isomorphism を誘導する.

次の 2 つは自明である.

Lemma 7.23.2

A は環, $A \ni c$ とする.

(1) $c = 0$ のとき $A/(c) \simeq A$

(2) $(c) = A$ のとき $A/(c) \simeq \{0\}$ [151]

---

[151] (1) は $A \xrightarrow{id} A$ を考えると kernel は $\{0\}$

(2) は $A \longrightarrow \{0\}$: ゼロ写像を考えると kernel は A となるので
準同型定理より主張が成り立つ.

Lemma 7.23.3

N が A-module のとき
$N \oplus \{0\} \simeq N$ [152)]

Theorem 7.23.1 を証明する.

M の生成系を $u_1, u_2, \cdots, u_n$ とする.
$\varphi : A^n \longrightarrow M$ を
$\varphi(\alpha_1, \alpha_2, \cdots, \alpha_n) = \alpha_1 u_1 + \alpha_2 u_2 + \cdots + \alpha_n u_n$
と定めると φ は全射な A-homo である.
よって準同型定理より $M \simeq A^n / Ker\varphi$ である.
(A^n は rank n の free A-module であり [153)] $Ker\varphi$ は A^n の submodule である)

$Ker\varphi = \{0\}$ のとき
$M \simeq A^n$ である.

$Ker\varphi \neq \{0\}$ のとき
アーベル群の基本定理 (1)・Theorem 7.22.1 より
$A^n \ni^{\exists} v_1, v_2, \cdots, v_n$
$1 <^{\exists} k \leq n,\ A \ni^{\exists} c_1, c_2, \cdots, c_k$
s.t. $v_1, v_2, \cdots, v_n$ は A^n の base,
$(c_1) \supset (c_2) \supset \cdots \supset (c_k) \neq \{0\}$
$c_1 v_1, c_2 v_2, \cdots, c_k v_k$ は $Ker\varphi$ の base である.
ここで $c_{k+1} = c_{k+2} = \cdots = c_n = 0$ と定めると
$c_1 v_1, c_2 v_2, \cdots, c_n v_n$ は $Ker\varphi$ の生成系となる.
よって Lemma 7.23.1 より
$M \simeq A^n / Ker\varphi$

[152)] $N \rightarrow N \oplus (a, .0)$ を $a \rightarrow (a, 0)$
と定めると
これは isomorphism である.

[153)] $(1, 0, 0, \cdots, 0), (0, 1, 0, \cdots, 0), \cdots, (0, 0, 0, \cdots, 1)$ は A^n の base である.

$$\simeq A/(c_1) \oplus A/(c_2) \oplus \cdots \oplus A/(c_k) \oplus A/(c_{k+1}) \oplus \cdots \oplus A/(c_n)$$

ここで

$c_{k+1} = c_{k+2} = \cdots = c_n = 0$ なので

$$A/(c_{k+1}) \oplus A/(c_{k+2}) \oplus \cdots \oplus A/(c_n) = A^{n-k} \quad \text{154)}$$

また, $(c_1) = (c_2) = \cdots = (c_l) = A, \; (0 \leq l \leq n-1)$

とすると

$$A/(c_1) \oplus A/(c_2) \oplus \cdots \oplus A/(c_l) \simeq \{0\} \quad \text{155)}$$

よって

$$A^n/Ker\varphi \simeq A/(c_{l+1}) \oplus A/(c_{l+2}) \oplus \cdots \oplus A/(c_k) \oplus A^{n-k}$$

となる.

$$A \supset (c_{l+1}) \supset (c_{l+2}) \supset \cdots \supset (c_k) \neq \{0\}$$

は明らかである.

(1) $r > 0$ のときは M が無限個の元よりなるので $r = 0$

(2) $m > 0$ とすると M には $A/(a_1)$ と同型な A-module が含まれ

$A/(a_1)$ に 0 でない torsion $1 + (a_1)$ が含まれる. 156)

よって M が torsion free とすると $m = 0$ であり $M \simeq A^r$ となり

M は free A-module である.

Theorem 7.23.2

有限アーベル群はいくつかの有限巡回群の内部直積となる.

(proof)

G を有限アーベル群とする.

G の生成元を $g_1, \cdots, g_n$ とおくと

$\varphi : \mathbb{Z}^n \longrightarrow G$ で

$\varphi(c_1, c_2, \cdots, c_n) = g_1{}^{c_1} g_2{}^{c_2} \cdots g_n{}^{c_n}$ で定まる

---

154) $(c_i) = \{0\}$ のときは $A/(c_i) \simeq A$
155) $(c_i) = A$ のときは $A/(c_i) = \{0\}$
156) $A \neq (a_1)$ より $1 \notin (a_1)$ なので $1 + (a_1) \neq 0$ in $A/(a_1)$
$a_1 \neq 0$ で $a_1(1 + (a_1)) = 0$ in $A/(a_1)$ なので $1 + (a_1)$ は $A/(a_1)$ の 0 でない torsion である.

加群 $\mathbb{Z}^n$ から群 G への 全射 な homo が存在する.
φ は加群 $\mathbb{Z}^n/Ker\varphi$ から G への isomorphism を誘導する.
G は有限群なので $\mathbb{Z}^n/Ker\varphi$ は有限群である.
$\mathbb{Z}$ が PID なので Theorem 7.23.1 (1) より

$\mathbb{Z} \supset^\exists a_1, a_2, \cdots, a_m \quad s.t. \quad \mathbb{Z} \ni (a_1) \supset (a_2) \supset \quad \cdots \quad \supset (a_m) \neq \{0\}$

$\mathbb{Z}^n/Ker\varphi \simeq \mathbb{Z}^n/(a_1) \oplus \mathbb{Z}^n/(a_2) \oplus \cdots \oplus \mathbb{Z}^n/(a_m)$

ここで $2 < a_1, \ a_1|a_2, \ a_2|a_3, \cdots, \ a_{m-1}|a_m$
としてよい.
$\mathbb{Z}^n/Ker\varphi \simeq \mathbb{Z}^n/(a_1) \oplus \mathbb{Z}^n/(a_2) \oplus \cdots \oplus \mathbb{Z}^n/(a_m)$ から G への
isomorphism が存在するので, G は m 個の有限巡回群の内部直積 [157)]
となっている.

実際,

$\psi : \mathbb{Z}/(a_1) \oplus \mathbb{Z}/(a_2) \oplus \cdots \oplus \mathbb{Z}/(a_m) \longrightarrow G$ を isomorphism として

$h_1 = \psi(1+(a_1), 0+(a_2), \cdots, 0+(a_m))$
$h_2 = \psi(0+(a_1), 1+(a_2), \cdots, 0+(a_m))$
$\vdots$
$h_m = \psi(0+(a_1), 0+(a_2), \cdots, 1+(a_m))$

とおくと $<h_i>$ は位数 a_i の巡回群であり
$<G> > <h_1>, <h_2>, \cdots, <h_m>$ である.
$\theta : <h_1> \times <h_2> \times \cdots \times <h_m> \to G$ を
$(h_1, h_2, \cdots, h_m) \mapsto h_1 h_2 \cdots h_m$ と定めると
θ は isomorphism である. [158)]

---

157) $G > H_1, H_2, \cdots, H_m$ で各 H_i, H_j の元は可換であるとする.

$H_1 \times H_2 \times \cdots \times H_m \quad \longrightarrow \quad G$
$\cup \qquad\qquad\qquad\qquad\qquad \cup$
$(x_1, x_2, \cdots, x_m) \quad \longmapsto \quad x_1 x_2 \cdots x_m$

が isomorphism のとき G は $H_1 \times H_2 \times \cdots \times H_m$ の内部直積
であるといって $G = H_1 \times H_2 \times \cdots \times H_m$ とかく.

158) $G \ni g$ とすると $^\exists c_1, c_2, \cdots, c_m \in \mathbb{Z} \ s.t.$
$g = \psi(c_1+(a_1), c_2+(a_2), \cdots, c_m+(a_m))$

したがって

G は $<h_1>, <h_2>, \cdots, <h_m>$ の内部直積, すなわち

$\quad G = <h_1> \times <h_2> \times \cdots \times <h_m>$

である.

$\quad\quad = \psi(c_1(1+(a_1), 0, \cdots, 0) + c_2(0, 1+(a_2), 0, \cdots, 0) + \cdots$
$\quad\quad\quad\quad\quad\quad\quad\quad\quad\quad\quad\quad\quad\quad + c_m(0, 0, \cdots, 1+(a_m)))$
$\quad\quad = \psi(c_1(1+(a_1), 0, \cdots, 0))\psi(c_2(0, 1+(a_2), 0, \cdots, 0)) \cdots$
$\quad\quad\quad\quad\quad\quad\quad\quad\quad\quad\quad\quad \times \ \psi(c_m(0, 0, \cdots, 1+(a_m)))$
$\quad\quad = (\psi(1+(a_1), 0, \cdots, 0))^{c_1}(\psi(0, 1+(a_2), 0, \cdots, 0))^{c_2} \cdots$
$\quad\quad\quad\quad\quad\quad\quad\quad\quad\quad\quad\quad \times \ (\psi(0, 0, \cdots, 1+(a_m)))^{c_m}$
$\quad\quad = h_1^{c_1} h_2^{c_2} \cdots h_m^{c_m}$
$\quad\quad = \theta(h_1^{c_1}, h_2^{c_2}, \cdots, h_m^{c_m})$

よって θ は全射である.

また $\theta(h_1^{c_1}, h_2^{c_2}, \cdots, h_m^{c_m}) = 1$ とすると

$\psi(c_1+(a_1), c_2+(a_2), \cdots, c_m+(a_m)) = 1$

より

$\quad (c_1+(a_1), c_2+(a_2), \cdots, c_m+(a_m)) = (0, 0, \cdots, 0)$

ゆえに

$\quad c_1 \in (a_1), \ c_2 \in (a_2), \cdots, c_m \in (a_m)$

このとき

$\quad h_1^{c_1} = (\psi(1+(a_1), \cdots, 0))^{c_1}$
$\quad\quad\quad = \psi(c_1+(a_1), 0, \cdots, 0)$
$\quad\quad\quad = \psi(0, 0, \cdots, 0)$
$\quad\quad\quad = 1$

$\quad h_2, \cdots, h_m$ も同じである.

したがって θ は単射である.

7.24 $G_{f_*} > G_{\bar{f}_*}$

$\mathbb{Z}$ 係数の多項式の $\mathbb{Q}$ 上のガロア群について成り立つ
Theorem (DEDEKIND) は以下のことであった.

Theorem 7.24.1 (DEDEKIND)

$f(X)$ を $\mathbb{Z}[X]$ の monic な n 次式で simple root のみもつとする.
$\mathbb{Z}/p\mathbb{Z}[X]$ における $f(X)$ の class $\bar{f}(X)$ も simple root のみもつ
ように素数 p を選ぶ.
$$\bar{f}(X) = \bar{f}_1(X) \cdot \bar{f}_2(X) \cdot \cdots \cdot \bar{f}_r(X) \in \mathbb{Z}/p\mathbb{Z}[X]$$
と既約分解できるとき,
$m_i = deg\ \bar{f}_i(X)$ とすると
G_{f_*} は $m_1 \times m_2 \times \cdots \times m_r$ の型の置換を含む.

この Theorem 7.24.1(DEDEKIND) の証明において
$$G_{f_*} > G_{\bar{f}_*}$$
であることが重要な役目を果たした.
これは $\mathbb{Z}$ が $\mathbb{Q}$ を商体にもつ整閉整域なので
より一般的な次の Theorem を示すことにより証明される.

Theorem 7.24.2

A を整閉整域として F をその商体, $\mathfrak{m}$ を A の maximal ideal とする.
A 係数の n 次の多項式
$$f(X) = X^n - a_1 X^{n-1} + a_2 X^{n-2} - \cdots + (-1)^n a_n$$
が simple root のみをもち,
$f(X)$ を $A/\mathfrak{m}[X]$ の多項式にうつしたもの [159]
$$\bar{f}(X) = X^n - \overline{a_1} X^{n-1} + \overline{a_2} X^{n-2} - \cdots + (-1)^n \overline{a_n}$$
も simple root のみをもつとき,
$f(X), \bar{f}(X)$ のそれぞれの F 上の splitting field $F_f, F_{\bar{f}}$ における全ての根

---

[159] $f(X)$ の各係数を A から $A/\mathfrak{m}$ にうつしたもの
$A/\mathfrak{m}$ は体である.

$\alpha_1, \alpha_2, \cdots, \alpha_n$ と $\bar{\alpha}_1, \bar{\alpha}_2, \cdots, \bar{\alpha}_n$ で
$$G_{f,\alpha_1,\alpha_2,\cdots,\alpha_n} > G_{\bar{f},\bar{\alpha}_1,\bar{\alpha}_2,\cdots,\bar{\alpha}_n}$$
が成り立つものが存在する．

ここで Theorem 7.24.2 にでてくる言葉や記号の説明と証明のためのいくつかの準備をする．

Def. 7.24.1 (α が A 上整)

A を整域とする．

α を A を含む環の元とする．

このとき

α が A 上整である $\overset{def.}{\Leftrightarrow}$ α は A 係数の monic な多項式の根

Def. 7.24.2 (整閉整域)

A を整域とする．

A が整閉整域 $\overset{def.}{\Leftrightarrow}$ A の商体の元で A 上整なものは A の元である

以前に述べたことの確認をしよう．

$f(X) \in F[X]$ が F 上の $f(X)$ の splitting field F_f において
$$f(X) = (X-\alpha_1)(X-\alpha_2)\cdots(X-\alpha_n)$$
と異なる 1 次式の積に分解されるとき

$F_f = F[\alpha_1, \alpha_2, \cdots, \alpha_n]$ であり

拡大 F_f/F はガロア拡大である．

このとき $f(X)$ のガロア群 $Gal(F_f/F)$ を G_f で表した．

G_f に関しては以下の図式が成り立っていた．[160]

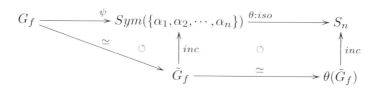

---

[160] ここでは証明を明確にするために 3.5 $\star_1$ の可換図式から出発して考察する．

θ は根の番号を一つ決めたときに決まる isomorphism であった.
Theorem 7.24.2 においてはこの図の $\theta(\tilde{G}_f)$ を $G_{f,\alpha_1,\alpha_2,\cdots,\alpha_n}$ で表している. [161)]
この図において G_f の元 τ と S_n の元 σ が

$$\theta \circ \psi(\tau) = \sigma$$

と対応しているときは

$\tau(\alpha_i) = \alpha_j$ が成り立つことと $\sigma(i) = j$ が成り立つことは同じである.
$\theta \circ \psi$ を G_f から $G_{f,\alpha_1,\alpha_2,\cdots,\alpha_n}$ へと制限した写像を l' とすると
l' は isomorphism なので $k = (l')^{-1}$ とおくとき

$G_{f,\alpha_1,\alpha_2,\cdots,\alpha_n} \ni^\forall \sigma$ に対して

$$k(\sigma)(\alpha_i) = \alpha_{\sigma(i)}$$

が成り立っている.

n を 2 以上の自然数とする.
$X, T_1, T_2, \cdots, T_n, Y_1, Y_2, \cdots, Y_n$ を不定元として

$$\Psi(X, T_1, T_2, \cdots, T_n, Y_1, Y_2, \cdots, Y_n)$$
$$= \Pi_{S_n \ni \sigma}(X - (T_1 Y_{\sigma(1)} + T_2 Y_{\sigma(2)} + \cdots + T_n Y_{\sigma(n)}))$$

なる $\mathbb{Z}$ 係数の $X, T_1, T_2, \cdots, T_n, Y_1, Y_2, \cdots, Y_n$ の多項式
$\Psi(X, T_1, T_2, \cdots, T_n, Y_1, Y_2, \cdots, Y_n)$ を考える.
$\Psi(X, T_1, T_2, \cdots, T_n, Y_1, Y_2, \cdots, Y_n)$ を $\mathbb{Z}[X, T_1, T_2, \cdots, T_n]$ 係数の
$Y_1, Y_2, \cdots, Y_n$ の多項式と見ると, $\Psi(X, T_1, T_2, \cdots, T_n, Y_1, Y_2, \cdots, Y_n)$ は

[161)] 本文第3章では $\theta(\tilde{G}_f)$ を G_{f_*} で表していた.
そこでは G_f が S_n のどのような部分群と同型であるかを調べるのが
目的であり, $f(X)$ の根に番号さえ付ければ
G_f と同型な S_n の部分群が見つかった.
つまり番号の付け方には重要な役目はなかったので G_{f_*} と表した.
ここでは, 番号の付け方が重要な役目を果たすので G_{f_*} ではなく,
より具体的な $G_{f,\alpha_1,\alpha_2,\cdots,\alpha_n}$ で表すことにする.

$Y_1, Y_2, \cdots, Y_n$ に関する対称式なので [162]

$p_1, p_2, \cdots, p_n$ を $Y_1, Y_2, \cdots, Y_n$ の基本対称式とすると

これは $X, T_1, T_2, \cdots, T_n, p_1, p_2, \cdots, p_n$ の多項式になっている. [163]

したがって $2n+1$ 変数の多項式 $\Phi(X, T_1, T_2, \cdots, T_n, p_1, p_2, \cdots, p_n)$ で

$\quad \Phi(X, T_1, T_2, \cdots, T_n, p_1, p_2, \cdots, p_n)$
$\quad = \Psi(X, T_1, T_2, \cdots, T_n, Y_1, Y_2, \cdots, Y_n)$
$\quad = \Pi_{S_n \ni \sigma}(X - (T_1 Y_{\sigma(1)} + T_2 Y_{\sigma(2)} + \cdots + T_n Y_{\sigma(n)}))$

となるものがただ一つ存在する.

Def. 7.24.3

$f(X)$ を F 係数の monic な n 次の多項式とする.

$$f(X) = X^n - a_1 X^{n-1} + a_2 X^{n-2} - \cdots + (-1)^n a_n$$

のとき $F[X, T_1, T_2, \cdots, T_n]$ 係数の多項式 $\Phi_f(X, T_1, T_2, \cdots, T_n)$ を

$\quad \Phi_f(X, T_1, T_2, \cdots, T_n)$
$\quad = \Phi(X, T_1, T_2, \cdots, T_n, a_1, a_2, \cdots, a_n)$

と定める.

$f(X)$ を F 係数の monic な n 次の多項式とする.

$F_f[X]$ において

$$f(X) = (X - \gamma_1)(X - \gamma_2) \cdots (X - \gamma_n)$$

と $f(X)$ が n 個の異なる 1 次式の積に分解されたとする.

$$f(X) = X^n - a_1 X^{n-1} + a_2 X^{n-2} - \cdots + (-1)^n a_n$$

と表したとき

$a_1, a_2, \cdots, a_n$ は $\gamma_1, \gamma_2, \cdots, \gamma_n$ の基本対称式で表されるので

$F_f[X, T_1, T_2, \cdots, T_n]$ では

$\quad \Phi_f(X, T_1, T_2, \cdots, T_n)$

---

[162] $Y_1, Y_2, \cdots, Y_n$ に S_n の置換 τ を作用させると
$\quad \Pi_{S_n \ni \sigma}(X - (T_1 Y_{\tau(\sigma(1))} + T_2 Y_{\tau(\sigma(2))} + \cdots + T_n Y_{\tau(\sigma(n))}))$
$\quad = \Pi_{S_n \ni \sigma}(X - (T_1 Y_{\sigma(1)} + T_2 Y_{\sigma(2)} + \cdots + T_n Y_{\sigma(n)}))$

[163] Theorem 5.1.1(SYMMETRIC POLYNOMIALS THEOREM)

$$= \Phi(X, T_1, T_2, \cdots, T_n, a_1, a_2, \cdots, a_n)$$
$$= \Psi(X, T_1, T_2, \cdots, T_n, \gamma_1, \gamma_2, \cdots, \gamma_n)$$
$$= \Pi_{S_n \ni \sigma}(X - (T_1\gamma_{\sigma(1)} + T_2\gamma_{\sigma(2)} + \cdots + T_n\gamma_{\sigma(n)}))$$

と Φ_f [164) は monic [165) な異なる $n!$ 個の 1 次式の積として分解される.
S_n の元 σ に対して

F_f の元や X は不変

$T_i \to T_{\sigma(i)}$ $(i = 1, 2, \cdots, n)$

で定まる $F_f[X, T_1, T_2, \cdots, T_n]$ から $F_f[X, T_1, T_2, \cdots, T_n]$ への同型写像を $r(\sigma)$ とするとき

$$X - (T_1\gamma_{\sigma(1)} + T_2\gamma_{\sigma(2)} + \cdots + T_n\gamma_{\sigma(n)})$$
$$= X - (T_{\sigma^{-1}(1)}\gamma_1 + T_{\sigma^{-1}(2)}\gamma_2 + \cdots + T_{\sigma^{-1}(n)}\gamma_n)$$
$$= r(\sigma^{-1})(X - (T_1\gamma_1 + T_2\gamma_2 + \cdots + T_n\gamma_n))$$

であり, $\{\sigma^{-1} | S_n \ni \sigma\} = S_n$ なので

$$\Phi_f = \Pi_{S_n \ni \sigma} r(\sigma)(X - (T_1\gamma_1 + T_2\gamma_2 + \cdots + T_n\gamma_n))$$

である.

Lemma 7.24.1

$f(X)$ を simple root のみもつ monic な F 係数の n 次の多項式とする. このとき Φ_f の $F[X, T_1, T_2, \cdots, T_n]$ における monic な既約因子 W に対して

$$f(X) = (X - \alpha_1)(X - \alpha_2) \cdots (X - \alpha_n)$$
$$\Phi_f = \Pi_{S_n \ni \sigma} r(\sigma)(X - (T_1\alpha_1 + T_2\alpha_2 + \cdots + T_n\alpha_n))$$
$$W = \Pi_{G_{f, \alpha_1, \alpha_2, \cdots, \alpha_n} \ni \sigma} r(\sigma)(X - (T_1\alpha_1 + T_2\alpha_2 + \cdots + T_n\alpha_n))$$

となる F_f の元達 $\alpha_1, \alpha_2, \cdots, \alpha_n$ が存在する.

(proof)

$$f(X) = (X - \gamma_1)(X - \gamma_2) \cdots (X - \gamma_n)$$

を $F_f[X]$ における分解とすると

[164) $\Phi_f(X, T_1, T_2, \cdots, T_n)$ のことを Φ_f と書くことにする.
[165) この節では X についての monic という意味で monic を使っている.

W は Φ_f の既約因子なので S_n の置換 σ' で
$$X - (T_1\gamma_{\sigma'(1)} + T_2\gamma_{\sigma'(2)} + \cdots + T_n\gamma_{\sigma'(n)})$$
が $F_f[X, T_1, T_2, \cdots, T_n]$ における W の既約因子となるものが存在する.
$$\alpha_1 = \gamma_{\sigma'(1)}, \alpha_2 = \gamma_{\sigma'(2)}, \cdots, \alpha_n = \gamma_{\sigma'(n)}$$
とおくと
$$f(X) = (X - \alpha_1)(X - \alpha_2) \cdots (X - \alpha_n)$$
であり
$$\Phi_f = \Pi_{S_n \ni \sigma} r(\sigma)(X - (T_1\alpha_1 + T_2\alpha_2 + \cdots + T_n\alpha_n))$$
で
$$X - (T_1\alpha_1 + T_2\alpha_2 + \cdots + T_n\alpha_n)$$
が $F_f[X, T_1, T_2, \cdots, T_n]$ における W の既約因子になっている.
$G_{f,\alpha_1,\alpha_2,\cdots,\alpha_n}$ の元 σ に対して

係数の F_f の元は $k(\sigma)$ でうつし

$X, T_1, T_2, \cdots, T_n$ は不変

で定まる $F_f[X, T_1, T_2, \cdots, T_n]$ から $F_f[X, T_1, T_2, \cdots, T_n]$ への同型写像を $k(\sigma)$ とする.
このとき
$$k(\sigma)(X - (T_1\alpha_1 + T_2\alpha_2 + \cdots + T_n\alpha_n))$$
$$= X - (T_1 k(\sigma)(\alpha_1) + T_2 k(\sigma)(\alpha_2) + \cdots + T_n k(\sigma)(\alpha_n))$$
$$= X - (T_1\alpha_{\sigma(1)} + T_2\alpha_{\sigma(2)} + \cdots + T_n\alpha_{\sigma(n)})$$
$$= X - (T_{\sigma^{-1}(1)}\alpha_1 + T_{\sigma^{-1}(2)}\alpha_2 + \cdots + T_{\sigma^{-1}(n)}\alpha_n)$$
$$= r(\sigma^{-1})(X - (T_1\alpha_1 + T_2\alpha_2 + \cdots + T_n\alpha_n))$$
である.
いま
$$W' = \Pi_{G_{f,\alpha_1,\alpha_2,\cdots,\alpha_n} \ni \sigma} r(\sigma)(X - (T_1\alpha_1 + T_2\alpha_2 + \cdots + T_n\alpha_n))$$
とおくと
W' は $F_f[X, T_1, T_2, \cdots, T_n]$ において異なる monic な 1 次式の積であり,
$$W' = \Pi_{G_{f,\alpha_1,\alpha_2,\cdots,\alpha_n} \ni \sigma} k(\sigma)(X - (T_1\alpha_1 + T_2\alpha_2 + \cdots + T_n\alpha_n))$$

である。[166)]

$G_{f,\alpha_1,\alpha_2,\cdots,\alpha_n} \ni \sigma$ のとき
$X - (T_1\alpha_1 + T_2\alpha_2 + \cdots + T_n\alpha_n)$ は W の因子なので
$k(\sigma)(X - (T_1\alpha_1 + T_2\alpha_2 + \cdots + T_n\alpha_n))$ は $k(\sigma)W$ の因子である.
W は F 係数の多項式なので $k(\sigma)W = W$ だから
$k(\sigma)(X - (T_1\alpha_1 + T_2\alpha_2 + \cdots + T_n\alpha_n))$ は W の
因子である.
W' の $F_f[X,T_1,T_2,\cdots,T_n]$ における全ての一次の因子が W の因子で
W' が異なる一次の因子の積であるので W' は W の因子である.
ところで, $G_{f,\alpha_1,\alpha_2,\cdots,\alpha_n} \ni \tau$ に対して
$\quad k(\tau)W'$
$\quad = \Pi_{G_{f,\alpha_1,\alpha_2,\cdots,\alpha_n} \ni \sigma} k(\tau)k(\sigma)(X - (T_1\alpha_1 + T_2\alpha_2 + \cdots + T_n\alpha_n))$
$\quad = \Pi_{G_{f,\alpha_1,\alpha_2,\cdots,\alpha_n} \ni \sigma} k(\sigma)(X - (T_1\alpha_1 + T_2\alpha_2 + \cdots + T_n\alpha_n))$ [167)]
$\quad = W'$
なので W' も F 係数の多項式である.
$F[X,T_1,T_2,\cdots,T_n]$ において W は既約で W' がその因子であり
共に monic なので
$\quad W = W' = \Pi_{G_{f,\alpha_1,\alpha_2,\cdots,\alpha_n} \ni \sigma} r(\sigma)(X - (T_1\alpha_1 + T_2\alpha_2 + \cdots + T_n\alpha_n))$
であることがわかる.

ここで $S_n \ni \eta$ のとき, $r(\eta)W$ は Φ_f の $F[X,T_1,T_2,\cdots,T_n]$ における
monic な既約因子である. [168)]

---

166) $k(\sigma)(X - (T_1\alpha_1 + T_2\alpha_2 + \cdots + T_n\alpha_n))$
       $= r(\sigma^{-1})(X - (T_1\alpha_1 + T_2\alpha_2 + \cdots + T_n\alpha_n))$ で
       $\{\sigma^{-1} | G_{f,\alpha_1,\alpha_2,\cdots,\alpha_n} \ni \sigma\} = G_{f,\alpha_1,\alpha_2,\cdots,\alpha_n}$ である.
167) $k(\tau)k(\sigma) = k(\tau\sigma), \{\tau\sigma | G_{f,\alpha_1,\alpha_2,\cdots,\alpha_n} \ni \sigma\} = G_{f,\alpha_1,\alpha_2,\cdots,\alpha_n}$
168) W は $F[X,T_1,T_2,\cdots,T_n]$ において irreducible であり
       $r(\eta)$ は $F[X,T_1,T_2,\cdots,T_n]$ から $F[X,T_1,T_2,\cdots,T_n]$ への
       isomorphism を誘導するから $r(\eta)W$ は $F[X,T_1,T_2,\cdots,T_n]$ において
       irreducible である.
       これは一般論で証明しておく.
           $\varphi : A \to A$ isomorphism とする.

$G_{f,\alpha_1,\alpha_2,\cdots,\alpha_n} \ni \eta$ のときは

$r(\eta)(X - (T_1\alpha_1 + T2\alpha_2 + \cdots + T_n\alpha_n))$ は

$r(\eta)W$ と W の共通因子であり [169]

W は Φ_f の $F[X,T_1,T_2,\cdots,T_n]$ における monic な既約因子だったので

$r(\eta)W = W$ である. [170]

$G_{f,\alpha_1,\alpha_2,\cdots,\alpha_n} \not\ni \eta$ のとき

$r(\eta)(X - (T_1\alpha_1 + T_2\alpha_2 + \cdots + T_n\alpha_n))$ は $r(\eta)W$ の因子であるが

W の因子でないので

$r(\eta)W \neq W$ である.

以上より次の命題を得る.

Proposition 7.24.1

$f(X)$ を simple root のみもつ monic である F 係数の n 次の多項式

---

q を A の irreducible とすると $\varphi(q)$ は A' の irreducible である.
なぜならば
$\varphi(q) = a'b'$ とすると
$q = \varphi^{-1}(a')\varphi^{-1}(b')$
であり q は A の irreducible なので
$\varphi^{-1}(a')$ は unit または $\varphi^{-1}(b')$ は unit である.
$\varphi^{-1}(b')$ が unit のとき
$\exists x \ s.t. \ \varphi^{-1}(b') \times x = 1$
$1 = \varphi(1) = \varphi(\varphi^{-1}(b') \times x) = b' \times \varphi(x)$ より
b' は unit である.
$\varphi^{-1}(a')$ が unit のとき同様に a' は unit である.

また W は Φ_f の因子なので $r(\eta)W$ は $r(\eta)\Phi_f$ の因子であるが
$r(\eta)\Phi_f = \Phi_f$ なので $r(\eta)W$ は Φ_f の因子である.

[169]
$X - (T_1\alpha_1 + T_2\alpha_2 + \cdots + T_n\alpha_n)$ は W の因子だから
$r(\eta)(X - (T_1\alpha_1 + T_2\alpha_2 + \cdots + T_n\alpha_n))$ は $r(\eta)W$ の因子である.
$G_{f,\alpha_1,\alpha_2,\cdots,\alpha_n} \ni \eta$ のときは
$r(\eta)(X - (T_1\alpha_1 + T_2\alpha_2 + \cdots + T_n\alpha_n))$ は W の因子である.

[170]
Φ_f は $F_f[X,T_1,T_2,\cdots,T_n]$ において異なる 1 次式の積に分解されるので
$F[X,T_1,T_2,\cdots,T_n]$ における異なる monic な因子は
$F_f[X,T_1,T_2,\cdots,T_n]$ における共通因子をもたない.

とする.

W を $F[X, T_1, T_2, \cdots, T_n]$ における Φ_f の X に関して monic な既約因子とするとき

$$f(X) = (X - \alpha_1)(X - \alpha_2) \cdots (X - \alpha_n)$$

となる $\alpha_1, \alpha_2, \cdots, \alpha_n$ で

$$G_{f, \alpha_1, \alpha_2, \cdots, \alpha_n} = \{ S_n \ni \eta \mid r(\eta)W = W \}$$

をみたすものが存在する.

Theorem 7.24.2 を証明する.

A は整閉整域で F はその商体, $\mathfrak{m}$ は A の maximal ideal とする.
$\bar{A} = A/\mathfrak{m}$ として A 係数の X の多項式や $X, T_1, T_2, \cdots, T_n$ の多項式に対して $^-$ をつけてその係数である A の元を $\bar{A}$ での class に置き換えた多項式を表すことにする.

$f(X)$ は A 係数の monic な n 次式, すなわち F の拡大体では異なる n 個の根をもち, また $\bar{f}(X)$ も $A/\mathfrak{m}$ の拡大体において異なる n 個の根をもつとする.

Φ_f の X に関して monic な既約因子を W とすると

$$f(X) = (X - \alpha_1)(X - \alpha_2) \cdots (X - \alpha_n)$$

かつ

$$G_{f, \alpha_1, \alpha_2, \cdots, \alpha_n} = \{ S_n \ni \eta \mid r(\eta)W = W \}$$

となる $\alpha_1, \alpha_2, \cdots, \alpha_n$ が存在する.

F の元である W の各係数は, A 上整な $\alpha_1, \alpha_2, \cdots, \alpha_n$ たちの多項式の形で表されるので, A 上整である. (これは節の最後に示す)

A は整閉整域なので W の各係数は A の元である.

したがって $\overline{W}$ を考えることができて, それは $\overline{\Phi_f}$ すなわち $\Phi_{\bar{f}}$ の $\bar{A}[X, T_1, T_2, \cdots, T_n]$ での因子になっている.

V を $\bar{A}[X, T_1, T_2, \cdots, T_n]$ における $\overline{W}$ の既約因子とすると
V は $\Phi_{\bar{f}}$ の $\bar{A}[X, T_1, T_2, \cdots, T_n]$ における既約因子になっている.
V は $\bar{A}[X, T_1, T_2, \cdots, T_n]$ における $\Phi_{\bar{f}}$ の monic な既約因子なので Proposition 7.24.1 より

$$\bar{f}(X) = (X - \bar{\alpha}_1)(X - \bar{\alpha}_2) \cdots (X - \bar{\alpha}_n)$$

かつ

$$G_{\bar{f},\bar{\alpha}_1,\bar{\alpha}_2,\cdots,\bar{\alpha}_n} = \{S_n \ni \eta \mid r(\eta)V = V\}$$

となる $\bar{\alpha}_1, \bar{\alpha}_2, \cdots, \bar{\alpha}_n$ が存在する.[171]

これらの記法のもと次の Lemma が成り立っている.

次の Lemma は $G_{f,\alpha_1,\alpha_2,\cdots,\alpha_n} > G_{\bar{f},\bar{\alpha}_1,\bar{\alpha}_2,\cdots,\bar{\alpha}_n}$

が成り立つことを示している.

Lemma 7.24.2

$S_n \ni \eta$ で $r(\eta)V = V$ とすると $r(\eta)W = W$ である.

(proof)

$$\Phi_f = W_1 \cdot W_2 \cdot \cdots \cdot W_s \ (W_1 = W)$$

を Φ_f の $F[X, T_1, T_2, \cdots, T_n]$ における monic な既約因子による分解
とすると, これは $A[X, T_1, T_2, \cdots, T_n]$ での monic な既約因子による分解
になっている.

$$\Phi_{\bar{f}} = \overline{\Phi_f} = \overline{W_1 \cdot W_2 \cdot \cdots \cdot W_s}$$
$$= \overline{W_1} \cdot \overline{W_2} \cdot \cdots \cdot \overline{W_s}$$

これは $\Phi_{\bar{f}}$ の $A/\mathfrak{m}[X, T_1, T_2, \cdots, T_n]$ における因子による分解である.
$\Phi_{\bar{f}}$ は重複因子をもたないので
$\overline{W_1}, \overline{W_2}, \cdots, \overline{W_s}$ は共通の因子をもたない.
$r(\eta)W$ は Φ_f の $F[X, T_1, T_2, \cdots, T_n]$ における
monic な既約因子なので $W_1, W_2, \cdots, W_s$ のどれかである.
V が $\overline{W}$ の因子なので $r(\eta)V$ は $r(\eta)\overline{W}$ すなわち $\overline{r(\eta)W}$ [172]

---

[171] ここでの $r(\eta)$ は $A/\mathfrak{m}[X, T_1, T_2, \cdots, T_n]$ から $A/\mathfrak{m}[X, T_1, T_2, \cdots, T_n]$ への同型写像であり, $A/\mathfrak{m}$ の元や X は不変で $T_1, T_2, \cdots, T_n$ を $T_{\eta(1)}, T_{\eta(2)}, \cdots, T_{\eta(n)}$ にうつす.

[172] $W = \sum a_{ij_1 j_2 \cdots j_n} X^i T_1^{j_1} T_2^{j_2} \cdots T_n^{j_n}$ より
$r(\eta)W = \sum a_{ij_1 j_2 \cdots j_n} X^i T_{\eta(1)}^{j_1} T_{\eta(2)}^{j_2} \cdots T_{\eta(n)}^{j_n}$ である.
$\overline{W} = \sum \bar{a}_{ij_1 j_2 \cdots j_n} X^i T_1^{j_1} T_2^{j_2} \cdots T_n^{j_n}$ より
$r(\eta)\overline{W} = \sum \bar{a}_{ij_1 j_2 \cdots j_n} X^i T_{\eta(1)}^{j_1} T_{\eta(2)}^{j_2} \cdots T_{\eta(n)}^{j_n} = \overline{r(\eta)W}$

の因子である.

$r(\eta)V = V$ のときは $\overline{W}$ と $\overline{r(\eta)W}$ が V を共通因子としてもつので
$\overline{r(\eta)W} = \overline{W}$, すなわち $r(\eta)W = W$ である.

節の最後に示すとした W の各係数は A 上整であることは
次の Proposition で示される.

Proposition 7.24.2

A の拡大環 B において A 上整である元全体は環をなす.

これは次の Lemma たちにより証明される.

Lemma 7.24.3

α が A 上整であるとき
$A[\alpha]$ は有限生成 A-module である.

(proof)

α が A 係数の monic な n 次式の根になっているとき, すなわち
$$\alpha^n + c_1\alpha^{n-1} + c_2\alpha^{n-2} + \cdots + c_n = 0 \quad (A \ni c_i)$$
とする. $j \geq 0$ とすると
$$\alpha^{n+j} = -c_1\alpha^{n+j-1} - c_2\alpha^{n+j-2} - \cdots - c_n\alpha^j$$
なので $\alpha^n, \alpha^{n+1}, \alpha^{n+2}, \cdots,$ が全て $1, \alpha, \alpha^2, \cdots, \alpha^{n-1}$ の
A 係数の 1 次結合で表されることは帰納的にわかる.
よって $A[\alpha]$ の全ての元は $1, \alpha, \alpha^2, \cdots, \alpha^{n-1}$ の
A 係数の 1 次結合で表される.

Lemma 7.24.4

α, β が A の拡大環の元で, 共に A 上整のときは
$A[\alpha, \beta]$ は A-module としての有限生成である.

(proof)

α は A 上整なので
$\exists v_1, v_2, \cdots, v_n$ s.t.

$$A[\alpha] = Av_1 + Av_2 + \cdots + Av_n$$

β は $A[\alpha]$ 上整なので

$\exists w_1, w_2, \cdots, w_m \ s.t.$

$$A[\alpha][\beta] = A[\alpha]w_1 + A[\alpha]w_2 + \cdots + A[\alpha]w_m$$

このとき

$$v_1w_1, v_1w_2, \cdots, v_1w_m, v_2w_1, v_2w_2, \cdots, v_2w_m, \cdots, v_nw_1, v_nw_2, \cdots, v_nw_m$$

が $A[\alpha, \beta]$ の A 上の生成元となっている.

Lemma 7.24.5

B が A の拡大環で A-module として有限生成のときは
B の全ての元は A 上整である.

(proof)

$B \ni \gamma$ とする.

$e_1, e_2, \cdots, e_n$ を B の A-module としての生成元とするとき
任意の i に対して γe_i は B の元なので

$$\gamma e_i = c_{i1}e_1 + c_{i2}e_2 + \cdots + c_{in}e_n$$

となる A の元 c_{ij} が存在する.

$$C = \begin{pmatrix} c_{11} & c_{12} & \cdots & c_{1n} \\ c_{21} & c_{22} & \cdots & c_{2n} \\ \vdots & \vdots & \ddots & \vdots \\ c_{m1} & c_{m2} & \cdots & c_{mn} \end{pmatrix}$$ とおくと

$$\gamma \begin{pmatrix} e_1 \\ e_2 \\ \vdots \\ e_n \end{pmatrix} = C \begin{pmatrix} e_1 \\ e_2 \\ \vdots \\ e_n \end{pmatrix}$$ となり

$|\gamma E - C| = 0$ となる. [173)]

[173)] 一般に n 次正方行列 D と n 項列ベクトル $\mathbf{x}$ で
$D\mathbf{x} = \mathbf{0}$ のとき
$\tilde{D}$ を D の余因子行列とすると

γ は A 係数の monic な n 次式 $|XE-C|$ の根なので
γ は A 上整である.

$|D|\mathbf{x} = |D|E\mathbf{x} = \tilde{D}D\mathbf{x} = \tilde{D}\mathbf{0} = \mathbf{0}$
よって
$$(\gamma E - C)\begin{pmatrix} e_1 \\ e_2 \\ \vdots \\ e_n \end{pmatrix} = \begin{pmatrix} 0 \\ 0 \\ \vdots \\ 0 \end{pmatrix} \quad \text{より} \quad |\gamma E - C|\begin{pmatrix} e_1 \\ e_2 \\ \vdots \\ e_n \end{pmatrix} = \begin{pmatrix} 0 \\ 0 \\ \vdots \\ 0 \end{pmatrix}$$
これより
$\quad |\gamma E - C|e_1 = |\gamma E - C|e_2 = \cdots = |\gamma E - C|e_n = 0 \quad$ を得る.
ここで $B \ni 1$ より
$\quad 1 = d_1 e_1 + d_2 e_2 + \cdots + d_n e_n$ となる A の元 d_i が存在する.
両辺に $|\gamma E - C|$ をかけると
$\quad |\gamma E - C| = d_1|\gamma E - C|e_1 + d_2|\gamma E - C|e_2 + \cdots + d_n|\gamma E - C|e_n$
$\qquad = 0$

第8章

注釈

<1.3−1>
$p(X)$ の根は $f(X)$ の根であり

$p(X)$ の根の一つを β とすると $p(\beta) = 0$
$f(\beta) = (\beta - \alpha)p(\beta) = 0$

<1.3−2>
$f(X)$ の根は α と $p(X)$ の根以外にない.

$F \ni r$ で $r \neq \alpha$ かつ $p(r) \neq 0$ とすると
$f(r) = (r - \alpha)p(r) \neq 0$

<1.4−1>
そのような E は自明な形で F-ベクトル空間になる.

V が K-ベクトル空間であるとは
V に加法と K の作用 (スカラー乗法) が定義されていて
以下の性質をもつときである.
(I) 加法について加法群
(II) スカラー乗法について以下が成り立つ.
① 結合律, $^\forall a, {}^\forall b \in K, {}^\forall v \in V$ に対して $\quad a(bv) = (ab)v$
② 分配律, $^\forall a \in K, {}^\forall v, v' \in V$ に対して $a(v + v') = av + av'$

③ $\forall a, \forall b \in K, \forall v \in V$ に対して $(a+b)v = av + bv$
④ $\forall v \in V$ に対して $ev = v$ (e は K の単位元)
これを確かめる.

(I) E は体なので加法群である.
(II) E は F の元をスカラーとするスカラー積が定義できる.
$\qquad$ ($\because F \subseteq E, F$ の元は E の元, 体 E には積が定義できている)
① $F \ni a, b \quad E \ni e$ とすると
$$a(be) = (ab)e$$
② $F \ni a \quad E \ni e, e'$ とすると
$$a(e + e') = ae + ae'$$
③ $F \ni a, b \quad E \ni e$ とすると
$$(a + b)e = ae + be$$
④ $E \ni^\forall e$ に対して $1 \cdot e = e$ (1 は F の単位元, 1 はスカラー)
よって E は F-ベクトル空間である.

<1.4−2>
E の F-ベクトル空間としての次元を $[E : F]$ で表す.

これは E の F 上の base の数のことである.

<1.5−1>
$F[X]$ から 剰余環 $F[X]/(F(X))$ への写像 π を
$$\pi : \begin{array}{ccc} F[X] & \longrightarrow & F[X]/(f(X)) \\ \cup & & \cup \\ X & \longmapsto & X + (f(X)) = x \end{array}$$
と決めると, π は全射である.(標準的全射)

★1 剰余環について述べておく.
M を環
$I (\subset M)$ を M の ideal とする.
$\forall a \in M$ に対して

$$a+I = \{a+x | I \ni x\}$$
と定める. $(a+I \in M)$
$$M/I = \{a+I | a \in M\}$$
と定める.

・$M \ni a, b$ に対して
$a+I = b+I \Leftrightarrow a-b \in I$ となる.
($\because a+I = b+I$ とする.
$$a+I = b+I \ni b+0 = b$$
$$I \ni^{\exists} x \quad s.t. \quad a+x = b$$
$$a-b = -x \in I$$

逆に
$a-b \in I$ とする.
$a+I \ni^{\forall} y$ に対して
$$I \ni^{\exists} x \quad s.t. \quad y = a+x = b+(a-b)+x \in b+I$$
$$(a-b+x \in I)$$

よって
$$a+I \subset b+I$$
また $a-b \in I$ のとき $b-a \in I$ なので
$$b+I \subset a+I$$
ゆえに
$$a+I = b+I)$$

・集合 $M/I = \{a+I | a \in M\}$ は
和を $(a+I)+(b+I) = a+b+I$
積を $(a+I) \cdot (b+I) = a \cdot b + I$
と決めると, この演算のもとで環をなす.
($\because$ 和は well-defined である.
$a+I = a'+I, b+I = b'+I$ のとき
$a-a' \in I \quad b-b' \in I$ より
$(a-a')+(b-b') \in I$

$$(a+b)-(a'+b') \in I$$
$$\therefore a+b+I = a'+b'+I$$

積は well-defined である.
$$a-a' \in I, b-b' \in I$$
$$b \in M \text{ なので } b(a-a') \in I$$
$$a' \in M \text{ なので } a'(b-b') \in I$$
$$\therefore (ab-a'b)+(a'b-a'b') \in I$$
$$ab-a'b' \in I$$
よって $ab+I = a'b'+I$

ゼロ元は $0+I$
$$(a+I)+(0+I) = a+0+I = a+I$$
$$(0+I)+(a+I) = 0+a+I = a+I$$

マイナス元は $a+I$ に対して $-a+I$
$$(a+I)+(-a+I) = a+(-a)+I = 0+I$$
$$(-a+I)+(a+I) = (-a+a)+I = 0+I$$

イチは $1+I$
$$(a+I)(1+I) = a+I$$
$$(1+I)(a+i) = a+I$$

和の結合律, 積の結合律, 和と積の分配律も成り立つ.

以上より M/I は環である.)

M/I を M の I による剰余環と呼ぶ.

$M \xrightarrow{\pi} M/I$ を
$$\begin{array}{ccc} M & \longrightarrow & M/I \\ \cup & & \cup \\ a & \longmapsto & a+I \end{array}$$
と定義すると π は epimorphism である.

∵ 全射は明らかである.
$$\pi(a+b) = \pi(a)+\pi(b)$$
$$\pi(ab) = \pi(a)\pi(b)$$
$$\pi(1) = 1+I \quad M \text{ のイチは } M/I \text{ のイチにうつる.}$$

よって
$$\pi: \begin{array}{ccc} F[X] & \longrightarrow & F[X]/(f(X)) \\ \cup & & \cup \\ X & \longmapsto & X + f(X) \end{array}$$
とするとこれは epimorphism である.

< 1.8 − 1 >

$F[X] \longrightarrow F[\alpha]$ への isomorphism $\tilde{\varphi}$ は商体として
$F(X) \longrightarrow F(\alpha)$ への isomorphism に自然に拡張できる.

$$\begin{array}{ccc} F[X] & \xrightarrow{\tilde{\varphi}:iso} & F[\alpha] \\ \downarrow & \circlearrowleft & \downarrow \\ F(X) & \xrightarrow{iso} & F(\alpha) \end{array}$$

$F(X)$ は $F[X]$ の商体なので $F[X] \xrightarrow{\psi} F(X)$ は
$F[X]_{F[X]-\{0\}}$ の UP をもつ.

$$\begin{array}{ccc} F[X] & \xrightarrow{\tilde{\varphi}} & F[\alpha] \\ \psi \downarrow & \circlearrowleft & \downarrow \psi' \\ F(X) & \xrightarrow[\exists_1 \tilde{\varphi}']{} & F(\alpha) \end{array}$$ $\quad$ $\psi' \circ \tilde{\varphi}$: mono に対して
左の可換をみたすような $\tilde{\varphi}'$ が
ただ一つ存在する.

また $\tilde{\varphi}$ は isomorphism より 逆写像 $\tilde{\varphi}^{-1}$ が存在する.
$F(\alpha)$ は $F[\alpha]$ の商体なので $F[\alpha] \xrightarrow{\psi'} F(\alpha)$ は
$F[\alpha]_{F[\alpha]-\{0\}}$ の UP をもつ.

$\psi \circ \tilde{\varphi}^{-1}$: mono に対して下の可換をみたす $\tilde{\varphi}_*$ がただ一つ存在する.

$$
\begin{array}{ccc}
F[X] & \xleftarrow{\tilde{\varphi}^{-1}} & F[\alpha] \\
{\scriptstyle \psi}\downarrow & \circlearrowleft & \downarrow{\scriptstyle \psi'} \\
F(X) & \xleftarrow[\exists_1 \tilde{\varphi}_*]{} & F(\alpha)
\end{array}
$$

すなわち以下の可換が成り立つ.

$$
\begin{array}{ccccc}
F[X] & \xrightarrow{\tilde{\varphi}} & F[\alpha] & \xrightarrow{\tilde{\varphi}^{-1}} & F[X] \\
{\scriptstyle \psi}\downarrow & \circlearrowleft & \downarrow{\scriptstyle \psi'} & \circlearrowleft & \downarrow{\scriptstyle \psi} \\
F(X) & \xrightarrow[\tilde{\varphi}']{} & F(\alpha) & \xrightarrow[\tilde{\varphi}_*]{} & F(X)
\end{array}
$$

$\tilde{\varphi}_* \circ \tilde{\varphi}'$ は可換をみたすただ一つのものである.
ところが $id: F(X) \longrightarrow F(X)$ はこの可換をみたすので
$\tilde{\varphi}_* \circ \tilde{\varphi}' = id$ である.
同様に $\tilde{\varphi}' \circ \tilde{\varphi}_* = id$ もわかる.
よって $\tilde{\varphi}'$ は isomorphism である.

$<2.2-1>$
β を代入する写像を $\theta: F[X] \to \Omega$ とする.
$Ker\theta \ni f(X)$ で $f(X)$ は irreducible なので
$Ker\theta = (f(X))$

$F[X]$ は PID で $Ker\theta$ が $F[X]$ の proper な ideal なので
$F[X]$ の unit でない $g(X)$ で $Ker\theta = (g(X))$ となるものがある.
$f(X) = g(X)h(X)$ となる $h(X) \in F[X]$ がある.
$f(X)$ が irreducible で $g(X)$ が unit でないので $h(X)$ は unit である.
よって $Ker\theta = (f(X)) = (g(X))$

<2.2−2>

$E \supset F$ で $\begin{smallmatrix} E \\ | alg \\ F \end{smallmatrix}$ とする.

$\varphi_0 : F \to \Omega$ を homo とするとき

φ_0 の拡張 $\varphi : E \to \Omega$ が存在する.

Zorn's lemma を使う. (別冊「Zorn's lemma」参照)
$S = \{(M, \varphi) | M \text{ は体で } F \subset M \subset E, \varphi \text{ は } M \to \Omega : F-homo\}$ とする.
$S \ni (M, \varphi), (N, \psi)$ に対して
$$M \subset N \text{ かつ } \psi|_M = \varphi \overset{def.}{\Leftrightarrow} (M, \varphi) \leq (N, \psi)$$
とする.
この relation ' $\leq$ ' により S は順序集合となる.
$T = \{(M_\lambda, \varphi_\lambda)\}_{\lambda \in \Lambda}$ を S の全順序部分集合とする.
$M' = \cup_{\lambda \in \Lambda} M_\lambda$ とする.
$\varphi' : M' \to \Omega$ は $M' \ni x$ に対して
$$\Lambda \ni^\exists \lambda \quad s.t. \quad M_\lambda \ni x$$
である.
$$\varphi'(x) = \varphi_\lambda(x)$$
と定める.
このとき M' は E の部分体で $(M', \varphi') \in S$ である.
($\because M' \ni a, b$ に対して
$\quad ^\exists \lambda \quad s.t. \quad a \in M_\lambda, \quad ^\exists \mu \quad s.t. \quad b \in M_\mu$
$\quad M_\lambda$ と M_μ には必ず relation がある.
$\quad$ つまり $M_\lambda \subset M_\mu$ または $M_\lambda \supset M_\mu$ である.
$\quad M_\lambda$ と M_μ のどちらかで 足し算, 掛け算, 割り算, 引き算 ができる.)
よって (M', φ') は S における T の 上界である.
以上より S は空でない帰納的順序集合である.
したがって Zorn's lemma より S には maximal element があるので
それを (M_*, φ_*) とする.
$M_* = E$ を示す.
$\quad M_* \neq E$ とすると $^\exists \alpha \in E \quad s.t. \quad \alpha \notin M_*$

α は M_* 上 algebraic なので Proposition 2.2.5 より以下の可換をみたす φ' が存在する.

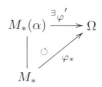

$M_*(\alpha) \supset M_*$ で $\varphi'|_{M_*} = \varphi_*$ なので
$(M_*, \varphi_*) \leq (M_*(\alpha), \varphi')$ となり矛盾が生じる.
ゆえに $M_* = E$ である.

< 3.1 − 1 >
E から E への isomorphism 全体の集合は群をなす.

$char E = 0$ のとき $Aut(E) = Aut(E/\mathbb{Q})$
  $E \supset F \supset \mathbb{Q}$ なので $Aut(E/\mathbb{Q}) > Aut(E/F)$
$char E = p$ のとき $Aut(E) = Aut(E/\mathbb{F}_p)$
  $E \supset F \supset \mathbb{F}_p$ なので $Aut(E/\mathbb{F}_p) > Aut(E/F)$
(∗∗) で見たように $Aut(E/F)$ は群をなし, $Aut(E)$ の部分群なので $Aut(E)$ は群をなす.

< 3.1 − 2 >
$E^G = \text{INV(G)} = \{\alpha \in E | G \ni^\forall \sigma に対して \sigma\alpha = \alpha\}$
とする.
これは E の部分体である.

$E^G \ni \alpha, \beta, \ G \ni \sigma$ とする.
  ・$\sigma(-\alpha) = -\sigma(\alpha) = -\alpha$ よって $-\alpha \in E^G$
  ・$\sigma(\alpha +_E \beta) = \sigma(\alpha) +_E \sigma(\beta) = \alpha +_E \beta$
        よって $\alpha +_E \beta \in E^G$

$$\cdot \sigma(\alpha \cdot_E \beta) = \sigma(\alpha) \cdot_E \sigma(\beta) = \alpha \cdot_E \beta$$
$$\text{よって } \alpha \cdot_E \beta \in E^G$$

$\cdot E \ni 1 \quad \sigma(1) = 1$ より $1 \in E^G \quad 1$ は E^G の単位元

以上より E^G は E の部分環である.

また $E^G \ni \alpha (\alpha \neq 0)$ とすると

$\alpha^{-1} \in E$ である.

$$\sigma(\alpha^{-1}) = (\sigma(\alpha))^{-1} = \alpha^{-1}$$

よって $\alpha^{-1} \in E^G$

ゆえに逆元をとる演算で閉じている.

E^G の 0 でない全ての元には逆元が存在するので E^G は体である.

< 3.1−3 >

E-係数連立 1 次方程式

$$\begin{cases} \sigma_1(\alpha_1)X_1 + \sigma_1(\alpha_2)X_2 + \cdots + \sigma_1(\alpha_n)X_n = 0 \\ \sigma_2(\alpha_1)X_1 + \sigma_2(\alpha_2)X_2 + \cdots + \sigma_2(\alpha_n)X_n = 0 \\ \quad\quad\quad\quad\quad\quad \vdots \\ \sigma_m(\alpha_1)X_1 + \sigma_m(\alpha_2)X_2 + \cdots + \sigma_m(\alpha_n)X_n = 0 \end{cases} \cdots \text{(i)}$$

を考える.

解集合は E-ベクトル空間をなす.

$n > m$ より (i) は自明でない解をもつ.

$G = \{\alpha_1, \alpha_2, \cdots, \alpha_n\}$ は E-ベクトル空間をなすことを確かめる.

$\cdot G$ は加法群

$G \ni a = (a_1, a_2, \cdots, a_n), b = (b_1, b_2, \cdots, b_n)$ として

a, b を (i) の解とする.

このとき $a + b$ も (i) の解である.

また $G \ni^\forall a, b$ に対して

$a + b = b + a$

$G \ni^\forall a, b, c$ に対して

$(a+b)+c = a+(b+c)$

$(0,0,\cdots,0)$ (n個全て 0) は (i) の解である.

よって G にはゼロ元がある.

$G \ni^\forall a$ に対して $-a$ は (i) の解である.

・G は E の元をスカラーとするスカラー積が定義できる.

($\because G \subset E$ で E には積が定義できている)

$G \ni^\forall a,b$ に対して $E \ni^\forall e$ に対して $a(be) = (ab)e$

$G \ni^\forall a$, $E \ni^\forall e,e'$ に対して $a(e+e') = ae+ae'$

$G \ni^\forall a,b$, $E \ni^\forall e$ に対して $(a+b)e = ae+be$

$E \ni^\forall e$ に対して $1(G$ の単位元$) \cdot e = e$

(i) を行列で表すと

$$\begin{pmatrix} \sigma_1\alpha_1 & \sigma_1\alpha_2 & \cdots & \sigma_1\alpha_n \\ \sigma_2\alpha_1 & \sigma_2\alpha_2 & \cdots & \sigma_2\alpha_n \\ \vdots & \vdots & \ddots & \vdots \\ \sigma_m\alpha_1 & \sigma_m\alpha_2 & \cdots & \sigma_m\alpha_n \\ 0 & 0 & \cdots & 0 \\ \vdots & \vdots & \ddots & \vdots \\ 0 & 0 & \cdots & 0 \end{pmatrix} \begin{pmatrix} X_1 \\ X_2 \\ \vdots \\ X_m \\ \vdots \\ X_n \end{pmatrix} = \begin{pmatrix} 0 \\ 0 \\ \vdots \\ 0 \end{pmatrix}$$

$|A| = 0$ なので $^\exists \mathbf{x} \neq \mathbf{0}$ $s.t.$ $A\mathbf{x} = \mathbf{0}$

($\hookrightarrow$ 別冊 「固有値」 Theorem 7.14.3)

< 3.2 − 1 >

T の $\mathbb{F}_p(T^p)$ 上の最小多項式は $X^p - T^p$ である.

T を代入すると $T^p - T^p = 0$ である.

また $X^p - T^p$ が irreducible でないとする.

このとき T の最小多項式を $g(X)$ とすると

$X^p - T^p = g(X)h(X) \in \mathbb{F}_p(T^p)[X]$ で

$(X - T)^p = g(X)h(X) \in \mathbb{F}_p(T)[X]$

$g(X) = (X-T)^s$
$g'(X) = s(X-T)^{s-1}$ $1 \leq s < p$ である.
$s > 1$ とすると $g'(X)$ は T を代入して 0 であるし,
$g(X)$ より次数が一つ少ないので
$g(X)$ が T の最小多項式であることに矛盾する.
よって $s = 1$
ゆえに $g(X) = X - T \in \mathbb{F}_p(T^p)[X]$ となるが
$\mathbb{F}_p(T^p) \not\ni T$ なのでこれは矛盾である.
よって $X^p - T^p$ は irreducible である.

< 3.2 − 2 >
拡大 E/F が finite のとき $\varphi(E) = E$ である.

$$\begin{array}{ccc} E & \xrightarrow{\varphi} & \varphi(E) \\ | & \circlearrowleft & | \\ F & \text{———} & F \end{array}$$

$|\varphi(E) : F| = |E : F|$ を示す.
すなわち $\varphi(E)$ と E の F 上の base の数が同じであることが言えればよい.
$E \ni \beta_1, \cdots, \beta_n$ が E の F 上の base のとき $\varphi(\beta_1), \cdots, \varphi(\beta_n)$ は
$\varphi(E)$ の F 上の base である.
なぜならば
$F \ni c_1, c_2, \cdots, c_n$ で $c_1 \varphi(\beta_1) + c_2 \varphi(\beta_2) + \cdots + c_n \varphi(\beta_n) = 0$ とする.
$\varphi(c_1 \beta_1 + \cdots + c_n \beta_n) = 0$ となる.
φ は単射なので $c_1 \beta_1 + \cdots + c_n \beta_n = 0$
$\beta_1, \cdots, \beta_n$ は線型独立なので $c_1, \cdots, c_n = 0$
ゆえに $\varphi(\beta_1), \cdots, \varphi(\beta_n) \in \varphi(E)$ は線型独立である.
また $E \ni e$ とすると
$e = a_1 \beta_1 + a_2 \beta_2 + \cdots + a_n \beta_n$ $a_i \in F$
$\varphi(e) = \varphi(a_1 \beta_1 + a_2 \beta_2 + \cdots + a_n \beta_n)$
$\qquad = a_1 \varphi(\beta_1) + a_2 \varphi(\beta_2) + \cdots + a_n \varphi(\beta_n)$

よって $\varphi(\beta_1),\cdots,\varphi(\beta_n)$ は $\varphi(E)$ の生成系である.

$<3.2-3>$
$f(X) \in F[X]$ は F 上 separable なので F' 上 separable である.

$f(X) \in F[X]$ が separable なので, $f(X) \in F[X]$ の irreducible な因子
全てが $f(X) \in F[X]$ の splitting field において multiple をもたない.
$F \subset F'$ で $f(X) \in F[X]$ を $F'[X]$ の多項式とみたときでも
$f(X) \in F'[X]$ はその splitting field において multiple をもたない.

$<3.2-4>$
$Aut(E/F) = Aut(E/F')$ である.

$Aut(E/F) \ni g(G \ni g)$ とすると
g は $E \to E$ の automorphism で F の全ての元を fix する.
$F' \ni^\forall y$ に対して $y \in E^G$ なので $g(y) = y$
よって $g \in Aut(E/F')$
ゆえに $Aut(E/F) \subset Aut(E/F')$ である.
また ① より $Aut(E/F) \supset Aut(E/F')$ であることは明らかである.
よって $Aut(E/F) = Aut(E/F')$ である.

$<3.2-5>$

$E \ni^\forall \beta$ $s.t.$ $E_{sep} \not\ni \beta(\beta$ は F 上 inseparable$)$ とする.
このとき $charF$ は素数である. これを p とする.
β の F 上の最小多項式を $f(X)$ とするとき
0 以上の整数 e と irreducible かつ separable な $F[X]$ の多項式 $g(X)$ で
$f(X) = g(X^{p^e})$ となるものが存在する.

$f(X)$ が separable のときは $e = 0$ で $g(X) = f(X)$ とすればよい.
$f(X)$ が separable でないときは $F[X]$ の irreducible な多項式 $f_1(X)$ で
$\quad f(X) = f_1(X^p)$

となるものが存在する.($\because$ Proposition 2.4.2(c))
もちろん $deg\ f(X) > deg\ f_1(X)$ である.
$f_1(X)$ が separable でないときは $F[X]$ の irreducible な多項式 $f_2(X)$ で
$$f_1(X) = f_2(X^p)$$
となるものが存在する.
もちろん $deg\ f_1(X) > deg\ f_2(X)$ である.
このようなことを続ければいつかは separable な多項式が現れる.
つまり
$$f(X) = f_1(X^p)$$
$$f_1(X) = f_2(X^p)$$
$$\vdots$$
$$f_{e-1}(X) = f_e(X^p)$$
かつ $f_e(X)$ が separable となる e が存在する.
$g(X) = f_e(X)$ とすると $g(X)$ は separable で
$$f(X) = f_1(X^p) = f_2(X^{p^2}) = \cdots = f_{e-1}(X^{p^{e-1}}) = f_e(X^{p^e}) = g(X^{p^e})$$

$< 3.2-6 >$
$f(\beta) = g(\beta^{p^e}) = 0$ より β^{p^e} は F 上 separable
　　　　($\because$ F 上 separable な多項式に代入して 0)

$F[X] \ni h(X), h(X)$ は separable とする.
$E \ni \alpha, h(\alpha) = 0$ とする.
α の最小多項式を $f(X)$ とすると
$f(X)$ は $h(X)$ の irreducible な約数
$h(X)$ が separable ならば $f(X)$ は separable
よって α は F 上 separable

$< 3.2-7 >$
θ'' を E から $\tilde{E}$ への M-homo とすると
θ' (E から $\tilde{E}$ への F-homo で $\theta'|_M = \theta$) の集合と

θ'' の集合には 1 対 1 対応がある.

Theorem 7.8.2 より

E-isomorphism $\eta : \tilde{E} \to \tilde{E}$ が存在する.

これを利用して以下のように

$\{\theta' | \theta'$ は E から $\tilde{E}$ への homo で $\theta'|_M = \theta\}$ と

$\qquad \{\theta'' | \theta''$ は E から $\tilde{E}$ への $M - homo\}$

には全単射が存在することがわかる.

$$\begin{array}{ccc} \{\theta' | \theta' \text{ は } E \text{ から } \tilde{E} \text{ への homo で } \theta'|_M = \theta\} & & \{\theta'' | \theta'' \text{ は } E \text{ から } \tilde{E} \text{ への } M - homo\} \\ \cup & & \cup \\ \theta' & \xrightarrow{g} & \eta^{-1} \circ \theta' (M \ni x, \eta^{-1} \circ \theta'(x) = \eta^{-1}(\eta(x)) = x) \\ \eta \circ \theta'' & \xleftarrow{f} & \theta'' \end{array}$$

$f \circ g = id$ かつ $g \circ f = id$ である.

よって f は g の逆写像である.

ゆえに g は全単射である.

$< 3.3 - 1 >$

$F \subset \sigma E^H \subset E$

$F \subset E^H \subset E$ より

$Gal(E/F) \ni^\forall \sigma$ に対して

$\sigma(F) \subset \sigma(E^H) \subset \sigma(E) \cdots$ ①

$\sigma(F) = F$ である.

また $\sigma(E) = E$ である. ($\hookrightarrow$ Theorem 3.2.1 $\star$)

① は $F \subset \sigma E^H \subset E$ である.

$< 3.3 - 2 >$

$$\begin{array}{ccc} G & \xrightarrow{\varphi} & Gal(E^H/F) \\ \cup & & \cup \\ \sigma & \longmapsto & \sigma|_{E^H} \end{array} \cdots (*)$$

$(*)$ において φ は全射

$Aut(E^H/F) \ni^\forall \sigma : E^H \to E^H$ に対して

$i \circ \sigma : E^H \to E$ とすると

拡大 E/E^H は Galois なので

$^\exists \varphi' : E \to E$ isomorphism $s.t.$ $\varphi'|_{E^H} = i \circ \sigma$

ここで拡大 E^H/F は normal なので $i \circ \sigma(E^H) \subset E^H$ ($\because$ Coro 3.2.1)

σ は F の元を fix するので

$i \circ \sigma$ も F の元を fix する.

ゆえに $\varphi'|_{E^H}$ も F の元を fix する.

φ' も F の元を fix する.

つまり $Aut(E/F)$ の元である.

$<3.3-3>$

$\cap H_i$ は全ての H_i に含まれる群のなかで

最も大きいものである.

$\cap H_i \subset H_1,\ \cap H_i \subset H_2, \cdots, \cap H_i \subset H_r$ $\quad \cdots$ ①

$H' \subset H_1,\ H' \subset H_2, \cdots, H' \subset H_r$ とすると $H' \subset \cap H_i$ $\quad \cdots$ ②

が言えればよい.

① は明らかであるし，② も明らかである.

$<3.3-4>$

$\displaystyle\prod_{\sigma \in G} \sigma M$ は M を含む F の最も小さな normal 拡大体である.

$\displaystyle\prod_{\sigma \in G} \sigma M \supset M$ である. ($\because \sigma_1 M \sigma_2 M \cdots \supset \sigma_1 M = M$)

L を M を含む F の normal 拡大体とする. ($E \supset L \supset M \supset F$)

$G \ni^\forall \sigma : E \to E, F$-homo に対して $\sigma|_L : L \to E$ とすると

$\sigma|_L(L) \subset L\ (\sigma L \subset L)$ である.

$\sigma L \supset \sigma M$ なので $L \supset \sigma M$

すなわち L は $\sigma_1 M, \sigma_2 M, \cdots$ を含む.

よって L は $\displaystyle\prod_{\sigma \in G} \sigma M$ を含む.

< 3.3 − 5 >
$\cap_{\sigma \in G} \sigma H \sigma^{-1}$ は H に含まれる最も大きな正規部分群である.

① $\cap_{\sigma \in G} \sigma H \sigma^{-1} \subset H$
② $\cap_{\sigma \in G} \sigma H \sigma^{-1}$ は G の正規部分群
③ $G \triangleright H'$, $H' \subset H \Rightarrow H' \subset \cap_{\sigma \in G} \sigma H \sigma^{-1}$
を示す.
① $G \ni \sigma_1, \sigma_2, \cdots, \sigma_n$ に対して
$(\sigma_1 H \sigma_1^{-1} \cap \sigma_2 H \sigma_2^{-1} \cap \cdots) \subset \sigma_1 H \sigma_1^{-1}$
∴ $(\sigma_1 H \sigma_1^{-1} \cap \sigma_2 H \sigma_2^{-1} \cap \cdots) \subset H$
② $G \ni^\forall \tau$ に対して
$$\tau(\cap_{\sigma \in G} \sigma H \sigma^{-1}) \tau^{-1} = \cap_{\sigma \in G}(\tau(\sigma H \sigma^{-1})\tau^{-1})$$
$$= \cap_{\sigma \in G}(\tau \sigma H (\tau \sigma)^{-1})$$
$$= \cap_{\sigma \in G} \sigma H \sigma^{-1}$$
③ $G \ni^\forall \sigma$ に対して $\sigma H' \sigma^{-1} = H'$ であり
$H' \subset H$ より $\sigma H' \sigma^{-1} \subset \sigma H \sigma^{-1}$
よって $H' \subset \sigma H \sigma^{-1}$
$^\forall \sigma \in G$ について成り立つので $H' \subset \cap_{\sigma \in G} \sigma H \sigma^{-1}$

< 3.3 − 6 >
$\sigma|_E$ は単射であり, かつ $[E:F] < \infty$ なので $\sigma|_E$ は全射である.

E は $E \cap L$ 上 finite なので E は $E \cap L$ 上のベクトル空間とみなせる.
$dim E = dim(Ker(\sigma|_E)) + dim(Im(\sigma|_E))$
$\sigma|_E$ は単射なので $Ker(\sigma|_E) = \{0\}$
よって $dim E = dim(Im(\sigma|_E))$
ゆえに $\sigma|_E$ は全射である.

< 3.3 − 7 >
$E_1 E_2 = F[\alpha_1, \cdots, \alpha_m, \beta_1, \cdots, \beta_m]$ である.

(⊃) $E_1 E_2$ は F を含むし，$\{\alpha_1,\cdots,\beta_m\}$ も含む体である．
よって $E_1 E_2$ は F と $\{\alpha_1,\cdots,\beta_m\}$ を含む最小の体
$F[\alpha_1,\cdots,\beta_m]$ を含む．

(⊂) $F[\alpha_1,\cdots,\beta_m]$ は体であるし E_1 も E_2 も含む．
よって E_1 と E_2 を含む最小の体 $E_1 E_2$ も含む．

$< 3.4 - 1 >$
$\alpha_1 + \alpha_2 + \alpha_3 = -1$
$\alpha_1 \alpha_2 + \alpha_1 \alpha_3 + \alpha_2 \alpha_3 = -2$
$\alpha_1 \alpha_2 \alpha_3 = 1$

$$\begin{aligned}
\alpha_1 + \alpha_2 + \alpha_3 &= (\xi + \bar{\xi}) + (\xi^2 + \bar{\xi^2}) + (\xi^3 + \bar{\xi^3}) \\
&= \xi + \xi^6 + \xi^2 + \xi^5 + \xi^3 + \xi^4 \\
&= -1 \\
\alpha_1 \alpha_2 + \alpha_1 \alpha_3 + \alpha_2 \alpha_3 &= (\xi + \xi^6)(\xi^2 + \xi^5) + (\xi + \xi^6)(\xi^3 + \xi^4) + (\xi^2 + \xi^5)(\xi^3 + \xi^4) \\
&= \xi^3 + \xi^6 + \xi^1 + \xi^4 + \xi^4 + \xi^5 + \xi^2 + \xi^3 + \xi^5 + \xi^6 + \xi^1 + \xi^2 \\
&= -2 \\
\alpha_1 \alpha_2 \alpha_3 &= (\xi + \xi^6)(\xi^2 + \xi^5)(\xi^3 + \xi^4) \\
&= (\xi^3 + \xi^6 + \xi^1 + \xi^4)(\xi^3 + \xi^4) \\
&= \xi^6 + 1 + \xi^2 + \xi^3 + \xi^4 + \xi^5 + 1 + \xi^1 \\
&= 1
\end{aligned}$$

$< 3.4 - 2 >$
$G = \{\sigma^s \tau^t | 0 \leq s \leq 4, 0 \leq t \leq 3\}$ である
$(\because |\{\sigma^s \tau^t | 0 \leq s \leq 4, 0 \leq t \leq 3\}| = 20$
$((s,t)$ が異なれば異なる元である$)$

$\sigma^s \tau^t(\alpha) = \alpha \xi^s$, $\sigma^s \tau^t(\xi) = \xi^{2^t}$ である．
$\sigma^{s'} \tau^{t'} = \sigma^s \tau^t$ とすると
$\alpha \xi^{s'} = \alpha \xi^s$ であり
$\xi^s = \xi^{s'}$ となる．

$0 \leq s, s' \leq 4$ であり $1, \xi, \xi^2, \xi^3, \xi^4$ は全部異なるので
$s = s'$ である.

同様に
$\xi^{2^{t'}} = \xi^{2^t}$ のとき
$0 \leq t, t' \leq 3$ であり, $2^0 = 1, 2^1 = 2, 2^2 = 4, 2^3 = 8 = 3 (mod\ 5)$ は
全部異なるので $2^t = 2^{t'} (mod\ 5)$ である.
よって $t = t'$ である.

<3.7-1>
$D(aX^2 + bX + c) = b^2 - 4ac/a^2$

$ax^2 + bX + c = a(X - \alpha_1)(X - \alpha_2)$ とする.

$\triangle(f) = \alpha_1 - \alpha_2$

$$\begin{aligned}(\triangle(f))^2 = \alpha_1{}^2 - 2\alpha_1\alpha_2 + \alpha_2{}^2 &= (\alpha_1 + \alpha_2)^2 - 4\alpha_1\alpha_2 \\ &= (-\frac{b}{a})^2 - 4 \times \frac{c}{a} \\ &\quad (\because \alpha_1 + \alpha_2 = -\frac{b}{a}, \alpha_1\alpha_2 = \frac{c}{a}) \\ &= \frac{b^2}{a^2} - \frac{4c}{a} \\ &= \frac{b^2 - 4ac}{a^2}\end{aligned}$$

<3.7-2>
$D(X^3 + bX + c) = -4b^3 - 27c^2$

$X^3 + bX + c = (X - \alpha)(X - \beta)(X - \gamma)$ とする.
両辺を X で微分して
$3X^2 + b = (X - \beta)(X - \gamma) + (X - \alpha)(X - \gamma) + (X - \alpha)(X - \beta) \cdots$ ①
① に
α を代入すると $3\alpha^2 + b = (\alpha - \beta)(\alpha - \gamma) \cdots$ ②
β を代入すると $3\beta^2 + b = (\beta - \alpha)(\beta - \gamma) \cdots$ ③
γ を代入すると $3\gamma^2 + b = (\gamma - \alpha)(\gamma - \beta) \cdots$ ④

②③④ を辺々かけると
$$(3\alpha^2+b)(3\beta^2+b)(3\gamma^2+b) = -(\alpha-\beta)^2(\alpha-\gamma)^2(\beta-\gamma)^2$$
$$= -D(X^3+bX+c)$$

$$(3\alpha^2+b)(3\beta^2+b)(3\gamma^2+b)$$
$$= b^3 + 3(\alpha^2+\beta^2+\gamma^2)b^2 + 9(\alpha^2\beta^2+\alpha^2\gamma^2+\beta^2\gamma^2)b + 27\alpha^2\beta^2\gamma^2$$

$\alpha+\beta+\gamma=0,\quad \alpha\beta+\beta\gamma+\alpha\gamma=b,\quad \alpha\beta\gamma=c$ より
$$\alpha^2+\beta^2+\gamma^2 = (\alpha+\beta+\gamma)^2 - 2(\alpha\beta+\beta\gamma+\alpha\gamma)$$
$$= 0 - 2b = -2b$$

$$\alpha^2\beta^2+\alpha^2\beta^2+\beta^2\gamma^2 = (\alpha\beta+\beta\gamma+\alpha\gamma)^2 - 2(\alpha^2\beta\gamma+\alpha\beta^2\gamma+\alpha\beta\gamma^2)$$
$$= (\alpha\beta+\beta\gamma+\alpha\gamma)^2 - 2\alpha\beta\gamma(\alpha+\beta+\gamma)$$
$$= b^2 - 2c\cdot 0$$
$$= b^2$$

よって
$$-D(X^3+bX+c) = b^3 + 3\cdot -2b\cdot b^2 + 9\cdot b^2\cdot b + 27c^2 = 4b^3 + 27c^2$$
$$\therefore D(X^3+bX+c) = -4b^3 - 27c^2$$

<3.7-3>
$F \subset \mathbb{R}$ とする.

$D(f)$ が負の数ならば $D(f)$ は not square in F である.

$\mathbb{C}$ における $f(X)$ の実数でない根の数が $2s$ のとき
$$sgn(D(f)) = \frac{D(f)}{|D(f)|}$$
と定めると
$$sgn(D(f)) = (-1)^s$$
であることが証明できる.

$f(X)$ の根を 2 個の実数の根 α_1, α_2 と, 4 個の実数でない根 $\beta_1, \bar\beta_1, \beta_2, \bar\beta_2$ とする.
$D(f)$ は以下のペアの差の 2 乗の積である.

$$(\alpha_1-\alpha_2)^2 \quad (\alpha_1-\beta_1)^2 \quad (\alpha_1-\bar{\beta}_1)^2 \quad (\alpha_1-\beta_2)^2 \quad (\alpha_1-\bar{\beta}_2)^2$$
$$(\alpha_2-\beta_1)^2 \quad (\alpha_2-\bar{\beta}_1)^2 \quad (\alpha_2-\beta_2)^2 \quad (\alpha_2-\bar{\beta}_2)^2$$
$$(\beta_1-\bar{\beta}_1)^2 \quad (\beta_1-\beta_2)^2 \quad (\beta_1-\bar{\beta}_2)^2$$
$$(\bar{\beta}_1-\beta_2)^2 \quad (\bar{\beta}_1-\bar{\beta}_2)^2$$
$$(\beta_2-\bar{\beta}_2)^2$$

$(\alpha_1-\beta_1)(\alpha_1-\bar{\beta}_1),\ (\alpha_1-\beta_2)(\alpha_1-\bar{\beta}_2)$
$(\alpha_2-\beta_1)(\alpha_2-\bar{\beta}_1),\ (\alpha_2-\beta_2)(\alpha_2-\bar{\beta}_2)$
$(\beta_1-\beta_2)(\bar{\beta}_1-\bar{\beta}_2),\ (\bar{\beta}_1-\beta_2)(\beta_1-\bar{\beta}_2)$ は実数であるから ($\because$ 2つは共役)

$(\alpha_1-\beta_1)^2(\alpha_1-\bar{\beta}_1)^2,\ (\alpha_1-\beta_2)^2(\alpha_1-\bar{\beta}_2)^2,$
$(\alpha_2-\beta_1)^2(\alpha_2-\bar{\beta}_1)^2,\ (\alpha_2-\beta_2)^2(\alpha_2-\bar{\beta}_2)^2$
$(\beta_1-\beta_2)^2(\bar{\beta}_1-\bar{\beta}_2)^2,\ (\bar{\beta}_1-\beta_2)^2(\beta_1-\bar{\beta}_2)^2$ は正である.

$(\beta_1-\bar{\beta}_1)$ は純虚数だから
$(\beta_1-\bar{\beta}_1)^2$ は負である.
つまり実数の根でない共役な2数のペアのところが負となる.
実数の根でない共役な2数のペアは s 個ある.

<3.9−1>
S_2 の部分群は A_2 と S_2

$S_2 = \{e, (1,2)\}$
S_2 の部分群は $\{e\}$ と $\{e, (1,2)\}$
$\{e\}$ は S_2 の正規部分群であり, A_2 のことである.
つまり A_2 と S_2 である.

<3.9−2>
$G_f = G_g$ であり
$g(X)$ は simple root のみもつ2次式なので先の Example 3.9.1 の
(ii) で見たことにもとづく.

F の元 α は動かさない $f(X)$ の ガロア群 $Gal(F_f/F) = G_f$ について考えるとき, 2 次式 $g(X)$ のガロア群 G_g について考えればよい. $G_{g*} \subset S_2$ とみて考えればよい.

$$\begin{pmatrix} \alpha & \beta & \gamma \\ \alpha & & \end{pmatrix} = (\beta\ \gamma)$$

<3.9-3>

 S_3 の部分群でその位数が 3 でわれるものは A_3 と S_3 しかない.

位数は 6 か 3 である.

位数が 6 のものは S_3 しかない.

$S_3 = \{e, (1\ 2), (1\ 3), (2\ 3), (1\ 2\ 3\ ), (1\ 3\ 2)\}$

$A_3 = \{e, (1\ 2\ 3), (1\ 3\ 2)\}$

であり, S_3 の部分群で, 位数が 3 のものは A_3 しかない.

($\because$ 位数 3 は S_3 における指数が 2 ということ,

　　つまり S_3 の正規部分群である.

　　S_3 の正規部分群 $\{e\}, A_3, S_3$ で, 位数が 3 のものは A_3 しかない.)

★ オービット (orbit) について

　　　　　　　(別冊「作用とオービット・シローの定理 」 参照)

1. a のオービットとは a を代表元にもつオービットのことであり,

    $\{{}^g a | g \in G\}$ のことである.

    これを $O(a)$ で表した.

2. $O(a) \ni b$ のとき $O(a) = O(b)$ である.

    ($\because$ ($\supset$)

    　　$O(a) \ni b$ より $G \ni^\exists h\ \ s.t.\ \ b = {}^h a$

    　　$O(b) \ni x$ とする.

    　　$G \ni^\exists f\ \ s.t.\ \ x = {}^f b$

    　　$\therefore\ x = {}^f b = {}^{fh} a \in O(a)$

    　　よって $O(a) \supset O(b)$

($\subset$)
$a =^{h^{-1}h} a =^{h^{-1}} b \in O(b)$
$O(b) \ni a$ より $O(b) \supset O(a)$)

よって a のオービットは, その中の全ての元のオービットである.

以上から「その中の全ての元のオービットとなっているものをオービットという」としてもよい.

< 3.10 − 1 >
$v = \{e, (1\ 2)(3\ 4), (1\ 3)(2\ 4), (1\ 4)(2\ 3)\}$ は A_4 の正規部分群になっている.

別冊 「S_n」Theorem 7.9.5(S_n の正規部分群) 参照

< 3.10 − 2 >
Y_1 の stabilizer $\{S_4 \ni \sigma | ^\sigma Y_1 = Y_1\}$ を H_{Y_1} とおくと
$3 = |O(Y_1)| = |S_4|/|H_{Y_1}|$ で $|S_4| = 24$
なので
$|H_{Y_1}| = 8$
である.

Y_1 の stabilizer(これを H_{Y_1} とする), Y_2 の stabilizer(H_{Y_2})
Y_3 の stabilizer(H_{Y_3}) は S_4 の位数が 8 の部分群である.

別冊「作用とオービット・シローの定理」Proposition 7.20.3(安定化部分群の性質) の (4) より
$|O(Y_1)| = \dfrac{|S_4|}{|H_{Y_1}|}$ である.

< 3.10 − 3 >
$H_{Y_1}, H_{Y_2}, H_{Y_3}$ は D_4 型である.

D_4 は $D_4 =< a,\ b >$ かつ $a^4 = 1, b^2 = 1, ba = a^3 b$ の型で定まる群である.

その型であるか確かめる.
$H_{Y_2} = <(1\ 2\ 3\ 4), (1\ 3)>$
$H_{Y_1} = <(1\ 3\ 2\ 4), (1\ 2)>$
$H_{Y_3} = <(1\ 2\ 4\ 3), (1\ 4)>$
であるが
H_{Y_2} でみてみると
$(1\ 2\ 3\ 4)(1\ 2\ 3\ 4)(1\ 2\ 3\ 4)(1\ 2\ 3\ 4) = 1$
$(1\ 3)(1\ 3) = 1$
$(1\ 3)(1\ 2\ 3\ 4) = (1\ 2)(3\ 4)$
$(1\ 2\ 3\ 4)(1\ 2\ 3\ 4)(1\ 2\ 3\ 4)(1\ 3) = (1\ 2)(3\ 4)$
よって H_{Y_2} は D_4 型である.
他も同じである.

$<3.10-4>$
位数が 12 の群は指数が 2 なので正規部分群である.
これは A_4 である.

S_4 の正規部分群は $\{e\}$ と S_4 と A_4 と v である.
　　($\hookrightarrow$ 別冊「S_n」Theorem 7.9.5(S_n の正規部分群))
位数が 12 なので A_4 である.

$<3.10-5>$
$f(X) = X^4 - 4X + 2 \in \mathbb{Q}[X]$ を考える.
これは Proposition 7.4.4(Eisenstein's criterion) より
$\mathbb{Q}[X]$ で irreducible である.

$2 \nmid 1,\ 2\mid -4,\ 2\mid 2$ かつ $2^2 \nmid 2$ である.

$<3.10-6>$
なぜならば $g(X)$ は $\mathbb{Z}/5\mathbb{Z}[X]$ で irreducible であり,
したがって $\mathbb{Z}[X]$ で irreducible であるからである.

$g(X)$ は $\mathbb{Z}/5\mathbb{Z}[X]$ において根をもたないから $\mathbb{Z}/5\mathbb{Z}[X]$ で irreducible である.

したがって Proposition 7.4.3 より $g(X)$ は $\mathbb{Z}[X]$ で irreducible である.

< 3.10 − 7 >

$f(X) = X^4 + 4X^2 + 2 \in \mathbb{Q}[X]$ を考える.

Proposition 7.4.4(Eisenstein's criterion) より,これは $\mathbb{Q}[X]$ で irreducible である.

$2 \nmid 1,\ 2 \mid 4,\ 2 \mid 2$ かつ $2^2 \nmid 2$ である.

< 3.10 − 8 >

$f(X) = X^4 + 10X^2 + 4 \in \mathbb{Q}[X]$ を考える.

これは $\mathbb{Q}[X]$ で irreducible である.

Proposition 7.4.2 より 4 の約数 と 1 の約数のどの組み合わせも根でないので 1 次の factor をもたない.

$f(X)$ が 2 つの monic な 2 次式の積であるとする.

$$f(X) = (X^2 + aX + b)(X^2 + cX + d)\ (\mathbb{Z} \ni a, b, c, d)$$

とすると

$$bd = 4, a + c = 0, b + d + ac = 10, ad + bc = 0$$

である.

$bd = 4$ より $(b, d) = (\pm 1, \pm 4), (\pm 4, \pm 1), (\pm 2, \pm 2)$

$a + c = 0$ より $c = -a$

したがって

$$a^2 = -ac = b + d - 10$$

となるがこれをみたす整数 a, b, c, d は整数の中にない.

< 3.10 − 9 >

$f(X) = X^4 + 5X^2 + X + 2 \in \mathbb{Q}[X]$ を考える.

これは $\mathbb{Z}[X]$ で irreducible である.

Proposition 7.4.2 より 2の約数 と 1 の約数のどの組み合わせも根でないので $\mathbb{Z}[X]$ に 1 次の factor をもたない.
$f(X)$ が 2 つの monic な 2 次式の積であるとする.
$$f(X) = (X^2 + aX + b)(X^2 + cX + d) \ (\mathbb{Z} \ni a, b, c, d)$$
とすると
$$bd = 2, a+c = 0, b+d+ac = 5, ad+bc = 1$$
である.
$bd = 2$ より $(b, d) = (\pm 1, \pm 2), (\pm 2, \pm 1)$
$a + c = 0$ より $c = -a$
したがって
$$a^2 = -ac = b+d-5$$
となるがこれをみたす整数 a, b, c, d はない.

$< 3.11 - 1 >$

S_p において 位数が p のものは p cycle である.

η は S_p の位数が p の元とする.

η が長さが $i_1, i_2, \cdots, i_t$ の巡回置換の積に分解されているとき
($\hookrightarrow$ 別冊 「S_n」Theorem 7.9.1 (恒等置換以外の置換は互いに素な巡回置換の積で表される))
$$p \geq i_1 + i_2 + \cdots + i_t \ \text{で}$$
$$p = L, C, M(i_1, i_2, \cdots, i_t)$$
($\hookrightarrow$ 別冊「S_n」Proposition 7.9.1(置換の位数))
となる.
これが成り立つのは $t = 1$ で $i_1 = p$ のときのみである.

$< 3.11 - 2 >$

S_p の全ての置換は互換の積でかける.

別冊 「S_n」Theorem 7.9.2 (全ての置換は互換の積)

< 3.11 − 3 >

$p \mid [E : \mathbb{Q}]$

それゆえ G_{f_*} は位数が p の元を含む.

一般に G が有限群のとき $|G|$ を素数 p がわるならば G には
p-シロー部分群が存在する.
なぜならば $|G| = p^\star \times s$ で p は素数なので s と互いに素である.
よって G_f には p-シロー部分群が存在する.
(別冊 「作用とオービット・シローの定理」Theorem 7.20.5(シローの第 1 定理))
これを H とすると $|H| = p^m$, p^m は $|G_f|$ をわる最高のべきである.
$|H|$ は p の倍数で H はアーベル群なので H には位数 p の元がある.
(別冊 「作用とオービット・シローの定理」Lemma 7.20.1(位数が p の倍数のアーベル群には位数 p の元がある))

< 3.11 − 4 >

σ を $\mathbb{C}$ における complex conjugate とする.

σ は $f(X)$ の実数でない 2 つの根を置換し残りを fix する.

よって G_{f_*} は互換を含む.

$$\begin{array}{ccc} \mathbb{C} & \xrightarrow{\sigma} & \mathbb{C} \\ \cup & & \cup \\ F_f & \longmapsto & F_f \end{array}$$

$\sigma|_{F_f} : F_f \longrightarrow F_f$ である.

($\because \sigma|_{F_f}(\alpha) = \bar{\alpha} \in F_f$

$\sigma|_{F_f}(\bar{\alpha}) = \alpha \in F_f$

$\sigma|_{F_f}(a) = a \in F_f$

$\sigma|_{F_f}(b) = b \in F_f$

$\sigma|_{F_f}(c) = c \in F_f$

$\vdots$)

$$\begin{pmatrix} \alpha & \bar{\alpha} & a & b & c & \cdots \\ \bar{\alpha} & \alpha & a & b & c & \cdots \end{pmatrix} = (\alpha \ \bar{\alpha}) \ \text{である}.$$

$< 3.11-5 >$

$a_1, \cdots, a_p$ は全て偶数であり 2 でわれる.

n は 2 でわれない.

a_p は 2^2 でわれない.

例えば m, n_1, n_2, n_3 は偶数とすると
$(X^2 + m)(X - n_1)(X - n_2)(X - n_3)$
$= (X^2 + m)(X^3 - (n_1 + n_2 + n_3)X^2 + (n_1 n_2 + n_2 n_3 + n_1 n_3)X - n_1 n_2 n_3)$
$= X^5 - (n_1 + n_2 + n_3)X^4 + (m + n_1 n_2 + n_2 n_3 + n_1 n_3)X^3$
$\quad - \{n_1 n_2 n_3 + m(n_1 + n_2 + n_3)\}X^2 + m(n_1 n_2 + n_2 n_3 + n_1 n_3)X$
$\quad - m(n_1 n_2 n_3)$

m, n_1, n_2, n_3 は偶数なので $nf(X)$ の係数は全て偶数である.
$nf(X) = n(X^2 + m) \cdots (X - n_{p-2}) - 2$ の最後の項は
$n \cdot m \cdot n_1 \cdot n_2 \cdots n_{p-2} - 2 = 2 \times \{(\ ) - 1\}$ となり
2^2 でわれない.

$< 3.12-1 >$

$[E' : \mathbb{F}_{p'}] = n'$ とすると
$|E'| = (p')^{n'}$ なので $p^n = (p')^{n'}$ である.
このとき $p = p'$, $n = n'$ である.

p, p' は素数なので $p = p'$ である.
よって $n = n'$ もわかる.

$< 3.12-2 >$

$$\begin{array}{ccc} \sigma: & \mathbb{F}_{p^n} & \longrightarrow & \mathbb{F}_{p^n} \\ & \cup & & \cup \\ & \alpha & \longmapsto & \alpha^p \end{array}$$ は ring homo である.

$\mathbb{F}_{p^n} \ni \alpha, \beta$ に対して
$\sigma(\alpha + \beta) = (\alpha + \beta)^p = \alpha^p + \beta^p = \sigma(\alpha) + \sigma(\beta)$
$\sigma(1) = 1^p = 1$
$\sigma(\alpha \beta) = (\alpha \beta)^p = \alpha^p \beta^p = \sigma(\alpha) \sigma(\beta)$

$< 4.1 - 1 >$
$[\mathbb{Q}[\sqrt{2}, \sqrt{3}] : \mathbb{Q}] = 4$

$\mathbb{Q}[\sqrt{2}] \ni \sqrt{3}$ とすると矛盾であることを示す.
$\mathbb{Q}[\sqrt{2}] \ni \sqrt{3}$ とすると
$\mathbb{Q} \ni^{\exists} a, b \ \ s.t. \ \ a + b\sqrt{2} = \sqrt{3}$
$a^2 + 2\sqrt{2}ab + 2b^2 = 3$
$\begin{cases} a^2 + 2b^2 = 3 \\ 2ab = 0 \end{cases}$
$a = 0$ のとき $2b^2 = 3$
$b = \frac{n}{m}$ とすると $(m(\neq 0), n \in \mathbb{Z})$
$2n^2 = 3m^2$
これを素因数分解すると
左辺は2が奇数個, 右辺は2が偶数個で矛盾が生じる.
よって $a \neq 0$
ゆえに $b = 0$
このとき $a^2 = 3$ となるがこれも $a = \frac{n}{m}$ $(m(\neq 0), n \in \mathbb{Z})$ とすると
$3m^2 = n^2$ となりこのような整数 m, n は存在しない.
したがって $\mathbb{Q}[\sqrt{2}] \not\ni \sqrt{3}$ である.

$< 4.1 - 2 >$
$K \ni c, c^{'}$ で $c \neq c^{'}$ ならば
$K(X^p, Y^p)[X + cY] \neq K(X^p, Y^p)[X + c^{'}Y]$ である.

$F = K(X^p, Y^p)$
$M = K(X^p, Y^p)[X + cY]$

$M' = K(X^p, Y^p)[X + c'Y]$
$E = K(X^p, Y^p)[X, Y]$ とおく.
$c \neq c'$ かつ $M = M'$ として矛盾を導く.

$M = M'$ とすると
$M \ni X + cY, X + c'Y$ で $c \neq c'$ より
$$Y = (c - c')^{-1}\{(X + cY) - (X + c'Y)\}$$
よって $M \ni Y$ である.
$$X = X + cY - cY$$
なので $M \ni X$ である.
したがって $M \supset F(X, Y)$
ゆえに $[M : F] \geq [F(X, Y) : F]$ … ①
また体の拡大の図を描いてみると下のようになる.

$$\begin{array}{ccc}
F(X, Y) & & \\
| & & M = F[X + cY] \\
F(X) \not\ni Y & & | \\
|p & & F \ni (X + cY)^p \\
F = K(X^p, Y^p) \ni X^p & &
\end{array}$$

それぞれ拡大次数について考えてみると
$$[F(X, Y) : F] > p, \quad [M : F] \leq p$$
これは ① に矛盾する.

$< 4.2 - 1 >$
$(*)$ $\mathbb{C} \ni^{\forall} \alpha$ に対して $\mathbb{C} \ni^{\exists} \beta \quad s.t. \quad \beta^2 = \alpha$
$(**)$ 実数係数の全ての奇数次数の多項式は, 実数の根を一つはもつ.

次の主張が成り立つ.

「$\mathbb{R} \ni a > 0$ に対して $\mathbb{R} \ni {}^{\exists} b \ \ s.t. \ \ a = b^2$」 $\cdots$ ①
　$\because \mathbb{R} \ni a$ で $a > 0$ のとき関数 $f(X) = X^2$ は連続で
　　　$f(0) = 0 < a < a^2 + 2a + 1 = f(a+1)$
　　なので $0 < {}^{\exists} b < a+1 \ \ s.t. \ \ f(b) = a$
　　つまり $0 < {}^{\exists} b < a+1 \ \ s.t. \ \ b^2 = a$
　　　　　　　　　($\because$ 中間値の定理)

$(*)$ を証明する.
$\mathbb{C} \ni \alpha = a + bi \ \ (a, b \in \mathbb{R})$ とする.
c, d は実数で
$a + bi = (c + di)^2$ をみたしたとする.
$$\begin{cases} a &= c^2 - d^2 \\ b &= 2cd \end{cases}$$
となる.
$-b^2 = 4c^2(-d^2)$ なので $c^2, -d^2$ は
方程式 $X^2 - aX - \dfrac{b^2}{4} = 0$ の解
$c^2 = \dfrac{a + \sqrt{a^2 + b^2}}{2}$
$-d^2 = \dfrac{a - \sqrt{a^2 + b^2}}{2}$
$\dfrac{a + \sqrt{a^2 + b^2}}{2} > 0, \dfrac{-a + \sqrt{a^2 + b^2}}{2} > 0$ なので ① より
$\mathbb{R} \ni {}^{\exists} e \ \ s.t. \ \ \dfrac{a + \sqrt{a^2 + b^2}}{2} = e^2, \mathbb{R} \ni {}^{\exists} f \ \ s.t. \ \ \dfrac{-a + \sqrt{a^2 + b^2}}{2} = f^2$
ここで
$$\begin{cases} e^2 - f^2 &= a \\ 4e^2 f^2 &= b^2 \end{cases}$$
$2ef = b, \ -2ef = b$
$2ef = b$ のときは $(e + fi)^2 = a + bi$
$2ef = -b$ のときは $(e - fi)^2 = a + bi$
以上より 2 乗すると $a + bi$ となる $\mathbb{C}$ の元が見つかった.

$(**)$ を証明する.
n は奇数で

$f(X) = a_0 X^n + a_1 X^{n-1} + \cdots + a_n$ で $a_0 \neq 0$ のとき
$g(X) = \frac{1}{a_0} f(X)$ とおくと $g(X)$ は連続である.
n は奇数なので
$\lim_{X \to +\infty} g(X)$
$\quad = \lim_{X \to +\infty} X^n (1 + \frac{a_1}{a_0} X^{-1} + \frac{a_2}{a_0} X^{-2} + \cdots + \frac{a_n}{a_0} X^{-n}) = \infty$
$\lim_{X \to -\infty} g(X)$
$\quad = \lim_{X \to +\infty} X^n (1 + \frac{a_1}{a_0} X^{-1} + \frac{a_2}{a_0} X^{-2} + \cdots + \frac{a_n}{a_0} X^{-n}) = -\infty$
よって $\exists a < 0 <^\exists b$ $s.t.$ $g(a) < 0 < g(b)$
$\therefore a <^\exists \alpha < b$ $s.t.$ $g(\alpha) = 0$
$\therefore f(\alpha) = 0$

*** 中間値の定理とは

「 $f(X)$: 有界閉区間 $[a,b]$ で連続とする.
$\quad f(a) < \gamma < f(b)$ とする.
$\quad$ このとき
$\quad (a,b)$ のなかに $\gamma = f(c)$ をみたす c が存在する.」
$\quad$ というものであった.

記号を使って書くと

(A)「$f(X)$ が有界閉区間 $[a,b]$ で連続のとき
$\quad f(a) <^\forall r < f(b),\ [a,b] \ni^\exists c\ st\ r = f(c)$ 」 である.

次の (B) のようにも表してよい.

(B)「$\alpha = min\{f(X) | X \in [a,b]\},\ \beta = max\{f(X) | X \in [a,b]\}$ とすると
$\quad \alpha \leq r \leq \beta \Rightarrow [a,b] \ni^\exists c\ s.t.\ r = f(c)$」

(A) と (B) は同値である.

(A) $\Rightarrow$ (B)
$\quad \alpha = min\{f(X) | X \in [a,b]\}, B = max\{f(X) | X \in [a,b]\}$ とし
$\quad \alpha \leq r \leq \beta$ であるとすると, $\alpha \leq f(a) < r < f(b) \leq \beta$ より
$\quad f(X) = \alpha$ となる $X = a'$, $f(X) = \beta$ となる $X = b'$ とすれば
$\quad f(X)$ は $[a',b']$ で連続で, $f(a') \leq r \leq f(b')$ なので
$\quad [a',b'] \ni^\exists c\ s.t.\ r = f(c)$

$[a,b]$ は $[a',b']$ を含むので
$[a,b] \ni^{\exists} c \ \ s.t. \ \ r = f(c)$ である.

(B) $\Rightarrow$ (A)

$f(a) < r < f(b)$ とする.

$[a,b]$ における最大値を β, 最小値を α とすると

$\alpha \leq r \leq \beta$

よって $[a,b] \ni^{\exists} c \ \ s.t. \ \ r = f(c)$

$< 4.4 - 0 >$

1 の原始 n 乗根は characteristic が n をわる素数であるときには存在しない.

characteristic が $p(>0)$ で $n = pm \ \ (m < n)$ とすると

$\alpha^n = 1$ より $\alpha^{pm} = 1$

$(\alpha^m - 1)^p = 0$

$\alpha^m = 1$ となってしまう.

$< 4.4 - 1 >$

$|(\mathbb{Z}/n\mathbb{Z})^{\times}|$ は n のオイラー数,

つまり n と互いに素である数の個数である.

オイラー数について少し述べておく.

n は自然数とする.

n のオイラー数とは

0 から $n-1$ のうち, n と互いに素であるものの個数である.

n のオイラー数を $\phi(n)$ で表す.

$I_n = \{0, 1, 2, \cdots, n-1\}$

$J_n = \{x \in I_n | x$ と n は互いに素 $\}$ とすると

$\phi(n) = |J_n|$ である.

$(\mathbb{Z}/n\mathbb{Z})^{\times} = \{i + n\mathbb{Z} | i \in J_n\}$ なので

$\phi(n)$ は $\mathbb{Z}/n\mathbb{Z}$ の単元群 $(\mathbb{Z}/n\mathbb{Z})^{\times}$ の位数に等しい.

以下のことが成り立つ.

① p が素数のとき
$$\phi(p) = p-1$$
② p が素数で s が自然数のとき
$$\phi(p^s) = p^s - p^{s-1}$$
$$= p^{s-1} \cdot (p-1)$$
③ m と n が互いに素である自然数のとき $\phi(mn) = \phi(m)\phi(n)$ である.
④ $p_1, \cdots, p_t$ が異なる素数, $s_1, \cdots, s_t$ が自然数のとき
$$\phi(p_1^{s_1} p_2^{s_2} \cdots p_t^{s_t}) = \phi(p_1^{s_1})\phi(p_2^{s_2})\cdots\phi(p_t^{s_t})$$
$$= p_1^{s_1-1}(p_1-1) p_2^{s_2-1}(p_2-1) \cdots p_t^{s_t-1}(p_t-1)$$

実際,

① は J_p は I_p から 0 を取り除いたものであるから成り立つ.

② は $|J_{p^s}|$ は $0, 1, 2, 3, \cdots, p^s-1$ の p^s 個のうちから
p の倍数 $0, p, 2p, \cdots, (p^{s-1}-1)p$ の p^{s-1} 個を取り除いたものの
個数である.

③ は以下のように証明する.

m と n は互いに素, $J_{mn} \ni x$ とすると
$$\begin{cases} J_m \ni x \ (mod \ m) \\ J_n \ni x \ (mod \ n) \end{cases} \cdots *1$$

$\varphi : J_{mn} \longrightarrow J_m \times J_n$ を
  $\varphi(x) = (x(mod \ m), x(mod \ n))$ と定めると
  φ は単射である. $\cdots *2$
  φ は全射である. $\cdots *3$

よって $\phi(mn) = |J_{mn}| = |J_m \times J_n| = |J_m| \times |J_n| = \phi(m)\phi(n)$

④ は ② と ③ より明らか.

$*1, *2, *3$ を証明する前に次のことに注意する.

★1

$\mathbb{Z} \ni a, b$ のとき

a と b が互いに素 $\iff \mathbb{Z} \ni {}^\exists s, t \ \ s.t. \ \ sa + tb = 1$

($\hookrightarrow$ 別冊「1 を作る定理」Corolally 7.5.1(1 を作る定理))

★2

$\mathbb{Z} \ni a$ のとき

a と m が互いに素 $\iff a(mod \ m)$ と m が互いに素である

($\because$)

($\Rightarrow$) $\mathbb{Z} \ni q, r$ で

$a = qm + r, \ 0 \leq r < m$ とする.

$r = a(mod \ m)$ である.

a と m が互いに素のとき, ★1 より

$\mathbb{Z} \ni {}^\exists s, t \ \ s.t. \ \ sa + tm = 1$

よって $s(qm + r) + tm = 1$ より

$sr + (sq + t)m = 1$

★1 より r と m は互いに素である.

($\Leftarrow$)

r と m は互いに素であるとする.

★1 より

$\mathbb{Z} \ni {}^\exists s', t' \ \ s.t. \ \ s'r + t'm = 1$

よって $s'(a - qm) + (t'm) = 1$ より

$s'a + (t' - qs')m = 1$

★1 より a と m は互いに素である.

*1 $J_{mn} \ni x$ とする.

$\mathbb{Z} \ni {}^\exists s, t \ \ s.t. \ \ sx + tmn = 1$

つまり $sx + (tn)m = 1$ より

x と m は互いに素である.

$\therefore x(mod \ m)$ と m は互いに素である.

$0 \leq x(mod \ m) \leq m - 1$ なので

$J_m \ni x(mod \ m)$ である.

$J_n \ni x(mod \ n)$ も同様に成り立つ.

*2 $J_{mn} \ni x, y$ で $\varphi(x) = \varphi(y)$ とする.

$x(mod\ m) = y(mod\ m)$

$x(mod\ n) = y(mod\ n)$

$x - y$ は m でも n でもわりきれる.

m と n は互いに素なので $x - y$ は mn でわりきれる.

$0 \leq x \leq mn - 1, 0 \leq y \leq mn - 1$ なので

$x - y = 0$ つまり $x = y$ である.

よって φ は単射である.

*3 $J_m \times J_n \ni (a, b)$ とする.

m と n が互いに素なので

$\mathbb{Z} \ni^\exists s, t \ \ s, t. \ sm + tn = 1$

このとき $y = smb + tna$ とおく.

$y = smb + (1 - sm)a = a + sm(b - a), \ \ 0 \leq a \leq m - 1$ なので

$y(mod\ m) = a$

a は m と互いに素なので y は m と互いに素である.

同様に

$y = (1 - tn)b + tna = b + tn(a - b), \ \ 0 \leq b \leq n - 1$

∴ $y(mod\ n) = b$

b は n と互いに素なので y は n と互いに素である.

y は m, n と互いに素なので y は mn と互いに素である.

ここで $x = y(mod\ mn)$ とおく.

x は mn と互いに素であり $0 \leq x \leq mn - 1$ である.

よって $J_{mn} \ni x$ で

$x(mod\ m) = y(mod\ m) = a$

$x(mod\ n) = y(mod\ n) = b$ なので

$\varphi(x) = (a, b)$

ゆえに φ は全射である.

$<4.4-2>$
F では $n \neq 0$

体 F の characteristic は 0 または n をわらない素数なので
$$\underbrace{1_F + 1_F + \cdots + 1_F}_{n \text{ 個}} \neq 0$$

$<4.4-3>$
$(X^n - 1$ の$)$ 根の集合 $H = \{\alpha_1, \alpha_2, \cdots, \alpha_n\}$ は $E^\times$ の
有限部分群である.

$H \ni^\forall x, ^\forall y$ に対して $(xy)^n = x^n y^n = 1 \cdot 1 = 1$ $\therefore xy \in H$
$H \ni^\forall x (x \neq 0)$ に対して $(x^{-1})^n = x^{-n} = (x^n)^{-1} = 1^{-1} = 1 \therefore x^{-1} \in H$

$<4.4-4>$
ξ_0 を E における 1 の原始 n 乗根とすると
$Gal(E/F) \ni^\forall \sigma$ に対して $\sigma(\xi_0)$ はまた 1 の原始 n 乗根であり

$\sigma(\xi_0)$ の位数が n でないとする.
$\exists m (0 < m < n)$ $s.t.$ $(\sigma(\xi_0))^m = 1$ (m は ★ 乗して 1 となる ★ の最小値)
これは $\sigma(\xi_0{}^m) = 1$
$\therefore \xi_0{}^m = \sigma^{-1}(1) = 1$ となり ξ_0 の位数が n であることに矛盾する.

$<4.4-5>$
$\exists i$ $s.t.$ $\sigma(\xi_0) = \xi_0{}^i$ かつ i は n と互いに素である.

α を残りの 1 の原始 n 乗根とすると
$\exists i$ $s.t.$ $\alpha = \xi_0{}^i$ $(\because \alpha$ も $X^n - 1$ の根なので ξ_0 で生成されている$)$
i が n と互いに素でないとすると
$\exists p, s, t$ $s.t.$ $p \cdot s = i, p \cdot t = n$
このとき $\alpha^t = (\xi_0{}^{ps})^t = (\xi_0{}^{pt})^s = (\xi_0{}^n)^s = 1^s = 1$
よって α が 1 の原始 n 乗根であることに矛盾する. $(t < n)$

$< 4.4-6 >$

$Gal(E/F) \ni^\forall \sigma$ に対して $\psi : Gal(E/F) \longrightarrow (\mathbb{Z}/n\mathbb{Z})^\times$
を以下のように定義する.

$$\begin{array}{ccccc} \psi: & Gal(E/F) & \longrightarrow & \Gamma & \longrightarrow & (\mathbb{Z}/n\mathbb{Z})^\times \\ & \cup & & \cup & & \cup \\ & \sigma & \longmapsto & \sigma(\xi_0) = \xi_0{}^i & \longmapsto & [i] \end{array}$$

ψ は injective homo である.

・ψ は単射であることを示す.
$Gal(E/F) \ni^\forall \sigma, {}^\forall \tau$ で $\psi(\sigma) = \psi(\tau)$ とする.
${}^\exists i, {}^\exists j \ \ s.t. \ \ \sigma(\xi_0) = \xi_0{}^i, \tau(\xi_0) = \xi_0{}^j$
$$(1 \leq i, j \leq n-1)$$
$[i] = [j]$ である.
$1 \leq i, j \leq n-1$ なので $i = j$
よって $\sigma(\xi_0) = \xi_0^i = \xi_0^j = \tau(\xi_0)$
∴ $\sigma = \tau$

・ψ は homomorphism を示す.
$Gal(E/F) \ni^\forall \sigma, {}^\forall \tau$ に対して
$\sigma(\xi_0) = \xi_0{}^i, \tau(\xi_0) = \xi_0{}^j, \sigma\tau(\xi_0) = \xi_0{}^k$ とする.
$\sigma\tau(\xi_0) = \sigma(\tau(\xi_0)) = \sigma(\xi_0{}^j) = (\sigma(\xi_0))^j = (\xi_0{}^i)^j = \xi_0{}^{ij}$
$\xi_0{}^k = \xi_0{}^{ij}$
つまり $\xi_0{}^{ij-k} = 1$
ξ_0 は原始 n 乗根だったので $n \mid ij - k$
$\psi(\sigma\tau) = k + n\mathbb{Z} = ij + n\mathbb{Z} = (i + n\mathbb{Z})(j + n\mathbb{Z}) = \psi(\sigma)\psi(\tau)$

$< 4.4-7 >$
$\Phi_1(X), \Phi_2(X), \cdots, \Phi_n(X)$ を
$X^n - 1 = \prod_{d \mid n} \Phi_d(X)$ が成立するように
帰納的に定義してもよい.

$\Phi_1(X), \Phi_2(X), \cdots, \Phi_n(X)$ を
$X^n - 1 = \prod_{d|n} \Phi_d(X)$ が成り立つように
帰納的に定義する.
$\Psi_n(X) = \prod_{\xi \in \Delta_n} (X - \xi)$ と定めると
$\forall n$ に対して $\Phi_n(X) = \Psi_n(X)$
が成立することを n についての帰納法で示す.
$n = 1$ のとき
$\quad \Phi_1(X) = X - 1 = \Psi_1(X)$
$n \geq 2$ のとき
n の約数を小さいほうから $d_1, d_2, \cdots, d_l$ とする. ($d_l = n$)
$\Psi_{d_1}(X), \Psi_{d_2}(X), \cdots, \Psi_{d_l}(X)$ の定義より
$\quad X^n - 1 = \Psi_{d_1}(X) \Psi_{d_2}(X) \cdots \Psi_{d_l}(X)$
$\quad (\because \{X \mid X \text{ は } 1 \text{ の n 乗根}\} = \cup_{d|n} \Delta_d)$
また
$\quad X^n - 1 = \Phi_{d_1}(X) \Phi_{d_2}(X) \cdots \Phi_{d_l}(X)$
$d_1, d_2, \cdots, d_{l-1}$ は n より小さいので帰納法の仮定より
$\quad \Psi_{d_1}(X) = \Phi_{d_1}(X), \Psi_{d_2}(X) = \Phi_{d_2}(X), \cdots, \Psi_{d_{l-1}}(X) = \Phi_{d_{l-1}}(X)$
である.
したがって $\Psi_n(X) = \Phi_n(X)$

< 4.4 − 8 >
$\Phi_n(X)$ は $\mathbb{Z}[X]$ の monic な多項式なので
$\quad \mathbb{Z}[X] \ni f(X)$

$f(X)$ は $\Phi_n(X)$ の monic な irreducible である factor なので
$f(X)$ は $\mathbb{Z}[X]$ での monic な irreducible である factor である.
$\quad\quad\quad\quad (\because \text{Proposition 7.4.1 の II(2)})$

$< 4.6-1 >$

$G \ni^\forall \sigma$ に対して $\psi(\sigma) : M \to M$ を

$\quad M \ni^\forall m$ に対して $(\psi(\sigma))(m) = \varphi(\sigma, m)$

と定めると $\psi(\sigma)$ は $Aut(M)$ の元である.

$\varphi(\sigma, m)$ を σm で表す記法を使う.
$M \ni^\forall a, b$ に対して
$$\begin{aligned}\psi(\sigma)(a+b) &= \sigma(a+b) \\ &= \sigma(a) + \sigma(b) \\ &= \psi(\sigma)(a) + \psi(\sigma)(b)\end{aligned}$$
よって $\psi(\sigma)$ は homomorphism である.
$\psi(\sigma)$ に対して $\psi(\sigma^{-1})$ がこれの逆写像である.
実際,
$M \ni^\forall a$ に対して
$\quad \psi(\sigma)\psi(\sigma^{-1})(a) = \psi(\sigma)(\sigma^{-1}(a)) = \sigma(\sigma^{-1}(a)) = a$
よって
$\quad \psi(\sigma)\psi(\sigma^{-1}) = id$
$\quad \psi(\sigma^{-1})\psi(\sigma)(a) = \psi(\sigma^{-1})(\sigma(a)) = \sigma^{-1}(\sigma(a)) = a$
よって
$\quad \psi(\sigma^{-1})\psi(\sigma) = id$
以上より $\psi(\sigma^{-1})$ は $\psi(\sigma)$ の逆写像である.
$\psi(\sigma)$ は逆写像をもつので全単射である.

$< 4.6-2 >$

$\quad \sigma$ に $\psi(\sigma)$ を対応させる $\psi : G \to Aut(M)$ は homomorphism である.

$G \ni \sigma, \tau \quad M \ni^\forall m$ に対して
$\psi(\sigma\tau)(m) = \varphi(\sigma\tau, m) = \varphi(\sigma, \varphi(\tau, m))$
$\psi(\sigma)\psi(\tau)(m) = \psi(\sigma)(\varphi(\tau, m)) = \varphi(\sigma, \varphi(\tau, m))$
$\therefore \psi(\sigma\tau) = \psi(\sigma)\psi(\tau)$

< 4.6 − 3 >

写像 $\theta : \{M における G の \text{action}\} \longrightarrow \{G \longrightarrow Aut(M) \text{:homomorphism}\}$
が定義できる.
この θ は全単射である.

$P = \{G \times M \to M\}, Q = \{G \to Aut(M) \text{:homomorphism}\}$
とおく.
$P \ni \varphi$ に対して $\theta(\varphi)$ は
$G \ni^\forall \sigma$ と $M \ni^\forall m$ に対して
$\psi(\sigma)(m) = \varphi(\sigma, m)$ であったので
$(\theta(\varphi)(\sigma))(m) = \varphi(\sigma, m)$ である.
$P \ni \varphi, \varphi'$ で $\theta(\varphi) = \theta(\varphi')$ とする.
$\varphi(\sigma, m) = \varphi'(\sigma, m)$ である.
ゆえに $\varphi = \varphi'$ である.
$Q \ni \psi$ とする.
$G \ni^\forall \sigma$ に対して $\psi(\sigma) \in Aut(M)$
$M \ni^\forall m$ に対して $\psi(\sigma)(m) \in M$
$\varphi : G \times M \to M$ を $\varphi(\sigma, m) = \psi(\sigma)(m)$ と定めると
$\varphi \in P$
$G \ni^\forall \sigma, M \ni^\forall m$ に対して
$\theta(\varphi)(\sigma) = \psi(\sigma)$
$\theta(\varphi) = \psi$

< 4.6 − 4 >

$f : G \to M$ を
$$f(\sigma^i) = x + \sigma x + \sigma^2 x + \cdots + \sigma^{i-1} x$$
で定義すれば f は crossed homo である.

$i + j \leq n$ のとき
・$f(\sigma^i \sigma^j) = f(\sigma^{i+j}) = x + \sigma x + \sigma^2 x + \cdots + \sigma^{i-1} x$
$\qquad\qquad\qquad\qquad + \sigma^i x + \sigma^{i+1} x + \cdots + \sigma^{i+j-1} x$

・ $f(\sigma^i) + \sigma^i f(\sigma^j) = x + \sigma x + \sigma^2 x + \cdots + \sigma^{i-1} x$
$\qquad\qquad\qquad + \sigma^i(x + \sigma x + \sigma^2 x + \cdots + \sigma^{j-1} x)$
このときは $f(\sigma^i \sigma^j) = f(\sigma^i) + \sigma^i f(\sigma^j)$
また $i + j > n$ のときは
・ $f(\sigma^i \sigma^j) = f(\sigma^{i+j-n}) = x + \sigma x + \sigma^2 x + \cdots + \sigma^{i+j-n-1} x$
・ $f(\sigma^i) + \sigma^i f(\sigma^j)$
$= x + \sigma x + \sigma^2 x + \cdots + \sigma^{i-1} x + \sigma^i x + \sigma^{i+1} x \cdots + \sigma^{i+j-1} x$
$= x + \sigma x + \cdots + \sigma^{i+j-n-1} x + \sigma^{i+j-n}(x + \sigma x + \cdots + \sigma^{n-1} x)$
$= x + \sigma x + \cdots + \sigma^{i+j-n-1} x$
このときも $f(\sigma^i \sigma^j) = f(\sigma^i) + \sigma^i f(\sigma^j)$
ゆえに $f : G \to M$ は crossed homo である.

$<4.6-5>$
$\{f | G \to M : \text{crossed homo}\}$ と $\{x \in M | x + \sigma x + \sigma^2 x + \cdots + \sigma^{n-1} x = 0\}$
には, 1 対 1 対応がある.

$P = \{f | G \to M : \text{crossed homo}\}$ とする.
$Q = \{x | x \in M, x + \sigma x + \sigma^2 x + \cdots + \sigma^{n-1} x = 0\}$ とする.
$f \in P$ とする.
$f(\sigma) + \sigma f(\sigma) + \cdots + \sigma^{n-1} f(\sigma) = 0$ なので
$f(\sigma) \in Q$
$\theta : P \to Q$ を $\theta(f) = f(\sigma)$ と定める.
$x \in Q$ とする.
$\sigma^i \hookrightarrow x + \sigma x + \cdots + \sigma^{i-1} x$ で定まる写像は crossed homo である.
$\theta'(x)$ を $\theta'(x)(\sigma^i) = x + \sigma x + \cdots + \sigma^{i-1} x$ と定めると
$\theta'(x)$ は crossed homo になる.
$\theta'(x) \in P$
よって $\theta' : Q \to P$ が定義できた.
このとき
$((\theta' \circ \theta)(f))(\sigma^i) = \theta'(f(\sigma))(\sigma^i)$

$$= f(\sigma) + \sigma f(\sigma) + \sigma^2 f(\sigma) + \cdots + \sigma^{i-1} f(\sigma)$$
$$f(\sigma^i) = f(\sigma) + \sigma f(\sigma) + \cdots + \sigma^{i-1} f(\sigma)$$
なので $(\theta' \circ \theta)(f) = f$
ゆえに $\theta' \circ \theta = id_P$
また $\theta'(x) = f$ とおくと
$(\theta \circ \theta')(x) = \theta(f) = f(\sigma) = \theta'(x)(\sigma) = x$
ゆえに $\theta \circ \theta' = id_Q$
以上より θ' は θ の逆写像である.
したがって θ は全単射である.

$<4.7-1>$
$aF^{\times n}$ も $bF^{\times n}$ も $F^\times/F^{\times n}$ の位数が n の元であった.
$aF^{\times n} = (bF^{\times n})^r$ となるので r は n と互いに素である.

次のことが成り立つ.
G は群とする.
$G \ni a, |<a>| = n, <a> \ni b$ のとき, $\exists m \ \ s.t. \ \ b = a^m$ である.
このとき
$<a> = <b> \Leftrightarrow m$ と n は互いに素
($\Rightarrow$) 対偶を証明する.
　$(m, n) = d$ とする.
　$\exists m', n' \ \ s.t. \ \ m = dm', n = dn' (d > 1)$
　$b^{n'} = a^{mn'} = a^{dm'n'} = a^{nm'} = e^{m'} = e$
　$n' < n$ より $<a> \supset <b>$ かつ $<a> \neq <b>$
($\Leftarrow$)
　m と n は互いに素であるとする.
　このとき
　$\exists s, t \in \mathbb{Z} \ \ s.t. \ \ sn + tm = 1$
　$b = a^m$ より
　$b^t = a^{mt} = a^{1-sn} = a^1 \cdot a^{-sn}$

$a = b^t a^{sn} = b^t(a^n)^s = b^t$

よって $a \in <b>$

したがって $<a> \subset <b>$ であり, $<a> = <b>$

$<6.2-1>$
p が 2^k+1 の型の素数である $\Leftrightarrow$ p が $2^{2^r}+1$ の型の素数 (Fermat prime)
$$(\star\star)$$

($\Leftarrow$) 明らか.
($\Rightarrow$) $a^3+b^3 = (a+b)(a^2-ab+b^2)$
$\quad a^5+b^5 = (a+b)(a^4-a^3b+a^2b^2-ab^3+b^4)$
$\quad a^7+b^7 = (a+b)(a^6-a^5b+a^4b^2-a^3b^3+a^2b^4-ab^5+b^6)$
$\quad a^{24}+b^{24} = (a^8)^3+(b^8)^3 = (a^8+b^8)((a^8)^2-a^8b^8+(b^8)^2)$
$$\vdots$$

と見てもわかるように $2^{\triangle}+1 = 2^{\triangle}+1^{\triangle}$

すなわち $A^{\triangle}+B^{\triangle}$ なので

$\triangle$ に奇数が含まれていると因数分解できてしまう.

よって $2^{\triangle}+1$ が素数でなくなってしまう.

ゆえに $\triangle = 2^r$ (2 のべき) である.

$<6.2-2>$
$E = \mathbb{Q}[\alpha_1,\alpha_2,\alpha_3,\alpha_4]$ の元は全て $c*n$ である.

$c*n$ の集合は体であった.
この体を L とする.
$L \supset \mathbb{Q}$, $L \ni \alpha_1,\alpha_2,\alpha_3,\alpha_4$
$\mathbb{Q}[\alpha_1,\alpha_2,\alpha_3,\alpha_4]$ は
$\{\alpha_1,\alpha_2,\alpha_3,\alpha_4\}$ と $\mathbb{Q}$ を含む最小の体である.
よって $L \supset \mathbb{Q}[\alpha_1,\alpha_2,\alpha_3,\alpha_4]$ である.
したがって $\mathbb{Q}[\alpha_1,\alpha_2,\alpha_3,\alpha_4]$ の元は全て $c*n$ である.

参考文献

[1]「 Notes for 4H Galois Theory 2003-4」 Andrew Baker

[2]「Fields and Galois Theory」 J.S.Milne

[3]「代数学入門」 永田雅宜、吉田憲一 (培風館) 1996

[4]「可換環論」 永田雅宜 (紀伊国屋数学全書) 1974

[5]「入門代数学」 三宅 敏恒 (培風館) 1999

[6]「線型代数学入門」 丹後 弘司 (共立出版) 2012

[7]「親切な代数学演習」 加藤 明史 (現代数学社) 2002

[8]「ガロワ理論」上・下 David A .Cox (梶原 健 訳・日本評論社) 2008,2010

[9]「ガロア理論入門」 E・アルティン (寺田 文行 訳・東京図書株式会社) 1974

[10]「ガロア理論　その標準的な入門」 中野 伸 (サイエンス社) 2003

[11]「ガロア理論の頂を踏む」 石井 俊全 (ペレ出版) 2013

謝辞

　本が完成するまでの長い時間, 多方面においてたくさんの方々に大変お世話になりました.
　この本の執筆に際し, 丹後弘司先生 (京都教育大学名誉教授) に多大な力添えをいただきました. 丹後先生の数学がこの本の礎です. 先生の数学に対する情熱の深さに導かれ, 数学に包まれた贅沢な時間を過ごすことができました.
私はこの全ての時間を誇りに思っています.
　現代数学社の富田淳編集長は私のようなものに出版の機会を与えて下さり, 原稿をお渡しした後も何度も書き直すというわがままを, あたたかく見守ってくださいました. この場をお借りして皆様方に心より御礼申し上げます.
　本の出版を長い時間信じ続けてくれた家族の応援にも深く感謝します.
そして, 私の本を誰よりも心待ちにし, 二年前の今日他界した父に, この本を捧げます.

令和元年　１２月２０日

冨田　佳子

索引

$Im *$, 616
$Ker *$, 481, 616
$F(X)$, 100
$F[X]/(f(X))$, 103
$F[x]$, 103
$F[S]$, 106
$dim(*)$, 109
$F(S)$, 111
$F[\alpha_1, \alpha_2, \cdots, \alpha_n]$, 111, 134
$F(\alpha_1, \alpha_2, \cdots, \alpha_n)$, 111, 134
$\mathbb{Q}(i)$, 112
$\mathbb{Q}(\pi)$, 112
$F \cdot F'$, 112
$\mathbb{C}$, 125
$\mathbb{R}$, 125
F_f, 135, 214, 221
$Aut(E/F)$, 156
$[E:F]$, 100, 157
$INV(G)$, 159
E^G, 159
$Aut(E)$, 156, 160
$Aut(E/E^G)$, 162
$Aut(E/F)$, 168
$Gal(E/F)$, 168
$E^{Aut(E/F)}$, 168
E_{sep}, 176
$[E:F]_{sep}$, 177
$\sigma H \sigma^{-1}$, 184
σE^H, 184
$\cap H_i$, 187
$\prod M_i$, 187
$\prod_{\sigma \in G} \sigma M$, 188
$\cap_{\sigma \in G} \sigma H \sigma^{-1}$, 188
$Gal(EL/L)$, 189
$Gal(E/E \cap L)$, 189
$Gal(E_1 E_2/F)$, 193

$Gal(E_1/F) \times Gal(E_2/F)$, 193
$\mathbb{Q}[\xi]$, 137, 197
$\mathbb{Q}[\xi]^{<\sigma^3>}$, 199
$\mathbb{Q}[\xi + \bar{\xi}]$, 199
$<\sigma>/<\sigma^3>$, 200
$\mathbb{Q}[\xi]^{<\sigma^2>}$, 202
$\mathbb{Q}[\xi + \xi^2 + \xi^4]$, 202
$<\sigma>/<\sigma^2>$, 204
$\mathbb{Q}[\xi, \alpha]$, 205
G_f, 214
$Sym(\{\alpha_1, \cdots, \alpha_n\})$, 215
$\tilde{G}_f$, 215
$\triangle(f)$, 221
$D(f)$, 221, 232, 249, 372
A_n, 222, 508, 514
S_n, 222, 365, 497
$sgn(\sigma)$, 224
$sgn(\sigma_*)$, 225
A_2, 232
S_2, 231, 509
A_3, 233, 509
S_3, 233, 509
A_4, 234, 509
D_4, 236
C_4, 242
S_p, 250
$\mathbb{Z}/p\mathbb{Z}$, 255
$\mathbb{F}_p$, 255, 636
$\mathbb{F}_{p^n}$, 258
$<\sigma>$, 259
$<\sigma^m>$, 260
$\mathbb{F}_{p^m}$, 260
$\mathbb{F}_{p^d}$, 263
$\mathbb{F}_{p^{nd}}$, 263
G_{f_*}, 265
$G_{\bar{f}_*}$, 266
$\bar{f}(X)$, 266, 699

$\mathbb{R}[i]$, 283
$Map(X, F)$, 287
$F[\xi]$, 293
$(\mathbb{Z}/n\mathbb{Z})^\times$, 293
$\prod p^{n(p)}$, 296
$\prod_{p|n}(p-1)p^{n(p)-1}$, 296
$\phi(n)$, 295, 410, 454
$\Phi_n(X)$, 296
Δ_n, 297
Cy_* , 297
$\prod_{d|n} \Phi_d(X)$, 297
$\prod_{\xi \in \Delta_n}(X - \xi)$, 297
$det(A)$, 303, 583
$Aut(M)$, 311
$H^n(G, M)$, 316
$Nm_{E/F}(\alpha)$, 318
$Tr_{E/F}(\alpha)$, 323
$F^\times/F^{\times n}$, 333, 340
$Hom(G, \mu_n)$, 337, 667
$F^\times \cap E^{\times n}/F^{\times n}$, 337
$F^\times \cap E^{\times n}$, 337
$F[B^{\frac{1}{n}}]$, 341
$F[B(E)^{\frac{1}{n}}]$, 341
$Hom(H, N)$, 349
$R[X_1, X_2, \cdots, X_n]$, 367
$\sum_{O \ni T} T$, 367
$p(O)$, 367
$p_r(X_1, X_2, \cdots, X_n)$, 368
$O(T_i)$, 369
$c_i p(O(T_i))$, 369
$F[X_1, X_2, \cdots, X_n]$, 373
$F(X_1, X_2, \cdots, X_n)$, 373
$F(p_1, p_2, \cdots, p_n)$, 373
E^{S_n}, 373
$F(t_1, \cdots, t_n)$, 376
$C_A(X)$, 583
$Tr(A)$, 583
$Nm(A)$, 583
$|XI - A|$, 529, 583
$C_{UAU^{-1}}(X)$, 584
$Tr(UAU^{-1})$, 584
$Nm(UAU^{-1})$, 584
$C_f(X)$, 587
$Tr(f)$, 587

$Nm(f)$, 587
$C_{f_\alpha}(X)$, 587
$Tr(f_\alpha)$, 587
$Nm(f_\alpha)$, 587
$C_{\alpha, S/R}(X)$, 587
$Tr_{S/R}(\alpha)$, 587
$Nm_{S/R}(\alpha)$, 587
S-line, 381
S-circle, 381
S-point, 381
$C * P$, 382
$C * L$, 383
$C * C$, 383
$c * n$, 388, 410
ED, 433
Rp, 435
$R[X]p$, 435
$\mathbb{F}_p^\times$, 450
G/H, 464, 484, 631
$X/\sim$, 468
$\mathbb{Q}[e^{\frac{2\pi i}{p}}]$, 407
$\mathbb{Q}[cos\frac{2\pi}{p}]$, 407
$F^\times$, 454
$<a>$, 454
$Z(G)$, 463, 654
$N_G(H)$, 463, 658
$Z_G(a)$, 464, 654
Hg, 464
gH, 464
$[G:H]$, 466
$C(a)$, 469
$G \triangleright H$, 470, 631
$G/Ker *$, 487
M/N, 494
A/I, 495
$S(X)$, 497
I_n, 497
$C(\sigma)$, 511
A^{-1}, 568
$\tilde{A}$, 566
$|A|$, 542
$|\lambda E - A|$, 573
$|xE - A|$, 574
$f_A(x)$, 574
$f(A)$, 575
$C^0(G, X)$, 605
$C^r(G, X)$, 605
$B^r(G, X)$, 609

$Z^r(G, X)$, 609
$B^1(G, L^\times)$, 610
$H^1(G, L^\times)$, 610
$Z^1(G, L^\times)$, 610
$Nm_{L/K}(\alpha)$, 615
$Tr_{L/K}(\alpha)$, 615
M^G, 618
$\mathbb{F}_{q^n}$, 636
$Gal(\mathbb{F}_{q^n}/\mathbb{F}_q)$, 636
$\Psi_i(X)$, 641
$\Phi_i(X)$, 641
$O(a)$, 647
$\varphi(g, x)$, 645
${}^g x$, 645
G_a, 648
$\lceil v_1, v_2, \cdots, v_n \rfloor$, 679
$[v_1, v_2, \cdots, v_n]$, 679
$< v_1, v_2, \cdots, v_n >$, 679
$I(x, \lceil v_1, v_2, \cdots, v_n \rfloor)$, 679
$J(x, \lceil v_1, v_2, \cdots, v_n \rfloor)$, 679
$I(N, \lceil v_1, v_2, \cdots, v_n \rfloor)$, 679
$J(x, M)$, 681
$A^r \oplus A/(a_1) \oplus A/(a_2) \oplus \cdots \oplus A/(a_m)$, 693
$\mathbb{Z}^n / Ker\varphi$, 697
$G_{\bar{f}, \bar{\alpha}_1, \bar{\alpha}_2, \cdots, \bar{\alpha}_n}$, 700
action, 310
algebraic, 112
– closure, 125, 127, 262, 287
– numbers, 287
algebraically closed, 123, 125, 154, 283, 287

base, 520, 586
bihomo, 349
bottom, 352

cancellation low, 23
characteristic polynomial, 637, 640
composite, 112
conjugate, 199
conjugates, 173
constructible, 381, 410
 – circle, 382
 – sequence, 382
 – number, 388
 – point, 382
 – line, 382
crossed
  –homo, 312, 339, 611, 621

 –homomorphism, 312, 339
cyclic, 220, 320, 325, 352
cyclotomic
  –extension, 293
  –polynomial, 293, 297

DEDEKIND, 266
DEDEKIND'S, 288, 601
discriminant, 221, 242, 603
disjoint union, 651
Division algorithm, 90, 93
domain, 423
    Euclid-, 433

E. A R T I N, 160
Eisenstein's criterion, 99, 242, 243, 398, 448, 734
elementary symmetric polynomial, 368
Euclid's algorithm, 96, 104, 278
exact sequence, 316, 616
exponent, 335, 352, 667
extension field, 99

factor, 443
Fermat prime, 408
field, 14
    sub-, 176
    fixed –, 159
finite, 99
Frobenius
    –endomorphism, 56, 154
Fundamental Theorem of Algebra, 283
FUNDAMENTAL THEOREM OF
    GALOIS THEORY, 181

Galois, 168
 – closure, 188
group, 15, 459

Hilbert, 615
Hilbert's
    –Theorem, 325, 331, 615, 620
    –Theorem 90, 321
homomorphism, 38, 479
    F- –, 128
    ring –, 38

ideal, 416
    prime –, 28, 29, 416, 417, 423

principal –, 25
proper –, 26, 416
maximal –, 28, 416
injective, 295
 – homo, 293
inseparable, 163
integral domain, 22, 109
invertible, 291
irreducible, 98, 105, 146, 164, 232, 423
isomorphism, 39, 479

KUMMER THEORY, 351

maximal
 –ideal, 28, 416, 699
 –element, 414
maximum element, 414
module
 A –, 674, 693
 sub –, 675
 free –, 674
monic, 145, 146, 365, 443, 700
monoid, 290
morphism
 iso –, 39, 479
 epi –, 39, 445
 homo –, 479
 mono –, 39
multiple root, 146, 163
multiplicity, 147

norm(ノルム), 318, 320, 583, 603
 α の –, 318
 –map, 319
normal, 164, 169, 230
 – base, 302, 308, 636
 – closure, 188
 – element, 636, 644
not square, 233

perfect, 152
 –pairing, 348
PID, 26, 97, 144, 416, 431, 693, 697
prime, 29, 417, 423
 –ideal, 28, 29, 416, 417, 423
primitive, 436, 443
 - 部分, 438, 443
primitive element, 274
principal

 – crossed homo, 339, 611, 620
 – crossed homomorphism, 314
 – ideal, 26, 431
 – ideal domain, 26, 97, 416, 431
proper
 –ideal, 26

resolvent cubic, 240
ring, 11
 local –, 417

separable, 151, 169
 –degree, 177
simple root, 146, 266, 699
solvable, 351, 631
 –in radicals, 351
 –tower, 352, 360
split, 133
splits, 123, 134, 135, 141, 147, 164
splitting field, 134, 214, 220, 352
square, 136, 226, 233
submodule, 675, 679
subspace, 101
surjective, 295
SYMMETRIC FUNCTIONS
    THEOREM, 373
symmetric polynomial, 366
SYMMETRIC POLYNOMIALS
    THEOREM, 369, 702

top, 352
torsion free, 693
tower, 352
trace(トレース), 323, 331, 583
 α の –, 323
transcendental, 99, 116
transitive, 229, 237, 239, 241
trivially, 315

UFD, 97, 143, 423, 430
unique factorization domain, 98, 433
unit, 423
upper bound, 414

well-defined, 77, 486

アーベル群, 335, 459, 667
 – の基本定理, 667, 678
r コサイクル, 609

762　索引

r コバウンダリー, 609
ある意味で同じ, 426, 429

位数 (order), 335, 464
　1 対 1 対応, 156, 182, 314
　1 の原始 n 乗根, 325, 336, 353, 667
　1 を作る定理, 452
　一般多項式, 365, 376
イデアル (ideal), 23, 416
　　　真の –, 26

A
　– 上整, 700
　– -module, 674, 693
$n-1$ cycle, 272
F
　– -ベクトル空間, 99, 109, 288, 520
　– -automorphism, 156
　– -iso, 130
　– -isomorphism, 130, 156, 217, 230
　– 上 algebraic, 125, 276
　– 上 separable, 276
　– -同型, 143
　– -homo, 128, 147
　– -homomorphism, 128
$f(X)$ のガロア群, 214
円分拡大, 293
円分多項式, 293

オイラー数, 293
オービット (orbit), 170, 267, 367, 645
　– 分解, 647
Ω における F の algebraic closure, 127

ガウスの数体, 100
可換
　　 – 環, 12
　　 – 群, 15, 459
核 (カーネル), 40, 481
拡大 (extension)
　　アーベル –, 335
　　algebraic –, 119, 163
　　inseparable –, 163
　　n クンマー –, 335
　　Galois –, 168, 181
　　Kummer(クンマー) –, 335
　　cyclic –, 320
　　巡回 –, 325
　　simple –, 112, 257, 274

　　separable –, 163
　　transcendental –, 119
　　normal –, 164
　　finite –, 257
　　– E/F, 99
　　–
　　　　$F(X_1, X_2, \cdots, X_n)/F(p_1, p_2, \cdots, p_n)$,
　　　375
　　– 次数, 99, 136, 157, 325
　　– 体, 99, 145
拡大体
　　simple –, 130
　　normal –, 188
加群, 10, 459, 674
　　自由 –, 674
　　部分 –, 18
ガロア (Galois)
　　– 拡大, 168, 181, 335
　　– 群, 156, 335
　　– コホモロジー, 610
　　– 理論, 156
環 (ring), 11
　　可換 –, 12
　　拡大 –, 17
　　商 –, 76
　　剰余 –, 102
　　多項式 –, 58, 68, 88, 117, 366
　　部分 –, 17, 106

基準点, 382
奇素数, 400, 410, 451
基本対称式, 365, 373
既約 (irreducible)
　　– 元, 98, 423
　　– 表現, 435
　　– 分解, 426, 443
逆元, 480
共通因数, 146
共通根, 146
行の展開, 567
行ベクトル, 291, 532
共役, 468, 654
　　– 部分群, 469
　　– 類, 469, 510, 654
行列
　　逆 –, 539, 559
　　三角 –, 565
　　– 式, 541, 583
　　正則 –, 305, 539, 559

正方 –, 531, 541, 583
ゼロ –, 539, 568
対角 –, 532
単位 –, 539
行列式, 541
極大元, 414
虚数単位, 283

クラーメルの公式, 570
群 (group), 15, 459
　p-シロー部分 –, 659
　アーベル –, 15, 335, 459
　安定化部分 –, 647, 651
　加 –, 10, 459, 674
　可換 –, 15, 459
　交代 –, 508
　コホモロジー –, 316, 609
　巡回 –, 198, 325, 454, 463, 631
　商 –, 316
　乗法 –, 258, 454
　剰余類 –, 476, 485
　正規化 –, 463
　正規部分 –, 184, 188, 220, 224, 234, 352, 470, 484, 514
　対称 –, 497
　単元 –, 197
　単純 –, 234
　中心化 –, 463, 654
　2 - –, 405
　p –, 655
　部分-, 197
　– が solvable, 352
　– の列, 352

ケーリー・ハミルトンの定理, 576, 637

互換, 250, 268, 498
コチェイン, 605
コバウンダリー作用素, 606
コホモロジー群, 316, 609
固有
　– 多項式, 528, 529, 574, 583, 637
　–値, 573
　–ベクトル, 573

cycle 分解, 502
最小元, 515
最小多項式, 113, 163, 164, 580, 637, 640
最大

– 元, 414
– 項, 366, 369
– 公約元, 96, 143
– 公約数, 452
作図可能 (constructible), 396, 408
作用, 366, 645

G
　– -module, 310
　– -invariants, 159
　– 加群の双対複体, 608
　– -module sequence, 617
指数, 466, 652
自然な全射, 466
自明でない解, 581
自明な p 群, 655
写像
　拡大代入 –, 62, 63
　環準同型 –, 38
　逆 –, 34
　合成 –, 31
　恒等 –, 31
　代入 –, 61, 63, 103, 216
　同型 –, 479
　フロベニウス –, 258, 636
　包含 –, 31, 63, 71, 75
巡回 (cyclic)
　– 群, 198, 325, 454, 463, 631
　– 置換, 250, 498
順序集合, 412
　帰納的 –, 415
順序部分集合, 413
準同型
　– 写像, 479
　– 定理, 487, 489
上界, 414
商体, 117, 700
剰余
　– 類, 464
　– 類群, 476, 485
剰余類
　左 –, 464, 652
　右 –, 464
シロー群, 286
シローの第 * 定理, 659

スカラー, 535, 541, 573, 587

正 n 角形, 396, 404

生成系, 676
整閉整域, 700
積閉集合, 76
separable, 163
　　　− 拡大, 163
　　　元が −, 276
　　　多項式が −, 151
ゼロ
　　　− 写像, 288, 315, 601, 617
　　　− 多項式, 304, 305
線型
　　　−写像, 520
　　　多重 −, 543
　　　−独立, 288, 317, 326, 677
全射, 32, 39, 617
　　　標準的-, 103
全順序, 412
　　　- 集合, 413
　　　- 部分集合, 413
全単射, 33, 39, 479

素, 434
像 (イメージ), 40, 481
素元, 29, 417, 423
　　　− 分解, 429
　　　− 分解の一意性, 429
solvable(可解)
　　　多項式が −, 351
　　　− in radicals, 219, 351, 359
　　　−　tower, 352, 360

体 (field), 14
　　　拡大 −, 18, 145
　　　ガロア拡大 −, 302
　　　G 加群の双対複 −, 608
　　　素 −, 54
　　　中間 −, 187
　　　normal 拡大 −, 188
　　　複素数 −, 283
　　　部分 −, 18, 109, 110, 182, 197
　　　無限 −, 276
　　　有限 −, 154, 255, 257
　　　−の乗法群, 258, 288, 294, 454
　　　−の列, 351, 352
対角成分, 532, 565
対称群 (symmetric group), 497
対称式 (symmetric polynomial)
　　　基本-, 365, 368, 373
代数学の基本定理, 125

代数的
　　　− 演算, 359
　　　− 従属, 118
　　　− 独立, 118, 370, 376
互いに共役, 584
多項式 (polynomial)
　　　一般 −, 376
　　　− が separable, 151
　　　− 環, 58, 68, 88, 117, 366
　　　固有 −, 528, 529, 574
　　　最小 −, 113, 163, 164, 580, 637, 640
　　　ゼロ −, 304
　　　− が solvable, 351
単位元, 480
単元, 423
単項 ideal, 25, 416, 431
　　　−整域, 26, 416, 431
単項式, 365
単射, 33, 39, 617
単純群, 234, 513, 514

置換
　　　−の位数, 503
　　　奇 −, 224, 505
　　　偶 −, 224, 505, 515
　　　巡回 −, 250, 498
中間体, 187
中心, 463, 654
超越数, 99

ツォルンの補題, 412

転置, 561

同値
　　　− 関係, 76, 467
　　　− 類, 76, 468
同伴, 424

内部直積, 697

二項定理, 57
2-シロー部分群, 246
$2^{2^r}+1$ の形の素数, 408
2 のべき, 411

ノルム, 433
　　　- 関数, 433

判別式, 136

p
　　－群, 655
　　　－－シロー部分群, 659
　　－-th power, 148, 153
左剰余類, 464
標準基底, 520
標数 (characteristic), 44, 152, 153, 284

フェルマー素数, 400
複素数体, 283
部分群, 182, 197, 461
部分順序, 412
部分体, 110, 182, 197

平方元, 450

右剰余類, 464

無限体, 276

有限 (finite)
　　－階数, 678
　　－次元, 109
　　－生成, 677, 693
　　－体, 154, 255, 257
有理式, 373

余因子, 541
　　(i,j) －, 541

類等式, 655

列
　　－の展開, 567
　　－ベクトル, 520, 532

著者紹介：

冨田 佳子（とみた・よしこ）
1989 年　京都教育大学教育学部数学科卒業
2005 年　京都教育大学大学院修士課程修了
　　　　京都光華高校教諭を経て
　　　現在　京都教育大学附属高校，大阪工業大学にて非常勤講師

代数学の華 ガロア理論

2019 年 12 月 20 日　初版 1 刷発行

検印省略

著　者　冨田佳子
発行者　富田　淳
発行所　株式会社　現代数学社
〒 606-8425 京都市左京区鹿ヶ谷西寺ノ前町 1
TEL 075 (751) 0727　FAX 075 (744) 0906
https://www.gensu.co.jp/

© Yoshiko Tomita
2019　Printed in Japan

装　幀　中西真一（株式会社 CANVAS）
印刷・製本　亜細亜印刷株式会社

ISBN 978-4-7687-0522-3

● 落丁・乱丁は送料小社負担でお取替え致します．
● 本書のコピー，スキャン，デジタル化等の無断複製は著作権法上での例外を除き禁じられています．本書を代行業者等の第三者に依頼してスキャンやデジタル化することは，たとえ個人や家庭内での利用であっても一切認められておりません．